U0162193

第八届全国 BIM 学术会议论文集

Proceedings of the 8th National BIM Conference

马智亮　主编

林佳瑞　胡振中　郭红领　张小妹　常　海　副主编

中国建筑工业出版社

图书在版编目（CIP）数据

第八届全国 BIM 学术会议论文集＝Proceedings of
the 8th National BIM Conference / 马智亮主编；林
佳瑞等副主编. — 北京：中国建筑工业出版社，
2022.11

ISBN 978-7-112-27897-8

Ⅰ. ①第… Ⅱ. ①马… ②林… Ⅲ. ①建筑设计—计
算机辅助设计—应用软件—文集 Ⅳ. ①TU201.4-53

中国版本图书馆 CIP 数据核字(2022)第 165697 号

随着国家政策的推进，BIM 技术已迈入快速发展及深度应用阶段，并在越来
越多的工程项目中落地实践，其巨大的效应已经显现。中国图学学会建筑信息模
型（BIM）专业委员会是中国图学学会所属分支机构，致力于促进 BIM 技术创
新、普及应用和人才培养，提升行业科技水平，推动 BIM 及相关学科的发展。为
实现上述目标，在中国图学学会的指导下，建筑信息模型（BIM）专业委员会分
别于 2015 至 2021 年在北京、广州、上海、合肥、长沙、太原和重庆成功举办了
七届全国 BIM 学术会议。第八届全国 BIM 学术会议于 2022 年 11 月在深圳市召
开，本书收录了大会 79 篇优秀论文。

本书可供建筑信息模型（BIM）从业者学习参考。

责任编辑：李天虹
责任校对：张惠雯

第八届全国 BIM 学术会议论文集

Proceedings of the 8th National BIM Conference

马智亮　主编

林佳瑞　胡振中　郭红领　张小妹　常　海　副主编

*

中国建筑工业出版社出版、发行(北京海淀三里河路 9 号)

各地新华书店、建筑书店经销

北京红光制版公司制版

北京建筑工业印刷厂印刷

*

开本：880 毫米×1230 毫米　1/16　印张：27¼　字数：880 千字

2022 年 11 月第一版　　2022 年 11 月第一次印刷

定价：120.00 元

ISBN 978-7-112-27897-8

(40044)

前　言

　　粤港澳大湾区紧紧围绕国家关于加快建筑业高质量发展的各项部署要求，以"新城建"对接"新基建"，加快推进 BIM 技术的全面深度应用，加强 BIM 与 CIM 融合创新，着力构建高质量的智慧城市数字底座，积累了大量实践经验及创新场景。前海合作区以打造粤港澳大湾区全面深化改革创新试验平台、建设高水平对外开放门户枢纽为龙头，不断构建 BIM 及相关领域的国际合作和竞争新优势。

　　中国图学学会建筑信息模型（BIM）专业委员会（以下简称"BIM 专委会"）是中国图学学会的分支机构，致力于促进 BIM 技术创新、普及应用和人才培养，推动 BIM 及相关学科的建设和发展。为实现上述目标，在中国图学学会的指导下，BIM 专委会于 2015 至 2021年，相继在北京、广州、上海、合肥、长沙、太原和重庆成功举办了七届全国 BIM 学术会议，论文集已累计收录学术论文 450 余篇，累计参会总人数 3000 余人，在线参会总人数近50000 人。

　　第八届全国 BIM 学术会议将于 2022 年 11 月在深圳市前海深港现代服务业合作区召开，由深圳市前海数字城市科技有限公司、深圳市前海建设投资控股集团有限公司和中国电建集团华东勘测设计研究院有限公司联合承办。本届会议已被中国知网《中国重要会议论文全文数据库》和中国科协《重要学术会议指南》收录，论文集由"中国建筑工业出版社"正式出版，共收录论文 79 篇，内容涵盖基础理论、技术创新、系统研发与工程实践，全面反映了工程建设领域 BIM 技术研究与应用的最新进展，展示了丰富的研究与实践成果。

　　值此第八届全国 BIM 学术会议论文集出版之际，希望行业相关技术管理人员共同努力，开拓创新，进一步推动我国 BIM 技术在工程建设领域的深度应用和发展。衷心感谢国内外专家学者的大力支持！

中国图学学会建筑信息模型（BIM）专业委员会主任委员　马智亮

目　录

基于二维图纸的老旧建筑 HVAC 系统 BIM 信息自动抽取方法

潘灶林[1]，于言滔[1,*]，胡振中[2]

(1. 香港科技大学，香港 999077；2. 清华大学深圳国际研究生院，广东 深圳 518055)

【摘　要】建筑信息模型（Building Information Modeling，BIM）包含了丰富的建筑几何和语义信息，对于建筑供暖、通风和空调（HVAC）系统的运维和管理具有重要意义。然而，多数老旧建筑仅有二维图纸，并且人工从图纸重建 HVAC 系统的 BIM 繁琐费时。因此，本研究提出一种结合深度学习和图像处理的方法，抽取图纸中构件语义和几何信息，用于自动化重建 BIM。本研究以老旧建筑的 HVAC 系统为例进行实验，验证了所提出方法的有效性。

【关键词】建筑信息模型；工业基础分类；计算机视觉；图像处理；三维重建

1　简介

在香港，许多建筑建造于 20 世纪 80～90 年代之间，在 2018 年已有超过 16000 栋楼龄在 30 年或以上的建筑物[1]。据统计，建筑部门的能源消耗占全球能源使用量的 40%，所排放的温室气体占全球排放量的三分之一[2]。建筑能耗性能随着使用年限的增长不断恶化[3]。为了改善老旧建筑体的能耗性能，建筑机电系统尤其是供暖、通风和空调（Heating，Ventilation and Air Conditioning，HVAC）系统的运维和管理十分重要。因为建筑的能源消耗主要发生在运维和管理阶段[4]，而且 HVAC 系统作为调节室内气温和保持空气质量的重要设备，直接影响建筑的能耗性能。

建筑信息模型（Building Information Modeling，BIM）包含丰富的建筑语义和几何信息，能够为建筑运维和管理提供有效数据支撑，有助于提高运维和管理的质量和效率[5]。考虑到由于建设时间过于久远，多数老旧建筑可能没有 BIM，仅有二维图纸。而现代 HVAC 系统的结构往往非常复杂，涉及种类繁多的设备，通过人工检索资料进行运维和管理的方式，流程复杂且容易出错[6]。此外，人工从图纸中重建出 BIM 也费时费力。因此，目前亟需一种有效的手段来从二维图纸中自动地建模出 HVAC 系统 BIM。为此，本研究提出了一种结合深度学习和图像处理技术，以自动化抽取 HVAC 图纸中构件准确的语义和几何信息的方法。本研究的方法和结果将为 BIM 重建和老旧建筑的 HVAC 系统的运维和管理贡献新的知识和证据。

2　相关研究

本节从重建的数据来源和信息抽取方式两个方面总结当前研究优点和不足。

2.1　重建的数据来源

目前 BIM 重建的数据来源主要有点云、矢量图和光栅图三种。基于点云的 BIM 重建方法，一般使用激光扫描仪、雷达等设备采集建筑的点云。之后，通过对点云数据进行处理和识别[7-8]。尽管该类方法取得一定的成效，但是其对采集设备和人工操作要求较高，对于噪声比较敏感[7]，而且由于只能采集构件表

【基金项目】Innovation and Technology Support Programme (ITP/002/22LP)

【作者简介】于言滔（1992—），女，助理教授。主要研究方向为智能建造。E-mail：ceyantao@ust.hk

面的点云，被遮挡构件的重建效果较差[9]。基于 CAD 矢量图的 BIM 重建方法，能够提取构件准确的几何和文字标注信息，识别和建模的精度较高[10-12]。但是，此类方法需要人工预处理[9]，而且对图纸的标注和图层命名规则比较敏感[10]。此外，若使用深度学习方法进行符号识别，由于行业目前没有关于 HVAC 系统的数据集，需要人工搜集数据和标注数据，而矢量图标注需要对图中每一个顶点和线段进行标注，工作量非常庞大[12]。光栅图是纸质图纸的电子扫描图或者拍摄的图片，获取成本非常低。基于光栅图的 BIM 重建方法，通过检测图纸或现场图片中的构件，能够对结构简单、形状规则的建筑构件进行重建[9,13]。与以上两种方法相比，尽管光栅图的获取成本最低且具有较高泛用性，但其存在符号遮挡和线段重叠问题，导致难以获取复杂构件的几何信息。

综上，图像数据相对于点云数据，其获取成本更低、适用范围更广。在图像数据中，矢量图相比于光栅图，其通过对图纸进行分层处理，可以解决光栅图中的符号遮挡和线段重叠问题。但若使用深度学习方法抽取信息，矢量图的标注成本比光栅图的更加高昂。本研究将分层后的矢量图转换为光栅图作为重建的数据来源，以解决矢量图的标注和光栅图的符号遮挡和线段重叠问题。

2.2 信息抽取方法

图纸的信息抽取方法一般分为传统方法和深度学习方法两种。传统方法主要包括图像处理、模板匹配和手工设计特征或规则三种方法。图像处理方法，如形态学处理[14]、连通域标记[15]和轮廓检测[16]等，能够检测建筑符号的准确像素区域和几何轮廓，但无法直接识别符号的语义，需要结合其他方法。模板匹配方法对于重复构件的检测效果良好，但对于旋转和具有尺度变化的构件识别效果较差[17]。手工设计特征或规则的方法只针对特定类型的构件效果较好，其泛化性和鲁棒性较差，而且设计特征或规则需要大量时间和专业知识[18]。

深度学习的方法主要有图像分类、目标检测、语义分割和实例分割四种。图像分类方法一般用于构件的材质识别[13]，其缺点在于不能定位目标的位置。目标检测针对可分割的实例（如柱、轴号等）效果较好，而对于具有类似材质的无定形构件（如墙、风管等）效果较差[12]。语义分割[19]相比于目标检测，其对于无定形构件也具有较好的识别效果，而且可以获取目标的外轮廓，其缺点在于逐像素标注的工作量大，以及不能区分不同的实例。实例分割[20]是语义分割和目标检测方法的结合，可同时检测目标的边界框和外轮廓，对于实例和无定形构件的支持都比较好，缺点在于所获得的外轮廓不够准确。

深度学习方法相对于传统方法，其泛化性和鲁棒性更优，但检测构件的几何位置信息相对于传统图像处理方法不够准确，尤其 BIM 重建对于构件的几何信息的精度要求较高。实例分割相对于目标检测和语义分割，能同时提供目标轮廓和语义信息。综上所述，本研究采用实例分割结合传统的图像处理方法，以抽取准确的语义和几何信息。

3 研究方法

本研究致力于开发一种结合深度学习和图像处理的方法，以实现 HVAC 系统二维图纸中构件语义和几何信息自动化抽取。其中，语义信息抽取模块使用 Cascade Mask R-CNN 实例分割模型[21]进行构件语义识别和粗略轮廓检测；几何信息抽取模块使用连通域标记和轮廓检测算法，从粗略轮廓中检测更精细的轮廓。抽取的信息将用于后续 HVAC 系统的 BIM 模型重建。

3.1 语义信息抽取

Cascade Mask R-CNN 模型是二阶段的高精度实例分割模型，其主要包括四个模块：主干网络、特征金字塔、区域候选网络和多任务级联检测器。主干网络首先在通用图像分类数据集上进行训练，预训练的主干网络能够抽取构件的本质特征并生成特征图。特征金字塔融合不同尺度的特征图，能够提高网络对于不同尺度目标的识别能力。区域候选网络用于辨别前景和背景，并根据锚点和预定义锚框的尺度和长宽比例生成候选区域。多任务级联检测器具有多个检测阶段和检测任务，其在每一个阶段都预测目标的类型、边界框的位置和目标的蒙版，并分别在不同阶段从低到高设置交并比阈值，逐步过滤候选区域中的负样本，以提高网络性能。Cascade Mask R-CNN 模型能够稳健地检测和分割高分辨率图纸中的目标，为几何信息抽取提供目标的检测框、轮廓信息和语义信息。

3.2　几何信息抽取

3.2.1　轮廓检测

BIM 重建需要准确的几何信息，但 Cascade Mask R-CNN 实例分割模型只能提供目标粗略的轮廓位置，如图 1（b）所示，所检测的目标的蒙版并不能准确描述风管的形状，比如丢失顶点以及直线被检测为曲线等。因此，Cascade Mask R-CNN 模型检测的目标轮廓需要被进一步地处理，以获得更加准确的目标轮廓。为此，几何信息抽取模块使用连通域标记和轮廓检测算法，检测目标精确的轮廓。其具体流程为，首先合并相同类别构件的检测框和蒙版，并根据合并后的检测框的位置分割原图；然后使用连通域标记算法，标记分割后的图片上的连通域，如图 1（c）所示，不同颜色的区域代表所检测的不同连通域；最后对每一个连通域，统计连通域内与蒙版位置重合像素的个数，并计算该数量占连通域内像素的比例，若该比例超过指定阈值，则通过保留该连通域，并进行轮廓检测，否则就排除该连通域。

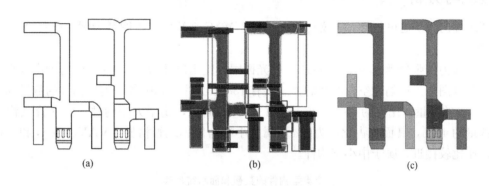

图 1　语义信息抽取与轮廓检测

（a）风管图纸；（b）语义信息抽取；（c）精细轮廓检测的结果

3.2.2　骨架线提取

对于 Z 方向形状会发生改变的管道，需要提取其准确的中心线信息以建模。本研究采用骨架线提取方法提取管道的中心线，具体所用方法为 OpenCV 的 cv2. ximgproc. thinning 函数。此外，考虑到根据骨架线提取的起点和终点位置可能不够准确，如图 2 所示，检测的骨架线为两个青色点之间的曲线，而目标骨架线应该是两个橙色点之间的曲线。因此，本节假定橙色和青色点之间的线段斜率不变，据此延长线段至边界框位置。

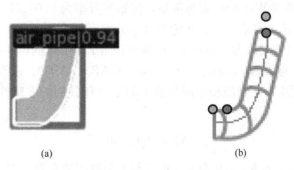

图 2　风管骨架线提取

（a）检测的 3d 风管；（b）提取的风管骨架信息

3.2.3　像素坐标转换为真实坐标

在获取了 HVAC 构件的像素坐标后，需要将像素坐标转换为真实坐标。因此，需要计算图像像素比例尺，该比例尺包括两个方向：X 和 Y 方向。具体流程如下，首先分离轴网图层，并导出轴网图层的图

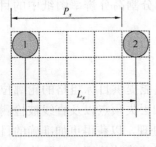

图 3　像素比例尺计算示意

片；然后采用霍夫圆变换算法检测图中轴号，并统计相同方向的轴号间的像素数量 P；接着使用 OCR 算法检测轴间标注 L，如图 3 所示；最后计算两个方向的像素比例 S_x 和 S_y，并将像素坐标（u，v）转换为真实坐标（x，y），如式（1）所示。具体地，本节使用 OpenCV 中的 HoughCircles 函数进行圆检测，使用 PaddleOCR 开源库进行文字识别。

$$S_x = \frac{L_x}{P_x}, \quad S_y = \frac{L_y}{P_y}$$

$$\begin{bmatrix} x \\ y \\ 1 \end{bmatrix} = \begin{bmatrix} S_x & 0 & 0 \\ 0 & -S_y & 0 \\ 0 & 0 & 1 \end{bmatrix} \begin{bmatrix} u \\ v \\ 1 \end{bmatrix} \tag{1}$$

4　案例验证与分析

为了验证所提出方法的可行性，下文以老旧建筑 HVAC 系统的二维图纸为例进行实验和分析。

4.1　实验设置

本案例的输入为 4 张分辨率为 1450×3450 的光栅图，使用尺寸为 600×600 的滑动窗以步长 300 从左到右从上到下分割图片。在删除空白图片后，总共有 158 张图片。其中各个类型构件的数量和面积统计见表 1。其中，风管的数量占比仅为 18%，但其占了 77% 的面积，属于大型构件；而尽管风管进、出风口占全部构件数量的 44%，其面积占比仅为 9%，属于小型构件；风管格栅、VAV、FCU 和 AHU 的数量占比与面积占比比较接近，属于中小型构件。

各个类型构件的数量和面积统计表　　　　　　　　　　　　　　　　表 1

构件名称	数量	面积（m²）	数量占比（%）	面积占比（%）
风管	20	107.768	18	77
风管格栅	18	9.143	16	6
风管进、出风口	48	12.000	44	9
VAV	4	1.665	4	1
FCU	18	6.111	16	4
AHU	2	4.065	2	3

本实验的环境为 Windows 11 系统、64G 内存、3070 Laptop 显卡、i7-10870H 处理器、Python 3.9 和 PyTorch 1.8.1。本实验使用 Warm-up 训练策略，初始学习率为 0.0025，经过 500 次迭代后逐渐升温到 0.001，总训练轮数为 20 轮，在第 16 和 19 轮学习率分别降低为原来的十分之一，使用的优化器为随机梯度下降，动量为 0.9，权重衰减为 0.00001，训练集和测试集的比例为 3:1。

本实验使用的评价指标为 Mean average precision（mAP）、AP50、AP75、AP-S、AP-M 和 AP-L，分别用于评价实例模型在不同 IoU 阈值和不同尺度下的定位和分割的准确性。AP 的计算过程如式（2）所示。

$$AP = \int p(r) dr \tag{2}$$

其中，p 代表精确率，r 代表召回率，AP 为 p-r 曲线与坐标轴围成面积。AP50 代表 IoU 阈值取 0.5 时的 AP 值，mAP 为 IoU 阈值分别取 0.5 到 0.95 且步长为 0.05 时计算的 AP 的均值。AP-S、AP-M 和 AP-L 分别表示小目标（面积小于 32×32）、中等目标（面积介于 32×32 和 96×96 之间）和大型目标（面积大于 96×96）的 AP 值。

4.2　实验结果

如图 4 所示为 Cascade Mask R-CNN 实例分割模型的定性检测结果。

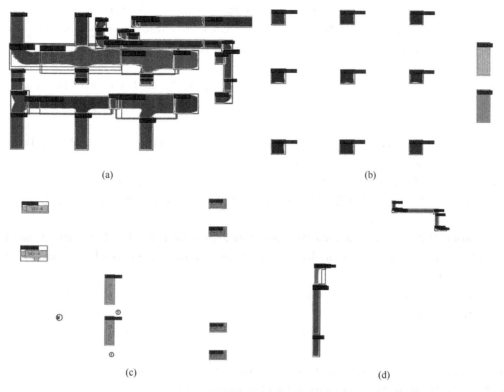

图 4　Cascade Mask R-CNN 实例分割模型的定性检测结果

（a）大型构件：风管；（b）小型构件：风管进、出风口和风管格栅；
（c）中小型构件：VAV 和 FCU；（d）中型构件：风管和 3d 软管

Cascade Mask R-CNN 实例分割模型的定量结果如表 2 所示。模型在两个任务下的 mAP 均大于 0.9，性能优秀。对于三种尺度构件的检测，模型在两个任务对于大型构件的检测效果最好，其次是中型构件，而对于小型构件的检测效果稍差。在进行语义分割之后，多种图像处理方法被用于构件轮廓抽取，所抽取的构件几何信息平均误差小于 20cm。

Cascade Mask R-CNN 实例分割模型的定量结果					表 2
任务	mAP	AP50	AP75	AP-S	AP-M	AP-L
目标检测	0.943	0.993	0.989	0.871	0.948	0.956
语义分割	0.910	0.995	0.990	0.857	0.909	0.931

5　结论与展望

针对老旧建筑 HVAC 系统 BIM 重建问题，本研究提出了一种结合深度学习和图像处理的 BIM 语义和几何信息抽取方法。在语义抽取模块中，Cascade Mask R-CNN 模型被用于构件的语义识别和粗略轮廓定位。结果显示，Cascade Mask R-CNN 模型在目标检测和语义分割任务中的 mAP 均超过 0.9，能够准确识别构件语义和轮廓。在几何抽取模块中，多种图像处理方法被用于构件轮廓的抽取。结果表明，所提出方法能够准确抽取构件几何信息，平均误差小于 20cm。本研究所提出的方法存在以下缺陷：第一，本研究需要使用图层信息来解决符号重叠和线段共用问题，但在某些老旧建筑可能没有 CAD 矢量图纸；第二，即使使用了图层信息，对于一些复杂图纸，仍然需要一定人工干预，以分离图层中重叠的符号和线段；第三，基于几何和语义信息的 BIM 重建方法有待探究。

参 考 文 献

[1]　Chan D W M. Sustainable Building Maintenance for Safer and Healthier Cities：Effective Strategies for Implementing the

Mandatory Building Inspection Scheme (MBIS) in Hong Kong[J]. Journal of Building Engineering, 2019, 24: 100737.

[2] Feng H, Liyanage D R, Karunathilake H, et al. BIM-Based Life Cycle Environmental Performance Assessment of Single-Family Houses: Renovation and Reconstruction Strategies for Aging Building Stock in British Columbia[J]. Journal of Cleaner Production, 2020, 250: 119543.

[3] Waddicor D A, Fuentes E, Sisó L, et al. Climate Change and Building Ageing Impact on Building Energy Performance and Mitigation Measures Application: A Case Study in Turin, Northern Italy[J]. Building and Environment, 2016, 102: 13-25.

[4] Basbagill J, Flager F, Lepech M, et al. Application of Life-Cycle Assessment to Early Stage Building Design for Reduced Embodied Environmental Impacts[J]. Building and Environment, 2013, 60: 81-92.

[5] 田佩龙. 基于 BIM 与建筑自动化系统的设备运维期监控与管理[D]. 北京：清华大学，2017.

[6] 田佩龙，李哲，胡振中，等. BIM 与建筑机电设备监测信息集成的研究[J]. 土木建筑工程信息技术，2015，7(1)：8-13.

[7] Kim Y, Nguyen C H P, Choi Y. Automatic Pipe and Elbow Recognition from Three-Dimensional Point Cloud Model of Industrial Plant Piping System Using Convolutional Neural Network-Based Primitive Classification[J]. Automation in Construction, 2020, 116: 103236.

[8] Wang B, Wang Q, Cheng J C P, et al. Vision-Assisted BIM Reconstruction from 3D LiDAR Point Clouds for MEP Scenes[J]. Automation in Construction, 2022, 133: 103997.

[9] Zhao Y, Deng X, Lai H. Reconstructing BIM from 2D Structural Drawings for Existing Buildings[J]. Automation in Construction, 2021, 128: 103750.

[10] Cho C Y, Liu X. An Automated Reconstruction Approach of Mechanical Systems in Building Information Modeling (BIM) Using 2D Drawings[M]. Computing in Civil Engineering, 2017.

[11] Yon C, Liu X S, Akinci B. No Title[J]. Advances in Computational Design, 2019, 4(2): 155-177.

[12] Fan Z, Zhu L, Li H, et al. FloorPlanCAD: A Large-Scale CAD Drawing Dataset for Panoptic Symbol Spotting[C]// Proceedings of the IEEE/CVF International Conference on Computer Vision (ICCV).

[13] Lu Q, Chen L, Li S, et al. Semi-Automatic Geometric Digital Twinning for Existing Buildings Based on Images and CAD Drawings[J]. Automation in Construction, 2020, 115: 103183.

[14] 李锐. DXF 建筑工程图的读取、识别与三维重建[D]. 天津：天津大学，2017.

[15] Maity S K, Seraogi B, Das S, et al. An Approach for Detecting Circular Callouts in Architectural, Engineering and Constructional Drawing Documents[C]. Cham: Springer International Publishing, 2018: 17-29.

[16] Zhang D, Lu G. Review of Shape Representation and Description Techniques[J]. Pattern Recognition, 2004, 37(1): 1-19.

[17] Cooper M C. Formal Hierarchical Object Models for Fast Template Matching[J]. The Computer Journal, 1989, 32(4): 351-361.

[18] Zhao Y, Deng X, Lai H. A Deep Learning-Based Method to Detect Components from Scanned Structural Drawings for Reconstructing 3D Models[J]. Applied Sciences, 2020, 10(6).

[19] Xiao Y, Chen S, Ikeda Y, et al. Automatic Recognition and Segmentation of Architectural Elements from 2D Drawings by Convolutional Neural Network[C]//The Association for Computer-Aided Architectural Design Research in Asia (CAADRIA), 2020: 843-852.

[20] Wu Y, Shang J, Chen P, et al. Indoor Mapping and Modeling by Parsing Floor Plan Images[J]. International Journal of Geographical Information Science, 2021, 35(6): 1205-1231.

[21] Cai Z, Vasconcelos N. Cascade R-CNN: High Quality Object Detection and Instance Segmentation[J]. CoRR, 2019, abs/1906.0.

知识图谱对工程安全管理的智能支持方法研究

安　苀[1]，胡振中[1,*]，林佳瑞[2]，伍　震[1]，于言滔[3]

(1. 清华大学深圳国际研究生院，广东 深圳 518055；2. 清华大学土木工程系，
北京 100084；3. 香港科技大学土木与环境工程系，香港 999077)

【摘　要】工程安全管理的数字化转型需要以知识支持为导向。针对建筑行业积累的大量安全生产资料，知识图谱技术的引入可实现数据集成向知识集成的转换，提升信息的价值密度和应用广度。本研究选取公路工程安全领域为研究对象，通过构建知识图谱的方法为工程安全管理提供知识支持，并基于BIM 模型实例，展示知识图谱在实际场景下对安全管理的引导作用。

【关键词】知识图谱；公路工程；安全管理；智能支持

1　引言

现阶段，传统的工程建设领域正面临数字化、信息化的转型升级：以 BIM、GIS、物联网、区块链、人工智能为代表的数字技术逐步在工程建造中得到应用，工程管理的平台化、集成化趋势面向全生命周期扩展。在"工程＋IT"的新型发展环境下，机器辅助的风险评估、隐患排查、方案编制、管理决策等技术前景为工程安全管理水平的提升带来新的契机。

目前，BIM、GIS 等模型富集了工程项目的多维度信息，而基于模型信息的智能化应用场景则需要以知识支持为导向。经过长时间的发展和沉淀，建筑业积累了大量的安全生产资料，包括各类规范、标准、项目文件、监测数据等格式多样的数据，可作为知识的来源。从数据的集成转化为知识的集成，有助于信息价值密度的提升和智能化应用潜力的发掘。

知识图谱是推进知识富集的关键技术。它基于"实体-关系-实体"三元组实现数据的连接，形成网状知识结构[1]。基于海量数据，知识图谱技术可实现知识的自动化提取、加工、推理和融合[2]，并以结构化的形式储存、呈现客观世界中的概念及逻辑。

运用知识提取的方法构建领域知识图谱，关联 BIM 模型中的构件和信息，可推动模型的自动化审查，辅助安全生产方案的制定。本研究选取公路工程安全领域为研究实例，基于规范文本数据构建大型知识图谱，并面向实际应用场景进行知识图谱的加工和组织，进而以桥梁公路的 BIM 模型为应用实例，探究领域知识图谱与 BIM 模型的关联为工程安全生产带来的价值。

2　研究现状

知识图谱由概念、实体、关系和属性等元素构成，在逻辑上分为数据层、本体层两个层次（图 1）。本体层用于规定知识的架构体系，一般是组织性较好的层状结构；数据层用于组织具体的知识，为网状拓扑结构[3]。按照顺序的不同，知识图谱的构建可采用由本体层到数据层、由数据层到本体层两种方法，均需要经历由非结构化转化为结构化数据的知识提取的过程。知识提取包含信息抽取、知识融合、知识库构建三个步骤，以下依次概述。

信息抽取包含实体抽取、关系抽取两个部分，均经历了基于规则和模板、基于机器学习、基于深度学习的发展历程。在建筑领域的研究中，利用 BiLSTM-CRF[4]算法进行实体识别，再结合卷积神经网络

【基金项目】国家自然科学基金项目（51778336）

【作者简介】胡振中（1983—），男，清华大学深圳国际研究生院副教授。E-mail：huzhenzhong@tsinghua.edu.cn

相关算法进行关系抽取的深度学习框架近年来较为常见，如王莉[5]将此方法应用于城市轨道交通安全管理知识图谱的构建，李新琴[6]在设备诊断中用此方法从故障文本信息中提取知识。吴浪韬[7]利用信息抽取的方法构建了建筑机电设备领域的知识图谱，并将其应用于 BIM 模型的设计审查。

知识融合是将多源、异构的原始数据集形成的差异化知识统一至一个知识框架，需要经过本体融合和数据融合。本体融合构建的是本体层的映射关系，分为本体集成和本体映射[8]。数据融合实现数据层中多元数据集间的融合，包含实体和关系的融合。Mendes[9]提出了开放数据集成框架，推动了数据融合的标准化。

知识库构建是将知识提取得到的网状结构最终存储于图数据库中。常用软件为 Neo4j 图数据库，采用"节点＋关系"的数据存储类型。图数据库的表示形式包括可视化图形、表格、CSV、JSON 等。

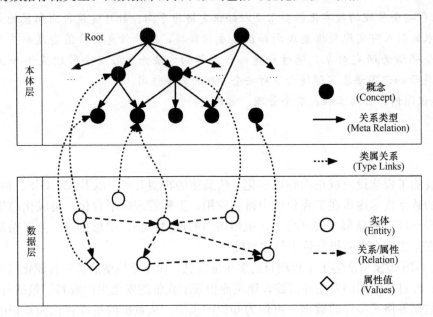

图 1　知识图谱的逻辑结构

3　研究方法

知识图谱技术是本研究的核心方法。本研究选取公路工程为研究领域，基于搜集的海量规范数据，采用以本体层指导数据层的方式构建知识图谱，为安全生产提供知识支持。实现步骤分为本体层的构建、数据层的构建、本体层和数据层的融合。

本体层的构建基于工程安全管理的核心概念与关系体系，采用多维度层状建模的方式总结公路工程安全领域抽象化的概念体系，共包含 6 个主要维度。参考规范、指南、项目资料，基于类属和组分关系将各维度扩展为多层级的层状分类体系，作为知识图谱的本体层。扩展后的公路工程安全领域知识体系最大层级为 7 层，共包含 390 个有效节点（表1）。

层状分类体系各维度的层级和节点数量统计　　　　　　　　　　　　　　　　表 1

维度	层级数量	节点数量
特性维度	6	43
过程维度	6	66
管理维度	3	14
组织维度	3	12
对象维度	6	82
要素维度	7	173

数据层的构建是基于搜集的海量规范文本数据，编写算法提取公路工程领域的安全知识。图 2 展示了该算法的流程：输入规范文件后，依次进行规范文本提取、章节解构、复句分解、语句分词、知识提取等操作，将文本内容拆解为＜实体、关系、实体＞三元组形式的知识结构，最后对生成的知识图谱进行可视化。在此流程中，本体层转化为 TXT 格式的专业词库，导入 LTP 语言技术平台[10]，用作指导性字典，使语句分词提取的实体名词契合本体层中的节点，为数据的融合和关联提供条件。

将知识提取得到的知识结构导出为实体（Node）和关系（Edge）的集合，分批次导入 Neo4j 图数据库进行储存；进一步通过 Cypher 语句操作完成实体和数据的合并，得到知识图谱的数据层。经过统计，本研究的数据层有近 30 万个有效的实体节点。

最后实现知识图谱本体层和数据层的融合。在 Neo4j 数据库中进行本体层和数据层同名实体的关联，成功建立大量连接（图 3），间接验证了本体层知识节点的有效性。关联后的数据储存于 Neo4j 图数据库，即为本研究生成的公路工程安全领域大型知识图谱。

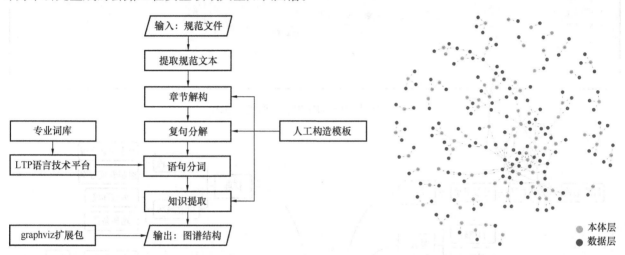

图 2　公路安全领域知识提取流程图　　　　图 3　本体层、数据层融合结果局部图

4　应用实例

领域知识与 BIM 技术的结合可以在项目建设的全生命周期发挥重要的应用价值[11]。本小节将结合一座立体交叉的桥梁公路的 BIM 模型，分析知识图谱对工程安全管理的智能支持方法，展示本研究在安全管理领域的应用前景。

4.1　基于知识图谱的智能化搜索

传统的规范文件检索方式基于关键词的查找、溯源，返回未经加工过的、庞杂的文本信息，不便于信息的高效获取和智能化应用；且由于自然语言表达具有多样、复杂的特点，这种方式的查准率和查全率普遍较低。

智能化搜索技术基于结构化知识数据库，将指令中的核心语义映射至数据库中的实体或关系；再依据图谱中的语义结构，返回有组织的结构化知识。本研究应用的智能搜索技术为关键词检索，即基于目标词语自动化构造数据库查询语句，匹配数据库中相似度较高的实体，返回实体和相连的关系。借助知识图谱本体层对数据层的引导，检索出的知识结构可用层次化的逻辑形式进行展开（图 4）。

以 BIM 模型实例中包含的重要构件"连续钢箱梁"为例进行智能化检索，以知识名片的形式展示检索结果（图 5）。如图 5 所示，在构建的知识图谱中，"连续钢箱梁"的基本信息反映在类属、特点、组成、属性等节点中，以"包含""判断"等逻辑形式连接知识单元，进一步可应用于模型构件、参数信息的审查和推断。规范中与"连续钢箱梁"相关的安全生产要求则反映在基于多维度分类体系展开的层状结构中，如图中的管理、施工、监测等维度及其子结构。这样的展开形式方便工程人员在编制方案、清单或从事相关作业时进行参考、检索，辅助工程的安全管理。

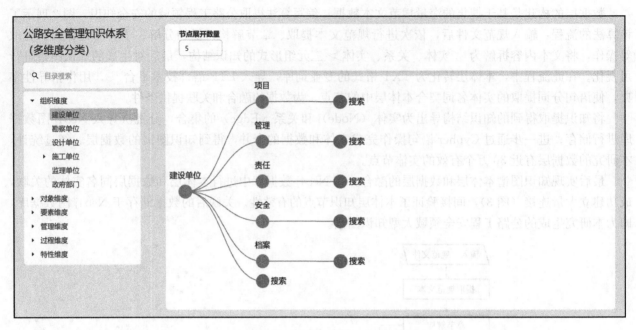

图 4 本体层引导的知识展开形式示意图

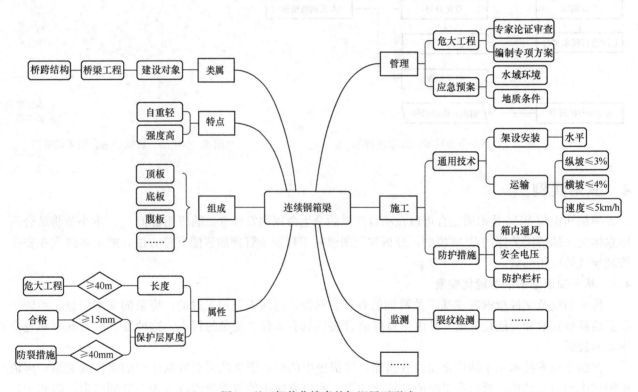

图 5 基于智能化搜索的知识展开形式

4.2 基于智能化搜索的工程安全管理

利用智能化搜索的结果，本研究进而面向智能化风险管控的应用场景，将知识图谱应用于基于 BIM 模型的安全生产引导。

智能化风险管控基于海量知识数据和信息化技术，对工程中产生的各类安全数据进行排查，识别其中的隐患和风险。例如，当施工方案中的工序描述或安全措施与类似施工方案的常用模式不同或不满足规范中的约束条件时，能够及时给出安全预警信息，并提供可能的修改方案。

基于本研究的 BIM 模型实例，将智能化检索结果中的知识单元与模型信息进行有机关联，实现构件审查、安全生产指导等功能（图6）。以"连续钢箱梁"构件为例，从 BIM 模型实例中，可获取构件名称、属性、参数等基本信息；导入智能化搜索得到的知识结构，可支持判断构件的组成、参数是否符合要求，捕捉构件的特征。例如图6中 BIM 模型显示该"连续钢箱梁"构件长度为41m，检索知识图谱中的相关边界条件（≥40m），可判定该构件的吊装属于危大工程；推断结果和判断依据标注于"构件审查"一栏，方便管理人员关注到项目的安全生产隐患，辅助 BIM 模型的审查。

与此同时，关联的智能化搜索结果中，以多维度分类体系为引导的知识结构可用于层状展开，以便管理人员有侧重地掌握围绕该构件的安全生产要求及其来源，如图6中"安全生产要求"一栏所示。未来伴随着 BIM 技术面向全生命周期的扩展，层状体系下的知识结构亦可以与 BIM 模型实现更深层次的结合，应用于工程隐患的排查、安全作业的实时提示等工程场景。

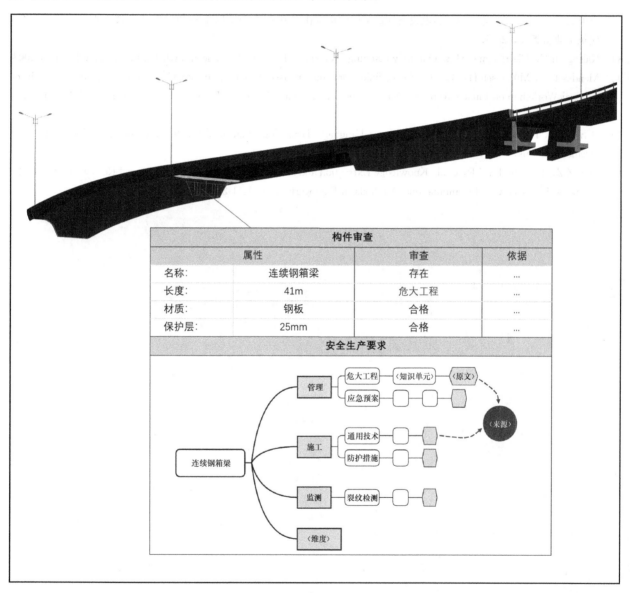

图 6 基于 BIM 模型和智能化搜索的工程安全管理示意图

5 总结

本文将知识图谱技术应用于公路工程安全领域，基于海量规范文本数据构建了领域大型知识图谱，储存于图数据库。进一步，将知识图谱应用于智能化检索，并与 BIM 模型进行关联，从构件审查、安全生产引导等维度阐明了该技术对于工程安全管理智能化的应用支持方法。

参 考 文 献

[1] 刘峤，李杨，段宏，等．知识图谱构建技术综述[J]．计算机研究与发展，2016，53(03)：582-600．

[2] Al-Moslmi T，Ocaa M G，Opdahl A L，et al. Named Entity Extraction for Knowledge Graphs：A Literature Overview [J]．IEEE Access，2020，8(1)：32862-32881．

[3] 张吉祥，张祥森，武长旭，等．知识图谱构建技术综述[J/OL]．计算机工程：1-16．

[4] Huang Z，Wei X，Kai Y．Bidirectional LSTM-CRF Models for Sequence Tagging[J]．Computer Science，2015．

[5] 王莉．基于知识图谱的城市轨道交通建设安全管理智能知识支持研究[D]．徐州：中国矿业大学，2019．

[6] 李新琴，史天运，李平，等．基于文本的高速铁路信号设备故障知识抽取方法研究[J]．铁道学报，2021，43(03)：92-100．

[7] 吴浪韬，冷烁，梁雄，等．建筑机电设备知识图谱的构建和应用[C]//第七届全国 BIM 学术会议论文集．北京：中国建筑工业出版社，2021．

[8] Kalfoglou Y，Chorlemmer M S. Ontology mapping：the state of the art[J]．The Knowledge Engineering Review，2003．

[9] Mendes P N，Mühleisen H，Bizer C. Sieve：linked data quality assessment and fusion[C]// Proceedings of the 2nd International Workshop on Linked Web Data Management at Extending Database Technology．New York：ACM，2012：116-123．

[10] Che W X，Li Z H，Liu T．LTP：A Chinese Language Technology Platform[J]．In Proceedings of the Coling 2010：Demonstrations，2010，08：13-16．

[11] Hu Z Z，Leng S，Lin J R，et al. Knowledge Extraction and Discovery Based on BIM：A Critical Review and Future Directions[J]．Archives of Computational Methods in Engineering，2021：1-22．

基于知识驱动的建筑风环境灾害
评估平台研究与实现

闵妍涛[1]，冷　烁[2]，胡振中[1,*]，林佳瑞[2]，于言滔[3]

(1. 清华大学深圳国际研究生院，广东 深圳 518055；2. 清华大学土木工程系，北京 100086；
3. 香港科技大学，香港 999077)

【摘　要】建筑风灾的灾前预防评估和灾后应对对于防灾减灾工作而言相当重要。现今主流的试验、计算方法往往结果精确，但因对试验和计算条件、相关人员专业性的要求而成本高而难以推广。本课题通过收集既往风灾数据，使用机器学习、近邻检索、知识图谱等技术，实现建筑风灾致损情况预测、相似案例检索、知识自动问答功能，构建建筑风环境灾害评估平台，实现对建筑风环境致损的快速预测判断，并能提供相关知识，为制定风灾应对策略提供参考。

【关键词】建筑风环境；风灾；机器学习；近邻检索；知识图谱

1　前言

我国是世界上遭遇台风袭击最多的国家之一，随着人口和社会财富的增长，风灾应对的重要性愈发凸显。当前已有多种技术可用以获取建筑风环境信息，如现场实测、风洞试验和计算机数值模拟等[1]。基于试验或计算结果，结合结构抗力模型等知识，可以实现建筑在特定风环境下破坏情况的预测评估。这些评估方案结果精确，但往往需要一定的试验或计算条件予以实现，相关成本较高，并且需要研究、试验人员具有对专业知识的深入了解，使其难以在建筑运维阶段推广普及。

我国风灾频发的同时产生了大量数据，其中隐含着信息，经过技术手段加工，可以获取规律和知识。涉及的技术包括深度学习、进化算法等。目前已有类似研究将人工智能技术应用于这一领域，该类方法无需对结构及风场理论知识的深入了解，也可免于繁重的计算程序，是一种提供建筑风灾致损评估的快速、简易的途径。

本课题的研究内容以风灾致损建筑案例为基础，应用多种算法构建建筑风环境灾害评估平台，包括风灾致损预测、相似案例推荐和自动问答三个功能模块，三者相互配合，实现预测评估流程的简化，并为制定应对策略提供参考。

2　相关研究综述

目前 CFD 方法因其多方面的优势而在建筑风环境领域得到广泛应用。Weerasuriya 等[2]提出了一组新的边界流入条件以研究 CFD 模拟中的扭曲风流，Leng 等[3]耦合中尺度天气研究预报模型和微尺度 CFD 模型以模拟建筑群风环境和污染物扩散。除此类主流方法外，人工智能技术也被用于评估建筑风环境灾害。如 Chiu G[4]开发了用于结构风灾评估的专家系统，Sandri P[5]使用人工神经网络模型习得输入特征与建筑物损坏等级之间的关系。

除上述技术手段，机器学习等技术也同样可用于获取相关判断。机器学习基于数据建立模型，描述其间隐含规律，从而对问题做出合适的决策。其中，采用有标签样本进行训练的监督学习[6]可以获得较高

【基金项目】国家自然科学基金项目（51778336）

【作者简介】胡振中（1983—），男，清华大学深圳国际研究生院副教授。E-mail：huzhenzhong@tsinghua.edu.cn

质量的分类或回归模型，从而实现相关预测和推断。监督学习算法包括支持向量机、随机森林等。

与机器学习直接描述数据中隐含规律的概念不同，近邻检索借由相似度，通过"类比推理"给出参考或作出决策。除了逐一比对查询点和样本点的传统方法，目前已有多种近似最近邻搜索方案以少量准确率换取次线性时间复杂度，提升检索效率。HNSW 是目前最常用的基于图的方案，它借鉴跳表的思路，通过分层结构降低了时间复杂度[7]。近邻检索的距离度量依赖向量相似度[8]实现，包括欧氏距离、余弦相似度、皮尔逊相关系数等。

自动问答系统本质是一种信息检索系统。现有的问答系统包括社区问答、检索式问答和知识库问答。知识库问答优势在于可以实现基于图的深层逻辑推理，而不止于传统搜索引擎的浅层语义匹配。除了传统的 lambda 范式[9]，近年来深度学习方法也得到应用。周博通等[10]基于 LSTM 构建问答系统，获得良好表现；Xie 等人[11]结合 CNN 与 Bi-LSTM 构建了深度结构化语义模型。

3 知识驱动的建筑风环境灾害评估方法

3.1 评估平台整体流程

参考业务应用的三层架构，构建建筑风环境灾害评估平台，包括用户交互层、业务功能层、数据层。据此提出建筑风环境灾害评估的技术路线，如图 1 所示。

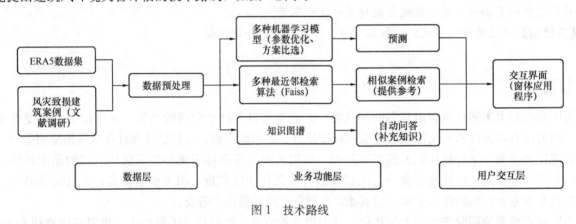

图 1　技术路线

收集风灾致损建筑案例及风环境数据并进行预处理，将非结构化的文本转化为特征明确的结构化数据，以此为数据基础构建三个功能模块。

3.2 数据收集与处理

本研究数据收集处理工作主要有两部分：

（1）风灾致损建筑案例

通过中文数据库及搜索引擎等，以"风灾""建筑"等为关键词进行检索，收集信息相对完整的风灾致损建筑案例，共获得 340 条。案例主要有三类，第一类以描述性语言说明某一案例的基本信息，譬如"2014 年台风'威马逊'造成海南文昌某房屋承重墙体整体坍塌、屋面坍塌"[12]；第二类是某区域建筑的承灾破坏情况的定量统计；第三类是区域内建筑破坏情况的定性描述。然后处理案例，包括特征选取、数据预处理及破坏等级划分。

台风灾害包含三个要素：孕灾环境、致灾因子以及承灾体[13]。本研究依据这一概念以及信息完整度，确定描述案例的特征集｛孕灾环境：风速；致灾因子；承灾体：结构类型，使用年限，规范程度（建筑本身特征），屋盖承重/非承重构件损伤，竖向承重/非承重结构损伤，门窗、玻璃幕墙和内部构件损伤（建筑破坏特征）｝。

进行特征选取后，进行三种方式的数据预处理。数据转换针对分类变量，基于字典将其转化为定距型数值变量。数据清理即处理缺失值。对于定距型数值变量，取该特征存在值的平均值以插补。数据不平衡是指训练集中各类样本比例失衡。由于案例数量有限，采用过采样的方式进行处理，并注意在复制样本时添加随机扰动。最后根据《灾损建（构）筑物处理技术规范》CECS 269[14]等多部规范人工标注破坏等级，以量化建筑破坏现象。

（2）ERA5 数据集

从欧洲中期天气预报中心下载 ERA5 数据集。数据采用经纬网格形式，分辨率为 0.25°，时间间隔为 1 小时。本研究选择地表 10m 风东西向分量（下称 u）、地表 10m 风南北向分量（下称 v）进行下载。数据处理包括两步：首先将 u、v 分量合成为地表 10m 高度处水平风速；然后排序得出区域内最大 10m 水平风，代表特征集中描述风环境的"风速"特征。

3.3 建筑风灾致损评估框架

为了快速获取对于单体建筑在一定风环境下可能破坏情况的了解，基于结构化数据构建建筑风灾致损评估框架。这一框架包括下述两个功能模块，因其间关联紧密。

（1）基于机器学习的建筑风灾致损预测

这一模块可以快速、大致地评估判断建筑风灾致损情况，其业务逻辑如图 2 所示。

获取上图中四个维度的输入特征后，使用机器学习模型获得对其破坏等级的预测。本研究采用监督学习算法构建预测模型。进行数据 Z-score 标准化后，采用 sklearn 库及 xgboost 库构建算法

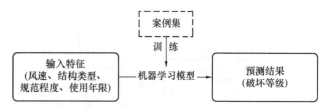

图 2　风灾致损预测模块业务逻辑

模型，包括随机森林、XGBoost、Adaboost、Bagging、支持向量机。以最小化（$1-R^2$）为目标，使用 hyperopt 进行超参数优化。对各模型优化后的指标进行比较，选出相对最优模型用于预测。综合模型稳定性，随机森林模型相对最优，其 R^2 为 0.618，准确率为 0.709。

（2）基于近邻检索的相似案例推荐

由于机器学习模型只能获得对破坏等级的预测，既不够准确，也无法获知破坏细节，故构建相似案例推荐模块，提供情景相似的案例以供补充参考，其业务逻辑如图 3 所示。

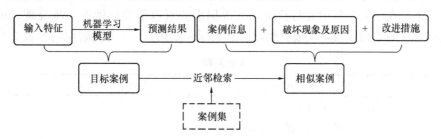

图 3　相似案例推荐模块业务逻辑

用户输入建筑及风环境特征后，经过预测及近邻检索可得相似案例。使用 Faiss 构建检索算法，实现的四种检索算法为欧氏距离、余弦相似度两种相似度测度和暴力检索、HNSW 检索两种检索方式的组合。获取 50 条测例分别进行相似案例检索，表 1 为某一测例检索结果。比较不同算法检索结果，发现距离度量方式影响获取相似案例的特征，但各有其合理性，可互为补充；综合准确度和效率，HNSW 优于暴力检索。

检索测例　表 1

输入测例	算法	相似案例
〈24.73，砌体结构，农村自建，一般，轻微损坏〉	欧式距离×HNSW 检索	〈26.16，砌体结构，农村自建，一般，中度损坏〉 坡屋面损坏：部分檩条损坏 屋面抗风能力较弱

3.4 基于知识图谱的自动问答系统

通过前两个模块了解的是某一建筑的情况，所知也仅限于此，因此构建基于知识图谱的自动问答系

统，提供综合性知识，作为评估框架的背景性补充。

（1）知识图谱构建

知识图谱以结构化的方式表示现实事物概念及其间联系，其本质是一种语义网络。逻辑上，知识图谱可分为数据层和模式层[15]。本研究采取自上而下的方式[16]构建知识图谱，即先设计模式层，再据此抽取知识形成数据层。模式层设计参考台风灾害三要素和事件传统表示模型，据此定义 6 类实体、11 种属性及 7 种关系。所得模式层如图 4 所示。

然后基于模式层，从已有结构化数据中提取三元组，使用 Neo4j 图数据库进行存储。

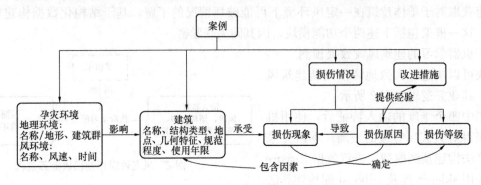

图 4   知识图谱

（2）自动问答系统

基于知识图谱构建自动问答系统，通过三个步骤实现：问句语义解析、信息检索与答案生成。问句语义解析可拆分为三个子任务：首先根据实体生成领域词典，使用 Aho-Corasick 匹配算法[17]实现自然语言问句中命名实体的识别；然后根据现有数据及实际需求，确定 4 类问题及相应关键词集，通过关键词匹配确定问句类型；再根据问题类别以及命名实体生成相应的查询语句，此即 Neo4j 相应的 Cypher 查询语句。然后使用查询语句在图数据库中进行检索，并根据需要对返回数据做进一步处理。最后，将处理所得套入与问题类型对应的答句模板，生成自然语言答案返回给用户。4 类问题说明如表 2 所示。

		4 类问题		表 2
	问题类型	问题示例	类别 1 具体说明	
1	对比	xx 结构和 xx 结构相比，哪种抗风能力更好？	关键词集	{"相比"…"较"}
2	原因	xx 结构破坏，可能有什么原因？		
3	措施	xx 结构的加固措施	答句模板	"根据统计，{0} 的抗风性能更好". format (self. Compare (answers))
4	现象	xx 结构可能会出现什么样的破坏？		

注：Compare 函数返回的是某两类结构根据破坏等级在统计意义上的比较结果。

4   建筑风环境灾害评估平台设计与实现

以格式化数据为基础，整合三种功能，设计建筑风环境灾害评估平台的整体架构，包含三层：用户交互层、业务功能层和数据层。交互层收集用户指令并进行反馈，是系统的对外窗口，基于 Visual Studio 2012 构建 WinForm 窗体，以实现平台交互层，依据功能模块划分面板，如图 5 所示。业务功能层接受交互层传来的信息和指令，调用相应功能模块对从数据层获取的数据进行处理，具体实现过程见第 3 节。数据层收集、处理并存储相关数据，是整个架构的数据基础。

具体运行案例如图 5 所示。用户输入的案例特征及预测结果如图，据此进行相似案例检索，获取的相似案例为（钢结构，一般，较正规，24.22，严重损坏），损伤情况为"屋面坍塌；屋架与竖向承重结构连接处坍塌"；损伤原因及相应改进措施如图。可见预测结果及相似案例较为一致，符合预期。输入问题及获得回答如图，以获取钢结构风灾预防的相关经验知识。该回答为检索钢砌体结构案例改进措施所得。这一类问答主要存在的问题是未能对知识进行整合，形成体系，仅能列举部分案例作为参考。

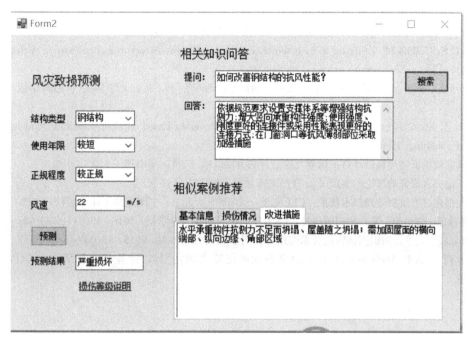

图 5 运行案例

5 结语

本研究运用文献调查法收集整理风灾致损建筑案例，并经过数据处理将非结构化的文本信息处理为结构化数据。在此基础上，整合机器学习、近邻检索、自动问答等技术，基于 Visual Studio 开发了建筑风环境灾害评估平台，通过损伤情况预测、相似案例推荐、相关知识问答三个功能模块，实现对于风灾环境下建筑状况的快速分析和评价。通过快速的分析反馈和简便易行的操作，平台为建筑行业人员提供了评估风灾危害的有效工具，弥补了现行风灾评估技术存在的不足之处，具有广阔的工程应用前景。

关于本平台的进一步改善，主要考虑下述两方面：一方面是将平台嵌入 BIM 模型的二次开发中。这一做法有两点好处，一是方便进行案例数据的管理，既易形成结构化数据，也可进行全生命周期内的数据更新，因而可以获得对案例更准确的特征描述；二是可以通过点击拾取或从数据库中直接导入建筑特征，无需用户输入。另一方面的改进主要在于知识图谱。其构建仅使用风灾致损建筑案例数据，而未引入其他相关知识，因此局限了后续可实现功能。可考虑进一步完善知识图谱，采用深度学习等技术构建自动问答系统，拓宽服务范围，提高处理能力。

参 考 文 献

[1] Kim J Y，Yu E，Kim D Y，et al. Calibration of analytical models to assess wind-induced acceleration responses of tall buildings in serviceability level[J]. Engineering Structures，2009，31(9)：2086-2096.

[2] Weerasuriya A U，Hu Z Z，Zhang X L，et al. New inflow boundary conditions for modeling twisted wind profiles in CFD simulation for evaluating the pedestrian-level wind field near an isolated building[J]. Building and Environment，2018，132：303-318.

[3] Leng S，Li S W，Hu Z Z，et al. Development of a micro-in-meso-scale framework for simulating pollutant dispersion and wind environment in building groups[J]. Journal of Cleaner Production，2022，132661.

[4] Chiu G. An extreme-wind risk assessment system. [D]. Stanford University，1994.

[5] Sandri P. An artificial neural network for wind-induced damage potential to nonengineered buildings[M]. Texas Tech University，1996.

[6] 张润，王永滨. 机器学习及其算法和发展研究[J]. 中国传媒大学学报(自然科学版)，2016，23(02)：10-18，24.

[7] Li Q Z，Bai X Q，Li L X，et al. Hierarchical navigable small world graph algorithms based on quantization coding[J].

Computer Engineering & Science，2019.

［8］ 张宇，刘雨东，计钊．向量相似度测度方法［J］．声学技术，2009，28（04）：532-536.

［9］ Zettlemoyer L S，Collins M．Learning to map sentences to logical form：Structured classification with probabilistic categorial grammars［J］．arXiv preprint arXiv：1207.1420，2012.

［10］ 周博通，孙承杰，林磊，等．基于 LSTM 的大规模知识库自动问答［J］．北京大学学报（自然科学版），2018，54（02）：286-292.

［11］ Xie Z，Zhao Z，Zhou G，et al．Knowledge Base Question Answering Based on Deep Learning Models［J］．Springer International Publishing，2016.

［12］ 何胜华．风灾致损低矮建筑破坏特征研究及应急评估方法［D］．广州：华南理工大学，2019.

［13］ 史培军．三论灾害研究的理论与实践［J］．自然灾害学报，2002（03）：1-9.

［14］ 叶观宝．灾损建（构）筑物处理技术规范：CECS 269—2010［S］．北京：中国建筑工业出版社，2012.

［15］ 徐增林，盛泳潘，贺丽荣，等．知识图谱技术综述［J］．电子科技大学学报，2016，45（04）：589-606.

［16］ 刘峤，李杨，段宏，等．知识图谱构建技术综述［J］．计算机研究与发展，2016，53（03）：582-600.

［17］ 王培凤，李莉．基于 Aho-Corasick 算法的多模式匹配算法研究［J］．计算机应用研究，2011，28（04）：1251-1253，1259.

暖通空调的 BIM 正向设计流程和要点

王玉明

（中交机电工程局有限公司，北京 100088）

【摘　要】超大型综合体建筑大量涌现，暖通空调设计变得愈发复杂，尤其是与其他专业间的设计协同，困难倍增。近年来，BIM 技术快速发展，成为解决这一技术难题的突破口，本文提供了暖通空调的 BIM 正向设计方法，力求脱离二维设计并高效、高协同地满足暖通空调设计需求，减少设计中的错漏碰缺，保障项目实施中不再返工，减少资源浪费，节约工期并提高项目完成质量。

【关键词】大型综合体；暖通空调；BIM 技术；正向设计

1　引言

BIM 技术的发展和应用，有效地解决了机电管线系统复杂、专业协调难度大等主要问题，但 BIM 技术的应用存在较多问题，当前 BIM 技术的应用以利用图纸翻模为主，会花费大量时间及人力，且翻模人员非设计师本人，甚至非专业设计人员，不具备专业技术知识，二维图纸至三维模型的转化过程，丢失原设计师设计本意，降低了设计模型质量，从而影响工程质量。甚者由于项目工期紧，翻模及模型的协调优化耗时较长，待翻模协调后模型拿到现场，现场已开工，缺乏时效性，从而使应用价值大打折扣。

BIM 在工程设计中的应用尚未形成明确统一的设计应用标准，BIM 设计是一种更先进的设计理念和工具，应当正视和充分利用其在工程设计中的价值，改善当下 BIM 应用存在的问题。在此，以暖通空调设计为例，进行了暖通空调 BIM 正向设计的探索。

2　暖通空调 BIM 正向设计流程

暖通空调的 BIM 正向设计流程图，如图 1 所示。

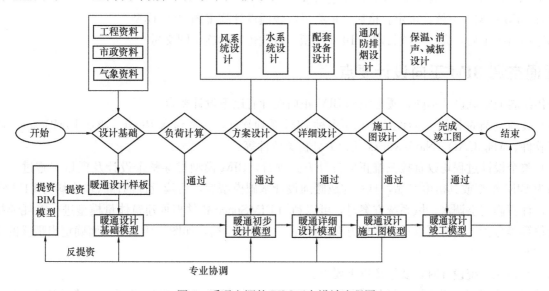

图 1　暖通空调的 BIM 正向设计流程图

【作者简介】王玉明（1990—），男，工程师。主要研究方向为暖通给排水设计。E-mail：15222203993@163.com

暖通空调的 BIM 正向设计，基于基本设计原理和流程主要包括以下步骤：

（1）设计基础

根据原始气象资料中建筑气候分区情况、冬夏季干湿球温度数据、室外平均温度和风速数据、冷风渗透朝向数据以及工程资料中建筑类型、具体工艺需求并结合具体市政条件，创建暖通设计 BIM 模型样板。

以 BIM 模型样板为基础，结合上游土建、结构等专业 BIM 模型，整合得到暖通设计 BIM 基础模型。

（2）负荷计算

根据设计要求及规范标准设置相关参数，对暖通设计 BIM 基础模型进行空调负荷计算。

（3）方案设计及详细设计

根据空调负荷计算结果，进行空调方案设计，确定空调风、水系统方案。

根据确定的风系统方案，利用 BIM 软件进行空调、制冷/热设备的选型设计、气流组织设计等，从而形成空调风系统设计 BIM 模型。

根据确定的水系统方案，利用 BIM 软件进行设备连接的水管、阀件及需用水泵等的选型设计，形成空调水系统设计 BIM 模型。

根据空调风系统设计 BIM 模型和空调水系统设计 BIM 模型以及暖通设计 BIM 基础模型设计，利用 BIM 软件进行水箱、冷却塔、锅炉房、散热器、风机、换热器的选型和支吊架、预留预埋、设备基础等设计，形成配套设备系统设计 BIM 模型。

根据以上设计，利用 BIM 软件结合具体项目的隔热、降温、除尘、排毒、消防等要求，进行风机、除尘设备、热交换设备、风阀、风口、风管等设计选型；并结合建筑高度、使用性质、防烟分区的划分和平面布局情况进行通风及排烟方式的设计，形成通风与防排烟设计 BIM 模型。

根据空调风系统设计 BIM 模型和空调水系统设计 BIM 模型以及具体设计要求，利用 BIM 软件进行设备及管道保温、消声及设备减振等详细设计，形成保温、消声、减振设计 BIM 模型。

整合所有设计内容完成的设计 BIM 模型，可分别在方案设计阶段和详细设计阶段形成对应阶段的 BIM 模型，逐步推进设计深度。

（4）施工图设计

在详细设计 BIM 模型上继续深化设计，在各阶段将暖通设计 BIM 模型与工程结构、建筑、给排水、消防、电气、控制等其他各专业 BIM 模型进行设计协调。

设计 BIM 模型经审核、审定合格后，最终形成暖通设计施工图 BIM 模型。

（5）项目竣工后，完成与项目竣工 BIM 模型，替代传统的施工图交付。

3 暖通空调 BIM 正向设计要点

与传统暖通空调设计不同，暖通空调 BIM 正向设计有以下设计要点：

（1）暖通空调的 BIM 正向设计要利用多种 BIM 系列软件，主要包含 Revit、鸿业 BIMSpace、鸿业负荷计算软件、MagiCAD、Navisworks 及相关分析类软件等。

（2）整个设计过程均以直接三维正向设计方式进行，BIM 模型贯穿整个设计及项目实施过程，设计成果均为 BIM 模型或其衍生产品，且在完成暖通设计基础模型后，后续设计的输入输出均为 BIM 模型。

（3）计算确定空调水、风系统方案时，可以利用 BIMSpace 软件根据建筑体量模型进行能耗模拟，冷热负荷估算等分析，同时可以进行多种方案的能耗、经济性比选，如图 2 所示，从而确定出最优的空调系统设计方案。

（4）空调风系统设计时，要注意以下要点：

① 根据建筑面积、进深、楼层、层高及相应的功能特性进行空调区域划分，并利用 Revit、鸿业 BIMSpace 软件维护设计 BIM 模型。

② 根据所确定的负荷、空调方案及各系统所承担负荷的划分计算风量、冷（热）量，进而确定空调

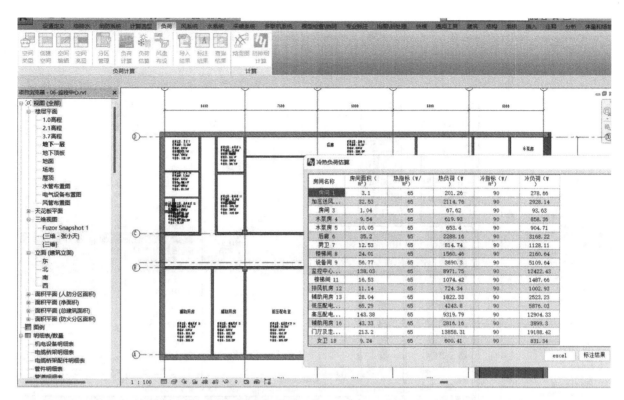

图 2　暖通空调的 BIM 正向设计负荷估算

设备型号，同时可以利用鸿业 BIMSpace 软件进行空调设备（采暖设备）选型和布置（设备必须包含风量、水量、冷热量、压降等非几何信息），更新 BIM 模型。

③ 根据房间功能特性、空间特性及相关规范要求进行气流组织设计，并确定风口类型和布置，利用鸿业 BIMSpace 软件布置相应的风口（风口必须包含压力、风量范围、局部阻力等非几何信息）。

④ 完成风口及空调设备选型及布置后，用鸿业 BIMSpace 软件中风管连接各风口及设备，并按规范布置风管附件，形成完整的空调系统模型。

⑤ 形成完整的空调系统模型后，利用鸿业 BIMSpace 软件进行风管水力计算，根据水力计算结果对管径进行调整，然后进行校核计算，直至管路满足设计要求。同时该软件具有设计计算功能，根据规范设置相应参数，一键设计计算，对于设计经验丰富的设计师可简化反复设计计算，如图 3 所示。最后利用软件的计算结果赋回功能，一键完成模型修改，进一步复核调整空调设备型号使满足末端要求，形成最终风系统设计模型。

（5）空调水系统设计时，要根据空调设备所承担的冷（热）量、市政条件、工程相关条件，进行相应的水方案设计，并计算各水系统水量（包含冷却水、冷冻水、冷凝水等，特别的，对于冬季使用采暖系统的热水量），确定水系统设备主要参数要求，进一步确定设备型号。基于风系统设计模型，利用 Revit、鸿业 BIMSpace 软件完成相应水系统设备的布置。

（6）完成水系统设备布置后，利用鸿业 BIMSpace 软件进行水系统设计布置，设备末端管路及配套附件布置完成后，利用水系统水力计算模块，对水系统管路进行水力计算，根据水力计算结果对管径进行调整，进一步校核计算，直至管路满足设计要求。同时该软件具有设计计算功能，根据规范设置相关参数，一键设计计算，对于设计经验丰富的设计师可简化反复设计计算，最后利用软件的计算结果赋回功能一键完成模型修改，进一步复核调整水系统设备型号使满足末端要求，形成最终水系统设计模型。

（7）保温设计时，利用 Revit 软件，设置相应的保温材料及厚度，对要保温管道、管件及附件等进行保温层添加。

（8）整个系统的支吊架设计时，可以利用 MagiCAD 软件的支吊架模块，进行支吊架设计，其特点在

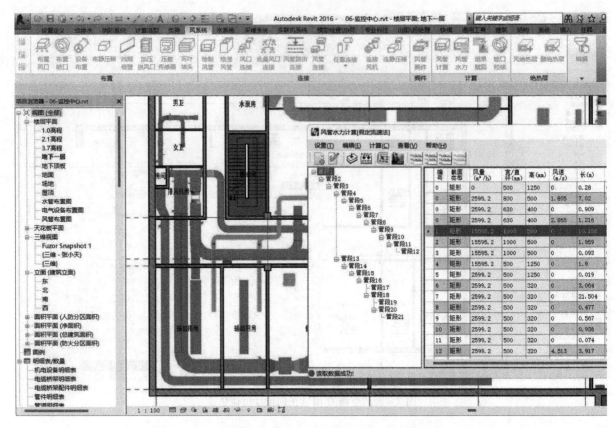

图 3　暖通空调的 BIM 正向设计风管水力计算

于可进行受力计算，可以满足暖通设计人员对结构受力分析计算的盲区，且具有综合支吊架设计功能，可以专业协调后，对多专业的管线进行综合支吊架设计，MagiCAD 软件的支吊架模块选型设计选型，如图 4 所示，从而避免支吊架过多，错综复杂的情况，使整体布局美观，空间优化，减少材料浪费，节约成本。

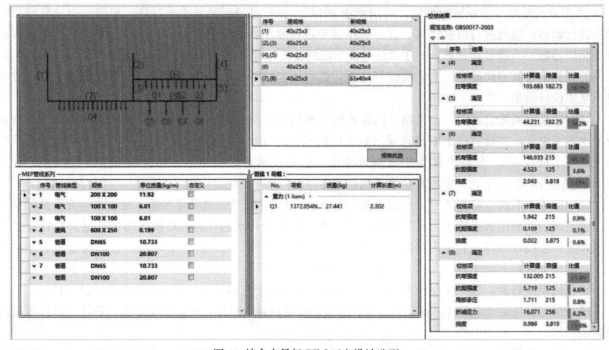

图 4　综合支吊架 BIM 正向设计选型

（9）整个设计过程中，每一步都要提资（包括设备、管件等的荷载、供配电、控制要求及几何信息等）进行专业协调。

（10）整个设计过程中，专业协调可以利用 Navisworks 软件进行碰撞检测，将各专业模型在 Navisworks 软件中统一定位整合，检查出碰撞点，协调修改设计模型。

4 BIM 正向设计主要优势

（1）所见即所得，设计过程更加直观，可以降低设计过程中的空间想象力和记忆力，减少出错。

（2）BIM 正向设计无需再花精力和成本进行翻模来辅助专业协调，设计过程中可直接与其他各专业进行协同设计，使各专业间的提资变得更加简单直观，实时或定期同步协同检查，将专业间的错漏碰缺前移发现、及时修改，不让小问题变为大问题，让 BIM 协同设计价值最大化，是最佳的设计模式。

（3）BIM 正向设计成果可将所有设备、材料等几何信息（规格尺寸、安装位置等）及非几何信息（名称、主要性能参数、技术要求、材质、安装工法、品牌等）包含，并可以快速进行工程量统计、生成计算书及各种视图等。

（4）BIM 正向设计工具众多软件配合实现暖通空调设计的精确计算、快速设计、严谨校核、全面协同，实现设计周期和质量的双保障。

5 结语

暖通空调的 BIM 正向设计优势显而易见，简化了设计师的设计计算，增强了专业协同效果，减少设计中的错漏碰缺，避免后期工程的返工，减少资源浪费，节约项目工期并提高项目的完成质量。直接利用 BIM 技术进行工程的 BIM 正向设计是必然的趋势，作为设计人员，要充分利用这一先进设计工具，优化设计模式，提升设计效率和质量，推动科技发展，助力资源节约。

参 考 文 献

[1] 林熔 . BIM 新技术在暖通空调领域的应用价值刍议[J]. 河南建材，2018(4)：334-335.
[2] 詹光泽 . 探究 BIM 技术在暖通空调设计中的应用方案[J]. 科技风，2018(34)：160.
[3] 李玉杰 . 暖通空调设计中 BIM 技术的应用[J]. 绿色环保建材，2018(2)：88.
[4] 张大镇 . BIM 技术在暖通空调设计应用中的现状分析[J]. 发电与空调，2016，37(2)：62-65.
[5] 张妍妍 . BIM 技术在暖通空调设计中的应用[J]. 电子技术与软件工程，2019(10)：138.
[6] 靳翔宇 . 试析 BIM 技术在暖通空调设计中的应用[J]. 山西建筑，2017，43(28)：125-126.

数字化预制加工技术在北京地铁 12 号线的应用

庞志宁

（中铁电气化局集团有限公司设计研究院，北京 100166）

【摘　要】在完成 BIM 机电管综模型调整之后，利用无缝连接预制加工技术对暖通专业风管、水管进行标准化分段，实现标准化管段模型转化成 NC 数控加工代码后再利用等离子切割机等数控加工，对于地铁站里的冷水机房，在优化冷水机房里的综合管线后按设备机组进行分模块划分，将划分好的模块整体在工厂进行装配式安装，并对结构进行有限元校核计算，然后再进行运输和安装。而对于设备区走廊的综合支吊架，在综合管线深化设计及空间布置优化后再布置支吊架，同时对综合支吊架结构进行受力校核计算，整个技术方案保证了 BIM 机电安装能够安全施工，在此基础上实现 BIM 机电项目顺利落地。

【关键词】预制加工；有限元；全景

1　项目概况

北京地铁 12 号线是北京市一条正在建设的地铁线路，于 2016 年开工建设，预计 2022 年底开通运营。北京地铁 12 号线一期西起海淀区四季青站，途经西城区，东至朝阳区东风站，已取消管庄路西口站，远期将延伸至曹各庄北站，可以跟 3 号线和 22 号线换乘，截至 2019 年 11 月，北京地铁 12 号线一期全长 29.6km，全部为地下线；共设 24 座车站，其中 23 站为地下站，仅曹各庄北站为地面站。本项目为北京地铁 12 号线机电IV标安装项目，包括北岗子站、酒仙桥站、芳园里站、高家园站，我单位负责 BIM 深化设计及预制加工工作，模型的精度达到 LOD350。规划路线图如图 1 所示。

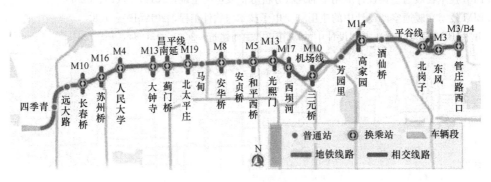

图 1　北京地铁 12 号线线路图

2　技术路线及方案

采用预制加工方式的目的和意义主要有以下几点：（1）加快进度，缩短工期；（2）优化站内管线空间排布；（3）实现基于 BIM 的数字化预配加工，提高集成化水平；（4）实现精准提料，减少材料浪费，

【实施项目】北京地铁 12 号线 JD-IV 标机电安装项目

【作者简介】庞志宁（1986—），男，BIM 项目技术负责人/工程师。主要研究方向为港口码头、公路、轨道交通项目 BIM 设计，有限元计算。E-mail：659438090@qq.com

（5）实现精准加工，提高制作工艺水平；（6）更加绿色、环保；（7）提升智能化管理水平。据此制定技术路线和方案，如图 2 所示，从拿到设计院施工图开始，根据设计院施工图拆分单专业图，建立单专业模型，然后将单专业模型合成一个机电管综模型，根据空间大小合理优化机电管线排布，然后根据调整好的机电管线可以进行孔洞预留、设备排产、支吊架受力校核、总体或单专业的工程量统计，再根据调整好的风管和水管按照标准化管段进行预制和出图，将预制好的模型转化成 NC 代码导入到等离子切割机中，同时将预制好的模型导出排产单，便于在加工过程或者运输进场前的工程量核对。

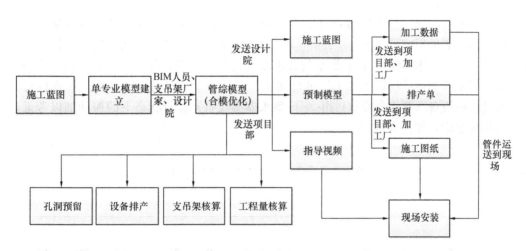

图 2　技术路线图

3　模型成果展示

根据土建、装修、机电图纸进行建模，调整机电管综模型后模型成果如图 3 所示。

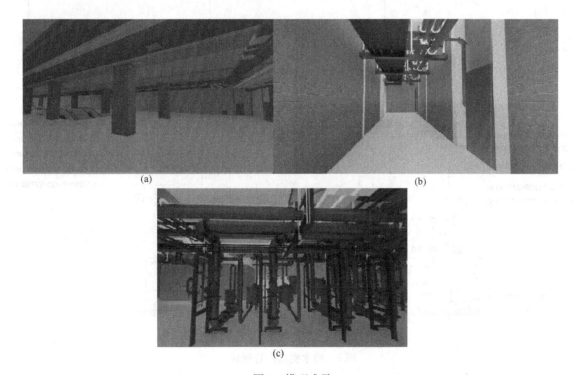

图 3　模型成果

（a）站厅层公共区风管预制、安装；（b）站厅层公共区风管预制、安装；（c）站厅层公共区风管预制、安装

4 BIM 模型创新应用点

4.1 深化设计，预制风管、水管，出图

以风机或空调机组为界，绘制单专业系统管线图，如图 4 所示，单系统风管编号以风机或空调机组的设备编号为起始，同一标准直管段（标准节长度为 1240mm）采用同一编号，异形件（S 弯或三通）单独编号，例如：EAF-a101……，单专业系统管线图须将风机、防火阀、空调机组、风机盘管等设备的编号、平面位置、标高位置等信息应在图纸中标注清楚，风管端头位置应标注"封堵"，风管预制应从设备连接端开始，先预制异形件，顺着异形件的方向继续预制，在直管段最后位置应预留有连接活口，同时，出图后工程量单以明细表的形式导出 Excel 表格，Excel 表格采用同一格式。同样地，水管预制加工的方式可根据调整好的机电管综模型，然后根据水管标准段长度进行划分，如图 5 所示，同时进行 BIM 预制、出图、出量单，将图纸和量单反馈给加工厂进行加工，最后将生产好的成品运抵现场进行安装。除此以外，对于冷水机房的设备（泵组、冷水机组、分/集水器等设备）运行状态下的振动加以考虑，设计出合理的设备基础和排水沟，如图 6 所示。

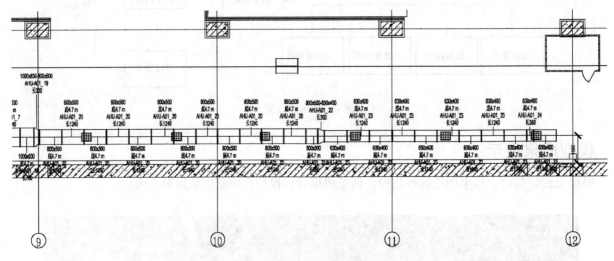

图 4 站厅层公共区风管预制

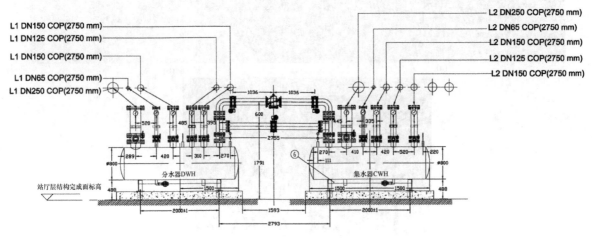

图 5 冷水机房水管预制

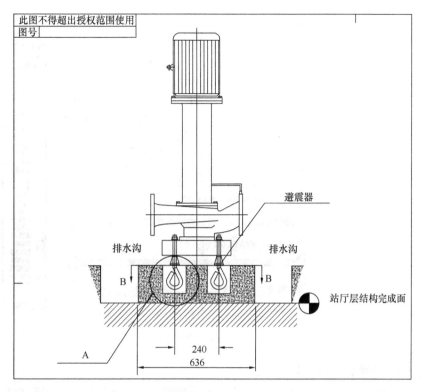

图 6　泵组的安装定位

4.2　风管加工排产二维码

风管加工排产的二维码可结合 BIM 建模软件导出的明细表或者机械三维软件导出的 BOM 表，在二维码条码标签软件再进行进一步加工并导出，如图 7 所示。

图 7　预制风管排产二维码

4.3　设备区走廊综合支吊架结构受力校核、冷水机房装配式钢结构有限元计算校核

利用有限元计算软件将目前设备区走廊综合支吊架进行归类总结，根据综合支吊架的列数、层数、立柱数量、管线数量、支吊架截面尺寸等参数进行归类，并统一建模，对自由度约束、载荷大小及施加载荷的位置进行参数设定，旨在将综合支吊架受力分析参数化[1]，快速校核综合支吊架是否满足安装要求。同时并导出弯矩图和剪力图，校核后出具的校审单可作为内部校审的依据，如图 8 所示。

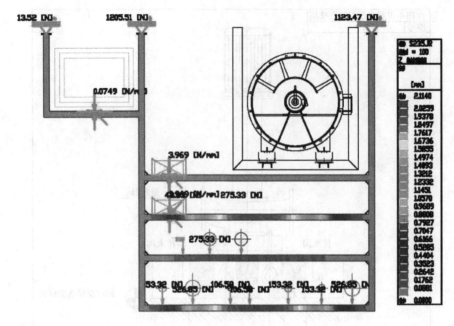

图 8 综合支吊架校核

4.4 镀锌风管钣金展开和风管段模型转成 NC 代码

异形管件（标准同心天圆地方、偏心天圆地方、Y 形蝴蝶三通、S 弯等）可根据钣金展开软件进行深化设计并快速标注外形尺寸，同时将模型在 CAM 数控加工软件中直接导出 NC 代码[2]，NC 代码可直接拷入数控等离子切割机进行走刀加工，如图 9 所示。

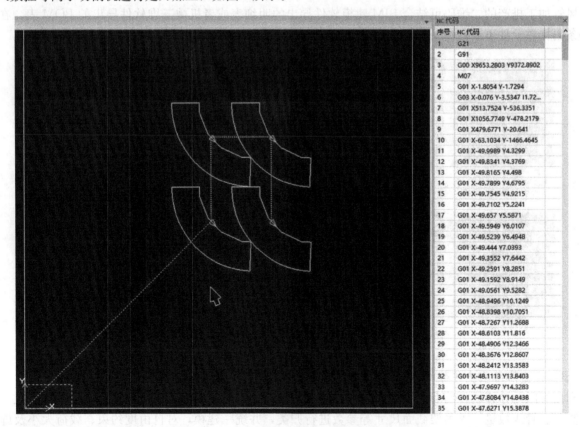

图 9 等离子切割预走刀路径

结论

在机电施工安装项目中，采用 BIM 深化设计，并结合 CAM、CAE、二维码排产、全景技术、模型轻量化等技术进行有机的统一结合，可以在模型直观设计、模数加工以及参数化校核方面起到比较良好的效果，属于本项目技术手段的应用创新点之一，并能促进机电安装项目较快落地，不再让 BIM 技术停留在空洞、耗费人力的模型展示和视频制作上，让 BIM 技术不仅能为深化设计和指导施工服务，并且在项目施工中落到实处。

参 考 文 献

[1] 庞志宁，连涛，王冬明，基于 BIM 技术的机电设备零部件参数化建模及分析方法[J]. 港口装卸，2017(05)：21-25.

[2] 庞志宁，刘寅，王冬明，等. 基于 BIM/CAE/CAM 的接触网棘轮数字化设计、校核及制造加工技术研究[J]. 电气工程学报，2021(04)：43-44.

基于 BIM 技术的机电管线装配式施工方法

简家林,王玉明

(中交机电工程局有限公司,北京 100088)

【摘　要】随着城市建设的快速发展,超大型综合体建筑大量涌现,机电管线安装成为建筑工程施工中的重难点,同时机电工程也承载着综合体运行的重担。本文针对机电管线安装的特点及问题,依托 BIM 技术进行装配式施工方法的研究,合理优化机电管线综合排布,提升机电管线的施工质量,形成一种基于 BIM 技术的机电管线装配式施工方法。

【关键词】大型综合体;BIM 技术;机电管线;装配式施工

超大型综合体建筑的大量涌现,对施工及管理造成了巨大困难。大型综合体建筑涉及面广,包括给水排水系统、暖通系统、强电系统、建筑智能化系统等,安装体量大,协调困难,机电管线错综复杂、排布纵横交叉、局部密集程度高,净空控制难度大,各专业间施工工序控制要求高,需要精细化施工管理。

BIM 技术可通过三维模型形式和强大的信息整合能力,实现复杂项目的管线综合设计、专业间协调和施工的优化,对项目的质量、进度、成本等方面控制起到重要作用,同时可促进业主方、设计方、施工方等各方的工作协同;装配式施工是将项目的部分或全部构件进行预制加工,然后运输至现场进行拼装的施工方法,可有效减少现场施工工序及降低施工难度,提高机电安装工程质量,缩短工期,降低施工成本。BIM 技术和预制装配式的发展为解决机电管线的施工难题提供了有效途径。

1 机电管线传统施工方法存在的问题

机电管线传统施工方法造成大量材料浪费,质量、安全监督管理信息化程度低,设备、构件等从加工、运输,到现场安装难以实现全过程信息化监督管理。现场切割、焊接作业形成噪声、废料等环境污染,且协同差,复工作业多,耗时长,整体实施成本高,美观性较差。

2 基于 BIM 技术的装配式施工流程

基于 BIM 技术的机电管线装配式施工流程图,详见图 1。

2.1 机电管线预制模型的创建及处理

2.1.1 BIM 模型创建及优化

根据施工图创建各专业 BIM 模型,对 BIM 模型进行深化,专业间协同优化,避免错漏碰缺,形成施工 BIM 机电综合模型。

2.1.2 模型校核

利用三维激光点云扫面仪对现场进行扫描,获取全面完整的空间三维信息,记录现场地物形态信息,将扫描信息转化为模型并与上述优化后 BIM 模型进行精细对比校核,维护模型。

2.1.3 机电管线综合优化

利用 Navisworks 等类似软件进行碰撞检测,对碰撞点进行分析判断,根据设计规范、施工需求进行综合调整,优化管线综合排布。

【作者简介】简家林(1993—),男,助理工程师。主要研究方向为机电工程。E-mail:jianjialin07@163.com

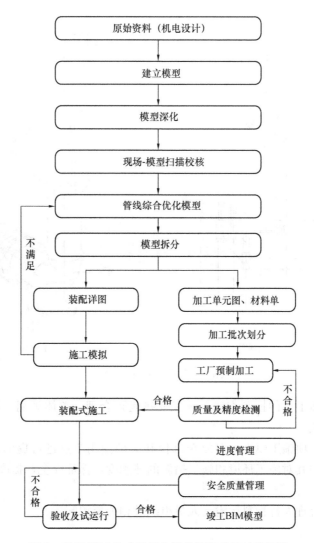

图 1　基于 BIM 技术的机电管线装配式施工流程图

2.1.4　综合支吊架设计

在综合管线复杂节点，利用 MagiCAD 软件的支吊架模块，辅助综合支吊架设计，管线综合与支吊架设计相辅相成，使综合管线设计优化。

2.1.5　模型拆分

根据管线系统、区间安装位置、施工难易程度、集成度、施工进度计划和工厂的预制加工能力，对机电管线施工 BIM 模型进行预制加工模型的划分，形成预制加工构件模型库。

2.1.6　出预制加工图、装配图

预制加工模型出预制加工图、预制加工下料单，详见图 2。并利用二维码技术，每个构件模型生成唯一对应的二维码。

2.2　机电管线的预制加工

根据施工进度，按批次进行构件预制加工。

同时预制加工构件模型信息更新，包括：上游信息、生产信息、属性信息、加工图编码信息、工序工艺信息、成品管理信息等，同时更新对应的二维码，并将二维码附于成品构件一起出厂，辅助现场拼装施工。

2.3　机电管线的装配式施工

2.3.1　施工及进度模拟

施工前要利用 BIM 技术，进行 4D 施工现场组织及工序模拟，直观、精确地反映整个机电管线装配式

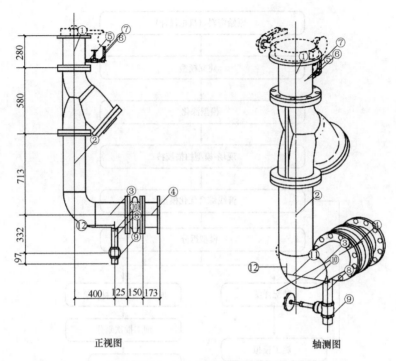

正视图　　　　　　轴测图

图 2　水系统预制拼装图

施工过程。提前预知主要施工方的控制方法、施工安排是否合理，总体规划、场地布置是否合理，工序是否正确，并进行及时优化。

对于复杂节点要进行专项施工模拟，对复杂部位和关键使用节点进行提前预演，并对施工安装工人和管理人员进行培训，增加其对施工环境和施工措施的熟悉度，保证安全，提高效率。

2.3.2　施工准备

根据施工进度计划，合理安排物料运输、人员组织及相关资源配置。

2.3.3　装配式施工

根据 BIM 模型出预制拼装图及施工模拟，优化施工方案。

确定施工方案后，进行现场装配式安装。过程中可通过二维码确定安装位置进行预组装，利用 FRID 技术及时采集和传输信息，利用移动设备和云平台将信息共享和反馈，实现可视化、实时交互协同作业，达到安装位置"毫米级"误差，提升施工效率和安全管理质量，同时现场"零焊接"，做到环保无污染。

2.3.4　竣工模型搭建

安装完成后，进行验收和试运行，并在验收合格后，形成完整的 BIM 竣工模型，以便后期运维使用。

3　效益评估

以横琴项目为例，对地下室综合管线进行计价评估，通过对地下室综合管线排布设计优化、设计综合支吊架，现场装配式施工，直接节约费用约 400 万元，详见表 1，同时施工工期提前约 30 天。

横琴项目地下室 BIM 应用经济效益评估表　　　　表 1

应用点	应用点分析	经济效益	其他效益
BIM 管线综合排布	将各专业间的设计及施工碰撞，在施工前解决	300 万元	减少施工协调工作量，保证工期
预留预埋	利用精准的 BIM 模型，制作一次、二次结构预留预埋图纸，避免后期打砸，避免了后期大量墙体修补封堵	40 万元	提高工序管理水平、节约工期，保证实体砌筑质量
指导工厂预制化加工	利用精准的 BIM 模型，进行管道的预制加工及综合管线的提前拼装	10 万元	提高安装精度，加快施工进度，减少施工管理人员投入

应用点	应用点分析	经济效益	其他效益
协助施工管理	利用精准的零碰撞 BIM 模型,进行施工协调,计划及工序管理,规避施工矛盾	30 万元	助推施工管理,提高总承包管理水平,减少施工协调量,保证工期
综合管理	利用 BIM 协同平台进行材料管理、文档管理、质量安全管理,基于二维码实现模型与现场的连接,实现信息共享与协同	20 万元	提高项目信息化管理与精细化管理水平
合计		400 万元	

4 结语

(1)基于 BIM 技术机电管线的装配式施工方法,专业协同程度高,管线综合排布合理、美观,提升空间利用率,节约材料。

(2)基于 BIM 技术机电管线的装配式施工,对施工方案进行模拟,提前掌握施工要点,保证施工安全和质量。

(3)基于 BIM 技术机电管线的现场装配式施工,大幅减少现场切割、焊接作业,降低噪声、废料等环境污染,复工作业少,缩减工期,降低项目整体实施成本,提升项目美观性。

(4)基于 BIM 技术的装配式施工管理,可以从预制、运输,到现场装配安装等全过程实现信息化监督管理,大幅提升管理质量,并搭建竣工模型,形成完整的项目信息,供运行阶段使用,降低运行费用。

参 考 文 献

[1] 李天华,袁永博,张明媛. 装配式建筑全寿命周期管理中 BIM 与 RFID 的应用[J]. 工程管理学报,2012(3):5.

[2] 曹江红. 基于 BIM 的装配式建筑施工应用管理模式研究[D]. 济南:山东建筑大学,2017.

[3] 何山. 基于 BIM 的装配式建筑全生命周期管理问题探析[J]. 科技创新与应用,2016(5):65.

[4] 周冲,张希忠. 应用 BIM 技术建造装配式建筑全过程的信息化管理方法[J]. 建设科技,2017(3):32-36.

[5] 齐宝库,李长福. 基于 BIM 的装配式建筑全生命周期管理问题研究[J]. 施工技术,2014(15):25-29.

BIM 技术在 EPC 项目施工阶段的应用研究

谢 豪

（中国电建集团山东电力建设有限公司，山东 济南 250000）

【摘 要】 BIM 技术在本项目设计、采购、施工的应用，解决了设计及施工阶段可能存在的大量问题，实现设计的优化，更直观地指导现场施工，形成了"以设计为引领、BIM 技术为支撑、工期管理为主线"的管理模式。项目通过在施工阶段引入 BIM 技术，实现项目施工精细化管理，为项目的顺利实施奠定了基础，同时也提升了项目团队掌控这一类型超大型复杂项目的管理能力。

【关键词】 BIM 技术；可视化；深化设计；工程量应用；智慧化工地

目前工程施工行业管理还比较粗放，运用 BIM 技术结合信息化手段，开展 BIM 技术应用，实现 BIM＋信息化，助力项目精细化、信息化管理，提高施工质量、节约施工成本，确保施工安全。本项目采用全生命周期 BIM 技术，建立 BIM 实施体系，探索项目 BIM 管理机制的创新，将管控 BIM 与技术 BIM 深度结合，通过关键阶段的管控，实现技术 BIM 的全过程可控[1]。施工阶段，通过 BIM 典型应用介绍了 BIM 在施工阶段的应用，形成了"以工期管理为主线，BIM 技术为支撑，设计为引领"的管理模式，体现 BIM 技术价值。借助协同管理平台，将模型和现场结合，实现 BIM 管理工作的线上运转，提高工作效率，增强各方联动，节约时间成本。

目前 BIM 在施工阶段的应用多而广泛，本文重点介绍了施工阶段经 BIM 应用策划、工作流程及对在项目中应用成熟的施工交底、施工深化、工程量管理、施工模拟及一体化平台应用进行研究和说明，为后续项目 BIM 执行提供了较好的管理经验与价值。

1 工程概况

1.1 工程背景

2018 年 11 月，中国电建集团旗下山东电建（SEPCO）和中国水电（SINOHYDRO）组成联合体与业主沙特阿美石油公司和 IMI（国际港务合资公司）签订了项目 P4、P5、P6 标段 EPC 总承包合同，合同金额超过 200 亿。项目总面积约 4.5km×2.5km，建成后将一跃成为世界上规模最大的"超级船厂"，主要从事船舶、钻井平台制造、维护、修理及大修包括超级邮轮的检修制造工作。

1.2 BIM 策划

项目启动阶段，项目部组织 BIM 团队编制了项目 BIM 执行计划、项目 BIM 建模手册，梳理 BIM 相关交付物清单，制定 BIM 相关 QA 和 QC 的执行方案（模型检查与 4D 模拟检查清单，碰撞检测检查矩阵等）等相关文件，同时协同各部门确定了涉及策划、设计、施工、移交等阶段及各相关方的工作流程，如图 1 所示。探索并实现了基于设计院内部使用 ProjectWise 和项目管理团队使用 Aconex 的多专业协同设计和管理。通过协同设计平台，各专业、各工程师可实现模型高度共享，实现项目的集中管控、规则定制和资料互提。

在项目的施工阶段，BIM 中心对 BIM 在施工阶段的应用进行了策划[2-3]，并分为 2 级目标。通过 Ⅰ 级目标的良好应用，形成标准的 BIM 管理文件，为后续项目积累经验，主要包括施工交底、工程量管理、施工深化、BIM 一体化平台应用、施工模拟；以 Ⅰ 级内容为切入点实现 Ⅱ 级目标，主要包括交通模拟、与智慧化工地对接、VR/AR 应用、预制装配式应用等，其中 Ⅱ 级目标涉及内容多及投入大或者面对技术

【作者简介】 谢豪（1989—），男，硕士研究生，沙特国王港项目 BIM 经理。主要研究方向为 BIM 技术应用及管理。E-mail：xie.h@sepco.net.cn

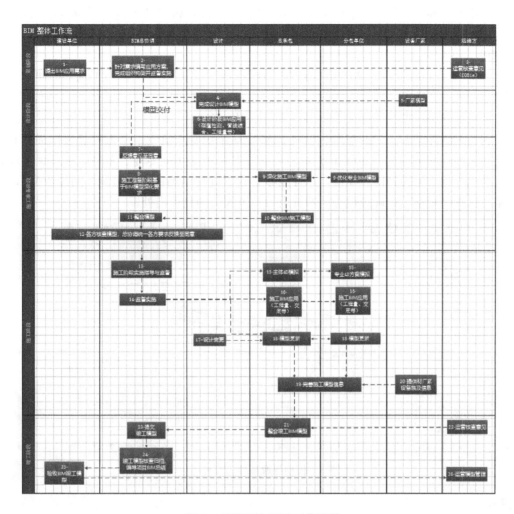

图 1   项目整体 BIM 工作流程

挑战，作为本项目的应用研究点。下面仅以Ⅰ级目标进行详细说明。通过在施工模型上添加相应的施工信息、施工优化、深化设计等形成竣工模型。

2   施工阶段 BIM 应用

2.1   施工交底

针对比较复杂的工程构件或难以二维表达的施工部位，充分利用 BIM 的可视化特点[4]，将模型图片加入到技术交底书面资料中，便于分包方及施工班组对拟建的工程具有更加直观的了解。特别是针对隐蔽工程，例如地下工程（如图 2 所示）管网施工复杂，有效解决交叉施工带来的困境。同时在专项计划的

图 2   地下管网技术交底

编制过程中，专业工程师摆脱传统的纸质文件束缚，充分利用 3D 模型的可视化，通过在 3D 模型中查看相关作业的前置和后置工作及影响区域，使专项计划更加符合实际情况。

2.2 工程量管理

项目 BIM 团队结合相应软件的 API 接口开发了专门用于工程量提取的插件工具，以便于更快速高效地对工程量信息进行提取和更新，有效提升了 BIM 团队的工作效率。通过 Revit 编写插件界面，如图 3 所示，可以选定需要导出的参数，例如 Uniclass 参数、几何参数、属性参数等；同时可以将部分参数反向写入模型，例如编码体系 Uniclass 参数。项目 BIM 团队组织专人负责模型工程量数据提取和更新，然后将工程量数据表通过网页浏览器 Power BI 进行发布，其中可对不同专业、单体、区域、标段等字段进行智能化归类汇总，相应工程师即点即得，并且能够对数据进行精确定位和追溯，通过数据 ID 即可查到相应数据具体出自哪个模型，精确定位每一米管道每一个阀门的具体出处。

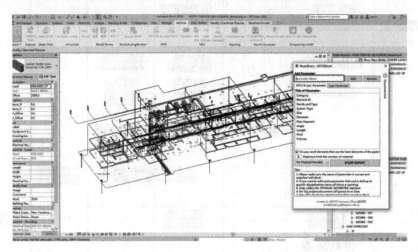

图 3 模型提取插件运行界面

2.3 施工模拟

本项目通过 Synchro Pro 4D 模拟软件对每一个单体均开展 4D 施工模拟工作，一方面通过进度模拟发现不符合实际工序的部位（如图 4 所示）并形成 4D 报告发给项目控制部用于项目计划的错误修正[5-6]，使计划更加符合实际，指导项目执行；另一方面专项施工模拟将有助于相关工程师和施工团队更好地理解施工方案的实施过程与执行过程中的一些关键细节，这种模拟适合有重大危险或相当复杂抽象的施工，例如在本项目中 1600t 龙门吊安装，如图 5 所示，通过方案演示可以使各相关方详细了解安装细节及安装过程中风险事项，提前预判规避风险。

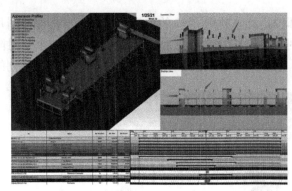

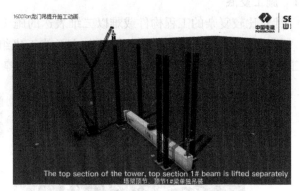

图 4 计划工序不符合实际　　　　　　　　图 5 1600t 龙门吊安装方案演示

2.4 BIM 一体化平台开发

通过公司建立的整合 BIMFACE 模型轻量化引擎的 BIM 信息管理一体化平台实现协同办公，如图 6

所示，可以使项目各参与方摆脱使用专业软件查看模型操作难的限制，将不同格式模型在平台整合，并在平台查看模型，可以对模型进行漫游、剖切、轴网显示、构建隐藏、属性查看等简单操作，满足工程师对模型的基本操作要求，以达到数字化企业管理新模式[7]；并通过公司 BIM 一体化平台将 3D 模型、漫游视频、4D 视频等生成二维码，特别是隐蔽性工程，通过扫描粘贴在各建筑物施工现场的二维码查看相应的模型，并对模型进行操作，满足现场施工需要，实现结合图纸的三维可视化施工。

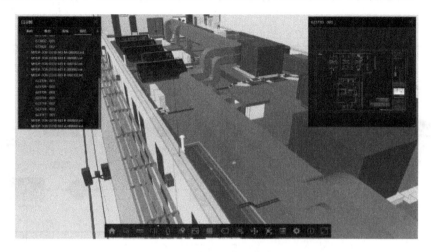

图 6 项目一体化平台浏览模型界面

2.5 无人机的应用

在国王港项目中，由于项目总面积约 4500m×2500m，大量的地下设施施工包括无压管网（雨水、污水、工业废水）、有压管网（气体管线、水系统）、直埋电缆、电缆套管、电缆井、管井等，若采用传统的施工管理将需要大量资源对现场监控。针对本项目超长施工区域特点，项目结合 BIM 及无人机探索出一条利用 BIM 技术的可视化和无人机实时监控的管理模式，如图 7 所示，即通过无人机拍摄地下设施进度，对比 BIM 模型，并进行标注，导出工程量，则可以准确计算出对应工程量，同时可以准确监控现场进度。

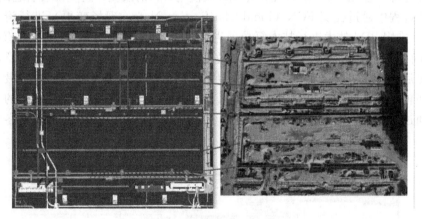

图 7 现场实际进度与 3D 模型对比

2.6 施工阶段深化设计

2.6.1 模型审核（多专业深化）

在设计交付的 BIM 模型的基础上，设备厂家或施工团队可执行基于 BIM 技术的设计优化与深化设计，尤其是对空间管理要求较高的深化设计，例如管线综合、净空分析、支吊架设计等[8]。在设计阶段，设计虽已经完成碰撞检查、综合布线、净空分析等，但是由于 EPC 项目边设计边施工且交叉专业较多的特点，难免也会存在设计阶段未能发现和解决的专业之间交叉碰撞的问题，因此项目团队会在收到设计交付的 BIM 模型后再次对各专业模型交叉进行碰撞检测，流程如图 8 所示。通过碰撞检测后，将碰撞结果在模型中保存视图及导出碰撞报告，发送相关设计人员进行核实和解决。通过提前发现并解决遗留的碰撞问题，避免少数由于设计疏漏产生的问题传递到施工现场，从而降低解决问题的成本。

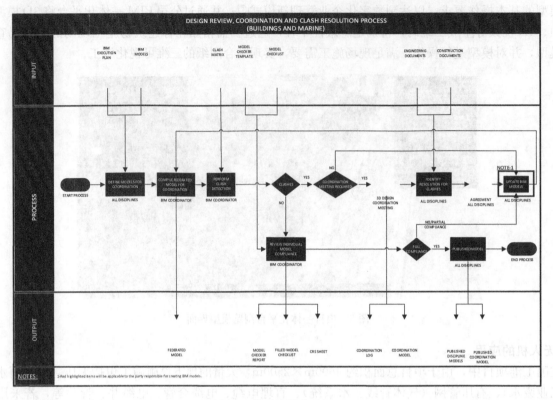

图 8　模型检测流程图

2.6.2　设计变更

在施工过程中，遇到一些原设计未预料到的具体情况，需要进行处理，如增减工程内容、修改结构功能、设计错误与遗漏、施工过程中的合理化建议以及使用材料的改变，这些都会引起设计变更。

在本项目施工过程中通过提交 FCN（Field Clarification Note，现场变更）进行澄清。首先，将变更输入 BIM 模型，采用 BIM 技术进行技术复核，进行相关的专业碰撞检测；其次，直接从模型中导出CAD 图进行标注确认，如图 9 所示，在提交之前通过在 3D 模型中进行相关专业碰撞检测和验证核实是否方案可行。最后，在变更确认后，在 BIM 模型中做同步更新，确保三维模型的最新版本与设计变更保持一致，进而辅助施工管理。工程师在准备 FCN 过程中采用结合 BIM 3D 模型的工作模型有效提高了工作效率。通过施工的一系列标准流程作业，一步步将施工模型进行完善，最终生成符合实际的竣工模型。

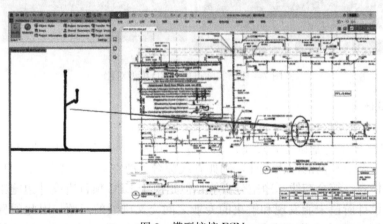

图 9　模型校核 FCN

基于 BIM 的深化设计所形成的施工深化设计模型，由于需要用于形成施工过程模型来指导施工，模型精度要求比较高，例如结构复杂节点、幕墙连接节点、支吊架综合等，因此需要各专业配置相应的技术人员，人员需要具备熟练的 BIM 软件操作能力和施工技术能力。若各专业无法保障相应的技术能力，则无法保障深化设计质量，后期的施工将会产生许多返工，甚至质量安全事故。既耗费了人力物力，又难以达到深化设计效果；并且需要完整的深化设计原则及标准。

3 结论与建议

本文重点说明了 BIM 技术在国王港项目施工阶段的应用，通过施工阶段的施工交底、专项施工模型、施工深化、无人机的应用，实现了项目的精细化管理。探索出一条将 BIM 技术融入项目管理的思路，在为后续项目 BIM 执行提供了较好的管理经验与价值，也提升了项目团队掌控这一类型超大型复杂项目的管理能力。

虽然在施工阶段 BIM 在本项目中取得了一定成果，但是在工程量管理和施工深化过程中，仍存在一定问题，可通过以下措施使 BIM 技术在后续项目更好地落地：

1）建立一套支撑设计、采购、施工和运维的编码体系。通过给构件添加唯一编码，辅助采购管理，支撑施工工程量管理及运维体系。使得模型、族库和属性信息表的一一对应，实现了编码一体化管理，为 BIM 数据分析和从设计到运维管理打下基础。

2）强化施工人员对 BIM 技术的培训。在施工阶段各施工技术人员直接通过模型进行变更，并出图，确保实现设计模型到施工模型、竣工模型的准确传递及运维模型的提交，实现施工阶段的正向设计。

参 考 文 献

[1] 陆泽荣，刘占省 . BIM 技术概论[M]. 北京：中国建筑工业出版社，2018.

[2] 饶洋，赵成宇，周宏韬，等 . 科威特国际机场新航站楼 EPC 项目 BIM 应用体系[J]. 土木建筑工程信息技术，2021-07-01. 网络首发 .

[3] 焦向军 . 港珠澳大澳门口岸管理区项目施工 BIM 应用与实践[M]. 北京：中国建筑工业出版社，2018.

[4] 张述涛，洪班儿 . BIM 及数字化技术在机场改扩建 EPC 工程中的应用[J]. 土木建筑工程信息技术，2021-08-18. 网络首发 .

[5] 柳茂 . BIM 技术在 4D 施工进度模拟的运用［J］. 信息记录材料，2018，19(6)：29-31.

[6] 龚昭进，曹颜，谢豪 . 4D 模拟软件在国际港口工程施工管理中的应用[J]. 水利水电施工，2020(5)：74-78.

[7] 张毅，葛斌，郑果 . 基于 BIM 的智慧建造在香港感染控制中心项目中的探索与实践[C]//土木建筑工程信息技术 . 第八届 BIM 技术国际交流会暨新产品展览会—"工程项目全生命周期协同应用创新发展"，2021：56-62.

[8] 李佳祺，高来先，张永圻，等 . 基于 BIM 技术的 500kV 数字孪生变电站建设[C]// 第七届全国 BIM 学术会议论文集 . 北京：中国建筑工业出版社，2021：385-390.

城市信息模型（CIM）平台在智慧城市
建设中防灾减灾研究

李振龙[1]，曾志明[1]，张光磊[1]，姚振海[1]，乔冠翔[2]

（1. 深圳市残友智建有限公司，广东 深圳 518000；2. 天津市西青区王稳庄镇人民政府，天津 300000）

【摘　要】针对目前对城市建筑防灾减灾关注度不够、防灾减灾环境的复杂性和被动性等现状进行分析，提出利用城市信息模型（CIM）平台建立智慧城市的应对策略：利用 BIM 技术、大数据、区块链技术、GSD、GIS、IOT（物联网）、传感器技术、5G 技术，在建筑设计及改造中坚持防灾减灾理念，依托"智能防灾"概念，注重建筑灾害预测能力的升级和改造；坚持"智慧城市"概念，推进我国建筑防灾减灾持续化智能化发展。

【关键词】CIM；传感器技术；防灾减灾；智慧城市；感知系统

当前时代科学技术在深入研究而蓬勃发展，现代社会文明中心正在从工业文明转变为信息文明，同时各个行业不断地在从信息技术的深刻变革中受益。

现代生活基础以城市为主体，城市的建设和运行方式也在随信息发展而巨变。近年来各级政府和相关部门数次提出要进行新型智慧城市和智慧城市建设，为城市发展的建设指明了方向。随着信息技术发展和政府的推动，BIM 已经是建设行业最受关注和重视的技术，承担着改变建筑业转型升级的重要使命。从理论和实证来看，"BIM＋互联网"改变建筑业，已无悬念。随着智慧城市建设成为政府的重头戏，一个更重要的技术概念——CIM（City Imformation Modeling）开始兴起。

根据资料显示，在我国数字智慧城市建设的实践中，已经开始规划实施的数字孪生城市的构建就是以城市信息模型为基础的。比如，2018 年发布的《河北雄安新区规划纲要》在雄安新区的城市智慧化管理领域上提出了"坚持数字城市与现实城市同步规划、同步建设，适度超前布局智能基础设施，打造全球领先的数字城市"。利用城市信息模型（CIM）平台建立健全大数据管理体系，打造具有深度学习能力、全球领先的数字智慧城市。数字雄安建设最大的创新是在建设物理城市的同时，通过万物互联感知系统，汇集多方数据搭建城市智能模型，形成与新区同生共长的数字孪生城市，使雄安新区成为世界上第一个从城市原点就开始构建全数字过程的智慧城市。

突发事件通常涉及范围广，临时处置难度大，因此需要利用城市信息模型（CIM）平台建立综合防灾减灾救灾体系，最大程度整合跨区域、跨部门的应急力量与资源，构建高效的信息分享传递应急联动机制。其中，城市感知系统的建立是安全链的第一环，灾害信息报得准，才能为应急减灾和救援后续各环节提供有力支撑。目前，中国气象局已经建立完善了由多部门组成的国家气象灾害预警服务部际联络员制度；然而气象灾害监测预警和山洪、中小河流洪水气象风险预警系统尽管已经建立，但是系统复杂，受人为影响大，难以实现全国灾害预警及时性准确性。

在城市发展及建筑规划里，防灾减灾是必须首要解决的问题，也是促进城市社会发展的重要前提。但从城市建筑设计和建筑使用的长期情况来看，城市建筑的防灾减灾意识缺乏系统性和全面性的知识经验；同时也因建筑某结构的复杂性、建筑质量参差不齐等不可控因素，我国部分城市建筑仍存在防灾减灾不全面、应对能力较弱的现象。

【作者简介】李振龙（1984—），男，工程师。主要研究方向为 CIM 技术应用。E-mail：3934248@qq.com

本文以城市信息模型（CIM）平台在城市防灾减灾领域的研究热点分析为目的，对我国城市信息模型（CIM）平台和防灾减灾领域的文献进行挖掘，通过社会网络分析和多维尺度分析方法，分析近年城市信息模型（CIM）平台在数字智慧城市建设中防灾减灾研究的趋势和热点。

1 城市信息模型（CIM）平台与灾害

1.1 城市信息模型 CIM 平台的定义

从现阶段智慧城市的建设经验来看，建设智慧城市要从将城市数字化开始，否则大量的智慧城市应用无法展开，或者不够深入，应用价值受限。城市信息模型（CIM）平台的基础是数字模型，其工作原理是通过对信息的搜集、整合、处理等方式来实现数据的传递与共享，以此在规划设计、建设管理、运行维护等多方面提供不同程度的帮助。城市信息模型（CIM）平台同时也是以 BIM 技术为核心，通过集成 GSD 和连接 IOT 数据，共同建立三维城市空间城市动态信息的综合体，即 CIM＝BIM＋GIS＋IOT（物联网）。另外还有一个业内普遍认同的定义：以数字技术为治理引擎的数字孪生城市之数字孪生体。

城市信息模型（CIM）平台建设是一项复杂工程，是一项比较庞大的工作，具有系统性、长期性、整体性等要求，平台建设涉及城市各部门和各参与方众多，这就要求在政府主导下大家通力合作，共同完成。城市信息模型（CIM）平台的数据的清单、来源、格式、交付流程、管理规范、治理标准等基础内容是有统一标准的，其中前期标准尤为重要，若前期标准快速建立，后期城市信息模型（CIM）平台数据的治理将会有事半功倍的效果。全球的数据量正在以每 18 个月翻一倍的惊人速度增长，而城市信息模型（CIM）平台更是大数据的集中体现。数据安全性要求与日俱增，城市大数据的传输、存储、使用的安全性，更是重中之重，国产城市信息模型（CIM）平台的安全重要性更加突出。需要应用 AES、SSL 加密、国密认证算法、严格权限控制等安全技术。

城市的运维一定是基于地点和空间位置的，领域数据发生在城市何地是相当关键的。人口、教育、城管等所有数据与城市信息模型（CIM）平台相关联，实现了以更低成本，获得更高的城市运维效率。现在的各领域数据库由于与城市信息模型（CIM）平台数据库没有关联，应用价值无法充分发挥，许多重要应用无法实现。城市信息模型（CIM）平台将会把二者结合，形成更加精细的地球模型，使得大数据的使用广度与深度得到很大提升。

1.2 我国近几年发生的典型特大灾害

2012 年我国华北地区发生百年一遇的特大暴雨，引发城市严重内涝，造成了重大人员伤亡的悲惨事故。7 月 24 日到 8 月 24 日，连续 6 个台风登陆，8 月 2 日到 8 月 8 日，"苏拉""达维""海葵"三个台风登陆我国，直接影响 15 个省市，这也是近 10 年以来影响华北地区最严重的台风。这场大雨让我们有了一个深刻的认知：应当加强城市市政建设，提高城市灾前预警能力和完善城市应急救援体系。四年之后，北京再现特大暴雨，降雨时长更是超过 2012 年那场暴雨，一直持续了 55 个小时。不过好在北京市经过上次特大暴雨的反思及防范，全力部署，得以平安度过。

2021 年 7 月 17 日至 23 日，河南省遭遇历史上罕见的特大暴雨，发生了严重洪涝灾害，特别是 7 月 20 日郑州市遭受重大人员伤亡和财产损失。灾害共造成河南省 150 个县（市、区）1478.6 万人受灾，因灾死亡失踪 398 人，其中郑州市 380 人，占全省 95.5％；直接经济损失 1200.6 亿元，其中郑州市 409 亿元，占全省 34.1％。

2 城市信息模型（CIM）平台防灾减灾应用

《城市建筑综合防灾技术政策纲要》中提到，城市建筑灾害分类一般有五种，分别为：地震、风灾、火灾、洪水、地质。从灾害发生情况来看，对城市建筑防灾减灾现状进行研究，其特点是无法提前预警以及无法精准标点，这就会造成重大灾害的发生，且大都在短时间内突发，往往来不及部署相关行动。但是，每一种灾害都有自身的特点、运动及发展规律，利用城市信息模型（CIM）平台智能预测灾害发生的形式及属性可模拟分析出城市存在的较为普遍的灾害，如地震、火灾、风灾、洪水等，找出灾害发生时各因素差异导致的不同类型、不同程度的后果，有针对性地进行防灾减灾。光有数据是不够的，如何快速、精确查询数据将决定城市信息模型（CIM）平台应用深度。

城市信息模型（CIM）平台能够集合多层次、多维度的不同信息并且数值化地呈现出来，可以支撑科学规划并提供相关信息。前期的信息搜集对于规划至关重要，在城市规划过程中，周边自然社会资源现状、相关上位规划信息等多维度的信息较为分散，传统方法耗费大量人力物力，且多方信息之间无法有效地衔接叠加。

2.1 城市信息模型（CIM）平台火灾防灾减灾应用

构建跨区域跨行业的智能应急机制需要从多方面积极探索，而建立城市信息模型（CIM）是构建智慧城市保障城市应急机制高效有序的关键。城市信息模型（CIM）平台通过积累城市级别的决策与建设过程的翔实数据，可以支持新型智慧城市的建设、保障未来的运营维护、实现智慧式城市管理与运行。对城市公共空间要以量化的管理标准和高效智能化的管理手段实施标准精细、服务细致到位、城市感知系统运营高效的城市精细化管理。以城市信息模型（CIM）平台为基础，为智慧运维提供基础数据支撑；通过城市信息模型（CIM）平台城市级数据库可让深埋地下的管线信息一目了然，其强大的城市信息数据库和高仿真，使城市规划布局高精度地呈现，所见即所得；透过城市信息模型（CIM）平台的精确空间和地理信息，对资产、空间的精细化管理成为可能。

（1）灾害模拟设置

为了更好地对灾害发生进行模拟，确定建筑在面对灾害时的真实情况，研究需要对建筑进行火灾仿真模拟。本研究采用 Pyrosim 软件对建筑进行了火灾高仿真模拟。Pyrosim 是用于火灾动态仿真模拟的软件，研究根据设计单位提供的防火设计资料，进行模型搭建，最后在 Pyrosim 中，根据不同火灾场景模拟着火位置和着火楼层的出入口处的烟气能见度、顶棚的温度和烟气随着时间和层高变化，通过数据的结论，得出有效合理的安全疏散通道。

（2）利用城市信息模型（CIM）平台构建区域应急管理资源共享

区域应急管理资源共享主要通过城市信息模型（CIM）平台，利用 CIM 平台可以实现区域应急管理的资源信息共享。其共享方式主要包括四个方面，分别为：物资避灾基地建设、救灾及求助信息平台、物质需求信息和人力资源共享。相关部门能够在城市信息模型（CIM）平台获取区域灾害救援的实际情况，从而可以快速有效地通过集约化管理、培训和现代化装备，建立两个甚至两个以上的跨行政区的区域综合灾害救援队伍，实现区域灾害应急救援一体化。打通不同系统之间的数据壁垒是城市信息模型（CIM）平台的最大优势，这就创造了跨多种行业、不同部门、各个系统的数据集合体，形成数据集成应用的有力支持。现阶段各部门、各系统关注的是自身相关数据，比如消火栓等消防设施的位置和运行情况是消防部门关注的对象，电力部门关注的是变电站或者变压器的坐落位置、等级、变压器型号和数量等。以当前的建设情况来看，城市信息模型（CIM）平台可以为城市综合管理和应急指挥提供数据支撑。

2.2 城市信息模型（CIM）平台水灾防灾减灾应用

降雨量等级一般分为小雨、中雨、大雨、暴雨、大暴雨和特大暴雨，暴雨是大气中降落到地面的水量 1d 或者 24h 达到 50～100mm 的降雨，当超过 250mm 时，即为特大暴雨。特大暴雨是以不间断、集中为特征的降雨，如果城市排水不及时，往往就会产生大量的积水造成洪涝灾害，从而影响人们正常的生产生活秩序，致使严重的经济损失，更有甚者会危及人民的生命和财产安全。

（1）模拟分析灾害情况

通过城市信息模型（CIM）平台对洪涝灾害进行分析研究，包括过程模拟、灾害过后的防疫、应急响应的时间、灾害的成因以及防范措施等几个方面，对灾害带来的严重损失和教训进行深入总结，能为后续更好地开展防灾减灾工作提供相关数据和经验支持。同时，对防灾减灾信息进行科普也显得尤为重要，如果公众能够在灾情来临前意识到灾害的严重及危害性，并且及时做出合理的应对措施，就可以在一定程度上减轻或避免损失。

（2）建立智能监控预警系统

通过城市信息模型（CIM）平台建立各流域及水库的智能感知预测系统，并同步到城市灾害预警平台，加强应急管理智能化建设。应依据不同地区之间自然地理环境存在的相似性、突发事件快速扩散等特点，加强区域智能预警应急联动机制建设。根据灾害发生的风险区、河流流域或者经济区等区域协作需要，打破行政区划管辖边界，建立若干常设的跨区域应急管理区域子系统中心。

让平台有"知觉"，需要建立灾害智能感知系统，加强重大灾害智能监测能力建设。基于城市信息模型（CIM）平台的灾害风险评估和预报预警能力的智能化处理系统。城市信息模型（CIM）平台依托我国自主研发的多尺度全球数值预报模式系统，开展灾害风险识别、基于承灾体暴露度和脆弱性的风险评估，加强面向台风、暴雨、干旱、大风等重大灾害的精细化、定量化风险预警。

3 城市信息模型（CIM）平台公共建筑防灾备灾应用

现代城市建筑物密集，人口密度大，应急避难场是一种非常状态下使用的功能空间，关乎市民生命财产安全，因此健全的应急避难场所是考量城市基础设施建设水平的关键指标。

深圳市人民政府关于《加快智慧城市和数字政府建设的若干意见》指出了探索"数字孪生城市"的目标。根据规划，到 2025 年，深圳要建设具有深度学习能力的城市智能体，成为全球新型智慧城市标杆和"数字中国"城市典范。因此，可以依托地理信息系统（GIS）、建筑信息模型（BIM）、城市信息模型（CIM）平台等数字化手段，开展全域高精度三维城市建模、加强国土空间等数据治理、构建可视化城市空间数字平台、链接智慧泛在的城市神经网络等工作，从而提升城市可感知、可判断、快速反应的能力。其中公共建筑等存量资源，科学开发城市公共建筑的灾备功能，不仅能以较低的社会总成本尽快缓解避难场所供给不足的困扰，利用城市信息模型（CIM）平台将城市所有公共建筑按照不同类型灾害的防控需求分类，模拟灾害发生时公共建筑改造成为具有避难场所的灾备功能的针对性部署方案，提升应急响应处置能力，做到灾害发生时，及时响应，快速部署，守牢城市安全底线，更好地实现城市安全可防、可控、可管。

3.1 城市信息模型（CIM）平台防灾减灾中方舱医院的启示

方舱医院的中文全称为方舱庇护医院，其原定意义为移动的野战和救护医院，现指自 2020 年开始的疫情中将展览馆、体育馆、会展中心等跨度大、挑空高、容量大的建筑物临时改建为用于收治轻症患者的医院。

新型冠状病毒肺炎疫情的扩散导致湖北省武汉医疗资源严重缺少，从而又加剧了疫情恶化。2020 年初，武汉市各大医院、各级医疗机构陷入了因疫情导致床位数量不能满足病人需求的困难。方舱医院有收容量大、高效率、低成本、占用社会资源少等特点，对在建设的国家应急体系乃至世界应急体系方面都有很有价值的借鉴意义。方舱医院方案提出后需要通过改造快速解决方舱医院的安全性问题，因为方舱医院是在体育场馆、会展中心等建筑基础上临时改建而成，无法满足医用标准。这就需要政府部门通过修订相关法律明确公共建筑法定的灾备功能，推动公共建筑设计标准全面对接灾备功能方案，现有公共建筑在调查勘察基础上有条件的逐步补上灾备功能开发的建设预案，以便能够以最低成本、最快速度、最大规模完成公共空间的应急改造来应对未来可能发生的重大突发事件。

3.2 公共建筑具有开发灾备功能的优势

公共建筑分布广、可利用空间大、基本配套设施齐全等具有开发灾备功能的优势，可以通过 BIM 技术叠加灾备功能数字设计和实体改造结合，从而实现城市灾备场所的规划重构和建设复用。

公共建筑具有公共空间属性，具有与公共利益而开发的灾备功能相容性，不会存在公共利益上的冲突。根据《中华人民共和国突发事件应对法》第 12 条规定："有关人民政府及其部门为应对突发事件，可以征用单位和个人的财产。被征用的财产在使用完毕或者突发事件应急处置工作结束后，应当及时返还。财产被征用或者征用后毁损、灭失的，应当给予补偿。"因此，法律上已不存在征用的障碍。城市信息模型（CIM）平台基于既有公共建筑的格局优势，利用 BIM 技术进行灾备功能的适配性开发，实现短期内空间功能的可转换使用，节约了空间成本和建筑成本。

4 利用城市信息模型（CIM）平台建设智慧城市应急预警体系

4.1 构建全方位全平台的城市防灾减灾科普体系

城市防灾减灾科普宣传是一项公益性活动，需要政府、企业、社会及公众多层面共同努力，利用网络平台，社会宣传构建起全方位全平台的城市防灾减灾科普体系。政府要加强科学制定防灾减灾科普工作的发展目标、任务和措施，提高公众的防灾减灾能力，构建防灾减灾科普政策体系，加大对科普经费的投入力度。

4.2 监测数据采集、传输与分析

实现智能化预测和自动化报警的前提是搭建低延迟、低失真的数据采集和传输系统，根据监测需求利用较为成熟的传感器技术，可以配置相应功能的传感器终端，以实现对建筑物及构筑物的健康状况进行实时监测。采集到建筑物不稳定状态后，通过无线方式发送数据到终端服务器，实时监测建筑物健康状态，将城市大中型建筑、老旧建筑等重点项目的监测数据汇总至城市信息模型（CIM）平台。全面整合数据管理、数据分析及数据，构建城市运行全景图，实现对城市公共安全、城市管理、基础设施、应急管理、民生工程等重点领域运行状态的实时可视化监管。

4.3 推进数据计算融合的灾害事故预测预警

物联网技术集成应用的过程中应当结合城市信息模型（CIM）平台建设，物联网是获取运营数据的手段，物联网建立设备与设备的连接，"GIS＋BIM＋物联网"将成为智慧城市建设最基础的技术架构，丰富灾害事故预测预警的基本数据资源，实现数据融合、智能化预测和自动化预警，智能研判能力，同时加快预警信息快速接收与传播硬件设施建设。打破网络平台和应急信息发布的壁垒，推进建设公共场所预警信号接收与传播设施，综合应用语音、图像、视频等多种方式及时传播预警信息，提高灾害预警信息的时效性和覆盖面。

5 结束语

城市信息模型（CIM）平台是智慧城市建设的基础，也是最近几年城市信息化建设的热度所在，按照当前社会现代化的发展趋势，城市的防灾减灾能力日渐成为我国城市建筑设计与使用的重点关注对象。基于现代化建筑设计理念，防灾减灾能力在城市建筑发展及应用阶段也越来越受重视，相关从业人员应通过防灾减灾指导理念，切实增强自己设计理念，及时纠正理念理解的误区，使相应设施更加完善，也会深化以城市信息模型平台为基础的智慧城市建设中防灾减灾概念，使城市信息模型（CIM）平台不再单单是一具城市信息模型，而是有温度、可实用的城市智慧模型，从而实现智慧城市建设的飞速发展，不断提升我国城市建筑防灾减灾救灾能力。

参 考 文 献

[1] 杜明芳. 数字孪生城市视角的城市信息模型及现代城市治理研究[J]. 中国建设信息化，2020(17)：64-67.

[2] 武鹏飞，刘玉身，谭毅，等. GIS与BIM融合的研究进展与发展趋势[J]. 测绘与空间地理信息，2019，42(1)：1-6.

[3] 金程，沙默泉，郭中梅，等. 基于CIM的智慧园区建设探析[J]. 信息通信技术与政策，2020(11)：38-42.

[4] 陈才，张育雄. 加快构建CIM平台，助力数字孪生城市建设[J]. 信息通信技术与政策，2020(11)：18-21.

[5] 安世亚太科技股份有限公司数字孪生体实验室. 数字孪生体技术白皮书[R]. 2019.

[6] 住房和城乡建设部印发《城市信息模型(CIM)基础平台技术导则》[J]. 招标采购管理，2020(9)：7-7.

[7] 左其亭，纪义虎. 从特大暴雨灾害教训谈如何做好城市防灾减灾科普工作[J]. 中国水利，2021(15).

[8] 刘锐. 提高城市建筑防灾减灾能力的策略探析[J]. 广西城镇建设，2021(09).

[9] 贺风春. 增强城市和建筑防灾减灾能力[J]. 城乡建设，2020(06)：16-17.

[10] 张靖岩，朱娟花，韦雅云，等. 基于本质安全理念的建筑综合防灾技术体系构建[J]. 中国安全生产科学技术，2018(06).

基于 5G 网络的施工现场移动视频监控系统的研究

路景顺，张振鹏，马烨霖，朱若柠

（中建一局集团第三建筑有限公司，北京 100161）

【摘　要】随着移动终端通信技术和人工智能技术的高速发展，许多行业的管理都呈现出智能化发展的态势。作为城市公共建设管理的重要组成部分，施工现场管理的信息化技术应用可以很好地提升安全生产管理的水平。对此，本文重点结合智慧系统建设理论，探究如何运用 5G、AI 和移动视频等新兴信息技术，结合施工现场管理的实际需求，探索新型智慧工地的应用，为施工现场管理效能的提升作出贡献。

【关键词】施工现场；5G；AI；移动视频监控

智慧工地是指运用信息化手段，对工程项目进行精确设计和施工模拟，并通过整合人工智能、虚拟传感等技术实行信息化管理，进而形成智慧工地系统[1]。目前智慧工地系统已广泛应用于工程建设中，如人员管理（劳务实名制、安全帽定位、VR 安全教育），材料管理（物联网、物料验收、用电管理），进度管理（现场生产进度提示系统、工作任务派送系统），监控监测设备管理（视频监控、车辆出入监控、环境监测、塔机安全监控管理系统、吊钩可视化、升降机监控、卸料平台监测、烟雾报警）等[2]。

施工工地通常使用蓝牙、无线网络等无线通信技术和光纤等有线通信设备进行信息传输工作[3]。然而，传统无线通信技术存在传输距离短，信号不稳定，施工现场环境复杂、干扰较多等问题，导致无法高效传输现场信息[4]；同时，光纤等传输设备在受到速度限制的同时，施工过程中也易损坏，导致传输中断，具有较高维护成本[5]。因此，传统通信技术影响了智慧工地数据传输效率，导致智慧工地平台的主要功能使用受到影响。与传统通信技术相比，5G 技术具有大带宽、万物互联和低时延的优势[6]，有助于在主体结构施工时，全面提升对作业面的质量管控，例如在主体结构开场作业区域，使用 5G 高清摄像头或移动摄像设备抓取信息，并利用 AI 技术对图像进行实时智能识别分析。此外，还可实现对模板、钢筋、混凝土等分项工程的主控项目和一般项目质量问题的数字化监控和预警，从而逐步实现相应检验批验收现场无人化，推进智慧工地的建设。

1　理论基础

1.1　5G 技术概况

5G 技术是未来十年全球通信领域最重要的基础技术。我国预计到 2022 年底 5G 基站的布设总量将高达 200 万个[8]。与 4G 技术的物理网元实体、点对点架构、单体式架构、单一网络不同，5G 技术具有虚拟网络功能，基于服务的架构（SBA）、微服务架构、网络切片等特性。5G 与 4G 的关键技术指标，对比如表 1 所示。5G 技术相比 4G 具有更高速率、更低延时、更多连接的特点。

5G 与 4G 的关键技术指标对比　　　　　　　　　　　　　　表 1

网络类型	峰值速率（Gbps）	频谱效率	空间容量 [Mb/(s·m²)]	移动性能（km/h）	网络能效	连接密度（万终端/km²）	时延（ms）
4G	1	1	0.1	350	1X	10	10
5G	20	3	10	500	100X	100	1

【作者简介】路景顺（1993—），男，BIM 主管/工程师。BIM 在施工阶段的应用。E-mail：649434386@qq.com

1.2 AI 技术简介

人工智能（Artificial Intelligence，AI）是一种利用机器模拟人类智能的技术，该技术可通过机器来获取和运用知识，研究领域包括机器学习、计算机视觉、智能感知与推理等[9]，在图像识别、智能控制、自动规划、语言处理、信息检索等领域有广泛的应用[10-11]。

随着 5G 移动通信技术的逐渐成熟，设备之间的联通将有着更高的带宽与更低的延迟，也就催生了更多人工智能的应用，如自动驾驶、VR 等，通过 5G 通信网络为这些技术落地和应用扫清了部分障碍[12]。

2 智慧施工现场移动视频监控模块设计

2.1 当前智慧施工现场面临的问题

基于传统技术的智慧工地的现场布设方案（蓝牙、有线网络、无线网络连接），综合客户需求及现有技术实现能力，智慧工地在发展过程中主要面临以下 4 个方面的技术瓶颈：

（1）基础通信信号弱。工地作为临时场景，缺乏运营商室分网络的支持，仅能依靠工地周边的公有基站进行通信，地下空间作业面、100m 以上的高空作业面通常处于无信号的状态，为施工作业通信沟通交流造成困扰。

（2）设备布设困难。工地现场布设随着施工的进度而不断变化，通过传统有线方式部署视频监控等终端设备会对后期运维造成极大困扰，针对施工场景采用无线接入设备具有更强的灵活性，更有利于快速部署。

（3）视频传输延迟。传统智慧工地通常利用专线进行远程视频传输，这会造成一定的运维及成本压力；通过传统移动通信网络进行视频传输，则受制于带宽，回传视频数量受限且实时性较差[13]。

（4）设备远程操控难。受物联网传输距离及传统移动通信网络时延及上行带宽限制，远程操控设备难以实现。

2.2 基于移动视频终端的监控方案

移动视频监控使用专业级监控产品，以可移动方式采集动态移动视频图像，用户通过手机或电脑能及时远程监看实时动态画面，实现随时随地智能监控的需要。针对移动视频监控的特点，本文研究结合了 5G 和 AI 技术，通过佩戴 AI 眼镜（图1）对整个工地四周环境、作业面的人员等进行生物识别，可实现全天候、全覆盖作业，对未佩戴安全帽、未穿反光衣、危险区域入侵等安全隐患能够实时识别。移动视频监控模块包括控制系统、监控系统、摄像头、AI 眼镜、通信模块和声光报警器。具体的构架如图 2 所示。

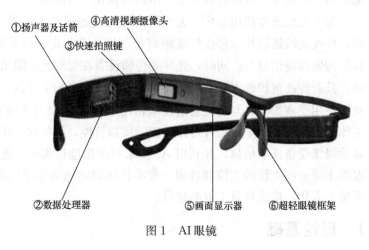

①扬声器及话筒　④高清视频摄像头　③快速拍照键　②数据处理器　⑤画面显示器　⑥超轻眼镜框架

图 1　AI 眼镜

2.3 基于 AI 眼镜的监控方案优势分析

相比于常规的移动视频终端，使用 AI 眼镜的监控方案有如下优势：

（1）高灵活性。5G 技术＋AI 眼镜的人员动态管理可以实现对操作人员的实时视频监控，不受线缆的限制，具有灵活的扩展性，可以在建筑工地任何位置，进行实时监控，并可随人员移动更改监控位置，从第一视角进行实时监控，使人员动态管理真正落到实处。

（2）清晰度高，无延时。5G 技术可以确保 AI 眼镜的视频实时传输，符合视频图像高效传输的需求。此外，AI 平台传递的人脸检测信息也可以确保其他感知层设备采集到的信息能及时和 AI 眼镜采集的视频信息相互融合，进而确保安防功能的实时性。

（3）AI 智能识别，实时提示。施工现场往往受到地理环境和工作环境的限制，有线系统的施工周期

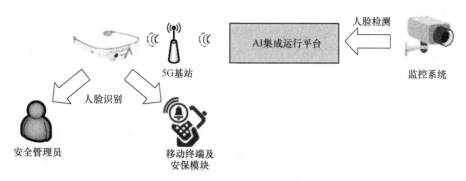

图 2　基于 AI 眼镜的移动视频监控模块的构架

很长，甚至有些地方布线工程根本无法实现。这时候采用 AI 眼镜无线监控，除了方便监控点位灵活布控外，还可以确保信息能够第一时间传递给佩戴者。

3　基于 5G 网络的施工现场移动视频监控系统的设计

3.1　总体结构设计

　　本文基于 5G 网络和 AI 眼镜设计了施工现场移动视频监控系统，该系统包括 5G 网络装置、云端服务器、多个 AI 眼镜和监控终端。AI 眼镜具有画面显示器，各 AI 眼镜均和 5G 网络装置无线连接，并和云端服务器（含多个数据库模块）、监控终端通信连接。AI 眼镜由施工现场的施工人员佩戴，可对整个工地四周环境、人员等进行识别。此外，监控终端可以和各 AI 眼镜通信交互，实现了对作业面全覆盖，从而提高了远程管理的工作效率。其构架如图 3 所示。

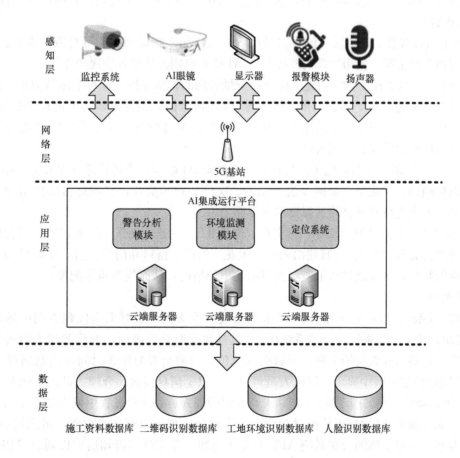

图 3　基于 5G 网络的施工现场移动视频监控系统的构架

3.2 施工现场管理功能设计

基于 5G 网络的施工现场移动视频监控系统的构架，其可发挥的作用有以下几点：

（1）施工人员的安全监督管理。应用 AI 眼镜＋监控系统，安全管理人员在监控管理指挥中心可以实时监督工地现场施工人员的安全防护措施，例如施工作业人员安全帽、安全带以及特殊工种作业人员个人防护用品佩戴等安全防护措施，特殊工种作业的安全隔离和防护，动火、用电作业的安全保障技术措施等。

（2）施工机械和车辆的安全监督管理。应用 AI 眼镜＋监控系统，安全管理人员在监控管理指挥中心可以实时监控大型施工机械的进场、安装、使用以及转场状况，出入施工车辆的通行情况，对施工机械的违规调度和车辆的违规通行做到提早发现并制止。

（3）施工材料及设备的安全监督管理。应用 AI 眼镜＋监控系统，对施工材料和设备的进场、搬运、储存和保管等环节都能起到良好的监督管理作用，并将影音材料传输给云端的数据层进行保存。此外，还可利用视频监控系统的监控和录像功能，减少材料和设备的偷盗的问题。

（4）施工环境的安全监督管理。施工环境的安全监督管理主要是针对自然环境和工地现场环境。自然环境监控主要指通过 AI 眼镜＋监控系统观测到恶劣气象条件，对施工现场提前发布预警或进行有效疏导；工地现场环境监控主要是对施工区的脚手架违规搭设、道路的通行障碍、消防通道畅通、是否配备明显的各类安全标志等安全隐患进行实时的监督管理。

4 京东集团总部二期 2 号楼项目应用

4.1 项目应用原因

本工程是一座大型综合办公设施项目，建筑面积约 32 万 m^2，建筑高度 98m，项目施工高峰期劳动力达 1000 人左右，管理难度较大。将 5G 移动视频监控系统应用于项目可提高项目的信息化管理能力。

4.2 项目应用内容

利用 5G 技术结合智慧工地实现分包的实时高效管理，如人脸识别功能可对劳务人员进行签到管理，并可实时监控现场人员情况；使用摄像头监控结合 AI 技术识别人员是否违规操作等。

（1）利用 5G＋AI 技术在主体结构施工作业面质量管理的识别分析。针对主体结构开场作业区域通过 5G＋高清摄像头进行信息抓取，再进一步进行实时 AI 图像智能识别分析，实现模板平整度、截面尺寸、清洁度，钢筋规格、尺寸、间距、成品保护、混凝土养护、裂缝监测、楼面平整度等质量通病数字化监控预警，逐步达到检验批验收现场无人化。

（2）利用 5G 与 AI 眼镜结合，施工人员在作业面佩戴 AI 眼镜，公司总部管理人员在办公室可以实时获取现场第一视角画面，与施工人员同步进行语音、文字、视频交互，实现远程协作指导，及时解决施工质量技术难题，大大提高对项目的远程技术支撑能力。

（3）利用 UCL360 智汇量测量仪器，可实现"傻瓜化"、一键式操作。嵌入式计算平台配合人工智能硬件加速器，可迅速分析 3D 点云并且输出墙壁、天花、地面、窗口和门口位置，实时精确测算出实测实量所需各种指标的数据，极大地提高了实测实量的效率和精度，从而提高质量把控。

4.3 项目应用效果

本文技术将 AI 眼镜与 5G 技术结合，AI 眼镜通过摄像头模块实时采集佩戴者面前的画面，并通过 5G 信息传输模块传输到云端系统，云端系统中 AI 软件可实时处理画面，若检测到人脸将自动匹配系统中的劳务人员库，并将劳务人员的工种、所属劳务单位、当前是否为作业时间等信息通过 5G 传输到 AI 眼镜，并在 AI 眼镜的显示屏中显示，佩戴人员可以通过以上信息高效、合理、灵活调配人员。

AI 眼镜采集的画面会在云端系统存储 30 天，方便管理人员对巡检过程中发现的质量问题进行视频图像的留存归档。如在佩戴 AI 眼镜巡检的过程中，若发现施工现场出现技术难题，可通过 AI 眼镜的通信模块远程呼叫专家，专家手机的云端系统 APP 会发送通知，专家收到通知后可以通过 APP 远程连线 AI 眼镜的佩戴者，AI 眼镜采集的现场画面也将实时显示在专家的手机上，实现专家实时远程指导解决现场施工难题，提高远程技术支撑能力。

本应用在日常使用时完全满足项目检查以及远程指导的需求，工地的管理人员会于每周三配戴眼镜对工地进行巡检，实时查看劳务人员的信息，核对每个施工区域劳务人员的人数，通过巡检，合理分配施工区域如屋面、钢结构作业面、混凝土作业面的劳务人员数量。同时，得益于眼镜实时影像记录功能，在每次配戴眼镜巡检时，发现的质量问题会形成报告发到相关责任区域工长手中。

在疫情期间，由于工地封闭式集中管理，钢结构专家无法进行现场指导与检查，工地钢结构连廊拼装施工存在困难。管理人员在此期间，每天佩戴 AI 眼镜，通过远程协作功能与公司钢结构专家连线，对钢构件的拼装与安装进行指导，效果显著。

5 结论

本文研究设计并研发了基于 5G 网络的施工现场移动视频监控系统，并将该系统应用于京东集团总部二期 2 号楼项目，通过实践得出了以下结论：

（1）5G＋AI 技术，可解决多个设备同时运行时的卡顿现象，有助于抓取画面稳定实时传输，所获得的内容更加全面，可实现对施工现场的全方位把控。

（2）5G＋AI 技术有助于解决现有智慧工地灵活性低、传输速度慢等技术瓶颈。

（3）应用 5G＋AI 技术，既有助于加强对施工人员、施工材料、施工机械设备及施工环境的统筹管理，也有助于构建规范化、制度化、节能化的施工现场，在确保施工质量的前提下，有利于组织流水施工、提高工程进度、实现项目降本增效，构建绿色施工现场。

（4）文中基于京东集团总部 2 期项目，采用 5G＋AI 技术，对作业面进行远程动态监控使项目质量得到把控，既实现了项目管理人员对现场的实时携巡检，也有助于专家对现场的远程指导，对国内公司远程质检、跨区域（海外）工程协作有极大的推广价值。

参 考 文 献

[1] 毛志兵．推进智慧工地建设，助力建筑业的持续健康发展[J]．工程管理学报，2017（5）：15.
[2] 曾凝霜，刘琰，徐波．基于 BIM 的智慧工地管理体系框架研究[J]．施工技术，2015，44(10)：96-100.
[3] 鹿焕然．建筑工程智慧工地构建研究[D]．北京：北京交通大学，2019.
[4] 申康．蓝牙技术的特点与实施[J]．微电子技术，2016(5)：58-60.
[5] 崔秀国，刘翔，操时宜．光纤通信系统技术的发展、挑战与机遇[J]．电信科学，2016，32(5)：34-43.
[6] 朱斌．基于 5G 技术构建视频云生态服务体系[J]．中国安防，2021(3)：8-11.
[7] 曹佳佳．电力物联网建设中的关键技术研究[J]．科技创新与应用，2020(26)：162-163.
[8] 中商产业研究院．中国 5G 行业市场前景及投资机会研究报告[R/OL]．[2021-03-26].
[9] 中国电子技术标准化研究院．人工智能标准化白皮书[R/OL]．[2018-01-24].
[10] 全耀．浅谈人工智能的发展史[J]．现代信息科技，2019，3(06)：80-81，84.
[11] 张平．B5G：泛在融合信息网络[J]．中兴通信技术，2019，25(1)：55-62.
[12] 李阳，王彤．路基智能压实技术在高速公路建设中的应用研究[J]．公路交通科技(应用技术版)，2019，(002)：94-96.
[13] 秦凯，许慧鹏．基于 GIS 的远程移动视频监控系统[J]．地理空间信息，2008，6(1)：87-89.

BIM 技术助力钢结构空中连廊施工管理
——以安阳游客集散中心项目为例

王 巍

（北京建工建筑产业化投资建设发展有限公司，北京 101300）

【摘　要】安阳游客集散中心项目位于河南省安阳市示范区，致力于打造一个"城市会客厅"，地上主体为装配式钢结构。其中空中连廊距地面 19.4m，采用悬挂式，下方无任何支撑结构。项目利用 BIM 技术进行深化设计，通过多方案比选对连廊施工优化。同时，通过基于 BIM 的钢结构复杂节点优化、数字化加工、构件跟踪管理以及安全防护漫游等，顺利解决构造复杂多变、深化加工量大、构件管控难度大以及施工安全隐患等系列重难点问题，有效提高了施工管理水平。

【关键词】BIM 技术；钢结构施工管理；方案比选；可视化

1 引言

近年来，在钢结构工程项目中，BIM 技术应用日益成熟广泛，并对钢结构深化设计与现场施工管理提供了有力支撑。通过 BIM 技术应用使钢结构工程项目从深化设计到生产加工到现场吊装的各个阶段信息高度集成，联系紧密，实现了降本增效[1]；通过 BIM 技术应用在钢结构深化设计和生产加工等阶段进行可视化模拟，优化复杂施工节点，碰撞校核，扫除项目施工障碍，提高钢结构项目信息传递准确性，有效解决钢结构详图设计难点等问题，显著提高工作效率，节约项目成本[2]。

但针对钢结构现场吊装施工阶段，尤其是钢结构空中连廊等重难点施工部位上，如何利用 BIM 技术辅助施工方案比选优化方面，少有落地指导性研究，多数仍停留在深化设计与生产加工阶段的应用探索。

本文依托安阳游客集散中心项目（图 1）深入探讨 BIM 技术在钢结构空中连廊施工管理中的应用。首先基于 BIM 模型进行钢结构深化设计与复杂节点优化，其次通过 BIM 模拟软件进行连廊安装方案比选，辅助施工管理优化。同时开展数字化预拼装、构件跟踪管理以及钢结构安全防护漫游等应用，为项目提升管理效率以及创造更好的经济价值。

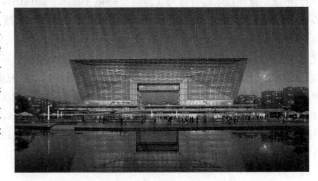

图 1　项目效果图

2 工程概况

2.1 项目简介

本项目位于河南省安阳市，西侧为安阳市高铁东站，东侧为贯辰通用工业园，占地面积 2.17 万 m^2，总建筑面积 7.25 万 m^2，总投资 4.4 亿元。项目主要由两栋塔楼、裙房（商业）及地下车库等组成，地下2层，地上9层，建筑高度 50m，主体为装配式钢结构，总用钢量约 8000t。

【作者简介】王巍（1993—），男，BIM 中心技术主管，助理工程师。主要研究方向为施工阶段 BIM 技术应用。E-mail：970136847@qq.com

2.2 工程项目重难点

（1）钢结构空中连廊吊装难度大

本项目空中连廊部分位于东西塔楼的中间连接部分，位于 F6 至 F10 楼层。其跨度为 32.8m，施工标高位于 26.15m 至 47.6m。连廊部分因 F6 层以下无任何支撑，且悬空高度 19.4m，整体质量达 584.988t，给钢结构的安装精度带来了很大的困难及危险系数。

（2）钢结构施工与管理难

本项目钢结构深化生产加工工作量大、周期紧；钢构件规格型号多，过程信息管控难度大；钢结构节点构造复杂多变；构件重量大，安装后易变形，存在安全隐患。

3 本项目中钢结构空中连廊 BIM 应用

3.1 钢结构深化设计 BIM 应用

通常情况下，设计院出具的钢结构设计图纸往往较为粗略，无法直接用于装配式钢结构构件加工及现场安装。另外，本项目钢结构节点构造复杂多变，共计有 13 类。因此需要对钢结构深化设计与复杂节点优化。

首先运用 Tekla 软件搭建钢结构深化模型，并对复杂节点（图 2）进行系统分类，结合工厂加工条件、运输条件，考虑现场拼装、安装方案以及土建条件，确定构件重量、尺寸等，合理划分构件加工生产单元，并在 Tekla 中对构件的连接节点、构造、加工和安装工艺细节进行处理，从已有预制节点库中提取优化，根据设计要求对构件及节点进行编号，保证尺寸准确，严格控制精度。最终通过软件自动生成钢结构深化节点详图（图 3）。此外在施工前对现场的施工人员进行可视化交底；大大提高管理人员技术水平，充分理解设计意图，预计减少返工、窝工等现象。

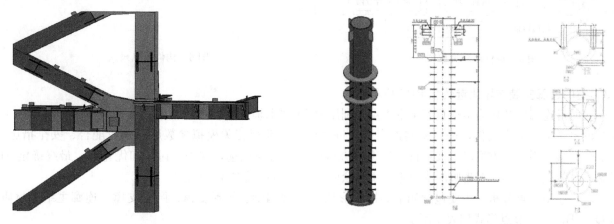

图 2　钢结构深化节点　　　　　　　　　　　　图 3　深化节点详图

3.2 钢结构数字化生产预拼装与构件跟踪管理 BIM 应用

项目整体构件数量众多，地上 9 层全部为钢结构，结构复杂，异形构件多，且构件焊接要求高，这就导致钢结构深化及生产加工工作量增大；传统手工绘制排板下料图工作周期长、出错率高，经常因零件尺寸问题导致车间无法拼装；钢板余料周转率和利用率较低。同时，钢柱及钢梁规格型号、种类数量都相对较多，导致从生产到运输至吊装的过程信息管控难度大。

对此，本项目在构件生产阶段，委派专人至构件生产厂家，提前介入数字化加工与钢结构构件信息管理。首先以设计院提供的施工图纸与物料统计清单为定位依据，确定钢结构构件的截面类型、几何参数，结合安装方案、工序工艺等要点在 Tekla 中建立钢结构深化模型，进行相应的校核与检查。随后在深化模型基础上，协同提取加工数据信息，以 Tekla 模型为主的 BIM 数据模型快速生产各种加工详图及下料清单，在异形板材自动套料、数控切割以及自动化焊接等加工工序中也可以发挥作用，如导出的零件表可直接指导下料出图，进而缩短排板周期，最终通过数控设备进行加工出厂。本项目中，部分生产工序可通过 Tekla 数据传递至数控机床进行自动化加工,如型钢的钻孔、切割,异形板材的套料等。这一加工流程（图 4）的应用使生产效率提高了 50%,出错率降低了 90%,此外也实现周转利用率 95%。

通过 BIM＋二维码实现构件信息跟踪管理（图 5）,基于 Tekla 深化模型,将各构件的信息进行汇总整理,存储于二维码中,作为构件的唯一识别标识,并在构件出厂、运输、进场、堆放等阶段不断完善信息数据,实现构件信息即时调取、追踪与管理。其中构件信息录入（图 6）包括但不限于:所属项目编号、所属项目名称、唯一识别码、构件编号、构件流水号、构件名称、截面型号、几何尺寸、构件单重等信息。

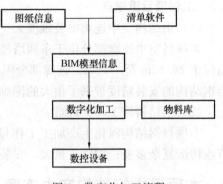

图 4　数字化加工流程

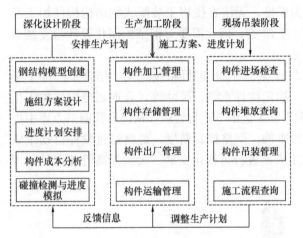

图 5　构件跟踪流程图

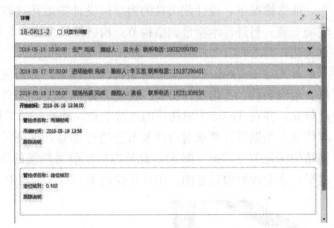

图 6　构件信息录入

3.3 空中连廊安装方案比选优化 BIM 应用

本项目连廊安装作为本项目施工重难点,利用 BIM 技术辅助进行专项方案论证。依据多种初步施工方案,关联施工进度文件,进行钢构连廊施工进度模拟,获得相关模拟参数后从专业配合、安全措施、安全性、施工周期、方案成本及可行性等维度进行综合分析与比选,在进行讨论和优化后,最终确定 M 形支撑吊装施工方案,节省临时支撑钢材 100 余吨,节省项目成本 34 万元。

（1）连廊节点分析:主要包含如下焊接箱形柱、H 型钢梁、箱形支撑、圆管支撑。连廊主结构材质为 Q355B,主要节点形式如表 1 所示。

连廊主要节点形式　　　　　　　　　　　　　　　　　　　　　　　　表 1

上层钢柱	下层钢柱	钢柱对接	钢牛腿节点	钢梁节点	平面支撑节点
钢柱柱身采用焊接箱形截面,钢柱牛腿与钢梁支撑连接	连接钢梁及支撑体系	钢柱对接采用临时连接板进行临时固定,调整完毕后焊接	钢梁与钢柱牛腿腹板采用高强度螺栓连接,翼缘与牛腿翼缘对接焊接连接	次梁腹板与主梁连接板采用高强度螺栓连接	每层连廊支撑处连接节点

（2）吊装思路梳理：初步确定以下四种吊装方式：M 形支撑吊装、底部临时支撑吊装、分单元整体吊装、原位散装吊装。

（3）受力分析：施工前，采用受力计算软件对钢结构多种施工方法进行施工模拟，选择最优施工方法和施工次序，以保证结构施工过程中及结构使用期安全，如图 7 所示。M 形吊装方案施工工序：即以数字轴从中心向两侧，字母轴从塔楼向中心的安装。为了确保结构安全，须在东西塔楼安装完成且探伤检测合格后开始安装连廊；首先安装悬挑梁和临时支撑，然后合拢钢结构杆件，最后拉结平面支撑杆件，卸载临时支撑，这样依次安装 7 到 10 层其余构件，最后将 6 层进行提拉安装，如图 8 所示。

图 7　吊装方案模拟

图 8　M 形吊装方案

（4）最终通过综合比较确定 M 形吊装方案，吊装方案可行性综合对比如表 2 所示。

吊装方案可行性综合对比表　　　　　　　　　　　　　　　　　　　表 2

方案思路	专业配合	安全措施	安全性	施工周期	方案成本	可行性	选择建议
M 形支撑吊装	各专业工序正常开展，场地条件配合多	安全措施简单，措施费用低	一般	一般	低	高	是
底部临时支撑吊装	各专业工序正常开展，场地条件配合多	安全措施复杂，措施费用高	一般	长	高	高	否
分单元分层整体吊装	各专业配合程度高，场地条件配合多且需要预留相应操作空间	安全措施复杂，措施费用低	风险小	长	高	低	否
原位散装吊装	各专业工序正常开展，场地条件配合多	安全措施简单，措施费用低	风险大	短	低	低	否

3.4　钢结构安全防护漫游

构件重量大，安装后易变形，存在安全隐患，需要将临边防护、洞口防护等做到位。通过安全防护构件库进行了标准化的定制，实现了安全标准化要求、模型展示、施工现场的三者有效统一。结合 VR 技术进行安全交底，提高施工人员安全意识，安全管理标准化、规范化（图 9）。

图 9　安全防护漫游

4　应用效果

通过建立 BIM 模型进行钢结构深化设计，辅助空中连廊施工方案比选与优化，提升了施工质量，减少了施工工期。同时在此基础上拓展的数字化生产预拼装、构件跟踪管理以及安全防护漫游等应用，也在安全、质量、进度等方面起到了关键作用，杜绝施工隐患。

参 考 文 献

［1］　雷娟，聂君莲．BIM 技术在钢结构项目管理中的应用研究［C］//中冶建筑研究总院有限公司．2021 年工业建筑学术交流会论文集．中冶建筑研究总院有限公司：工业建筑杂志社，2021：943-945.

［2］　周立臣，潘礼新，洪图．BIM 技术在钢结构工程中的应用［J］．居舍，2021，（27）：27-28.

BIM 技术在超高层装配式住宅项目中的应用

韦博文，毛宗均，杨森林

（吴川市陆陆建筑工程有限公司深圳分公司，广东 深圳 518000）

【摘　要】文章总结了水库新村征返地项目罗沙南地块超高层装配式住宅如何采用 BIM 技术来保障整个工程项目的顺利实施。项目在施工前期引入 BIM 技术，通过创建 BIM 深化模型，在主体结构深化设计及现场施工阶段实施了专项 BIM 应用。通过 BIM 技术的深化应用解决了传统超高层装配式施工中的技术难点，有效指导了现场施工，为项目取得了良好的经济效益，并作为我司 BIM 示范项目在企业内部进行推广，更好地普及 BIM 技术的重要性。

【关键词】BIM 技术；超高层；装配式住宅；施工 BIM

1 项目概况

1.1 工程概况

深圳水库新村征返地项目罗沙南地块土方及基坑支护工程位于深圳市罗湖区深港驾校莲塘训练场，南临深圳河，北至罗沙公路。本工程总用地面积 14760.61m²。总建筑面积为 145563.75m²，最大层数（地上/下）46/4 层，由 2 栋超高层住宅楼＋1 栋高层商业写字楼＋1 栋幼儿园组成（图 1）。其中 1 栋 A 座、B 座均实施装配式。其中 1 栋 C 座建筑功能为高层商业写字楼，本工程高层部分 1 栋 A 座、1 栋 B 座采用框支剪力墙结构（局部转换），剪力墙和框架柱抗震等级为一级；1 栋 A 座结构主屋面高度 146.95m，

图 1　项目效果图

【作者简介】韦博文（1995—），男，助理工程师。主要研究方向为建筑工程信息化。E-mail：798226932@qq.com

B座148.45m，属于超B级高度的超限高层建筑，并已通过超限高层建筑工程抗震设防专项审查。地下室共计4层，均为停车库及设备房，其中-4层为人防层，平时为车库及设备房。裙楼1层分别为商业、公交首末站及架空车库，商业高度在5.10m，公交首末站高度6.45m，架空车库高度3.95m。

1.2 装配式设计概况

（1）户型模块标准化

本项目装配式建筑中标准化户型：项目中数量不少于50套的户型（包括镜像户型）为01A、02B、03B、01E、02E、03F、04B、05G户型总计688套，户型总数为774套。标准化户型应用比例＝（688/774）×100%＝88.88%＞80%。

（2）预制构件标准化

本项目1栋A座、1栋B座采用预制构件包括预制外墙、预制凸窗、预制叠合板、钢筋桁架楼承板、ALC隔墙（图2），本项目总构件数量为4196件，大于50件计为标准化构件共3440件，预制构件构件化比例为81.98%。标准化预制构件应用比例为（3440/4196）×100%＝81.98%＞60%。

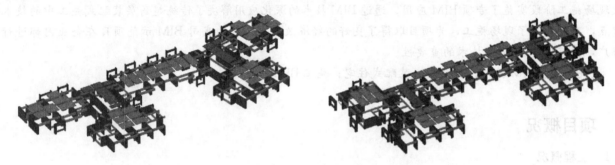

图2　1栋A座、B座预制构件三维示意图

2 工程重难点分析

周边场地北侧临近深圳地铁8号线区间隧道，以及长岭村小区地下雨水、给水、电力、电信等主要综合管线，同时有一条3m×4m的排水暗渠穿过基坑，水渠深度不明。场地东侧是电压110kV的莲塘东变电站，场内道路地下埋设有电力、电信等主要电缆管线。场地西侧为边防执勤部队通行道路，场地南侧为深圳与香港交界线，以及边防部队巡逻道路。整个场地仅北侧局部可作为本项目的施工场所，总平面场地布置及交通运输非常受限，预制构件堆场及卸车考虑因素多。

因为仅有北边局部场地可使用以及南侧存在一座高度30m的高压电塔，塔式起重机布置考虑了边防界限、高压电塔安全范围、群塔防碰撞要求、预制构件及转换层型钢最大起重等因素之后，1栋B座二单元塔式起重机半径仍无法直接从北侧场地卸车点进行预制构件吊装或者其他吊装施工，所以需要借助塔式起重机转运辅助吊装，同时合理策划现场平面构件堆场、预制构件吊装作业的流水，这也是B座主体施工时的一大难点。

同时本项目两栋超高层住宅建筑均约150m高，为了保障现场施工节点顺利完成，主体结构施工采用附着式升降脚手架、铝合金模板、装配式建筑施工、轻质隔墙板等新型施工工艺建造体系。装配式建筑对前期设计的要求很高，需要通过深化设计来确定节点、预留孔等细节问题，允许出错的概率很低[1]，针对特殊部位的预制构件、铝合金模板、附着式升降脚手架的深化、三者与现浇结构接合部位的细节处理、穿插流水施工策划是超高层装配式施工的重难点。

3 BIM实施组织

3.1 建立组织架构

项目将打造成深圳市罗湖区莲塘超高层装配式住宅地标，争创省双优，深圳优质工程奖，业主十分重视BIM技术在罗沙南项目中的应用，合同明确要求项目部应用BIM技术。为了加强信息共享，提高总承包管理成效，根据建立健全项目 BIM 组织机构，统一 BIM 实施标准，由项目 BIM 技术总工负责牵头，统筹各家 BIM 工作以及协调业主方、监理方、设计方日常 BIM 工作安排。

3.2 制定 BIM 项目实施方案及标准

根据陆陆建筑 BIM 应用手册，结合本项目情况及特点，编制项目 BIM 实施方案、BIM 应用标准、BIM 项目工作计划。BIM 实施方案中，明确项目各专业间 BIM 分工及职责；建模标准中统一 BIM 协同原点，规定项目 BIM 文件命名规则、架构、颜色、信息、规划标准、软件标准，明确问题报告格式等。

4 BIM 应用内容

4.1 PC 预制构件深化设计模型建立

BIM 工作中最基础、最重要的是模型建立。建模需要将二维图纸转化为三维模型。该过程需要对图纸的细节进行了解，才能发现图纸中的很多问题[2]。因此在初版装配式建筑设计图纸下发后，我们建立精细化预制构件 BIM 族，并整合到 Revit 塔楼结构、建筑模型，提前综合分析与结构连接，与钢筋的碰撞，与建筑做法的冲突，核对铝模、爬架预留孔的位置、大小是否符合要求，会签完成后将 BIM 模型提交给构件厂（图 3），厂家根据模型完成模具设计，这种构件深化方式可更直观地发现遗漏、细节不符的问题，节省深化周期。

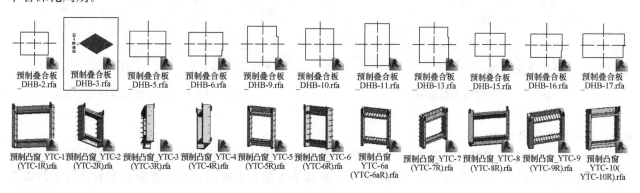

图 3　PC 预制构件 BIM 深化族

传统的二维平面图不够直观，即便施工经验十分丰富的施工人员，也很难一眼就发现各个构件间存在的问题和发生的碰撞[3]。例如在首层预制构件存在的两个问题：问题一如图 4 所示，A 座左侧户型客厅的凸窗下口，落在转换层三层高低跨板处，凸窗侧墙下口有一部分落在低跨区域，未回填轻质混凝土前凸窗下口存在悬空，难以有效连接，解决措施为采取提前一次浇筑处理；问题二如图 5 所示，根据设计大样图凸窗两侧侧墙在首层及避难层下挂与建筑外立面铝板冲突，造成建筑外立面铝板设计需减少 100mm，解决措施为该预制凸窗模具统一，不特殊处理，建筑调整外立面铝板，裙房周围一圈铝板整体下调 100mm。

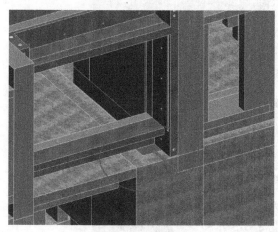
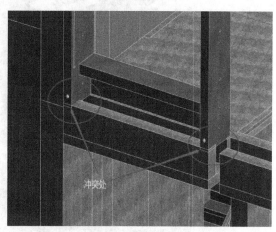

图 4　凸窗下脚高低跨处理　　　　　图 5　建筑外立面铝板反坎节点过高

4.2 塔式起重机优化措施

在塔式起重机选型及布置方面，我们利用无人机航拍周边实际情况并通过倾斜摄影制作三维实景模型（图 6），根据周边情况以及项目预制构件的重量进行塔式起重机选型及布置，最终采取可吊重 8.0t 重物的 W7527-16D 型塔式起重机。然后开始在 Revit 建立多种塔式起重机布置方案模型，通过爬架、塔式起重机、附墙等与土建结构、PC 预制构件模型复核，解决附墙位置的问题，3 台塔式起重机附墙位置均需伸进预制凸窗，且离上飘及下飘窗台保持一定安全距离，避免因塔式起重机抖动破坏预制构件，因此严格把控每一道附墙的安全距离、角度、长度、形式非常关键。经过 BIM 提前深化，确定 3 台塔式起重机均需 6 道附墙（图 7），同时对群塔作业的防碰撞模拟，也保证了群塔的安全作业。

图 6　三维实景模型场地分析　　　　　图 7　建筑塔式起重机附墙杆节点深化

4.3 总平面布置及堆场

总平面布置是本项目的一个重难点，场地四周仅北边可堆放预制构件以及运输车辆进行卸车，西边为武警部队边防道路，南边为深圳与香港交界线，东边为莲塘东变电站，都不能随意布置任何东西或者停放车辆，整体构件进场非常被动。我们在 Revit 里创建主体装配式施工阶段施工平面模型，包括临时施工道路宽幅，钢筋加工厂及原材堆场、模板木方堆场、钢管扣件堆场以及其他零星材料堆场，并充分利用裙房区域，最大程度优化 PC 预制构件堆场，以及构件卸车点、倒车区域，再同步至 Fuzor 漫游整体观看，会上讨论分析不利工况对现场的影响程度，综合分析完成后再回模型调整出具总平面布置图（图 8）。

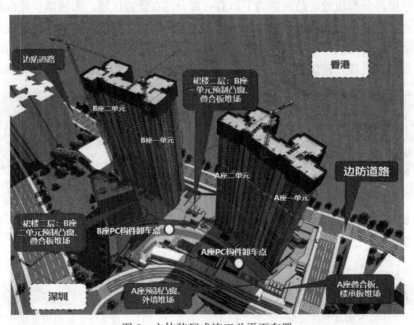

图 8　主体装配式施工总平面布置

4.4 构件编号及运输策划

项目装配式 PC 预制构件包括预制凸窗、预制外墙、预制叠合楼板，利用 BIM 技术提前进行运输策划（图 9），拟在 13m 长专用构件车进行构件摆放，并根据标准层 7 天一层工期计划以及现场施工作业面协调情况，模拟标准层当天整层构件是否能施工完成，再进行调整。

图 9　装配式构件吊装顺序及车辆运输

4.5 多次转运吊装分析

根据业主要求项目 1 栋 C 座后期作为售楼部，周边 5m 范围内不可堆放任何材料，且由于场地东侧为变电站，西侧及南侧为深圳与香港交界边防道路和一座高 30m 高压电塔，造成 B 座二单元 PC 预制构件无法直接从卸车点吊装。基于 BIM 技术三维可视化、协调性、模拟性的特点可进行预制构件在施工机械及吊装工艺上的模拟[4]。因此我们在 Fuzor 里进行塔式起重机多次转运 PC 构件的吊装施工模拟分析（图 10），可以不影响 B 座标准层施工工期，并采取每日进场两层数量的 PC 构件堆放，由 2♯塔式起重机转运至裙房二层堆场及吊装，同时地下一层开始设置回顶措施，总体优先施工二单元后施工一单元。

图 10　多次转运构件吊装施工模拟

4.6 可视化交底

在 PC 预制构件安装工艺方面，吊装模拟动画能够形象地表达一个施工标准层的施工工艺流程，可作为实际施工的指导[5]。我们利用三维施工动画工艺模拟，对 PC 预制构件安装单位人员做了一个可视化交底辅助，并结合我们现场的情况着重讲述，提前告知他们在安装的时候必须要注意的问题。根据最开始对构件的编号，严格按顺序进行吊装，保证现场安装质量及施工流水。

4.7 生产信息化管理

本项目采用 PCM 筑享云构件管理系统，它是一个面向预制构件工厂生产管理的信息化应用平台，系统基于一个构件、一个二维码的构件清单，对构件的订单项目、生产质量、材料堆场、发货配送等业务进行全过程跟踪和管理。让生产行为有迹可循，以最真实的数据反馈生产状态，对项目实施各个环节严格管控，利用信息化管理模式贯穿整个预制构件生产的全流程（图 11），同时 PCM 筑享云构件管理系统看板模块还可实时查看生产进度、库存情况、堆场计划、物流运输等数据，方便现场项目管理人员监督各预制构件情况。

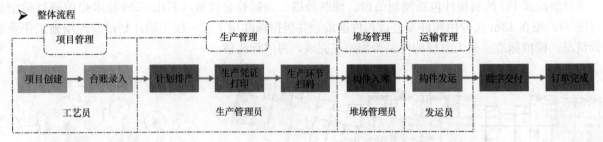

图 11　PCM 筑享云构件管理流程图

5　结语

本项目通过 BIM 技术对超高层装配式住宅预制构件的深化设计、运输策划分析、吊装顺序模拟、施工工艺模拟、信息化管理以及其他应用，可更直观地发现及处理遗漏、错误、碰撞等问题，节省优化周期，保证现场安装质量及施工流水。在技术方面人员对超高层装配式施工技术更深入，在商务方面做到有迹可循、有据可查，在现场方面管理到位、场地协调合理，综合下来取得了很好的成果，最大程度地降低塔楼的施工风险，提高主体结构的施工质量，保障整个工程项目的顺利实施。

参 考 文 献

[1]　马跃强，施宝贵，武玉琼 . BIM 技术在预制装配式建筑施工中的应用研究[J]. 上海建设科技，2016(4)：3.

[2]　尹仕伯，尹朝白 . 利用 BIM 技术对项目进行图纸问题分析[J]. 建材发展导向，2017，15(8)：2.

[3]　江晖 . 预制装配式建筑工程中 BIM 的施工技术[J]. 住宅与房地产，2017，29(478)：166.

[4]　董龙锋，孙岩波，阎明伟，等 . BIM 技术在装配式混凝土预制构件安装中的应用[J]. 建筑技术开发，2020，47(20)：2.

[5]　李安永 . BIM 技术在装配式建筑构件中的应用[J]. 江西建材，2016(22)：2.

BIM 技术在招投标项目中的应用研究

杨 晋

（山西二建集团有限公司，山西 太原 030000）

【摘 要】目前，招标投标仍存在着评标不透明、投标信息不全面、过程繁琐、资源浪费较大等现象。招标代理机构更是造成招标过程中很多的"信息孤岛"问题。随着 BIM 技术的发展，电子招投标已成为招投标的趋势。国家目前大力鼓励行业实行电子招投标。鉴于 BIM 技术的优势，通过研究 BIM 技术在工程施工招投标中的应用，不仅能够提高施工企业的技术水平和竞争力，还可以提高施工招投标的准确性和效率性。为研究 BIM 技术在招投标中的实践应用点，本研究通过查阅文献、实地调研等方法对我国建筑工程 BIM 技术在招标、投标以及评标中的优势与现状问题进行了分析，并研究了 BIM 招投标对建设各方主体的影响。

【关键词】BIM；招投标；评标；应用

1 引言

现阶段，我国建筑业发展迅速。随着工程建设规模的逐步扩大，施工难度也越来越大，建筑业发展已进入"新常态"阶段。新常态的主要目的是以资讯平台为目标，以互联网和 BIM 技术为主体推动建筑业不断发展，使其有质的飞跃，同时也为建筑业的发展提供明确的指导。随着社会的精细化发展要求，以及建筑业的信息化、智能化发展，施工企业应用 BIM 技术已成为施工招投标的重要趋势。

中国的"BIM技术"一词是"建筑信息模型"。这一技术是在 CAD 基础上开发的，随着科技的发展而发生变化，伴随着时间的推移，形成了一种多维的建筑模型信息集成技术。BIM 还可以整合规划、设计、施工、运营等阶段的信息和数据，使工程前期的信息能够有效地应用到后期，保证了信息的有效利用和延续。BIM 在所有工程建设项目的过程中收集和整理各种信息，参与者可以交换和共享此信息。

2 BIM 在招投标中的应用

2.1 BIM 在招标控制中的应用

在进行招标活动时，工程量清单是它的重要组成部分，BIM 模型可直接用于计算实际数量和实际空间。通过这些信息，对不同组件的统计分析可显著减少工作负载。

2.1.1 提供 BIM 模型及成果

"建筑单位"或"招标代理"在招标文件中预先提供 BIM 设计模型的结果，以及在招标文件中，请投标人遵守 BIM 设计的设计要求，进行以 BIM 模型为基准的投标文件编制。在复杂结构的情况下，还应进行参数化设计，并将相关参数、模型信息展示给投标人，保证所有潜在的投标人所得到的工程量、技术参数要求等一致，并在投标文件中体现。

2.1.2 建立设计阶段的 BIM 模型

在招标阶段，所有投标人可根据招标人给定的图纸，建立三维 BIM 模型，并通过 BIM 管理类相关软件进行相关的管理分析。如基于 BIM5D，进行项目合约规划、资源计划、资金计划、物料计划等，保证工程的顺利高效进行。

【作者简介】杨晋（1993—），男。主要研究方向为土木工程。E-mail：371525405@qq.com

2.1.3 基于 BIM 的快速、精确算量

由于 BIM 模型的统一，并可自动化地根据模型信息导出工程量，所有基于 BIM 模型，在工程招标过程中，招标人员可自动快速地精准算量，避免了由于招标人与投标人之间工程量计算的差异，造成信息割裂，导致不平衡报价等现象出现。此外，自动出量也减少了手动识别图纸上的元件信息以及由此产生的问题，将工作量偏差降至最低。因此，基于 BIM 模型的自动精准计算可很大程度减少工程变更，使工程大大降本增效。

2.2 BIM 在投标过程中的应用

2.2.1 基于 BIM 的 5D 进度模拟

从整体来说，由于施工作业本身的特点和性质，它被看作是一种动态性、复杂性和不稳定的过程，在当前环境下，基于 BIM 的 5D 进度模拟经常被应用于建筑项目的管理。整个项目统一管理，控制工作状态、质量和工作协调，有助于制定工期更短的工作方案。

2.2.2 基于 BIM 的设计方案制作

与传统的设计图和基于 CAD 的设计图纸不同，所有投标单位可根据二维图纸进行三维建模，或根据招标方提供的 BIM 模型进行设计交底，从而使施工单位更加了解设计单位的设计思路，或使得工程设计具有更强的可施工性，从而设计与施工单位在招投标阶段，可通过 BIM 这个可视化的共享协同平台，在施工投标前解决设计中的一些问题，并对设计方案进行自动审查，减少了工程变更，提升了工程设计质量。

2.2.3 基于 BIM 的资源优化与资金计划

在 BIM 基础上可以快速而不费力地模拟建筑工作的速度，不仅实现资源的合理配置和优化，也能够对产量进行合理预测，制定合理有效的供资计划。通过进度计划与模型之间的相关性、成本和进度数据的相关性我们能够管理和分析不同维度（空间、时间、工艺路线）的成本。此外，还可以优化财政资源，如人力资源、材料、机械设备、资金等，通过分割 BIM 模型的流水段能大大改进资金使用计划。

2.2.4 基于 BIM 的施工专项方案编制

投标人通过应用 BIM 三维可视化的特性，不仅能够开发出根据 BIM 模型所编制的模板框架，还可以对可视化施工方案进行模拟，更合理地避免因以往经验等因素产生的弊端，同时还可以强有力地实施执行以 BIM 为基础的专项施工方案，大大改善工程建设质量。

2.3 BIM 在评标过程中的应用

2.3.1 基于 BIM 的施工方案比选

专家在 BIM 技术的帮助下，可以通过虚拟场景来对项目进行评标。基于 BIM 模型展示设计组织的设计方案，模拟施工中的重要环节，并根据模拟和优化步骤，提高系统的可行性，并对一些重要的设计连接、新结构的重要部分、位置布局等问题进行分析。评标委员会在评标时，可根据投标单位的 BIM 模型，直观形象地看到工程的施工方案以及重要复杂结构的施工技术和方法，可为技术标的评分提供更加准确有效的评分准则，大大提升了评标效率，也为选择技术更强的建设单位提供参考。

2.3.2 基于 BIM 的施工 5D 评审

借助 5D 模型，评估专家可以直观地理解投标人的虚拟施工技术，并根据 BIM 模型，导出工程的进度计划、资源、劳动力、资金等计划以及工程的总平面图布置等施工组织措施，从而为评标委员会公平、公正评价投标单位的施工计划与组织管理能力提供强有力的参考依据。

2.3.3 基于 BIM 的资源计划评审

这个方法，可以更直接地将资源计划提交给评标委员会。与此同时，委员会还可以动态地审查资金流动情况，不同建筑节点的资源、投资计划和工作计划，从而使委员会评估提高质量和效率。

2.3.4 基于 BIM 的施工专项方案评审

通过 BIM 技术，一方面，可以实现快速建模和信息共享；另一方面，可以在短时间内比较方案并最大限度地利用建模功能，对现场整体结构验证合法性、合标性，最后还可以使评审人员在很短的时间内

做好审查工作。

2.3.5　基于 BIM 的设计方案评审

评标委员会可以直接观察 BIM 方案模型，动态和完整地了解投标人的概念和目的。投标人应更详细地解释投标人计划的概念和目的，并消除专家在评审过程中造成的任何误解。BIM 模型实施后，评估人员可以从任何角度访问建筑进行虚拟旅行，这大大提高了项目审查和故障排除的视觉感知。在模型演示过程中，供应商可以轻松参与项目的虚拟体验，更详细地了解建筑物的内部架构，并找出其优缺点。

3　BIM 招投标对各方主体的影响

3.1　对于招标人的影响

目前，由于项目招标时间紧张、任务繁重，甚至有些总承包项目勘测、设计、施工等需分阶段同步进行招标，投标准备的质量难以保证，因此有必要在施工期间对项目进行研究。由于合同规定的限制，项目施工过程中管理困难，结算费用不断变化。有效管理重大变更、大量索赔、预算超支等问题，对控制总发票的完整性和准确性以及合同发票价值的合理性非常重要。

BIM 技术有助于各缔约方在编写招标文件时在 BIM 模型统一的平台上沟通协调合作，促进数据交流和合作投标，使招标变得更加灵活。将上一阶段的结果应用到下一个阶段，并与建造、施工、竣工验收、运输方面等阶段密切相关，因此，BIM 实现了信息的创建、积累和完善。

3.2　对于投标人的影响

BIM 技术的应用可以使投标人更好地理解项目的实际情况，并支持资源和数据的存储，管理企业的盈利能力。同时，投标人可以通过 BIM 技术模型，进行虚拟施工、资源计划、资金计划、物料采购计划以及合约规划等，为施工企业投标编制以及施工实施管理提供了极大的便利。

3.3　对工程评标的影响

基于 BIM 模型，评标委员会专家可通过更直观的模型演示，详细分析和比较建筑物的外观、内部结构、环境和各种专业解决方案，并使用 BIM 解决方案进行演示，进而模拟全程施工进度和资金计划，科学、全面、高效、准确地进行评价活动。

3.4　对于行业发展的影响

BIM 技术促进了行业管理信息化、智能化的改革进程，并对工程招投标进行优化管理。此外，BIM 技术为项目全生命周期的各参建单位提供了协同合作平台，有效促进了各方的协同沟通，有效衔接了工程策划、设计、招投标、施工、运维等阶段的信息应用，为行业的集成管理提供了平台，有效促进了工程的全过程管理，也为工程招投标市场的全面改革提供了契机。

4　工程案例

4.1　项目概述

北京某公司位于城市东北部，项目 A 为办公楼，项目 B、C 和 D 是北长寿中心行政中心。

4.2　项目难点

1. 质量要求高：项目 A1 为一个示例，单个项目达到 61 个地下结构中的 61 个流段，92d 必须完成所有主体结构，冬季必须达到满足土壤结构的 "4 层" 的施工速度的要求。

2. 协调管理的复杂性大：参建单位达到 35 个，机电工程、储存管理、采购管理等 35 个工程单位提供单一项目，协调沟通工作量较大。

4.3　BIM 技术在解决工程招标过程中的应用分析

4.3.1　基于 BIM 技术的设计优化

在建设全生命周期过程中，建筑设计的功能性实现极为关键。想要了解施工图，也就是说需要了解施工单位所需的外观、空间和功能，以及在施工过程中是否符合各大用户的理想标准，都需要进行设计的优化和设计的检查。在这个过程中，需要建立建筑设计模型并且依靠 BIM 技术的支持。建筑模型完成后在设计检查中发现部分模块验证不满足要求，诸如灯光、通风和空调等。使用 BIM 技术在投标之前对其进行优化。

4.3.2 基于 BIM 技术的工程量统计

建设单位提供的工程量清单是建设项目招标文件的重要组成部分，在进行项目招标时，招标人需向潜在投标人提交工程量清单。该项目基于广联达 BIM 计量与计价软件，首先根据图纸进行三维建模，然后根据模型，自动导出工程量清单，为投标人提供了统一的 BIM 模型和工程量清单，从而保证了工程招标的公正合理性。

4.3.3 基于 BIM 技术的碰撞检查

结构工程、施工与给水排水、电、供暖、通风和空调等专门管道结合在一起，可根据 BIM5D 的碰撞检测功能，自动得出模型中的不合理设计之处，从而可以优化设计，减少后期工程变更。

4.3.4 基于 BIM 技术的工期校验

因为施工工程的持续时间不稳定，施工过程较复杂，所以在设想的施工过程中必须考虑到施工阶段的数量增加和流水段的划分。使用 BIM 技术验证建筑工程的可行性，分析建筑项目的施工方案，并最终预测合理的施工费用和投标价格。在评估阶段，根据上一个报告所述期间建造的 5D 模型，将工期计划与模型结合，进行虚拟可视化施工和资源计划优化，保证工程施工组织的合理性。通过仿真加强施工实体和建筑实体沟通，以核实施工组织设计和建设方案的可行性。

4.4 BIM 技术在工程投标过程中的应用分析

4.4.1 基于 BIM 技术的施工方案模拟

BIM 技术可以补充项目的虚拟路线和后续运输的维度。同时，通过 BIM5D 技术，可对施工方案进行虚拟模拟，从而分析施工方案的可行性。也可通过 VR 技术，使用单位在 BIM 模型中进行沉浸式的虚拟漫游，提前提出项目中的不合理之处。新的建筑过程和施工过程被用作分析模拟施工技术、先进技术可行性和减少不确定因素。进行投标过程中投标人即时通信技术的模拟，并在视觉上向建设单位直观展示，加强了技术投标的竞争优势，提高中标概率。

4.4.2 基于 BIM 技术的 5D 进度模拟

利用 BIM 技术可以实现对传统项目管理模式的优化、建筑资源使用的优化、站点设置的优化，整个项目的建筑和资源得到了统一管理，从而缩短了施工时间，降低了成本并提高了质量，实现项目的创新性与先进性。

4.4.3 基于 BIM 技术的投标报价优化

通过 BIM 技术，一方面可以进行快速建模，优化资源，实现资金的合理利用和调度；另一方面可以有效地模拟各级相关财务资源，并在资源的规划、设计和使用中不断做出合理的选择，从而最终快速有效地实施材料核算计划，实现机械设备及相关资本收益。在投标阶段，投标人应提供准确的成本估算，这样可以有益于提供竞争性的报价。在需要投标的情况下，建筑单位可以清楚地理解工程资源和资金的使用，还可以帮助投标单位增强竞争力。

5 结论

在建筑技术的不断发展下，BIM 技术本身具有强大的生命力，满足了人们的多元化需求，适应了可持续发展的时代要求。同时，BIM 技术不仅是一种提高工作效率的技术，更是一种全新的、规范建筑活动的工作模式，推动了整个建筑活动的质的变革。BIM 技术对招投标来说具有深远的意义和影响，招投标是建设项目的关键要素和环节，也是建造和严格管制最有效的技术手段，对于建筑业的发展来说，既是一个转折点，同时也是一场新的革命。在招投标竞争越来越激烈的背景下，政府、建设单位和承包商必须相互合作，只有借助技术进步和创新手段，才能继续优化和改进，提高建筑项目的质量。这将是领域未来的主要发展方向。

参 考 文 献

［1］ 李静，王鹏，吕东琪，等 . BIM 技术在工程全过程造价管理中的应用［J］. 北京工业职业技术学院学报，2018，17（01）：18-22.

［2］ 刘谦 . 数字驱动 共赢未来——BIM 技术助力工程建设项目招投标创新发展［J］. 招标采购管理，2018(05)：30-33.

［3］ 汤琪，罗时朋 . 基于 BIM 的建设工程招投标成本管理的研究［J］. 建材世界，2018，39(01)：70-73.

［4］ 叶朝青 . 电子招投标在建筑工程招投标中的应用优势探讨［J］. 福建建材，2019(03)：111-112.

［5］ 张海昌 . BIM 在工程招标控制价编制中的应用研究［D］. 重庆：重庆大学，2017.

［6］ 蒋金效，叶忠勤 . 浅析 BIM 技术在施工企业招投标阶段的应用［J］. 四川建筑，2019，39(01)：201-202.

［7］ 包胜，赵政烨，毛宇珏 . 基于 BIM 技术的工程造价管理分析［J］. 科技通报，2019，35(02)：125-131.

BIM 技术在建筑施工阶段的应用

杨珍珍，杨　刚

(山西二建集团有限公司，山西 太原 030013)

【摘　要】建筑业是一个高风险行业，即使很小的过程疏漏也会对项目的顺利实施与交付产生重大影响。在项目施工阶段，不同利益相关方通过在 BIM 中插入、提取、更新和修改信息，以实现各自职责范围内的统筹作业。BIM 技术通过其强大的虚拟建造功能，为我们带来了更快捷、方便、直观的设计理念，使得项目管理更加先进，施工现场更加科学。

【关键词】BIM 技术；校园建筑；施工模拟；深化设计；节约资源

1　概述

BIM 是一种全新的工程信息化协同管理方式，当前施工阶段应用 BIM 技术的价值主要体现在技术及数据方面，一方面通过三维可视化模型以及相应应用可以实现现场精细化管理，节约沟通成本；另一方面，通过 BIM 模型获得的项目数据，更加准确、及时，具有可追溯性，为项目施工管理、成本管理等提供了有效的数据支撑。本文将以某校园建筑为例进行研究，利用 BIM 技术改变传统的施工方式，精细化设计、可视化施工、协同化管理，实现工程现代化建设，并且结合新工艺、新材料、新设备、新方法，总结 BIM 技术在大型校园公共建筑施工阶段的应用成果，为后续类似工程提供可借鉴的数据。

2　工程概况

晋中职业技术学院新校区图文信息中心位于山西省晋中市榆次区（图 1），总建筑面积 67000m²，包括图书馆、剧场和连廊。整体建筑由长方形和圆形体量组合而成，二者间通过连廊连接，是校园的核心建筑，位于园区中轴线焦点处，更是整个园区的标志性建筑，图书馆地上五层，地下一层、局部为设备层，剧场为直径 80m 的圆形结构，地上五层，工程质量目标为"鲁班奖"。

图 1　晋中职业技术学院新校区图文信息中心效果图

2.1　场地应用

1）永临结合。永临结合即通过将施工用做法与正式建筑做法相结合，通过适当的优化与调整，做到将正式建筑做法在施工中提前完成或完成一部分，以达到在施工过程中提前使用的效果。利用广联达场布软件或广联达 BIMMAKE 软件结合施工动画模拟软件，模拟整体工程建设，运用"永临结合"的施工理念，先期建设办公楼，作为项目的指挥中枢系统，其次内环路的建设将场区各个施工板块进行衔接，方便土方平衡和后期材料周转，减少现场扬尘和临时道路的开发费用，加快满足现场完全文明施工，实现多通一平，实行全方位永临结合布局。场区内部绿化、道路硬化大大减少了铺设绿网费用，营造了良好的施工环境；此外，校园内水电管线、消防管线、景观、路灯等也是永临结合的一部分。

2）现场平面布置。利用广联达场布软件或广联达 BIMMAKE 软件基于公司施工现场安全质量标准化

【作者简介】杨珍珍（1995—），女，助理工程师。主要研究方向为施工现场 BIM 技术应用。E-mail：1225851257@qq.com

图集建立三维模型，对施工现场进行科学的三维立体规划，指导项目现场标准化施工，确保安全防护标准化、场容场貌秩序化，提升企业品牌形象。且在工程实际进展中随时调整现场平面布置，以最终决策现场的平面布置，形成最优的方案，提高生产施工效率。

2.2 深化设计

1）图纸审查。在图纸会审阶段通过创建建筑专业、结构专业及机电安装专业模型，利用 BIM 审图取代传统的二维审图方式，以三维模型为基础，利用 BIM 技术，结合图集规范及项目管理人员经验，快速、全面、准确地发现全专业图纸中的碰撞问题，进行优化，提升施工图质量，最大程度减少返工，提高施工现场的生产效率。

2）钢筋工程。利用广联达钢筋翻样软件，对复杂节点进行模型建立，优化钢筋排布，最终形成构件钢筋下料单，并进行现场交底，辅助施工。

3）模板工程。工程高支模部位较多，为使高支模施工能够安全有效进行，首先利用广联达模架软件设置现场模架体系搭设参数，通过搭建模型识别项目中存在的危大构件进行统计，随后使用 Revit 软件进行三维架体排布，制作成施工动画对工人进行技术安全交底，明确注意事项。因整体架体搭设复杂，项目部选用品茗高支模监测预警系统，利用 BIM 技术对监测点精准定位，并对现场架体情况进行三维动态模拟，根据现场监测的数据，通过 BIM 模型形象直观地对架体安全情况进行预警，保证了监测准确性，确保高支模施工期的安全性。

4）ALC 工程。采用 Revit 软件对 ALC 板材进行深化设计，三维出图，建立整体模型，通过建模分析，将模型拆分为独立构件，精细化加工，确保板材规格、精度，大幅降低废料产生几率及因错返工次数。提高板材使用效率、节约成本、缩短板材加工及生产周期。

5）屋面工程。采用 Revit 软件对屋面工程进行创优策划，对比方案，将实施亮点采用 BIM 图形展示，利用 Lumion 等软件出具真实效果图进行方案比选，最后根据 Revit 软件出具施工详图，辅助施工。

6）装饰装修工程。通过 SketchUp 软件建模并利用 3ds Max 进行快速渲染，提供装饰装修方案，辅助精装修工程优化，明确节点大样做法，以直观的照片级渲染图节省沟通成本，不仅可提供最终装修方案，还可导出工程量，为工程施工提供依据降低施工过程风险。

7）机电安装工程。通过 Revit 软件创建空调、照明、给排水、消防、通风等各专业模型，利用 Navisworks 软件碰撞检测功能检查各专业管线之间及各专业管线与其他附属物的碰撞，并导出碰撞检查报告。利用软件的可视化与协调性，经过深化设计最大程度地提高建筑使用空间，降本增效。深化过程应严格按照净高要求调整优化，以"局部服从整体，非重点服从重点"为原则，最后汇总各专业各区域净高情况，以楼层为单位进行净高检测。利用 Revit 软件出具详细的施工图，提前将预留洞口、套管设置等信息交给不同专业单位，以便现场施工时提前做好预留预理工作。

8）钢结构工程。剧场舞台上方及图书馆门厅处为钢结构，钢结构整体跨度 27m，利用 Tekla 软件建立三维模型，准确处理模型信息，并可快速输出各种材料、零件、构件清单，根据模型生成的报表，提料准确高效。

9）玻璃幕墙工程。图文信息中心造型新颖，周圈为圆形幕墙结构，利用 Rhino（犀牛）软件进行参数化设计能够准确地划分曲面幕墙表皮，优化设计方案，结合现场实际情况进行模拟预拼装，减少了现场幕墙加工的错误率，实现了对异形幕墙龙骨和玻璃的精密加工。

10）石材幕墙工程。利用 Revit 软件进行石材尺寸设计与排板，发现原设计的 1250 石材分板过大，整体平整度较差，通过与厂家核实、沟通，将原有的 1250 改为 1130，不改变石材整体效果，提高了整体立面平整度。

2.3 安全管理

安全管理是施工管理的重要组成部分。目前，国内建筑施工企业在安全管理中还存在着诸多问题，比如对危险源的辨识还缺乏针对性，对危险源的动态管理难度大，施工过程中的安全策划滞后等。由于剧场为异形结构，结构形式复杂，临边洞口众多，安全防护材料需求量大。通过 FUZOR 软件对 Revit 建立的结构模型及建筑模型进行三维可视化的场景漫游，提前预知未建楼层洞口临边防护情况，提取所需安全构件材料用量，提前规划好现场安全防护，做到安全防护精细化管控。

2.4　成本管理

通过广联达 BIMMAKE 软件建立三维模型，利用拼模功能自动对模型进行拼模并导出拼模图指导现场施工，提高现场模板使用率。通过材料统计功能，汇总出模板用量，方便物资采购。与传统模式相比，更加方便快捷，材料损耗减少，达到降本增效的目的。

利用 Revit 软件可直接导出各阶段的材料用量需求明细表，准确地安排材料进场时间，缩短材料进场周期，缓解施工现场材料堆放场地紧张的压力，同时与实际工程量进行实时对比，严格控制物资计划用量与实际用量的误差，把控施工成本。

2.5　进度管理

工程体量大、穿插工序多，运用 FUZOR 软件中 4D 施工模拟功能进行直观的工期展示，将不同阶段进度计划导入工期模拟软件，进行进度计划与实际施工的实时对比，对比结果通过图表及模型颜色的变化情况反馈，使项目进展情况清晰、准确、及时地跟踪报道，以便提前制定相应的解决措施和进行方案的再优化。

2.6　信息化管理

1）智慧建造管理平台。利用软件建立"工地大脑"智慧建造系统，包括数字工地、质量、安全、进度、劳务、活动、监控等多个版面，通过大数据分析，实现智慧管理一张屏。智慧工地以数字化、在线化、智能化进行项目全局优化，以信息化的手段支撑整个建造过程。

2）BIM＋VR。建立 BIM＋VR 体验馆，在设计前期方案评审中有助于规避设计风险，并在施工中可进行施工工艺动画、BIM 管线综合排布的虚拟现实漫游，同时通过高空坠落、火灾、触电演示等，沉浸式体验更加深刻地警示和教育现场施工作业人员。BIM＋VR 的真正相互融合，带给我们的将不只是虚拟世界与现实世界的无痕切换，施工过程实时监控，而是一场全方位感知的盛宴，是一场建筑技术的新革命。

3）BIM＋无人机航拍。项目施工场地大，通过无人机航拍快速地将现场施工全貌展现在人们面前，便于及时开展现场管理，同时通过近距离接触现场，及时发现施工中存在的质量安全隐患，无人机巡检结合人工巡检，实现现场全方位无死角管理。

4）BIM＋二维码。针对工程所有项目、所有人员、所有物料，建立精准唯一的识别码，跨区域、跨项目部、跨班组、跨工期的人员、事件、物料管理，全部实现数字化信息集成，减少繁琐的抄表和纸质报告，实时按需自动获取。电脑端和手机端都可以查看数据，后台轻松汇总，一键导出数据，提高了数据可追溯性和统计便捷性。

5）BIM＋3D 打印。通过 BIM 技术与 3D 打印技术相结合，将 BIM 模型通过转化进行打印，生成实体模型，对工人进行交底，更好地指导现场施工，实现对难点、复杂工艺、细部的质量控制；辅助科技创新、项目宣传、评优等各项工作，实现场地布置优化、创优标准化等辅助工作的全过程动态管理。

3　BIM 应用效果分析

3.1　社会效益

1）项目利用 BIM 技术精细化管理，提高现场施工水平及技术质量水平，多维 BIM 模型实现了施工管理的透明化和标准化，为业主及项目赢来良好的口碑。

2）提高了生产效率，加强项目管理人员之间的沟通效率，用 BIM 技术作为桥梁联系各部门之间的协同工作，大大提高项目团队之间配合的默契，为企业承接同类型项目积累了经验。

3）促进 BIM 技术在企业的应用，通过减少设计错漏、精细化管理带动业主对 BIM 技术的认可，同时优化劳动力配置和材料设备进场，减少了变更返工，提高管理效率，为社会节约了大量资源。

4）通过项目的 BIM 综合应用，一方面积累了项目团队对 BIM 应用点深度把握的经验，另一方面通过项目的应用进一步扩充了公司的 BIM 资源，增加了 BIM 族库的内容，为后续其他项目的推广提供了便捷。

3.2　经济效益

工程自 2020 年 3 月份开展 BIM 工作以来，借助 BIM 技术在技术、施工进度、安全、质量、物资和成本控制等方面的优势，推动项目可视化、数字化、智能化管理，实现了项目精细化管理，有效提升了工程建设整体水平和综合效益，为企业间接产生经济效益约 110 万元（表 1）。

经济效益　　　　　　　　　　　　　　　　　　　　　　　　　　表 1

序号	类别	内容	估算经济效益（元）
1	施工进度	通过现场进度与 BIM 进度模拟比对及时对现场材料、人力、机具设备等作出决策调整	10 万
2	设计交底	通过三维交底减少了错误率，提高了经济效益	13 万
3	总承包管理	对现场比较局限的场地，通过 BIM 建模提前对策划平面布置并通过模拟进行可行性分析	约 7 万
4	图纸错误	通过 Revit 建模发现图纸较难发现的问题和错误： （1）共计 12 处柱子平面尺寸、配筋与详图不符； （2）发现结构楼板共计 8 处洞口未按建筑图纸留置； （3）共计 3 处标高有误； （4）安装专业与结构碰撞 33 处，安装各专业内部碰撞 72 处	避免返工节约工期约 30 万
5	施工方案、技术交底模拟	实现了以数字多媒体手段进行施工方案、技术交底、操作培训的目的，提高质量安全管理能力	增加安全质量管理效益约 20 万
6	三维演示	为业主提供三维演示，便于业主对后期装修、安装等作出正确决策	为业主提供参考，树立施工方总承包管理威信
7	智慧建造管理平台	将智慧建造系统引入项目，以信息化手段支撑整个建造过程	5 万
8	钢结构施工	钢结构预制加工制作、吊装、受力分析等均组织有序合理，施工方案选择恰当	12 万
9	物料追踪	混凝土、门窗等材料统计，劳动力用量统计，并进行追踪	7 万
10	各专业协调管理	通过三维模拟，使各专业之间沟通顺畅、工序安排合理、施工方案合理	6 万
	以上合计		110 万

4　结语

从手工到工业化再到信息化，建筑业正以空前的规模迅速发展。BIM 技术的问世给传统的建筑行业带来了新的生机，通过在建筑施工阶段的积极应用，减少了建设过程中的各种浪费，降低了碳排放，连通了各专业数据信息，为工程各专业方提供信息共享、顺畅沟通的平台，协调管理效果更好，实现了工程的和谐共建。

参 考 文 献

[1] 赵文，石雪峰，陈迪宇，等 . BIM 技术在房屋建筑施工阶段的应用[J]. 有色金属设计，2022，49(1)：3.

[2] 尹晓娟 . BIM 技术在建筑施工阶段的应用分析[J]. 建材技术与应用，2020(1)：2.

[3] 张帅 . BIM 技术在建筑工程施工中的应用研究[J]. 居舍，2019(16)：1.

[4] 宋大勇 . BIM 技术对建筑施工阶段的应用价值研究[J]. 建材与装饰，2018(48)：2.

现代木结构建筑 BIM 构件的分类编码研究

杨 瑛，谭翰韬，王 倩，张 荣

（中建五局设计研究总院，湖南 长沙 410208）

【摘　要】BIM 构件库是企业 BIM 技术储备的核心资源，对 BIM 构件进行标准化的分类编码是精确检索并调用 BIM 构件资源的前提。本文基于对国家相关 BIM 信息标准的分析提炼，建构了一套适用于现代木结构建筑 BIM 构件的分类编码体系，并通过实际项目检验了该分类编码体系的科学性和实用性，为在建筑业"十四五"规划背景下各企业补充现代木结构建筑相关 BIM 构件，搭建装配式建筑全板块的BIM 构件库资源体系提供了一定的理论支撑。

【关键词】BIM 构件；分类编码；现代木结构建筑

1 引言

现代木结构建筑是一种使用工厂按一定规格加工制作的木材或木构件，并在现场进行组装的装配式建筑，由于其主要建材——木材是一种天然的负碳材料，因此在倡导建筑业绿色发展转型助力"双碳"目标的今天，现代木结构建筑具有广阔的发展前景和巨大的市场潜力[1]。

BIM 构件是工程信息的核心载体，BIM 技术的实施离不开成熟的 BIM 构件库资源，2022 年 5 月《"十四五"工程勘察设计行业发展规划》发布，鼓励企业不断丰富和完善 BIM 构件库资源，而建立一套标准化的分类编码体系则是确保 BIM 构件库资源能被精确检索和调用的前提[2]。目前市场上较为成熟的混凝土结构建筑已具有较为完善的 BIM 构件分类编码体系，而市场起步较晚的现代木结构建筑尚未建立起完备的 BIM 构件分类编码体系，严重制约了 BIM 技术在现代木结构行业中的应用水平，限制了现代木结构建筑市场的进一步发展[3]。

2 BIM 构件分类编码研究现状

2.1 国家规范标准层面

2018 年实施的《建筑信息模型分类和编码标准》GB/T 51269—2017 对 BIM 构件的分类和编码进行了较为全面的阐述，但还存在以下两方面的不足：其一是对现代木结构建筑构件的覆盖不深，其二是在编码涵盖的信息方面仅对构件的类型信息进行了表述，如代码"30-21.20.20"仅传递了该构件是"挡土墙"这一个信息。

2021 年实施的《装配式建筑部品部件分类和编码标准》T/CCES 14—2020 在《建筑信息模型分类和编码标准》的基础上对构件分类编码体系进行了优化，在分类方面列出了包含传统和现代木结构建筑结构及外围护系统构件的分类表，在编码方面增加了"特征参数码"概念，将截面形式、力学特征等工程信息利用代码的形式进行表达，让使用者可以更直观地根据代码获取到所需的工程信息，但较为遗憾的是该标准重点面向的是实体的装配式建筑部品部件而非虚拟的 BIM 构件，因此未对 BIM 模型的精细度等级进行探讨。

2.2 企业层面

国内大型施工企业，如中建八局、中铁上海工程局、正太集团等都依据国家现行的相关 BIM 标准，

【基金项目】中建股份项目（CSCEC-2022-Z-10），中建集团；中建局级科技研发项目（CSCEC5B-2022-Q-15，CSCEC5B-2022-Q-10），中建五局设计技术科研院

【作者简介】杨瑛（1964—），男，教授，博士生导师。主要研究方向为装配式建筑及其 BIM 应用。E-mail：511768098@qq.com

结合企业及项目特点建立了企业级或项目级的 BIM 构件分类编码体系，但其内容主要针对目前市场上较为成熟的混凝土结构建筑，与现代木结构建筑相关的内容较少[4-6]。

2.3 现状总结

在国家标准层面上，目前对各类装配式建筑部品部件所进行的分类编码研究已较为完善，但对于虚拟的 BIM 构件，规范中仍存在一些可扩充的空间。

在企业层面上，由于我国现代木结构建筑市场起步较晚，各企业 BIM 构件的分类编码体系仍以当前市场上较为成熟的混凝土结构建筑为核心对象。

3 现代木结构建筑 BIM 构件的分类体系

分类是把事物的集合分成若干个小的集合。分析的角度、分类的目的等因素不同，对同一个事物集合的分类方法的选择也会有所不同。对 BIM 构件进行科学系统的分类是各企业建立 BIM 构件库的基础，也是使用者对构件进行快速分级检索的前提。

笔者从国家有关规范入手进行总结和梳理，在不改变大体分类编码框架的基础上，针对现代木结构建筑特征和行业习惯对相关规范条文进行提炼优化，从分类方法、类目层级和类目内容三方面建构了一套现代木结构建筑 BIM 构件分类体系。

3.1 分类方法的选择

基本的信息分类方法有线分类法、面分类以及混合分类法三种。从分类的综合实用性、可扩延性以及兼容性三个角度出发考虑，现代木结构建筑 BIM 构件的分类应采用线分类法。

首先从分类的综合实用性考虑，现代木结构建筑是装配式建筑的细分板块，总体分类对象量适中且每个构件在工程应用习惯上具有较为明确的分类依据，采用线分法进行分类不会出现编码过长的现象，如对于现代木结构建筑的墙体，工程上一般根据其墙体构造进行分类而不根据其高度、颜色等特征或属性进行分类。

其次从分类的可扩延性考虑，虽然线分法的灵活性和弹性不如面分法，但对于总体数量适中且在实际应用中具有较为明确分类习惯的现代木结构建筑 BIM 构件而言，只要提前预留了充足的编码码段，在不改变分类层级的情况下进行个别类目的增删修改也并不复杂。

最后从分类的兼容性角度考虑，构件模型的分类结果应与现有分类系统的分类思想、方法协调一致，保证新型分类结果的可用性。我国现行建筑信息分类标准中均一致采用了线分类法或以线分类法为主的混合分类法，因此采用线分类法能最大程度地提高分类结构的兼容度，使分类结果与国家标准规范协调匹配，满足现代木结构建筑全产业链的应用需求。

3.2 类目层级

充分考虑分类标准化需紧密结合现行标准规范的原则，通过前文对我国两种 BIM 信息分类标准的分析提炼，将现代木结构 BIM 构件分类体系的类目层级最终确定为四级，依次是一级类目"大类"、二级类目"中类"、三级类目"小类"以及四级类目"细类"。

3.3 类目内容

根据《装配式木结构建筑技术标准》GB/T 51233—2016 的有关要求，采用线分法将装配式木结构建筑 BIM 构件按功能特征分为结构系统、外围护系统、内装系统以及设备与管线系统 4 个大类。将结构系统大类构件按照结构功能分为 8 个中类；将外围护系统构件按功能及围护界面分为 6 个中类；将内装系统构件按功能分为 5 个中类；将设备与管线系统构件按照用途分为 10 个中类，具体分类情况如表 1 所示。

现代木结构建筑 BIM 构件大类及中类类目划分　　表 1

大类类目	中类类目										
	1	2	3	4	5	6	7	8	9	10	11
结构系统	木柱	木梁	木承重墙	木楼盖	木屋盖	木支撑	木楼梯	连接节点	其他		

续表

大类类目	中类类目										
	1	2	3	4	5	6	7	8	9	10	11
外围护系统	外墙	幕墙	屋面	栏杆及栏板	外门	外窗	其他				
内装系统	内隔墙	楼面	吊顶	内门	内窗	其他					
设备与管线系统	消防	给水及热水	建筑排水	雨水排水	供暖	通风	空调	燃气	供配电	照明	其他

4 现代木结构建筑 BIM 构件的标准化编码

4.1 编码原则

信息编码就是将某一事物或某个对象以规范化、统一化并易于计算机识别和处理的符号来表示，形成代码元素信息。对 BIM 构件进行编码需要遵守唯一性、合理性、可扩充性、简洁性、可流通性和规范性六项原则。

4.2 编码结构

4.2.1 总体编码结构

为确保编码的合理性与规范性，本标准采用全数字编码方式，以构件的类型为代码主体；除此之外，为便于使用者更精确直观地对 BIM 构件进行选择，额外附加模型精细度等级的代码、几何尺寸的代码和构件入库顺序代码三个部分，并采用"—"将各部分进行连接，标准化编码各组成部分如图 1 所示。

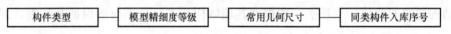

图 1 总体编码结构示意图

4.2.2 构件类型代码结构

为满足计算机识别和存储的要求，现将前文提出的现代木结构建筑 BIM 构件分类体系转化为类型代码，分类体系中的大中小细各分类层级依次对应"大类代码""中类代码""小类代码"以及"细类代码"，各级代码均用 00～99 中的两位阿拉伯数字进行表示，不足位用 0 补齐，相邻层级代码采用"."进行连接，如结构系统中层板胶合木柱的类型代码即为 10.10.10.00。

4.2.3 模型精细度等级代码结构

模型精细度等级（LOD）是一种衡量建筑信息模型完备程度的国际通行指标，其概念最早来源于计算机图形学领域，由 J. Clark 在 1976 年提出并用以描述模型形体及细节的复杂程度[7]。

我国《建筑信息模型设计交付标准》GB/T 51301—2018 规定了 LOD1.0 至 LOD4.0 共 4 个模型精细度基本等级，并规定可对基本等级进行适当扩充，考虑到现代木结构建筑特殊的工厂预制加工环节，增加 LOD3.5 模型精细度等级与之匹配，形成 5 个 LOD 等级与现代木结构建筑的各项目阶段逐一对应。现将其转换为两位数字的形式进行编码，具体情况如表 2 所示。

模型精度等级代码对照表　　　　　　　　　　　　　　　　　　　　　　表 2

模型精细度等级	LOD1.0	LOD2.0	LOD3.0	LOD3.5	LOD4.0
模型精度等级代码	10	20	30	35	40
对应的工程阶段	方案设计阶段	初设阶段	施工图阶段	深化设计阶段	运营维护阶段

4.2.4 几何尺寸代码结构

参考《装配式建筑部品部件分类和编码标准》中提出的"输入型特征码"概念，采用直接输入的方式对构件的长、宽、高/深/厚三个尺寸进行编码，形成"长度代码""宽度代码"以及"高/深/厚代码"

三个同级代码，均用 0000～9999 中的 4 位数字表示，单位为装配式木结构建筑工程通用单位"mm"，不足位用 0 补齐，各同级代码间用"."连接，如几何尺寸代码 1500.0300.0300 就表示该 BIM 构件长宽高尺寸分别为 1500mm、300mm 和 300mm。

4.2.5 同类构件入库顺序代码结构

同一小类或细类构件可能会存在工程几何尺寸相同但款式不同的现象，如对于 2200mm×900mm×50mm 的平开门，可能会由于装饰风格的不同在构件库中出现两个或两个以上类型代码、模型精度等级代码、几何尺寸代码都相同的构件，为确保编码的唯一性，考虑对入库顺序加以区分，将尺寸相同的同类构件入库顺序转换为代码，用 000～999 中的 3 位数字表示，不足位用 0 补齐。

综上所述，现代木结构建筑 BIM 构件标准化编码由定长且唯一的 25 位阿拉伯数字组成。其中第 1～8 位为类型代码；第 9、10 位为模型精细度等级代码；第 11～22 位为几何尺寸代码；第 23～25 位为入库顺序代码，完整结构示意如图 2 所示。

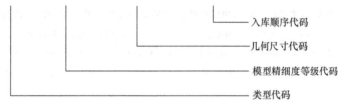

图 2　现代结构建筑 BIM 构件标准化编码的完整结构示意

4.2.6 工程应用示例

现代木结构城市驿站项目（图 3、图 4）位于湖南省株洲市天元区，总建筑面积 123.86m²，地上 1 层；建筑高度 4.650m。项目由株洲市建设局开发，首先作为 2019 年全国住博会的参展项目在北京主场馆落成，参展后分装运回现址。

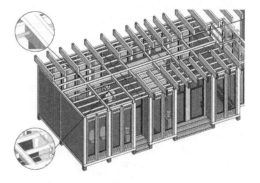

图 3　城市驿站项目实景图　　　　　　　　　图 4　城市驿站项目 BIM 模型

以该项目中完整编码为 20.10.10.00—30—1270.3660.0133—001 的木骨架组合墙体为例，编码字段释义如表 3 所示。

构件编码字段注释表　　　　　　　　　　　　　　表 3

代码结构	示例	含义
类型代码	20.10.10.00	代表该构件的类型为外围护结构系统大类外墙中类下的木骨架组合墙体小类
模型精细度等级代码	30	该构件的模型精度等级为 LOD3.0
几何尺寸代码	1270.3660.0133	该构件的长宽高尺寸为 1270mm×3660mm×133mm
同类构件入库顺序代码	001	该 BIM 构件在同类 BIM 构件库中第一个入库

5 结语

为贯彻落实"十四五"工程勘察设计行业发展规划，进一步完善企业各装配式建筑板块的 BIM 构件库资源，本文对现代木结构建筑 BIM 构件的分类编码展开研究，基于对现行 BIM 信息标准规范的梳理和提炼，提出对于现代木结构建筑 BIM 构件，可设置大、中、小、细四个分类层级并采用线分法进行分类；提出其编码结构总体上可分为类型代码、模型精细度等级代码、几何尺寸代码以及入库顺序代码，并通过团队的一次现代木结构建筑 BIM 工程实践，验证了上述分类编码体系的实践价值。

在建立了相应的信息标准化体系后，下一阶段的研究重点应集中于软件实操层面上现代木结构建筑参数化 BIM 构件资源的设计以及相关构件库管理平台的开发。

参 考 文 献

［1］ 中华人民共和国住房和城乡建设部. 装配式木结构建筑技术标准：GB/T 51233—2016［S］. 北京：中国建筑工业出版社，2017.

［2］ 中华人民共和国住房和城乡建设部. 住房和城乡建设部关于印发"十四五"工程勘察设计行业发展规划的通知［EB/OL］. (2022-5-9)［2022-5-9］. https：//www. mohurd. gov. cn/gongkai/fdzdgknr/zfhcxjsbwj/202205/2022 0512 _ 766072. html.

［3］ Nawari N. BIM standardization and wood structures［J］. Computing in Civil Engineering (2012)，2012：293-300.

［4］ 李鑫，蒋绮琛，于鑫，等. 基于企业架构的 BIM 族库管理系统研究与实践［J］. 土木建筑工程信息技术，2020，12(01)：54-59.

［5］ 朱文杰，谢雄耀，黄新，等. 集团级施工企业 BIM 标准构件库建设体系研究［J］. 施工技术，2020，49(06)：10-13，79.

［6］ 张梦林，田野，彭思远，等. 正太集团企业级 BIM 族库建设研究［C］//第六届全国 BIM 学术会议论文集. 北京：中国建筑工业出版社，2020.

［7］ 杨天伦，乔治斯·卡普吉安尼斯，姜炳圭，罗宾·威尔逊. LOD 350 级别的 BIM 模型在土建施工图设计中的作用［J］. 土木建筑工程信息技术，2020，12(04)：1-17.

一种以俗为妙的 BIM 技术方法

吴 笛

（中建四局第三建设有限公司，四川 成都 610041）

【摘　要】 当前，BIM技术大多是以软、硬件开发公司的产品进行技术应用，成本维护费用过高，推广性受影响。经过研究，以龙泉驿区公安分局看守所、拘留所新建项目中的脚手架施工为例，用以俗为妙的技术理念，建立以免费二维码为基础的BIM技术应用，便于大面积推广使用，有效完成施工的建筑工业化、数字化、智能化升级。

【关键词】 二维码；经济性；实用性；推广性；参考性；适应性

随着时代的发展、科学的进步，为深入贯彻中共中央办公厅、国务院办公厅《关于推动城乡建设绿色发展的意见》，响应四川省住房和城乡建设厅等6部门《加快转变建筑业发展方式推动建筑强省建设工作方案》，经过认真研究和探讨，用一种以俗为妙的方法实现BIM技术的应用，免于软、硬件开发公司产品的限制，完成施工的建筑工业化、数字化、智能化升级。

本文以龙泉驿区公安分局看守所、拘留所新建项目为背景，通过以免费二维码为基础的BIM技术对传统脚手架施工方法改进，形成一种可视化、集约化、信息化的施工方式。可有效提高施工效率和质量，保持现场整洁，堆放集中，优化劳动量，降低工程成本，避免凌乱丢失，降低损耗，周转优化，安全文明绿色施工。

1　工程概况

龙泉驿区公安分局看守所、拘留所新建项目（图1），规划净用地面积78929.20m²，总建筑面积33028.66m²，其中看守所建筑面积为18042.17m²，拘留所建筑面积为8383.87m²，其余配套设施建筑面积为6602.62m²，结构采用框架、剪力墙结构。由于场地地形低洼，无地下室结构，拟采用高挖低填方式

图1　龙泉驿区公安分局看守所、拘留所新建项目

【作者简介】 吴笛（1991—），男，BIM中心负责人/高级工程师。主要研究方向施工技术。E-mail：910572908@qq.com

平整场地，后进行地基强夯处理，基础形式为 CFG 桩复合地基，基础结构为独立基础及条形基础。项目建设内容包括建安工程和室外总平工程，由八个子项组成，1 号楼为主体三层的民警综合楼，建筑高度 12.85m；2 号楼为主体三层的拘留所，建筑高度 13.95m；3 号楼为看守所监区 AB 门，建筑高度 5.7m；4 号楼为主体一层，局部两层的看守所监区，建筑高度 8.6m；5 号楼为四层中队营房，建筑高度 16.95m；6 号楼为三层的附属用房，建筑高度 13.05m；7 号楼为接待厅，建筑高度 4.5m；围墙及岗亭，建筑高度为 10.8m。工程性质属于公用项目。本工程设计使用年限类：一类，设计使用年限：50 年。

2 应用特点

（1）通过 Revit 在三维 BIM 模型中对脚手架进行排布，可有效控制脚手架的施工质量，解决构件、间距、位置、拉结不牢、卸料平台、可视化专项方案等问题，提高搭设施工效率和质量。

（2）利用 BIM 模型进行脚手架族库建立，可对各个脚手架单元节点族进行编码，以及对相关脚手架进行编码，相同的单元完成，单个节点族布置之后便可进行模块化布置，相同或通用节点也可在完成单个布置之后设置成整体模块，加快后期搭设布置的效率。运用免费生成的二维码，对于编码进行二维码绑定，完成现实与虚拟的结合，实现进度同步、方便定位、技术交底、施工、检查等。

（3）可利用 BIM 模型进行用料统计，形成用料加工清单，为算量以及后期费用提供参考。

（4）利用 BIM 技术进行施工现场脚手架组成材料运输及现场堆放模拟，保持现场整洁，堆放集中，优化劳动量，降低工程成本，避免凌乱丢失，安全文明绿色施工。

（5）形成企业自身脚手架标准化模型库，提升周转，降低损耗，为建筑施工安全标准化管理提供支持。

（6）通过手机、二维码、Revit、PanoramaStudio、网盘等软件设备，实现 BIM 技术应用，避免了 BIM 技术软硬件投入费用过高的问题，并提高实用性。

3 应用流程

3.1 图纸读识

3.2 建立模型

建立脚手架模型，并进行建立层级二维码。二维码的绑定根据深入程度分为 3 种级别：白色 1 级整体模块编码绑定对应二维码；黄色 2 级单元节点族编码绑定对应二维码；蓝色 3 级组成构件材料标准化模型绑定对应二维码。3 级以实际情况、现场条件合理绑定运用，以材料类别或以数量绑定。创建二维码子父级关系。即理解为 1 级是树干，2 级是树枝，3 级是树叶。

3.3 模型校核、优化

模型必须全面准确地反映图纸信息，精确反映道路、堆场、构造柱、圈梁、过梁等的定位及尺寸。建立脚手架相同单元节点族并绑定 2 级二维码：不仅尺寸要求相同而且对高度的要求也应相同，功能要求也应相同，各项参数均相同的即可归为相同单元节点族（图 2）。建立脚手架特殊单元节点族并绑定 2 级

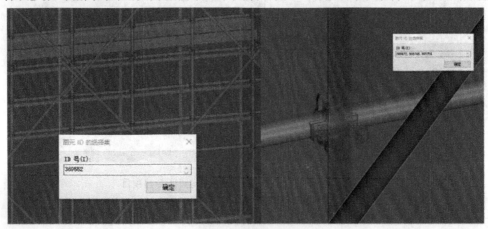

图 2 模型与编码

二维码：立杆基础不在同一高度的相连部位、脚手架门洞桁架的构造、卸料平台及安全通道脚手架门洞等复杂或特殊部位可归为特殊单元节点族。在过程中，以定位设置通长脚手板、底座位置来划分单元节点族。按照区域位置将多个单元节点族打组为整体模块并绑定 1 级二维码。每个单元节点的组成构件材料为小的标准化模型并绑定 3 级二维码。其中标准化模型按照精细程度和实际条件分为两种 ID 模式：

（1）按照材料种类，相同材料为一个整体并对应一个 ID；

（2）按照材料数量全部对应 ID。

3.4　输出指导文件

输出指导文件，利用 BIM 软件（PanoramaStudio）通过对搭设脚手架的尺寸标注以及注释说明，选择添加相关必要的数据信息，命名正确，导出 CAD 文件或者直接将 BIM 模型用于手机扫描二维码查看。同时可视化施工部署、施工工艺、进度计划、安全措施、组织分工等。

3.5　数据更新

随着施工时间、进度、条件、模型等的变化利用 1 级、2 级、3 级二维码，在对应 ID 框架下选择相关必要的数据信息项，赋予每一个二维码标签用于手机端查看及修改，并结合网盘（BIM 平台）进行数据上报、更新、集成整理，为施工提供服务支持。

3.6　脚手架施工

以单元节点为搭设单元，根据 Revit 导出的所要搭设的单元节点所需的材料，运输到相应搭设点进行施工并粘贴对应二维码。施工前，利用 CAD 图纸或者直接利用三维模型以及相应的视频动画对工人进行交底，工人在施工过程中应严格按照设计布置图纸施工，不得随意搭设。在施工过程中可以扫描二维码随时查看当前搭设单元 ID 的模型、图纸等技术资料，工人按图纸施工，边施工边进行对比校核，保证按图施工，确保施工质量。现场施工人员可以扫描二维码确定 ID 快速地把现实位置情况反馈信息于网盘（BIM 平台）。管理人员能够快速地通过 ID 找到对应模型及时修正，实现项目各方的协同施工。

3.7　质量验收

质量验收时，检查现场搭设与模型搭设是否一致以及对应二维码信息情况是否报错。

4　参数建议

从技术性、推广度与成本出发：从 BIM 模型建立，二维码免费生成并绑定（PanoramaStudio），到手机微信、支付宝、企业微信等 APP 扫描信息读取，具有很强的经济性、实用性。BIM 平台，根据实际条件进行选择使用，由成本从大到小分为以下几种类型：研发自建、购买软件、网盘、云文档等。具体原理都是基于互联网，进行数据上报、更新、集成整理，为施工提供服务支持。

5　二维码维护

在过程中，扫描二维码确定 ID 根据实际情况利用 PanoramaStudio 软件对二维码的信息维护（图 3），并在网盘（BIM 平台）上对应 ID 下添加或修改进度、质量、安全、数量等信息。

6　效益

此种以俗为妙的技术理念，在实现 BIM 技术优点的同时，能够脱离软、硬件开发公司的产品依赖性，以一个应用点到整体项目的实施。各项目参与方能够根据自身能力、资金等选择规模、大小、多少来应用实施 BIM 技术，具有很强的市场价值。

7　结语

龙泉驿区公安分局看守所、拘留所新建项目，用以俗为妙的技术理念把脚手架标准化施工以 BIM 技术来完成。其优点主要表现为：经济性、实用性、推广性、参考性、适应性。

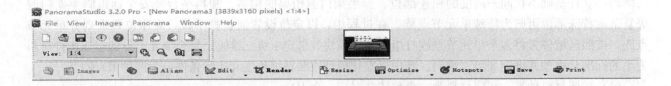

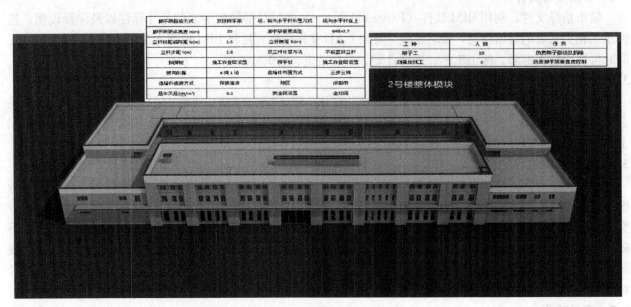

图 3 二维码维护

基于主动学习的建筑外墙表面损伤检测

郭晶晶[1]，王　骞[2]

(1. 湖南大学土木工程学院，湖南 长沙 410082；2. 东南大学土木工程学院，江苏 南京 211189)

【摘　要】近年来，计算机视觉和深度学习技术被广泛应用于建筑及基础设施表面损伤检测，有效提高了损伤检测的效率和精度。为实现准确的损伤检测，深度学习模型需要通过大量的经专家人工标注的数据进行训练。然而，人工标注耗时且昂贵，对所有原始数据进行无选择性的标注效率较低。为提高建筑外墙表面损伤检测模型的训练效率，本研究提出了一种主动学习的训练策略。该训练策略可有效评估未标注的建筑外墙数据，根据不确定程度和代表性程度选择信息量丰富的数据进行标注和训练，从而提高外墙表面损伤检测的性能和效益。

【关键词】建筑外墙；表面损伤检测；主动学习；深度学习；计算机视觉

1　引言

为保证建筑物的安全使用并最大限度地降低维护成本，业主应定期对建筑外墙表面进行检查。传统的外墙表面检查主要依赖人工。这种传统方法因其效率低下且可靠性不稳定，无法满足我国建筑业智能化发展的需求。为解决这一问题，计算机视觉技术和深度学习算法开始被应用到建筑和基础设施的表面损伤检测中。然而，深度学习模型的开发过程并不是完全自动化的，尤其是数据标注和模型训练的过程，仍然需要大量人工来创建可供模型学习的真实标签[1]。该标注工作相对耗时、枯燥且昂贵。另一方面，借助无人机、机器人等移动设备，目前已可实现快速收集建筑外立面的图像。然而，并非所有图像都能提供有效的新信息，若无选择性地标注所有被收集的图像，则可能产生大量的冗余数据且浪费时间和成本。因此，在基于深度学习的表面损伤检测的相关研究中，如何有效地选择信息量丰富的数据进行标注以提高损伤检测的成本效益成为一个重要研究问题。近年来，已有少量研究提出使用主动学习来解决这一问题[2]。主动学习是机器学习的一个子领域，该方法让模型能够主动选择对其有价值的数据进行训练，从而以相同的数据量进行训练得到更鲁棒和更准确的检测结果。然而，以往的研究主要将主动学习应用于表面损伤的图像分类任务，其方法无法直接用于实用性更强的目标检测任务。此外，在损伤检测的相关研究中，过去的研究仅使用不确定性程度作为评判数据信息量的指标，而没有系统考虑其他指标对于评价表面损伤图像的信息量程度的贡献。

为提高建筑外墙表面损伤检测模型的训练效率，本文提出了一种基于主动学习训练策略的深度学习模型。该训练策略利用不确定性程度和代表性程度对未标注数据进行自动评估，选择信息量更为丰富的数据，最终以更低的成本实现高效的建筑外墙表面损伤检测。

2　研究方法

本文设计的主动学习训练策略将进行数个周期的数据选择和训练。首先，该策略采用随机采样选择第一个周期的数据。这些数据被人工标注后作为初始训练集用于第一个周期的训练。模型完成训练后即用于评估剩余未标注数据的信息量。根据评估结果，信息量靠前的数据将被选择和标注。新选择的数据将与前一个周期的已标注数据合并为新的训练集用于下一个周期的训练。以此类推，此后则继续进行新

【作者简介】郭晶晶（1996—），女，助理教授。主要研究方向为智能建造与运维、机器视觉、质量检测与健康监测。E-mail：guojingjing @hnu.edu.cn

一个周期的数据选择和训练。在本研究中，主动学习循环的终止条件是所有已标注数据的总数超过一个设定的阈值。

2.1 信息量的定义

主动学习的训练策略有两个主要任务：提供损伤检测所需的预测结果和选择信息量丰富的未标注数据。为了完成这两个任务，本研究使用包含 N_L 张图像的已标注数据集 X_L 和包含 N_U 张图像的未标注数据集 X_U 进行训练。这两个数据集组成了包含 N 张图像的整个数据集 X，其中 $X = X_L \bigcup X_U$。为了完成第一个任务，深度学习模型应从数据集的图像和标签中学习相关特征和所对应的信息。在这项研究中，标签是用边界框（bounding box）和相应的类别标签（class）对一张图像中所有的损伤实例（defect instance）进行人工标注生成。对于第二个任务，主动学习的训练策略应确保该深度学习模型能有效地评估未标注数据的信息量。对于表面损伤检测，模型性能的提高主要表现在减少对损伤实例的漏检或错检。由于损伤实例的碎片化和分散化，其边界存在一定程度的模糊，表面损伤检测的模型常常难以精确预测边界框的坐标。因此，大多数损伤检测研究仅将预测与边界框之间交并比 IoU（intersection over union）的阈值设置为 0.5 甚至更低。由此推断，提高表面损伤检测性能的关键信息主要与损伤实例的分类有关。

为了定义分类的关键信息，本研究从不同类别信息和同一类别信息两个角度定义了两个标准：不确定性和代表性。选择不确定性作为标准是由于不同的表面损伤类别之间的特征存在十分相似的情况，导致在预测时模型容易混淆不同的损伤类别。由于这些易混淆的数据通常分布在决策边界附近，基于不确定性的标准将对位于这一区域的未标注数据进行采样。选择代表性作为标准是由于同一类别的表面损伤数据的特征（包括形状、大小、颜色等）极其多样化。同时，由于数据采集方式的影响和不同特征类别出现的频率不同，某些相似特征的损伤实例会反复出现，而具有某些特征的特征实例出现概率则较低。为保证模型能广泛学习到不同特征，基于代表性进行数据选择可以采样同一类别里不同特征区域的未标注数据来代表该类别。因此，外墙表面损伤的未标注数据的信息量可用不确定性和代表性来定义。

2.2 训练策略

在以往的主动学习训练策略中，深度学习模型仅使用已标注数据集进行训练，并未考虑到已标注数据集和未标注数据集之间可能存在特征分布偏差的情况。尤其在初始训练周期，标注数据集的体量非常小时，这种偏差将会进一步扩大。所以在预测决策边界和未标注数据集的特征分布时，传统的主动学习训练策略可能会导致巨大的预测失误。为了解决上述问题，本研究开发了一种具有优化模型预测特征分布能力的主动学习训练策略。该深度学习模型具有两个对抗分类子网（adversarial classifier），以提高评估未标注数据的鲁棒性，以及一个多实例子网 MIL（multiple instance layer）以抑制噪声实例，如图 1 所示。

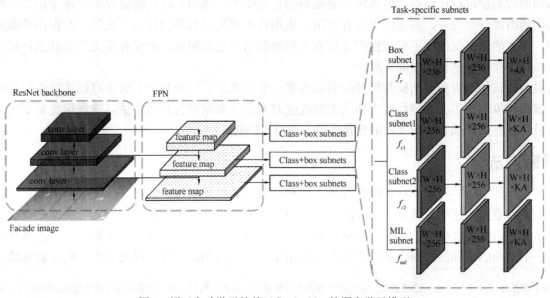

图 1　用于主动学习的基于 RetinaNet 的深度学习模型

主动学习的训练策略分为三个步骤，如图 2 所示。由于一张外墙图像可能包含多个表面损伤的实例，本研究将一张图像用一个实例包（instance bag）来表示。

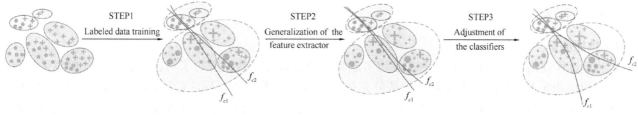

● ● + Labeled instances   ● ● + Unlabeled instances   ⬭ Labeled/unlabeled instance bags   Labeled/unlabeled dataset   Classifiers for f_{c1} and f_{c2}

Note:Bigger symbols of unlabeled instances represents higher weights

图 2　主动学习的训练策略

第一步，用已标注数据集训练深度学习模型，通过吸收已标注数据中的信息初始化分类器。从而使两个分类器（f_{c1}，f_{c2}）具备对于表面损伤的基本分类能力，并使得多实例子网（MIL）能够提供合理的权重来抑制之后训练步骤中的噪声实例。

第二步，最小化两个分类器（f_{c1}，f_{c2}）的差异对齐已标注和未标注的表面损伤实例，以此泛化模型的特征提取器，从而更好地预测未标注数据集的特征分布，使得该模型在评估未标注实例的代表性程度时可以具有更好的性能。

第三步，通过最大化两个分类器之间的预测差异来微调分类器，从而有效强调不确定性较高的未标注数据。这个训练步骤的概念是让两个对抗性分类器（f_{c1}，f_{c2}）对不确定的数据产生不同的预测分布。不确定性越大，两个分类器预测分布的差异越大。

这三个步骤都可以用几个时期（epoch）单独训练，并且所有三个步骤组合为一个完整的训练周期（cycle）。

2.3　信息量计算和数据选择

损伤实例的不确定性程度是通过两个对抗分类器 f_{c1} 和 f_{c2} 预测的特征向量之间的欧几里得距离来衡量的。通过对所有实例的不确定性程度进行平均，得到一张外墙图像 x 的不确定度 I_u：

$$I_u(x) = \frac{1}{n} \sum_i \sum_k \left(\sqrt{(\hat{y}_{i,k}^{f_{c1}})^2 - (\hat{y}_{i,k}^{f_{c2}})^2} \right) \tag{1}$$

接着，通过计算同一分类器下不同实例之间特征的差异程度作为代表性程度。代表性程度从多样性（I_{div}）和密度（I_{dens}）两个方面来评估。对于一个实例 x_i（$x \in X_U$），计算 I_{div} 以确保可以提供多样化的特征，而 I_{dens} 旨在避免提供的特征中的信息冗余。其计算方法如下：

$$I_{div}(x_i) = 1 - \frac{1}{n} \sum_{x_j \in X_L} Cosdis(x_i, x_j) \tag{2}$$

$$I_{dens}(x_i) = 1 - \max_{x_j \in X \setminus x_i} Cosdis(x_i, x_j) \tag{3}$$

综合多样性和密度，一张图像的代表性程度计算如下：

$$I_r(x) = \frac{1}{m} \sum_{x_i \in x_m} (0.5\, I_{div}(x_i) + 0.5\, I_{dens}(x_i)) \tag{4}$$

其中 x_m 是前 m 个实例的集合。接下来，将两个标准的结果组合为信息量（I），计算如下：

$$I(x) = \alpha I_u(x) + (1 - \alpha) I_r(x) \tag{5}$$

其中 α 为确定两个标准在信息量中所占权重的超参数。考虑到深度学习模型在不同周期对不确定性信息和代表性信息的需求不同，本研究提出在不同周期使用不同的 α 值来组合两个标准：

$$\alpha = (r - 1) \cdot \frac{1}{R} \tag{6}$$

其中 r 表示当前周期数，R 表示总周期数。在初始周期中，由于需要快速获得对损伤实例的分类能力，具有代表性的数据更为重要。而随着模型性能的提升，在使用更多的已标注数据进行训练后，预测的分类边界越来越接近真实的分类边界。在这种情况下，应更多补充不确定性程度高的数据对边界进行微调以避免不同类别的混淆。

3 验证实验

3.1 数据准备

为验证所提出方法的有效性，本文使用实地收集的建筑外墙数据进行了对比实验。该数据集采用包括手持相机和无人机在内的设备从新加坡公共住宅的外墙获取图像。标注后数据集中有六类表面损伤，如图 3 所示。该数据集共有 4988 张图像，所有图像均被标注以方便进行交叉验证实验。在每个主动学习周期中，仅将事先定义的一定数量的图像视为已标注数据，而其余图像则视为未标注数据。测试集和验证集分别包含 300 张图像。因此，包括已标注和未标注数据的训练集大小为 4388。

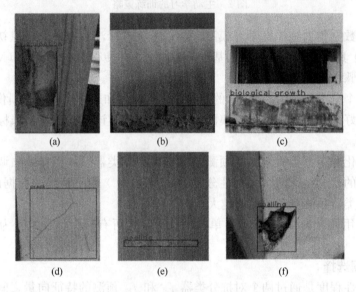

图 3　六类表面损伤

(a) delamination；(b) blistering；(c) biological growth；(d) crack；(e) peeling；(f) spalling

3.2 实验设计

验证实验旨在证明所提出的方法在选择数据方面具有更卓越的效果。本文采取了五种不同方法进行对比实验。第一种方法为随机抽样，该方法作为基础方法来证明主动学习的有效性。随机抽样方法使用的模型是原始的 RetinaNet 模型，仅由已标注数据进行训练。其他四种方法通过调整 α 值使用具有不同标准组的基于主动学习的方法。当 $\alpha=0$ 时，模型仅将代表性作为数据选择的抽样标准。当 $\alpha=1$ 时，不确定性是数据选择的唯一标准。通过将 α 设置为 0.5 可将两个标准（即不确定性和代表性）以相同权重进行结合。α 的最后一个设置是基于所提出的阶跃函数，即从 0 稳步增加到 1，以逐渐将主导标准从代表性转变为不确定性。为了便于解释，这四种抽样方法分别命名为代表性信息量（IR）、不确定性信息量（IU）、平均信息量（IA）和阶跃信息量（IS），其中 α 的值依次为 0，1，0.5 以及 0→1。为了公平地比较这五种方法的性能，在初始周期（即周期 0）中使用了具有 500 张图像的固定已标注数据集。

3.3 实验结果

验证试验的结果通过计算平均精度（mAP50）作为评估指标进行比较，如表 1 所示。在周期 0，这五种方法使用相同的初始标注数据进行训练并产生了相似的结果，mAP50 约为 41.37%。在周期 1 中，IS 方法的性能最好，其 mAP50 为 55.31%。方法 IR 的 mAP50 值接近方法 IS，而其他方法的结果比之较差。在周期 2 中，IR 方法有最佳的 mAP50，为 57.94%。方法 IA 和 IS 的结果相似，mAP50 约为 56.55%，而其他两种方法（即随机抽样和 IU）的 mAP50 相对较低。在周期 3 中，方法 IA 有最佳性能，它将模型的 mAP50 提高到了 59.39%。与此同时，与其他方法尤其是随机采样方法相比，IS 方法仍处于相对较高的水平（mAP50 为 58.75％）。在周期 4 中，IS 方法将 mAP50 提高到了 61.17％，与其他方法相比为最佳的结果。本研究注意到方法 IA 的改进速度在这一周期减慢，导致其 mAP50 得分低于方法 IS。此外，方法 IR 和 IU 表现中等，而随机抽样方法仍然停留在最低分（56.62％）。在周期 5 中，方法 IS 仍然具有最佳性能（mAP50 为 63.11％），显著高于其他方法。方法 IR、IA 和 IU 的 mAP50 相似，约为 60.41％。在周期 6 中，方法 IS 依旧具有最高的 mAP50 分数（64.33％）。同时，IU 方法在周期 6 中取得了进步，达到了 62.31％。然而，IR 和 IA 方法与前一个周期相比没有进一步改进，甚至较之随机抽样方法并无优势。最终，通过 6 个周期的主动学习，与随机抽样方法和 IU 方法相比，IS 方法在 mAP50 得分上分别提高了 4.96％ 和 2.02％。

五种方法的 mAP50 结果比较（单位：％）　　　　　　　表 1

方法	周期 0	周期 1	周期 2	周期 3	周期 4	周期 5	周期 6
随机抽样	41.31	50.41	54.14	55.31	56.62	58.96	59.37
IR	41.28	54.75	**57.94**	57.73	58.95	60.35	59.98
IA	41.22	51.75	56.49	**59.39**	59.92	60.64	60.74
IU	41.51	48.5	52.92	57.79	58.25	60.24	62.31
IS	41.53	**55.31**	56.60	58.75	**61.17**	**63.11**	**64.33**

这些结果在以下几个方面具有启发性。首先，它证明了基于代表性的标准在数据选择的初始周期中提供更多新信息，而基于不确定性的标准在模型性能提高到一定程度时可以提取更有价值的未标注数据。其次，通过与随机抽样方法的比较，可以发现所有基于主动学习的抽样方法（即 IR、IA、IU 和 IS）都取得了更高的 mAP50。第三，IS 方法总能获得比大多数其他方法相对优越的性能，并且如果进行更多的选择循环可以达到最佳性能。

4　结论

本研究旨在解决表面损伤检测模型搭建过程中由于耗时昂贵的人工标注工作而产生的效率低下问题。为解决这一问题，本研究提供了一种主动学习的训练策略以选择信息量丰富的表面损伤数据进行标注和训练。该方法填补了在损伤检测的目标检测任务中实现主动学习的研究空白，并优化了当前应用于损伤检测的主动学习方法。从实际应用的角度看，本研究提供的训练框架可以在基于深度学习的表面损伤检测方面实现更好的性能，减少在数据标注上的人工成本支出，并在应用过程中节省模型训练的时间。

参 考 文 献

[1] Agnisarman S, Lopes S, Chalil M K, et al. A survey of automation-enabled human-in-the-loop systems for infrastructure visual inspection [J]. Automation in Construction, 2019, 97: 52-76.

[2] Feng C, Liu M Y, Kao C C, et al. Deep active learning for civil infrastructure defect detection and classification [C]// Proceedings of the ASCE International Workshop on Computing Civil Engineering 2017, Seattle, WA, USA, 2017: 298-306.

浅析施工企业工程数字资产的收集共享

田　润，郭　凯，董鑫鑫

(中国建筑第八工程局有限公司华北分公司，天津 300450)

【摘　要】近年来，随着 BIM 技术的不断发展，施工企业的数字化转型逐渐走向台前。《数字建筑发展白皮书 2022》指出数字建筑是提升建造水平和建筑品质、助推建筑业转型升级的重要引擎。在施工企业逐步接纳 BIM、数字孪生等技术过程中积累了大量的工程数字资产。在施工过程中产出的 BIM 族库、BIM 建筑模型、实景模型等这些物理实体的三维映射及其附带的参数信息将成为施工企业重要的无形资产。本文从构件层级和工程层级分别探讨了施工企业如何有效管理其拥有的工程数字资产，以及如何作用于提高工作效率和数字交付。

【关键词】数字资产；BIM；数字阴影；运维管理

1　引言

在数字经济时代，数据成为新的关键生产要素。由 BIM 模型承载工程全周期数据形成了工程数字资产，因它具有可复制、可共享、可无限增长的特征，逐步成为施工企业的一种重要的数字资产。随着工程建设行业数字化转型的发展以及 BIM 技术在施工单位中的普遍应用，大量的设计图纸、资料文档、施工方案被转化成工程实体的三维映射中的参数信息，最终一并形成了工程数字资产，并实现在工程建设过程中，针对设计、施工、运维等方面的数据管理。但由于目前设计、施工、运维三方在信息化系统建设上的割裂、标准的不统一、应用程度不同等问题导致互通性差、数据存储分散、数据共享困难、前期成果难以延伸至运维阶段也无法重复利用，无法形成真正的工程数字资产全周期管理。目前，施工企业对于工程数字资产的管理尚处于早期阶段，通过运用 BIM 技术、倾斜摄影、物联网、云平台等信息化手段，以梳理建筑信息编码标准为核心，以将资料、设备、材料、功能等与模型整合为基石将各环节、各平台的工程数据统一管理，搭建一个完整的工程数字资产管理平台。为施工单位实现数字交付、对接智慧城市、实现全生命周期的数据分析铺平道路。

2　构件层级

在施工企业中常见的构件层级工程数字资产，按收集方式分类，一般有基于 BIM 软件的参数化族库和基于三维扫描获得的物理实体的数字阴影。数字化的构件是 BIM 应用最为重要的基础之一，通过与其他组装，最终由众多不同构件组成 BIM 模型。施工企业对于构件层级的工程数字资产的有效管理，能够大大提高 BIM 管理工作的效率。

2.1　参数化族

族是建模过程中对图元信息的三维表达方式，它包含了图元的结构特征、在空间中的约束条件、图元所代表物理实体的材料、力学、信息等参数，以及与进度、成本等关联数据。而参数化赋予了族灵活性，提高了族重复使用的效率。BIM 设计人员在建立参数化族时要考虑设计要求的尺寸和工程参数等初始值，而且每次改变这些设计参数时都要保持族的基本关系不变。因此，可将参数化族的参数分为两类：一类是部分尺寸值以及附加的材料、力学等参数信息，这些是参数化族中的可变参数，可变参数为参数化族提供了灵活性和共享价值；另一类是几何元素之间的连续几何信息，被称作不可变参数。不可变参

【作者简介】田润（1996—），男，BIM 工程师。主要研究方向为数字孪生。E-mail：tianrun2020@126.com

数代表了构件的重要约束条件，保证了参数化族的合理性和完整性。参数化族共享的本质就是，修改可变参数使其适用于不同的应用场景，同时保持所有不可变参数不变，从而大大提高模型生成和修改速度。如图 1 所示，以 Revit 为例，通过设置算法，简单调整族的部分参数便能生成新的构件模型。

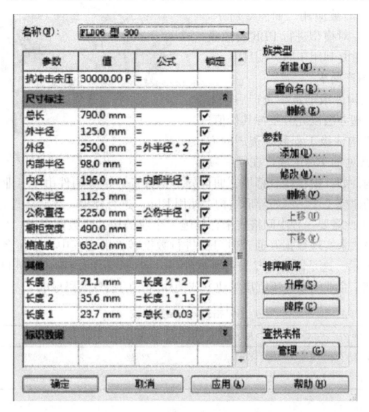

图 1 参数化族参数列表示例

2.2 数字阴影构件

在部分具有显著特点，例如医院项目中，医疗设备模型属于特殊构件，设计复杂、约束条件较多。参数化建模的方式对于此类构件过于复杂，由于缺乏相应的专业知识，构件的可变参数难以界定。但这类专业设备、器材往往能重复利用于同类项目中。因此，积累此类特殊工程数字资产有助于施工企业承接、施工、交付这类特殊工程建设项目。所以需要一种不同于参数化建模的手段，收集该类工程数字资产。数字阴影是一种介于常规的 BIM 建模和数字孪生之间的数字化形式（图 2）。

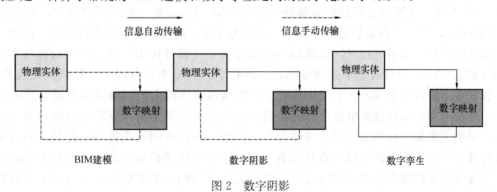

图 2 数字阴影

如图 2 所示，常规的数字模型包括上述的参数化族在物理实体与数字映射之间，信息的传递均需要手动输入，而数字孪生需要物理实体与数字映射之间实现双向的自动信息同步。数字阴影介于两者之间，可以通过自动采集物理实体信息获取数字映射，但数字映射到物理实体方向的信息传递仍然需要手动操作。虽然，数字阴影距离数字孪生仍有距离，但针对上述具体问题仍能满足需求。通过利用摄影测量技术，借助照片对物理实体进行数据扫描并生成其数字映射。该技术最早于 20 世纪 90 年代末用于影视制作行业，近年来随着 Unity、虚幻等游戏引擎进军建筑行业而逐渐被应用。如图 3 所示，通过扫描生成初始模型，对模型进行 PBR 材质重建，便可形成数字资产重复利用于同类项目中。

2.3 构件级工程数字资产共享

通过上述方式形成构件级的数字资产后，施工企业应形成有效的管理办法以充分发挥其价值。目前，较为完善的管理构件级工程数字资产的方式是建立族库，除了常见的 Revit 族，在同一项

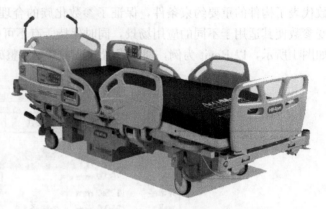

图 3　医疗设备数字阴影模型

目中往往存在多专业构件如：钢结构、幕墙、曲面异形构件等。这类构件由于专业的特殊性难以使用单一软件产品进行全部的建模工作。例如异形结构多使用 Rhino 进行建模，存储格式为 3dm 与 Revit 使用的 RVT 格式互不兼容。因此需要一种中间格式来存储施工企业的构件级数字资产。目前，市面多采用 IFC 作为中间转换的文件格式来实现数据互通。但 IFC 进行数据转换的过程中，往往会出现不同程度的数据或图元丢失，如表 1 所示。这是因为 IFC 与各类软件仍未实现完全的兼容，若想利用 IFC 实现构件级工程数字资产的共享，施工企业需要从工程层级建立或使用统一的信息编码标准。

IFC 格式导出结果比较				表 1
导出方（IFC2×3）	Revit	Planbar	su	Tekla
IFC 格式行数	18356	22882	33623	37664
IFC 文件大小/kB	579	724	2101	2889

3　工程层级

与构件级不同，工程层级的数字资产是从设计阶段、施工阶段到交付后的运维阶段全生命周期中形成的数字资产，不单要统一构件的编码标准，更要统一各阶段的建筑信息编码。但各个阶段数字化建设标准不同、对工程划分的标准不一致、数字化应用成熟程度也存在差距，这导致了各阶段之间互通性差、共享困难、施工企业的工程数字资产往往难以完整地延伸至运维使用阶段。因此需要对工程层级的数字资产的数据进行合理的编码分类，更好地发挥其数据价值。

3.1 建筑信息编码

2018 年 5 月 1 日《建筑信息模型分类和编码标准》GB/T 51269—2017 正式执行，该标准与 IFD 关联，基于 Omniclass，规定了各类信息的分类方式和编码办法，这些信息包括建设资源、建设行为和建设成果。对于信息的整理、关系的建立、信息的使用都起到了关键性作用。建筑行业的参与方众多，不同阶段关注的数据也不同，若对数据不进行分类，直接共享到其他参与方或阶段往往是无效共享。因此，必须对工程数字资产进行分类编码。上文中提到仅有的物理实体流向数字映射的自动信息流仅为数字阴影，数字孪生要求反方向的信息流也是自动的，因此编码分类必须使用计算机能够理解的二进制编码而非自然语言。早期大多编码标准采用树状线性分类，它是一种按不同层次进行信息分类的方法，这种方法属于分级管理，一个类别在该系统下有且仅有一个，这样方便了检索工作，也避免了编码冲突。但坏处在于，上述提到的不同参与方或不同阶段对数据的关注点不同，施工企业往往更关注于材料类型和施工工艺，而投资方往往对于成本估算更敏感，设计单位更关心建筑的构件组成，当这些特征描述被加入到树状线性分类系统时，编码数量会急剧增加，哪种特征需要被分配到更高级别分类将难以取舍。因此《建筑信息模型分类和编码标准》的基础 Omniclass 采取了面分类法。与采用树状线性分类法的编码方式不同，Omniclass 采用面分类法与线性分类法结合的形式，设置 15 个分类表，每个分类表采用线性分类法，可以从不同分类表中选取不同条目，通过交叉重组，来共同描述建筑中的某一构件及其状态。以

Omniclass 为例，23－15 11 11 11 13＋13－23 23 11 代表"带石膏板固定隔墙的项目经理办公室"，23－15 表示表 23：产品里第一层级的内部和表面产品，后续每两个数字代表其下一层级。＋号代表多个表格之间的组合，以此来表达其多种特征。在 BIM 工作中经常使用的 Revit 软件中仅携带 Omniclass 表 23：产品一项，因此仅基于此类建模软件的模型，无法视为完整的工程数字资产，也难以作用于建筑全生命周期管理中。真正的工程层级的数字资产需要按照统一的编码标准对数据进行分类。施工企业作为 BIM 软件的终端用户，在产出工程数字资产的过程中不会直接使用上述的二进制编码，但编码所表达的分类及逻辑应严格统一。

3.2 数字交付

上述论述中从参数化族，数字阴影族到建筑的信息编码均旨在帮助施工企业更好地充分复用其在 BIM 技术应用过程中产出的工程数字资产。尽管基于 BIM 的全生命周期管理是建筑行业应用 BIM 技术的愿景，但在实践过程中施工企业应明晰自身的业务边界。为更有效率地发挥工程数字资产的价值，施工企业更应专注于其交付对象的数据需求，即投资方在运维方面的需求。针对运维管理的数据交付一般包括技术信息、尺寸、位置、维保人员、工艺工法、控制开关、联系方式等多项参数。工程的数字交付能够在设计阶段就开展数据采集工作。将数据收集工作提前，能够更早地将供应商纳入到数据管理当中，从而在工程初期制定统一的数据分类标准，从而保证后续工作的顺利开展。当设备因工程设计变更或因实际使用需要而调整位置时，可直接通过模型实时调整而无须额外通过纸质形式记录。这也避免了在建筑使用过程中，因时间久远或人为因素导致的信息丢失。对于设备采购与安装的责任界定方面，工程数字资产完备且分类清晰的数据，能够明确设备采购与安装的责任主体，有效避免了采购与施工责任不明的问题。除交付于运维管理平台外，工程数字资产也将有效作用于智慧城市平台，实现信息化与城镇化的结合，提升城市管理成效、改善市民生活质量。

4 结论

综上所述，BIM、数字孪生等技术的发展，促进了工程数字资产的应用价值和发展。针对工程数字资产收集和共享的需求，本文分别从构件和工程项目两个层级如何收集数据，并对数据进行分类编码，使应用 BIM 过程中产出的模型及数据能够形成标准、精细、完整的工程数字资产。构件级的数字资产有利于施工企业整合企业内部资源，通过提高族的利用率提高工作效率，减少不必要的重复工作。针对工程层级的数字资产，需要按照统一的编码标准对数据进行分类，为共享至施工以外的阶段做好基础。由于目前发展现状，施工企业不应盲目追求工程数字资产的全生命周期共享，应认清业务边界，针对运维阶段管理准备好数据的分类编码，做好数字交付服务。

参 考 文 献

[1] 潘宝玉，康文军，武士耀．浅论数据资产的管理与利用[J]．地矿测绘，2005(4)：43-45.
[2] 蓝庆新，拓扑．以数字经济推动我国区域科技创新中心建设[J]．中国经贸导刊，2020(5)：72-74.
[3] 黎永林，顾立志，宋金玲．基于特征的参数化造型技术族研究与应用[J]．工具技术，2009(1)：43.
[4] 姚远．基于 Revit 模型编码技术的 BIM 构件编码研究[J]．建筑，2018(22)：75-76.
[5] 胡威，黄建莹，黄伟文．模型编码规则应用于 BIM 竣工模型验收技术研究[J]．中国科技纵横，2021(21)：89-91.
[6] 龙博文．BIM 技术在建筑智能化系统运维管理中的应用探究[J]．建筑工程技术与设计，2018(11)：455.
[7] 孙彬．数据之城：被 BIM 改变的中国建筑[M]．北京：机械工业出版社，2021：148-159.

5G＋NB-IoT 技术在智慧工地的革新应用

王丹阳，李晓文，柴　茂，马烨霖，路景顺

（中建一局集团第三建筑有限公司，北京 100161）

【摘　要】随着智慧工地概念的提出，越来越多工程建设开始探索应用智慧工地系统，采用信息化管理手段，实现作业现场的环境和人员以及机械设备等的可视化管理，利用数据信息辅助安全文明管理。智慧化管理的应用，使得工程的进度和效益等管理工作更加轻松，如何借助尖端前沿的技术手段，提升基建现场的管理水平并实现智慧化管理是本文的研究目的。本文以 5G＋NB-IoT 低速率窄宽带物联网技术为研究重点，深入分析智慧工地发展现状及方向，对未来智慧工地形态进行总结和展望，为其在实践中的有效应用提供必要的参考。

【关键词】5G 技术；NB-IoT；物联网；智慧工地

1　引言

随着信息技术的发展和物联网技术的普及，在建筑行业中得到了广泛应用，"智慧工地"的概念也应运而生，通过将人工智能、传感技术、虚拟现实等高科技技术植入到建筑、机械、人员穿戴设施、场地进出关口等各类物体中，并与互联网连接，实现远程终端监控管理施工现场，极大地提高了项目管理效率。

当前，智慧工地所采用的连接模式主要基于有线、Wi-Fi 等手段，在实现移动化、实时化、智能化等方面存在技术瓶颈，同时互联网传输功耗较大，多数设备电池电量无法满足物联设备的长时间运行，无法摆脱电线束缚，进一步限制了智慧工地的自由化发展，在此背景下，5G＋NB-IoT 技术具有的网络大带宽、低时延、广连接以及低功耗物联的优势，为当前智慧工地应用革新带来新的方向。本文基于 5G＋NB-IoT 的技术特点和优势对融合此技术后的智慧工地应用进行创新性分析，并对未来智慧工地形态进行总结和展望。

2　5G＋NB-IoT 技术特点和优势

目前应用较为广泛的物联网技术主要包括蜂窝 4G 网络、Wi-Fi、ZigBee、蓝牙等，现阶段主流 4G 网络虽然在一定程度上满足了物联网移动网络信息数据交互的客观要求，但其网络覆盖范围以及信息数据的传输能力难以在复杂的施工环境中发挥作用，而 Wi-Fi、蓝牙以及 ZigBee 等技术受限于覆盖范围，难以在施工作业面大面积使用，实用性大打折扣。

NB-IoT（Narrow Band Internet of Things）以蜂窝网络为基本结构，实现了低速窄宽带环境下物联网的有效构建，NB-IoT 对于蜂窝结构的合理使用使得其与传统的物联网通信技术相比，在只需要消耗 180kHz 左右的带宽的情况下，就可以进行物联网络的设计与部署，即低速率窄宽带物联网通信技术。与此同时，将 5G 作为 NB-IoT 信息传播的载体，扮演"蜂窝网络"的角色，使得融合后的 5G＋NB-IoT 技术继承了 5G 网络大带宽、超高速率、低时延等优势。

基于上述 5G＋NB-IoT 技术的主要特点，将其应用于施工现场，有以下优势：可以应对复杂多样的施工环境，不受现场材料堆放及机械设备对于信号遮挡的影响；不受网线长度或传统传输技术信号的限制，满足大型施工现场物联网覆盖需求；超低时延对于工地实时监控的物联设备达到完美支持，实时预警误

【作者简介】王丹阳（1997—），男，技术员/助理工程师。主要研究方向为土木工程。E-mail：836328303@qq.com

差更小；低功耗的物联设备可以在单节电池下长时间工作，解放电线束缚便于更好地布置在机械设备上。5G＋NB-IoT 技术完美符合智慧工地的应用需求。

3 5G＋NB-IoT 技术在智慧工地的创新性分析

随着智慧建造发展进程的逐步加快，以 5G 技术、物联网、大数据、云计算和边缘计算、AI、AR 等新型技术为特点的智慧工地建设与应用日臻成熟，建筑行业逐步迈向万物互联、数字化转型之路。5G 技术和 NB-IoT 协议传输的优势，对智慧建造的发展具有深远影响，驱动着建筑业在网络信息化领域展现更好的新业态、新成果。5G＋NB-IoT 技术在智慧工地应用下的创新特性：

（1）超高速率及低时延高可靠性

5G 网络下行峰值速率可以达到 20Gbit/s，上行峰值速率可以达到 10Gbit/s，是目前 4G 通信技术的 20 倍。如此超高速率，使得智慧工地云平台能在极快的时间内接收来自施工现场物联设备的大量信息。同时，5G 的空口时延小于 1ms，实现误码率小于十万分之一，提升了数据传输的稳定性。低时延高可靠性，对于施工现场的物联网设备通信有极大的意义，能真正保证实时监控现场情况，第一时间排查现场质量、安全隐患，远程处理现场突发情况。

（2）兼容性强

在传统的通信网络框架内，不同的通信技术之间兼容性不佳。为了实现工程建设通信的需要，施工现场布置了手机网络、Wi-Fi 网络，无线电通信等方案。5G 无线通信技术作为第五代通信技术，巧妙地融合了 2G、3G、4G 通信协议和 NFC、Wi-Fi 等通信技术，具备着较高的兼容性，一定程度上减少了后期维护和开发成本。

（3）传统设备升级简单可替换性强

通过将传统的物联设备与 5G 通信和 NB-IoT 协议模块进行结合，即可实现传统物联设备的升级，无须重新购买新型的物联设备，升级成本进一步降低，对于已经初步建立完善的智慧工地，也可以做到无痛升级，极大地改变了智慧工地物联形态。

（4）物联设备连接数量大幅提升

由于 Wi-Fi、ZigBee、蓝牙等传统物联网络对于带宽要求较高，在接入一定数量的物联传感设备之后，就会出现连接不稳定，甚至断联的情况。得益于 NB-IoT 对于蜂窝结构的合理使用使得其与传统的物联网通信技术相比，在只需要消耗 180kHz 左右的带宽的情况下，就可以进行 GSM 网络、UMTS 网络以及 LTE 网络的设计与部署，因此极大地控制了物联网通信系统的建设开发成本，减少了不必要的资源浪费与人力损耗，极大地满足了智慧工地对于物联网通信技术的使用需求。

（5）极低的设备能耗，独立物联设备适用性增强

物联网设备的功耗作为决定物联网应用的重要指标之一，设备功耗越小，物联设备运行所需电量就越少，意味着物联设备待机时间的增长，可以安装在更多的应用场景，彻底摆脱传统物联设备电线的束缚。

NB-IoT 设备功耗极小，这是由其工作特点决定的，NB-IoT 设备简化了传输协议，优化了网络组网设计，使其工作于较小传输速率，依靠较小的数据量传输，NB-IoT 设备才能具有更长的续航时间，可以大幅降低智慧工地物联设备的能耗，使其单独使用的适用性增强，节能减排。

4 创新应用方案

4.1 基于 5G＋NB-IoT 技术智慧工地平台

5G＋NB-IoT 技术智慧工地平台（图 1）为开放式的集成管理平台，平台包含：施工现场 NB-IoT 硬件设备的布设、基于 NB-IoT 以及 5G 运营商网络构建的传输网络、定制化功能子系统组成的管理云平台以及面向不同工程相关人员的系统终端。通过此管理平台，实现各窄带物联网设备的互联，层级管理施工现场各个设备，实现多样化的功能，基于平台面向不用用途的终端管理。

5G＋NB-IoT 技术智慧工地平台数据处理过程（图 2），传感器的感知数据基于 NB-IoT 协议通过 5G 信道传输到云计算平台，由于 NB-IoT 物联设备多为低功耗运行，无法提供边缘计算或雾计算数据处理，因此施工现场所有传感数据最终在云计算数据中心进行处理，通过数据处理支持各种应用层应用。

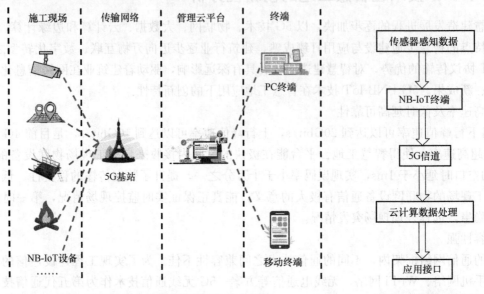

图 1　5G＋NB-IoT 技术智慧工地平台架构　　　　图 2　数据处理过程

4.2　基于 5G＋NB-IoT 定位技术革新应用

本应用将定位芯片与 5G 模块和 NB-IoT 模块进行组合形成全新的定位系统（图 3），代替传统的定位模块，实现低功耗下空间精准定位。目前网络精度实现主要靠 TDOA（信号到达时间差）和 AOA（到达角度测距）两种基础的无线定位技术。一方面，5G 采用毫米波通信，毫米波通信具有非常好的方向性，可以实现更高精度的测距和测角；另一方面，5G 采用大规模天线技术，具有更高分辨率的波束，也可以实现更高精度的测距和测角特性。因此，基于 5G 技术的全新定位模块具有更高的精度，适用于更复杂的施工环境，NB-IoT 技术也让全新的定位模块运行的功耗更低，适合长期定位使用。

（1）实例应用——"人帽合一"劳务人员定位管理系统

将全新定位模块与安全帽相结合，实现安全帽智能应用，工人佩戴安全帽作业时，后台通过定位模块可以精准定位人员，从而核实人员作业区域，记录人员位置数据形成人员轨迹，便于管理人员进行管理。

图 3　全新定位系统架构

由于其低功耗的特点、安全帽可以长时间不间断发送定位数据，实时监控劳务人员是否误入邻边洞口等危险区域，达到安全预警的作用。

管理人员还可以通过移动端清楚了解人员现场分布、个人考勤等数据，并对现场人员数据进行分析与整理，从而实现对现场人员的科学管理。

（2）实例应用——移动式机械设备定位管理系统

随着工地机械设备技术的发展，机械设备产品不断更新，工地机械数量和种类也越来越多，管理人员对于移动式机械设备的管理也面临更多的挑战。通过将全新定位模块安装在移动式机械设备上，实现施工现场机械设备不间断定位和跟踪管理，极大地解决了上述难题。

定位技术可以有效防止小型机械设备的丢失，管理人员还可以在云端平台实时监测不同种类机械设备在不同施工区域的布置情况，在云端平台进行区域合理分配，高效管理施工现场。

4.3 基于 5G＋NB-IoT 传感器技术革新应用

本应用将 5G 模块和 NB-IoT 模块与传感器结合（图 4）成为全新的传感设备，实现传统物联设备的升级，使其具有 5G 网络和窄带物联网的传输优势，其低时延高可靠性，以及低频率下优异的信号抗干扰能力，使得物联网设备连接更加稳定，对于众多依托于信号稳定迅速响应的智慧工地应用，其实用性大大提升。同时 NB-IoT 具有小数据包、低功耗、海量连接等特点，能满足 100 万/km^2 连接数密度指标要求，足以应对随着工地智慧化水平的提高，未来会有越来越多的物联设备投入到工地使用的情况，并且确保终端的超低功耗和超低成本，为未来多样化物联网＋智慧工地奠定基础。

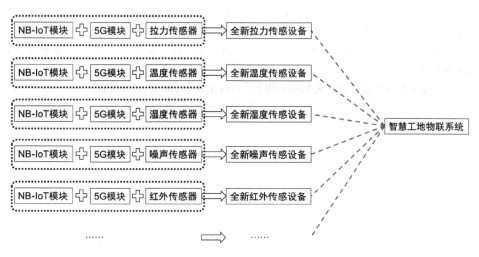

图 4　全新智慧工地物联设备

（1）实例应用——扬尘噪声检测与喷淋控制系统

为解决施工现场扬尘和噪声污染问题，施工现场在特定位置放置基于 5G＋NB-IoT 技术扬尘和噪声传感设备，监测数据实时传送到云端系统并进行数据处理，当噪声数值超过合理范围，云端系统会发出警报并推送至管理人员移动端 APP，扬尘监测系统还与现场安装智能控制喷淋系统进行联动，当现场的扬尘数据超标时喷淋或雾炮设备会自动工作，从而达到降尘的目的。

（2）实例应用——施工现场火灾监测预警系统

通过在现场关键部位如模板堆放区域、电气施工作业区域安装基于 5G＋NB-IoT 技术红外火焰探测器，实现全天不间断火灾监控，当红外火焰探测器检测到火苗时，云端系统及时通过终端向各个管理人员和现场巡查人员发送警报，同时报警信息会及时存储到云端系统服务器数据库中，管理人员可根据时间段对火焰实时识别报警记录进行历史记录查询，加强工地消防知识的培训。

（3）实例应用——施工现场载重机械安全预警系统

通过在卸料平台/吊篮主索绳上安装旁压式拉力传感器，测量主索上的拉力值从而测量卸料平台上的堆载重量。传感器同时搭载 5G 无线通信模组，得益于 NB-IoT 技术，可以低功耗 24 小时不间断通过 5G 信号将传感器实时信息传输至管理平台，帮助管理人员实时了解和查看载重设备运行情况，通过各项监测数据的智能分析回传，一旦发现超限行为将第一时间启动现场报警器，同时主机会驱动报警器发出高分贝警示声与全方位高亮度灯光作为提醒，并结合 5G 平台即时将报警信息发送到相关人员手机端，实现施工现场载重机械安全预警自动化实时监测。

5　结语

5G 技术和物联网技术的发展和创新为传统建筑行业的管理带来了更加便利和有效的解决方案，将物联网技术应用到工程施工过程管理中，为现场环境监控、人员安全以及工程质量保证提供了更加便捷和智能化的管理方式。

本文提出的 5G＋NB-IoT 技术，充分利用了 NB-IoT 技术覆盖广成本低和 5G 信号传输的多重优势，结合相关智能传感模块，实现了传统智慧工地物联设备形态的升级，进一步提升了项目整体管理的规范性，为项目交付后的质量提供了有力保障。

目前，智慧工地的应用和探索仍处于初始阶段。未来，随着智慧工地管理系统在不同基础建设工作中的应用和普及，类似于 NB-IoT 技术的物联网形态也会越来越丰富，相信随着物联网技术和智能化设备的发展，未来的智慧工地可以实现对工程场地更加全方位管控。

参 考 文 献

[1] 黄文超 . NB-IoT 低速率窄带物联网通信技术现状及发展趋势[J]. 电子测试，2017(6)：58，29.

[2] 严心军，张帅 . 5G 技术赋能智慧工地建设[J]. 安装，2021(10)：11-13.

[3] 陈勇，黄涛，沈文韬，等 . 基于 NB-IoT 技术的输变电智慧工地管理系统[C]//2021 年工业建筑学术交流会论文集（下册）.[出版者不详]，2021：1087-1091，1143.

[4] 史飞 . 人工智能技术在智慧工地管理系统中的应用[J]. 百科论坛电子杂志，2018(5).

项目 BIM＋智慧工地策划书研究

赵国豪，金大春，韩 冰

(北京城建集团有限责任公司，北京 100000)

【摘 要】随着《关于推动智能建造与建筑工业化协同发展的指导意见》的发布，BIM 技术和智能设备应用在施工中越来越普及，项目前期的策划工作尤为重要。目前，项目编制 BIM 应用策划存在内容不全、针对性不强、智慧工地与 BIM 技术的结合性不够、项目管理范围模糊、目标不明确、后期边施工边投入现象较为普遍等问题，影响项目信息化管理水平的提升。本文通过对项目 BIM＋智慧工地策划书主要内容的梳理，为项目编制 BIM＋智慧工地策划书拓展思路，提供宝贵的参考。

【关键词】BIM 技术；智慧工地；策划书；框架

1 引言

BIM＋智慧工地策划是为完成业主任务或为达到项目预期的目标，结合项目的各种实际情况与信息，围绕项目的任务或目标这个中心，对实施的内容方法、途径、程序等进行周密而系统的全面构思和设计，并选择合理可行的管理方式，从而形成正确的决策和高效的工作机制。由此可见，BIM＋智慧工地策划是在结合项目实际管理情况和手段的基础上进行的、具有明确的目的性、按特定程序运作的施工活动。BIM＋智慧工地策划是一种超前性的思维过程，它是为提升项目管理水平所做的筹划，能有效地指导项目工作的开展，并取得良好的成效。总之，精细的 BIM＋智慧工地策划是项目实现科学决策的现实需要，也是实现项目预期目标、提高工作效率的重要保证。

通过制定 BIM＋智慧工地策划，项目团队可以实现以下目标：

（1）项目管理人员能够清晰地理解 BIM＋智慧工地建设目标；

（2）各专业人员能够理解各自角色和责任；

（3）能够根据项目管理的业务经验和组织流程，制定切实可行的执行计划；

（4）通过计划，保证 BIM＋智慧工地建设所需的资源、培训等其他条件；

（5）BIM＋智慧工地策划为团队的成员提供过程应用的依据；

（6）项目商务部门可以据此制定 BIM＋智慧工地相关合同条款，体现工程项目的增值服务和竞争优势；

（7）在工程施工期内，BIM＋智慧工地策划为度量施工进展提供一个管控依据。

2 BIM＋智慧工地策划书编制现状分析

目前，项目 BIM 类相关策划基本还停留在纸面上，内容通常是对各个 BIM 应用点功能描述的照搬照抄，而未根据工程的特点进行有针对性的规划，导致策划脱离工程实际需求起不到指导施工的作用。其次，对于智慧工地设备的投入没有相关的具体策划，项目大多在施工中或者业主方有要求时才去考虑增加，随意性较大，由于受到场地空间、配套资源等条件制约，许多智能化的设备无法投入项目施工生产过程中，为项目带来预期效益。最后，策划书往往由几个 BIM 技术人员编制，其他部门参与度低，导致需求不全面，职责不清晰，范围做不到全覆盖，难以发挥 BIM＋智慧工地技术协同管理的最大化价值，策划书起不到关键性指导作用。

【作者简介】赵国豪（1991—），男，工程师。主要研究方向为机电 BIM 应用管理。E-mail：705367128@qq.com

3 BIM＋智慧工地策划书编制主要内容

3.1 编制依据

应包括与 BIM＋智慧工地有关的政策、法规、标准，施工组织设计、工程施工合同、设计文件等。

3.2 工程概况

应包括工程总体概况、施工范围、工期情况、质量目标、业主要求、工程特点及重难点、属地政府监管的要求、BIM 应用需求等。重难点分析如表 1 所示。

重难点分析　　　　表 1

重难点	措施
工程意义重大，管理要求高	施工过程中充分运用 BIM＋智慧管理平台系统等先进信息化、数字化、智能化技术，对施工的全过程包括安全、质量、进度、文明施工、人员管理、队伍选择、材料、机械、成本等进行精细化管理，最大限度地提高业主投资效益
绿色建造水平高	以"可持续"以及"以人为本"作为绿色建筑的施工原则，充分运用 BIM＋大数据、物联网、VR、MR 等先进理念及技术手段，结合节能技术、新设备、新工艺等，节省项目建设、使用全生命周期的资源消耗和环境的污染
施工质量标准高	利用 BIM＋智慧管理平台中的质量管理系统，结合移动端及智能化设备，基于 BIM 的模型与问题关联展示，及时发现现场施工中的质量问题并实时地提出改进，保证施工质量

3.3 BIM＋智慧工地策划

① 本项目 BIM＋智慧工地费用明细、人员组织架构职责

应包括 BIM 应用和智慧工地两部分的人员信息、分工、部门及人员职责等；全生命周期应用的组织架构应包含业主、规划、设计、运维方等相关人员。部门职责如表 2 所示。

部门职责　　　　表 2

主要岗位/部门	职责
项目经理	组织 BIM＋智慧工地策划编制、检查项目执行进展情况
总工程师	制定 BIM＋智慧工地策划并监督、组织、跟踪
BIM 总负责	专业协调、配合，负责 BIM 模型建立进度和智慧管理平台的建设。 制定 BIM＋智慧工地建设培训方案并负责内部培训考核、评审
BIM 团队	建立 BIM 模型，并运用 BIM 技术展开各专业二维、三维深化设计，进行碰撞检测并充分沟通、解决、记录图纸问题。 智慧管理平台的维护、智能设备的使用、智慧管理平台数据与模型的挂接
机电部	跟进、监督二维深化图纸绘制及施工 BIM 模型建立，同时利用 BIM 模型优化机电专业工序穿插及资源配置。 智慧管理平台机电模块应用，智能设备的使用和数据传递
技术部	利用 BIM 模型优化施工方案，编制三维技术交底。 智慧管理平台技术质量模块应用，智能设备的使用和数据传递
工程部	配合总部绘制二维深化图纸并建立施工 BIM 模型，同时利用 BIM 模型优化资源配置，进度管理，组织施工。 智慧管理平台生产模块应用，智能设备的使用和数据传递
商务部	利用 BIM 模型，提取所需工程清单，方便商务系统可更直观地进行算量。 智慧管理平台商务模块应用和数据传递
物资部	利用 BIM 模型，提取所需工程清单，辅助材料计划工作。 智慧管理平台物料模块应用，智能设备的使用和数据传递
安全部	利用 BIM 模型，识别危险源，进行可视化安全交底。 智慧管理平台安全模块应用，智能设备的使用和数据传递

② BIM+智慧工地应用目标

包含 BIM 应用目标+智慧工地目标，同时应包括总体目标及目标分解，明确各部门、各专业及各分包单位应用目标、工作职能、交付成果标准、应用研究成果创优创奖目标等。各方总体目标如表 3 所示。

各方总体目标 表 3

参与方	目标
业主方	全方位的管控，减少变更、控制成本、缩短工期和实现后期的智慧化运维
施工总承包方	实现可视化展示、科学决策、提高施工质量、管理效率、建设阶段精细化和规范化管控
监理方	全过程的监督检查，过程留痕，为工程的顺利建设保驾护航

③ BIM+智慧工地应用流程

BIM 应用部分：结合 BIM 应用是否为全生命周期绘制整体流程，应体现工作流程和数据信息横向、竖向的传递绘制；分项流程结合各业务的具体信息流向绘制。可参考《建筑信息模型施工应用标准》GB/T 51235 范例绘制。

智慧工地部分：流程应描述项目各部门职能与对应功能模块之间的信息传递和反馈。质量与安全管理流程如图 1 所示。

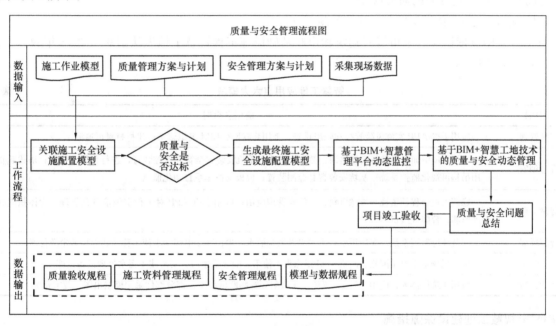

图 1 质量与安全管理流程图

④ BIM+智慧工地应用点

根据 BIM 应用目标、智慧工地项目级别对应的应用目标，明确本项目应开展的应用内容。BIM 应用范围和内容应包括合同所属各专业的主要应用内容、完成标准等。

⑤ BIM+智慧工地整体计划

对应工期计划，阐述 BIM+智慧工地的工作计划和关键节点，应包括模型制作、应用、维护、信息录入、交付和智慧模块应用等关键节点、完成时间、完成要求等。

3.4 BIM+智慧工地应用准备

① 正版软、硬件配备明细内容

② BIM+智慧工地实施标准

主要包括命名原则、建模标准、信息交换标准、模型质量控制标准等；智慧工地系统应包含系统各模块工作标准、数据维护、数据传递、硬件维护等。

3.5 BIM 应用实施内容

① 深化设计阶段的应用

包括结构深化设计、钢结构深化设计、预制装配式混凝土深化设计、机电深化设计、装饰装修深化设计等。

② 施工过程中的应用

各专业根据项目自身特点和工作内容确定具体应用。

③ 施工总承包管理应用

包括施工总平面管理、质量管理、进度管理、安全管理、商务管理等。

④ 后期运维中的应用

包括过程建模、建筑物信息录入、资产管理等内容。

⑤ 建筑业十项新技术中涉及本工程的 BIM 应用

3.6 智慧工地建设实施内容

① 智慧管理平台选择

② 人、机、物、料、生产、安全、技术、质量、环境、视频监控、实测实量等模块应用与管理内容

③ 智能化、产业化方面的研究应用

④ 建筑业十项新技术中涉及本工程的智慧工地应用

智慧工地应用点依据《北京市房屋建筑和市政基础设施工程智慧工地做法清单（2022 年版）》可分为六大模块，如表 4 所示。

智慧工地应用点六大模块 表 4

应用场景	应用点举例
智慧管理	应用手机 APP 实施风险管控和隐患排查；采用物联网、BIM 组织施工；建材材料可追溯
智慧创安	采用 VR 培训工具进行安排培训、教育；塔式起重机安装安全智能监控装置，进行预警、报警；塔式起重机使用吊钩可视化监控系统；基坑安装智慧监测装置；模板支撑体系自动化监测
智慧提质	隐蔽工程全程预留视频影像资料；二维码管理应用；应用手机 APP 对工程实施信息化管理；大体积混凝土温度监测；智能放线机器人
智慧增绿	安装环境监测系统；车牌识别；采用喷淋系统洒水降尘；现场电焊施工使用移动式焊接烟尘净化器
智慧创卫	施工现场采用电子围栏、闸机、AI 摄像头；使用装配式临建房；安装使用污水处理设备设施
智能建造	应用建筑机器人；应用 5G 或二维码、无线射频等物联网技术；部分部件采用模型出图、数字化加工

3.7 BIM＋智慧工地建设保障措施

保障措施包括网络环境、办公环境、信息安全、制度保障、计划控制、资金保障、科研课题经费的落实等方面。

3.8 模型竣工交付

① 根据合同要求，建立模型交付标准，确定审查要点和工作流程，制定相关制度和职责分解要求。

② 形成交付 BIM 成果明细，对各成果收集、整理、保存、归档。

3.9 人才培养计划

结合应用目标提出人才需求，根据需求制定 BIM 人才培训计划，包括培训方式、计划和目标等。

4 BIM＋智慧工地策划书编制细则

BIM＋智慧工地策划书应由项目经理组织召开策划会议，分析工程综合情况，提出应用目标和需求，组织各部门参与编制策划书。策划书宜覆盖工程项目策划、施工、竣工验收等施工全过程，也可根据业主方要求开展全生命周期的相关应用策划。同时，项目部应将合同范围内各分包和供应商的 BIM＋智慧工地建设纳入整体组织框架，进行整体应用策划，并将合同和相关考核指标分解后纳入分包合同。策划

书内容上必须针对工程的具体情况，做到文字简练、应用点突出、流程完整、内容全面、图文规范。编制完成后应进行交底，由项目 BIM 负责人组织交底会，对全体参施人员进行策划交底并明确各自职责，确定所有相关人员的考核标准，并留存记录备查。

5 结语

随着建筑业数字化进程的加快、BIM 技术和智慧工地应用的不断深入，进行 BIM＋智慧工地策划是项目实现智慧化管理目标的一项有效的事前控制手段，项目必须正视这一问题。文章对 BIM＋智慧工地策划的重要性和编制现状进行了分析，通过搭建策划整体框架，梳理内容模块，举例说明，以及编制过程中的一些实施方法介绍，形成了一套可落地和较为标准化的编制体系，期望为后续项目编制 BIM＋智慧工地策划书和企业制定相关管理办法时提供参考、借鉴作用。

参 考 文 献

[1] 北京城建集团建筑工程总承包部信息化管理中心．BIM＋智慧工地策划书实施细则[R]．2 版．
[2] 中建《建筑工程施工 BIM 技术应用指南》编委会．建筑工程施工 BIM 技术应用指南[M]．2 版．北京：中国建筑工业出版社，2017.
[3] 中国建筑标准设计研究院有限公司．北京城市副中心站综合交通枢纽项目 BIM 实施方案[R].
[4] 中华人民共和国住房和城乡建设部．建筑信息模型施工应用标准：GB/T 51235—2017[S]．北京：中国建筑工业出版社，2018.

BIM 在黄山市镇海桥修缮中的应用

陈 东，张 锐，张 健，陈兆云，潘珺强，马俊杰

（安徽建筑大学，安徽 合肥 230601）

【摘 要】为解决目前黄山市镇海桥修缮中的难点问题，利用 BIM 具有的可视化、参数化、信息共享等特点，将 BIM 技术的理论特点应用到项目中解决实际存在的难点问题，对古桥部分构件的参数化建模、三维虚拟模拟进行详细阐述，发现将 BIM 技术应用在古桥修缮中，提高了施工效率与质量，为古桥修缮工作提供了新方法，一定程度上还原了古桥面貌，为国家级文物镇海桥提供了可持续发展之路。

【关键词】镇海桥；古桥修缮；BIM；三维模型

1 引言

近年来，随着经济的快速发展，我国的建筑行业得到了有效的发展。然而，在此过程中，我国建筑领域却忽视了对古桥建筑的保护。古代桥梁是我国古代建筑中非常有代表性的一类，是国家文化遗产的重要组成部分。一座城市的古桥建筑，是城市发展的缩影之一，体现着城市的文化内涵，代表着建桥时的技术水平。对于具有地域文化的古桥建筑，更能使人们了解其城市发展的历程，是不可多得的城市记忆。但是部分古桥建筑在城市发展的历程中，因为朝代的更替、战争的爆发、自然灾害等事件的发生，已经受到严重的破坏甚至在人们眼中消失，这无形中损害了我国的传统文化。为此，古桥建筑的修缮成为现代建筑行业发展过程中不可忽视的一部分，怎样科学有效地修复已经被破坏的古桥建筑，是现代建筑业发展过程中的重要职责。基于我国古桥建筑修缮面临的障碍，适应时代发展的 BIM 技术成为古桥修缮中重点研究对象。

2 项目概况

2.1 待修复古桥简介

国家级文物保护单位黄山市镇海桥（图 1）又称"老大桥"，该桥始建于明嘉靖十五年（公元 1536 年），位于黄山市屯溪三江口——即新安江、率水、横江三江交汇处（图 2）。数百年来，它横卧在江面，跨立在横江口，贯穿着黎阳与屯溪老街，历经了数百年的风风雨雨，方便了世世代代的黄山人民出行，承载了黄山人民深厚的感情，蕴藏了一段段难以忘却的记忆。镇海桥，全长 131m，全宽 7.53m，有六墩七孔，桥拱券横联砌筑。桥的上部为等截面实腹式石拱，下部为浆砌条石重力式墩台。桥墩成等腰三角形，上水头的分水头石尖翘起，成船头状，长宽尺度略有差异，其独特的防洪及水利科学技术提供了了解古代科学技术和生产生活方式的途径，是古徽州地区乃至皖南地区现存不可多得的明代大型石拱桥之一，体现了当时劳动人民克服天堑的智慧和工匠的精湛技艺，对研究徽州地区乃至我国古代石拱桥具有重要意义。2020 年 7 月 7 日镇海桥因受暴雨洪水的持续冲刷造成一处基础冲空从而引发桥体相继倒塌受损（图 3）。因镇海桥有着极高的历史价值、艺术价值、科学价值、社会价值，为此在洪水过后完成镇海桥石构件打捞工作，自 2020 年 11 月 12 日开工修缮镇海桥。

2.2 古桥 BIM 实施分析

镇海桥修缮的核心原则是在不改变原有文物建筑的前提下最大限度保护文物历史信息。按原形制、原材料、原工艺、原做法，在满足相关规范的前提下，对原桥体的构件进行充分利用，采用适当的新工

【作者简介】陈东（1981—），男，教授。主要研究方向为建筑信息化。E-mail：chendong@ahjzu.edu.cn

艺对桥体进加固。据统计，共在江底抢救性打捞石材构件 4595 方，统计在册的石块构件多达 7500 多块，由此可见石块构件的数量十分庞大。从打捞上来的石块构件形态来看，构件的长度、厚度、大小、形态各异，统计归纳石块构件十分烦琐，利用好旧石块构件成为一个难点，实际施工中需要补用多少新石料也成为一个难点。另一方面，传统以二维图纸、文字、图片等等方式保存的信息，不易查阅，古桥的现代化数字信息保护与记录在信息快速发展的社会显得尤为重要。本项目采用 BIM 技术提升施工效率，解决古桥修缮难点，提高石块构件利用率，多角度展示古桥文化遗产，较好地还原传承技艺。

图 1　镇海桥原貌　　　　　图 2　镇海桥地理位置图　　　　　图 3　冲毁后的镇海桥

3　BIM 技术的应用

3.1　古桥原貌信息采集

古桥的修缮工作，首先需要的就是原始资料，然而使用先进的测绘遥感技术能够为古桥修缮工作提供高质量、高精度的原始信息资料，所以信息采集工作成为古桥修缮中的重中之重。倾斜摄影技术是测绘遥感领域人们在摄影测量技术发展和需求增加的基础上发展起来的一种多视影像高度匹配技术。由于镇海桥修缮项目地处于机场禁飞区域，常规无人机倾斜摄影无法实现，为此我们采用了站式近景影像摄影的方法，使用了一款结合地理位置信息测量和近景影像采集的设备 vRTK。通过 vRTK 设备对古桥冲毁后的现场以不间断扫描原则规划扫描路线进行底部以及侧面数据信息采集（图 4），之后用软件处理得到冲毁后的古桥点云模型（图 5）。古桥点云模型经过处理可对各桥墩打捞石块量进行估算，结果见表 1。

图 4　vRTK 现场扫描状况　　　　　　　　图 5　镇海古桥水毁后的点云模型

打捞石块量估算　　　　　　　　　　　　　　　　　表 1

墩号	计算周长（m）	计算面积（m²）	计算体积（m³）
2	48.00	125.58	272.33
3	42.38	109.03	297.25
4	50.97	144.86	460.30
5	46.19	115.50	203.17
6	47.77	127.50	128.56
7	55.42	132.08	199.85

3.2 施工同步建模

项目利用 Revit 对桥的桥桩、承台、围护桩、墩身、桥身、分水尖等等按照实际施工进度，以实物尺寸与模型尺寸，实物位置与模型位置一致为原则进行同步建模（图 6）。建模过程中，我们需要得到古桥模型的全生命周期属性信息，如新石块入场地的时间、新石块构件的产地、石块的材质、石块的砌筑时间、石块的砌筑工艺等等。同时在三维数字模型中录入相关项目照片、相关项目报告、工程进度等等，来形成完整的工程项目数字信息系统。这些录入的信息以三维信息模型为载体，浏览模型的时候，模型的空间位置和属性信息可以被直观地了解

图 6　镇海桥 BIM 同步建模

到（图 7），从而实现了古桥信息模型数据系统的保存，以帮助建筑设计人员真实地了解古桥建筑构件的结构特点（图 8）。

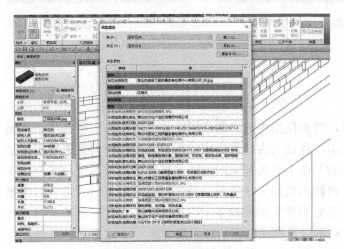

图 7　石料施工信息属性录入

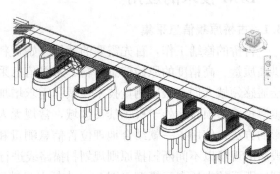

图 8　镇海桥整体三维模型

3.3 桥墩石块构件三维可视化拼接

冲毁前的镇海桥共有六个桥墩，在每个桥墩上均刻有"禁止取鱼"字样的石块（图 9），充分体现了古代人对自然环境的保护意识。这些刻有字迹的石块在古桥被冲毁后散落在河底，从河底打捞上来的石块构件中共找到 35 块。古桥的修缮需最大程度地使用旧石块来恢复其原有的面貌，在桥墩处刻有"禁止取鱼"字迹的石块复原显得尤为重要。由于这些石块构件厚重、移动不便，用传统的方法在现场拼装组合石块法较为困难，为了解决实际施工中的难题，通过近景摄影三维建模结合 BIM 技术的优点，将 35 块刻有字迹的石块用软件三维建模进行可视化拼接，并给出具体的石块砌筑方案。具体过程如下：

（1）拍摄石块构件素材。用高清相机全方位多角度拍摄场地上带有字迹的"禁止取鱼"石块素材。

（2）构建三维模型。将拍摄素材导入 Reality Capture 软件构建出整体模型并调整实际比例（图 10），然后操作软件切割出 35 个石块单个模型并导出。

（3）格式转换与导入。将导出的文件利用 Navisworks 软件转换成 nwc 格式插入 Revit 的协调模型中。

（4）可视化拼接。与此同时，我们也将以原桥墩上拍摄的"禁止取鱼"字迹照片形成的 CAD 字迹插入 Revit 中。因此，在 Revit 中可以三维可视化调整石块上带有字迹的一面使其与插入的"禁止捕鱼"CAD 字迹进行重合对比，经过对比分类整理，这些石块按照"禁""止""取""鱼"部首集中分类。从分类好的结果以石块表面呈现的字迹偏旁纹理进行拼接，共同拼出几个较为完整的字（图 11）。

（5）形成方案。将拼凑后的"禁止取鱼"石块在 Revit 中按照原标高集中布置于 2♯、7♯桥墩上，并根据相同高度石块高度相同、石块错缝的原则布置其周围石块，布置结果见图 12。

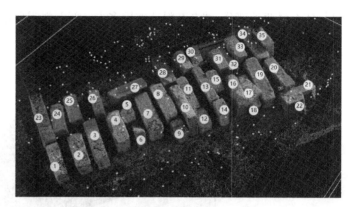

图 9　桥墩"禁止取鱼"原始雕刻留存影像资料　　　　　图 10　"禁止取鱼"构件三维模型

图 11　拼凑完成的"禁止取鱼"构件　　　　　　　　图 12　"禁止取鱼"布置方案

3.4　Revit 砌体预排布指导修缮施工

利用 Revit 软件模拟砌体施工，以实现砌体预排布。项目现场对已经打捞上来的石块构件均按照古桥不同位置分类逐一编号并且将每个石块尺寸、破损情况记录在册形成电子表格。为此我们利用 Dynamo 软件结合《建筑信息模型分类和编码标准》GB/T 51269—2017 对打捞石块构件按一码一模型原则在 Revit 中批量构建石块三维模型。Revit 创建的参数化族具有修改尺寸方便的优点，可以大大提高排布石块构件的效率，使得预排石块变得简洁可视化。在实际的项目施工中，砌筑石块并没有提前排布，在墩边、墩角处经常会因为预制的石块长度过长需要在现场对石块进行凿断处理。以排布桥墩大放脚为例（图 13、图 14），在 Revit 项目排布大放脚同一皮金刚石中，一共有三种石块构件，即弧度的分水石块、标准矩形石块、丁石。先将基准墩身中分水尖石块按照预制好的弧度排布好，再将剩下的矩形部分利用标准尺寸石块和丁石接着分水尖石块进行有序排布，同时在排布的过程中可利用参数化的标准石块族进行调整石块大小。石块排布完成后，可以利用 Revit 明细表统计预排好的标准的或非标准的石块尺寸、数量。根据明细表统计结果提前在石料场预加工石块，从而减少现场石块砌筑时的凿断现象，提高了砌筑石块的效率。

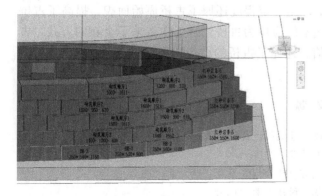

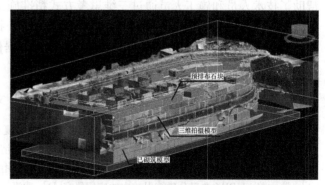

图 13　镇海桥大放脚石块构件预排布图　　　　　　图 14　镇海桥大放脚施工同步预排

同样的，我们也对拱券部分、桥面板部分进行了新老石料三维预排（图 15、图 16），图中标明了老石料与新石料两种部分，"老石料能够用多少，新石料需要配多少"这个实际施工修缮中的难题就迎刃而解了，这样老石料的使用率会大大提高，减少了施工成本。

图 15　镇海桥桥面石预排图

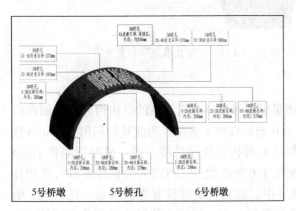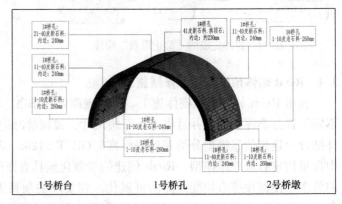

5号桥墩	5号桥孔	6号桥墩

1号桥台	1号桥孔	2号桥墩

图 16　镇海桥拱券预排图

4　总结

利用 BIM 技术，结合镇海桥修缮项目中实际存在的难点问题，构建三维可视化的虚拟模型，项目中石块构件的砌筑方案、带有"禁止取鱼"字迹石块构件拼接、提高石料的使用率、古桥修缮工艺传承这几个难点问题得到了很好的解决。问题的解决不仅提高了现场的施工效率，提高了石块构件的利用率，帮助了技术人员和施工人员通过三维思考方式精准施工，还一定程度还原了古桥原始面貌，提高了古桥修缮质量，将古桥砌筑工艺很好地传承了下来。BIM 技术的应用为古桥修缮工作带来了全新的方式，古桥的时空和属性信息在 BIM 中被关联在一起，用数据信息还原了古桥的结构特点，而这些特点正是当时社会发展的真实写照，传承了我国历史化。

参 考 文 献

[1]　汪雅，曾志. 一种近景倾斜摄影的三维建模盲区自动修复技术[J]. 国土资源遥感，2021，33(01)：72-75.
[2]　解辉. BIM 在中国古建筑维护中的应用研究[D]. 北京：清华大学，2017.
[3]　李雪. 基于古建筑保护修缮需求的三维激光扫描数据应用研究[D]. 北京：北京工业大学，2018.
[4]　张文静. HBIM 在里分建筑保护中的应用研究[D]. 武汉：华中科技大学，2018.
[5]　王超. 信息技术在古村落保护研究中的应用[D]. 西安：西安建筑科技大学，2007.

基于图分析改进的施工行为安全风险分析及 BIM 可视化

陈其铧，龙丹冰*

（西南交通大学土木工程学院，四川 成都 610031）

【摘　要】 当前建筑施工行业安全事故仍然频发，造成严重的人员伤害和经济损失。本文提出了一种基于图分析改进的施工行为安全风险分析及 BIM 可视化方法，可以合理评估施工现场实时风险水平，并对关键危险位置进行可视化，达到减少安全事故发生的目的。方法分为三个模块：图拓扑分析、施工安全风险分析和危险位置可视化。其中，图拓扑分析为风险分析提供客观数据支撑和危险工种确定。最后，以一个真实施工项目案例验证方法有效性，并分析利弊。

【关键词】 拓扑分析；知识图谱；行为安全；风险分析；BIM 模型

1　引言

建筑施工行业每年事故率都高居所有行业前列。近年来，我国施工行业发生事故和死亡人数也在持续上升[1]。如何减少施工安全事故的发生是一个亟待解决的重要问题。安全事故的发生往往由不安全行为引发。对于施工现场不安全行为进行检测和控制，可以有效提高施工现场安全水平。根据以往相关研究[2]，风险分析作为行为安全管理的关键步骤，主要依赖专家的主观意见和定性判断。但施工现场环境复杂多变，专家经验不能满足适时与应变需求。为动态分析施工现场安全风险，Lee[3]等以施工过程中实时发生的客观行为安全数据为基础，使用灰色聚类模型和灰关联分析模型确定施工现场的风险等级和关键行为指标。然而，该方法使用的传统灰聚类模型仍依赖专家定义的可能度函数，有必要对其进一步引入客观因素的支持来降低主观因素影响。

对施工安全事故进行分析，可以获得有关预防事故的宝贵客观经验[4]。当前的一些研究虽然使用施工安全事故数据并取得了一定成果，但这些研究往往侧重于单一地利用安全事故报告数据[5]，仍然没有探索大量施工安全事故要素之间联系和进行有效定量分析。图分析是探索多个信息要素之间相互作用的一种非常有效的方法。Tixier[6]等使用图分析方法识别大型数据集中属性的安全关键关联的程度。因此，构建施工安全事故知识图谱，并采用图分析方法对其中的图数据进行分析，对于深入研究大量施工安全事故具有重要意义。

鉴于此，本研究以大量施工安全事故数据构建的知识图谱为基础，提出了利用图拓扑分析方法改进基于施工行为安全的动态风险分析方法，并确定关键危险工种，进而结合施工项目的当前施工进度和施工 BIM 模型，实现对关键的危险位置的确定并在 BIM 模型中实时进行可视化，以帮助施工安全管理和相关措施计划的制定。

【基金项目】 中央高校基本科研业务费专项资金资助（2682021ZTPY080）；国家重点研发计划项目（2021YFB2600501）；国家自然科学基金青年科学基金项目（51808455）

【作者简介】 龙丹冰（1983—），女，博士，讲师。主要从事建筑工程信息化、智能化等研究。E-mail：lornalong@swjtu.edu.cn

2 研究方法

2.1 研究方法框架

本文所提出的施工行为安全风险分析及危险位置可视化方法如图1所示，包括三个步骤：（1）收集并整合相关施工安全事故报告数据，建立施工安全事故知识图谱，并通过图拓扑分析方法对知识图谱进行分析计算，得出各行为安全指标的风险及后果量化值；（2）将各行为安全指标的风险及后果量化值分别计算和修正各行为安全指标的风险值和灰聚类算法，基于改进的灰聚类算法计算施工现场的风险等级，并依次确定关键行为安全指标及高风险工种；（3）根据 BIM 模型和当前项目施工进度推理关键危险地点并可视化位置。

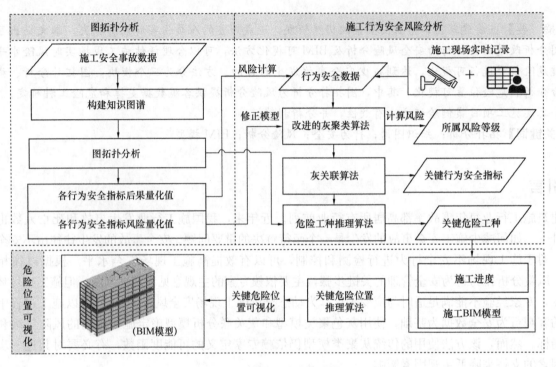

图 1　研究方法框架图

2.2 图拓扑分析

2.2.1 构建施工安全事故知识图谱

对大量的施工安全事故数据进行数据筛选、整合、分类整理，形成包括施工安全事故类型、行为安全指标类型、伤害等级及工种的结构化表格。其中，事故伤害等级主要考虑人员的伤害情况。根据伤害等级进行加权量化，共分5个量级赋权：［等级1：0.008，等级2：0.04，等级3：0.2，等级4：1.0，等级5：5.0］。

定义知识图谱的知识实体和关系。知识实体包括事故类型、行为安全指标及其类型和频率、工种、事故后果。其中，行为安全指标被分为5大类，分别为T1（肢体行为）、T2（穿戴防具）、T3（工作因素）、T4（工具和设备）、T5（环境与组织），每个大类行为安全指标包括数量不等的行为安全指标，共计30个。根据收集的相关施工安全事故报告数据统计出每个行为安全指标出现的频率，并进一步计算各类型事故的平均伤害权重值作为各类事故的后果值。知识图谱的关系包括行为安全指标与事故的因果关系（Cause_Effect）、事故与事故后果之间的数量关系（ValueIs）、行为安全指标与其出现频率之间的数量关系（CountIs）以及行为安全指标与工种之间的所属关系（WorkIs）。最后，将所有整理的实体和关系以三元组的形式导入 Neo4j 图数据库中，完成施工安全事故知识图谱的建立，如图2所示。

2.2.2 图拓扑分析

根据构建的施工安全事故知识图谱的关系分别获取各知识实体之间的邻接矩阵。邻接矩阵包括行为

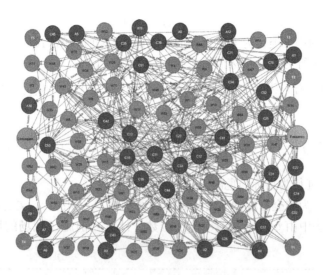

图 2　施工安全事故知识图谱

安全指标与事故因果关系的邻接矩阵 CAM、行为安全指标与工种之间所属关系的邻接矩阵 CWM、行为安全指标与频率数量关系的邻接矩阵 CFM、事故与事故后果数量关系的邻接矩阵 ASM。其中，行为安全指标 C 与事故 A 之间关系图示例及对应的 CAM 邻接矩阵如图 3 所示，其余与此类似。

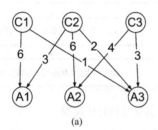

↱	A1	A2	A3
C1	6	0	1
C2	3	6	2
C3	0	4	3

(a)　　　　　　　　　(b)

图 3　CAM 邻接矩阵

（a）行为安全指标 C 与事故 A 之间关系图示例；（b）CAM 邻接矩阵表示

根据邻接矩阵定义并计算行为安全后果量化指标和行为安全风险量化指标。行为安全后果指标 $Cons_C$ 表示某一行为安全指标量化后的后果程度大小，如公式（1）所示。

$$Cons_C = \sum_{Aj \in A} CAM_{C,Aj} \cdot P_{Aj|C} \cdot ASM_{Aj,V} \tag{1}$$

其中，$Cons_C$ 为行为安全后果指标，$CAM_{C,Aj}$ 为行为安全指标 C 与事故 Aj 在对应的 CAM 邻接矩阵中的值，$P_{Aj|C}$ 为行为安全指标 C 中事故 Aj 所占的比例，$ASM_{Aj,v}$ 为事故 Aj 与事故后果 V 对应的 ASM 邻接矩阵中的值。

行为安全风险指标 $Risk_C$ 表示考虑事故出现频率的行为安全指标量化后的风险程度大小，如公式（2）所示。

$$Risk_C = CFM_{C,F}(\sum_{Aj \in A} CAM_{C,Aj} \cdot P_{Aj|C} \cdot ASM_{Aj,v}) \tag{2}$$

其中，$CFM_{C,F}$ 为行为安全指标 C 与频率 F 对应的 CFM 邻接矩阵中的值，$CAM_{C,Aj}$ 为行为安全指标 C 与事故 Aj 在对应的 CAM 邻接矩阵中的值，$P_{Aj|C}$ 为行为安全指标 C 中事故 Aj 所占的比例，$ASM_{Aj,v}$ 为事故 Aj 与事故后果 V 对应的 ASM 邻接矩阵中的值。

2.3　施工行为安全风险分析

2.3.1　施工现场记录行为安全指标数据处理

根据风险的定义，各行为安全指标的风险应由施工现场记录的各行为安全指标的发生频率与其后果计算得到，如公式（3）所示。

$$x'_r(j) = x_r(j) \cdot Cons'_C(j) \tag{3}$$

式中，$x'_r(j)$ 表示第 r 周中 j 类行为安全指标的风险值，r 为所在的周数，$x_r(j)$ 为第 r 周中 j 类行为指标的观测值。$Cons'_C(j)$ 为将行为安全指标的后果指标映射到 $[1-\alpha, 1+\alpha]$ 区间内的后果程度系数，如公式（4）所示。式中 α 为所有行为安全指标的平均后果程度，记为 $\alpha = (\sum_{i=1}^{n} Cons'_{Ci})/n$，$n$ 为行为安全指标的个数。

$$Cons'_C(j) = 1 - \alpha + \frac{2\alpha}{Cons_{C\max} - Cons_{C\min}} \cdot (Cons_C(j) - Cons_{C\min}) \tag{4}$$

2.3.2 风险分析、确定关键行为指标与危险工种

风险等级确定与关键行为安全指标的确定步骤流程见图 4[7]。其中，本文通过各行为安全指标风险量化值、修正灰关联分析方法中由专家定义的可能度函数，计算当前施工现场的风险等级，以达到降低专家主观因素影响的目的。

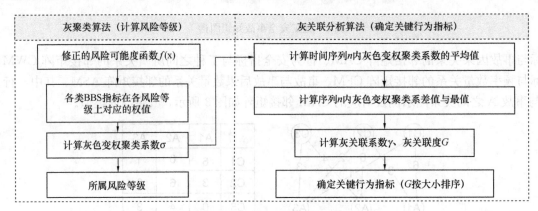

图 4　灰聚类算法与灰关联分析算法流程

首先，计算所属第 T_j 类型行为安全指标的行为安全风险指标之和 $Risk_C(T_j)$，该类型行为指标导致安全事故的发生风险比例，m 为行为安全指标的类型数量；其次，将行为指标导致安全事故的发生风险比例 P_T 反向映射到 $[1-\beta, 1+\beta]$ 区间内，得到修正系数 P'_T：

$$P'_T = 1 + \beta - \frac{2\beta}{P_{T\max} - P_{T\min}} \cdot (P_T - P_{T\min}) \tag{5}$$

$$\lambda_j^{k'} = P'_T \cdot \lambda_j^k \tag{6}$$

式中，P_T 为各类型行为安全指标导致安全事故发生的比例，$P_{T\max}$ 和 $P_{T\min}$ 分别为各类型行为安全指标导致安全事故的发生风险比例中的最大值和最小值，β 为所有类型行为安全指标的平均后果程度，$\beta = (\sum_{i=1}^{m} P_{Ti})/m$，$m$ 为行为安全指标的类型数量。最后通过公式（6）得到修正后的可能度函数转折点基本值 $\lambda_j^{k'}$。

通过确定的关键行为安全指标，计算当前施工阶段工种的 W_n 值，如公式：

$$W_n = \sum_{C \in CK} CWM_{C,n} \cdot G_{Hj} \tag{7}$$

式中，CK 为关键行为安全指标，$CWM_{C,n}$ 为关键行为安全指标 C 与工种 n 在对应的 CWM 邻接矩阵中的值，G_{Hj} 为行为安全指标灰关联度值。各工种的 W_n 值代表了当前时期该类工种危险程度，其值越大说明危险性越高，因此越需要在安全措施计划中得到关注。

2.4 基于 BIM 模型的关键危险位置可视化

依据确定的高风险工种、施工项目管理的工种及位置安排表，并结合当前施工进度推理确定关键高

风险的位置。最后结合施工 BIM 模型及二次开发编写模型高亮显示规则，在 BIM 模型中实时显示高危险位置并进行汇总，流程如图 5 所示。管理人员可对这些位置加强施工安全管理。

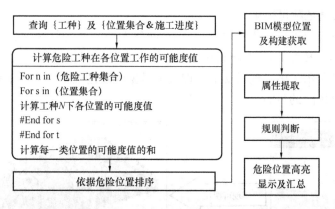

图 5 危险位置推理及 BIM 模型危险位置可视化流程

3 应用案例

3.1 案例背景及数据

以某建筑工程项目为例验证方法的有效性。该项目已根据专家经验定义风险等级可能度函数并依据 Lee[3] 等的方法完成了一次施工行为安全风险分析。以该项目施工过程中连续 96 周的不安全行为次数作为行为安全数据，验证基于图拓扑分析改进的施工行为安全风险分析方法，并对改进前后方法进行对比，最后对推理确定的危险位置进行可视化。

3.2 风险分析、确定关键行为安全指标及关键危险工种

图 6 展示了改进前与改进后的方法在项目后 50 周的低、中、高风险等级的聚类系数随时间变化图。随着施工现场不安全行为指标引起风险的增加，低风险的聚类系数趋于减小，中风险的聚类系数有增有减，而高风险的聚类系数趋于增大，聚类系数的变化趋势与可能度函数值相同。在 96 周的风险评估结果中，改进前高中低风险周数分别是 17、32、48，而改进后高中低风险周数分别为 22、28、47，高风险天数增加了 5 周且主要集中在项目后期。同时，施工现场不安全行为指标引起风险在项目后期也急剧增加，后果较为严重的不安全行为指标类别的聚类系数增大，因此也更可能分析为较高风险等级，即改进了之前算法仅计算不安全行为指标类别出现的频率而容易出现对施工现场风险评估过低估计的情况。

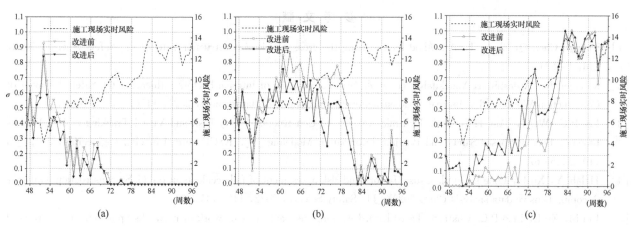

图 6 改进前后低、中、高风险随时间演示图

(a) 低风险；(b) 中风险；(c) 高风险

本研究采用采集数据中的 65～70 周的数据，确定关键行为安全指标。关键行为指标的灰关联计算结果，从高到低排序取前三依次为 C33、C53、C35。根据上述确定的关键行为指标，计算确定关键危险工

种，得到当前 65~70 周内所有工种的危险程度排序。其中，最危险的工种是"W43（屋顶作业）"，其次是"W14（外部木工）"和"W12（外墙砌筑）"。

3.3 基于 BIM 模型的关键危险可视化

根据第 2.3 节关键危险位置可视化流程及 65~70 周各工种的 W_n 值，推理最危险的活动位置为屋顶。然后，对 Revit 构建的 BIM 模型，通过 Dynamo 开发危险位置可视化插件，实现项目全程实时自动化高亮显示危险位置，如图 7 所示。施工现场安全管理人员可据此改进施工安全措施规划和管理策略，达到降低施工安全现场人员安全风险的目的。

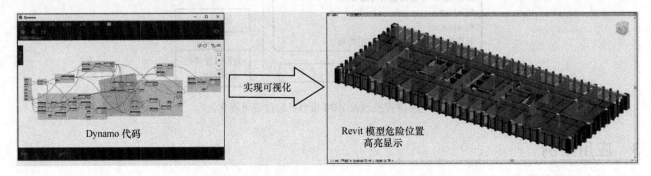

图 7　Dynamo 代码展示及 Revit 模型高亮显示示例

4 结论

本研究通过对施工安全事故知识图谱进行图拓扑分析得出量化客观数据，改进了基于行为安全的施工安全风险分析算法，得出了项目实时的关键行为安全指标及危险工种。并且，基于实时项目进度的 BIM 模型，实现了对关键危险位置的确定及可视化。最后通过在一个施工项目案例上的应用，验证了方法的可行性和有效性。结果表明，本方法可以为施工安全管理及风险决策等提供依据，有效降低从业人员安全风险，为人员生命及财产安全提供切实保障。此外，本研究提出的方法还可以拓展应用到其他行业的安全管理中去。

限于施工安全事故报告数据量，知识图谱中的数据还有待进一步扩充。同时，还要进一步提高用于显示危险位置的 Dynamo 插件的使用便捷性，以便于管理人员的使用。未来本方法还将进一步改进和完善，以实现更多的功能及更高效可靠的施工安全风险管理。

参 考 文 献

［1］Tian Z，Chen Q，Zhang T. A method for assessing the crossed risk of construction safety［J］. Safety Science，2022，146：105531.

［2］Mohajeri M，Ardeshir A，Malekitabar H，et al. Structural Model of Internal Factors Influencing the Safety Behavior of Construction Workers［J］. Journal of Construction Engineering and Management，2021，147(11)：04021156.

［3］Lee P C，Wei J，Ting H I，et al. Dynamic Analysis of Construction Safety Risk and Visual Tracking of Key Factors based on Behavior-based Safety and Building Information Modeling［J］. KSCE journal of civil engineering，2019，23 (10)：4155-67.

［4］Halabi Y，Xu H，Long D，et al. Causal factors and risk assessment of fall accidents in the U. S. construction industry：A comprehensive data analysis (2000-2020)［J］. Safety Science，2022，146：105537.

［5］Liu M，Xu L，Liao P C. Character-based hazard warning mechanics：A network of networks approach［J］. Advanced Engineering Informatics，2021，47：101240.

［6］Tixier A J P，Hallowell M R，Rajagopalan B，et al. Construction Safety Clash Detection：Identifying Safety Incompatibilities among Fundamental Attributes using Data Mining［J］. Automation in Construction，2017，74：39-54.

［7］刘思峰. 灰色系统理论及其应用［M］. 8 版. 北京：科学出版社，2017：1-199.

基于"云十端"的预制节段梁模板
定位调整量计算系统

刘　昱[1]，马智亮[1,*]，刘世龙[1]，覃思中[1]，周方南[2]，石庆波[2]

(1. 清华大学土木工程系，北京 100084；2. 中铁十八局集团第四工程有限公司，天津 300450)

【摘　要】现有的可调式模板定位调整量计算方法耗时费力且成本较高。为此，本研究提出了一套基于"云十端"的节段梁模板调整量便捷计算系统，在工程现场仅需一部智能手机即可快速测量并计算待测节段梁模板的调整量。本研究根据实际工程需求分析了系统功能，设计了系统架构，并基于云计算、计算机视觉和轻量化 BIM 平台开发了移动应用系统，最后对本方法进行了总结和展望，具有成本低、效率高、使用方便、应用前景广阔等优势。

【关键词】调整量计算；云计算；建筑信息模型（BIM）；计算机视觉；智能手机

1　引言

城镇化建设是我国经济发展的重要战略[1]，高城镇化率提升了城市土地资源利用效率和区域经济竞争力，但也造成了城市空间结构混乱、内部交通拥堵、生态环境恶化等问题。建设高架公路和铁路能够实现城市群交通一体化，同时有助于减轻城市内部拥堵，其主要建设方法主要包括现浇法施工和装配式施工，前者施工的工期长、污染重，还会带来封路等不便，而后者构件质量好、成本低、生产快[2]，在实际工程中得到了广泛应用。

根据结构设计和成本要求，预制混凝土节段梁构件的平面形状和断面尺寸需要沿桥梁轴向发生变化，因此在生产现场经常采用可调式模板生产相应的预制混凝土节段梁构件，这就要求工作人员在浇筑节段梁构件前将可调式模板调整到设计位置。目前，传统方法主要由两名工作人员携带全站仪和棱镜，在现场合作完成特定点位的坐标测量，并根据测量结果人工计算出模板系统的调整量。该方法存在设备价格较高、测量过程繁琐，无法同时测量多个点位和人工计算调整量易出错等不足。因此，迫切需要一种便捷的模板定位和调整量计算方法，使得工作人员能够准确、快速、方便地完成相关工作。

为提高工程测量的效率和自动化程度，学者们在计算机视觉领域开展了探索，Feng[3]等通过视觉测量系统替代传统的接触式位移传感器实现了结构位移响应实时、多点测量。Siebert[4]等通过附加在无人机上的相机采集并重建出了土方施工现场情况，据此实现了土方几何信息的测量。Mari[5]等通过室内单反相机挂架近距离测量了混凝土板变形并分析构件上多点之间的位移变化。同时，为使用户能够通过低配置的移动设备完成复杂计算[6]，并使 BIM 模型便于被实时查看、交互和可视化展示[7]，学界和业界将云计算与轻量化 BIM 等技术引入建筑工程中，如 Chen[8]等通过协同移动云计算技术实现了对民用基础设施的状态评估，Vithlani[9]等将云计算技术运用于摄影测量，实现了对无人机获取的大型图像数据集的快速处理，Autodesk 公司和广联达公司分别推出了 Forge 平台和 BIMFACE 平台帮助用户实现 BIM 模型的轻量化转换和二次开发等。

现有研究将信息技术应用于建筑业中，有效提升了工程测量和展示的自动化程度。但目前为止，没有发现将这些技术集成应用于模板调整量计算的研究，考虑到节段梁模板调整量计算的高度复杂性和重

【基金项目】国家自然科学基金（51678345）；天津市轨道交通重大专项基金（18ZXGDGX00050）

【作者简介】马智亮（1963—），男，教授。主要研究方向为土木工程信息技术。E-mail：mazl@tsinghua.edu.cn

复性，有必要探索相关技术在该领域应用的可能性。本研究结合作者先前工作，提出了一套基于云计算、轻量化 BIM 和计算机视觉的节段梁模板调整量便捷计算系统，使得工作人员在工程现场仅通过一部智能手机即可完成模板测量、定位和可视化展示等任务，显著提升了节段梁模板调整量计算工作的效率和便捷性。

2 工程需求分析

本研究依托中铁十八局集团第四工程公司的天津轨道交通 Z4 线一期工程开展，该工程在预制梁场中设计并定制了可调式模板系统，该系统由底模体系和侧模体系两部分构成，其实际工程场景如图 1 所示。

可调式模板底模体系的调整可简化为控制竖直和水平两个方向预制线型，即通过底模下部支撑系统的螺旋丝杆调节径向位移及偏转角度实现竖曲线调整，通过调整底模拼接缝宽度实现水平曲线调整。可调式模板侧模体系包括支撑用轨道车和侧模两部分，支撑用轨道车的顶部和底部框架上对向设置了两个水平液压缸，通过其同步推移实现顶部框架在底部框架上水平滑移，通过其不同步推移实现顶部框架在底部框架上水平扭转。支撑用轨道车支撑侧模结构沿轨道进行滑移，滑移至指定位置后通过轨道车竖向

图 1 可调式模板系统

液压装置调节侧模安装高度，同时将下部支撑架上四个丝杆支腿同步落地支撑整个侧模重量。

根据可调式模板的位姿测量和调整量计算工作具有重复性高和操作复杂等特点，有必要通过自动化方法提质增效。本研究的目标为提出并实现一套使测量人员在工程现场仅通过一部手机就能快速、低成本地完成整个预制混凝土模板的控制点坐标测量工作，并在手机界面直观地查看待测模板的可视化调整量的系统。为实现这一目标，系统应包括三个主要需求，分别是准确测量、直观展示和便捷操作。其中，准确测量要求系统具有准确测量模板相对位置的功能，以便确定已就位模板与待调整模板在实际三维空间中的相对坐标关系；直观展示要求系统具有能够直观地展示模板 BIM 模型并允许用户交互读写信息的功能，以便根据待调整模板设计值与测量值的差距计算并展示其调整量；便捷操作要求系统具有在手机移动应用端运行，并将数据上传至云服务器进行计算的功能，以便使用者无需将笔记本电脑等运算设备携带至现场，仅通过手机即可完成全部工作。

3 系统架构设计

根据需求分析，本研究计划设计一个能够同时运用于安卓和 iOS 的跨平台移动应用系统，因此选择 B/S 架构设计系统，以确保其具有更好的方便性、可维护性和跨平台工作能力。系统架构如图 2 所示，在展示层，测量人员在现场通过与智能手机端的交互，快速采集图片并上传必要的信息；在业务层，接收展示层通过网络上传的相关数据，调用后台服务器中的视觉测量模块快速判断模板的相对位置并据此自

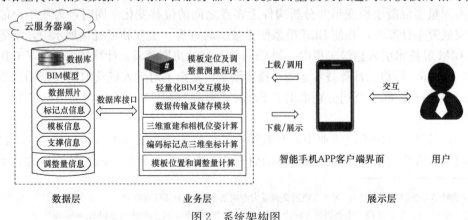

图 2 系统架构图

动生成调整量；在数据层，接收展示层和业务层传输的信息，并将调整量信息传回展示层供测量人员在智能手机端查看。

4 功能模块研发

考虑到在现场通过笔记本电脑计算调整量麻烦且不安全，本研究提出了两种将程序集成在智能手机上的方案，第一种将算法程序集成在智能手机中直接运算，然而由于算法采用了基于计算机视觉和摄影测量的三维重建技术，计算量庞大，现有的手机算力无法在短时间内完成大量运算；第二种通过智能手机将数据传输至云服务器，再通过服务器返回计算结果，由于云服务器的成本逐渐降低，同时智能手机具有较好的网络通信功能，因此本研究采用该方案，将移动应用系统分为三个模块，其中服务器端包含视觉测量模块和调整量计算模块，智能手机端包括交互展示模块。

4.1 视觉测量模块

视觉测量模块的主要功能为准确测量模板间的相对位置，包括准备、三维重建、转换测量 3 个阶段。在准备阶段，需要提前标定相机内参数并在现场布置环状编码标记点（以下简称标记点），完成标记点布置后拍摄多张照片并上传。在三维重建阶段，通过开源计算机视觉库 OpenCV 计算各图像中标记点以像素为单位的坐标，然后采用 Open MVG 对图片进行三维重建并获取用于拍摄的相机的位置与姿态，接着根据标记点的图像坐标以及各图像的相机参数计算标记点的三维坐标，在此基础上调用开源软件 SBA 实现光束法平差算法，输出误差更小的标记点的三维坐标。由于上一阶段得到的是编码标记点无量纲的三维坐标，因此在转换测量阶段，需要通过包含实际坐标已知的多个编码标记点组成的基准标定物求出转换矩阵，并据此求出待测编码标记点相对于基准编码标记点的实际三维坐标。

4.2 调整量计算模块

调整量计算模块的主要功能是通过 BIM 和视觉测量将调整量计算过程完全自动化。首先，上一节中通过视觉测量模块可以得到各标记点之间的相对三维坐标；其次，现有的工程通常均具有精确的 BIM 模型，其中包含了丰富的几何信息和属性信息，用户通过智能手机交互可以在模型中布置测量点，实现标记点布置的数字孪生，因此标记点相对于模板的位置可以据此确定。在此基础上，可以根据可调式模板系统的调整方式和支撑体系与模板的相对位置计算油缸、丝杆和立柱的调整方向及调整量。

4.3 交互展示模块

交互展示模块的主要功能为引导用户输入指定信息并在轻量化 BIM 模型中可视化展示调整量结果。本研究采用阿里云平台作为云服务器端，采用华为 Mate30 智能手机作为移动终端，基于 jQuery 框架下的 jQuery Mobile 组件实现了一款基于 HTML5 的用户界面系统，用户在所有移动端设备上都能直接通过网址访问并使用系统，使得用户可以不必下载软件也能实现功能。测量管理界面如图 3 所示。在使用该移动应用系统时，用户可以通过直接点击桌面网页书签图标或输入网址的方式访问应用、登录并新建测量任务，在新建任务栏目中用户可以直接通过智能手机向服务器上传 BIM 模型、数码照片和相机内参等必要信息。

为在智能手机中展示 BIM 模型，本研究基于广联达公司研发的 BIMFACE 轻量化平台进行了二次开发，在测量管理界面选择"开始测量"即可打开交互展示界面，使用点位放置、属性设置、支撑选择、查看调整量等功能，对应界面如图 4 所示。因移动端设备屏幕较小，用户往往难以直接选中所需的标记点，因此本研究通过在 JavaScript 代码中调用 BIMFACE 的 API 接口实现了用户当前视角的锁定、标记点空间坐标的实时展示以及标记点所绑定构件的变色处理，实际使用时用户可通过拖拽方式将标记点移动到目标位置，易于操作且可避免误触。在布置完标记点后，在浏览模式下点击标记点，屏幕中就会提示施工人员进行标记点属性的设置，点击"点设置"按钮并逐一点击标记点进行选择，即可完成对所有标记点属性的设置，并将点坐标位置以及点属性以 JSON 格式存储到变量之中。

在前端获取 BIM 模型、数码照片、相机内参、标记点位置、标记点属性和支撑属性等参数信息后，点击"计算"按钮，网页即可通过 HTTP 协议 POST 方法将模型参数以 JSON 格式传递到后端服务器上，并在服务器上利用 Node.js 进行数据的解析和存储，再调用服务器端的视觉测量模块及调整量计算模块进行分析和运算。服务器端计算出模板的调整量后，用户即可在网页上点击"结果"按钮进入调整量查看界面，通过点击支撑查询调整量信息。

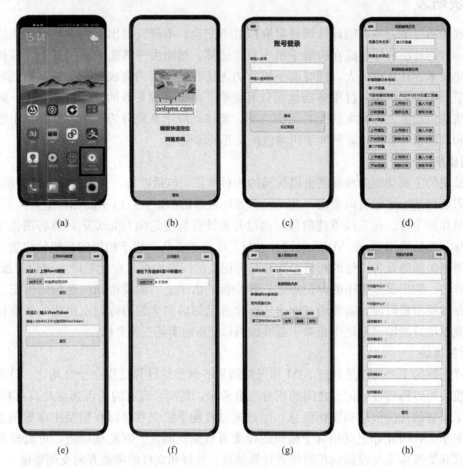

图 3　测量管理界面

（a）桌面图标；（b）应用首页；（c）登录界面；（d）新建任务；（e）上传模型；（f）上传图片；（g）新建内参；（h）编辑内参

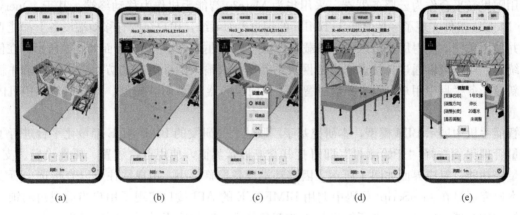

图 4　交互展示界面

（a）交互界面首页；（b）放置标记点；（c）设备标记点属性；（d）选择支撑；（e）查看调整量

5　总结

预制混凝土节段梁构件在高架桥梁的建设中得到了广泛应用，生产该构件的过程中需要对可调式模板进行反复测量和调整，为解决全站仪等传统方法耗时费力、成本高、难以适应大量重复测量任务等工程问题。本研究提出了一套基于"云＋端"的节段梁模板调整量便捷计算系统，结合实际工程项目，提出了准确测量、直观展示和便捷操作三个主要需求，并在此基础上设计了跨平台移动应用系统的架构，开发了视觉测量、调整量计算和交互展示三个功能模块，克服了现有方法的局限性。使用该系统，在工程现场仅需一部智能手机即可快速测量并计算待测节段梁模板的调整量，且该移动应用系统的总成本低于 5000 元人民币，所需设备质量低于 200g，分别约为全站仪的 10％ 和 5％，具有较好的实际工程应用价值。未来，一方面可以通过并发运算方法使得多个用户同时使用系统计算调整量，以降低单次运算的成本；另一方面，可以将调整量计算移动应用系统与液压数控系统结合，使液压数控系统能够依据调整量和调整方向自动实现精准调节，进一步提高模板调整工作的自动化程度。

参 考 文 献

［1］ 国家统计局．中华人民共和国 2021 年国民经济和社会发展统计公报［EB/OL］．(2022-2-28)［2022-7-2］．http：//www.gov.cn/xinwen/2022-02/28/content_5676015.htm.

［2］ Zhao W, et al. Automated recognition and measurement based on three-dimensional point clouds to connect precast concrete components[J]. Automation in Construction, 2022, 133.

［3］ Feng D M, Feng M Q. Computer vision for SHM of civil infrastructure: From dynamic response measurement to damage detection-A review[J]. Engineering Structures, 2018, 156: 105-117.

［4］ Siebert S, Teizer J. Mobile 3D mapping for surveying earthwork projects using an Unmanned Aerial Vehicle (UAV) system[J]. Automation in Construction, 2014, 41: 1-14.

［5］ Mari M, Fratia M, Augustín T, et al. Measurement of flat slab deformations by the multi-image photogrammetry method measurement of flat slab deformations by the multi-image photogrammetry method[J]. 2019.

［6］ Fernando N, Loke S W, Rahayu W. Mobile cloud computing: A survey[J]. Future Generation Computer Systems-the International Journal of Escience, 2013, 29(1): 84-106.

［7］ Liu X, Ning X, Tang K, et al. Lightweighting for Web3D visualization of large-scale BIM scenes in real-time[J]. Graphical Models, 2016, 88: 40-56.

［8］ Chen Z Q, et al. Collaborative Mobile-Cloud Computing for Civil Infrastructure Condition Inspection[J]. Journal of Computing in Civil Engineering, 2015, 29(5): 13.

［9］ Vithlani H N, Dogotari M, Lam O, et al. Scale Drone Mapping on K8S: Auto-scale Drone Imagery Processing on Kubernetes-orchestrated On-premise Cloud-computing Platform[C]// 6th International Conference on Geographical Information Systems Theory, Applications and Management. 2020.

基于 BIM 的洪灾场景地铁疏散快速模拟

陈柯吟，郑　哲，林佳瑞*，周育丞

(清华大学土木工程系，北京 100084)

【摘　要】 目前，地铁系统具有容量大、效率高、污染小、能耗低等特点，已经成为最受欢迎的出行方式之一。近年来，极端气象灾害频发，洪涝灾害等对地铁系统运行及人员安全带来巨大影响。因此，本文面向洪灾影响下的地铁行人疏散，提出一种基于 BIM 的高效模拟方法。系列仿真实验表明，洪水的入侵单宽流量、进水口宽度、车站的布局、疏散行人数量等因素对洪灾下的地铁行人疏散过程具有显著影响，为有效提高疏散效率需考虑减小入侵单宽流量、进水口宽度、优化车站布局的相关措施。

【关键词】 AnyLogic；行人疏散；BIM；韧性城市；基础设施

1　引言

地铁系统集中在城市中客流量最大的走廊和活动中心[1]，随着地铁客运量的不断增加，其应对自然灾害的脆弱性也越来越高[2]。地铁中乘客密度高，且地下空间狭小封闭，如果发生自然灾害，会在乘客中引起更严重的恐慌[3]。地铁车站应急疏散过程涉及个体行为、个体之间的相互作用、环境影响等诸多因素[4]。如何在行人疏散过程中把握行人的运动规律，探索提高疏散效率的方法成为一个重要的研究课题，对于减少人员伤亡和财产损失具有重要的现实意义。

目前针对地铁站人群疏散的仿真研究主要集中在发生火灾与重大客流方面，发生洪涝灾害的情况尚未引起足够重视，在地铁设计相关的标准和规范中也很难找到防洪相关的明确规定和要求[5]。而在各种类型的自然灾害中，洪水被认为是地球上最常见、最具破坏性的现象[6]。在地下空间水侵研究方面，目前的研究主要集中在洪水入侵机理与脆弱性分析，针对行人疏散的仿真研究较少。因此洪涝灾害过程中的人群疏散问题应该引起重视。

2　研究方法

针对上述问题，本文将基于 AnyLogic 进行洪灾场景下的行人疏散模拟，为了迅速获得 AnyLogic 模型中的仿真参数，本文将结合考虑洪水影响的研究理论和 BIM 模型中读取的 IFC 文件数据使用 Python 进行界面开发，以计算行人参数，同时设计 AnyLogic 的仿真界面以直接改变不同疏散情景下的仿真参数，而无需反复进入模型中进行参数设置，提出一种洪灾场景下的行人疏散模拟方法，并对疏散结果进行分析。

3　积水影响下的疏散模型

3.1　行人速度计算

由于洪水的复杂性和混乱性，洪水淹没建模中存在着许多不确定性[7-8]。本文参考《日本地下空间浸水时避难安全检证法试行案》，对洪水淹没过程进行简化，认为当积水深度达到 70 cm 时行人无法行走，速度为 0，当积水深度小于 70 cm 时，积水深度匀速上升，行人的走行速度线性折减，可以用线性内插法

【基金项目】 国家自然科学基金资助项目（项目号 72091512，51908323）

【作者简介】 林佳瑞（1987—），男，助理研究员。主要研究方向为智能建造、数字孪生与数字防灾技术。E-mail：lin611@tsinghua.edu.cn

计算[5,9]，计算公式如下所示。

（1）水深更新速度

$$V_1 = \frac{(B_1 - B_2)q}{A_1} \tag{1}$$

$$V_2 = \frac{B_2 q}{A_2} \tag{2}$$

$$V_w = \frac{(A_1 V_1 + A_2 V_2)}{A_1 + A_2} \tag{3}$$

式中：V_1 ——站厅层的水深更新速度（m/s）；

A_1 ——站厅层乘客使用空间面积（m²）；

V_2 ——站台层的水深更新速度（m/s）；

A_2 ——站台层乘客使用空间面积（m²）；

V_w ——车站水深更新的平均速度（m/s）；

B_1 ——进水口的宽度（m）；

B_2 ——站台层至站厅层的疏散通道宽度（m）；

q ——入侵单宽流量（m³/s/m）。

（2）行人在疏散开始时的速度

$$V_0 = \left(1 - \frac{h_0}{0.7}\right)V \tag{4}$$

式中：V ——不考虑洪水影响时行人的走行速度（m/s）；

h_0 ——疏散开始时站台的积水深度（m）。

（3）行人在疏散过程中的速度

$$\alpha_t = \frac{V_w V_0}{0.7 - h_0} \tag{5}$$

$$V_t = V_0 - \alpha_t t \tag{6}$$

式中：α_t ——行人走行速度随着积水深度上涨的线性折减系数（m/s²）；

V_t ——疏散行人在开始疏散后 t 时的期望速度（m/s）。

3.2 疏散时间计算

参考火灾场景下 RSET（疏散总时间，Required Safety Escape Time）和 ASET（可用安全疏散时间，Available Safety Escape Time）的概念以及《日本地下空间浸水时避难安全检证法试行案》[5,9,10]来计算疏散时间。

（1）感知地下空间浸水危险性的时间

采用站台层水深达到 10cm 的时间作为感知地下空间浸水危险性的时间 t_1（s）：

$$t_1 = \frac{0.1}{V_2} \tag{7}$$

（2）传达避难信息的时间

传达避难信息的时间 t_2（s）指在注意到地下空间浸水危险后，将避难信息统一传达给全体人员并判断避难行动必要性所需的时间，设定避难行动决策时间为 3min：

$$t_2 = \left(\frac{\sqrt{A_2}}{30} + 3\right) \times 60 \tag{8}$$

（3）行人疏散过程的时间

行人疏散过程的时间 t_a（s）指 AnyLogic 中每一个行人从 pedSource 模块行人产生到 pedSink 模块行人消失的总时间，是站台层的行人感知到浸水危险并判断避难行动的必要性后疏散至地面的全过程所消耗的时间，可以从 AnyLogic 中获得。

因此，疏散总时间 t_{sum}（s）为：

$$t_{\text{sum}} = t_1 + t_2 + t_a \tag{9}$$

（4）可用安全疏散时间

参考火灾疏散中 ASET 的概念，在本文中，将车站积水深度达到 70cm 的时间作为可用疏散时间，即 ASET（s）:

$$\text{ASET} = \frac{0.7}{V_{\text{w}}} \tag{10}$$

行人安全疏散的条件即为：$t_{\text{sum}} \leqslant \text{ASET}$ \hfill (11)

当 $t_{\text{sum}} = \text{ASET}$ 时，安全疏散的行人数量与总人数之比即为安全疏散百分比。

4 基于 BIM 的行人参数计算

建立好的 BIM 模型如图 1 所示，利用 IfcOpenShell 读取 BIM 模型对应的 IFC 文件中站厅和站台层面积，然后利用 Qt Designer 进行界面开发。根据疏散模型中对应的计算公式在 Python 中添加代码并设置按钮触发，当输入出入口宽度、入侵单宽流量、感知浸水危险时的水深、行人初始速度等参数后，点击计算按钮即可实现 AnyLogic 中所需行人特征参数的计算，如图 2 所示。

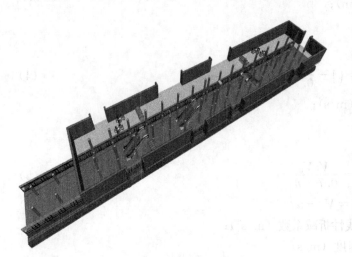

图 1　BIM 模型三维视图　　　　　　　　　图 2　调用界面示意图

5 基于 AnyLogic 的洪灾疏散仿真模型

5.1 地铁站环境模型的构建

将构建好的 BIM 模型以".dxf"的格式导入 AnyLogic 中作为背景图，以"1m＝3.5 像素"比例尺来绘制空间标记，然后布置检票闸机、安检机等的位置，构建地铁车站的物理环境并对疏散通道编号，如图 3 所示。

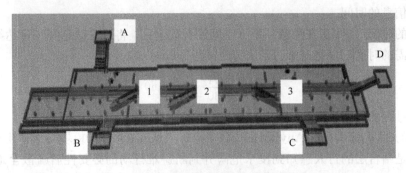

图 3　地铁站环境模型及疏散通道示意图

5.2　行人行为模型的创建

本文的疏散对象主要为在站台层的乘客，采用运行速度为 0 的扶梯组来模拟楼梯。对于行人参数的设置，将行人的直径设置为（0.4 m，0.5 m）的随机分布[11]，在不考虑洪水影响时设置行人疏散的平均速度为 1.34m/s[12-15]。用 event 模块表示考虑洪水上涨影响的速度规则，用函数表示行人对于最近疏散通道的选择。行人疏散流程图如图 4 所示。

5.3　模拟仿真界面的创建

利用演示中的文本、控件中的编辑框和按钮来创建界面，如图 5 所示。通过该界面可以设置不同积水深度、入侵单宽流量下利用计算界面得到的行人特征参数，疏散行人的数量以及楼扶梯运行状况。从而直接设置不同的疏散场景，不需要在模型中反复寻找参数进行修改，减少工作量，提高工作效率。

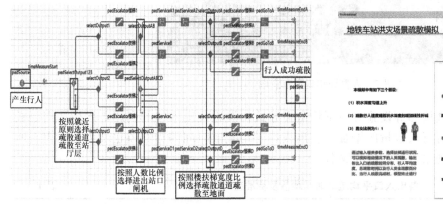

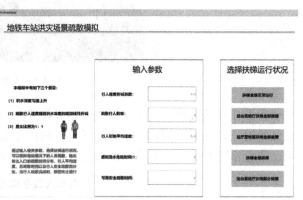

图 4　行人疏散流程图　　　　　　　　　图 5　模拟界面示意图

6　仿真分析

6.1　疏散场景设置

设置 12 个不同的洪灾疏散场景，选取入侵单宽流量为 0.05m³/（s·m）、0.28m³/（s·m），设定扶梯运行状况、疏散行人数量、进水口宽度为变量，以安全疏散比例为指标对疏散效果进行评估。

6.2　结果分析与结论

本文主要的研究结论总结如下：

（1）洪水的入侵单宽流量和进水口的宽度会很大程度上影响行人开始疏散时的速度从而影响疏散过程的时间，同时会对水深更新速度和可用疏散时间造成较大影响。

（2）疏散行人越多，疏散过程中行人密度越大，疏散过程中所需要的时间越长，行人数量对疏散总时间和安全疏散比例影响较大，如图 6 所示。扶梯运行状况会对疏散总时间和安全疏散比例造成影响但是影响不大。

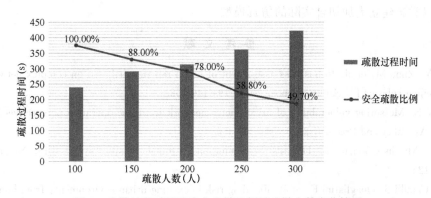

图 6　疏散过程时间及安全疏散比例随疏散人数变化情况

（3）疏散过程中的疏散通道入口，距离楼扶梯过近的立柱的位置是主要的疏散瓶颈所在，如图 7 所示。调整疏散瓶颈处立柱的位置，增加疏散通道的宽度，可以提高疏散效率。

图 7　人群聚集现象示意图

（4）在疏散过程中出入口和楼扶梯等设施分布不均衡会导致各设施及出入口的利用不均衡从而延长疏散的时间，降低疏散效率。随着行人数量的增加，各出入口平均疏散时间的标准差也增大，如表 1 所示。优化车站布局可以改善这种现象，提高疏散效率。

各出入口平均疏散时间均值及标准差　　　　　　　　　　　　　　　表 1

疏散人数	各出口平均疏散时间均值（s）	各出口平均疏散时间标准差（s）
100	176.81	18.85
200	201.94	28.25
300	245.82	39.05

（5）在车站出入口处设置排水沟或防淹挡板可以减慢洪水入侵速度，有效提高疏散效率，缩短疏散时间[5]。

7　结论与展望

本文的研究以典型地铁车站为基础，构建了洪灾场景下的行人疏散模型，提出了基于 BIM 的行人参数计算方法，建立了基于 AnyLogic 的洪灾疏散仿真模型，并在此基础上分析了不同参数对洪灾下行人疏散效率的影响规律，提出了相应的改进建议。但是由于疏散过程中的影响因素过多，而本文仅对部分问题的某些方面进行了探讨，不能精确地对所有问题进行分析。本文的研究还有很多不足之处：没有考虑到洪水作为流体对行人速度的动态影响，且仿真过程中仅考虑了站台层候车区域的乘客疏散，在今后的研究工作中，可以尝试建立更加切合实际的仿真模型。

参 考 文 献

［1］ Yang Y，Liu Y，Zhou M，et al. Robustness assessment of urban rail transit based on complex network theory：a case study of the beijing subway[J]. Safety Science，2015，79：149-162.

［2］ Sun D J，Guan S. Measuring vulnerability of urban metro network from line operation perspective[J]. Transportation Research Part A：Policy and Practice，2016，94：348-359.

［3］ Forero-Ortiz E，Martinez-Gomariz E. Hazards threatening underground transport systems[J]. Natural Hazards，2020，100(3)：1243-1261.

［4］ Bernardini G，Camilli S，Quagliarini E，et al. Flooding risk in existing urban environment：from human behavioral patterns to a microscopic simulation model[J]. Energy Procedia，2017，134：131-140.

［5］ 莫伟丽. 地铁车站水侵过程数值模拟及避灾对策研究[D]. 浙江：浙江大学，2010.

[6] Doocy S, Daniels A, Packer C, et al. The human impact of earthquakes: a historical review of events 1980-2009 and systematic literature review[J]. PLoS Currents, 2013, 5.

[7] Freer J, Beven K J, Neal J, et al. Flood risk and uncertainty[M]. 2011: 190-233.

[8] Merz B, Thieken A H. Separating natural and epistemic uncertainty in flood frequency analysis[J]. Journal of Hydrology, 2005, 309(1-4): 114-132.

[9] 日本建筑防灾协会编写. 日本地下空间浸水时避难安全检证法试行案[M]. 2001.

[10] 张炜. 地铁车站在极端强降水事件时安全疏散的研究[D]. 兰州: 兰州交通大学, 2014.

[11] 中华人民共和国住房和城乡建设部. 地铁设计规范: GB 50157—2013[S]. 北京: 中国建筑工业出版社, 2013: 90-91.

[12] 辛宁. 乘客行为对北京地铁大客流组织优化的影响研究[D]. 北京: 北京交通大学, 2018.

[13] 张强. 基于 AnyLogic 的某地铁车站大客流组织及疏散研究[D]. 大连: 大连交通大学, 2020.

[14] 郝水清. 基于改进社会力模型的地铁车站火灾应急疏散仿真研究[D]. 北京: 北京交通大学, 2021.

[15] 王秀丹. 基于行人运动特性分析的地铁站紧急疏散仿真[D]. 北京: 北京交通大学, 2014.

无人机施工现场自动巡检技术研究与应用实验

刘　寅，辛佩康，余芳强，许璟琳

(上海建工四建集团有限公司，上海 201103)

【摘　要】针对传统建筑施工现场走访式巡检人工成本高且范围小，巡查效率低且效果差等问题，研究无人机对施工现场不同类型目标的巡检方法，并提出 BIM 模型辅助无人机变高巡检航线规划方法，之后介绍巡检数据获取及管理方式，最后阐述巡检影像目标检测技术及发展现状。以楼面施工进度识别、现场材料合规堆放检查及设备安全状态巡检为切入点进行无人机巡检应用研究，并对其技术难点及应用前景进行了分析与探讨，认为该项技术是未来实现数字化施工管理的其中一项重要且可行的手段。

【关键词】无人机；BIM；建筑施工；自主式巡检；人工智能

1　引言

施工现场巡检作为建筑施工管理的重要环节，是规避因监管不及时而导致安全、质量事故、进度滞后等问题的重要手段。现阶段巡检工作主要依靠巡检人员对现场进行定期或不定期的走访式抽查，不仅人工成本高，且常受到时间和空间上的制约，难以对现场实施全覆盖、高频次的巡检。特别在难度高、范围大的项目中，受客观环境、地理、气候与主观人员素质等因素的干扰，很难保证巡检的效果与质量。

另一方面，近年来小微型无人机因其便捷性与经济性在工程施工行业得到了广泛的应用，主要是利用实景分区图、全景图和三维实景建模技术等来辅助工程施工管理[1]。在利用无人机监控施工现场方面，Naveed Anwar 等[2]与 Clemens Kielhauser 等[3]以建筑工程为例提出通过构建施工各阶段的实景三维模型与 BIM 模型对比来监测施工进度，并验证了其可行性；但因建筑施工现场的复杂性，利用三维重建、模型对比等方法进行进度监控，效率较低且成本效益不明显。而在场景相对简单的一些领域（如电力、铁路巡检），无需三维重建的无人机航线巡检则得到了深入的应用[4-5]，这为利用无人机辅助建筑施工现场自主式巡检提供了思路。

综上，为解决建筑施工现场传统巡检方法存在的问题，本文结合建筑施工现场工程管理与日常巡检需求，研究了利用无人机进行自主式巡检的关键技术与可行性，并借助 BIM 技术以楼面施工进度、现场材料合规堆放与设备安全状态巡检为切入点进行初探研究，最后根据应用结果对其技术难点与应用前景进行分析与展望。

2　无人机巡检关键技术

2.1　巡检航线规划

利用无人机采集施工现场数据，需要提前规划航线以设定无人机的具体飞行行为。考虑到无人机硬件条件和检测对象特征，针对不同巡检目标、巡检范围，应调整航高、航偏角、俯仰角等飞行参数，以保证影像分辨率、成果覆盖面、飞行作业效率等。在进行巡检航线规划时，可按照巡检对象分为施工现场全局巡检与单体建筑或设备局部巡检两类。

（1）全局巡检

施工现场全局巡检主要针对随机分散在施工现场的目标对象，如建筑材料、建筑垃圾、现场重点关

【基金项目】上海市 2022 年度"科技创新行动计划"启明星项目/启明星培育（扬帆专项）（22YF1418500）

【作者简介】刘寅（1999—），男，研发员。主要研究方向为数字测绘、数字建造。E-mail：liuyinrob@163.com

注区域等，要求执行单次航线能够完整覆盖施工现场。基于统一航高航线所获取的影像，常由于项目建筑、地物高差起伏而具有不同影像分辨率与重叠率，这对施工现场小目标的探查会产生不利影响，主要表现为小目标分辨率低、目标不清晰以及重叠率低产生航拍漏洞[6]。针对此问题，本文提出了一种全局巡检的变高航线规划方法：

1）通过建筑 BIM 模型获取各单体建筑的分布和轮廓信息，利用最短路径算法计算依次经过所有建筑几何中心的最短路径，得到全局巡检的二维路线，如图 1（a）所示；

2）根据建筑 BIM 模型中各建筑单体高度信息，拟合三维曲面使各单体建筑顶部边界被包含其中，得到安全巡检作业曲面，如图 1（b）所示；

3）基于全局巡检的二维路线生成线性缓冲区，基于建筑轮廓线生成面型缓冲区，提取缓冲区并集的边界（图 1c）并映射至安全巡检作业曲面得到变高巡检航线，如图 1（d）所示。

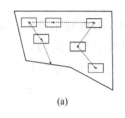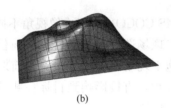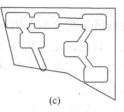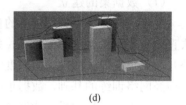

(a)　　　　　(b)　　　　　(c)　　　　　(d)

图 1　全局巡检的变高航线规划示意图

（2）局部巡检

局部巡检主要针对特定建筑单体或大型机械设备，巡检范围小且巡检对象固定，一般要求巡检数据能够覆盖整个单体或设备。对于建筑单体施工面的巡检，可以采用环绕飞行航线，保证巡检视角始终聚焦于巡检对象，且影像清晰、重叠度高（图 2）。对于建筑整体室外区域或机械设备的巡检适宜立体巡检航线，根据巡检对象具体几何特征对各立面进行拍摄（图 3 和图 4）。若涉及量化统计问题，应调整航偏角和云台俯仰角度使镜头采集到巡检对象特征面的正射影像。

图 2　建筑单体施工面巡检示意图

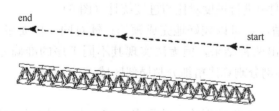

图 3　塔臂巡检示意图

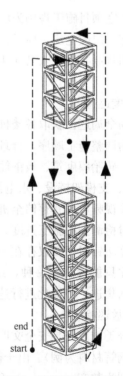

图 4　塔身巡检示意图

2.2 巡检数据获取及管理

航线规划完成后即可执行巡检任务并采集数据。无人机的巡检数据通常直接存储在无人机内置 SD 卡中，待巡检任务执行完毕后从 SD 卡读取数据进行处理，此种模式无需额外的数据存储成本，但自动化程度较低。对任务执行有自动化或实时展示需求时，可通过移动网络图传等方式实现无人机巡检影像与后台服务器实时数据推送，数据传输成本较高。

2.3 巡检影像目标检测

从传统的人工提取几何特征实现特征表达到深度学习技术的出现与改进，后者现被广泛应用于无人机遥感数据的信息提取。随着影像智能化分析的进步，工程行业中也有如无人机临边防护检查[7]等新型作业方式的尝试。目前利用人工智能进行施工巡检影像自动化分析的关键在于数据集的建立与目标检测算法的研究。

（1）数据集的建立

现阶段深度学习应用常见的自然场景图像集（如 MS COCO）由于成像视角不同、有效样本缺失，无法直接应用于无人机巡检领域；另一方面，无人机施工现场巡检领域的研究目前仍处于起步阶段，相关公开数据集缺失。因此利用深度学习方法实现无人机施工现场巡检数据检测，前期需自行建立数据集作为神经网络训练的基础。数据集的制作是一个长期的过程，直接影响到目标检测的效果，通常需要上千张图像、上万个标注量才能保证检测结果准确反映客观事实。

（2）目标检测算法选取和优化

无人机航摄影像由于其图像视场大、背景复杂、目标尺度不一、小目标比例高等特点，现有的主流目标检测算法仍有较大的优化与改进空间。基于两阶段方法的目标检测算法在分类和回归精度上有优势，但依然无法满足高实时性的应用需求[8]。近些年的研究主要集中在单阶段目标检测算法领域以寻求检测准确度和检测速度之间的最佳契合点。特别的，基于 YOLO 算法的目标检测提出时间虽然不长，但是研究趋势更加符合无人机的发展[9]。

3 无人机巡检应用实验

本文选取某住宅项目施工现场为应用对象，项目施工总面积为 84385m²，共 20 栋 18 层高层住宅，14 栋 5 层叠墅及 2 栋一层配电房，项目占地面积大，待监测楼栋多。本文实验数据均基于 YOLO v5 图像目标检测算法，利用自制共 700 张已标注影像建立的数据集训练得到最优检测网络模型，在该项目中进行应用展示与分析。

3.1 楼面施工进度巡检

通过施工现场全局巡检获取各楼栋当前施工面进度，能够从整体和阶段两个层面动态优化分析和管控施工进度，辅助调整施工顺序，合理配置资源。根据实际项目重点关注阶段，将楼面施工进度数据集划分出挖土阶段、砖胎膜砌筑、板钢筋绑扎、混凝土浇筑、防水施工、墙柱钢筋绑扎、墙柱封膜、板模板铺设、PC 吊装、支模架搭设、水电预埋共 11 个类别。楼面施工进度巡检遵循全局巡检航线设定原则，采集施工现场巡检视频数据并存储至机身 SD 卡中。之后利用训练好的模型对巡检视频进行预测，预测结果如图 5 所示。对检测到的施工进度，录入到 BIM 模型中进行进度对比与进度统计（图 6）。

现阶段检测算法针对楼面仅存在一种施工工序的情况，可以较好地完成预测；针对同一楼面多工序交叉施工时，往往只能检测出一种，或出现同时预测出两种结果，但无法实现其不同工序的准确分区。后期可尝试对数据集进一步优化进行迭代训练或使用实例分割算法精细分割局部区域。

3.2 物料合规堆放巡检

物料有序、分类堆放既是安全文明施工的要求之一，也是减碳施工的重点研究方向。对于此类目标的巡检（本文以钢管材料为例）。由于待检测目标随机分散在施工现场，故采用现场全局巡检方式。制作数据集时标注类别为整齐（inorder）和混乱（disorder）。数据采集方式同楼面施工进度巡检过程。最后利用训练好的模型进行预测，预测结果如图 7 所示。

图 5　楼面施工进度巡检结果　　　　　　　图 6　施工进度录入 BIM 模型

图 7　物料合规堆放巡检结果

物料合规堆放巡检结果整体符合预期，少量临时堆放的管材出现漏检情况；误检出少量临时施工用木材、工具等。此类巡检对象数据集制作简单，单个工程项目可有多个目标参与标注和训练，模型的训练难度较小，可在更多项目进行测试与推广应用。

3.3　塔式起重机安全隐患巡查

由于塔式起重机高度高、载荷大，并且工作过程中需要频繁起动和制动，需要周期性进行安全监测、检修维护。本文以探查塔式起重机塔身严重氧化锈蚀损伤为例进行研究，利用搭载变焦镜头的无人机对塔式起重机整体进行自动巡查。根据塔式起重机结构特征，将塔式起重机分为塔身和动力臂两部分，航线设置见图 3 和图 4，调整无人机镜头角度参数以获取塔式起重机对象特征面的正射影像。最后利用训练好的检测模型进行氧化锈蚀特征检测，应用结果见图 8。

由于塔式起重机拉索和塔身、臂架结构有交叉结构，本次实验原始数据集制作中，利用旋转标注框标注数据，通过标注框角度信息来反映缺陷损伤分布与走向。由于增加角度预测，同时自制塔式起重机数据集的规模较小，最终结果在角度预测上的有所偏差。受限于塔式起重机损伤图像数量，制作塔式起重机损伤数据集、实现图像处理自动化将会是一个长期的过程，因此利用无人机采集数据并人为分析是一种实用的过渡手段。

图 8　塔式起重机氧化锈蚀巡查结果

4 实验结果分析

4.1 无人机施工现场巡检可行性

（1）航拍精度：经测验，面向施工现场安全航高为 100m 的情况下，普通消费级无人机的地面分辨率可达 3cm 左右；对于大型设施和建筑外立面的精细巡检，利用贴近摄影测量方法采集到的图像像素精度可达到 1.5mm，航拍精度可满足巡检要求。

（2）作业效率：对测试项目现场全局巡检，从规划巡检路线、采集影像数据，再到影像数据自动检测，该技术流程可控制在一小时内完成；与至少需要 3 人持续半天的传统人工现场巡查方式相比，无人机低空对地的巡检方式大大提高了作业效率。

（3）图像处理：使用 730 张无人机现场航摄可见光图像，进行无角度的数据标注与模型训练，后期目标检测精度可达到 85％以上，满足实际应用需求；对于增加角度的模型训练与预测，现阶段基于 YOLO v5 改进的网络模型实验效果较差，后续对于这类不规则损伤的检测可以尝试使用如 SOLO v2[10]等实例分割算法完成精确地分类与提取。

4.2 技术难点

（1）避障路径自动控制

尽管无人机增加了避障系统，但面对复杂变化的施工现场环境，仍无法做到避障路径自动控制。后续如何保证数据质量，减少数据冗余，提升巡检规划水平，同时通过软件与硬件双重控制实现便捷快速的路径避障，是重点研究内容之一。

（2）图像处理

目前深度学习技术在巡检方面的应用仍处于起步阶段，存在由于巡检图像负样本较少导致问题识别率较低的问题。同时在建筑施工过程中，缺乏一套无人机航拍数据存储、管理和分析的标准流程，导致存在大量数据被采集后没有被充分地分析挖掘。

（3）空间定位

不同于电力巡检和道路巡检，建筑施工现场巡检不用考虑无人机续航问题，但是需要更准确的空间定位，仅靠无人机自身导航定位系统无法满足实际应用需求。如何通过无人机测绘载荷实现巡检对象的空间定位任务，如何提高对巡检对象的定位精度，如何将巡检结果自动录入 BIM 模型的对应位置，实现可视化展示、状态预警等与 BIM 模型的深层次联动，待进一步探索。

5 总结与展望

本文以楼面施工进度、现场材料堆放与塔式起重机安全检查为切入点，研究了耦合 BIM 的无人机施工现场巡检其关键技术、应用可行性、应用难点以及未来的应用前景。实际应用结果表明：无人机巡检在建筑施工现场巡检工作中可以起到积极正向的作用，提高巡检作业效率、有效降低巡检人工与时间成本，特别的，对于施工现场全局巡检，如安全文明施工检查等，能够快速、高频次实施全项目范围的巡视检查。

未来面向日常管理领域，在安全监管方面，利用无人机不定期从空中探查施工人员的着装与行为，及时干预制止；在进度监控方面，关注施工工序进度情况，辅助技术人员材料周转；在工程质量方面，利用无人机搭载多传感器采集不同展现形式的可见光、热红外图像或点云，融合各类测绘数据的信息优势，将进一步提高外观质量检测的作业效率和准确性。面向应急管理领域，随着无人机云端作业平台技术发展，可实现空地协同、多机联动作业，整合多端信息。针对施工现场发生的异常情况，可利用无人机快速探查情况并进行数据回传，结合 5G 图传技术的升级将进一步发挥无人机图传系统的功能，丰富施工现场应急管理手段。

随着新项目数据集的补充与目标检测算法的优化，相信无人机＋BIM 巡检技术的准确率和可用性将进一步提升，为工程监管提供高效的手段。

参 考 文 献

[1] 曹树刚．浅谈无人机在工程施工管理中的应用[J]．土木建筑工程信息技术，2019，11(05)：128-134．

[2] Anwar N，Izhar M A，Najam F A. Construction monitoring and reporting using drones and unmanned aerial vehicles (UAVs)[C]//The Tenth International Conference on Construction in the 21st Century (CITC-10). 2018：2-4.

[3] Kielhauser C，Renteria M R，Hoffman J J，et al. Automated Construction Progress and Quality Monitoring for Commercial Buildings with Unmanned Aerial Systems：An Application Study from Switzerland[J]. Infrastructures，2020，5 (11)：98.

[4] 王万国，田兵，刘越，等．基于 RCNN 的无人机巡检图像电力小部件识别研究[J]．地球信息科学学报，2017，19 (02)：256-263．

[5] 姚建平，蔡德钧，安再展，等．铁路无人机巡检研究应用现状与发展趋势[J]．铁道建筑，2021，61(07)：1-4．

[6] 李淼．基于关键质量因子的推扫式数字航空摄影成果质量保障措施研究[J]．测绘通报，2021(S1)：312-315．

[7] 王子豪，周建亮，周颖绮，等．基于 CNN 算法与无人机技术的临边护栏识别方法探索[J]．土木建筑工程信息技术，2021，13(01)：29-37．

[8] 江波，屈若锟，李彦冬，等．基于深度学习的无人机航拍目标检测研究综述[J]．航空学报，2021，42(04)：137-151．

[9] 杨浩然，张雨晗．基于计算机视觉的无人机目标检测算法综述[J]．电子测试，2022，36(04)：44-45，36．

[10] Wang X，Zhang R，Kong T，et al. SOLOv2：dynamic，faster and stronger[J]. arXiv preprint arXiv：2003. 10152，2020.

基于 BIM 的轨道交通工程量清单智能化解决方案研究

张金牛，严嘉敏，徐昇伟，陆宸君

（上海市城市建设设计研究总院（集团）有限公司，上海 200135）

【摘　要】通过分析轨道交通工程工程量清单编制特点和存在问题，结合 BIM 技术在轨道交通工程中的应用现状。基于轨道交通工程量清单规范，本文论证了 BIM 二次开发的可行性，明确整体研发思路，针对软件的功能进行分析说明。然后以上海某车站为例进行运算处理，验证了基于 BIM 技术探索轨道交通工程量清单智能化解决方案的准确性。最后对软件的优势和短板进行分析论证，明确算量软件的优势，同时也提出其存在的不足，在后续研究中不断深化完善。

【关键词】BIM；智能化；轨道交通工程；工程量清单

1　引言

随着国家不断推动城市化发展，轨道交通项目也相应增多。轨道交通项目具有规模大、投资多、涉及的参与方复杂等特点，这对项目的造价管理也提出了更高的要求。众所周知，工程量清单的编制是成本控制的前提和基础，如何更高效智能地编制工程量清单就变得尤为重要。BIM 技术应用的不断成熟为轨道交通工程量清单的编制提供了新的途径和方法。目前，对于 BIM 技术在工程量清单上的应用研究主要集中在房建项目，在市政项目尤其轨道交通项目中较少出现。

对于工程建设项目，工程计量是工程造价编制的重要一环[1]，耗时要占到总时间的 60% 以上，是最繁重的一项工作。且基本全部为人工完成，准确率存在不稳定性。工程量计算的快慢直接影响和决定工程造价编制速度。所以，工程量的快速计算是工程量清单编制的重点。

通过对市场上针对 BIM 的工程计量软件的调研分析，例如广联达、斯维尔、鲁班、新点等，这些软件工程计量模式主要有三种。第一种是应用 Revit 软件具有的明细表[1]功能导出工程量，但是由于没有考虑构件的扣减关系，容易出现错误。第二种是直接依据图纸翻模，这种模式主要的问题还是工作量大，需要耗费大量的时间和精力，且出错率高。第三种方式是将 BIM 三维模型导入平台，然后进行映射处理。在模型导入过程中，很难保证模型信息的完整，经常会出现信息丢失的情况，这就造成计量的不准确[2]。

针对以上的问题，此次研究目标是，依据我国轨道交通工程量清单规范，基于 Revit 平台，以自研的逻辑规则为基础，开发一款软件，打通设计和造价联通的壁垒，实现设计模型与造价模型的转换。通过这款软件，轨道交通车站 BIM 模型可以智能导出符合国家标准的工程量清单。所涉及的专业包括车站土方工程、围护工程、主体结构工程和安装工程（部分）。

2　软件的研发

2.1　软件研发的可行性

由于轨道交通项目车站的 BIM 模型主要为 rvt 格式的文件，为在美国 Autodesk 公司 Revit 平台上创建，其产品提供了较为全面的二次开发 API 接口以及各版本的 SDK 文件，为项目可行性提供了基本的保

【作者简介】张金牛（1985—），男，硕士，工程师，注册造价工程师，注册咨询（投资）工程师。主要从事工程经济与工程经济数字化转型等相关工作。E-mail：zhangjinniu@sucdri.com

证。Revit 支持 VB、C++和 C# 三种编程语言进行二次开发，考虑更适应于现在的 . net 框架因此选择 C# 作为主要开发语言，此语言更加简洁易用，有较好的第三方资源支持。

2.2 软件研发的整体思路

工程设计人员在进行模型创建时，主要考虑的是设计施工的规范要求和模型的三维空间构造。当模型创建完成后，表面上是一个完整的工程实体。但是对于工程造价人员，看到的其实是大量的无序构件组合在一起。如何将这个设计模型转化成造价模型就是此次研发的主要目的。依据国家工程量清单规范要求，通过自研的底层逻辑规则，将模型中存在的大量构件进行分类排序。按照清单开项的要求划入各个清单子项中，并依据清单的计量规则，计算出清单工程量，得到符合国家标准工程量清单，同时设计模型也转变成了造价模型，可进一步应用于后续工程进展。

2.3 软件的功能分析

本次研究开发主要围绕土方、围护和结构工程进行，安装工程实现部分模型补完和统计，均包含 3 个模块，分别为识别、审模和清单，另外补充了造价专业中的一些无模算量功能，产品架构如图 1～图 3 所示。

图 1　产品架构图

图 2　土建算量功能面板

图 3　安装算量功能面板

按照模型处理的先后顺序，以土建算量为例，对软件功能进行介绍。

2.3.1　区域识别与区域修改

主要有区域识别和区域修改两个功能，区域识别主要是根据清单分区的要求，将模型中构件自动分配到相应的区域中。例如轨道交通地下车站在编制工程量清单时会划分为主体区域和附属区域，然后分别编制工程清单表。区域修改主要是手工将未识别的构件或分配错误的构件分配到正确的区域中。

2.3.2　构件识别与修改归类

主要包括构件识别和桩功能识别两个功能。构件识别是依据软件内置底层逻辑规则将模型中构件分配到相应的清单开项中。桩功能识别主要是解决设计模型中围护桩、立柱桩、抗拔桩分类不明确的问题。

2.3.3　模型审查

主要包括尺寸检查、碰撞检查和碰撞扣减三个功能。尺寸检查主要是检查宽高、直径、高度等尺寸名称与实际尺寸是否一致。例如立柱桩名称标注为直径 1000，实际直径却为 800。碰撞检查主要是模型中不应该出现的搭接扣减错误，通常是设计（建模）的错误，对这些构件进行碰撞检查，以反馈设计人员修改调整。例如风管和桥架发生碰撞。碰撞扣减主要是模型中应该搭接扣减但未扣减的错误，通常会导致工程量计算的错误，对这些混凝土构件做碰撞检查，可计算其错误的量差，并自动修正。例如梁与墙发生的碰撞，影响计量结果。

2.3.4　计量扣减

主要包括清单开项规则和计量扣减两个功能。清单开项规则主要指的是自研的底层逻辑规则，它主要包括三大特征库，分别是归类特征、排序特征和计算特征。将编辑好的底层逻辑规则导入软件，才可以将模型构件分配到不同的清单开项中。此规则是完全开放的，可进行自由的编辑。计量扣减指对计量顺序错误的混凝土构件做扣减检查，可计算其误差量，并自动修正。

2.3.5　清单成果

算量工作的最后环节便是清单工程量的汇总，对于之前所有的识别、计量错误修正、无模算量等内容进行汇总统计。最终的清单汇总统计结果，则按照清单范本文件导出 Excel 格式，所有清单项目的清单编码、项目名称、项目特征、工作内容和工程量等均会自动填入。

3　案例分析

此次选取上海某地铁车站土建工程为例，进行智能化算量和工程量清单生成的验证。车站的土建模型见图 4。在 Revit 平台中导入车站 BIM 模型，调用研发的算量软件，先对模型进行区域识别，分成主体部分和附属部分，然后依据导入的底层逻辑规则对模型的构件进行识别，划分到不同的清单开项中去。接下来

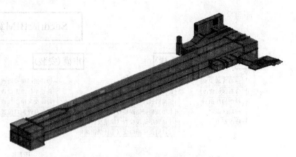

图 4　地铁车站主体结构

对模型进行审查，经过尺寸检查、碰撞检查及碰撞扣减，对模型进行修正，符合计量规则的要求。在进行计量扣减，对不符合计量扣减顺序的构件进行修正，使之满足清单扣减规则的要求。经过以上的步骤，就可以得到最终汇总的工程量清单。如图 5 所示。

序号	项目编码（族）	项目名称（类型）	项目特征	工作内容	计量单位	数量（构件Id）	工程量
				分部分项工程量清单与计价表			
1	080104001002	地下连续墙混凝土 850	地层情况；导墙类型、截面；墙体厚度；成槽深度	导墙挖填、制作、安装、拆除；挖土成槽、固壁、清底置换；混凝土制作、灌注、养护；接头处理；	m3	8	2105.10
2	080201008001	钻孔灌注桩 800	地层情况；空桩长度、桩长；桩径；成孔方法	工作平台搭拆；护筒埋设；成孔、固壁；混凝土制作、运输、灌注、养护；	m	26	79.82
3	080103016001	高压旋喷桩围护 800	地层情况；空桩长度、桩长；桩截面；注浆类型、方法	成孔；水泥浆制作、高压喷射注浆；运输；	m3	12	177.94
4	080401004002	圈梁混凝土 C35	部位；截面形式、尺寸；混凝土强度等级	混凝土制作、浇筑、振捣、养护；运输；	m3	5	137.93
5	081306001002	支撑混凝土 C35	部位；混凝土强度等级；钢筋规格、类别	混凝土制作、浇筑、养护；钢筋制安；拆除；运输；	m3	9	73.84
6	081306001006	角撑混凝土 C35	部位；混凝土强度等级；钢筋规格、类别	混凝土制作、浇筑、养护；钢筋制安；拆除；运输；	m3	14	3.37
7	081306002003	钢支撑 609	部位；材质、规格、型号；	支撑、铁件制作(摊销、租赁)；支撑、铁件安装；检测；	t	48	142.32

6722围护模型-1号口　　6722围护模型-2号口　　6722围护模型-主体

图 5　工程量清单汇总表截图

为了检验基于 BIM 平台算量软件的准确性，可以采用对比分析法，通过对采用算量软件计算的工程量和采用翻模软件计算的工程量的对比，来检验算量软件计算的准确性。由图 5 和图 6 可以得到，基于 BIM 平台的算量软件可以实现算量的智能化并能得到满足国家标准的工程量清单。由于设计人员和翻模

人员的习惯或误差，使得工程量计算的误差在 2% 以内属于正常的范畴。

序号	结构	算量软件工程量（m³）	翻模软件工程量（m³）	计量差异
1	柱	1025.31	1028.62	0.32%
2	梁	3421.89	3414.79	-0.21%
3	板	20679.57	20683.62	0.02%
4	混凝土墙	4829.24	4831.94	0.06%
5	砌块墙	1288.54	1304.75	1.24%
6	楼梯	44.59	44.68	0.20%

图 6 部分构件工程量对比

4 软件优势分析

针对研发的算量软件，通过在实践中大量的应用和调整修正，对轨道交通工程工程量清单的智能化获取体现了巨大的优势。

4.1 提高效率明显

众所周知，工程量的计算对造价人员来说是最繁重的一项工作。这款算量软件的出现，极大地提高了计算的速度，释放了大量的生产力。应用这款软件在对车站的围护结构和主体结构进行工程量清单的计算与导出，相比人工完成，节省了 95% 的时间。这样可以让更多的专业人员投入到更有价值的工作中去。

通过这款软件导出的工程量清单，完全满足国家标准清单的要求，能够为清单计算提供依据。而且对这款软件导出的工程量清单进行核对，可以发现工程量结果的准确性是完全可以保证的，能够为工程造价人员所使用。

4.2 专业可适性强

这款软件的研发过程都在造价专业人员的参与下完成的，其专业适应性极强，主要体现在以下几个方面：

（1）底层逻辑规则灵活开放，使其具有很强的包容性，可以根据不同的情况自由调整，以适应不同专业项目的要求。

（2）专业拓展性强。由于底层规则的灵活开放，使得开发人员可以根据不同行业要求开发不同的规则，也可以根据特定业主的需求，修改调整核心规则，使其不断外延拓展，以适应不同专业不同主体的需求。

（3）不增加设计人员工作量。这款软件设计之初的一个基本要求就是不增加设计人员的额外工作，只要设计人员正常建好三维 BIM 模型，对于其后面工程量清单的导出，全部由造价人员操作完成。

4.3 人工智能的体现

在这款软件的研发过程中，重点考虑了人工智能方向的尝试，具体体现在如下几个方面：

（1）自主学习能力强。这款软件具有完全的自主学习能力，可以对新出现的参数自动写入到特征库中，如果下次再次出现，就可以正常处理。例如，在进行地下连续墙清单开项识别分类时，我们属性库里已经有了地墙、地连墙、地下墙的存储，但在某个项目中却出现了 DLQ 这个名字，经过本次识别，软件就会自动记住这个名词，并加入到属性库里。如果在处理某一个项目时再出现这个名字就可自动识别处理。

（2）智慧转化器。众所周知，BIM 软件是作为设计软件开发应用的，经过设计人员得到的模型是设计模型，虽然也可以导出部分工程量，但并不满足造价专业的需求。这款软件就是起到了智慧转化器的作用，它可以通过智慧化处理，对模型进行检查，修正不符合计量规则部分，得到准确的工程量清单，此时设计模型转换成了造价模型，能够为造价专业所用。

（3）无人为因素干扰。只要是人工操作的事情就会掺杂进人为因素的干扰。对于同一套图纸，不同的造价人员得到工程量清单也不同。而使用这款软件，在同一套规则的作用下，不同的人得到的结果也是相同的，完全避免了人为因素的干扰。

5 软件短板分析

在对大量模型的应用测试中，针对目前的算量软件也反馈了一些短板和不足。主要表现在以下三个方面：

5.1 对模型完整性的需求

由于这款软件底层逻辑规则极为灵活开放，可以根据需求自由修改。总体来说，对于模型中包含的内容，都可以以工程量清单形式导出，不会出现遗漏的情况。但对于模型中未画出的情况，工程量的导出就会出现问题。工程量无法导出的内容主要分为两类，一类是措施项目，例如模板、降水措施等，主要是这部分内容设计人员不会在模型中画出。另一类是钢筋电缆等量非常大的构件，这些内容如果全部画出，对计算机的要求会变得非常高，反而会降低处理效率。

5.2 对规则多样性的需求

目前的软件算量主要针对轨道交通项目，是符合《城市轨道交通工程工程量计算规范》GB 50861—2013[4]的要求的，并且针对不同业主的需求做了一些调整，使其更能完美符合特定业主的需求。对于不同专业领域软件的拓展，在满足国家标准的情况下，需要更多专业的参与，了解多元化的需求，才可以丰富软件内容，做出更好的算量软件。

5.3 对数据完备性的需求

此次软件开发的一个关键核心就是自研逻辑规则编制，这个规则主要由三大特征库组成，分别为归类特征、排序特征和计算特征。模型中所有构件的归类、排序和计算工程量都是在这三大特征的作用下进行的。这就要求这三个特征库尽可能完备。

6 结论

通过分析轨道交通工程工程量清单编制特点和存在问题，结合 BIM 技术在轨道交通工程中的应用现状，基于轨道交通工程量清单规范，本文论证了 BIM 二次开发的可行性，明确整体研发思路，针对软件的功能进行分析说明。然后以上海某车站为例进行运算处理，计算结果验证了基于 BIM 技术探索轨道交通工程量清单智能化解决方案的准确性。最后对软件的优势和短板进行分析论证，明确算量软件的优势，同时也提出其存在的不足。

本文通过对科研成果的描述，提供一种通过 BIM 技术解决轨道交通工程工程量清单的智能化导出的思路和方法，其中还有很多需要进一步研究的地方，例如钢筋工程量的计算、价格信息的模型联动等，在后面的研究中需继续探索，以提供更全面，更深入的参考。

参 考 文 献

[1] 李杰 . 建筑工程计量与计价[M]. 北京：高等教育出版社，2020.
[2] 薛璐 . Revit 模型中直接进行工程量计算的途径与问题研究[J]. 建材与装饰，2019(11)：169-170.
[3] 江俊福 . 基于 BIM 技术的三维算量设计[J]. 中国科技信息，2019(7)：70-73.
[4] 中华人民共和国住房和城乡建设部 . 城市轨道交通工程工程量计算规范：GB 50861—2013[S]. 北京：中国计划出版社，2013.

基于 BIM 参数模块技术的城镇老旧小区
既有建筑改造勘测设计流程研究

康鑫维[1]，曾任之[2]，杨　瑛[1]，蒋一诺[1]

(1. 长沙理工大学建筑学院，湖南 长沙 410015；2. 中建五局设计研究总院，湖南 长沙 410015)

【摘　要】随着"城市更新"发展理念的提出，融合数字化技术加快旧城改造的建设得到日益关注和应用。针对老旧小区的改造项目，本文着重研究使用新技术构建新的工作流，从采集老旧小区点云数据，到形成勘测改造设计的点云文件，重构成 BIM 模型后，再调入提前设计开发完成的 BIM 模块以完成改造项目，形成既有建筑改造的快速勘测设计流程。本文详细阐述了逆向工程技术和既有建筑 BIM 模型构建相结合后衍生的设计技术流程与经验，对科研和从业人员在既有建筑改造工程中提供工业化、智能化的管理思路。

【关键词】城市更新；点云数据处理；BIM 技术；模块化设计；参数化设计

1　引言

2021 年 11 月 6 日住房和城乡建设部发布的《住房和城乡建设部办公厅关于开展第一批城市更新试点工作的通知》中提到：探索城市更新统筹谋划机制，建立改造设计项目库、分类探索更新改造技术方法和实施路径，同时还鼓励制定适用于存量更新改造的标准规范等内容。而老旧小区改造作为城市更新中的重要工作，探索新的改造设计方法变得迫在眉睫。

针对老旧小区建筑自身情况复杂、综合性改造难度大及后期维护成本高等问题，本文整理与归纳了一些新的技术和相关规范，在搭建"BIM 模块化设计体系"的过程中，也提出了一个较成熟的路径，在此路径上搭建的项目产品模块库，可以根据不同的项目优化选择逻辑与模块产品，使最终的项目成果不仅可以纳入智慧城市模型库，也能实现标准化 BIM 模块的快速拼装，力求在既有建筑改造领域类提升项目运管质量，实现项目高质、高效周转，使整个项目管控更为智能、可靠，周转速度更快，设计更科学严谨。

2　研究内容与方法

2.1　概念定义

建立一套标准化的 BIM 改造模块库，是既有建筑改造 BIM 技术的关键环节。快速选配合适的改造模块，确保 BIM 技术在城市更新的工作中各项优势得以充分体现（表 1）。

通过建立"建筑设计模块化"结构体系与构件改造设计模块库，可以实现建筑设计产品化背景下的新模式和理念。通过优化建筑构件与建筑模块，不仅可以缩短设计周期，也便于在设计阶段形成合理的方案，模拟出更优的建造技术路线。

【作者简介】康鑫维（1996—），男，助理工程师。主要研究方向为建筑信息化设计。E-mail：393232429@qq.com

改造过程中 BIM 模块的定义   表 1

类型	模型示意	概念定义
测绘 BIM 底板模型	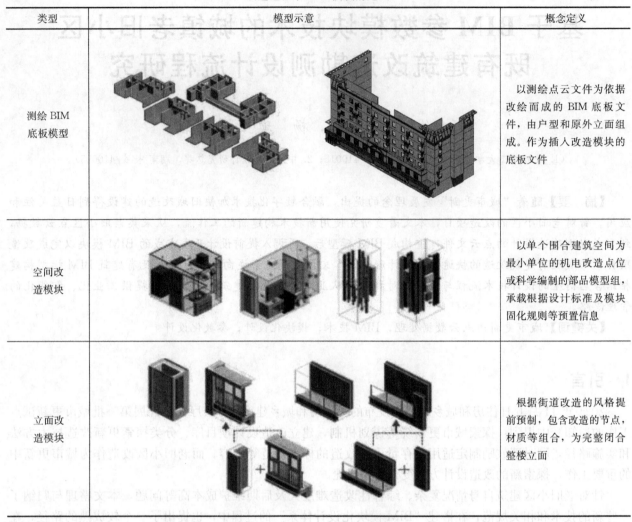	以测绘点云文件为依据改绘而成的 BIM 底板文件,由户型和原外立面组成。作为插入改造模块的底板文件
空间改造模块		以单个围合建筑空间为最小单位的机电改造点位或科学编制的部品模型组,承载根据设计标准及模块固化规则等预置信息
立面改造模块		根据街道改造的风格提前预制,包含改造的节点,材质等组合,为完整闭合整楼立面

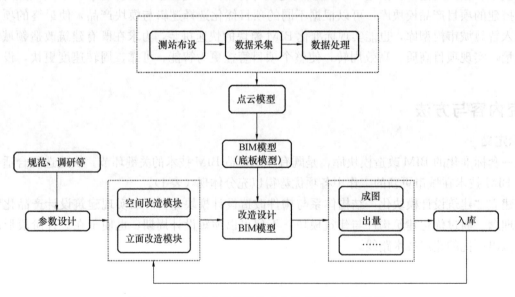

图 1　基于 BIM 参数模块技术改造项目的工作流程

2.2　工作流程框架

本文通过前期的勘察与模块设计,结合实际老旧小区既有建筑改造勘测设计项目的经验,从实践出发总结并提出了问题，最后再次回归实践，将本文提出的信息化标准策划和开发的模块引用到改造项目中，进一步佐证了该项成果研究的可靠性和优越性。同时本文基于上述工作流程（图 1）的顺序来阐述研究成果，第 3 部分阐述点云模型搭建与 BIM 底板模型搭建，第 4 部分的研究主要阐述改造设计中使用 BIM 模型的新方法。

3 老旧小区勘测信息逆向 BIM 建模

3.1 设备与软件工作流

对老旧小区改造采用三维激光设备扫描可以得到精准的点云数据，在保证点云精度的前提下采用徕卡 RTC360＋Cyclone&Cyclone Register360 勘测方案，其结果输出为以 Revit 为载体的 BIM 模型，方便后期深化设计的进行与勘测阶段工作量的统计（图 2）。

RTC360　　　　　　　　　Cyclone&Cyclone　　　　　　　　Revit
　　　　　　　　　　　　　　Register 360

图 2　设备与软件工作流

采用徕卡 RTC360 与其他勘测方法优势对比　　　　　　　　　　　　　　　　表 2

类别	传统作业方式	徕卡 RTC360 方案	传统扫描
人员配置	3 人	1 人	2 人
测量用时	3～4 天	8 小时	2 天
绘图用时	1 人，3 天	1 人，3 天	1 人，4～5 天
绘图方案	CAD	Leica CAD，数据直接导入	CAD，点云格式转换导入
精度比较	符合竣工精度	符合竣工精度	符合竣工精度
数据多样性	单一数据	数据全面，可做多种信息提取	数据全面，可做多种信息提取

基于徕卡 RTC360 设备制作测绘 BIM 底板模型，既能直接用于改造项目的 BIM 设计，也能精准且快速地获取建筑信息（表 2）。

3.2 点云模型转换成测绘 BIM 底板模型

3.2.1 PointSense for Revit 等插件

PointSense for Revit 是一款基于 Revit 的插件（图 3），提取并校正点云中的建筑墙面，同时可以快速创建如门、窗、梁这样的 Revit 已有类型、构建线段和地面模型、真实三维捕捉到的点云、平面检测和生成按实际比例缩小的正射影像，其他的建模插件功能类似于此插件，这些工具有助于我们快速建立测绘 BIM 底板模型。

3.2.2 基于 Dynamo 的点云 BIM 自动化建模

此方法可以快速建立一些复杂的构件和整体节点，大致的原理是通过创建平面节点（PlanXY）的方法可以建立一个 x0y 平面，使用（Geometry.Translate）电池进行切平面布置，由于点云模型通过采样后大部分点处于杂乱且无规则的状态，还需要通过创建点云包围盒和循环语句判定等处理方法才能得到闭合的界面曲线，再输入横截面闭合曲线放样来创建实体，在 Revit 中创建出实体模型。

3.2.3 通过点云与实景手动建立 BIM 底板模型

将点云模型经过 Autodesk ReCap 转换后，导入 Revit 中直接作为参考，结合实际场景，完成 BIM 模型的构件。

图 3 PointSense for Revit 界面

4 适应于老旧小区改造的 BIM 参数模块的设计与开发

4.1 依据相关规范要求

厨卫模块的设计满足现有的厨房设计规范标准来进行。其中参考的厨房模块设计相关的规范主要有《住宅设计规范》GB 50096—2011、《民用建筑设计统一标准》GB 50352—2019 、《装配式住宅建筑设计标准》JGJ/T 398—2017、《住宅厨房及相关设备基本参数》GB/T 11228—2008、《住宅整体厨房》JG/T 184—2011、《住宅厨房模数协调标准》JGJ/T 262—2012、《住宅厨房家具及厨房设备模数系列》JG/T 219—2017、《家用厨房设备》GB/T 18884 系列等。除了以上规范与图集，卫生间模块相关规范有：《住宅卫生间功能及尺寸系列》GB/T 11977—2008、《住宅卫生间模数协调标准》JGJ/T 263—2012。

4.2 人性化设计

通常根据人们在使用厨房的操作习惯，四大功能区分为储藏空间—洗涤区域—操作平台—烹饪区域，人体工程学理论中也有厨房的"工作三角区等理论"。同理，卫生间的空间可分为盥洗、便溺、洗浴三大功能区，功能拆分后还有干湿分离和干湿一体等设计。除此之外，设计时的模数、改造业主的选配、对片区老旧小区的调研等因素也占了改造设计的很大比重。

4.3 BIM 改造模块的自动参数化设计

改造项目中我们将每个功能区对应的部件做参数化接口，使其能与厨卫大小和档次产生自动布置的关系，其中每个部件又对应相应的水暖电专业模型，做到各专业一致（图 4）。

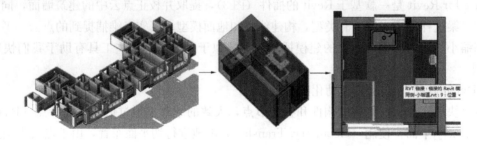

图 4 空间改造模块正向设计参数化使用举例

立面模块应根据该街区或小区的风格，在改造设计项目启动前，提前做好参数化设计，例如成都某街区的改造中，整个街区增设空调栏与店招整治等工作，将符合街区改造风格的店招与空调栏进行模块化设计，在实际正向设计改造的 BIM 模型时，便于项目的快速出图与计量（图 5）。

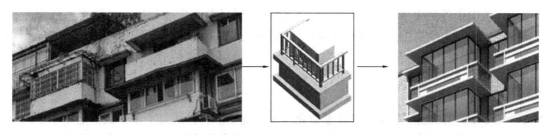

图 5 立面改造模块正向设计参数化使用举例

同时，为了缩短整个项目的设计周期，整个设计流程中最重要的便是对每个模块进行参数化设计，这里能实现的方法有很多，一是通过 Dynamo，二是 Rhinoinside. Revit，三是开发调用 Revit. api 作外部插件，四是做全局参数等各种方法。由于老街区的户型和立面的复杂性，做参数化模块目的便是仅通过测量出的勘测 BIM 底板模型的尺寸，在选取合适的配件模块后，我们仅输入房间长宽或者一些其他的测绘数据，便能自动生成最合适的改造设计，这里笔者使用的是全局参数的方法，由于各方法代码量大且模块多，本文仅作示意（图 6）。

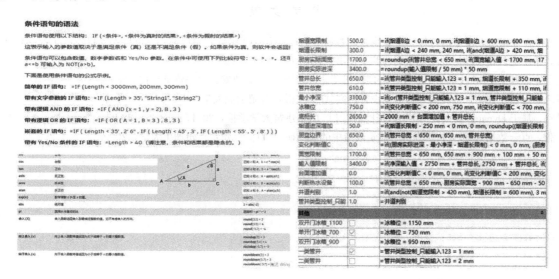

图 6 Revit 里的全局参数使用方法

4.4 模型入库命名与调用

经过笔者对老旧小区与对目前各个地产户型产品的调研，市面上方正户型的所有厨卫根据其布置按表 3 中的命名可囊括厨卫房间模块。

空间模块命名方式   表 3

空间模块	厨房	卫生间
命名方式	房名-布局形式-(烟道灶台位置)-门门/门窗位置-是否带阳台	房名-配件数-布局形式-门开启方式-淋浴/浴缸-干湿分离/一体-是否有洗衣机
举例:	厨房-L 形-门窗平行 厨房-U 形-门窗平行 厨房-U 形-门窗相邻 厨房-U 形-门门相邻 厨房-U 形-烟灶同侧-门窗平行 厨房-U 形-烟灶异侧-门窗平行 厨房-L 形-烟灶异侧-门门相邻-带阳台 厨房- 一字形-烟灶异侧-门门平行-带阳台 厨房-L 字形-烟灶端部-门门相邻-带阳台 厨房-二字形-门门平行-带阳台 其他更小基本单元模块 ……	主卫-四件套-一字形-角开门-双盆+淋浴-无洗衣机 主卫-四件套-一字形-角开门-双盆+浴缸-无 主卫-四件套-一字形-角开门-淋浴+浴缸-无 主卫-四件套-中开门-门对台盆-双盆+淋浴-无 主卫-四件套-中开门-门对台盆-淋浴+浴缸-无 公卫-三件套-一字形-角开门-淋浴-干湿一体-无 公卫-三件套-一字形-角开门-淋浴-干湿一体-有 公卫-三件套-中开门对台盆-淋浴-干湿一体-无 公卫-三件套-砖石型-淋浴-干湿一体-有 其他更小基本单元模块 ……

立面改造模块由于各个项目变化较大，建议先预制好风格节点轮廓族后，再制作参数化立面模块以便复用，其中参数化立面模块可按项目名-风格-部件名-编号来命名入库，例：九里堤北路改造-现代活力-店招-01。

5 结语

在本文运用 BIM 逆向建模技术与 BIM 参数化技术，提出了一种适应于多个城镇老旧小区既有建筑改造的勘测设计方法，经过多个实际的项目测试后得出该勘测设计流程体系，有效地提高了大面积的旧城改造的勘测与设计效率。

目前的旧城改造项目多为厨卫与外立面的改造，因此本文着重介绍了针对厨卫和外立面的 BIM 设计改造方法，同时技术手段与截图完全从实际项目中截取，在实践中得出结论，故在满足老旧小区改造项目要求的基础上，后续出图计量与效果图等工作亦可使用该流程的成果模型。虽然本文只着重描写了厨卫与外立面改造模块，但随着社会经济的不断变化，当后续的老旧小区改造出现新设计需求时，也可沿用此流程方法进行改造设计，也希望此流程能为其他类型的工程项目带来一些新的思路。

参 考 文 献

[1] 丁志坤，徐盛取，王家远，等. 新基建背景下城市基础设施逆向 BIM 建模研究——以地铁项目为例[C]//第七届全国 BIM 学术会议论文集. 北京：中国建筑工业出版社，2021：277-282.
[2] 毛伟佳. 基于 BIM 技术的工业化住宅模块化设计方法研究[D]. 西安：西安建筑科技大学，2019.
[3] 陶建华. 基于住宅产业化的整体厨卫设计研究[D]. 安徽：合肥工业大学，2021.
[4] 缪盾. 基于 Dynamo 的点云 BIM 自动化建模[J]. 山东建筑大学学报，2021，36(04)：88-93.
[5] 余浩. 点云数据与 BIM 技术在既有建筑改造中的应用研究[D]. 兰州：兰州理工大学，2020.

BIM 助力超高层商业综合体施工管理

胡先训，周冀伟，孔　巍，王　震

（中国建筑一局（集团）有限公司北京公司，北京 100089）

【摘　要】在城市化的飞速进程中，建筑单体由平面向空间拓展，超高层建筑数量迅速增长，传统的管理模式难以满足施工的需要，面临的施工管理挑战也愈发严峻，同时，建筑工业化与数字化进程的加快，对超高层施工管理提出了更高的要求，因此对运用 BIM 技术辅助现场管控进行研究具有重要意义，重庆中迪广场项目从项目起始场地布置到结构施工、机电安装各个施工过程，介绍了运用 BIM 技术对解决超高层施工重难点带来的优势，为超高层施工管理提供了新的思路。

【关键词】BIM 技术；超高层；商业综合体；混凝土管控；施工管理

1　引言

在超高层施工过程中，多专业的交叉施工、复杂节点的深化优化、钢结构吊装的分析模拟和超危大工程的安全监测是超高层施工的普遍难点，本文结合重庆中迪广场项目超高层项目施工，对项目施工风险进行了分析，介绍了施工过程中运用 BIM 技术进行现场施工管理的具体措施与实施效果。

2　工程概况

重庆中迪广场项目位于重庆市九龙坡区杨家坪步行街，总占地面积 4.5 万 m^2，总建筑面积 80 万 m^2，基坑深度达 40m，地下室 8 层，单层面积达 15000m^2，筏板最厚达到 7.3m，主体结构存在包含钢梁、钢柱等劲性结构构件。同时，工程存在较多超过一定规模的危险性较大的分部分项工程，地下室超高梁高度达 16m，梁截面尺寸最大达到 900m×2100m。

施工重难点分析

1）场地狭小，管理难度大

在项目前期深基坑施工过程中，基坑周边道路狭小，宽度仅为 1.5～5m，无法形成环路，场内车辆交错回车困难材料堆放难度较大，难以高效利用现有空间进行施工组织。

2）超深基坑、材料运输难

基坑深度达 40m，基础筏板厚度达到 7.3m，如何有效组织材料运输、人员交通组织、合理利用场地是本工程的难点。钢筋排布密集，如何有效确定钢筋支架稳定安全、优化支撑结构、确保混凝土顺利浇筑也是本工程的重中之重。

3）管线复杂，专业交叉多

地下室 8 层，多专业交叉施工，需要高效、科学地组织管线施工，水泵房水泵多达 30 台，高达 2.5m，各类管线排布密集复杂，需要在短时间内完成管综图纸的深化优化。

4）用钢量大，技术难点多

主体结构存在包含钢梁、钢柱等劲性结构构件，且存在大跨度钢连廊，长 57.4m，宽 9.7m，高 10.8m，重达 420t，单构件最重 9.6t，需要进行钢结构复杂节点的深化优化、钢结构吊装的分析模拟，在保证安全的前提下保证经济性最优。

5）超危大工程的安全监测

【作者简介】胡先训（1993—），男，高级经理。主要研究方向为 BIM 技术。E-mail：649063658@qq.com

项目存在较多超过一定规模的危险性较大的分部分项工程，地下室超高梁高度达 16m，梁截面尺寸最大达到 900m×2100m，如何进行架体设计、过程监测、确保施工安全是本工程的难点。

3 BIM 辅助施工管理措施

3.1 场地管理措施

为有效解决场地狭小问题，发挥 BIM 技术信息化优势、集成模型数据，项目结合现场条件，开展基于 BIM 技术的场地管理工作，主要可分为策划和执行两个阶段，各阶段主要工作流程如图 1 所示。

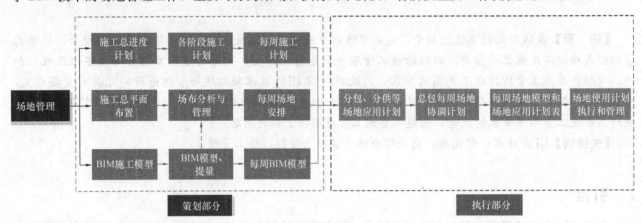

图 1　超高层场地管理工作流程图

1）通过进度计划模拟，优化工序

通过智慧平台系统获取人、机、料、计划及现场施工实际情况等基础数据，运用相关软件以三维动画形式模拟进度计划，展示施工顺序，再运用分析软件，检查进度计划不足，生成更合理的计划，实现施工进度优化，跟踪现场工效、工期，并为不同时期场地合理分配提供有效数据支撑。

2）BIM 辅助垂直和水平运输设计、策划、分析

利用 BIM 模型辅助提取项目实体工程量，按照不同阶段 BIM 模型对应的材料类型和规格，依据现场实际场地条件，分析不同阶段各类材料的垂直和水平运输方式、进场路线、可堆放位置，最后通过 BIM 模型协助设计垂直和水平运输路线。

3）场地合理运用，提高施工效率

传统二维平面图难以对复杂的现场状况考虑周全，极易导致现场布置不合理，造成拥堵和二次倒运。我们利用 BIM 技术模型的可视化特性，模拟不同施工阶段场地布置，与现场始终保持一致。在装饰工程阶段，大批分包单位、大量材料、机械同时进场。

根据不同分包单位的场地需求和使用计划与模型挂接，能够直观地看到各分包需求区域是否合理，包括冲突位置及解决建议，并将成果反馈至生产部门让其合理安排，最终达到场地的合理利用。

4）BIM 辅助场地管理执行

项目部采用 BIM 技术辅助现场材料堆放场地动态管理，每周出具一套详细分析报告，累计共出具 34 份。全面提高场地的周转利用率，经统计，采用该项技术后，二次搬运减少 40%，整体工效提高 10%。

3.2 混凝土精细化管控措施

1）三量对比，降低损耗

通过 BIM 技术对现场每次混凝土浇筑进行精细化管控，分析利用 BIM 技术与传统方式进行混凝土管控的要点，分析与传统方式对比的创效额。传统的工作模式：从混凝土申报量到审批量整个过程对工程量的计算都是采用手动根据图纸计算，存在许多人为误差。而 BIM 技术工作模式：将 BIM 负责人纳入混凝土浇筑审批中，通过 BIM 模型提取工程量相对精准，计算浇筑混凝土量，结合限额领料，大幅度减少现场混凝土浪费（图 2）。

图 2　混凝土管控流程

以项目 7 号楼为例，通过整理计划量、BIM 量、小票量，进行三量对比，分析量差，最后进行对比分析（图 3、图 4）。

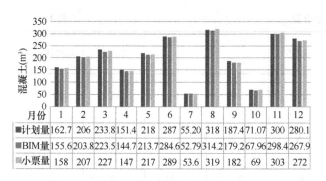

月份	1	2	3	4	5	6	7	8	9	10	11	12
计划量	162.7	206	233.8	151.4	218	287	55.20	318	187.4	71.07	300	280.1
BIM量	155.6	203.8	223.5	144.7	213.7	284.6	52.79	314.2	179.2	67.96	298.4	267.9
小票量	158	207	227	147	217	289	53.6	319	182	69	303	272

■计划量 ■BIM量 ■小票量

图 3　计划量、BIM 量与小票量三算对比

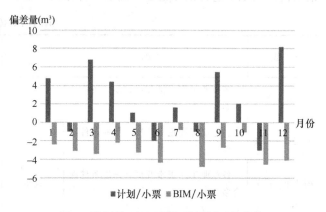

■计划/小票 ■BIM/小票

图 4　计划量、BIM 量与小票量三算分析

可见通过 BIM 量更有助于提供准确的计划量，将通过 BIM 量代替工长计划量进行混凝土计划量管理。小票量比 BIM 量多 $36.654m^3$，此部分工程量为管理损耗，通过管理手段有效降低工程量损耗，有助于提高企业管理效率。BIM 技术为混凝土管控提供了更为精准的基准，更加有助于混凝土精细化管理，通过 BIM 技术提高计划量精准度、辅助降低实际用量损耗度，对提高项目混凝土管控效果具有重要意义。经计算该部分混凝土产生效益约 30000 元。

2）BIM 深化泵管支架助力混凝土泵送

超深基坑混凝土如何运输是一大难点，通过比选

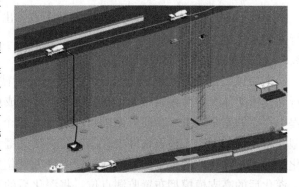

图 5　深基坑可周转式泵管支撑架结构

钢管支架与标准式泵管支架，最终确定选择标准式泵管支架。通过利用 BIM 技术对标准泵管支架进行深化设计，有效提高混凝土浇筑效果，降低施工难度，形成了"深基坑可周转式泵管支撑架结构"关键技术（图 5）。

3.3　地下室机电管理措施

本工程地下室 8 层管线复杂，专业交叉较多，水泵房水泵多达 24 台，高达 2.5m，且水泵功率大，使得机房内管线多且密，通过三维可视化模型针对机房管线进行管线综合，提高机房的空间利用率，机电施工管理主要步骤如图 6 所示。

针对项目机电管线进行综合排布，通过三维可视化模型，直观地反映出各专业之间碰撞问题，在施工前期，通过进行碰撞检测，逐一排查，做到了零碰撞。

机电单专业深化出图，现场队伍严格按照图纸施工，做到一次成活，大大地减少了施工周期与拆改

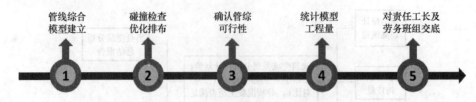

图 6　机电施工管理主要步骤

量。针对管线复杂区域，进行针对性出图，并结合三维可视化交底，使得现场工人做到心中有数。通过机电管综，对机电管线进行定位，充分考虑到机电管线躲避暗梁暗柱，躲避墙体、梁中的钢筋位置。

3.4　钢结构吊装管理措施

由于本项目钢结构连廊整体质量 420t，现场如何进行吊装是最大的困难，所以我们采用 BIM 技术对钢结构吊装施工进行模拟施工。确定 4 种方案，如表 1 所示，通过各方面对比，确定最优吊装方案。

钢结构吊装分析表　　　　　　　　　　　　　　　　　　　　　　　　　　表 1

方案思路	专业配合	安全措施	安全性	施工周期	方案成本	可行性	选择建议
原位吊装	各专业工序正常开展，场地条件配合多	复杂	一般	一般	底	高	
连廊单元吊装	各专业工序正常开展，场地条件配合多	复杂	大	一般	高	一般	
桁架单元吊装	各专业工序正常开展，场地条件配合多	简单	小	短	一般	高	✓
整体吊装	专业配合程度高，场地条件配合多且工序预留	复杂	大	长	高	低	

通过 BIM 技术建立钢结构模型，深化节点，出节点构造图，供预制加工使用，并通过模型对现场进行交底与复核。

3.5　高支模安全监测管理措施

本项目高支模跨度为 27m，高度 16.08m，梁截面尺寸 $500mm \times 800mm$，主梁均为预应力梁。需要进行高支模架体稳定性控制和大梁在混凝土浇筑完成后形变量控制。采用智能监测手段研究高支模实施过程中存在的安全隐患，验证方案的可实施性，整个实施流程如下：①通过 Revit 建立高支模区域结构模型，将结构模型导入模架软件中；②对高支模关键参数进行设置，然后利用模架软件进行高支模布置深化；③通过深化后的模型加计算确定应力最大值位置，导出成果文件用于指导现场架体搭设施工；④基于深化后的高支模模型布置监测点位，将深化后的架体模型导入监测平台，关联现场监测设备后即可实现在电脑实时查看现场监测点受力情况，及时发出预警，从而确保现场架体的稳定性（图 7～图 10）。

图 7　深化模型导入平台

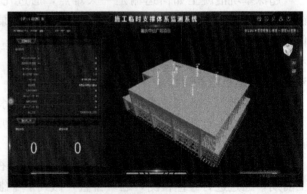

图 8　查看布置平台监测点

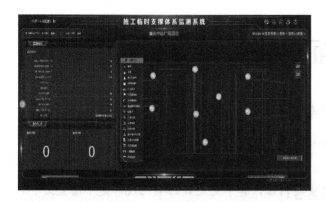

图 9　设备关联

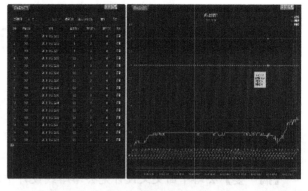

图 10　监测数据查看分析

　　项目结合工程实际特点，利用 BIM 技术有效辅助高支模架体设计，深化构件排布，确定应力最大值部位，布置监测点位，通过过程检查及监测数据分析，监测结果符合当时深化的设想与要求，确保整个高支模部位安全施工。

4　总结

　　综上所述，BIM 技术超高层施工管理具有显著的优势，研究 BIM 技术在超高层建筑施工中的应用具有重要的现实意义，对工程行业的信息化发展有着重要的促进作用，通过本项目案例，从项目起始场地布置到结构施工、机电安装各个方面均运用了 BIM 技术辅助现场施工管理，通过 BIM 技术分析解决问题，不仅提升了经济效益，同时也提高了工作效率和风险管控能力。

参 考 文 献

[1]　刘占省. BIM 技术在我国的研发及工程应用[J]. 建筑技术，2013(10)：893-894.

[2]　单大卫，王保龙. BIM 在建筑工程管理中的应用[J]. 工程建设与设计，2017：201-202.

[3]　李云贵. 建筑工程施工 BIM 应用指南[M]. 北京：中国建筑工业出版社，2014.

[4]　徐小洋. BIM 技术在超高层施工中的应用[J]. 工程质量，2018(036)：001.

BIM 技术在公路平面交叉设计中的应用

黄仁锋

（上海同豪土木咨询有限公司，上海 200092）

【摘　要】公路平面交叉设计是公路路线设计中的重要内容，其中交叉口的渠化设计是平面交叉中的关键，传统平交设计中过程复杂且繁琐。本文以国道 G242 忻城绕城公路（糖厂至江信段）平面交叉设计为例，阐述该项目利用 BIM 技术进行平面交叉设计可以直观地处理设计过程中遇到的复杂交通情况，优化原有的设计方式，一定程度上降低设计难度，提升平交设计工作的效率和准确性，从而提高公路平面交叉设计的整体性能和设计质量，对推动和规范 BIM 技术在公路平面交叉设计中的广泛应用起到积极作用。

【关键词】BIM 技术；平面交叉；设计原则；设计思路；实例分析

1　引言

BIM 技术为近年来出现的全新信息化技术，虽然 BIM 技术在公路交通行业中也得到了大量应用，但是大多数公路工程运用的 BIM 技术都较为片面。尤其是在公路平面交叉设计上的运用较少。在道路网中，各种道路纵横交错，必然会形成许多交叉口，交叉口是道路系统的重要组成部分，且公路交叉设计范围相对比较广，影响因素非常多，平面交叉设计作为公路设计中重要的工作环节，必须要引起人们的高度重视。利用公路工程 BIM 设计系统中的平交口一键设计功能，优化传统平面交叉设计中的繁琐步骤，简化设计过程，快速完成平交区域变速车道、加宽的设计、交通岛的设计、转角参数设置及分隔岛等设置操作，结合传统设计原则及设计思路进行平面交叉的正向设计，设计完成后自动生成模型，使得平面交叉设计变得简单高效，且能保证其设计的合理性，从而提高公路通行能力和公路工程的质量。

2　设计原则

平面交叉位置的选择应综合考虑公路网现状和规划、地形、地物和地质条件、经济与环境因素等，宜选择在地形平坦、视野开阔处。平面交叉选型应综合考虑相交公路功能、技术等级、交通量、交通管理方式、用地条件和工程造价等因素，选用主要公路或主要交通流畅通、冲突区小的形式，平面交叉范围内相交公路线形的技术指标应能满足视距的要求。相交公路在平面交叉范围内的路段宜采用直线，当采用曲线时，其半径宜大于不设超高的圆曲线半径。纵面应力求平缓，并符合视觉所需的最小竖曲线半径值，平面交叉形式主要根据公路网现状和规划、相交道路的等级、功能、设计速度、交通量、交通管理方式、地形、用地条件和工程造价等因素确定，以保证车辆安全、畅通地行驶。

3　设计思路

3.1　设计环境可视化

收集或现场实测交叉口及其周围区域的工点大比例尺地形图（1：2000），详细标注附近地坪及建筑物高程，收集交叉口的控制高程和控制坐标。将收集的测量资料通过公路 BIM 系统建立数字高程模型获得三维地形，结合项目卫星影像图及各种地物矢量文件导入系统，构建成三维可视化的设计环境。

【作者简介】黄仁锋（1997—），男，助理工程师。主要研究方向为公路工程设计路线总体及公路 BIM 应用。E-mail：942104248@qq.com

3.2 交叉口方案设计确定平面交叉位置、交叉形式及交叉角度

平面交叉位置的选择应综合考虑公路网现状和规划、地形、地物和地质条件、经济与环境因素等，宜选择在地形平坦、视野开阔处。根据相交公路的条件和不同的交通管制方式，平面交叉按几何图形可分为 T 形、Y 形、十字形、X 形交叉和错位交叉等。平面交叉的交角宜为直角，斜交时其锐角应不小于 70°，受地形条件或其他特殊情况限制时应大于 45°。

3.3 平面交叉口的转弯设计简单化

根据《公路路线设计规范》JTG D20—2017 中的第 10.4.3 条规定渠化平面交叉的右转弯车道，其内侧路面边缘应采用三心圆复曲线；左转弯内侧边缘以一单圆曲线来控制分隔岛端的边缘线，路面内缘的最小圆曲线半径应根据转弯速度确定。根据《公路路线设计细则》中的相关资料，三心圆复曲线的最佳三个圆弧半径之比 R1：R2：R3 为 1.5：1：3 或 2：1：3（半径 R2 为中间圆半径）。传统设计中需要手动将三心圆参数在 CAD 中进行描绘相切等方式进行绘制，步骤繁琐复杂。利用 BIM 平台可以一键实现二维三心圆复曲线线形设计，还能转换为三维平交模型（图 1），从而减少了手绘三心圆平交半径图纸的时间。

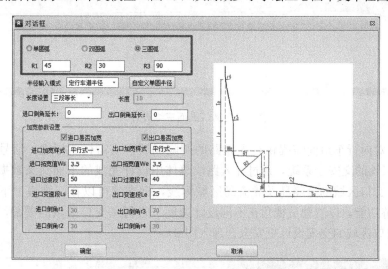

图 1　三心圆复曲线设计示意图

3.4 平面交叉口的纵面线形设计

平面交叉范围内两相交公路的纵面应尽量平缓，纵面线形设计应大于最小停车视距要求。主要公路在交叉范围内的纵坡应在 0.15%～3% 的范围内，次要公路上紧接交叉的部分引道应以 0.5%～2.0% 的上坡通往交叉，而且此坡段至主要公路的路缘应不短于 25m。通过利用公路 BIM 系统，纵断面设计中自动添加、更新被交路控制点高程及纵坡，快速创建变坡点并智能设置竖曲线等功能，设计人员只需利用智能接坡功能即可查看平交口区域等高线情况，免去了手动添加计算的繁琐步骤，给设计人员调整方案时提供更直观的数据效果，从而更快更有效地确定平面交叉口的最佳纵面方案（图 2）。

3.5 变速车道的设计

交叉口的进口道设置了右转车道后，为不影响横向相交道路上的直行车流，在横向相交道路的出口道应设加速车道。进口道处右转车道或左转车道的长度应能满足右转或左转车辆减速所需长度，也应保证转弯车辆不受等候车队长度的影响，出口道的加速车道应保证加速所需长度，最小渐变段长度和变速车道长度按《公路路线设计规范》JTG D20—2017 中表 10.5.3-1 及表 10.5.3-2 选用，结合转弯半径联合设计快速确定变速车道参数（图 1）。

3.6 交通岛及标线标志设计

交通岛可按其组织渠化交通的功能不同分为分隔岛、安全岛、中心岛和导流岛等形式。需分隔右转弯曲线车道与直行车道时，应设置导流岛。信号交叉中，左转弯为两条车道时，在左转车道与直行车道间应设置导流岛，左转车道与对向直行车道间应设置分隔岛，T 形交叉中，次要公路岔口的两左转弯行

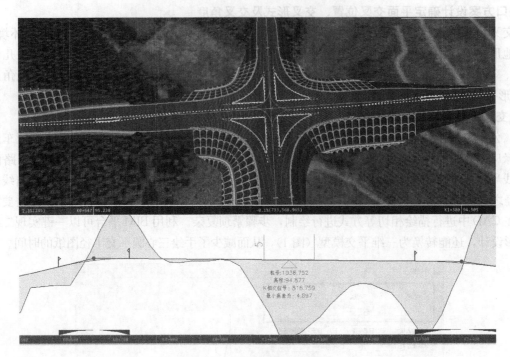

图 2　交叉口纵面三维设计

迹间应设置分隔岛，对向行车道间需提供行人越路的避险场所，或需树立标志、信号柱时，应设置分隔岛。利用公路 BIM 系统的交安子系统，通过导入路线总体中设计完成的平面交叉数据，实行一键设计功能，即可智能布设平交口区域的分隔岛及导流岛区域标线，标志牌可以在三维模型下进行自定义添加或修改，结合 BIM 漫游功能，以驾驶员视角在不同设计速度下进行平交口区域的漫游，能够直观快速地核查设计方案，使平交口区域的交安设计更安全合理（图 3）。

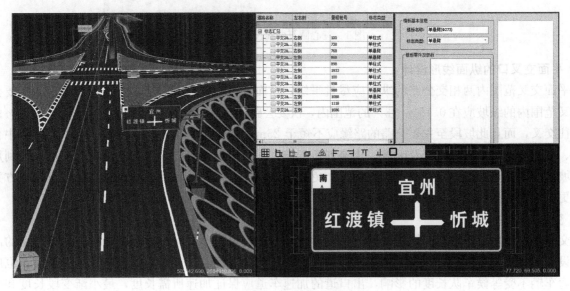

图 3　交叉口标志牌三维设计

4　平面交叉渠化设计实例分析

4.1　工程概况

拟建国道 G242 忻城绕城公路（糖厂至江信段）位于来宾市忻城县境内，是国道 G242 甘其毛都至钦州的重要组成部分。项目建设对改善区域交通条件，弥补道路设施不足，推动区域社会经济的快速发展

具有十分重要的意义和作用。路线起点 K0＋000 起于忻城县城关镇板六屯附近接国道 G242 公路 K3391＋
750 处，终点位于红水河北岸规划红渡二桥桥头，终点桩号为 K15＋300。路线走向为自北向南，项目推
荐线全长 15.323697km。

本工程项目采用双车道二级公路建设标准，设计速度 80km/h，路基宽度为 12m（由行车道宽度 2×
3.75m，两侧硬路肩 2×1.50m，两侧土路肩 2×0.75m 组成），水泥混凝土路面结构。本项目平面渠化交
叉共 3 处，相交桩号为 K0＋420、K12＋242、K13＋700，其中 K0＋420 为 T 形平面交叉；K12＋242、
K13＋700 为十字形平面交叉。

4.2 渠化 T 形交叉

相交公路等级较高或交通量较大时应采用由分隔岛、导流岛来指定各向车流行径的渠化交叉。避免
车辆相互侵占车道和干扰行车路线，主要公路为二级公路的 T 形交叉，当直行交通量不大，而与次要公
路间的转弯交通量占相当比例时，可采用只在次要公路上设分隔岛的渠化。当主要公路的直行交通量较
大时，则采用在主要公路和次要公路上均设分隔岛的渠化 T 形交叉。

本项目 K0＋200 左侧与原国道 G242 公路相交，其旧路路基宽度为 10m，路面宽度为 7.5m。由于交
叉角度小于 70°需对原国道 G242 公路进行扭正改线，使其交叉角度不小于 70°。利用 BIM 技术导入项目
GIS 数据还原项目现场实景环境后，选定 K0＋420 左侧为交叉位置，交叉角度 81°采用渠化 T 形平面交叉
设计方案（图 4）。且该位置为旱地，平纵指标较好，该处为填方路段利用公路 BIM 软件建立平交口模型
后（图 5），检查视距情况较好，且不占用基本农田。

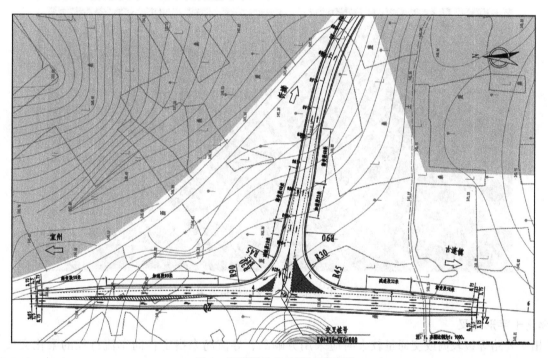

图 4　T 形渠化交叉设计平面图

主线设计时速为 80km/h，被交道路为 60km/h，因此本平面交叉右转车道按 30km/h 时速进行设计，
其右转弯车道内侧路面边缘采用三心圆复曲线，R1：R2：R3 分别为 45m：30m：90m（图 3）交通岛采
用导流岛。综合考虑该平面交叉交通量、设计速度、相交道路等级及其在路网中的作用，该平面交叉在
保证主线及右转车道行驶顺畅的前提下，采用带加减速车道的渠化交叉设计，其中最小渐变段长度和变
速车道长度按《公路路线设计规范》JTG D20—2017 中表 10.5.3-1 及表 10.5.3-2 选用。由于该路段交通
量较大，为保证主线高速行驶的车辆不受左转车辆引起交通拥堵，从而增加左转弯附加车道的设计，利
用公路 BIM 沙盘子系统车流模拟等功能实现项目通车后的效果（图 6）。从而保证了主线上直行车辆不受
左转弯待转车辆的影响而造成交通拥挤。

图 5　T 形渠化交叉模型效果图

图 6　T 形渠化交叉交通模拟效果图

4.3　渠化十字形交叉

当相交公路等级较高或交通量较大时应采用分隔岛、导流岛来指定各向车流行径的渠化交叉，渠化平面十字交叉转弯车辆，尤其是右转弯车辆行驶速度和通行能力都较高。本项目于 K13＋700 处与原国道 G242 公路相交，相交角度为 90°正交，相交段均为直线，线型较好。其旧路路基宽度为 10m，路面宽度为 7.5m。采用渠化十字形平面交叉设计方案（图 7）。

主线设计时速为 80km/h，被交道路为 60 km/h，因此本平面交叉右转车道按 30km/h 时速进行设计，其右转弯车道内侧路面边缘采用三心圆复曲线，R1：R2：R3 分别为 60m：30m：90m，交通岛采用导流岛，主线均设置左转弯附加车道，转弯半径为 15m，左转弯时速为 15km/h 设计。综合考虑该平面交叉交通量、设计速度、相交道路等级及其在路网中的作用，该平面交叉在保证主线及右转车道行驶顺畅的前提下，采用带加减速车道的渠化交叉设计。且考虑到本项目设计速度较高，为保证平面交叉安全，建议后期交通量达到一定程度后采用信号控制。最后利用公路 BIM 沙盘子系统车流模拟等功能实现项目通车后的效果（图 8）。

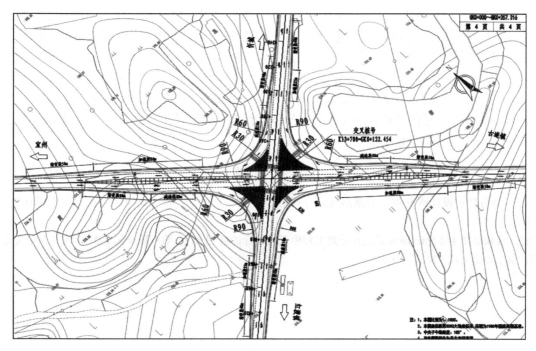

图 7   十字形渠化交叉设计平面图

图 8   十字形渠化交叉交通模拟效果图

  利用 BIM 技术进行公路平面交叉设计，优化了原有的设计方式，显著提升了设计工作的效率和准确性，实现了勘察设计的精益化管理，实现了标准化的图纸、图表由模型自动生成。在完成 BIM 模型的设计后，实现参数化、自动化获取平面交叉模型主体、平面交叉转角、三心圆等设计参数，一键生成二维 CAD 图纸，扭转了由二维图纸翻模应用的流程，实现了基于同一数据源的正向设计，实现三维模型、设计参数，真正意义的二维、三维联动设计，主要专业的成果数据互联互通，实现各专业协同设计的目的，最终得出平交口设计方案。

5   结论

  本文从公路平面交叉渠化的设计原则、设计思路等方面对公路平面交叉的渠化设计进行了较为全面的探讨，并利用公路工程 BIM 设计系统结合国道 G242 忻城绕城公路（糖厂至江信段）平面交叉设计中的 T 形及十字形渠化交叉设计进行了实例分析，详细阐述了渠化设计中的主要内容和利用 BIM 技术进行正向设计的方式，简化了设计过程，构建平交口模型，通过交通模拟等效果使得设计成果更加直观，成功地将 BIM 技术应用于公路工程平面交叉设计中，能更快更好地选定方案，直观展现出最终确定的平交口方案，工程规模更加合理，设计质量显著提高。为以后公路平面交叉设计方案的选定提供参考，高效地形成最终设计方案，有效降低设计难度，提高公路工程的平面交叉设计质量。为后续 BIM 技术在公路平面交叉渠化设计中的应用提供了依据。

参 考 文 献

[1]　中交第一公路勘察设计研究院．公路路线设计规范：JTG D20—2017 [S]．北京：人民交通出版社股份有限公司，2017.

[2]　黄仁锋．浅谈公路工程设计 BIM 系统在公路工程中正向设计的应用[C]//第七届全国 BIM 学术会议论文集．北京：中国建筑工业出版社，2021：77-81.

BIM 设计行为的多模态感知技术

倪相瑞，郑　哲，林佳瑞*，周育丞

（清华大学土木工程系，北京 100084）

【摘　要】设计人员的 BIM 设计行为是影响设计效率、质量的重要因素。然而当前仍缺乏有效的设计行为数据获取手段，难以充分利用 BIM 软件产生的大量设计行为数据，以研究设计行为与设计效率之间的关系。本文提出了一种 BIM 设计行为的多模态感知技术，在数据需求、特征及采集方法等方面进行了系统的分析，最后基于 Revit 进行技术验证。研究表明，本文提出的技术具有良好的可用性，收集到的数据对于研究设计行为特征及其对设计效率的影响机制具有重要意义。

【关键词】BIM；设计行为；多模态感知；设计效率；数据挖掘

1　引言

1.1　研究背景

在建设项目全生命周期中，设计过程对于整个项目的质量和效率起着决定性的作用[1,2]。但是在传统的项目管理措施中，对于设计效率缺少量化的分析手段[3]。针对设计行为进行研究有助于理解设计行为与设计效率之间的关系，但是相关研究需要足量设计行为数据的支持。近年来，建筑业的数字化、信息化水平逐步提升，建筑信息模型（Building Information Modeling，BIM）作为数据整合平台在建筑设计过程得到了越来越多的应用[4]。基于 BIM 的设计行为产生的海量设计行为数据为相关研究提供了充足的数据支持。

当前，与设计行为分析相关的研究大多仅使用 BIM 软件自动生成的日志文件中的数据，面临着数据源单一，完整性不足；日志数据记录复杂，难解析，数据利用率低、精细度不足等问题[5,6]。

1.2　研究思路与研究内容

本研究提出融合两种数据收集和提取方式的设计行为多模态感知技术，以提高数据完整性与精细度[7]，并通过具体的技术实现以及数据集实例分析验证了该方法的有效性和可用性。结合本研究中的数据流，研究的思路以及主要的研究内容如图 1 所示。

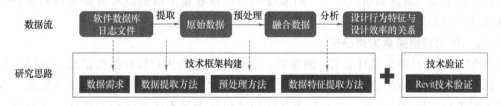

图 1　研究思路与主要研究内容

本文首先分析在 BIM 设计过程中产生的设计行为交互数据类型，确定了设计行为数据需求。针对现有研究数据来源单一，日志数据利用率低的情况，本文采用基于二次开发的实时监控和基于日志记录两种不同的设计行为感知方法，并对于日志文件中复杂数据记录的含义进行了解析以提高日志数据的利用率。接着本文详细研究了原始数据需要进行的数据预处理操作，以及从数据中提取出设计行为的数据特

【基金项目】国家自然科学基金资助项目（51908323，72091512）

【作者简介】林佳瑞（1987—），男，助理研究员。主要研究方向为智能建造、数字孪生与数字防灾技术。E-mail：lin611@tsinghua.edu.cn

征提取方法。最后本文以 Autodesk Revit（以下简称 Revit）软件为例进行具体的算法、代码实现，接着通过实验验证了技术的可用性，并利用获取的数据集进行设计行为感知分析，以验证技术的有效性。

2 设计行为数据需求分析

2.1 设计行为定义

本研究中设计行为被定义为：建筑设计者使用计算机软件对建筑模型文件进行编辑、观察的行为以及没有操作的空闲行为。三种设计行为如图 2 所示，观察行为频繁、长时间出现可能意味着设计效率相对较低，模型的编辑进度出现停滞；编辑行为中命令执行的数量、效率能够反映设计者的设计效率；空闲行为较长也可能意味着设计效率较低。

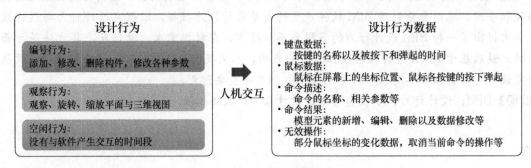

图 2　设计行为定义与数据需求

2.2 设计行为数据需求类别

设计行为的主体是设计者，设计行为会通过与计算机或者软件进行的人机交互方式，转换成相关的操作数据。结合人机交互领域的相关概念和基本理论进行分析[8]，本研究关注的设计行为数据共五类如图 2 所示。考虑到本研究收集到的数据要用在对于设计效率的分析上，对于建模没有实际效果的命令或操作作为反映设计效率低的重要参考，因此无效操作数据也是关注的对象。

3 数据采集方法分析

3.1 基于二次开发的数据收集方法研究

目前有相当多的 BIM 软件提供二次开发接口。Revit 软件提供了基于 C♯ 编程语言的二次开发接口，一般使用事件（Event）系统[10]，实现插件对于特定事件的响应。

基于二次开发的数据收集方式的优势主要体现在，收集什么数据以及这些数据以怎样的方式输出均可以由开发者自由定义，数据的质量可控。局限性则体现在收集的数据以及需要用到的事件受限于 API 框架，而且插件代码如果过于复杂，则可能影响 Revit 的运行性能。

3.2 基于日志文件的数据采集方法研究

常用的 BIM 软件均具备记录日志文件的功能，记录了大量的用户操作数据信息，是设计行为数据的重要来源。日志文件有以下的重要特点：（1）日志文件包含大量冗余、研究不关注的数据，因此在使用日志数据前需要进行数据清洗工作。（2）日志文件记录包含大量无法被解析的数据，并且缺少官方的说明文档，这导致日志数据的利用率很低。

针对日志文件的特点，为了提高数据的利用率，本研究对于日志文件中的记录进行了解析，分析了多数数据记录的含义，常见的典型记录及其含义见表 1。

典型日志记录数据解析　　　　　　　　　　　　　　　　　　　表 1

数据记录	描述内容	可获取的数据
Jrn. LButtonDown 等	按键	坐标
Jrn. Wheel	中键（滚轮）滚动	坐标以及滚动方向信息

数据记录	描述内容	可获取的数据
Jrn. PushButton	按下对话框中按钮	按钮的信息
Jrn. Activate	加载视图	选中加载的特定视图
Jrn. RibbonEvent	Ribbon 菜单事件	启用的选项卡、参数组合的修改
Jrn. Data	数据修改	数据修改信息，构件选中行为等
Jrn. Command	命令	命令信息
Jrn. Edit	编辑一个数据	对于单个数据项的修改结果
上引号（'）	一条记录的记录时间	精确到毫秒的时间信息

3.3 数据需求与收集方法的对应关系

结合数据的需求以及两种数据收集方式的优缺点以及适用情况，表 2 给出了数据需求与数据收集方式的具体对应关系。

数据需求与收集方法的对应关系		表 2
数据需求	基于二次开发的方式	基于日志文件的方式
鼠标操作		√
键盘按键	√	
命令描述	√	
模型变更	√	
命令结果		√
无效操作数据	√	√

命令描述信息两种方式都进行收集主要是考虑到数据融合时进行数据对齐，验证数据完整性的需求。构件 ID、构件类型等模型变更相关信息在日志文件中难以识别和提取，因此采用二次开发的方式获取。在插件中收集命令结果数据将会需要频繁地访问数据库，从而极大地影响 Revit 运行效率，因此命令结果数据采用基于日志文件的方式收集。无效命令数据中部分鼠标键盘输入的无效数据由基于二次开发的方式获取，而另一些命令相关的数据则从日志中提取。

4 数据预处理与特征提取

4.1 数据预处理

从 BIM 数据库以及日志文件中获取到的操作数据还需要经过数据的预处理过程才能用于数据分析。数据预处理主要包括数据结构化、数据清洗、数据融合等三个主要步骤。

数据结构化是要将数据库中原始的数据以及原始的日志记录，按照确定的方式转化成结构化的数据。在来自两种数据源，经过结构化处理的数据文件中，每一条数据记录包括三个字段，分别是：时间（Time）、类别（Category）、描述（Description）。时间是以常用时间格式表达的数据记录时间；类别则以字符串的形式表明该数据行描述的数据的类型，如键盘操作、鼠标操作等；描述则补充其他相关的信息。数据清洗过程需要去除原始数据中错误的数据记录，比如重复的数据记录、特殊情况下错误或部分缺失的记录。数据融合则是将来自两个不同来源的数据，按照时间的顺序整理成一个完整的数据文件，在这个过程中借助两个数据源对于同一个命令的记录进行数据对齐，并检查数据的完整性。

4.2 数据特征提取方法

在数据清洗后，本节提出了基于规则的数据标签化的方法进行设计行为模式提取与分析，具体包括两个步骤：单数据记录标签化和设计行为模式提取。

4.2.1 单数据记录标签化

首先对融合数据文件中数据行赋予标签，根据每条记录对于模型建模是否实际有效，选择三种标签：

（1）观察（View，简记 V），（2）命令（Command，简记 C），（3）效果（Result，简记 R）。V 标签表示该记录没有对模型有实际的更改，一般是观察行为的一部分；C 标签指一个有效的建模相关命令或与建模密切相关的操作，如点击创建构件按钮、按下对话框按钮等；R 标签指的是该条记录表示模型实际发生了变更，一般意味着某个命令执行完毕，可以标志一个命令的结束，如模型增加了一个构件、事务成功提交。C 和 R 标签对应的数据记录，一般是编辑行为的一部分。而对于空闲行为，以一段没有任何记录的时间表征，因此不设对应的标签。

这个过程中并不是所有的记录均有标签，例如由于很难判断单个鼠标操作记录应该对应何种标签，又考虑到鼠标的操作一般对于判断设计行为意义很小，因此本研究中不对其添加标签。

4.2.2 设计行为模式提取

从数据文件获得的一串按照时间排序的标签列，提取出对应的模式，即一组反映某种设计行为的标签序列。本研究提取出来五种主要的模式。

（1）C（V）R 模式：对应编辑行为最常见的模式，即由一个命令与一个效果构成一个完整的编辑行为。在编辑行为之内，可能存在若干观察操作，这些观察操作可以被认为是编辑命令的一部分。（2）单 R 模式：对应快速编辑行为，即没有独立的命令数据行，而直接呈现命令效果。这种模式主要出现在对于单个数据进行编辑的行为中。（3）V 模式：对应于观察行为的主要模式，其中所有的记录不属于任何一个命令，常标志着设计效率较低的情形。（4）CV 模式：基于 V 模式的变体，该模式中命令没有产生相应的效果就戛然而止，转而进入观察，这种模式对应了设计行为中的无效操作。（5）空闲模式：对应于空闲行为，体现为无交互数据的时间段。该模式不包含任何一个单数据行数据标签。

5 技术验证

5.1 基于 Revit 的原型系统构建

本研究基于 Revit 软件进行原型系统的构建以验证技术的可用性，主要包含四个程序开发任务：用于实时监测设计行为数据的二次开发插件、用于日志文件数据提取和预处理的程序、用于融合两个来源数据的程序以及进行数据特征提取的程序。从小规模的实验结果来看，插件的工作状态良好，收集到的数据量比较充足。

5.2 设计行为感知分析

为了验证本技术所获取的数据的质量和其对于设计效率相关研究的意义，本研究基于小规模实验收集到的数据集，结合设计行为模式进行数据分析，从中感知出具体的设计行为，并分析设计行为与设计效率之间的关系。

本研究截取了设计者 A 在一段时间内的设计行为数据记录，如图 3 所示，其中对于没有赋予标签的鼠标操作体现为分布在前后两个带有标签的点之间连线上的点。通过人工对于设计行为种类、频率的判断，时间段被划分为若干种片段，高频编辑行为一般可以表征设计效率较高，而低频编辑行为以及长时间浏览行为则一般会导致设计效率下降。空闲行为由于没有任何对于模型的实质性修改，因此也是

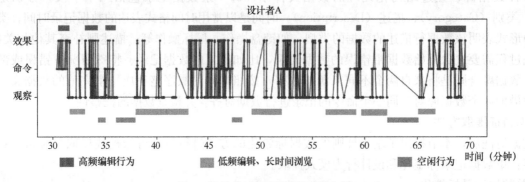

图 3　设计者 A 设计效率时程分析

设计效率较低的标志。从图中可以看出设计者 A 某次工作 30～70 分钟内各种时段的分布，能够反映设计者设计行为、效率随时间的变化情况。

6 结论

为了从设计行为数据之中挖掘设计行为及其与设计效率的关系，本研究提出并验证了 BIM 设计行为的多模态感知技术，主要成果包括：（1）结合人机交互特点，提出了"设计行为数据"的定义及其数据获取需求；（2）分析评估了不同数据收集方法的特点和适用情况，并提出了有关数据需求的数据收集策略；（3）基于 Revit 软件实现了提出的技术框架，并初步验证了本研究有关方法的可用性和有效性。

由于研究时间和精力有限，本论文仍存在可进一步完善和补充的地方，主要有以下两点不足之处：（1）数据收集方式较少，未来还需要研究从摄像头、麦克风等其他硬件设备收集数据的方式，并将有关数据融为一体；（2）数据分析深度不足，未来需采用机器学习、知识图谱等方法，挖掘更深层的设计行为特征与规律。

参 考 文 献

[1] 陈洋俊，郭文嘉，谢洪涛. 房建工程设计质量缺陷成本分析[J]. 低温建筑技术，2016，38(1)：146-147.

[2] Moayeri V，Moselhi O，Zhu Z. BIM-based model for quantifying the design change time ripple effect[J]. Canadian Journal of Civil Engineering，2017，44(8)：626-642.

[3] 李柏，初冰. 设计质量与设计工期[J]. 当代化工，2006(6)：423-424，448.

[4] 雒炯岗，丁坤，张梦涵. BIM 在建筑行业中的应用现状及前景分析[C]//第七届全国 BIM 学术会议论文集. 北京：中国建筑工业出版社，2021：6.

[5] Pan Y，Zhang L. BIM log mining：exploring design productivity characteristics[J]. Automation in Construction，2020，109：102997.

[6] Yarmohammadi S，Pourabolghasem R，Castro-Lacouture D. Mining implicit 3d modeling patterns from unstructured temporal bim log text data[J]. Automation in Construction，2017，81：17-24.

[7] 王丽英，何云帆，田俊华. 在线学习行为多模态数据融合模型构建及实证[J]. 中国远程教育，2020(6)：22-30，51，76.

[8] Dix A，Finlay J，Abowd G D，et al. Human-computer interaction[M]. Pearson Education，2003.

[9] Jacob R J K. Human-computer interaction：input devices[J]. ACM Computing Surveys，1996，28(1)：177-179.

[10] Yarmohammadi S，Castro-Lacouture D. Automated performance measurement for 3d building modeling decisions[J]. Automation in Construction，2018，93：91-111.

BIM＋智能实测设备在住宅工程的应用与分析

陈乐洲，曹　强，余芳强

(上海建工四建集团有限公司，上海 201103)

【摘　要】传统实测实量技术在住宅工程中存在实测结果不精准、数据记录不详细的问题，导致人力成本过高，工作效率低。本文提出了一种基于 BIM＋智能实测设备的实测技术（简称为"智能实测技术"），实现了实测数据自动录入、自动关联，提高了实测的准确度和管控效率。本文以某住宅项目的实际应用，对比了不同实测实量技术的优劣，发现智能实测技术可降低成本，同时提升实测效率。

【关键词】实测实量；BIM；数字化；智能设备

1 引言

实测实量是指借助测量工具在工地现场进行实际测量而得到的能真实反映工程施工质量的一种技术，涉及的工程项目阶段主要包括：主体结构阶段、砌筑阶段、抹灰阶段和精装修阶段，涵盖混凝土结构、砌筑结构、抹灰工程、门窗工程等内容。实测实量结果作为工程质量评估体系中最客观、最重要的组成部分，对后期住宅项目的房屋移交具有重要的影响，关系到后期业主的满意程度及是否能顺利交付。

传统实测实量技术的主要缺陷：

（1）设备落后导致检测问题。传统实测设备消耗大量员工的精力和体力，加上重复性的操作，在长期的工作情况下，往往导致实测不精致的问题。因此，实测结果也将具有一定的主观性。

（2）人工数据采集效率低。进施工之前，测量员需要准备纸质的实测实量记录表，并且要繁琐记录每个实测结果，因此消耗大量的时间。工作结束后，测量员仍须上传数据结果到计算机，以避免纸质文档丢失[1]。

（3）反复测量导致成本较高。为满足质量评估的要求，甲方每年需要投入大量的资金聘请有经验的公司来判断工程质量是否符合要求。

本文以智能实测技术研发为起点，介绍该技术的主要功能以及借助的智能实测设备。通过某住宅项目的实际应用，对此技术进行了定性及定量分析。数据结果显示，智能实测设备比传统实测实量降低成本费用约 20％，缩短工作时间约 60％，实测更精准。智能实测技术利用数字信息技术，大大减少现场操作人员的工作量，使用更加便捷高效[2]。

2 智能实测技术研发

智能实测技术主要包含三个组成部分：智能实测设备、实测实量管理系统、实测实量 APP 软件。该技术的流程主要分为：①通过实测实量管理系统的后台导入 BIM、配置实测规则；②实测实量 APP 与智能实测设备的无线连接和数据同步；③施工现场的质量检测和数据采集，如图 1 所示。

2.1 智能实测设备选型

智能靠尺、智能测距仪、智能卷尺、智能阴阳角尺组成的智能实测设备如图 2 所示。智能实测设备通过内置红外线扫描、感应功能可以自动读数，并将数据通过蓝牙传输至移动端[3]。智能靠尺可测量墙体垂直度、平整度；智能测距仪测量任意两点的距离；智能卷尺可用于任意建筑构件几何尺寸测量；智能阴

【基金项目】上海市科学技术委员会基金项目"上海大歌剧院智能化建造技术工程示范"（20dz1202005）

【作者简介】陈乐洲（1996—），男，BIM 研发员。主要研究方向为 BIM 信息化。E-mail：marco9602@163.com

阳角尺可用于任意阴阳角方正度测量。

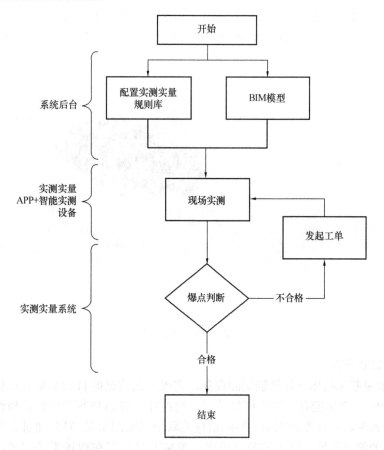

图 1　智能实测技术流程图

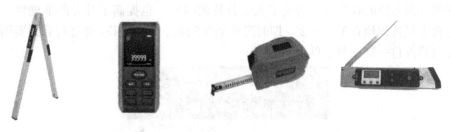

图 2　智能实测设备

　　智能实测设备比传统校尺具有更准、更快、可使用在施工的不同阶段（主体、砌体、抹灰、精装、交付）等优点。实测数据的自动采集，提高了数据采集的效率，实现了实测实量数据采集方式的数字化转变。

2.2　实测实量管理系统开发

　　实测实量管理系统主要包括实测实量规则库配置、BIM 导入与点位管理等功能，为后续正式实测实量提供便利。

　　（1）实测规则库设置与计算合格判断

　　实测实量规则库配置，是根据国家现行的实测规则及企业自主制定的企业标准规则，对工地现场实测实量的规则进行统一配置和管理。根据不同的企业要求和施工所处的阶段不同，实测实量规则可随之发生变动。通过在实测实量管理系统中，可根据自身管理需求，结合国家现行实测规则、行业规则及企业管理规则等要求，制定自身项目管理的实测要求细则，并录入系统中，为后续实测实量数据的对比和合格判断提供计算依据。

（2）BIM 的平台导入与实测点位管理

将 BIM 按照楼层分别导入实测实量管理系统中，并逐楼层创建实测点位，实测点位将以气泡形式显示，如图 3 所示。BIM 可根据管理需求关联到层或户，并可配置所属具体的空间位置与应用的实测阶段。

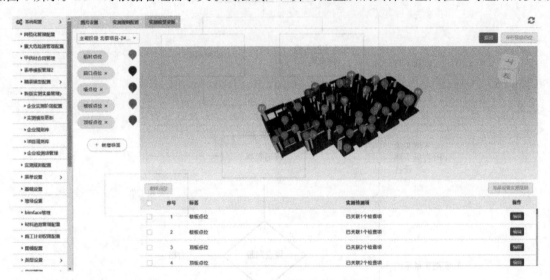

图 3   BIM 与实测点位管理

2.3   实测实量应用 APP 开发

实测实量 APP 通过蓝牙技术连接智能实测设备，实现实测数据的自动采集及点位关联等功能，如图 4 所示。实测实量 APP 主要功能有：实测信息关联；通过算法自动判断点位的合格性；查看实测进度及合格率；发现质量问题时，一键发起工单。实测信息关联是指实测实量 APP 通过蓝牙与智能实测设备连接，并自动读取设备的测量数值，导入实测点位中，测量人员无需在现场手动记录，提高了数据的准确性和录入速度[4]。点位合格性自动判断，为通过自动读取各点位的实测值，并实测实量管理系统配置的实测规则，自动判断实测点位的合格性，省去了人工计算的时间，也提高了计算的准确性。数据统计将实时显示，方便管理人员远程检查工作进度，即时发现质量问题。通过 BIM 可直观看到实测点位的位置等信息，并基于不合格点位一键发起工单。

图 4   实测实量 APP

3 应用实例

3.1 项目简介

本技术在某住宅项目进行了试点应用，该项目位于上海市浦东新区，由两栋主体建筑组成，如图 5 所示。总建筑面积为 19997.1m²，建成后将提供给高端人才居住，建设单位对施工品质要求高。本项目建设周期较为紧张，对质量要求较高，因此考虑试验较为高效的实测实量检测手段。

图 5 某住宅项目渲染图

图 6 智能阴阳角工程测量

3.2 施工实测应用流程

施工项目利用智能实测设备对预制剪力墙、二结构砌体进行智能化复核，相对于传统的实测实量方式，智能实测设备直接对接管理系统，可以将数据实时上传至云端，做到数据共享与实时查看，如图 6、图 7 所示。实测实量 APP＋智能实测设备在施工工程的实践应用主要分为五个步骤：①开启智能实测设备，并通过蓝牙连接到实测实量 APP；②选择并采集实测数据点；③设备定位后开始测量；④通过设备内置的按钮传输数据到实测实量 APP；⑤实测实量 APP 中显示实测结果及合格性。

实测数据上传后即自动计算点位合格性，减少了后期人工统计计算的工作量，同时也提高了计算的准确性，如图 8 所示。检测过程中出现爆点时，可一键发起质量整改工单，包含点位的位置、实测数据、相关照片或视频信息，工单将自动通知相关负责人员进行质量整改。

图 7 智能靠尺工程测量

图 8 实测实量 APP 自动计算数据点位

3.3 智能实测技术的应用效果与分析

智能实测设备具有测量精度高、时间短的特点，数据可自动对接到实测实量 APP 中，减少了中间誊抄的过程，大大减少失误与重复测量。结合系统的点位合格性自动判断，也减少了过程中的人为控制因素，提高了实测实量过程数据的真实性和结果判断的效率。

智能实测设备的精度在 2.5mm 左右，比传统实测设备的 10mm 提升 80%，如表 1 所示。测量点位将与构件关联,因此可以解决二维图纸的主要缺点,无法显示出三维立体感。模型的纵向维度允许点位被标注在构件的具体高度。同时,BIM 里直观地展示点位的判断结果,管理人员可直观地判断点位位置和点位合格情况,如图 9 所示。实测数据将实时记录并显示楼层或楼栋的点位合格率、进度的数据统计,方便追溯与数据分析。

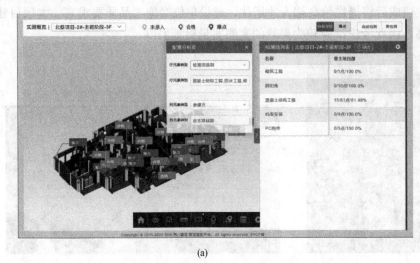

(a)   (b)

图 9　实测数据成果与 BIM 集成
(a) 计算机端模型浏览;(b) 移动端模型浏览

实测实量 APP 在无网的条件下可使用离线模式进行整个测量过程,随后在有网络的情况可再上传实测结果数据。通过智能实测技术将实现实测实量的信息化以及数字化转型。

本文以智能实测设备、传统实测实量设备在工程中的应用情况进行了对比分析,检验两类实测设备的测量效率、设备的精准率及实测范围,数据成果如表 1 所示。

实测实量技术在项目中应用分析　　　　　　　　　　　　　　　　　　表 1

实测设备名称	测量点位数/h	精准率	实测范围
智能实测设备	50 点	±2.5mm	0.1~20m
传统实测实量尺	20 点	±10.0mm	0.3~5m

根据两类实测实量技术的应用对比分析,智能实测技术比传统实测实量具有以下优点:

(1) 降低成本费用:建筑工程的人力成本在不断提升[5],智能实测技术能减少 1~2 名测量员,相对传统实测实量,可以减少 20% 的人工费用。

(2) 缩短工作时间:基于项目工程中的实践应用,使用智能实测技术测量一个房间需大约 10min,传统实测技术大约 25min。

(3) 实测更精准:根据表 1 数据分析,智能实测设备的精准率达到 ±2.5mm,比传统的实测精度更高[6]。

(4) 操作便捷:在工程现场的实际应用中,只需简单步骤就能自动完成测量及数据记录。传统实测技术工作重复性高,消耗大量体力,效率低。

(5) 携带方便:智能实测设备只需要 4 套硬件加平板设备,设备轻便,方便携带。传统实测实量设备体型较大,不方便携带进入施工现场。

4　结论

本研究得出以下结论:

(1) 智能实测设备具有精准度高、实时性好等优点。通过蓝牙技术可实时传输并录入实测数据,提高数据准确性。

（2）通过后台配置实测规定标准，并自动计算点位合格情况，可直观获得实测结果。基于实测实量系统可在 BIM 中直观展示实测结果，便于管理人员进行对比分析。

（3）智能实测技术在住宅工程的实测实量中具有广泛的应用场景，并在实测质量、实测效率等方面提升项目工地的智能化水平。

参 考 文 献

[1] 王宁. 基于实测实量 PDCA 循环管控总结与分析[J]. 城市住宅，2020，27(6)：243-244，246.

[2] 朱宝君，包希吉，岳钊，等. BIM＋实测实量技术在房建工程中的应用[J]. 建筑科技，2019，3(1)：22-23.

[3] 杨显，王志伟. 基于 BLE4.0 的智能靠尺测量方法与实现[J]. 河南科技，2021，40(30)：12-14.

[4] 王晨阳. 实测实量信息化技术在施工质量管理中的应用[J]. 城市住宅，2020，27(3)：172-174.

[5] 余华梅. S 公司应用三维扫描仪实测实量的成本研究[D]. 广州：华南理工大学，2018.

[6] 夏宝东，刘哲伦，佟志浩，等. 数字化实测实量技术应用研究[J] 建筑技术，2021，52(5)：616-619.

基于 BIM 与点云技术的装修方案生成方法

蔡伟浪，徐　照

（东南大学土木工程学院，江苏 南京 211189）

【摘　要】 随着建筑业信息化的不断推进，传统的装修设计模式已不能满足时代的需求。而 BIM 技术作为推动我国建筑业转型升级的关键一环以及与各类新兴技术结合的重要载体，是推动装饰装修行业智能化发展的关键技术。本研究结合点云与 BIM 技术的特点与优势，整合出一套基于三维点云生成 BIM 模型的技术路线，并提出了 BIM 技术加持下的装修方案生成方法。

【关键词】 点云；BIM；装修方案

1　引言

推动建筑业转型升级、促进建筑业高质量发展是建筑业发展的主基调。建筑装饰装修业作为建筑业的重要组成部分，其整体数字化和智能化程度也在不断提升，目前已经出现了基于互联网的新型装修服务模式。但是装修方案设计与生成环节依然存在以下问题：

1) 设计准备阶段量房时间长且不准；
2) 基于二维图纸的设计过程效率低且识图门槛高，客户参与感低；
3) 选材阶段容易存在材料报价不准确的问题；
4) 设计与施工分离，效果图存在过多美化的假象，不能与施工图纸进行有效配合；
5) 既有建筑装修改造逐渐成为装修行业增长的新动力，但存在缺失原始图纸的问题。

BIM 技术作为建筑业信息化的核心方式，可以优化传统的装修设计模式，带来新的设计思路和表现模式，为上述问题的解决提供可能。同时，点云作为一种三维数据的表达形式，是三维传感器在目标表面采集的点集合，包含了目标空间最原始、最完整的信息，为房屋信息获取提供了思路。近年来随着三维采集技术和人工智能的飞速发展，目前已经可以直接或间接从物体表面获取点云数据，点云的智能化处理也取得了一定的进展。BIM 模型是实现 BIM 技术核心价值的前提，而经过处理后的点云数据能为 BIM 模型的建立提供信息来源，不再受是否有二维图纸的影响。

因此本研究实现了点云到 BIM 模型的三维重建过程，并提出了 BIM 技术加持下的装修方案生成方法。相对于传统测量方式，通过三维激光扫描技术获取点云信息不仅效率高，信息也更全面。基于 BIM 模型的三维设计过程不仅高效，也降低了识图门槛。作为信息载体的 BIM 模型可以实现材料用量的统计，并能借助 BIM 软件进行碰撞检查和能耗分析。

2　研究方法

基于点云的 BIM 模型重建过程包括点云获取、点云预处理以及模型重建，如图 1 所示。三维激光扫描技术的发展让点云数据的获取更加便捷，点云的预处理过程目前也有成熟的方法和算法，主要有点云配准、去噪、滤波和精简四个过程。在模型重建方面，目前较为成熟的方式是在建模软件中通过手动创建或通过相关算法和输入参数的方式拟合以对齐点云模型。这种方式虽然操作简单，但耗时且主观易出错并多为几何建模，且不包含语义信息。因此目前的研究都集中在重建的自动化过程，主要分为自上而

【基金项目】 国家自然科学基金资助项目（72071043）

【作者简介】 蔡伟浪（1999—），男，研究生。主要研究方向为土木工程建造与管理。E-mail：2530799422@qq.com

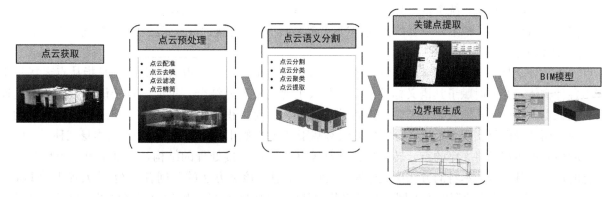

图 1　基于点云数据的 BIM 模型重建流程

下的方式和自下而上的方式两类[1]。前者是利用已有的先验知识进行点云的解释，例如原有的图纸或设计阶段的 BIM 模型，并以选择性的方式重建信息匹配良好的对象。自下而上的方式则是在没有先验知识的情况下，只以扫描获得的点云模型为输入，并不断提取相关信息，直至可以构建预期的 BIM 模型，是一种依靠建模逻辑来解释和利用点云数据的通用方法，也是目前的研究热点，其核心重建步骤包括对象识别、几何建模和拓扑重建[2]。这三步分别需要事先获取语义信息、几何信息和拓扑信息。信息提取的常用策略是将点云模型分割或聚类成独立的建筑元素再进行几何参数提取，其主要工作包括点云的分割、分类和聚类[3]。同时在既有建筑需要进行重新装修时，存在已装修的部分，需要对点云模型进行建筑结构点云的提取。以上都可以通过基于深度学习的点云语义分割方法实现。例如，Liang 等人提出的 MHIBS-Net 网络能从复杂的室内场景中分割出建筑结构点云[4]。模型的重建则是在 Revit 中完成，Revit 内置插件 Dynamo 可以通过设计节点排布实现参数输入以及 BIM 模型创建。

　　装修方案的生成过程则主要以重建后的 BIM 模型、装修方案数据库、自定义的族库为基础，通过网络爬虫技术获取目前互联网中存在的装修方案并进行标签化的分类总结，再输入参数信息调取数据库中符合条件的装修方案并利用 Revit 完成装修模型建立，在此基础上利用 Revit 中的衍生式设计功能进一步设计室内空间布局。

3　基于点云数据的 BIM 模型三维重建

3.1　点云获取

　　三维点云的获取是重建 BIM 模型的第一步。目前获取三维点云数据的常用设备有深度相机、三维激光扫描仪、倾斜摄影无人机等。在获取流程上，则依据《地面三维激光扫描作业技术规程》CH/Z 3017—2015，包括方案制定、外业数据采集和内业数据处理三个环节。其中，外业数据采集通常采用基于标靶的方法，采集流程如图 2 所示。点云扫描通常要在不同的位置进行，每一次扫描都有着各自不同的坐标系，要获得完整的数据须将不同测站点的数据转换到同一坐标系下，这需要进行拼接配准等内业数据处理过程。

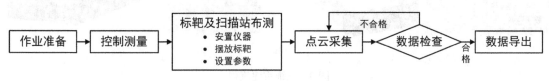

图 2　外业采集

3.2　点云预处理

　　点云的采集过程中难免会采集到与目标对象无关的点云，该部分点云被称为噪声点云。同时，有一部分噪声点云会隐藏在目标构件点云中，需要通过滤波的方式进行去除。三维激光扫描仪获得的点云数据数量是十分巨大的，尤其是在面对较大的空间场景时。海量的点云数据能更加细致地表达场景的组成，但也会占用大量的计算机系统资源，导致系统运行效率下降，因此需要在保证模型几何特征的情况下对点云数据进行精简操作。综上，点云的预处理过程需要包括点云去噪、点云滤波和点云精简三个步骤。

3.3 点云的语义分割

点云语义分割是三维场景理解的关键，也是点云处理的重要内容。点云语义分割是指从点云场景中分割出各种物体，并同时赋予其语义标签，需要与人工智能技术相结合。早期的点云语义分割方法是通过人工提取点云特征，再输入到分类器中进行分割与分类。而卷积神经网络可以实现点云特征的自动提取。目前应用神经网络实现点云语义分割的方法有基于二维多视图、三维体素化和点云本身三种[5]。前两种方式的核心思想都是将无序的点云转换成传统神经网络可以直接处理的结构，但都不可避免地带来点云信息的损失。基于点云本身的方法能很好地保留点云信息，该类方法的开创者是 Qi 等人提出的 Point-Net 网络，目前许多改进的深度学习网络都是以其为基础。利用相应的深度学习网络可以对点云数据进行语义分割并且根据标签信息快速提取需要的点云数据，为后续的信息提取和 BIM 模型建立提供支持。

3.4 BIM 模型三维重建

在建筑领域，基于点云数据的传统逆向建模方法基本遵循点、线、面、体的建模思路。首先将处理好后的点云数据导入建模软件进行轮廓线的手动绘制。随后，基于获得的轮廓线在建模软件中通过放样、拉伸等操作进行面的创建。最后在面的基础上通过拉伸获得具有三维体积的模型。但上述过程创建的三维模型只是对建筑的外表形状进行一个还原，不具备属性信息，不能体现 BIM 技术真正价值。此外，建筑领域也常通过半自动化方法实现点云模型到 BIM 模型的过程。该方法主要是通过模型拟合的方式实现模型的构建。例如，对于圆柱体类的构件可以采用 RANSAC 算法对点云模型拟合。

结合对上述两种建模方式的思考，本研究在传统建模流程上结合关键点提取和房间轮廓生成提出三维重建思路，并通过 Dynamo 插件进行实现。首先针对提取出的建筑结构点云，在 Cloud Compare 中利用裁剪框和 Point picking 工具进行关键点提取。该关键点是两面墙和楼板的三个正交平面的交点，通过将多个几何图元相交，可以获得更规则的轮廓。再将各点的坐标信息导出并转为 Excel 文件。在 Dynamo 中，首先导入 Excel 中的各点并使各点首尾相连形成房间的轮廓线。然后，利用 Dynamo 中的模型创建节点以轮廓线为基础进行 BIM 模型创建，轮廓线为模型重建提供了位置和尺寸的参考信息，如图 3 所示。

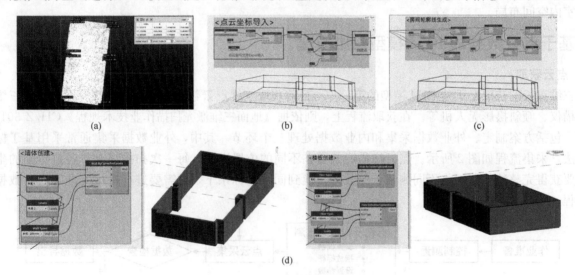

图 3 三维重建流程

(a) 关键点提取；(b) 关键点导入；(c) 轮廓线生成；(d) 模型创建

4 装修方案生成

装修方案生成过程一般包括设计准备、方案设计和施工图设计三个阶段。

（1）设计准备阶段

设计准备阶段主要是与客户进行沟通，明确设计内容和风格以及完成房屋的测量工作。其中房屋的数据信息可以通过三维激光扫描以点云的形式进行采集，前文中也实现了基于点云的 BIM 模型三维重建过程。在设计内容和风格方面，传统的设计方式一般都是设计师针对客户需求和房屋图纸进行构思，确定设计风格。然而 BIM、大数据、人工智能等技术的发展则为设计带来了更多可能，不再仅仅依靠人类大脑。

因此，本研究利用网络技术获取各大装修网站中的各类装修方案并进行不断的更新以形成装修方案数据库[6]。对于数据库中的装修方案，根据户型、风格、材质等进行分类并设定标签。在输入个性化需求信息后，将依据客户输入的信息通过相似度匹配算法推荐各类符合条件的装修方案，供设计师和客户选择和参考，这是对设计师设计能力的一大补充。同时，BIM 模型的建立还原了建筑真实的三维场景，实现了用计算机代替人脑进行二维平面到三维空间之间的思维转换，是对设计建造本源的一种回归。这不仅让设计师从繁杂的识图工作中脱离出来，更加关注设计本身，也便于设计师对装修设计进行空间分析、体量分析以及渲染效果分析[7]。

（2）方案设计阶段

方案设计阶段是结合设计准备阶段的相关材料完成初步的硬装和软装设计效果，并在与客户的反复交流后形成最终的设计。其中硬装设计主要指的是对室内空间进行布局和对三大界面构成的不可移动"六合"空间进行装饰，包括墙柱面、顶面和楼地面。软装设计在硬装设计结束后，是通过家具与装饰物品的摆放进行再次的设计装饰。在完成硬装和软装设计后，则是利用 Revit 软件完成装修模型的建立，形成最终的装修方案效果。

在具体流程上，首先构建包括材料、灯具、家具等装修设计所需的标准"族"库，随后在 Revit 中进行三大界面的装修建模，结果如图 4 所示。在室内空间布局和家具摆放方面则主要是利用 Revit 中的衍生式设计功能完成。衍生式设计的基本逻辑是设计师输入约束条件和设计目的后，计算机能结合数据库借助机器学习和人工智能自动化生成设计成果，并且可以不断优化设计成果，寻求最优解，包括参数定义、运行计算和结果评价三个步骤。参数是设计时需要满足的一些基本约束条件。室内空间布局的约束大致可分为拓扑约束、功能约束、几何约束、人体工程学约束和其他约束。其中，拓扑指空间中各对象之间的位置关系，客厅与餐厅相邻、客厅包含沙发均属于拓扑约束。以会议室布局为例，首先定义项目名称以及确定用于生成设计方案的算法，指标包括房间和图元对象、选择变量、设定目标、设定约束以及生成设置。其中，创建会议桌图元并选择为图元对象可以利用事先建好的族库，参数设定为到门口最短距离最小化、会议桌数最大化。最终生成结果如图 5 所示。在确定最终方案后，通过点击"创建 Revit 图元"完成最终的建模过程。

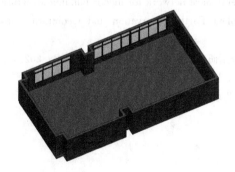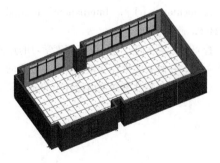

图 4 "三大界面"装修建模

在与客户的沟通交流方面，则可以基于 WebGL 技术实现装修方案 BIM 模型的 Web 端可视化。WebGL（Web Graphics Library）是一项在网页端对二维及三维图形进行实时渲染的技术，并且能通过开发实现各类交互操作。装修方案 BIM 模型的 Web 端可视化使装修方案在设计师和客户之间的共享与交流更加方便，且大大降低了识图门槛。本研究利用开源的 BIMserver 服务器进行 BIM 模型 Web 端展示，BIMserver 中插件 BIMsurfer 是基于 WebGL 的三维模型查看工具，结果如图 6 所示。

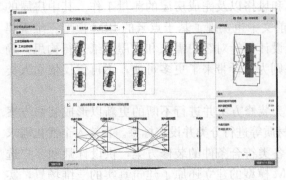

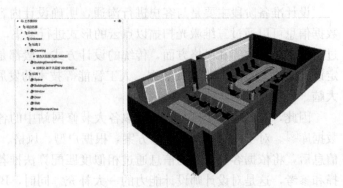

图 5　会议室布局结果　　　　　　　　　　图 6　装修方案 BIM 模型 Web 端可视化

（3）施工图设计阶段

施工图设计阶段的任务是完成施工图的绘制并编制预算。而 Revit 软件中可以直接导出标准 CAD 施工图纸，用于指导施工。同时 Revit 中 BIM 模型的每个构件都包括构件的模型信息，可以通过明细表功能导出各类材质信息，用于编制预算。

5　结语

本研究在点云智能化处理与传统逆向建模方法的基础上整合出一套基于点云生成 BIM 模型的技术路线，提出了 BIM 技术加持下的装修方案生成方法。笔者认为点云与 BIM 技术的结合有巨大的技术优势，能为装修设计的智能化发展提供助力，值得在未来深入研究。

参 考 文 献

[1] Bassier M，Mattheuwsen L，Vergauwen M. BIM reconstruction：automated procedural modeling from point cloud data [J]. ISPRS-International Archives of the Photogrammetry，Remote Sensing and Spatial Information Sciences，2019，XLII-2/W17.

[2] Tang P，Huber D，Akinci B，et al. Automatic reconstruction of as-built building information models from laser-scanned point clouds：A review of related techniques[J]. Automation in Construction，2010，19(7)：829-843..

[3] Bassier M，Bonduel M，Genechten B V，et al. Segmentation of large unstructu red point clouds using octree-based region growing and conditional random fields[J]. ISPRS-International Archives of the Photogrammetry，Remote Sensing and Spatial Information Sciences，2017，XLII-2/W8：25-30.

[4] Liang X，Fu Z，Sun C，et al. MHIBS-Net：Multiscale hierarchical network for indoor building structure point clouds semantic segmentation[J]. International Journal of Applied Earth Observation and Geoinformation，2021，102 (4)：102449.

[5] 景庄伟，管海燕，臧玉府，等．基于深度学习的点云语义分割研究综述[J].计算机科学与探索，2021，15(1)：1-26.

[6] 张莹，周明智．一种智能推荐房屋装修装饰方案的方法[P].北京市：CN112256962A，2021-01-22.

[7] 王米来．建筑信息模型技术在室内设计中的应用研究[D].北京：北京建筑大学，2015.

基于本体 BIM 结构模型合规性审查方法

张吉松，刘宇航，于泽涵

（大连交通大学土木工程学院，辽宁 大连 116028）

【摘　要】针对目前BIM结构模型合规性审查自动化程度低等问题，探索在语义网环境下解析IFC数据，提出一种基于本体的结构设计模型合规性审查方法。借助本体构建工具protégé，将BIM结构设计模型信息和设计规范条款推理规则，通过映射和语义网规则语言（SWRL）转译到采用本体构建的知识库中，进而实现对BIM模型相关信息的查询、推理和设计审查，最后通过框架结构实例验证了方法的有效性和可行性，为合规性审查提供一种参考方法。

【关键词】本体；BIM；合规性审查；结构模型

1　引言

基于施工图的设计合规性审查存在数字化程度低、耗费人力、效率不高以及流程规范化不足等问题。随着BIM技术的普及应用，基于BIM模型的合规性审查成为研究热点。住房和城乡建设部2022年3月印发《"十四五"住房和城乡建设科技发展规划》，在第七部分"建筑业信息技术应用基础研究"中，将"研究建设项目智能化审查和审批关键技术"作为"十四五"研究重点任务。

基于BIM模型的审查相关研究涵盖建筑设计[1]、结构设计[2]、高层建筑疏散设计[3]、施工质量检查[4]、施工模型和进度[5]、建筑外围护设计[6]、铁路工程设计[7]、地下管线[8]等。在审图软件方面，国外有 Solibri Model Checker（SMC）、CORENET 和 SMARTcodes 等，国内有广联达 BIM 审图软件和广州市施工图设计文件审查管理系统。以上这些方法（规则硬编码）在针对某一具体条款审查是有效的，但在应对不断更新的设计条款方面，需要大量的时间和人力进行维护[9]。同时，其灵活性和规则透明性有待提高，如果涉及架构和模式方面的更改，需要的代价较大。另外，规则硬编码在扩展性、互操作性、可移植性、跨领域的链接方面也略显不足。

语义网技术的出现使得编译规则向软编码方向的发展成为可能。语义网的优势包括网络链接数据、可移植性、互操作性、跨领域信息的链接、便利的扩展性和维护性、数据一体化以及支持复杂逻辑推理与检索查询[10]。在基于语义网的合规检查方面，文献[11-17]均在各自领域提出语义网环境下合规性审查方法，对于采用语义网技术进行合规性审查起到了重要的推动作用。然而，在结构设计模型合规性审查方面，仍然面临一系列问题和挑战，主要包括：（1）采用语义网技术进行 BIM 结构设计模型合规性审查研究较少；（2）BIM 结构模型互操作性，也就是 BIM 模型映射到另一种格式后信息不完整性、不明确性和语义丢失；（3）结构设计规范表述规则的特殊性导致基于规范的推理和跨领域的链接能力不足；（4）中文自身的特点，例如语言模糊性、量词不同、描述范围等，导致中文设计规范条款转译成计算机可识别语言与英文不同。这些特点导致基于 BIM 结构设计模型审查完全自动化难度较大。

因此，本研究基于本体提出一种 BIM 模型结构设计合规性审查系统。首先，采用IFC—OWL格式转换路径，将BIM结构设计模型信息自动映射到语义网本体和实例中，构建合规性审查知识库；其次，利用SWRL转译结构设计规范条款，采用Pellet推理引擎对两方面信息进行推理，构建合规性审查推理机制；再次，采用SQWRL查询语言实现对构件名称与其合规性审查结果的查询，实现用户界面层功能；最

【基金项目】大连市科协科技创新智库项目（DLKX2021B02）；辽宁省科技厅博士科研启动基金计划项目（2019-BS-041）
【作者简介】张吉松（1983—），男，系副主任，博士，硕士生导师。主要研究方向为BIM技术。E-mail：13516000013@163.com

后，通过一个简单 BIM 框架结构模型进行实例验证，证明该方法的可行性和有效性，并探讨了本方法的局限性和未来的研究建议。

2 本体知识库构建

2.1 本体构建

选取斯坦福大学"七步法"[18]来构建合规性审查本体，以 protégé 5.5.0 作为本体构建平台。以面向结构设计审查为目的，将本体的主体分为审查对象与审查规则两部分。审查对象为 BIM 模型映射到本体的信息，通过 IFC—OWL 格式转换路径，以类的形式构建，参考 IFC 的分类标准以及结构设计规范具体规定部位，将"审查对象"类下分五个子类："场地""材料""构件""构造""荷载"，含有类和属性信息的 BIM 合规性审查本体主干部分如图 1 所示。审查规则是由基于一阶谓词逻辑的语义网规则语言（SWRL）将设计规范条款导入本体内形成本体推理规则。

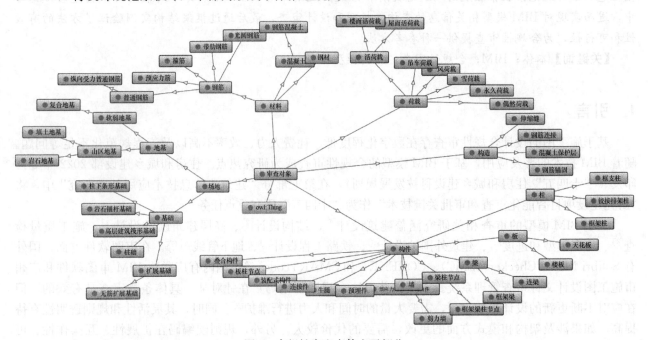

图 1 合规性审查本体主干部分

2.2 SWRL 转译规范条款

SWRL 是基于 W3C[19]（Open Web Platform）开发的一种标准规则语言，它能够将谓词逻辑转译的规范条款知识集成本体中。SWRL 语法结构由推理前提（body）、推理结果（head）组成，body 通过 SWRL 内置的逻辑比较（Built-ins）关系推理得到 head，两者由运算符"—>"相连。SWRL 是在 OWL 基础上向一阶谓词逻辑 Horn 子句的扩展，因此很容易实现一阶谓词逻辑的 SWRL 规则映射。

2.3 查询与推理

采用 Pellet 推理引擎对录入的 SWRL 规则进行推理。Pellet 是一种基于描述逻辑的规则推理机，具有良好的兼容性与推理功能。在推理引擎界面运行推理，推理结果返回到"Individuals"中更新结构设计规范本体知识库。基于 SWRL＋Pllet 的推理后，将包含推理结果的本体导出，完成推理。推理完成后基于 SQWRL 查询语言实现对构件名称与其合规性审查结果的查询，将查询结果输出为 CSV 文件。

3 实例验证

在 Revit 中建立一个单层（层高 4m）框架结构模型，抗震等级设为 2 级，结构材质选取混凝土材料，包含 12 根框架柱与 13 根框架梁，BIM 模型及轴网尺寸如图 2 所示。

对模型信息进行预处理，通过添加共享参数的方式对需要的信息进行赋值。预处理后将 BIM 模型的

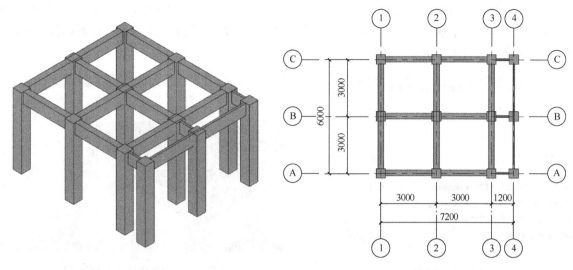

图 2　BIM 模型及轴网尺寸

框架柱、梁明细表输出为 Excel 格式文件，并对数据进行排序整理，将表头各参数名称更改为英文形式对应本体内的数据属性。调用 protégé 内置模块 Cellfie 将 Excel 数据转换为 OWL 格式，该模块将以实例的方式将所需信息录入本体内，期间需要用到 Transformation Rules，其语法规则需要遵循 MappingMaster DSL。MappingMaster 使用领域特定语言定义从电子表格内容到 OWL 本体的映射，如图 3 所示。

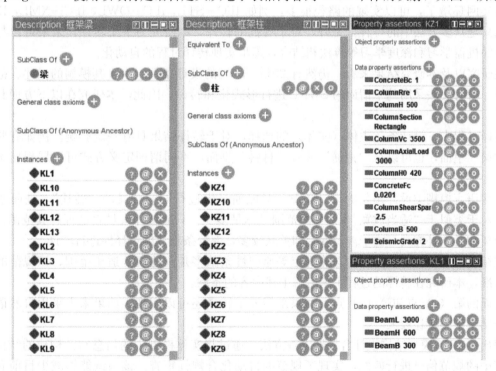

图 3　BIM 模型数据映射至本体

在推理引擎界面运行推理，推理结果返回到 "Individuals" 中更新结构设计规范本体知识库。基于 SWRL＋Pllet 的推理后，将包含推理结果的本体导出，完成推理，部分结果如图 4 所示。

推理完成后基于 SQWRL 查询语言实现对构件名称与其合规性审查结果的查询。为实现推理结果的查询并为后续生成审查报告做准备，还需基于 SQWRL 查询语言建立一条查询规则：审查对象（? x）＾Result（? x，? 结果）－> sqwrl：select（? x，? 结果）。查询结果输出为 CSV 文件，可以方便浏览和查询。

输出的审查结果可以显示构件部位、编号以及构件不合规的设计信息。基于构件编号与 Revit 明细表可以实现不合规构件在 BIM 模型中的定位。以 KL1 为例，在框架梁明细表中编辑过滤器为"梁编号""等于""KL1"，然后在平铺模型三维视图与明细表窗口，选择 KL1 词条，即可进行审查构件的定位，可实现基于 BIM 模型的合规性审查，如图 5 所示。

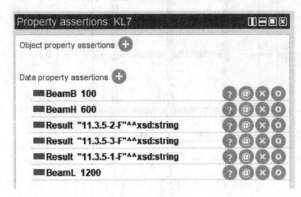

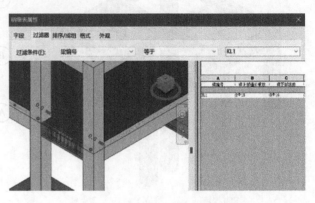

图 4　部分结果　　　　　　　　　　　图 5　不合规构件的查询与定位

4　讨论与结论

合规性审查的本质，是将源于 BIM 模型的"设计信息"和源于设计规范的"条款信息"信息导入一个公共的环境进行比较，进而形成审查结果。语义网技术为上述的比较提供了这样一个环境。将 BIM 模型映射到语义网环境下，可以实现的路径很多，例如 IFC—STL，IFC—OWL，IFC—XML，IFC—JSON 等，本研究只是众多方法中的一种。另外，对于规范的转译，本研究为手工转译，未来可以与自然语言处理技术中的机器学习和深度学习等算法相结合，逐步实现转译过程的自动化。

从相关研究以及本研究结果来看，仍然有 20%～30% 的设计条款，由于其模糊的描述、范围不清以及其他情况，暂时无法采用基于谓词的 SWRL 进行形式化和转译，因此，本研究在以下方面具有一些局限性：

（1）转译过程中，设计条款主体（实体）的选择，对于转译结果具有一定影响。例如有些条款既可以被分在"梁"里面，也可以被"钢筋"或者"材料"里面，不同谓词定义方式可以展现出不同的规范转译结果。

（2）某些语言模糊类设计条款的设计条款，只能通过先进行同等含义的"转述"，进而才能进行转译。同时，对于类似于"适当放宽"，适当的范围具体是多少，只能转译人员自己理解其范围。另外，对于表后注释类和条款补充类，由于涉及嵌套和关联较多，部分条款只能选择性进行转译。

（3）在结构设计规范中，总则、总体规定等原则性条款多是阐述规范适用范围、该规范的相关解释以及制定标准，本研究在转译的过程中未考虑上述内容的条款。

针对上面的第（1）点和第（2）点，如果采用人工转译还可以实现，如果未来采用自然语言处理技术，则转译结果误差会比较大。

本文提出的 BIM 模型结构设计合规性审查方法，通过将实体模型中的信息与已构建的结构设计规范本体知识库中的规范信息进行匹配，实现了规范的自动化合规性审查。该系统能够减少目前我国合规审查工作对专家知识的依赖，降低审查结果的主观性，提高合规审查的效率、准确性和智能化水平，为后续开展更深层次自动合规审查研究提供依据。

参 考 文 献

［1］　张笑彦．计算式 BIM 技术在建筑设计合规性审查中的应用研究［D］．青岛：青岛理工大学，2021．
［2］　刘洪．基于 BIM 的结构设计规范审查方法研究［D］．重庆：重庆大学，2017．
［3］　Choi J，Kim I. Development of BIM-based evacuation regulation checking system for high-rise and complex buildings［J］. Automation in Construction，2014：38-49.

［4］ Zhong B，Ding L，Luo H，et al. Ontology-based semantic modeling of regulation constraint for automated construction quality compliance checking［J］. Automation in Construction，2012，28：58-70.

［5］ Zhang S，Teizer J，Lee J，et al. Building Information Modeling（BIM）and Safety：Automatic Safety Checking of Construction Models and Schedules［J］. Automation in Construction，2013，29：183-195.

［6］ Tan X，Hammad A，Fazio P. Automated Code Compliance Checking for Building Envelope Design［J］. Journal of Computing in Civil Engineering，2010，24(2)：203-211.

［7］ Huler M，Esser S，Borrmann A . Code compliance checking of railway designs by integrating BIM，BPMN and DMN ［J］. Automation in Construction，2021，121：103427.

［8］ Xin X，Hc B. Semantic approach to compliance checking of underground utilities - ScienceDirect［J］. Automation in Construction，2020，109：103006.

［9］ Zhang J，El-Gohary N. Integrating semantic NLP and logic reasoning into a unified system for fully-automated code checking［J］. Automation in Construction，2016，73：45-57.

［10］ Pauwels P，Zhang S，Lee Y C. Semantic web technologies in AEC industry：A literature overview［J］. Automation in Construction，2016：S0926580516302928.

［11］ Yurchyshyna A，Zarli A. An ontology-based approach for formalisation and semantic organisation of conformance requirements in construction［J］. Automation in Construction，2009，18(8)：1084-1098.

［12］ Pauwels P，Verstraeten R，Meyer R，et al. Semantics-based design：can ontologies help in a preliminary design phase? ［J］. Design Principles & Practices An International Journal，2009，3(5)：263-276.

［13］ Rezgui Y，Boddy. Past，present and future of information and knowledge sharing in the construction industry：Towards semantic service-based e-construction? ［J］. Computer Aided Design London Butterworth Then Elsevier，2011.

［14］ Hjelseth E，Nisbet N. Exploring semantic based model checking［C］//Proceedings of the 27th CIB W78 international conference，Cairo，EG，2010.

［15］ Beach T，Rezgui Y，Li H ，et al. A rule-based semantic approach for automated regulatory compliance in the construction sector［J］. Expert Systems with Applications，2015，42(12)：5219-5231.

［16］ Zhang J，El-Gohary N. Semantic NLP-Based Information Extraction from Construction Regulatory Documents for Automated Compliance Checking［J］. Journal of Computing in Civil Engineering，2016，30(2)：141013064441000.

［17］ Venugopal M，Eastman C M，Sacks R，et al. Semantics of Model Views for Information Exchanges using the Industry Foundation Class Schema［J］. Advanced Engineering Informatics，2012，26(2)：411-428.

［18］ Noy N，McGuinness D. Ontology Development 101：A Guide to Creating Your First Ontology，2001［EP/OL］. http：//protege. stanford. edu/publications/ontology _ development/ontology101. pdf.

［19］ W3Cstandards［EP/OL］.［2022-05-01］. https：//www. w3. org/standards//.

基于 ALBERT＋Bi-GRU 模型的结构设计规范文本分类方法

衣　君[1]，张庆森[2]，张吉松[2,*]

(1. 大连市市政公用事业服务中心，辽宁 大连 116000；2. 大连交通大学土木工程学院，辽宁 大连 116028)

【摘　要】将设计规范自动分类为预定义类别是 BIM 合规性审查规范转译中重要步骤之一。针对传统结构设计条款分类模型的不足，构建结构设计条款语料库，提出一种基于 ALBERT 预训练和双向门控循环单元并结合注意力机制（Attention）的规范文本分类模型——ALBERT＋Bi-GRU，用于支持设计规范条款的自动分类。通过对比试验和消融实验分析，该方法不仅有效提升模型分类的准确性，而且与传统机器学习方法相比具有更高准确率，在测试集的精确率达到 83％、召回率 79％、F1 值 81％。

【关键词】结构设计规范；文本分类；BIM；合规性审查；ALBERT

1　引言

Eastman[1]将 BIM 合规性审查过程分为规范转译、BIM 模型准备、规则执行和推理和生成审查报告四个步骤。规范转译是指将设计规范条款内容，转换为计算机可识别、处理和理解的语言。传统的规范转译依赖于领域专家采用人工方式实现，效率较低。近些年相关研究探索利用自然语言处理（NLP）技术进行文本自动、半自动提取和分类等[2]。

文本分类过程大致可分为两个重要步骤：将文本转换为 n 维数字向量，并将这些向量输入学习算法进行进一步分析。前者通常被称为单词嵌入（word embedding），而后者被称为训练算法（training algorithms）。单词嵌入方法可分为两大类：基于单词计数的嵌入（例如 One-hot，TF-IDF）和基于上下文的嵌入（例如 Word2Vec，Doc2Vec）。然而，以上方法并不能很好地解决文本表示过程中基于上下文的一词多义等问题。因此，2018 年谷歌人工智能研究院 Devlin[3]等人提出 BERT 预训练模型，该模型是通过深层双向上下文共同进行条件化来预训练未标记文本，使词嵌入方法从无序语境化到深度语境化转变，在模型训练的过程中具有更优秀性能。2019 年，Lan[4]等人在对 BERT 模型进行优化的基础上，提出了 ALBERT（A Lite BERT）预训练模型，被广泛关注和应用。

在模型的训练和分类中，分类算法的选择至关重要。文本分类算法主要包含两种：（1）浅层学习算法，例如朴素贝叶斯、支持向量机和随机森林等；（2）深度学习算法，例如循环神经网络（RNN）、卷积神经网络（CNN）、长短期记忆神经网络（LSTM）等。2014 年，Cho[5]等人在 LSTM 的基础上，提出了一种新型循环神经网络——门控循环单元神经网络（GRU），该模型相较于 LSTM 算法能够达到相同训练效果，并且模型更简单，在很大程度上提高了训练效率。GRU 是单向的神经网络模型，状态总是由前向后输出。然而在遇到当前时刻的输出与前一时刻的状态和后一时刻的状态产生联系时，该模型并不能解决此问题。双向 GRU（Bi-IGRU）模型可以解决上述问题，它是由两个方向相反 GRU 组成的神经网络，更有利于文本深层次的特征提取。

另一方面，结构设计条款文本具有一定的特殊性：（1）专业领域语料库缺乏导致训练结果准确性低；

【基金项目】大连市科协科技创新智库项目（DLKX2021B02）；辽宁省科技厅博士科研启动基金计划项目（2019-BS-041）

【作者简介】张吉松（1983—），男，系副主任，博士，硕士生导师。主要研究方向为 BIM 技术。E-mail：13516000013@163.com

（2）规范用词特殊性和隐含知识较多；（3）中英文差异导致分词结果等差异较大。因此，本研究依据《混凝土结构设计规范》等结构设计规范，创建结构设计语料库，按照 IFC 实体名称目录进行分类，通过 Python 语言编程，提出一种基于 ALBERT 预训练和双向门控循环单元并结合注意力机制（Attention）的规范文本分类模型，并对分类效果进行评价和影响因素分析，为结构设计规范的自动分类提供一种参考方法。

2 研究方法

研究方法包括 5 个步骤：语料库构建、数据预处理、文本特征表示、模型训练和模型评估。

2.1 语料库构建

语料库数据集来自《混凝土结构设计规范》GB 50010—2010、《建筑抗震设计规范》GB 50011—2010、《建筑结构荷载规范》GB 50009—2012 和《高层建筑混凝土结构技术规程》JGJ 3—2010[6-9]。选择这些标准的原因，是因为它们是结构设计过程中最常用规范。具体实现过程为：首先，从这些规范中总共收集了 1885 个设计条款，并将其转换为纯文本格式。然后，以 8：2 的比例将这些设计条款分为训练数据集和测试数据集。在训练集中将文本手动排序为预定义的 IFC 类别。值得注意的是，最新版本的 IFC 中有 800 多个实体。本研究作为一个初步尝试，仅选择几个实体作为标签的预定义类别，如 IfcBeam、IfcColumn、IfcWall、IfcSlab、IfcMaterial、IFCRefinforcingbar、IfcStructuralLoad、IfcStructural AnalysisModel。这个阶段完成后，所有设计条款都被划分为预定义的 IFC 类别，作为数据训练集（即语料库），算法和分类器将从中进行学习。

在进行语料库构建时，为在参数指标和数据资料的选取上尽可能描述该实体在此阶段的状态，本文制定了按照 IFC 实体名称分类时应具有以下几个原则：（1）根据每条规范内容描述的实体特征分类，例如，"梁的宽度不应小于 200mm" 条款被归类为 "IfcBeam" 类别，因为梁是 IFC 描述中的实体；（2）当一条规范具有多个实体时，按照实体出现次数进行分类。例如，《混凝土结构设计规范》GB 50010—2010 11.3.6 条第 2 款，"框架梁梁端截面的底部和顶部纵向受力钢筋截面面积的比值，除按计算确定外，一级抗震等级不应小于 0.5；二、三级抗震等级不应小于 0.3"，该规范文本可分到类别 "梁" 内或分到类别 "钢筋" 内，但是 "梁" 出现的次数高，因此分到类别 "梁" 内；（3）根据其解释进行分类。例如，"结构系统在抗震设计中应有几条防线" 条款是抗震设计的一般指导要求，不能归入任何实体。出于这个原因，我们以一种使它们更容易理解的方式解释这些句子，并将这些子句分类为 "IfcStructuralAnalysisModel"。

2.2 数据预处理

预处理是将原始语料进行清洗（包括去除多余的空格、空行、回车等无用的字符标号等）和分词等操作，从而将语料转化为计算机可识别的语言[10-11]。本文预处理过程主要包括：数据清洗、停用词去除和中文分词。

（1）数据清洗。在收集到的原始数据中，经常需要去除数据集中的空格、标点符号、特殊符号等没有携带文本有效特征信息或实际意义的字符，避免影响特征提取等模型训练环节，最终影响分类效果，造成资源的浪费、延长分类时间等问题。因此，在数据清洗阶段一般使用正则表达式将无用的噪声信息进行数据清洗。

（2）停用词去除。去除停用词最常用的方法是停用词表过滤，通过定义的停用词表和文本数据中的字词匹配，删除匹配成功的字词。本研究通过结合结构设计规范条款的特点，在原有停用词表中增加了常用停用词表中没有涵盖，但是在结构设计规范中经常出现的一些特殊词（例如：本规范、本条、给出、基本、方法、考虑等），进而构建了一个新的停用词表（StopWords. txt）。

（3）中文分词。分词是根据算法将连续的句子切分成一个个离散单词的过程。中文分词和英文分词具有很大不同。由于英文单词之间具有天然的 "空格"，因此在英文句子分词的过程中使用空格作为单词的分隔符；但是中文没有分隔符（如英文中的空格）来明确表示词与词之间的界限，在分词过程中增加了分割精度的困难。例如，"我喜欢新西兰花"，这句话在中文分词的过程中可以有两种不同的分割形式。

目前常规分词方法分为三种：字符串匹配、基于理解和基于统计。本研究选取 Jieba 作为分词工具，原因是 Jieba 分词库相较于其他分词库（NLTK，TextBlob，spacy，Gensim）在中文分词方面具有更加准确和使用简单等特点。

2.3 文本特征表示

文本特征表示的过程是将分词后的文本转换为数字向量并提取出相应特征。如前文所述，最早的文本特征表示为词袋模型（Bag-of-words），采用 One-hot 或者 TF-IDF 等简单的机器学习方法。词袋模型虽然简单，但没有考虑词与词之间的位置以及上下文关系。因此，后续推出 Word2Vec 和 Doc2Vec 等采用深度学习神经网络方法考虑上下文关系。在此基础上，BERT 模型考虑迁移学习并引入 attention 机制。ALBERT 是在 BERT 基础上进行改进，减少了模型参数等内容，使模型运算更简单快速。

2.4 模型训练

模型训练中重要步骤是分类算法的选择（分类器的训练）。文本分类算法，从机器学习角度包括：朴素贝叶斯（NB）、k-最近邻（kNN）、支持向量机（SVM）、逻辑回归（LR）、梯度提升决策树（GBDT）和随机森林（RF）等[12-15]；从深度学习角度包括：CNN、LSTM 和 GRU 等[16]。

本研究采用 ALBERT 进行文本表示和 Bi-GRU 进行模型训练的组合模型（图 1）。该模型结合了 ALBERT 预训练模型对文本表示和特征提取的优越性，也结合了 Bi-GRU 算法在模型训练时能够关注当前时刻的输出与前一时刻的状态和后一时刻的状态之间产生联系以及解决了长期记忆神经网络和反向传递中的梯度等问题。

如图 1 所示，输入层是处理后的文本内容（X），首先经过 ALBERT 层进行文本表示和特征提取，将结果输入 Bi-GRU 层进行模型的训练。然后在注意力机制层对处理后的数据通过查询和赋值的方式来获取特征的全局空间信息（V）。最后通过全连接层和 Softmax 函数将特征信息组合到一起并将数据进行归一化从而将生成的模型结果输出（event_type.h5）。

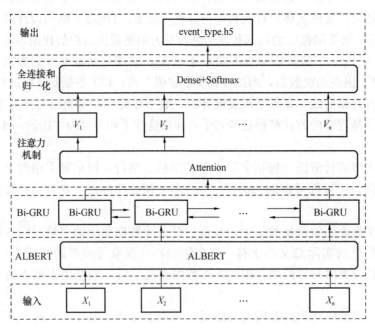

图 1　ALBERT＋Bi-GRU 模型

2.5 模型评估

在模型训练和分类过程中，本文主要的研究模型是 ALBERT＋Bi-GRU 模型，将 TF-IDF＋朴素贝叶斯/随机森林模型、Doc2vec＋朴素贝叶斯/随机森林模型、Glove＋Bi-GRU 模型、GRU 模型、ALBERT 模型作为对照测试组，以便验证本文提出的模型对结构设计规范进行分类方法的准确性。利用 ALBERT 预训练模型将文本内容进行词向量化表示，然后使用 Attention-Bi-GRU 模型提取文本特征，最后利用

Softmax 分类器对结构设计规范进行文本分类。

文本分类任务中，常用准确率（Acc）、精确率（Pre）、召回率（Rec）、F1 值作为评测指标对模型进行评估。准确率表示预测正确的样本数除以所有的样本数的比重；精确率表示预测出来为正样本的结果中，有多少是正确分类；召回率真实为正样本的结果中，有多少是正确分类；F1 值是精确率与召回率的调和平均值，它的值更接近于 Pre 与 Rec 中较小的值。

3　测试与分析

采用操作系统为 Windows 10 64 位（DirectX 12）；开发环境为 Python3.7、Pycharm2020 和 Anaconda3。在基于 ALBERT ＋ Bi-GRU 的组合模型中，将对中文预训练模型种类、损失函数种类（衡量模型预测的好坏）、学习率、Dropout 层（防止模型过拟合）、损失函数拟合率进行分析。在模型训练过程中，本测试环节将在固定其他影响因素参数（Bi-GRU 模型的隐藏层大小是 128、网络层数是 1（文本分类属于一维化网络层）、激活函数为 ReLU（造成网络稀疏性，降低参数相互依存，缓解过拟合的发生）、max_seq_len＝200（最大序列分类字数）等；ALBERT 模型参数 hidden_size＝768（隐藏层神经单元数）、hidden_layers＝12（隐藏层数）、num_attention_heads＝12（嵌入层注意头的个数）、hidden_act＝"gelu"（隐藏层激活函数）、max_position_embeddings＝512（最大位置编码）等）的前提下，依次改变其中一个影响因素的参数值，从而得到模型的最优结果。

3.1　预训练模型和学习率

利用两种中文预训练的模型（albert_tiny 微调和 albert_base 中文预训练模型），分别采用 Softmax 和 Sigmoid 损失函数在不同学习率的参数值下进行对比测试。每个模型进行 10 个周期的交叉验证，结果如图 2 所示。

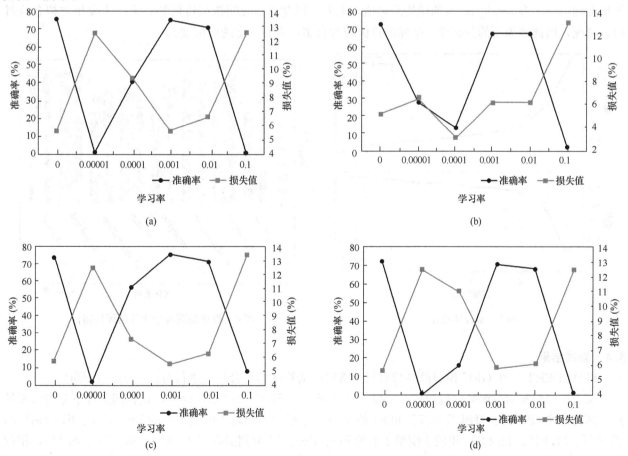

图 2　学习率对 ALBERT 预训练组合模型的影响

（a）albert-tiny＋sorfmax 模型；（b）albert-tiny＋somind 模型；（c）albert-base＋sorfmax 模型；（d）albert-base＋somind 模型

为探究学习率对模型训练效果的影响，本环节共设置了 0～0.00001 的 6 个学习率数值对 albert _ tiny ＋sorfmax、albert _ tiny＋somind、albert _ base＋sorfmax 和 albert _ base＋somind 的 4 个 ALBERT 预训练模型组合方式通过准确率和损失值进行对比（准确率越大越好，损失值越小越好）。在图中可以发现得出以下 2 个结论：①当学习率为 0 时，4 种模型组合方式的准确率最高，损失值最低；相反，当学习率为 0.1 时，4 种模型组合方式的准确率最低，损失值最高。②从 4 种模型组合方式对比得知，albert _ tiny＋sorfmax 的组合方式的准确率最高，损失值最低。

3.2 Dropout 层和批量尺寸的微调

通过研究发现，在模型的微调的过程中，有无 Dropout 层也会影响模型的训练。因此，本研究将基于"albert _ tiny＋sorfmax"预训练的模型进行测试。结果表明，在微调的过程中，随着 Dropout 层数值的变大，准确率先降低再升高，然后再减低；损失值先增高再降低，然后再升高。当 Dropout＝0.4 时，该模型的准确率最高，损失值最低。因此可以得出，该模型在 Dropout＝0.4 时，模型训练的效果最优。此外，模型在微调的过程中，批量尺寸（batch _ size）也会影响模型的训练结果。本测试将在学习率为 0、Dropout＝0.4 的"albert _ tiny＋sorfmax"预训练模型中进行测试。该模型分别设置了 8、16、32、64、128 五个批量尺寸，从测试结果中可以得知，当 batch _ size＝64 时，准确率最高，损失值最低，该模型的分类效果最优。

3.3 损失函数拟合率

模型在每一次微调的过程中，准确率不断上升，损失值不断下降，由此说明该模型在微调的过程中不断优化，最终得到了 ALBERT 预训练模型（albert _ tiny 预训练、sorfmax 损失函数、Dropout＝0.4，batch _ size＝64）。最后，为验证该模型的有效性，进行了拟合性证明，结果如图 3 所示。

从图 3 中整体趋势可以得知，loss（训练集损失值）下降，val _ loss（测试集损失值）下降；acc（训练集准确率）上升，val _ acc（测试集准确值）上升。因此可以证明该训练网络正常，未发生欠拟合或过拟合情况，因此该模型的分类评价指标的数值较为真实，具有一定的可信度。

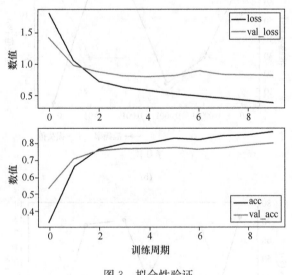

图 3　拟合性验证

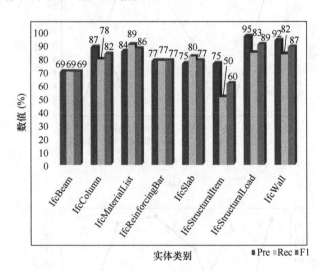

图 4　模型预测各个实体的评估指标

3.4 测试结果

将 ALBERT＋ Bi-GRU 模型最终结果与朴素贝叶斯算法等组合算法进行对比，如表 1 所示。

从表 1 多标签对比测验中得知，本文提出的基于 ALBERT＋Bi-GRU 模型，在相同条件下分类效果最好，其精确率 82.6%、召回率 78.7% 和 F1 值 80.6%。模型 6 相较于模型 1 中的 Pre、Rec、F1 分别提高了 46%、37.6%、42.4%，相较于模型 2 中的 Pre、Rec、F1 分别提高了 34.6%、33.7%、38.1%，相较于模型 3 中的 Pre、Rec、F1 分别提高了 11.4%、8.4%、10.1%，相较于模型 4 中的 Pre、Rec、F1 分别提高了 12.4%、8.95、10.9%，相较于模型 5 中的 Pre、Rec、F1 分别提高了 13.2%、11.7、13.6%。以

上结果表明 ALBERT 预训练模型和双向 GRU 算法的组合方式的分类效果明显优于其他模型。为更好地表现该模型的分类效果，进而得出该模型对各个实体标签的分类如图 4 所示。由图可知，IfcStructural-Load、IfcWall 实体分类的效果最优（精确率等均值 88%），而相反 IfcStructuralItem、IfcBeam 实体分类效果一般（精确率等均值 65%）。由此可以看出，结构荷载和墙条款在分类的过程中特征更明显，更容易识别，而实体结构项和梁相反。在以后的数据收集中，我们可以参考分类评估指标高的实体时增大数据集，不断完善语料库内容，进一步提高预测的准确率。

<table>
<tr><td colspan="5" align="center">对比试验结果</td><td>表 1</td></tr>
</table>

序号	模型	Pre（%）	Rec（%）	F1（%）
1	TF-IDF+NB	36.6	41.1	38.2
2	TF-IDF+RF	48.0	45.0	42.5
3	Doc2vec+NB	71.2	70.3	70.5
4	Doc2vec+RF	70.2	69.8	69.7
5	Glove+Bi-GRU	69.4	67.0	67.0
6	ALBERT+Bi-GRU	82.6	78.7	80.6

4 结论

针对结构设计规范文本分类问题，本文提出了一种基于 ALBERT 和 Bi-GRU 的多标签文本分类的迁移学习模型，通过评价标准以及预测结果，可以得出以下几条结论：

（1）在迁移和微调的学习过程中，本研究通过对比来判断其影响因素的对分类结果的影响，进而展示了整个模型不断优化的全过程，最终得到 ABERT 预训练模型的最优结果。

（2）ALBERT+Bi-GRU 模型采用 ALBERT 文本表示作为输入，在数据集较小的情况下，该预训练模型使得词向量表达的语义特征更强。之后再利用 Bi-GRU 算法通过前向和反向传播，从而有效地获取上下文生成的高层次语义信息文本表示，将不重要的信息进行隔离，重要信息保留下来。

（3）ALBERT+Bi-GRU 模型相较于其他分类模型在规范分类的性能上有了很大的提升，其准确率 79%、精确率 83%、召回率 79% 以及 F1 值 81%，较好地实现了规范文本的自动分类。

（4）在未来的研究中，可以在进一步提升模型的分类效果的基础上，加入更多的 IFC 实体类别或者在算法上进行改进等操作，探索人工智能算法在规范分类的研究上获取更高的分类性能。

参 考 文 献

[1] Eastman C，Lee J M，Jeong Y S，et al. Automatic rule-based checking of building designs[J]. Automation in Construction，2009，18(2009)：1011-1033.

[2] Zhang J，El-Gohary N. Semantic NLP-based information extraction from construction regulatory documents for automated compliance checking[J]. Journal of Computing in Civil Engineering，2013，30(2)：04015014.

[3] Devlin J，Chang M W，Lee K，et al. BERT：Pre-training of Deep Bidirectional Transformers for Language Understanding[C]，2018.

[4] Lan Z，Chen M，Goodman S，et al. ALBERT：A Lite BERT for Self-supervised Learning of Language Representations[C]，2019.

[5] Cho K，Merrienboer B，Gulcehre C，et al. Learning Phrase Representations using RNN Encoder-Decoder for Statistical Machine Translation[J]. Computer Science，2014. DOI：10. 3115/v1/D14-1179.

[6] 中华人民共和国住房和城乡建设部. 混凝土结构设计规范：GB 50010—2010[S]. 北京：中国建筑工业出版社，2011.

[7] 中华人民共和国住房和城乡建设部. 建筑抗震设计规范：GB 50011—2010[S]. 北京：中国建筑工业出版社，2011.

[8] 中华人民共和国住房和城乡建设部. 建筑结构荷载规范：GB 50009—2012[S]. 北京：中国建筑工业出版社，2012.

[9] 中华人民共和国住房和城乡建设部. 高层建筑混凝土结构技术规程：JGJ 3—2010[S]. 北京：中国建筑工业出版社，2010.

［10］ Hanika K，Bala B． Combining Naïve Bayes and Modified Maximum Entropy Classifiers for Text Classification[J]． International Journal of Information Technology and Computer Science(IJITCS)，2016，8(9)．

［11］ Salama D，EL-Gohary N． Semantic text classification for supporting automated compliance checking in construction[J]． Journal of Computing in Civil Engineering，2013，30(1)：04014106．

［12］ Hanika K，Bala B． Combining Naïve Bayes and Modified Maximum Entropy Classifiers for Text Classification[J]． International Journal of Information Technology and Computer Science(IJITCS)，2016，8(9)．

［13］ Zhou Y，Li Y，Xia S． An Improved KNN Text Classification Algorithm Based on Clustering[J]． Journal of Computers，2009，4(3)．

［14］ Mohamed G，Mouloud K，Mouldi B，et al． A Novel Active Learning Method Using SVM for Text Classification[J]． International Journal of Automation and Computing，2018，15(03)：44-52．

［15］ Zhang B，Lu L，Hou J． A Comparison of Logistic Regression，Random Forest Models in Predicting the Risk of Diabetes[C]//The Third International Symposium，2019．

［16］ Luan Y，Lin S． Research on Text Classification Based on CNN and LSTM[C]// 2019 IEEE International Conference on Artificial Intelligence and Computer Applications (ICAICA)． IEEE，2019．

铁路工程站前设计信息交付标准(IDM)研究

白园园[1]，衣　君[2]，张吉松[1,*]

(1. 大连交通大学土木工程学院，辽宁 大连 1160281；2. 大连市市政公用事业服务中心，辽宁 大连 116000)

【摘　要】 铁路工程站前设计是涵盖测绘、地质、路基、线路、站场、轨道、桥梁和隧道等专业的多专业协同设计。然而，目前铁路工程现有 BIM 标准尚未定义设计阶段各专业间信息交付流程和内容。因此本研究以铁路工程站前设计各专业交互信息为研究对象，采用 BPMN 方法定义了铁路工程站前设计各专业信息交付流程、交换场景和交换需求，并以线路设计工程师视角给出了与其余专业间的信息交互内容。本研究对于提高铁路工程协同设计水平，促进铁路工程设计专业间信息交付的标准化具有重要意义。

【关键词】 铁路工程；设计；站前；信息交付标准；IDM

1　引言

铁路工程设计一般包括站前专业设计和站后专业设计。站前专业一般包括测绘、地质、路基、线路、站场、轨道、桥梁和隧道等；站后专业一般包括四电、建筑、给水排水、工经、机辆等[1]。铁路工程设计是一项多专业集成的系统性工程活动，设计过程中不仅各专业间要互为上下序提取资料、开展协同工作，各参与方之间也要进行必要的信息交换。然而，尽管国家铁路 BIM 联盟发布了一系列 BIM 标准，例如《铁路工程信息模型数据存储标准》等[2]，对于铁路工程 BIM 软件研发和应用起到了极大的推动作用，但基于 BIM 的协同设计仍然存在诸多问题，例如各专业对于目标和分工理解不一致、使用工具不够有效、沟通不够充分、协同环境有待提高等，导致只有在极少的 BIM 项目中才能真正实现协同所带来的价值。产生这些问题的原因之一在于铁路工程现有 BIM 标准尚未定义设计阶段各专业间信息交付流程和内容，尤其是 IFC 标准未定义不同的项目阶段中不同项目角色所需交换的特定信息，导致铁路工程设计专业间信息交付的标准化程度不高。

IDM（Information Delivery Manual，信息交付手册）正是针对 IFC 不能实现特定阶段特定目的的信息交换定义而提出的解决方案。它可以准确划分项目全生命周期的各个阶段，同时对各个工程节点各项目角色所需的交互数据信息进行详细定义。Building SMART 组织是 IDM 标准的引领者：Wix 等[3]撰写了 IDM 指南第一版，其中阐述了 IDM 任务目标、组成部件和开发方法；Karlshoej[4]等在此基础上编写了 IDM 指南 1.2 版本，后来此版本被 ISO 组织认证为 ISO 29481-1：2010 建筑信息模型-信息交付手册-第一部分：方法与格式，为 IDM 的研究提供了标准化范本。基于 IDM 标准化范本，美国和北欧将 IDM 拓展到勘察设计领域中建筑结构设计、能量分析、设备运维、基建工程等多个方面[5-12]。国内学者对 IDM 研究主要集中在 IDM 标准的架构、描述方法、建筑设计流程、能耗分析、信号与通信等方面[13-26]。

综合国内外 IDM 研究可以看出：IDM 更多用于建筑领域 BIM 的数据交互研究中，为解决建筑工程中信息传递过程与交互信息提供了思路，并在一定程度上促进了建筑协同设计。而铁路 IDM 研究尚处于探索阶段，相关研究并不深入。中国铁路 BIM 联盟陆续发布了《铁路工程信息模型数据存储标准》等 10 多项标准，为铁路 IDM 标准的制定提供了参考。在国内外 IDM 相关研究的基础上，为了进一步提高铁路工程设计过程中专业间信息交付的标准化程度，本研究立足于铁路工程站前设计阶段并以各专业交互信息

【基金项目】 大连市科协科技创新智库项目（DLKX2021B02）；辽宁省科技厅博士科研启动基金计划项目（2019-BS-041）

【作者简介】 张吉松（1983—），男，系副主任，博士，硕士生导师。主要研究方向为 BIM 技术。E-mail：13516000013@163.com

为研究对象，采用 BPMN 方法绘制了该阶段的 IDM 设计流程图，定义了相关用例以表格形式对各专业部分信息交换场景进行定义，并以线路设计工程师视角给出了与其余专业间的信息交互内容。这对提高铁路工程协同设计水平和加强设计专业间信息交付的标准化提供帮助。

2 研究方法

IDM 技术架构有五个组成部件，分别为流程图、交换需求、功能部件、商业规则和有效性测试[27]。其中流程图和交换需求是 IDM 的核心。流程图位于 IDM 架构的顶层，对某一特定主题的活动流的逻辑顺序、人员角色、信息交换节点进行了定义。IDM 架构中间层是交换需求，其完整描述了流程图中特定活动需要交换的一组信息。功能部件是数据信息基本单元，位于 IDM 架构的最底层。功能部件是在 IFC 数据模型标准上建立的，一个功能部件可以看作是基于 IFC 标准的一个单独的信息模型。商业规则是对所交换的数据、属性等限制条件的描述。有效性测试则是基于特定商业规则约束下检验软件输出信息是否与交流需求定义一致，从而验证交流需求是否得到满足。

IDM 的开发从流程定义和软件解决方案两方面着手研究，第一是与行业从业者相关流程定义，具体包括：（1）绘制流程图与定义用例；（2）说明交换场景，描述活动内容；（3）描述交换需求。在流程定义完成基础上，进行软件解决方案的开发，包括：（1）开发 MVD；（2）开发软件。

IDM 标准中流程图基于业务流程建模标注方法（Business Process Modeling Notation，BPMN）进行绘制。BPMN[28]是对象管理组织开发的一种用于流程图绘制的流程建模通用的、标准的标记方法，主要由流对象（Flow Objects）、连接对象（Connecting Objects）、泳道（Swim Lane）和人工附加/模块（Artifacts）等四类建模元素及符号组成，具体包括泳池、泳道、开始事件、中间事件、结束事件、任务、顺序流、消息流、网关、数据对象、数据存储、组等流程图元素。本研究 BPMN 流程图使用 Microsoft VISIO 进行绘制。

3 铁路工程站前设计 IDM

3.1 流程图绘制与定义用例

流程图是对某一特定主题边界下的活动流程的描述，以便更好地理解流程图中活动如何配置、有哪些人员参与、需要以及产生哪些信息。本研究以铁路工程站前设计各专业交互信息为研究对象，定义出铁路工程站前设计阶段 IDM 如图 1 所示。其中不同角色活动位于不同泳道，信息模型作为单独的角色类型拥有其专属的泳道。参与人员包括业主、线路设计工程师、桥梁设计工程师、路基设计工程师、隧道设计工程师、轨道设计工程师、站场设计工程师和审查者。不同泳道内任务根据实际情况进行配置：业主包括提出用于指导各专业设计的业主需求、对各专业初步设计进行管理、对各专业的施工图设计进行管理三个任务；各专业的设计工程师主要进行可研设计、可研审核、初步设计、初步设计审核、施工图设计、施工图设计审核六项活动，过程中产生的信息、工程节点信息的交互等在流程图中展示。

流程图绘制完毕后，接下来对用例进行定义。用例根据既定的铁路工程 IFC 工作范围和全生命周期的 BIM 信息交互情况进行定义，基于本研究的流程图仅定义了 9 个重要用例，具体为构件建模、属性附加、导入参考模型、设计到设计、二维出图与相关文件的生成、可视化、工程量统计、碰撞检测、设计审核。定义用例时还需要明确用例描述、目的、交换场景以及所需要的语义信息等内容。其中，交换场景在每一个用例中有一个或多个，它用来描述活动是如何同用户进行交互，用例定义如表 1 所示。

3.2 交换场景

交换场景是一种从业主、设计师等 BIM 用户角度进行信息非技术性方式描述方法，它可以完整描述流程图中各个活动及所需进行的信息交换。针对本研究的流程图，给出了该流程图对应的交换场景，主要描述了信息流的发送方和接收方、信息传递内容和目的、相关用例等，表 2 展示了部分交换场景。

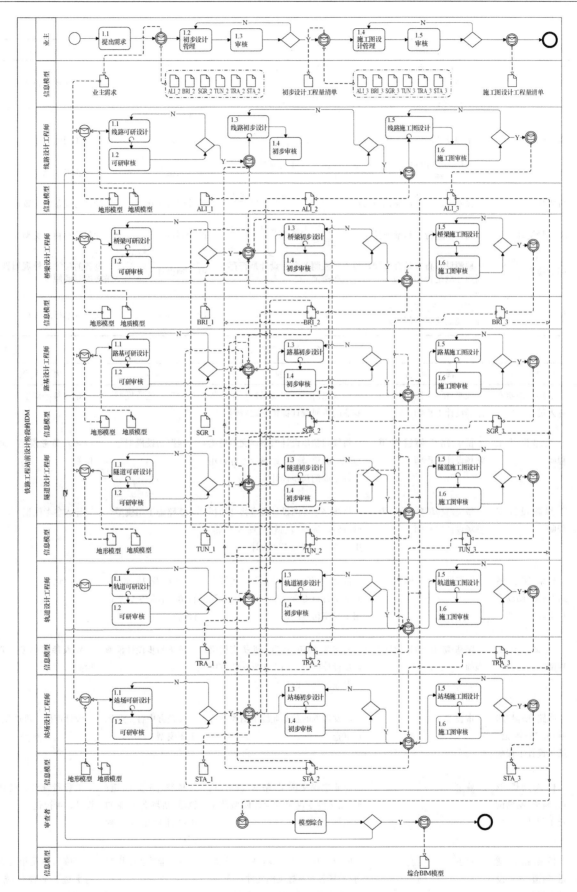

图1 铁路工程站前设计阶段的 IDM

用例定义表　　　　　　　　　　　　　　　　　　　　　　　　　表1

序号	用例名称	描述	目的	交换场景	所需语义信息
1	构件建模	建立构件三维模型	将构件实体化	设计到设计	几何尺寸信息等
2	属性附加	赋予构件模型属性值	使构件有用、可用	设计到设计	类型、名称、材质信息等
3	导入参考模型	引入参考模型到其他专业模型中	为其他专业设计提供基础资料	参考模型到其他专业设计	参考模型中的各种参数
4	设计到设计	不同设计阶段模型的交换	早期阶段的模型为下一阶段模型提供参考	设计到设计	各实体间的关系等
5	二维出图	运用特定软件输出设计模型的二维图纸	设计方将二维图纸交给业主	设计到交付	图形相关信息
6	可视化	设施、设备的可视化与展示	与业主、审查者沟通设计方案	设计到可视化	设施与设备的布置形式
7	工程量统计	对模型进行工程量统计	确定工程量清单，以便造价管理	设计到造价	设备的材料、类型等
8	碰撞检测	检测设备布置是否合理，与周边环境是否相协调	检测各专业设计是否存在碰撞	设计到设计	设备的尺寸、外观属性等，碰撞检测的原则
9	设计审核	评估设计是否符合技术标准、规范及运营部门需求	确定设计的合理性	设计到审查	铁路技术标准和规范

交换场景（部分）　　　　　　　　　　　　　　　　　　　　　　表2

编号	模型发送方	模型接收方	目的	内容	相关用例
1	地形、地质专业人员	线路/桥梁/路基/隧道/站场设计工程师	给线路/桥梁/路基/隧道/站场等专业的可研设计提供基础资料	地形与地质模型	导入参考模型
2	线路设计工程师	桥梁/路基/隧道/轨道/站场设计工程师	将线路初步设计模型移交给桥梁/路基/隧道/轨道/站场等专业，用于各专业的初步设计	线路初设模型	导入参考模型、碰撞检测
3	线路设计工程师	桥梁/路基/隧道/轨道/站场设计工程师	将线路施工图设计模型移交给桥梁/路基/隧道/轨道/站场等专业，用于各专业的施工图设计	线路施工图模型	导入参考模型
4	桥梁/路基/隧道/轨道/站场设计工程师	线路设计工程师	桥梁/路基/隧道/轨道/站场等专业提出各自专业的初步设计需求，用于线路初步设计	桥梁/路基/隧道/轨道/站场各专业设计需求	可视化
5	桥梁设计工程师	路基/隧道/轨道设计工程师	向路基/隧道/轨道专业提交桥梁初步设计模型，用于指导接收方中各专业的初步设计	桥梁初步设计模型	导入参考模型、碰撞检测
6	线路/桥梁/路基/隧道/轨道/站场设计工程师	审查者	对发送方的各专业施工图模型进行审查	发送方中各专业施工图模型	设计审核、可视化
7	桥梁/路基/隧道/轨道/站场设计工程师	业主	向业主提交桥梁/路基/隧道/轨道/站场各专业初步设计模型及工程预算	桥梁/路基/隧道/轨道/站场各专业初步设计模型及工程预算	工程量统计、设计到设计、可视化
8	桥梁/路基/隧道/轨道/站场设计工程师	业主	向业主提交桥梁/路基/隧道/轨道/站场各专业施工图文件	各专业施工图模型	二维出图及相关文件的生成、工程量统计、可视化

3.3 交换需求

数据对象是交换需求在流程图中的体现，其最重要、最核心的部分就是数据需求的属性需求表，即交换需求表。此表格描述了某个设备类型需要交换的属性、属性描述以及模型接收方对本属性是需要（R）还是可选择（O）等内容。表 3 以线路设计工程师交换信息为例，展示了根据线路设计工程师交换场景（表 2 中编号 3）建立交换需求表。

线路设计工程师交换场景的描述　　　　　　　　　　　表 3

信息组	属性	描述	BRI_1	SGR_1	TUN_1	TRA_1	STA_1
		中线	R	R	R	R	R
几何属性信息							
	ID	构件唯一标识符	R	R	R	R	R
	新建长度	新建线路的长度	R	R	R	R	R
	运营长度	线路的运营长度	R	R	R	R	R
	曲线半径	线路曲线半径值	R	R	R	R	R
	曲线长度	线路曲线的长度	R	R	R	R	R
	夹直线长度	线路中夹直线的长度	R	R	R	R	R
	坡度大小	线路坡度大小	R	R	R	R	R
	竖曲线半径	线路中竖曲线半径取值	R	R	R	R	R
	竖曲线长度	线路的竖曲线长度	R	R	R	R	R
桥、隧、站、路段落定位信息		—	R	R	R	R	R
非几何属性信息							
	线路名称	—	O	O	O	O	O
	铁路等级	用于划分铁路级别	O	O	O	O	O
	正线数目	连接车站并贯穿或直股伸入车站的线路数量	O	O	O	R	R
	速度目标值	铁路设计时速指标	O	O	O	O	O
	牵引类型	铁路牵引工具所使用的能源（动力）类型	O	O	O	O	O
	牵引质量	机车牵引普通货物列车的总吨数	O	O	O	O	O
	限制坡度	线路设计允许的最大纵向坡度	R	R	R	R	R
	最小曲线半径	铁路常用技术标准之一	R	R	R	R	R
	机车类型	电力机车	O	O	O	O	O
	到发线有效长度	线路全长范围内可以停留机车车辆而不妨碍邻线行车的部分	O	O	O	O	R
	闭塞类型	区间闭塞的方式选择	O	O	O	O	O
		标志标牌	R	R	R	R	R
几何属性信息							
	ID	构件唯一标识符	R	R	R	R	R
	桩号	标识和区分多个"桩"的编号	R	R	R	R	R
非几何属性信息							
	里程信息	标志标牌对应的里程信息	R	R	R	R	R
	标牌类型	公里标、曲线标等	R	R	R	R	R

4 结论

本文研究在调研铁路工程站前设计各专业交付信息的基础上，绘制了包含线路、桥梁、路基、隧道、轨道、站场六个专业流程图，基于流程图与 BIM 全生命周期实际信息交互提出了九个用例，在所定义用例基础上从交换场景、交换需求方法进行详细描述，为铁路工程协调设计交付标准制定提供参考。本文所提出的铁路工程设计站前设计阶段的 IDM 还需要进一步测试与验证。IDM 是将实际工作流程与信息交互需求进行定义并用于特定阶段或特定目的，是基于理论层面的研究。检验 IDM 能否真正落实 IFC 标准，还需要开发 MVD（模型视图定义）并在协同设计平台中对 IDM 进行测试与验证。

参 考 文 献

[1] 刘北胜，尹逊霄，郭歌，等．铁路工程 BIM 协同设计与构件共享研究[J]．铁路计算机应用，2020，29(12)：25-28.

[2] 铁路工程信息模型数据存储标准(1.0 版)[J]．铁路技术创新，2016(01)：5-177.

[3] Wix J, Karlshoej J. Information delivery manual：Guide to components and development methods[EB/OL]. BuildingSMART International，2010，5(12)：10.

[4] ISO 29481-1：2010，Building Information Modeling-Information Delivery Manual-par1：Methodology and format [S]. International Organization for Standardzation. 2010.

[5] Nawaril N. Standardization of structural BIM [C]// Proceeding of the 2011ASCE Int. Workshop on Computing in Civil Engineering，2011：405-412.

[6] Nawari1 N. BIM standardization and wood structures [C]// Proceeding of the 2012 ASCE Int. Workshop on Computing in Civil Engineering，2012：294-300.

[7] National Institute of Building Sciences，United States National Building Information Modeling standard version 2 [S]，2012.

[8] Jeong Y，Eastman C，Sacks R，et al. Benchmark tests for BIM data exchanges of precast concrete [J]. Automation in Construction，2009，(18)：469-484.

[9] Panushev I，Eastman C，Sacks R，et al. Development of the national BIM standard (NBIMS) for precast/prestressed concrete [C]//Proceedings of the CIB W78 2010：27th International Conference-Cairo，Egypt，2010：18.

[10] Karlshoej J. Information delivery manuals to integrate building product information intodesign [C]// Proceedings of the CIB W78-W102 2011：International Conference-Sophia Antipolis，France，2011.

[11] Liu Y，Leicht R，Messner J. Identify information exchanges by mapping and analyzing the integrated heating，ventilating，and air conditioning (HVAC) design process [C]//Proceeding of the 2012 ASCE Int. Workshop on Computing in Civil Engineering，2012：618-625.

[12] Lee S，Liu Y F，Chunduri S，et al. Development of a process model to support integrated design for energy efficient buildings [C]//Proceeding of the 2011ASCE Int. Workshop on Computing in Civil Engineering，2012：261-268.

[13] 何关培．实现 BIM 价值的三大支柱-IFC/IDM/IFD[J]．土木建筑工程信息技术，2011，3(01)：108-116.

[14] 周成，邓雪原．IDM 标准的研究现状与方法[J]．土木建筑工程信息技术，2012，4(04)：22-38.

[15] 郑成林，成荣荣，李伟龙．基于 IDM 的安防系统集成数据交互的实践[J]．智能建筑，2015(10)：58-62.

[16] 靳金，安景合，黄锰．BIM 信息交换流程标准制定方法研究[J]．土木建筑工程信息技术，2012，4(04)：15-21.

[17] 周成．基于 IDM 的建筑工程数据交付标准研究[D]．上海：上海交通大学，2013.

[18] 明星，周成，姚毅荣，等．基于 IDM 的建筑工程设计阶段流程图描述方法研究[J]．图学学报，2014，35(01)：138-144.

[19] 成荣荣，马小军，杨克香．基于 IDM 的建筑智能化设计流程研究[J]．土木建筑工程信术，2016，8(03)：78-83.

[20] 曾庆玉．从建筑设计到结构设计 IDM 标准研究[D]．北京：清华大学，2016.

[21] 陈冲，马小军，成荣荣．基于 IDM 的建筑能耗分析流程研究[J]．科技通报，2017，33(04)：186-190.

[22] 王春宵．BIM 环境下支持施工图审查的工程信息交付标准研究[D]．武汉：华中科技大学，2018.

[23] 陈远，张雨，张立霞．基于 IFC/IDM/MVD 的建筑工程项目进度管理信息模型开发方法[J]．土木工程与管理学报，2020，37(04)：138-145，158.

[24] 周洁云．IFC 铁路标准制定流程及交付内容研究[J]．铁道工程学报，2020，37(06)：92-98.

［25］ 钟青．基于 IDM 的铁路信息系统设计流程研究[J]．铁路技术创新，2019(04)：71-76.

［26］ 王怀松，邹少文．铁路信号 BIM 数据存储标准的研究与制定[J]．铁路技术创新，2019(04)：50-54.

［27］ BuildingSMART. International［EB/OL］．(2012-09-01)［2022-07-09］. https：//technical. buildingsmart. org/.

［28］ WixJ. Quick guide：business process modeling notation［EB/OL］．(2007-01-08)［2022-07-09］．http：//iug. buildingsmart. org/idms/methods-and-guides.

众包赋能 BIM 协同设计：现状与可行性

王博文[1]，张吉松[1,*]，李海江[2]

(1. 大连交通大学土木工程学院，辽宁 大连 116028；2. 卡迪夫大学工学院，英国威尔士 卡迪夫 CF24 3AA)

【摘 要】 互操作性与协同是目前 BIM 领域仍未有效解决的主要问题之一。尽管 IFC、IFD 和 IDM 的出现使 BIM 互操作性有所提升，但距离完全协同状态还有较大差距。众包（Crowdsourcing）是利用"群体智慧"共同完成复杂任务，为解决 BIM 协同问题提供一种潜在的创新性解决方案。在广泛调研国内外相关研究的基础上，从技术和应用层面对当前国内外众包技术的研究和应用现状进行综述，介绍其所涉及的组成部分和关键技术，并对众包引入 BIM 辅助协同设计的可行性进行探讨，最后从技术层面给出融合过程中可能遇到的困难和挑战。

【关键词】 众包；BIM；协同设计；融合；综述

1 概述

1.1 背景

基于 BIM 的协同（设计）一般可以从两个角度来理解。从设计的角度，是指不同专业设计人员（例如建筑、结构、设备等）以某一共享平台作为依托，协同工作共同完成设计任务；从项目全生命期的角度，是指不同项目参与方（例如设计方、施工方、业主方）为实现目标，基于共享平台共同参与到设计任务中来。如果后者将实现设计目标的功能进一步延伸，涵盖施工或全生命期的信息管理，可以称为基于 BIM 的协同管理。

然而，尽管 IFC 等一系列 BIM 标准的出现使得互操作性和协同能力有所提升，但基于 BIM 的协同仍然存在诸多问题，例如各方对于目标和分工理解不一致、使用工具不够有效、沟通不够充分、协同环境有待提高等，导致只有在极少的 BIM 项目中才能真正实现协同所带来的价值。因此，如何改善和提高 BIM 协同是 BIM 领域面临的主要挑战之一。

众包（Crowdsourcing）技术的出现为助力 BIM 协同提供一种潜在的创新性解决方案。众包是指一个组织将原来由员工完成的工作任务，以自由自愿形式外包给非特定大众的做法[1]，目的是利用"群体智慧"来共同解决一系列挑战，包括共同完成复杂任务和辅助决策等。众包利用互联网来汇聚具有不同视角和经验的群体智慧解决实际问题，是群体智能以互联网方式的高级呈现[2-3]。众包在软件开发[4]、数据处理[5]、药物开发[6]、知识问答[7]、创意竞赛[8]、项目管理[9]等各领域均有应用，取得了较好的社会经济效益。众包被认为是"最有希望的"将人和计算机优势结合起来的新方法[10]。

将众包引入 BIM，不仅可以在设计早期为设计人员探索设计方案的各种可能性提供帮助，以及反馈不同项目方在不同阶段的设计建议，而且可以为项目管理人员提供决策建议，进而提高 BIM 协同设计与管理水平和效率。然而，国内对于众包技术的相关研究梳理和系统总结鲜有报道，尤其是对于将众包引入 BIM 的文献未见报道。鉴于以上现状，本文从技术和应用层面对当前国内外众包技术进行综述与梳理，凝练出众包涵盖的关键技术以及可以辅助 BIM 协同的特点，并对众包引入 BIM 可行性进行探讨，最后给出融合过程中可能遇到的困难和挑战。

【基金项目】 大连市科协科技创新智库项目（DLKX2021B02）；辽宁省科技厅博士科研启动基金计划项目（2019-BS-041）

【作者简介】 张吉松（1983—），男，系副主任，博士，硕士生导师。主要研究方向为 BIM 技术。E-mail：13516000013@163.com

1.2 文献数据来源与综述内容

本文以英文关键词"crowdsourcing""collaboration""BIM""collective intelligence"等在国外数据库 Web of Science、Science Direct、Engineering Village 和谷歌学术查找近 10 年众包相关的文献，并以中文关键词"众包""协同""BIM""群体智能"等中文关键词在中国知网（CNKI）查找近 10 年的相关文献。

基于以上关键词共收集了国内外共 92 篇论文，技术层面与应用层面相关文献见表 1。尽管众包方向论文分布在各种领域且应用种类多种多样，但在技术层面按照共性特点可以将众包分为四个基本组成部分：任务、群体、组织和平台。在应用层面，众包应用比较广泛，包括创意竞赛、商业软件开发、药物开发、知识问答以及数据处理等方面，本研究仅对"设计"相关的众包应用进行总结，其余类的应用不在本文调研的范围之内。

技术与应用相关文献 表 1

技术层面			应用层面		
技术组成	具体方面	文献	应用层面	具体方面	文献
任务	任务描述	[11-15]	常见众包应用	Innocentive、Amazon Mechanical Turk..等	[2-8]
	任务分配	[16-19]			
群众	时间和评价标准	[20-22]	软件工程应用	软件开发、设计和测试等	[58-67]
	群众激励措施	[23-30]			
	知识和能力资格	[31-35]	智慧城市建设	智慧城市建设中的民意反馈、城市防灾减灾等	[68-79]
	解决方案评估	[36-40]			
组织	风险管理	[41-44]	建筑设计与城市规划	建筑设计、城市规划、设计方案征集	[80-92]
	反馈与沟通	[45-48]			
平台框架	平台	[49-53]			
	框架	[54-57]			

2 技术层面

"众包"概念于 2006 年由 Howe[1]首次提出，其定义如下：众包是指原来由公司或组织执行的任务，以公开的方式将其外包给一个未定义（通常是大型）的人群的行为。众包理念源于解决问题的方式由传统的"个人式"转向"分布式、多元、协作"的多学科协同方式。

从流程上来说，众包一般包含以下几个步骤：（1）个人或组织确定要执行的特定任务或要解决的问题；（2）个人或组织以公开的方式（一般通过网络）发布这个任务或问题；（3）人群执行任务或解决问题；（4）根据任务和问题的性质，个人或组织筛选解决方案并选择最佳解决方案（选择性众包），或人群提交的内容进行综合或合成最佳方案（整合众包）；也可以分为竞赛类众包和任务分配类众包。

2.1 任务

众包的任务或问题是众包方案中最重要的方面之一。任务通常是组织和群体之间的第一个接触点，基于解决人自主选择是否要参与该项目。以设计任务为例，众包任务可以进一步细分为任务描述、定义任务范围和解决方案空间、识别任务复杂度、任务分解和任务分配。清晰的问题陈述是众包过程中最基本的步骤之一。先前的研究表明：问题陈述的形式直接影响到收到的解决方案的质量[11,14]；描述清晰的问题更容易让人理解并进一步解释，没有被描述清楚的问题可能会增加被误解的概率[12-13]。同时在任务描述的过程中，设计样例也扮演着重要角色。设计师们使用样例来获取灵感、熟悉竞争格局和探索设计空间的诸多可能性[15]。

任务分配是指将任务分配给特定人群中的个人，取决于解决问题所需的专业知识。例如，众包公司可以针对具有特定知识的贡献者，这些贡献者可能更适合制定解决方案，Blohm 等[16]强调众包公司可以根据特定技能、人口统计和先前比赛的表现结果来确定人群。尽管基于比赛的众包利用人群的多样性来解决问题，但它也会造成大量低质量和不相关的解决方案的"拥挤"现象[17-19]。因此，针对具有适当知识和专业知识的人群贡献者往往是减少"噪音"并产生更高质量的有效解决方法[20-22]。

2.2 群体

群体指的是参与到众包活动的人群。群体是众包系统中最重要的角色之一。众包计划的成功很大程度上取决于吸引和激励群体开发出解决方案[41]。基于文献分析，群体有两个关键的特征：一是群体激励措施，二是知识和能力资格。

群体动机是指群体参与到众包活动的动机，以前的许多研究已经对众包的动机方面进行了调查[23-24]。因为激励是基于众包比赛的固有组成部分，当众包组织在设计激励机制时，全面地了解群体的动机是十分重要的。奖金作为一个核心的外在激励因素，既增加了解决方案的数量也提高了解决方案的质量[25]。Görzen[27]认为能够激发众包人群积极情绪不仅包括奖励，还包括任务的意义，任务意义被认为是间接的激励者。先前的研究进一步将众包问题的本质和复杂性同解决者参与动机联系起来。Zheng 等[24,29]指出结构不良和描述不清的任务可能会给参与动机带来消极影响。另一方面，具有高级自动化的、结构良好的任务对众包竞赛的参与有着积极的影响。在参与者动机中另一个起着重要作用的关键方面是如何对待知识产权问题。严格的知识产权管理可能会严重阻碍众包竞赛的参与进行[30]。先前的研究表明知识产权决策通常取决于问题发展的阶段和复杂性[31]。众包公司在设计知识产权管理时应考虑对参与的负面影响。一种可行的方法是给予解决者更高的金钱奖励来让其完全转让权利[30]。

知识和能力资格是指群体成员的具有的专业知识和能力。解决问题所需的知识与任务的复杂性密切相关，由所涉及的知识组件的数量来表示[12,32,41]。某些任务（例如软件测试）需要高度专业化的知识[16]，然而其他通用问题依赖于人群的异质性[33]。Boons 等[34]认为相关的能力结合与整合（特性领域知识）和不相关（其他领域知识）观点是产生高质量、新颖解决方案的关键。同样 Frey 等[35]强调具有不同领域知识的个人能够更好地结合知识并建立联系。尽管知识多样性在众包竞赛中发挥着重要作用，区分特定知识问题和通用问题对众包公司从众包计划中受益是至关重要的。

2.3 组织

组织是指通过众包解决问题（任务）的组织或公司，负责从最初的问题制定到分配任务，最后对效果进行评估。基于文献调研，凝练出组织在众包中的一些关键要素，包括解决方案评估、风险管理和反馈与沟通。

解决方案评估是指公司如何评估由人群开发的解决方案。在基于比赛的众包中，参与者通常相互竞争以生成解决问题的方案。然后众包公司筛选并评估收到的解决方案以选择最好的一个解决方案（或多个），最终会给予其奖励[37]。尽管众包提供了利用分散在人群中的各种知识，它也可能会导致"拥挤"状态，组织会收到大量的解决方案[38]。由于组织资源有限，评估大量解决方案可能很乏味，并且会增加众包的总交易成本[39]。Dahlander 等[40]进一步强调，随着拥挤程度的增加，企业倾向于将它们的注意力集中在熟悉且在当地知识领域内的解决方案上。因此，当"拥挤"情况发生时，组织倾向于过滤掉包含相对遥远知识的解决方案。

风险管理是指基于众包项目的背景下对不确定性的管理。对企业来说，考虑众包项目中的潜在风险同样重要。众包项目中最突出的风险之一是可能收到低质量的劣质解决方案[42]。因为群体成员不仅限于雇用合同，企业可能没有对输出质量的有效控制权。但是通过明确定义问题，提供明确的解决方案要求并强调适当的人群，组织便可以降低接收低质量解决方案的概率[43]。众包计划的另一个关键风险是知识产权和专有技术的丢失。众包项目在描述项目问题时有泄露太多信息的风险，这可能对竞争优势产生负面影响[41]。先前的研究表明，具有高度机密信息的任务并不适合众包。因此众包公司在定义问题陈述时应谨慎，确保没有泄露敏感信息。在与外部人群合作时，签署保密协议也可能是有效的[31]。

反馈与沟通是指众包公司如何在比赛的不同阶段与人群进行沟通。许多研究已经证实沟通与反馈对于解决者是重要的一个部分，这可能会影响到所收到的解决方案的质量[46]。Schäfer 等[45]区分了众包竞赛中三种不同类型的沟通流：单向沟通（建议框）、双向沟通（电子邮件）和多向沟通。作者又进一步概述了哪种通信流最适合哪种比赛的哪种阶段。研究表明，单向和多向沟通在赛前最有价值，双向交流在赛中和赛后最有价值。为了从众包计划中受益，众包公司针对众包过程中的不同阶段建立适合的沟通工具[48]。此外，公司应该分配时间来沟通和回答解决者的问题。在比赛的适当阶段解决者提出建设性的反馈能够极大影响众包项目的参与度和成功率[47]。

2.4 平台框架

平台指的是公司想要解决问题需要发布的接口。组织可以开发自己的众包平台，也可以使用第三方（基于中介的众包）平台，虽然许多知名企业已成功开发出自己的众包平台，但重要的是要考虑到建立、运营、管理此类平台的成本。Blohm 等[16]强调开发具有适当管理机制的可扩展平台对于以前没有众包经验的公司来说是极具挑战性的。另一个关键因素是大量接触具有不同技能和专业知识的人群。任何众包计划的成功大多数取决于吸引和激励人群开发解决方案的能力。这对于那些基于比赛的众包且是有挑战的、创新的问题尤为重要。在过去十年中，众包中介市场显著增长，一些知名的示例包括 InnoCentive、NineSigma、IdeaConnection 和 Yet2。这些中介机构拥有众多的不同领域的专家和专业人士，并通过自己的基于网络平台和外部解决者连接[48]。因为众包中介专业领域不同，公司必须基于待解决问题的本质和复杂性选择正确的众包平台[49]。最近的发展表明，许多组织已经转向基于中介的众包发布创新问题。中介机构在管理众包过程中发挥着关键作用，包括制定问题陈述，向他们的解决者社区发布任务，预先选择适当的解决方案并向解决者们提供反馈[50]。此外，中介机构通过提供建议、管理知识产权和相关风险并跟踪众包的整体绩效来支持公司[48]。先前的研究表明，使用中介可以显著降低开发成本与众包相关的其他风险，因此成为对公司来说十分有吸引力的问题解决方法[41]。

3 应用层面

由于篇幅所限，本部分仅介绍应用层面的第 4 个部分，即众包在建筑设计与城市规划方面的应用。最早将众包理念应用于建筑设计的是网络设计竞赛。基于网络的设计竞赛与众包类似，采用公开征集的公众（或专业人员）的方式用于生成和评估设计方案。例如 Arcbazar[76]是一个建筑设计竞赛众包网站，为在线设计竞赛提供了一个平台，设计作品由设计师提交，随后由评委进行评分，获奖者将获得由客户决定的货币奖励。

然而，尽管网络竞赛对于建筑方案（征集）设计和评估是一种有价值的创新做法，但没有考虑在设计过程中项目各参与方的协同。鉴于此，Dortheimer 等[36]开发了一种辅助项目参与方和建筑师协同的建筑设计众包模型，该模型将建筑设计复杂流程拆分成"微任务"并将任务结果组装成最终的设计产品。这些微任务包括设计、选择和评价。这种"拆分—组装"进而产生新方案的方法基于的原理包括：遗传算法（Genetic algorithm）、创意树（Segment tree）、排序（Rating）、ad-hoc 算法、介质变化迭代（Medium changing iterations）。Wu 等[81-82]提出了一个为创建众包设计任务的通用框架（Crowdsourced design framework），该框架包括四个步骤：任务说明、原型验证、任务执行和任务评估。

另一方面，Retelny 等[83]则认为现实中的很多复杂任务（例如设计），因其需求高度专业的领域知识，并无有效方法将其分解成"微任务"。基于该认识，作者提出一个动态组装和管理众包专家团队的框架。该框架包含一系列模块化任务，从人群中抽取专家。

设计反馈是设计过程的一个重要组成部分。采用众包以前的设计反馈大都来自单位内部或业主。鉴于此，Luther 等[84]提出了一个基于网络的设计反馈系统，该系统允许设计师接收非专家群体和专家群体的设计评论，并开展了三项研究来评估设计反馈的益处。结果表明：第一，非专家群体的设计反馈意见与专家群体的反馈意见非常接近；第二，设计时认为非专家的反馈意见改善了他们的设计过程；第三，设计师非常愿意接受非专家群体的反馈，并能积极地利用这些反馈来改善设计。

众包应用在城市规划设计方面，Hosio 等[89]对芬兰北部城市奥鲁市中心街道翻修项目（包括更换人行横道、长椅、灯柱等），探索引入公民交互式参与的众包模式，并收集公民对项目改造的反馈。即在施工现场采用公共人机界面与芬兰城市管理人员进行互动。Birch 等[91]针对众包网络系统虽然可以显示 3D 模型，但仍然无法实现提供多个设计方案，以及用户无法修改设计方案和定量分析设计方案效果等特点，建立了一个 3D 可视化增强和可量化需求评估的众包环境，可实现群体对设计方案的反馈进行整理和实施呈现，以帮助设计团队平衡城市规划设计的各方需求，并在一个 Arup 城市规划项目中进行验证，使得人群利用交互设计工具和众包参与城市规划设计成为可能。Dortheimer 等[92]提出众包在建筑设计中的设计流程，并比较了两种辅助于建筑设计的众包方式：基于建筑设计竞赛的众包网站和基于网络的建筑设计众包软件。结果表明，基于网络的众包流程的表现不仅优于单个建筑设计师，而且可以有效地将项目利益相关者的知识整合到设计过程的不同部分，从而产生真正的协同设计。

4　讨论与展望

互操作性和协同是 BIM 领域目前仍未得到有效解决的主要问题。尽管 BIM 以提高协同为目标，并且在协同方面具有很大潜力，但基于 BIM 的协同仍然存在诸多问题，例如各方对于目标和分工理解不一致、使用工具不够有效、沟通不够充分、协同环境有待提高等，导致只有在极少的 BIM 项目中才能真正实现协同所带来的价值。因此，如何改善和提高 BIM 协同是 BIM 领域未来需要解决的主要问题之一。

众包技术的出现使得探索新的协同设计方法成为可能。在这种背景下，众包作为一种基于互联网的方法，允许未定义的群体协作设计新的信息产品，通过将复杂的任务分解为微任务并依靠集体智慧来解决问题。由于 BIM 协同设计任务与现有众包任务有很多相似之处，因此，将众包引入 BIM 协同设计具有很大的可行性和潜力。

如果在设计过程的早期通过参与式设计进行，则众包被认为是特别有效方法之一。近些年，由于网络工具的兴起，使得众包群体可以通过网络提交反馈。将这项功能引申到 BIM 协同设计中，可以实现项目各参与方不仅可以对 BIM 设计方案发表评论，而且可以使用空间标记方法指出设计问题，进而平衡自身的利益与项目共同目标。同时，从工程项目利益相关方的角度，会从自身的利益角度出发对设计方案进行评价和反馈，符合众包中的"组织和大众都能够互惠互利"的特点。众包还可以使得每个参与者根据自己的经验探索设计空间，很多时候能够实现一个专业设计团队无法探索的更广阔的设计空间（例如多种设计方案可选或者更多的设计变量）。但很多时候，探索设计空间受限于设计工具和设计人员，也就是说，真正的设计空间要比设计工具能提供的大得多，能够使设计团队能够在事先没有想到的方向上探索更灵活的设计空间，最后还需将探索设计空间和设计变量与可视化技术、评论技术、云技术等实现统一。

从技术层面上讲，众包分为任务、群体、组织和平台。在 BIM 协同设计中，任务可以通过任务描述、定义任务范围和解决方案空间、识别任务复杂度、任务分解和任务分配来拆解 BIM 协同设计中的任务。例如，在项目设计早期阶段，可以让业主参与到项目方案的设计中来并反馈相应的信息；在群体方面，可以根据动机和激励、知识和能力资格以及参与人数来策划参与人群。由于建设工程项目具有众多项目参与方和利益相关者，这些群体可作为众包模式中的群体，根据需求和特点发布不同的任务安排其完成。例如，除了设计方以外，业主、施工方、监理方、材料供应商以及未来使用者都可以作为群体参与到 BIM 协同设计和管理中；在组织方面，可以是设计方牵头作为众包拟定和发布的单位，也可以是业主方或者其他项目参与方，可根据项目实际情况制定，但需要做好方案评估、应用潜力、沟通与反馈、激励和奖励、资源规划、风险管理、法律和知识产权管理、品牌形象与信任、总体效果评价等方面工作；在平台方面，需要根据实际情况，能够实现例如发布任务、浏览模型、标注、反馈、投票以及协同设计等功能。

基于以上认识，我们构想出一个众包与 BIM 结合后的理想环境，也就是一个基于网络和交互的，并可实现在线发布、查看、标注、反馈、分析、实时评估 BIM 模型的 3D 可视化云环境，以辅助 BIM 协同设计。基于以上构想，我们凝练出将众包引入 BIM 协同设计涉及的主要技术，以及可能需要解决的问题，如下：

（1）一个基于网络 3D 可视化交互平台。该平台能够识别 BIM 模型的各种格式，并进行设计交互、评注、性能评估与探索设计空间。该平台前端目前国内外此类平台（例如 Unity3d、腾讯云 BIM 协同平台、CVAT）只能实现以上提到的一部分功能，未来想完全实现设计协同（例如反馈、分析和探索设计空间等），还需解决平台与分析模型、计算模型以及三维图形库相互关联等问题。

（2）一个分析平台（模型）。该平台主要针对开发人员，不仅可以实现交互式的创建和配置工作流，而且可以提供多尺度分析能力，能够在不同的设计尺度下运行分析 BIM 模型。为了确保 BIM 模型数据输入的有效性，未来该平台需要拥有一个强大的引擎。该引擎可以根据工作流和分析配置，从数据库链接本地计算机上，并对提交的设计方案分析请求进行分析和验证，以确保所有输入有效。

（3）一个云计算平台和数据库。可使用开源云计算管理平台（类似 Openstack）将基础设施部署到私有云上的虚拟机上，为了使分析模型和设计数据的安全性得到保护，因此可不包含在可视化工具中，而只存于云系统中。同时需包含一个为 Web 应用提供可扩展的高性能分布式存储数据库（类似 MongoDB），既可以支撑 Web 开发应用，也可以支持 IFC 数据格式（或者 IFC 转换后某种格式）。现如今随着交互成员信息交互量的不断增多，数据信息非法泄露、数据安全管理、云计算平台的攻击等问题亟待解决，这也对我们在数据存储、数据加密、数据备份等方面提出了更高的要求。

（4）一个强大的图形引擎。图形引擎的选择，既要与前端可视化交互界面实现良好的衔接和运行能力，也要对于 IFC 格式（包括 IFC 转换后某种格式）具有良好的兼容能力，例如 WebGL、OpenGL 等。然而诸如 WebGL 此类的图形引擎虽然能够与前端实现良好对接，但相比 Web 前端其他框架交互功能的实现以及精细程度方面还有待改进。因此，下一步的研究工作应集中在基于 WebGL 底层 API 接口的开发当中。

（5）BIM 模型格式转换。BIM 模型格式的转换路径很多，从 IFC 到 XML、JSON、SQLite、OWL 等。选择一个既能够轻量化显示，又能保证数据完整不丢失；既能支持充分满足用户批注，又能支撑其数据在各个层面进行分析和查询，是一个需要研究的问题。

5　结束语

众包与 BIM 结合仍然是一个新兴的研究方向，本研究通过技术层面和应用层面对众包文献进行梳理，并对众包引入 BIM 领域辅助协同设计与管理的可行性进行探讨，从作者的视角给出涉及的关键技术和未来可能需要解决的问题，希望通过本研究的分析与论述，能够为致力于 BIM 协同问题的研究者提供一种新的观察视角或一些可能有用的信息。

参 考 文 献

[1] Howe J. The rise of crowdsourcing [J]. Wired, 2006, 14 (6): 176-183.

[2] Howe J. Crowdsourcing [M]. New York: Crown Publishing Group, 2008.

[3] Schee B. Crowdsourcing: Why the Power of the Crowd Is Driving the Future of Business [Book Review] 2009 Jeff Howe. New York, NY: Crown Business [J]. Human Resource Management International Digest, 2010, 18(3).

[4] Mao K, Capra L, Harman M, et al. A Survey of the Use of Crowdsourcing in Software Engineering [J]. Journal of Systems and Software, 2017: 57-84.

[5] Kaggle website [EB/OL]. (2012-09-01)[2022-07-09]. https://www.kaggle.com.

[6] Norman T, Bountra C, Edwards A, et al. Leveraging Crowdsourcing to Facilitate the Discovery of New Medicines [J]. Science Translational Medicine, 2011.

[7] Anand, Inasu, Chittilappilly, et al. A Survey of General-Purpose Crowdsourcing Techniques [J]. IEEE Transactions on Knowledge and Data Engineering, 2016, 28(9): 2246-2266.

[8] Zhao Y, Zhu Q. Evaluation on crowdsourcing research: Current status and future direction [J]. Information Systems Frontiers, 2014, 16(3): 417-434.

[9] Yuen M, King I, Leung K. A Survey of Crowdsourcing Systems [C]// PASSAT/SocialCom 2011, Privacy, Security, Risk and Trust (PASSAT), 2011 IEEE Third International Conference on and 2011 IEEE Third International Conference

on Social Computing (SocialCom)，Boston，MA，USA，9-11 Oct. IEEE，2011.

[10] Luther K. Fast, accurate, and brilliant: realizing the potential of crowdsourcing and human computation [C]//CHI 2011 Workshop Crowdsourcing Hum. Comput. Vanc. Can. 2011：262.

[11] Gillier，Thomas，Chaffois，et al. The effects of task instructions in crowdsourcing innovative ideas [J]. Technological Forecasting and Social Change，2018(134)：35-44.

[12] Natalicchio，A，Garavelli，et al. Innovation problems and search for solutions in crowdsourcing platforms-A simulation approach. Technovation [J]. 2017：64-65.

[13] Thuan N H，Antunes P，Johnstone D. Factors influencing the decision to crowdsource [C]//International Conference on Collaboration and Technology. Springer，Berlin，Heidelberg，2013：110-125.

[14] Kristina R J. Crowdsourcing design decisions for optimal integration into the company innovation system [J]. Decision Support Systems，2018：(115)：52-63.

[15] Spirin N，Eslami M，Jie D，et al. Searching for design examples with crowdsourcing [C]// Proceedings of the companion publication of the 23rd international conference on World wide web companion. ACM，2014.

[16] Blohm I，Zogaj S，Bretschneider U，et al. How to Manage Crowdsourcing Platforms Effectively [J]. NIM Marketing Intelligence Review，2020，12(1)：18-23.

[17] Liang Q，Tang F，Liu J. Feedback Based High-Quality Task Assignment in Collaborative Crowdsourcing [C]// 2018 IEEE 32nd International Conference on Advanced Information Networking and Applications (AINA). IEEE，2018.

[18] Fang M，Sun M，Li Q，et al. Data Poisoning Attacks and Defenses to Crowdsourcing Systems [C]// 2021，Ljublijana，Slovenia.

[19] Geiger D. Personalized task recommendation in crowdsourcing information systems-Current state of the art [J]. Decision Support Systems，2014(65)：3-16.

[20] Ayaburi E W，Lee J，Maasberg M. Understanding crowdsourcing contest fitness strategic decision factors and performance：An expectation-confirmation theory perspective [J]. Information Systems Frontiers，2020，22(5)：1227-1240.

[21] Muhdi L，Daiber M，Friesike S，et al. The crowdsourcing process：an intermediary mediated idea generation approach in the early phase of innovation [J]. International Journal of Entrepreneurship and Innovation Management，2011，14(4)：315-332.

[22] Chen P Y，Pavlou P，Wu S，et al. Attracting high-quality contestants to contest in the context of crowdsourcing contest platform [J]. Production and Operations Management，2021，30(6)：1751-1771.

[23] Acar O A. Motivations and solution appropriateness in crowdsourcing challenges for innovation [J]. Research Policy，2019，48(8)：103716.

[24] Martinez M G. Inspiring crowdsourcing communities to create novel solutions：Competition design and the mediating role of trust [J]. Technological Forecasting and Social Change，2017，117：296-304.

[25] Chan K W，Li S Y，Ni J，et al. What feedback matters? The role of experience in motivating crowdsourcing innovation [J]. Production and Operations Management，2021，30(1)：103-126.

[26] Mazzola E，Piazza M，Acur N，et al. Treating the crowd fairly：Increasing the solvers' self-selection in idea innovation contests [J]. Industrial Marketing Management，2020，91：16-29.

[27] Görzen T. "What's The Point Of The Task?" Exploring The Influence Of Task Meaning On Creativity In Crowdsourcing [J]. International Journal of Innovation Management，2021，25(01)：2150007.

[28] Martinez M G. Inspiring crowdsourcing communities to create novel solutions：Competition design and the mediating role of trust [J]. Technological Forecasting and Social Change，2017，117：296-304.

[29] Lee C K M，Chan C Y，Ho S，et al. Explore the feasibility of adopting crowdsourcing for innovative problem solving [J]. Industrial Management & Data Systems，2015，115(5)：803-832.

[30] Mazzola E，Acur N，Piazza M，et al. "To own or not to own?" A study on the determinants and consequences of alternative intellectual property rights arrangements in crowdsourcing for innovation contests [J]. Journal of Product Innovation Management，2018，35(6)：908-929.

[31] De Beer J，McCarthy I P，Soliman A，et al. Click here to agree：Managing intellectual property when crowdsourcing solutions [J]. Business Horizons，2017，60(2)：207-217.

[32] Thuan N H，Antunes P，Johnstone D. Factors influencing the decision to crowdsource：A systematic literature review

[J]. Information Systems Frontiers, 2016, 18(1): 47-68.

[33] Steils N, Hanine S. Creative contests: knowledge generation and underlying learning dynamics for idea generation [J]. Journal of Marketing Management, 2016, 32(17-18): 1647-1669.

[34] Boons M, Stam D. Crowdsourcing for innovation: How related and unrelated perspectives interact to increase creative performance [J]. Research Policy, 2019, 48(7): 1758-1770.

[35] Frey K, Lüthje C, Haag S. Whom should firms attract to open innovation platforms? The role of knowledge diversity and motivation [J]. Long range planning, 2011, 44(5-6): 397-420.

[36] Dortheimer J, Neuman E, Milo T. A novel crowdsourcing-based approach for collaborative architectural design [J]. 2020.

[37] Geiger D, Schader M. Personalized task recommendation in crowdsourcing information systems—Current state of the art [J]. Decision Support Systems, 2014, 65: 3-16.

[38] Mack T, Landau C. Submission quality in open innovation contests - an analysis of individual - level determinants of idea innovativeness [J]. R&D Management, 2020, 50(1): 47-62.

[39] Leung G S K, Cho V, Wu C H. Crowd Workers' Continued Participation Intention in Crowdsourcing Platforms: An Empirical Study in Compensation-Based Micro-Task Crowdsourcing [J]. Journal of Global Information Management (JGIM), 2021, 29(6): 1-28.

[40] Piezunka H, Dahlander L. Distant search, narrow attention: How crowding alters organizations' filtering of suggestions in crowdsourcing [J]. Academy of Management Journal, 2015, 58(3): 856-880.

[41] Ford R C, Richard B, Ciuchta M P. Crowdsourcing: A new way of employing non-employees? [J]. Business Horizons, 2015, 58(4): 377-388.

[42] Liu S, Xia F, Zhang J, et al. How crowdsourcing risks affect performance: an exploratory model [J]. Management Decision, 2016.

[43] Ilukkumbure S, Samarasiri V Y, Mohamed M F, et al. Early Warning for Pre and Post Flood Risk Management by Using IoT and Machine Learning [C]//2021 3rd International Conference on Advancements in Computing (ICAC). IEEE, 2021: 252-257.

[44] Piezunka H, Dahlander L. Idea rejected, tie formed: Organizations' feedback on crowdsourced ideas [J]. Academy of Management Journal, 2019, 62(2): 503-530.

[45] Schäfer S, Antons D, Lüttgens D, et al. Talk to Your Crowd: Principles for Effective Communication in Crowdsourcing A few key principles for communicating with solvers can help contest sponsors maintain and grow their base of participants [J]. Research-Technology Management, 2017, 60(4): 33-42.

[46] Muhdi L, Daiber M, Friesike S, et al. The crowdsourcing process: an intermediary mediated idea generation approach in the early phase of innovation [J]. International Journal of Entrepreneurship and Innovation Management, 2011, 14 (4): 315-332.

[47] Camacho N, Nam H, Kannan P K, et al. Tournaments to crowdsource innovation: The role of moderator feedback and participation intensity [J]. Journal of Marketing, 2019, 83(2): 138-157.

[48] Leicht N, Durward D, Haas P, et al. An empirical taxonomy of crowdsourcing intermediaries [C]//Academy of Management Proceedings. Briarcliff Manor, NY 10510: Academy of Management, 2016(1): 17518.

[49] Obradovic T, Vlacic B, Dabic M. Open innovation in the manufacturing industry: A review and research agenda [J]. Technovation, 2021, 102: 102221.

[50] Zogaj S, Bretschneider U, Leimeister J M. Managing crowdsourced software testing: a case study based insight on the challenges of a crowdsourcing intermediary [J]. Journal of Business Economics, 2014, 84(3): 375-405.

[51] Wu H, Corney J, Grant M. An evaluation methodology for crowdsourced design [J]. Advanced Engineering Informatics, 2015, 29(4): 775-786.

[52] Karachiwalla R, Pinkow F. Understanding crowdsourcing projects: A review on the key design elements of a crowdsourcing initiative [J]. Creativity and Innovation Management, 2021, 30(3): 563-584.

[53] Xu A, Rao H, Dow S P, et al. A classroom study of using crowd feedback in the iterative design process [C]//Proceedings of the 18th ACM conference on computer supported cooperative work & social computing. 2015: 1637-1648.

[54] Katoch S, Chauhan S S, Kumar V. A review on genetic algorithm: past, present, and future [J]. Multimedia Tools

and Applications, 2021, 80(5): 8091-8126.

[55] Hasbach J D, Bennewitz M. The design of self-organizing human-swarm intelligence [J]. Adaptive Behavior, 2021: 10597123211017550.

[56] Hartmann B, MacDougall D, Brandt J, et al. What would other programmers do: suggesting solutions to error messages [C]//Proceedings of the SIGCHI Conference on Human Factors in Computing Systems. 2010: 1019-1028.

[57] Harman M, Jones B F. Search-based software engineering [J]. Information and software Technology, 2001, 43(14): 833-839.

[58] Harman M, Mansouri S A, Zhang Y. Search-based software engineering: Trends, techniques and applications [J]. ACM Computing Surveys (CSUR), 2012, 45(1): 1-61.

[59] Harman M, Clark J. Metrics are fitness functions too [C]//10th International Symposium on Software Metrics, 2004. Proceedings. IEEE, 2004: 58-69.

[60] Huang Y C, Wang C I, Hsu J. Leveraging the crowd for creating wireframe-based exploration of mobile design pattern gallery [C]//Proceedings of the companion publication of the 2013 international conference on Intelligent user interfaces companion. 2013: 17-20.

[61] Lim S L, Quercia D, Finkelstein A. StakeNet: using social networks to analyse the stakeholders of large-scale software projects [C]//2010 ACM/IEEE 32nd International Conference on Software Engineering. IEEE, 2010, 1: 295-304.

[62] Lim S L, Quercia D, Finkelstein A. StakeSource: harnessing the power of crowdsourcing and social networks in stakeholder analysis [C]//2010 ACM/IEEE 32nd International Conference on Software Engineering. IEEE, 2010, 2: 239-242.

[63] Hartmann B, MacDougall D, Brandt J, et al. What would other programmers do: suggesting solutions to error messages [C]//Proceedings of the SIGCHI Conference on Human Factors in Computing Systems. 2010: 1019-1028.

[64] Han K, Golparvar-Fard M. Crowdsourcing BIM-guided collection of construction material library from site photologs [J]. Visualization in Engineering, 2017, 5(1): 1-13.

[65] Le J, Edmonds A, Hester V, et al. Ensuring quality in crowdsourced search relevance evaluation: The effects of training question distribution [C]//SIGIR 2010 workshop on crowdsourcing for search evaluation. 2010, 2126: 22-32.

[66] Liu K. Crowdsourcing construction activity analysis from jobsite video streams [J]. 2014.

[67] Gkeli M, Potsiou C, Soile S, et al. A BIM-IFC Technical Solution for 3D Crowdsourced Cadastral Surveys Based on LADM [J]. Earth, 2021, 2(3): 605-621.

[68] Olariu S. Vehicular crowdsourcing for congestion support in smart cities [J]. Smart Cities, 2021, 4(2): 662-685.

[69] Bubalo M, van Zanten B T, Verburg P H. Crowdsourcing geo-information on landscape perceptions and preferences: A review [J]. Landscape and Urban Planning, 2019, 184: 101-111.

[70] Papadopoulou C A, Giaoutzi M. Crowdsourcing and Living Labs in Support of Smart Cities' Development [M]//Smart Cities and Smart Spaces: Concepts, Methodologies, Tools, and Applications. IGI Global, 2019: 652-670.

[71] Yang D, Zhang D, Frank K, et al. Providing real-time assistance in disaster relief by leveraging crowdsourcing power [J]. Personal and Ubiquitous Computing, 2014, 18(8): 2025-2034.

[72] Zhang D, Zhang J, Xiong H, et al. Taking advantage of collective intelligence and BIM-based virtual reality in fire safety inspection for commercial and public buildings [J]. Applied Sciences, 2019, 9(23): 5068.

[73] Wu H, Corney J, Grant M. The Application of Crowdsourcing for 3D Interior Layout Design [C]//DS 80-4 Proceedings of the 20th International Conference on Engineering Design (ICED 15) Vol 4: Design for X, Design to X, Milan, Italy, 27-30. 07. 15. 2015: 123-134.

[74] Birch D, Simondetti A, Guo Y. Crowdsourcing with online quantitative design analysis [J]. Advanced Engineering Informatics, 2018, 38: 242-251.

[75] Rezvani S, Neumann M, Noordzij J, et al. BIM-SPEED Inhabitant's App: A BIM-Based Application for Crowdsourcing of Inhabitants' Input in Renovation Projects [J]. Environmental Sciences Proceedings, 2021, 11(1): 28.

[76] As I, Nagakura T. Crowdsourcing the Obama Presidential Center: An Alternative Design Delivery Model: Democratizing Architectural Design [J]. 2017.

[77] Yu L, Nickerson J V. Cooks or cobblers? Crowd creativity through combination [C]//Proceedings of the SIGCHI conference on human factors in computing systems. 2011: 1393-1402.

[78] Banerjee A, Quiroz J C, Louis S J. A model of creative design using collaborative interactive genetic algorithms [M]// Design Computing and Cognition'08. Springer, Dordrecht, 2008: 397-416.

[79] Sun L, Xiang W, Chen S, et al. Collaborative sketching in crowdsourcing design: a new method for idea generation [J]. International Journal of Technology and Design Education, 2015, 25(3): 409-427.

[80] Sun L, Xiang W, Chai C, et al. Creative segment: A descriptive theory applied to computer-aided sketching [J]. Design Studies, 2014, 35(1): 54-79.

[81] Wu H, Corney J, Grant M. An evaluation methodology for crowdsourced design [J]. Advanced Engineering Informatics, 2015, 29(4): 775-786.

[82] Wu H, Corney J, Grant M. Crowdsourcing measures of design quality [C]//International Design Engineering Technical Conferences and Computers and Information in Engineering Conference. American Society of Mechanical Engineers, 2014, 46292: V01BT02A010.

[83] Retelny D, Robaszkiewicz S, To A, et al. Expert crowdsourcing with flash teams [C]//Proceedings of the 27th annual ACM symposium on User interface software and technology. 2014: 75-85.

[84] Luther K, Tolentino J L, Wu W, et al. Structuring, aggregating, and evaluating crowdsourced design critique [C]// Proceedings of the 18th ACM conference on computer supported cooperative work & social computing. 2015: 473-485.

[85] Grace K, Maher M L, Preece J, et al. A process model for crowdsourcing design: A case study in citizen science [M]//Design Computing and Cognition'14. Springer, Cham, 2015: 245-262.

[86] Yu L, Sakamoto Y. Feature selection in crowd creativity [C]//International conference on foundations of augmented cognition. Springer, Berlin, Heidelberg, 2011: 383-392.

[87] Yu L, Nickerson J V. Generating creative ideas through crowds: An experimental study of combination [C]//Thirty Second International Conference on Information Systems. 2011.

[88] Nickerson J V, Sakamoto Y, Yu L. Structures for creativity: The crowdsourcing of design [C]//CHI workshop on crowdsourcing and human computation. 2011: 1-4.

[89] Hosio S, Goncalves J, Kostakos V, et al. Crowdsourcing Public Opinion Using Urban Pervasive Technologies: Lessons From Real-Life Experiments in Oulu [J]. Policy & Internet, 2015, 7(2): 203-222.

[90] Lu H, Gu J, Li J, et al. Evaluating urban design ideas from citizens from crowdsourcing and participatory design [J]. 2018.

[91] Birch D, Simondetti A, Guo Y. Crowdsourcing with online quantitative design analysis [J]. Advanced Engineering Informatics, 2018, 38: 242-251.

[92] Dortheimer J. Collective Intelligence in Design Crowdsourcing [J]. Mathematics, 2022, 10(4): 539.

基于 BIM 技术的水下病害检测模块研究

孟庆航，李晓飞，苏绒绒，卫孟浦

（大连海事大学，辽宁 大连 116026）

【摘 要】桥梁对于国家交通事业的发展以及经济的快速增长起重要作用，随着科技的发展，桥梁建设的跨径越来越大，建设长度、宽度不断刷新纪录。保障这些桥梁的安全运营尤为重要。桥梁健康监测系统在其中作用显著。本文以基于 BIM 的健康监测系统为主体框架，结合水下病害检测实验，依据相关的规范将水下检测实验结果加入 BIM 系统，验证水下病害检测与 BIM 系统结合的可行性，完善了全寿命周期的健康监测系统。

【关键词】BIM 技术；桥梁健康监测；水下病害识别

1 引言

桥梁是重要的基础设施组成部分，对于国家交通事业的发展以及经济的快速增长起重要作用，随着科技的发展，桥梁建设的跨径越来越大，建设长度、宽度不断刷新纪录。新型桥梁建设逐渐达到瓶颈，桥梁的安全运行及状态至关重要[1]。对桥梁进行实时健康监测获取桥梁的健康状态是必要的。目前桥梁健康监测系统主要通过在桥梁的主要结构安装不同类型的传感器对桥梁结构力学性能状态数据进行测量、收集、处理、分析和评估[2]，进而对桥梁在极端气候、交通条件下的健康状态做出预警，为桥梁维护管理决策提供依据和指导。但是现有的桥梁健康监测系统存在数据复杂可读性较差、遇到突发事件难以预测和评估等问题。针对以上问题提出一种基于 BIM（Building Information Modeling）的桥梁健康监测系统，科学地管理监测数据。同时利用 BIM 技术的可视化功能以提高健康监测系统的可视化交互能力[3]。

桥梁健康监测系统受制于传感器的特性[4]，以及监测成本的约束，现阶段的监测系统主要是对桥梁的水上结构进行监测。桥梁的水下结构中，桥梁健康监测的方法仍然缺少对桥梁水下结构的外部检测[5]。桥梁水下结构（桥墩、基础等）长期受到流水冲刷、侵蚀，以及水生生物作用，对桥梁水下结构安全运营有一定的影响。江河湖泊、近海水下环境复杂，各环境之间存在明显的差异。多重原因导致水下结构检测存在较高难度，大量桥梁水下结构病害得不到及时检查和修复，使得桥梁结构基础病害数量越来越多，程度越来越严重，影响桥梁安全运营。健康监测系统有必要加入水下检测模块[6]。完善全寿命周期的桥梁健康监测系统[7]。在维护管理阶段，为管理者做出决策提供更为全面的信息。

2 基于 BIM 的健康监测系统

2.1 桥梁信息模型

桥梁基础结构是桥梁的重要组成部分，在 Revit 中建立三维桥梁基础结构模型，将桥梁病害（裂缝、混凝土脱落等问题）检测信息导入系统后，可以对所选的桥梁基础结构模型进行监控，并通过查询检测信息进行桥梁维护。检测信息的可视化部分包括信息管理和信息处理。在 VisualStudio 开发环境中使用 Revit API 开发了一个可视化插件。桥梁损伤模块允许用户查看桥梁病害检测数据。通过桥梁病害分析，实现了对结构状态的评价。通过桥梁名称和检测时间两个数据节点，实现对桥梁病害检查项目的创建以

【作者简介】孟庆航（1997—），男，硕士研究生。主要研究方向为 BIM 技术在桥梁方面的应用。E-mail：279182658@qq.com

及桥梁病害管理。桥梁模型展示效果如图 1 所示。

2.2 结构损伤数据库

桥梁结构损伤数据库采用 SQL SEVER 2012 作为软件支持，在 C♯编程语言环境下，利用 Revit API 接口，实现检测数据在数据库与健康监测系统中的互通。经过数据需求分析、概念结构设计、逻辑结构分析三个步骤。整体架构采取分级方法，明晰数据之间的关系，最顶层新增病害检查：包含桥梁名称、桥梁病害检测时间以及桥梁的模型文件三个部分。桥梁下一层级包含桥梁结构检测，即桥梁结构损伤照片、桥梁损伤位置、桥梁结构具体损伤。桥梁损伤在系统识别之后，结构损伤照片将被保存下载，上传至桥梁损伤模块。建立桥梁基础检查的模型数据库如图 2 所示。

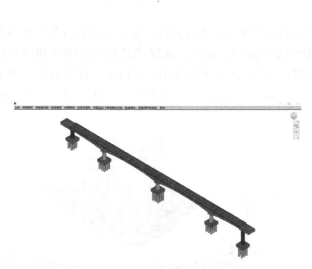

图 1　桥梁基础模型可视化　　　　　　　图 2　桥梁基础检查的模型数据库

3　水下病害检测实验

实验主要包含以下几个部分：相机的选取与标定、水下病害的采集、数据处理与测算。实验模拟桥梁墩台在水下的缺损病害，通过比对实际测量结果与点云计算结果证明该方法的可行性。

3.1　相机的选取与标定

实验主要目的是获取病害的三维图像，本实验选取相机为双目结构光相机，它有良好的环境适应能力，在室外可用双目获取深度信息，具有较强的抗干扰能力，采用双目结构利用三角测量原理，可以获得质量更高的深度信息，因此选用双目结构光相机进行研究[8]。由于实验处在水下环境需将相机做好密封处理，在防止进水的同时也要保证好透光降低拍摄时产生误差。

相机在密封舱内获取水下病害图像时，光线会经过水、透镜、空气三种物质，这会导致光线发生折射，而相机的焦距也会因折射而发生改变，一个点的三维坐标是通过焦距计算得到的，如果继续沿用原有的相机参数获取信息，此时获取到的信息与真实信息存在误差，对后期测量结果的准确性产生严重影响，实验选用张正友标定法[9]进行标定矫正水下照片的畸变，校正相机参数，达到为后续实验应用的标准。

3.2　水下病害采集

在实验室中将提前制作好的混凝土病害块放入实验室水箱中，利用双目视觉系统进行三维病害采集。水箱如图 3 所示，病害如图 4 所示。

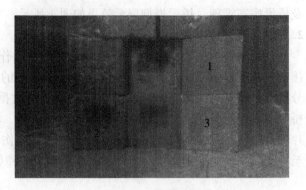

图 3　实验水箱图　　　　　　　　　　　　　图 4　水下病害图

下面针对病害 2 进行实例分析，双目视觉系统采集到的病害 2 三维点云图，对点云进行分割得到病害的完整点云，然后根据提取后完整的点云信息计算出病害的体积、面积、深度等结果，如图 5 和图 6 所示。将真实的测量结果与算法结果进行比对，通过调整点云算法将误差控制在 5％以下，证明此算法对于病害三维信息的自动检测具有较高的准确性，可以将检测的数据传输到基于 BIM 的健康监测系统当中，作为水下监测的参考。

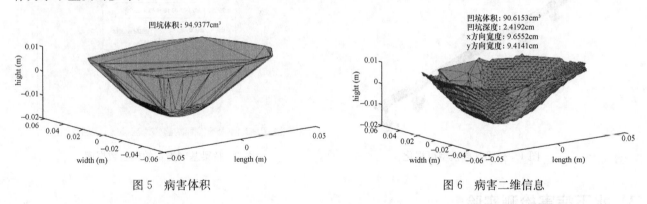

图 5　病害体积　　　　　　　　　　　　　　图 6　病害二维信息

4　水下病害检测模块

桥梁水下结构作为桥梁的重要组成部分，水下结构检测的重要性逐渐提升。水下结构检测相比较桥梁桥面检测而言，具有更大的操作难度，需要专业的水下操作员进行检测。在 BIM 技术的基础上，结合水下结构检测方法，实现水下结构的监测功能。在水下病害检测模块中，能够查询桥梁的基本信息，浏览桥梁 Revit 模型，将桥梁模型与桥梁损伤数据库两者作为一个整体，进行系统整体设计（图 7）。

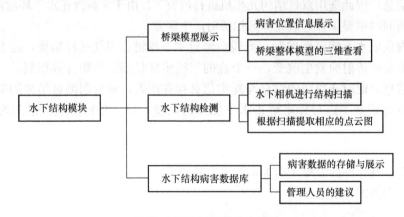

图 7　水下结构检测模块设计

桥梁结构损伤添加包含四个部分：检测位置、具体损伤、检测结论以及桥梁水下结构损伤检测照片。参照《公路桥梁水下构件检测技术规程》T/CECS G：J56—2019[10] 的检测标准对检测出的数据进行后期处理，将处理后的检测结果进行填写并将检测信息图存入系统中。系统根据录入病害顺序依次进行编号，便于查找桥梁中病害存在的位置。病害损伤导入如图 8 所示。点击桥梁检测照片会放大，方便管理者更直观地了解病害信息，对桥梁的养护运营做出决策。损伤添加如图 9 所示。

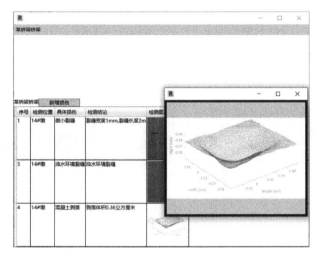

图 8　病害损伤导入

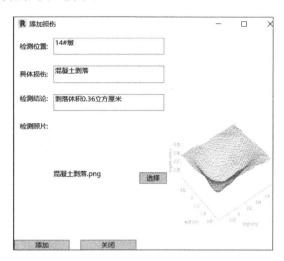

图 9　病害损伤添加

5　总结

本文基于 BIM 技术的桥梁健康监测平台，在模拟部分健康监测过程的基础上加入水下病害检测模块，探索将水下病害检测加入健康监测系统的可行性。研究可以得出以下结论：

（1）依托 Revit 软件可二次开发的特性实现了桥梁三维模型和数据管理的可视化，深化 BIM 模型与健康监测系统的关系，利用水下实验平台将水下结构病害检测方法结合到健康监测系统中。完善健康监测系统对于水下检测的缺失。

（2）水下检测实验部分参照《公路桥梁水下构件检测技术规程》T/CECS G：J56—2019 的检测标准进行，水下检测的实验精度足够可直接在系统中使用检测数据结果。管理人员可以依据此规程给出合理的养护建议。

（3）本文探索了水下病害检测在基于 BIM 的桥梁健康监测系统上的应用，但健康监测系统主要依托于某桥梁模型建立，缺乏实际工程案例的应用，系统的内部功能还有待完善。水下病害检测模块未能在实际水下检测桥梁病害，未来将在该方面做出改进。

参 考 文 献

[1]　周桂兰，徐恺奇．大跨径桥梁结构健康监测技术现状与发展[J]．公路交通科技（应用技术版），2019，15（04）：168-169.

[2]　姜顺泉．桥梁健康监测系统发展趋势探析[J]．城市住宅，2020，27（12）：193-194.

[3]　夏玉超．基于 BIM 的桥梁检测与安全评估系统分析[J]．东西南北，2019（15）：81.

[4]　Mustafa Khalid Rzaij Al-Nasar, Faiq Mohammed Sarhan Al-Zwainy. A systematic review of structural materials health monitoring system for girder-type bridges[J]. Materials Today：Proceedings，2022，49（7）：A19-A28.

[5]　Rizzo P. 17-Sensing solutions for assessing and monitoring underwater systems, Editor(s)：Wang M L, Lynch J P, Sohn H, In Woodhead Publishing Series in Electronic and Optical Materials, Sensor Technologies for Civil Infrastructures, Woodhead Publishing, 2014, 56：525-549.

[6]　李鹏飞，吉同元，汤子璇，等．涉水工程水下结构检测现状分析及展望[J]．中国水运（下半月），2017，17（05）：301-302.

[7] 胡国喜，缪品柏．桥梁水下基础检测技术应用前景[J]．公路交通技术，2012(02)：71-73.

[8] 张圣明．基于双目结构光的三维重建方法研究[D]．重庆：重庆大学，2020.

[9] 侯一民，洪梁杰．双目摄像机标定及校正算法[J]．中国新技术新产品，2021(07)：1-3.

[10] 北京新桥技术发展有限公司．公路桥梁水下构件检测技术规程：T/CECS G：J56—2019 [S].

中国 BIM 政策时空演变趋势分析

刘志威[1]，丁志坤[1, 2, 3, 4, *]

(1. 滨海城市韧性基础设施教育部重点实验室（深圳大学），广东 深圳 518060；2. 深圳大学中澳 BIM 与智慧建造联合研究中心，广东 深圳 518060；3. 深圳大学土木与交通工程学院建设管理与房地产系，广东 深圳 518060；4. 深圳市地铁地下车站绿色高效智能建造重点实验室，广东 深圳 518060)

【摘　要】以 BIM 为代表的信息化技术是建筑行业实施高质量发展的关键，从政府到企业都展现出了对 BIM 的极大关注。为了使政府职能部门制定更具针对性的 BIM 政策措施，加快促进建筑业信息化转型，需要全面系统地分析既有 BIM 政策在国内的时空演变趋势。本文首先利用网络爬虫技术对住房和城乡建设部和各省市 BIM 政策信息进行统计，从时间和空间两个维度研究 BIM 政策的热度分布。其次基于文本挖掘技术对国家层面所颁布的 BIM 政策进行演变趋势研究。结果表明，我国 BIM 技术发展的热度主要集中在东南地区，政策演变也从最初的研究探索到其后的全面发展。随着"十四五"规划的实施，以 BIM 为代表的信息化、数字化技术也正在迈向高速发展期，进而促进行业高质量发展。

【关键词】BIM 政策；时空分析；文本数据挖掘

1 引言

BIM（建筑信息模型，Building Information Modeling）凭借其三维数字化的优势[1]，已成为建筑行业信息化转型的重要支撑，同时也是建筑业实施高质量发展的关键。BIM 的概念在中国经过十余年的发展，已引起政府、行业及学术界的极大关注。从学术研究角度来看，截至 2022 年 6 月，CNKI 中以"BIM"作为关键词，检索到属于建筑科学与工程类的论文近 2.6 万篇。基于 SooPAT 检索到 BIM 相关专利 1.2 万余条。

鉴于 BIM 在建筑行业转型升级中的重要性，已有学者通过文献计量的方式对 BIM 在国内的发展现状以及研究热点进行了总结[2-4]。此外，国内 BIM 政策导向对行业发展至关重要，王广斌[5]、丰景春[6]等从"顶层设计"的角度对我国 BIM 政策进行量化评价并指出存在问题，提出针对性建议。林佳瑞按照时间维度对 2013—2017 年间的 BIM 政策文本数据进行了关联演变分析[7]。既有研究相对系统地阐述了我国 BIM 政策演变的重要阶段，但是尚未涉及空间层面的 BIM 政策演变分析。不同地域空间所面临的经济条件及环境因素各不相同，只有准确了解各地的 BIM 发展状态，才能更加精准地把握我国 BIM 发展现状。本文将时间维度扩展到 2007 年，即国家层面第一次以课题研究的形式提出 BIM，并从空间和时间两个维度研究 BIM 政策在国内的发展热度和地域演变趋势。

2 研究方法及主要数据来源

本文主要基于住房和城乡建设部及各省、直辖市政府门户网站，以查询到与 BIM 相关的信息数量作为热度分析指标。同时利用网络爬虫技术获取与 BIM 相关的政策文件，作为后续文本挖掘的数据基础，研究方法如图 1 所示。

【基金项目】国家自然科学基金（71974132）；深圳市自然科学基金（JCYJ20190808115809385）
【作者简介】丁志坤（1978—），男，教授/博士生导师。主要研究方向为 BIM 与虚拟现实。E-mail：ddzk@szu.edu.cn

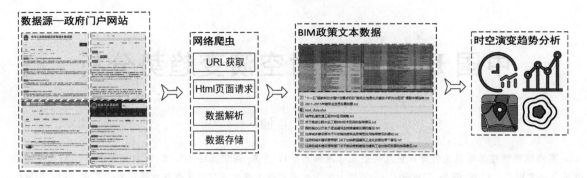

图 1　研究方法

本文主要从时间和空间维度分析 BIM 在国内的发展热度。就国内而言，新技术的推广离不开政府的支持和引导。住房和城乡建设部作为主管城乡建设的一级部委，其信息发布的周期和频率代表国家对建筑行业的引导趋势。因此以住房和城乡建设部网站查询所得 BIM 信息量（涵盖政策、指导意见、通知公告以及新闻等）作为时间热度分析指标，分析国家层面对 BIM 的关注随时间变化趋势。

对 BIM 的空间热度分析主要以省为单位，研究不同时间节点下，全国不同省市对 BIM 关注程度的热度分布。为了更加全面地统计各地政府发布的 BIM 相关信息，将各地政府门户网站作为数据源，以"BIM"作为关键词进行站群式全文精确检索，同样将信息量作为热度分析指标。鉴于各省门户网站对信息整理发布标准不一，因此在数据获取上会存在较大的离散性。为进一步降低数据集的离散性，更加直观地反映 BIM 在不同地区的发展热度差异，本文对原始数据进行非线性缩放，并通过归一化的方式将数据映射到 0～1 分布区间，以此来表示 BIM 在各地区的发展热度。

3　基于热度指标的 BIM 政策时空演化趋势分析

从时间维度来看，BIM 概念在 21 世纪初期进入中国以来并未受到社会关注，仅有少量学者对其开展一些前瞻性研究[8-9]。2007 年 8 月，建设部科学技术司发布《"建筑业信息化关键技术研究与应用"课题申请指南》，其中明确指出要深入研究目前国际上备受关注的 BIM 技术[10]。这也是政府首次提及 BIM，自此之后，国内对于 BIM 的相关研究开始崭露头角。本文将 2007 年作为国内 BIM 发展的起点，并按照其发展的热度及相关政策、标准颁布时间节点，将 BIM 在国内的发展划分为如图 2 所示的 4 个阶段。并在此基础上进一步研究我国 BIM 政策的空间热度分布。

3.1　探索期（2007—2011 年）

自 2007 年建设部发布《"建筑业信息化关键技术研究与应用"课题申请指南》后，经过三年的初步探索，于 2011 年 5 月印发《2011—2015 年建筑业信息化发展纲要》，明确指出要加快 BIM 技术的研发和推广[11]。之后 BIM 开始引起行业注意，进而迈入初步发展期。截至 2011 年，BIM 的空间热度分布主要以东南沿海地区为主，包括广东、浙江、福建、上海等地已对 BIM 技术展开前沿性探索，且热度相对较高。中西部地区湖北、四川也在陆续展开相关方面的探索。由此进一步说明，东南沿海地区经济相对发达，高端产业密集，对技术有着更高地需求，因此往往走在新技术发展的前列，引导产业变革。

3.2　初步发展期（2012—2015 年）

在此阶段，BIM 开始受到行业关注，BIM 热度自 2011 年后开始呈现上升趋势。从地域视角来看，截至 2015 年底，国内大部分地区都已经关注到 BIM 技术，但此时各地对 BIM 的研究热度还存在较大的差异，因为缺乏政府的统一性指导意见，各地都在以不同的方式摸索 BIM 的发展。经过前期探索和地方性初步发展，住房和城乡建设部于 2015 年 6 月正式印发《关于推进建筑信息模型应用的指导意见》，这是国家层面所出台的第一份与 BIM 直接相关的政策性指导意见。该意见明确了 BIM 在建筑领域的重要作用，着重强调 BIM 是实施建筑工业化的重要技术保障[7]。

3.3　全面发展期（2016—2020 年）

自 2016 年，在国家政策的引导下，BIM 开始进入全面发展期。将其定义为全面发展期主要出于以下三方面考虑。首先是 BIM 面向多类别建筑产品的普及应用，政府先后印发《关于推进公路水运工程 BIM 技术应用的指导意见》和《城市轨道交通工程 BIM 应用指南》，BIM 应用场景从房建向公路、水运以及轨道交通扩展。其次是 BIM 体系的持续完善，在 2017—2019 年间，先后出台并实施关于 BIM 的国家级标准 5 部，为 BIM 在国内的持续健康发展打下坚实的基础。最后从空间分布来看，全国性 BIM 产业规模快速提升。截至 2020 年底，各地 BIM 发展差异在持续缩小，并呈现出区域协同的发展模式。这同时也意味着大多数地区已认识到 BIM 的重要性，在社会生产力和政策的双重推动下，持续促进建筑业信息化转型。

3.4 高速发展期（2021 年后）

2020 年 7 月，住房和城乡建设部等 13 部门印发《关于推动智能建造与建筑工业化协同发展的指导意见》。同年 8 月，住房和城乡建设部等 9 部门印发《关于加快新型建筑工业化发展的若干意见》。在短时间内如此高频的政策颁布意味着以 BIM 为代表的建筑业信息技术正走向快车道。此外 2021 年国家正式进入"十四五"规划发展期，打造数字强国、网络强国是"十四五"规划的主要发展目标，以 BIM 为代表的建筑行业信息化技术必将搭乘我国数字化发展的快车进入高速发展期。

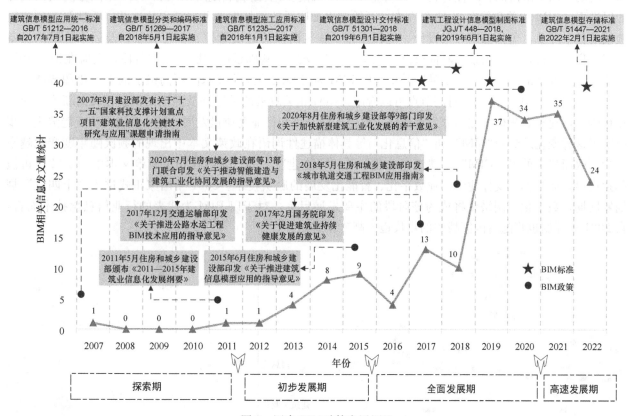

图 2　国内 BIM 政策发展历程

3.5 BIM 政策时空演化趋势分析

从整体时空分布来看，国内 BIM 政策的发展呈现出"局部探索—政策引导—全面发展"的发展模式。局部探索以珠三角和长三角地区为主，两地作为试点最早开展 BIM 在建筑行业的探索并始终保持较高的发展热度。长三角地区以上海为代表，早在 2010 年上海中心大厦建设发展有限公司联合欧特克，就已经开始探索基于 BIM 技术的项目管理和实施方案，借助 BIM 技术打造"上海中心"，实现绿色科技与建筑融合的目标[12]。珠三角地区以广州、深圳为代表，深圳在 2012 年政府工作计划中提出要推行 BIM 技术设计协同工作系统。2015 年后随着政府各项政策的颁布以及相关标准落地实施，BIM 呈现出区域协同化发展的模式。单从空间维度来看，BIM 在国内呈现出"由东向西，由南向北，由点到面，区域协同"的发展模式。这也符合我国国情，东部和南部地区凭借其区位优势和经济实力，往往走在改革前列，推陈出新，进而促进国内产业的持续升级和不断完善[13]。

4　基于文本数据挖掘的政策演化趋势分析

本文将国家层面 BIM 政策文本作为数据源，利用 KH-Coder 工具对政策文本数据进行深度挖掘，进而对 BIM 政策随时间的演化趋势进行研究。

4.1　关键词共现网络及其演变趋势

本文将政策颁布时间作为参数变量，对文本数据进行"关键词—变量"共现网络分析和关键词演变趋势分析，如图 3、图 4 所示。通过图 3 所示的共现网络可以看出，在 2007 年，对 BIM 的关注主要以课题研究的形式呈现，意味着从国家层面开始关注 BIM 技术的研发，将其列为建筑业信息化和系统化发展的重要技术，鼓励各研究单位进行课题申报和前期探索。在之后的 2011 年，BIM 被视为实现建筑企业信息化发展和业务管理的有效路径，并将其列入《2011—2015 年建筑业信息化发展纲要》总体目标。2015年，住房和城乡建设部正式出台《关于推进建筑信息模型应用的指导意见》，推动 BIM 在行业各领域的应用和发展。也标志着政府对 BIM 的态度从前期研究探索转变到行业应用上来。这进一步验证了本文第三部分所划分四个阶段的合理性。自 2015 年后 BIM 开始进入全面发展期，以及在 2017 年国务院政策文件的促进下，BIM 相关政策在 2018 年左右，开始向更加广泛的领域发展并持续深化，其广泛性深入到建设领域的各个环节，包括前期方案设计、能耗模拟、施工阶段的进度管控、工程验收以及运维阶段的设备数据采集和分析，应用场景不断向公路、水运及轨道交通等基础设施扩展。在该阶段，政府在推动 BIM产业全方位发展的同时，进一步鼓励并推动以 BIM 为代表的信息化技术向更高级别的工业化和智能化方向发展。从图 3 中 2020 年的时间节点可以看出，BIM 相关政策的关键词从前期的信息化转向新型工业化和智能化，建筑业积极响应国家发展战略，促进产业升级和行业高质量发展。图 4 关键词演变趋势进一步说明了这种变化趋势，"BIM"和"信息化"等具体描述性词语在政策文本中出现的频次随年度变化越来越少，取而代之的是"CIM"、"建筑工业化"及"智能建造"等，表明在相关政策文本中，BIM 不再被单独提出，而是作为支撑建筑产业数字化、智能化发展的底层技术。2021 年国家正式进入"十四五"规划发展期，数字化、网络化将成为该阶段的主要发展目标，对于以 BIM 为代表的行业信息化技术而言，自 2021 年开始也将随着国家战略的步伐迈入高速发展期。

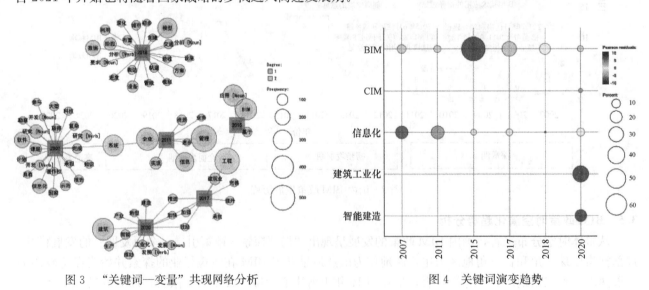

图 3　"关键词—变量"共现网络分析　　　　　　图 4　关键词演变趋势

4.2　BIM 政策演变路径分析

对图 4 中五个关键词进行层次聚类分析，可进一步明确它们之间的层次关系，如图 5 所示。BIM 是建筑信息模型，其面向的是单体建筑。CIM 是城市信息模型，面向的是城市尺度，但二者均属信息化的一种表现形式。信息化是实现建筑工业化和智能建造的一种有效手段，因此可以认为 BIM 或 CIM 是实现建筑工业化和智能建造的关键路径。通过图 6 中的相关性分析可以进一步分析不同时间节点下的 BIM 政策演变趋势，2007 和 2011 年的政策文本数据位于同一区间，说明此阶段内所发布的 BIM 政策具有较强的相关性，也即主要以研究探索为主。2015 年和 2018 年所发布的政策同样具有较强的相关性，这两年的政策主要以 BIM 的应用和实施为主，即政府对 BIM 的态度已经从前期探索转变到应用实施阶段，这进一步印证 4.1 小节所述观点。2017 年和 2020 年都是以政府鼓励、推动并支持相关产业升级为主。2017 年国务院下发的《关于促进建筑业持续健康发展的意见》以及 2020 年住房和城乡建设部等多部门联合颁布《关于推动智能建造与建筑工业化协同发展的指导意见》，都是结合国家战略方针，鼓励并引导行业加快完成产业升级，是基于国家战略层面上更加宏观性的政策指导。由此可以看出，国内 BIM 政策的演变路径为"探索研究—实施推广—全面产业升级"，与 3.5 小节所述结论相互印证。

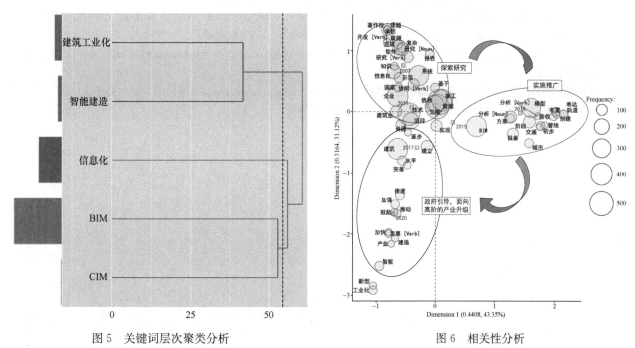

图 5　关键词层次聚类分析　　　　　　　　图 6　相关性分析

5　结论

本文基于网络爬虫及文本挖掘技术，通过时间和空间两个维度相结合的方式对国内 BIM 政策的热度和演变趋势进行研究。早在 2007 年，政府层面就已经关注到 BIM 技术，并将其作为能够促进建筑业变革的必备抓手在持续推动。本文按照国家层面政策颁布的时间节点及政策导向将 BIM 在国内的发展阶段划分为探索期、初步发展期、全面发展期和高速发展期。

从空间热度分布来看国内 BIM 理念的发展在政策引导下呈现出"由东向西，由南向北，由点到面，区域协同"发展模式。从时间维度分析，BIM 政策呈现出"前期探索—政府引导—全面发展—产业升级"的演变趋势。其次，从政策文本的关键词演变路径来看，"BIM"和"信息化"等具体描述性词语越来越少，逐渐演变成更加宏观的描述（如"CIM"、"建筑工业化"及"智能建造"等），表明现阶段需要促进 BIM 技术与其他数字化技术的融合，进而从宏观上促进产业升级和行业高质量发展的目标。

基于以上结论，本文认为 BIM 在国内的发展已形成一定的规模，将随着"十四五"国家战略规划的展开而迈入高速发展期。BIM 的发展不仅仅是单一技术体系的应用和发展，而是以 BIM 为代表的多维度信息化、数字化技术的融会贯通，从本质上促使建筑行业加快产业转型，走向高质量发展道路。

参 考 文 献

[1]　张洋. 基于 BIM 的建筑工程信息集成与管理研究[D]. 北京：清华大学，2009.

[2]　崔庆宏，王广斌，刘潇，等. 2008—2017 年国内 BIM 技术研究热点与演进趋势[J]. 科技管理研究，2019，39（04）：

197-205.

[3] 杜战军, 吴继峰, 任子健, 等. 国际与国内 BIM 领域研究热点趋势比较——基于文献计量研究的可视化分析[J]. 铁道标准设计, 2022, 66(03): 12-17.

[4] 金占勇, 夏爽, 黄春雷, 等. 基于 CiteSpace 的国内 BIM 研究热点与趋向分析[J]. 建筑经济, 2021, 42(06): 103-107.

[5] 王广斌, 张雷, 谭丹, 等. 我国建筑信息模型应用及政府政策研究[J]. 中国科技论坛, 2012(08): 38-43.

[6] 丰景春, 李晟, 罗豪, 等. 政策工具视角下我国 BIM 政策评价研究[J]. 软科学, 2020, 34(03): 70-74, 110.

[7] 林佳瑞, 张建平. 我国 BIM 政策发展现状综述及其文本分析[J]. 施工技术, 2018, 47(06): 73-78.

[8] 曾旭东, 赵昂. 基于 BIM 技术的建筑节能设计应用研究[J]. 重庆建筑大学学报, 2006(02): 33-35.

[9] 傅筱. 从二维走向三维的信息化建筑设计[J]. 世界建筑, 2006(09): 153-156.

[10] "十一五"国家科技支撑计划重点项目"建筑业信息化关键技术研究与应用"课题申请指南[EB/OL]. https://www.mohurd.gov.cn/gongkai/fdzdgknr/tzgg/200708/20070830_158563.html.

[11] 2011—2015 年建筑业信息化发展纲要[EB/OL]. https://www.mohurd.gov.cn/gongkai/fdzdgknr/tzgg/201105/20110518_203420.html.

[12] 绿色科技助力打造中国第一高楼"上海中心"[EB/OL]. https://sheitc.sh.gov.cn/jjyw/20100517/0020-630135.html.

[13] 黄平. 中国南北经济发展差距研究[D]. 成都: 四川大学, 2021.

基于 BIM 的公路工程施工风险识别、评估及可视化研究

柴诗咏[1]，徐　鑫[2,*]

(1. 华南理工大学工商管理学院，广东 广州 510640；2. 河海大学商学院，江苏 南京 211100)

【摘　要】 为提升公路工程项目的风险信息化管理及控制水平，本文以公路工程施工风险为研究对象，构建了公路工程施工风险矩阵（HCRBM）帮助施工人员识别查找各施工活动下的具体风险因素，并提出了关键风险因素及施工活动风险等级的判断方法；通过关联公路工程工作分解结构（WBS）、BIM 模型构件、施工进度及相关风险信息，构建公路工程施工风险数据库；最后基于 BIM 对公路工程施工风险进行动态可视化呈现，以期为公路工程施工风险的动态管控提供支持。

【关键词】 BIM 技术；公路工程；施工风险；风险评估；风险可视化

1　引言

近年来，我国通过政策引导、标准制定、示范推动等举措进行 BIM 的应用，取得的成果显著——如港珠澳大桥、雄安新区、上海中心大厦、雅砻江电站等重大工程的设计、施工均应用了 BIM 技术。然而当前大部分 BIM 行业标准政策与研究多集中于建筑等点状工程，对于公路工程这种跨度大、环境开放复杂、组织协调分散、数据多元异构的带状工程应用较少[1]。并且，现有 BIM 技术相关研究及实践在项目的全生命周期中应用不均衡——设计阶段多用来建模及概念展示，施工阶段多用来进行一般性的碰撞检测等基础工作，而在验收、运营阶段等管理层面的深度技术应用较少[2-4]。信息化协同管理是 BIM 的核心要义所在，但现有国内外对交通运输业大数据的应用多集中在城市交通智能化管理方面，而在公路工程等基础设施的建设过程中应用较少，能够监测公路工程施工风险的数据库尚未建立[5]。

随着我国交通基础设施不断兴建，在公路工程施工中的风险因素也随之增多。传统工程施工风险管理方法主观性、经验主义较强，多数时候管理人员难以从二维图纸中联想到施工现场情况。然而现有的基于 BIM 平台的风险可视化尝试未能明晰 WBS、构件与风险信息之间的关联，且大多需要软件的二次开发，不满足公路工程对于 BIM 平台管理轻量化、易操作的需求[6-7]。因此，如何将 BIM 技术更好地运用于公路工程，科学设计参数化建模，高效轻量数字化管理项目，控制施工风险等议题亟待学者研究。

本文针对当前公路工程设计、施工、管理过程中对 BIM 认知度、应用程度、灵活度、创新性不足等问题，着力研究 BIM 技术在公路工程中的数字信息化施工管理应用。通过构建公路工程施工风险数据库，引入 4D 参数化模型、风险信息可视化技术，依托 BIM 平台，可以实现风险的动态监控，帮助施工监测人员警惕、发现和控制项目施工风险。

2　公路工程施工风险矩阵的建立

2.1　公路工程工作分解结构

参照《公路工程施工信息模型应用标准》JTG/T 2422—2021 和《公路工程工程量清单计量规则》，将公路工程工作分解为单位工程、分部分项工程直至施工活动。所构建的公路工程工作分解结构 HCWBS

【作者简介】 徐鑫（1990—），男，副研究员。主要研究方向为智能建造、工程大数据与人工智能。E-mail：xinxu@hhu.edu.cn

（Highway Construction Work Breakdown Structure）如图 1 上部所示，共 9 项单位工程，65 项分部分项工程，173 项施工活动。

2.2 公路工程施工风险分解结构

本文从大量文献及专家访谈中识别出 45 个公路工程施工风险因素，并将其以"5M1E"原则归纳为 6 类——人员（Man）、机械（Machine）、方法（Method）、材料（Material）、成本（Money）及环境（External/Environment）。所建立的公路工程施工风险分解结构 HCRBS（Highway Construction Risk Breakdown Structure）如图 1 左部所示。

2.3 公路工程施工风险矩阵

将所建立的 HCWBS 作为列向量，HCRBS 作为行向量，构建公路工程施工风险矩阵——HCRBM（Highway Construction Risk Breakdown Matrix），如图 1 所示。作为公路工程施工风险信息的存储单元，HCRBM 列向量共包含 173 个施工活动，行向量共有 45 个风险因素。通过横纵坐标定位，可查找各施工活动中可能存在的具体风险因素。

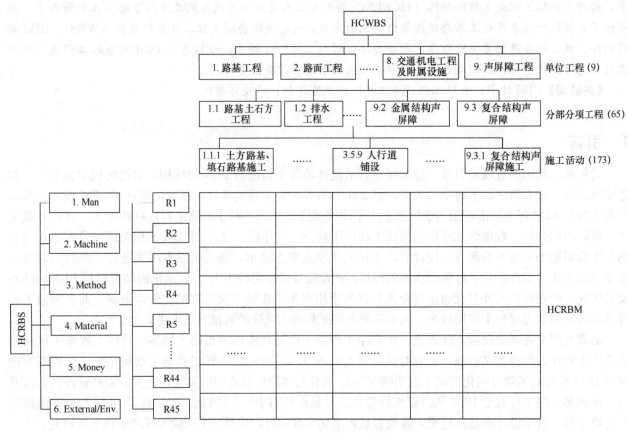

图 1　HCWBS、HCRBS 和 HCRBM

3　公路工程施工风险数据库的建立及其基于 BIM 的应用

本节以示例公路为例，介绍公路工程施工风险数据库的数据组成及其联结情况过程。本文提出的公路工程施工风险数据库包含四种数据：HCWBS、公路工程 BIM 模型、施工进度信息以及施工风险信息。数据之间的联结形式如图 2 所示。

3.1　BIM 模型

本文选用 Autodesk Revit 和 Navisworks 作为实现参数化建模和轻量化管理的主要工具。利用 Revit，通过创建场地、参数族等步骤创建示例公路工程路堑模型，如图 3 所示。

3.2　BIM 与 HCWBS

基于 HCWBS，构建示例公路工程 WBS，并参照标准《公路工程施工信息模型应用标准》JTG/T

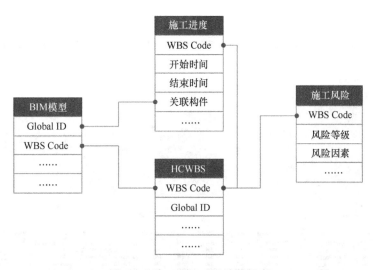

图 2 公路工程施工风险数据库

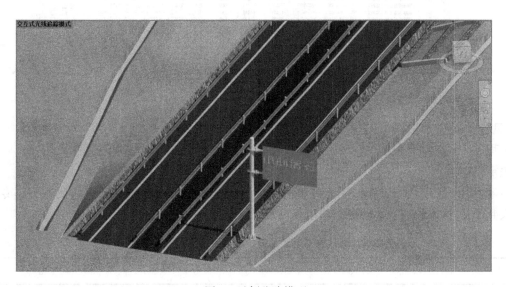

图 3 示例公路模型

2422—2021 可将各施工活动进一步关联至 BIM 模型构件，部分结果如表 1 所示；并在 Navisworks 中，根据示例公路工程 WBS，创建构件集合。

示例公路工程 WBS（部分）   表 1

单位工程	分部分项工程	施工活动	BIM 工程构件
路基工程	路基土石方工程	土方路基施工	路基结构层
	……	……	……
路面工程	面层	面层施工	沥青混凝土面层
	基层	基层施工	水泥稳定碎石基层
	……	……	……
交通安全设施	标志、标线、突起路标、轮廓标	设置标志、标线、突起路标	交通标志
	……	……	……

3.3 BIM 与施工进度

将示例公路 Revit 模型导入 Navisworks 中，在 Timeliner 中添加进度任务，并附着集合，以创建 4D 模型，如图 4 所示，从而串联起示例公路工程 WBS、BIM 构件集合、进度信息间的关联。

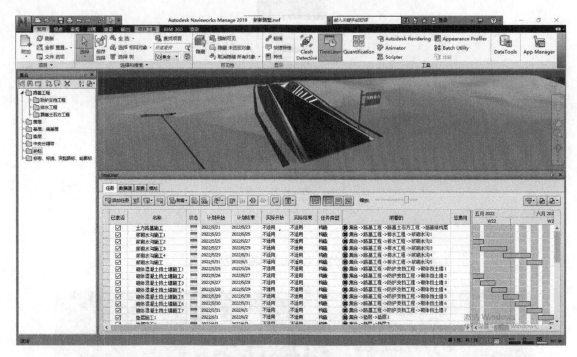

图 4 添加进度信息

3.4 施工风险

公路工程施工风险信息包括关键风险因素和施工活动风险等级两部分。

（1）关键风险因素

组织专家利用 HCRBM 选择出该示例公路工程在施工活动层级的主要风险因素的并根据专家选择的频数，由大到小排序出重要性前 10 的风险因素（表 2）作为关键风险。

示例公路（部分）施工活动关键风险因素识别（重要性前 10 名） 表 2

工序 \ 等级	1st	2nd	3rd	4th	5th	6th	7th	8th	9th	10th
土方路基施工	R1	R38	R8	R12	R34	R26	R18	R24	R32	R30
浆砌水沟施工	R8	R12	R1	R38	R32	R26	R18	R24	R34	R30
……	……	……	……	……	……	……	……	……	……	……
护栏安装	R15	R38	R17	R10	R8	R18	R28	R4	R26	R24

（2）施工活动风险等级

开发基于两个风险属性指标——可能性（Likelihood）和严重性（Severity）——计算的综合风险指数来定量评估单个施工活动的风险监测等级，等级越高，在施工管理过程中需增加该项施工活动的风险检查频率。可能性 Likelihood 表示该施工活动一旦发生风险而导致不好后果的可能性；严重程度 Severity 表示该施工活动一旦发生风险而造成的成本、进度、安全和质量方面损失的严重程度。将可能性及严重性指数设置低（Low）、中（Medium）、高（High）三个等级并赋值，其中 Low=1，Medium=2，High=3。专家对可能性以及严重性的四个维度进行打分。根据评分结果比率，可计算出各施工活动的 Likelihood 及 Severity 指数值结果如表 3 所示。以土方路基施工为例，31% 的专家认为土方路基施工风险发生可能性等级为 Low=1，2% 的专家认为土方路基施工风险发生可能性等级为 Medium=2，其余 67% 认为等级为 High=3，因此可能性指数为 $0.31 \times 1 + 0.02 \times 2 + 0.67 \times 3 = 1.71$。其中，严重性指数取成本、进度、安全、质量四个维度的均值。

施工活动风险指数计算（部分） 表 3

施工活动	可能性	严重性				
		成本	进度	安全	质量	均值
土方路基施工	1.71	1.49	1.88	1.70	2.05	1.78
浆砌水沟施工	1.72	1.79	1.76	1.82	1.86	1.81
……	……	……	……	……	……	……
护栏安装	1.67	1.72	1.61	2.01	1.90	1.81

再通过构建 3×3 的风险评估矩阵 RAM（Risk Assessment Matrix），如图 5 所示，判断得出综合指数等级，即施工活动风险监测等级。将 Low、Medium、High 3 个施工活动风险等级分别设置为绿色、黄色和红色，示例公路工程施工活动风险等级如图 5 所示。

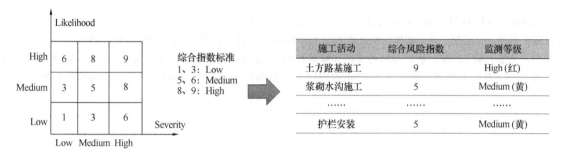

图 5　风险评估矩阵（RAM）和风险等级结果（部分）

3.5　BIM 与施工风险

通过添加构件特性，将关键风险信息（来源表 2）在 BIM 中呈现，各施工活动一一对应工程构件，点击构件即可在特性栏中查看关键风险信息。如图 6（左）所示。在 Navisworks 中修改构件颜色展示施工活动风险等级（来源表 4），如图 6（右）所示，实现公路工程施工风险监测等级的可视化。

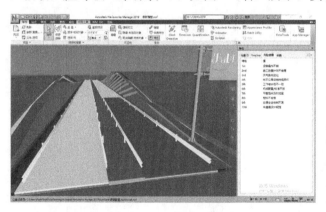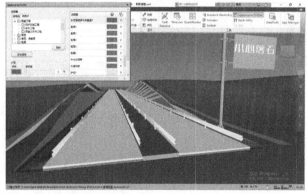

图 6　关键风险因素（左）和施工活动风险等级（右）可视化

通过 Timeliner 动画模拟功能，结合进度信息，实现动态施工风险可视化。如图 7 所示。

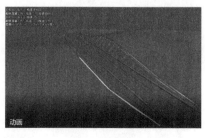

阶段一　　　　　　　　　　阶段二　　　　　　　　　　阶段三

图 7　公路工程施工风险时空分布

4　总结

本文所提出的风险识别、评估及可视化方法主要面向公路工程的施工质量检测与验收；施工监测人员可根据本文所提出的 HCWBS 制定各公路工程项目自己的工作分解结构，并通过本文所开发的 HCRBM 识别项目施工风险，组织专业人员识别并评估本项目的关键风险信息及各施工活动风险监测等级；通过运用上节的 BIM 风险可视化方法，将风险及风险等级信息可视化呈现于 4D 模型中，从而在施工过程中实时掌握项目进度、施工风险，根据风险等级调整施工监测频率，提升公路工程施工风险检查效率和风险控制水平。

参 考 文 献

[1]　徐博．清凉山隧道 BIM 技术应用研究[J]．铁路技术创新，2015(03)：90-93.

[2]　赵月悦，彭灿，张超超，等．福厦高铁桥梁 BIM 技术应用[J]．世界桥梁，2020，48(S1)：106-112.

[3]　彭学军，王圣，汤宇，等．基于 BIM 技术的连续梁 0～♯块多孔振捣技术[J]．工程建设，2020，52(12)：57-61.

[4]　吴巨峰，祁江波，方黎君，等．基于 BIM 的桥梁全生命期管理技术及应用研究[J]．世界桥梁，2020，48(04)：75-80.

[5]　王少飞，张建阳，赵春艳，等．大数据技术在公路隧道工程中的应用探讨[J]．公路，2017，62(08)：166-173.

[6]　Yang Z，Kiviniemi A，Jones S W．A review of risk management through BIM and BIM-related technologies[J]．Safety Science，2017.

[7]　范冰辉，王素裹，刘益宝．基于 BIM 的跨海大桥施工动态风险评估与可视化平台[J]．土木工程与管理学报，2020，37(03)：73-78，84.

基于 IFC 数据动态生成明细表的方法研究

苗　猛，刘鹏飞，闫　飞，樊青青，贺仁杰，刘嘉宾

（山东同圆数字科技有限公司，山东 济南 250100）

【摘　要】近年来，随着工程建设对信息化的要求日益凸显，通过信息化的手段实现项目的精细化管控将是建设方较为关注的目标。明细表是最常用的材料统计工具，传统的算量工作一般是依照图纸逐条手算，工作量大，且易出错，容易造成返工，影响工作效率。引入 BIM 技术使得此项工作从准确性上、时效性上都有了较大的提升，同时也降低了人力的投入。本研究将结合 Web 技术基于 IFC 格式数据动态生成明细表的方法进行论述，旨在将工程项目对明细表的需求做成一种数据服务，供各参与方及多种应用系统使用。

【关键词】IFC；动态明细表；算量；Web-BIM；建筑信息模型

1　引言

在工程建设领域，通过明细表展示项目及相关特性是一种基本且常用的方式，最常用于计算材料数量和需求，以量化和分析用于项目中的材料。传统的算量工作一般是依照图纸逐条手算，工作量大，且易出错，容易造成返工，影响工作效率[6]。

随着 BIM 技术的日益成熟，直接通过设计文件提取构件属性自动生成明细表的方式，已逐渐取代传统的手工计量方式。该方式具有统计数据准确性高、速度快、实时性、一处修改实时计量等特点，并支持添加字段、自定义过滤器筛选、简单的排序等功能，大大减少了烦琐的人工操作和潜在错误，为项目设计概算、施工图预算、竣工结算及施工过程造价管理等提供高质量的参考。行业内较成熟的软件算量和设计软件，如 Revit、广联达、品茗等，均可通过识别施工图纸等实现该功能。自动生成明细表功能极大提高了工程量计算效率，在设计变更应对，数据积累和共享，管理流程优化等方面均提供了极大的便利，从而为更好地服务于工程全过程成本控制，推动行业信息化管理水平。

但目前 BIM 相关软件均基于 C/S 架构[3]，而这一架构带来的问题是：对计算机硬件有较高要求，用户需要安装及操作不简便，数据信息共享难以实现，无法将数据和多种应用系统进行衔接。

本研究利用 Web 技术探讨了基于 IFC 数据动态生成明细表的实现方法，分析了 IFC 属性数据的类型及语义，旨在由 IFC 数据根据实现应用场景动态生成明细表，并可将明细表数据应用于多软件系统中。

2　IFC 属性信息的表达

IFC（Industrial Foundation Classes）标准是 BIM 普遍使用的标准格式，是建筑业的一个国际标准数据模型[2]。它是一种平台中立的开放文件格式规范，不受某一个或某一组供应商控制的中性和公开标准。具有由 buildingSMART（International Alliance for Interoperability 国际互通操作联盟）开发的数据模型，以促进建筑、工程和建造行业中的互通操作性，是建筑信息模型的常用的协作格式。

IFC 模型体系结构由四个层次构成，从下到上依次是：资源层（Resource Layer）、核心层（Core Layer）、交互层（Interoperability Layer）、领域层（Domain Layer）[1]。该标准规定了建设项目生命周期所有阶段的信息的存储、交换、使用规范等。IFC 格式文件则是容纳了建筑内各实体的几何、属性、功能

【作者简介】苗猛（1987—），男，工程师。主要研究方向为工程信息化技术。E-mail：394828842@qq.com

等信息[4-5]。其中对实体属性主要分为静态属性集和动态属性集，静态属性集以 IFC 实体的方式定义，其属性以 IFC schema 的方式静态地定义在属性集中，如 IfcDoorLiningProperties、IfcDoorPanelProperties、IfcSoundProperties，动态属性集以 IfcPropertySet 实体表示。IfcPropertySet 是一个装载属性的容器，具体的属性则由 IfcProperty 表示。动态属性集分为预定义属性集和自定义属性集。IFC 规范中定义的动态属性集为预定义属性集，而用户根据自身需求定义的动态属性集为自定义属性集（图 1）。

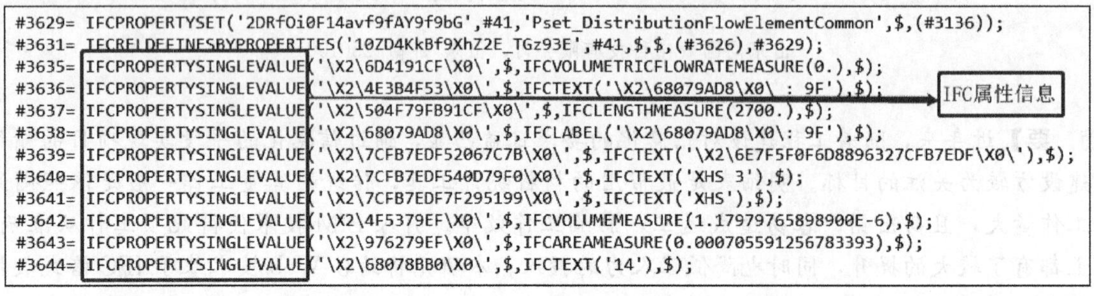

```
#3629= IFCPROPERTYSET('2DRfOi0F14avf9fAY9f9bG',#41,'Pset_DistributionFlowElementCommon',$,(#3136));
#3631= IFCRELDEFINESBYPROPERTIES('10ZD4KkBf9XhZ2E_TGz93E',#41,$,$,(#3626),#3629);
#3635= IFCPROPERTYSINGLEVALUE('\X2\6D4191CF\X0\',$,IFCVOLUMETRICFLOWRATEMEASURE(0.),$);
#3636= IFCPROPERTYSINGLEVALUE('\X2\4E3B4F53\X0\',$,IFCTEXT('\X2\68079AD8\X0\ : 9F'),$);
#3637= IFCPROPERTYSINGLEVALUE('\X2\504F79FB91CF\X0\',$,IFCLENGTHMEASURE(2700.),$);
#3638= IFCPROPERTYSINGLEVALUE('\X2\68079AD8\X0\',$,IFCLABEL('\X2\68079AD8\X0\: 9F'),$);
#3639= IFCPROPERTYSINGLEVALUE('\X2\7CFB7EDF52067C7B\X0\',$,IFCTEXT('\X2\6E7F5F0F6D8896327CFB7EDF\X0\'),$);
#3640= IFCPROPERTYSINGLEVALUE('\X2\7CFB7EDF540D79F0\X0\',$,IFCTEXT('XHS 3'),$);
#3641= IFCPROPERTYSINGLEVALUE('\X2\7CFB7EDF7F295199\X0\',$,IFCTEXT('XHS'),$);
#3642= IFCPROPERTYSINGLEVALUE('\X2\4F5379EF\X0\',$,IFCVOLUMEMEASURE(1.17979765898900E-6),$);
#3643= IFCPROPERTYSINGLEVALUE('\X2\976279EF\X0\',$,IFCAREAMEASURE(0.000705591256783393),$);
#3644= IFCPROPERTYSINGLEVALUE('\X2\68078BB0\X0\',$,IFCTEXT('14'),$);
```

IFC属性信息

图 1 IFC 源文件中属性信息的表达形式

3 实现方法研究

3.1 IFC 数据处理

明细表的提取可以基于 IFC 文件数据。IFC 标准采用 EXPRESS 语言[10]定义了一个数据模型，为了便于程序自动化处理和解析，可通过 IFCConverter 插件转换成相应的 XML 文件，然后进行 XML 文件的解析。

3.2 数据的解析与存储

在每个 IFC 文件范围内每个构件实体都拥有 id、name、type、placement、tag 等属性，在 XML 文件中也可找到一一对应的数据信息。XML 文件主要分为 head、units、properties、materials、types、decomposition 等几大部分。decomposition 记录了每个构件的父子关系；materials 描述了构件材质信息；properties 表示每个构件所有属性信息；每个构件通过对应子标签里的 xlink:href 属性链接对应，如构件子标签内的所有 IfcPropertySet 节点描述了该构件的所有属性信息；IfcMaterial 节点描述了该构件所有材质信息。根据此对应关系，先遍历 properties 部分，将每个节点以 id 为主键，通过 key-value 形式将读取到的数据存入缓存。之后再从 decomposition 层开始遍历，将读取到的每个节点数据存储到 sqltie 数据库，遍历节点同时也根据子标签 IfcPropertySet 的 id 将缓存的 properties 对应的值读取出来，一并存入关系型数据库[12]。

3.3 IFC 属性语义映射

基于以上提取出的数据，本文以建筑、结构、机械、电气、管道等专业结构为基础[7-8]，根据 IFC 标签与构件的映射关系（表 1）进行专业分类，并对各实体对象的属性集根据名称形成列表。例如：为用户提供结构专业下可选的墙、梁、板、柱等类别，用户选择某一类别后，匹配到 IFC 中对应的标签，例如：用户选择"结构"下的"墙"类别，将会匹配 IFC 中 IfcWall 构件，同时筛选该构件属性是否包含相关的结构属性，如果包含，则认为该构件是归属于结构专业下的"墙"。

常见构件与 IFC 标签映射关系 表 1

IFC 对象	中文名称	IFC 对象	中文名称
IFCWALL	墙	IFCCOLUMN	柱
IFCWALLTYPE	墙类型	IFCCOLUMNTYPE	柱类型
IFCCURTAINWALL	幕墙	IFCSTAIRFLIGHT	楼梯
IFCCURTAINWALLTYPE	幕墙类型	IFCFLOWTERMINAL	流量终端
IFCBEAM	梁	IFCFLOWTERMINALTYPE	流量终端类型
IFCBEAMTYPE	梁类型	IFCFLOWFITTING	流量接头
IFCDOOR	门	IFCFLOWFITTINGTYPE	流量接头类型
IFCPLATE	板	IFCDUCTSEGMENTTYPE	管段类型
IFCPLATETYPE	板类型	IFCPIPEFITTINGTYPE	管件类型

3.4　实体属性汇总与数值计算

依据 IFC 语义映射关系，将构件进行初步分组，如结构墙组、管道组、梁组等，依据每组数据的构件的 guid 属性查询出该组构件下所有的属性信息，查询出的属性数据后可将属性名称作为 key 值，以属性数据作为 value 值，以 IdentityHashMap 数据结构的形式暂存到缓存中，该方法类提供了一种可重复 key 值的 map 实现方式，更利于我们进行相同 key 值的数据统计，同时以缓存的方式存储。得到所有的构件后，将该构件出现的所有属性全量统计，其中如果该属性为 IfcInterger 或 IfcDouble 等数据类型，则将该属性数据进行累加计算，最后统计出所有属性及其值。

3.5　接口服务实现

基于上述基础数据与数值计算方式，应用程序将以接口服务的形式提供给 web 端使用，应用服务将采用经典的三层架构模式：控制层、服务层和持久层[11]，控制层负责根据 web 端提交的参数进行过滤、封装；服务层负责业务逻辑处理，如属性汇总、数值计算等操作；持久层是完成和数据库交换内容的结构，对数据库数据进行操作，如查询构件数据及构件属性数据。基于三层架构可实现层次清晰，分工明确，耦合度低的服务架构。

根据明细表的常规需求提供三个查询接口：（1）根据专业类型对 BIM 查询所有的构件类型；（2）根据构件类型查询构件所有属性列表；（3）根据所选构件属性及统计主键获取明细列表。三个接口均采用 GET 方法来实现。

3.6　动态生成明细表

用户采用浏览器，基于 HTML 表单（图 2）通过选择专业类型、构件类型来获得所要动态生成的明细表中属性列表，通过选择列表中的属性及设定所要统计的主键，最终通过请求接口获得明细表信息（图 3）。用户可选择导出明细表或者选择直接打印该明细表。

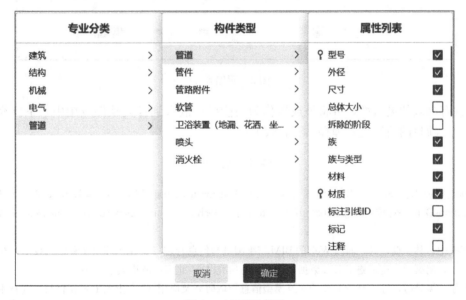

图 2　三级联动筛选

4　结语

本文基于 IFC2X3 数据标准，提出了一种动态生成明细表的方法：通过对 IFC 数据进行解读，提取关于 BIM 中的有效信息，在数据库中进行存储，根据用户的需求进行分析、计算与统计；然后利用标准化网络传输，对模型的构件信息、属性参数进行数据筛选、列表展示、自定义导出等一系列操作。

该研究方法中主要是基于 IFC2X3 数据标准，对于数据有一定的要求，在分析、计算、统计过程中所有数据都是依赖于构件信息与属性参数，对于一些立体空间的数据处理相对困难。但是该方法提取到明细表数据可以在工程建设过程中分阶段，分专业的造价和出料提供一系列的数据参考，并且服务接口不

图 3　明细表

受终端限制，具有高效的灵活性，可将该成果作为功能模块嵌入到各类软件应用中，不仅充分挖掘 BIM 数据的价值，也为项目的精细化管理提供了有效工具。

参 考 文 献

[1]　IFC2xEdition3[EB/OL].[2022-07-19].https：//standards. buildingsmart. org/IFC/RELEASE/IFC2x3/FINAL/HTML/.

[2]　IFCSpecificationsDatabase[EB/OL].[2022-07-19].https：//technical. buildingsmart. org/standards/ifc/ifc-schema-spec-ifications/.

[3]　王珩伟，胡振中，林佳瑞，等. 面向 Web 的 BIM 三维浏览与信息管理[J]. 土木建筑工程信息技术，2013(6)：37-39.

[4]　王勇，张建平，胡振中. 建筑施工 IFC 数据描述标准的研究[D]. 北京：清华大学，2011.

[5]　薛建英，阎超，孟繁敏，等. 基于 IFC 的建筑模型信息提取研究及应用[C]//土木工程新材料、新技术及其工程应用交流会论文集(上册)，2019.

[6]　匡思羽. 基于 IFC 标准的工程量自动计算方法研究[D]. 上海：上海交通大学，2017.

[7]　秦领，刘西拉. 建筑物理模型与结构分析模型的数据映射研究[J]. 土木建筑工程信息技术，2010(2)：9.

[8]　陆宁，马智亮. 利用面向对象数据库与关系数据库管理 IFC 数据的比较[J]. 清华大学学报：自然科学版，2012，52 (6)：7.

[9]　周颖，郭红领，罗柱邦. IFC 数据到关系型数据库的自动映射方法研究[C]//第四届全国 BIM 学术会议论文集. 北京：中国建筑工业出版社，2018.

[10]　赵继政，魏生民，杨彭基. STEP 的实现 EXPRESS 向 JAVA 的映射[J]. 机械科学与技术，1999(2)：171-173.

[11]　苏航. 接口的意义及在 java web 三层架构中的作用分析[D]. 成都：西华大学，2016.

[12]　张迪，刘华，李航. 基于对象关系型数据库的 IFC 存储模型[J]. 城市建筑，2018(2)：3.

基于 Web 的 BIM 技术在钢筋工业化加工中的应用研究

刘鹏飞，苗　猛，陈海燕，赵　辉，闫　飞

(山东同圆数字科技有限公司，山东 济南 250100)

【摘　要】钢筋加工是建筑工程施工过程中非常重要且复杂的工作，提高钢筋加工的信息化和自动化程度，一直是行业关注的课题。近年来，随着钢筋加工行业不断向集约化和工业化方向发展，钢筋工程的数字化和信息化需求日益凸显。为此，我们利用 Web-BIM 技术对钢筋专项工程进行精确的 3D 仿真模拟，并利用云计算和移动互联网技术与工业化钢筋加工设备进行无缝对接，解决钢筋精准算量、精细翻样、优化下料、工厂生产、模型验收、数据对接、信息管理等问题，进而提高钢筋加工效率、提升工程质量、降低材料损耗及减少人工投入。

【关键词】WebGL 技术；建筑信息模型；钢筋加工；钢筋工业化；机械自动化

1　引言

近年来，国家和行业层面出台了一系列指导意见，提出要围绕建筑业高质量发展总体目标，大力发展新型建筑工业化，推动在材料配送、钢筋加工等环节的一体化施工设备和应用，提升建筑业的信息化水平和工业化水平。以数字化、智能化升级为动力，带动建筑业全面转型升级。

相比于传统以人工为主的加工方式，先进的数字信息技术手段可有效提高钢筋加工领域的工业化水平。在工程建设领域，以 BIM 为代表的数字信息技术，基于对钢筋模型和生产加工过程的仿真模拟，将钢筋加工过程中的数据进行结构化，按设定好的程序对这些数据进行交换、加工、处理，实现对加工设备和管理系统的有效集成，完成对生产过程的高效管控，从而减少产品生产过程中的错误，提升生产效率，节省大量人力，降低生产成本，提高加工效率。

本文将针对钢筋专项工程利用 Web 技术构建 BIM，并由优化后的 BIM 数据驱动机械完成自动化钢筋加工的应用展开论述，旨在实现钢筋加工的工业化。

2　行业分析

2.1　传统钢筋加工模式

钢筋是建筑行业三大建材之一，是房建结构主体施工的重要组成部分，占结构工程造价约 25%[1]，其他特定类型的工程中，占比远超这个数字。作为工程建设中最主要的分项工程，钢筋的加工模式却相对落后。传统的建筑用钢筋长期以来依靠人力或较简单的机械设备在施工现场加工完成，生产效率低下、损耗率高，成品质量受工人技能水平的制约难以保障[2]。同时，随着人口结构的变化，人工成本越来越高，行业利润也越来越低。

2.2　钢筋工业化加工的概念及现状

钢筋的工业化加工是指在专业的钢筋加工厂内，采用数字化和信息化手段，使用成套高效自动化钢筋加工设备，辅以现代化的管理方法，完成钢筋成型和构件组装，并将加工成型的钢筋、钢筋笼、钢筋

【作者简介】刘鹏飞（1982—），男，高级工程师。主要研究方向为工程技术。E-mail：30431981@qq.com

焊接网及工程所需的其他钢筋制品，配送到施工现场的钢筋加工应用模式。工业化加工取代了传统施工现场采用手工方式利用简单设备加工钢筋的模式，将钢筋的加工、绑扎在专业工厂内完成，成品配送则采用现代化的物流手段完成[3]。

近年来，在国家大力倡导建筑工业化的背景下，一些以公铁桥梁施工项目为主要服务对象的桩基梁场和以装配式建筑为服务对象的 PC 构件厂正在兴起。这两种模式的加工厂，由于构件的标准化程度较高，构件加工体量大，且较少受场地限制，生产过程的机械化程度较传统加工模式有了较大的提升，加上国家政策倾斜，效益均好于传统的加工模式。但由于钢筋加工制品未完全实现构件化、体系化，加工设备信息化、自动化程度低，生产组织理念落后、平台化程度低等原因，仍未有长足的发展[4]。

2.3 BIM 技术在钢筋工程中的应用

随着信息化技术的普及，BIM（Building Information Modeling）技术作为建筑领域核心的数字信息技术在钢筋加工领域得到了广泛应用。利用 BIM 技术可对钢筋及成品构件进行三维可视化模拟，建立钢筋的下料、加工模型，并利用模型对各构件及节点进行碰撞检测、躲让分析和动态加工模拟。碰撞检测和躲让分析可提前探知设计中存在的问题，持续优化方案，调整钢筋配置，尽可能减少加工和施工中的设计变更。动态加工模拟可为构件实现机械的自动化加工提供标准参照，保证构件加工的准确高效[5]。

目前，Revit、广联达、E 筋和鲁班等 BIM 类软件在行业中得到较好应用，尤其使传统的放样工作有了很大改善，主要体现在放样准确性和对材料的利用率上，相比传统方式均有了明显提升。在仍存在精度不足，未考虑空间组合影响的问题，放样依然需人工复核。构件级的成品模型在验收环节亦可起到自动复核绑扎质量的作用，从而提高钢筋加工的工业化水平，而目前的软件均未对此有所涉及。

2.4 Web-BIM 技术的应用

BIM 相关软件主要为 C/S 架构[6]，但随着移动平台的逐渐普及，B/S 架构的优势也突显出来。Web-GL（Web 图形库）是一个 JavaScript API，可在任何兼容的 Web 浏览器中渲染高性能的交互式 3D 和 2D 图形，而无需使用插件。WebGL 开发本身相对比较烦琐，但一些优秀的 js 库简化了该流程，例如 Three.js。随着 5G 的普及，使得基于 Web 的 3D 数据渲染变得更为成熟。

基于 WebGL 的 BIM 应用软件，具有轻量化和信息化方面有着先天优势，在数据处理和共享方面也可充分利用大数据和云计算技术，这将为建筑信息化应用领域提供了一种全新的实现方式。

3 技术实现

3.1 基于 WebGL 技术构建参数化 BIM

BIM 的核心在于对建筑全信息的描述，所有构件的几何、材质以及空间关联关系等均可通过参数来实现精准的控制。基于 WebGL 技术构建参数化 BIM，即利用 3D 轻量化图形库构建 BIM，目标是创建一个由参数化构件组成的数字建筑模型[7]，实现对真实世界行为的仿真模拟。

以 T 形结构柱为例，首先依据柱类型，设定几何参数，由此可以生成柱几何轮廓，依据层高即可生成拉伸几何模型 T 形柱。配筋部分依据保护层厚度确定箍筋外表面位置，再根据箍筋等级确定箍筋的弯弧直径及中心点，进而确定箍筋几何路径。最后根据纵筋直径，确定纵筋中心点定位。

依据钢筋直径使用几何圆形（absarc）方法形成圆形截面，然后通过计算获得的钢筋几何路径点，生成三维样条曲线（CatmullRomCurve3），最后使用拉伸几何模型（ExtrudeGeometry）构建起钢筋几何形体。同时，将钢筋长度、钢筋直径、钢筋等级、钢筋路径等信息保存至构件属性数据集。

3.2 BIM 中钢筋的位置调整

BIM 模型能够对构件钢筋进行精准的 3D 可视化，并将其规格、空间信息、弯钩长度、锚固长度等信息赋予每根钢筋。在 3D 可视化的环境中，钢筋模型得到准确及时呈现，纵横钢筋是否互相影响制约，钢筋排布有无可视性错误，都一目了然[8]，因此非常便于钢筋的碰撞检查，如需调整，则直接通过变更相关参数来实现，并直观展示避让后的效果，确保精准有效避让，提前预知并解决传统翻样过程中到现场施工时才发现的问题，保证施工质量更可控，既节省时间和人工，也减少了返工和材料损耗（图 2）。

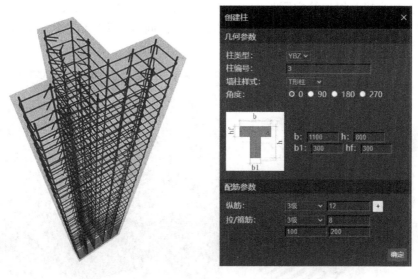

图 1　T形柱参数化 BIM 构建方法

图 2　基于 Web-BIM 的构件节点钢筋位置调整

3.3　BIM 中钢筋的下料优化

（1）将下料单按不同钢筋规格分别统计汇总并进行分析，结合项目情况，尽量减少钢筋类别，方便进料及加工。

（2）将下料单中不同规格的钢筋长度分别统计汇总，进料时根据统计结果，有选择地确定定尺钢筋长度，方便加工并使钢筋得到充分利用。

（3）按钢筋规格对不同长度的钢筋进行分类汇总，将同规格不同长度的钢筋进行合理搭配，使搭配后的下料钢筋总长接近定尺长度，并同时完成两种长度的钢筋下料，既节省钢筋，又减少无用操作，省时省料。

（4）利用料单的汇总结果，分析构件钢筋连接部位和连接方式，适当调整接头形式，减少搭接和焊接，尽量采用套筒连接，这样可以减少重叠和焊接导致的长度损失，最大限度地利用钢筋。

3.4　钢筋信息的提取与统计

对某一构件进行钢筋信息提取时，因为在构建的 BIM 中钢筋的全部信息被保存到每个构件的属性数据集内，所以通过遍历 BIM 中所有钢筋对象及属性数据集，通过数据集内路径数据进行积分计算或者直接使用 getLength 方法直接获得钢筋实际长度[9]。并依据钢筋的类型、等级、直径等进行分类、合并统计，最终形成钢筋料表，生成的数据表可供导出或直接打印。同时，路径信息也可转化为机械加工指令。

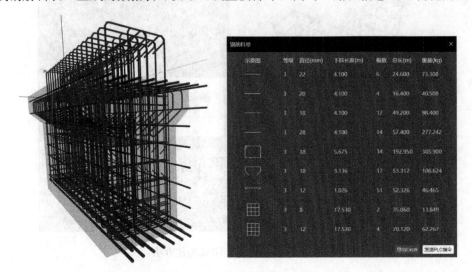

图 3　BIM（框架梁）数据提取出钢筋料单

3.5　利用 TCP/IP 协议建立远程通信服务

为实现在 Web 端控制设备，服务器端采用 Socket 长连接的形式，实现 Web 端与终端设备之间的网络通信[10]。通过创建独立的 Web 应用服务，服务会自动创建一个 Socket 长连接服务，下位终端设备会主动连接 Socket 服务。服务器端会根据设备 IP 地址以及端口号，形成唯一索引，每一个索引都对应一个独立的 Socket 服务对象。同时，该应用服务程序还会向外部体统执行指令操作的接口，Web 端可直接通过该接口批量发送执行指令，收到指令后，应用程序会根据指令集进行解析拆分，得到指令集后并遍历所有连接的终端设备，根据索引取出 IP 地址以及端口号，以线程等待的形式有序地发送指令。

3.6　PLC 驱动机械加工

现代化机械如要实现自动化控制，PLC（可编程逻辑控制器）不可或缺，通过以太网可与 PLC 实现通信，首先 PLC 一般有 Internet 插口和无 Internet 插口，对于无插口的 PLC 可通过扩展模组的方式实现，也可通过 Internet 转 RS485 串口服务器来实现，服务器 RS485 与 PLC 上 RS485 接口连接。

通过 PLC 与远程 Socket 服务器的 TCP 连接，可接收 RS485 指令[11]，通过控制 PLC 中对应寄存器或线圈，进而驱动机械完成一系列钢筋加工动作（表 1）。

PLC 部分寄存器、线圈地址对应表　　　　　　　　　　　　　　　　　　　表 1

名称	PLC 寄存器地址	名称	PLC 寄存器地址
左边长 1	HD300	左角度 1	HD400
左边长 2	HD302	左角度 2	HD402
左边长 3	HD304	左角度 3	HD404
左边长 4	HD306	左角度 4	HD406
左边长 5	HD308	左角度 5	HD408
左边长 6	HD310	左角度 6	HD410
左边长 7	HD312	左角度 7	HD412
左边长 8	HD314	左角度 8	HD414
左边长 9	HD316	左角度 9	HD416
名称	PLC 线圈地址	名称	PLC 线圈地址
手动控制	X30	报警指示	Y24
自动控制	X31	运行指示	Y25

4 结语

本文研究的基于 Web 的 BIM 技术在钢筋工业化中的应用，已在某市路桥建设项目中得到实践，实践证明其在钢筋工程全寿命周期中，从综合成本、材料节约、质量管理、进度管理、安全管理、信息管理等方面都有着显著成效。在实践中也遇到了以下挑战和困难：

（1）该技术的应用建立在工程项目精细化设计及精细化管理基础上，而目前建筑工程行业的分包模式仍较为粗放，工程项目的投资商，钢筋经销商对基于技术改良带来的成本节约不甚敏感，需要一定时间的摸索及适应。

（2）高度工业化的加工模式会改变目前的钢筋轻工承包模式，钢筋加工及绑扎拆分后对原有厂承包模式是一种冲击，会有一定程度的市场抵制行为。

（3）单项目工程用钢量较小，种类却较多，构件的标准化程度低，使得生产组织，钢筋归类编号等流水化作业对生产管理能力、BIM 数据处理分析能力要求较高。

（4）行业和市场环境有待成熟。钢筋质控环节与现行钢筋质量检测检验标准存在一定冲突，该技术的大范围应用需得到质检部门认可并加强监管，取得政策扶持。

成品钢筋构件的集中加工与配送是工程建设行业发展的必然要求，也符合我国的碳达峰、碳中和目标及发展绿色建筑的需要。同时也是新基建中工业互联网领域的一个子集。随着行业管理的精细化，钢筋工业化将会迎来较大的发展空间，成为工程建设领域的一种常态模式。

参 考 文 献

[1] 陈思．BIM 集约化加工技术在钢筋工程中的应用研究[J]．智能建筑与智慧城市，2019(12)：68-69，80.

[2] 郑强．钢筋工业化的发展与应用[J]．中国建材科技，2016，25(3)：79-81.

[3] 杨玉明，陈礼松，李长国，等．智能制造在钢筋集中加工中的运用及其对建筑工业化的提升研究[J]．住宅产业，2020(9)：71-75.

[4] 王伟．BIM 技术在工业化建筑中的应用[J]．玻璃，2017(6)：44-47.

[5] 陆长松．BIM 技术在智能化钢筋加工中的探索[J]．住宅与房地产，2018(8)：44-47.

[6] 王珩伟，胡振中，林佳瑞，等．面向 Web 的 BIM 三维浏览与信息管理[J]．土木建筑工程信息技术，2013(6)：37-39.

[7] 杨玉明，陈礼松，李长国，等．智能制造在钢筋集中加工中的运用及其对建筑工业化的提升研究[J]．住宅产业，2020(9)：71-75.

[8] 刘军安，李鹏，乐俊，等．基于 BIM 技术的钢筋数控加工技术应用[J]．施工技术，2017(S2)：3.

[9] 靳静文，邓忠华．基于 Java 技术的一种 modbus TCP 协议栈的实现[J]．数字技术与应用，2015(1)：2.

[10] 梁和清，吕阳，王昊诚，等．PLC 与变频器 RS-485 串行通讯控制[J]．锻压装备与制造技术，2018，53(5)：4.

[11] 沈彬彬．基于 BIM 技术在某工程复杂节点钢筋设计中的应用[J]．绿色环保建材，2018(04)：74-76.

[12] 余芳强，曹强，高尚，等．基于 BIM 的钢筋深化设计与智能加工技术研究[J]．上海建设科技，2017(1)：32-35.

[13] 包胜，邱颖亮，金鹏飞．BIM 在建筑工业化中的应用研究[J]．建筑经济，2017(12).

[14] 张建平，李丁，林佳瑞，等．BIM 在工程施工中的应用[J]．施工技术，2012(16)：10-17.

公共建筑工程 BIM 应用组织模式顶层设计探讨

吕朔君，田树刚

(深圳市龙华区建筑工务署，广东 深圳 51800)

【摘 要】深府办函〔2021〕103 号文要求政府投资项目应率先全面实施 BIM 技术应用。本文从顶层设计角度，调研了 9 家政府投资公共建筑工程主要建设单位 BIM 应用的组织模式，归纳了 4 种具体模式，即参建方各方实施模式、业主委托 BIM 全过程应用模式、代建单位委托 BIM 全过程应用模式、EPC 单位牵头 BIM 全过程应用模式，并进行了对比分析。因政府投资公共建筑工程一般都对项目工期有着严格的要求，为了适应"深圳速度"，建议采用 BIM 全过程应用组织模式。

【关键词】BIM；组织模式；公共建筑；建设单位；全过程

1 引言

《深圳市人民政府办公厅关于印发加快推进建筑信息模型（BIM）技术应用的实施意见（试行）的通知》（深府办函〔2021〕103 号）中明确提出，要推进 BIM 技术应用，建设新型智慧城市，其中指出政府投资项目应率先全面实施 BIM 技术应用。2018 年深圳市启动系统性的 BIM 标准的制定计划，目前列入全市工程建设标准制订计划的 BIM 标准共计 23 部，截至 2022 年 6 月，已发布实施地方标准 16 部。可见各主管部门顶层设计[1]意识良好，但在项目实际推动过程中仍存在一些突出问题，难以适应项目管理速度的需要，尤其是政府投资公共建筑工程。如何组织和实施应用 BIM，需要探索相对高效的组织模式以适应"深圳速度"。

2 现状及存在的问题

在深圳市政府投资公共建筑工程建设实施的过程中，大多数项目将设计阶段的 BIM 技术应用包含进设计合同服务范围内，将施工阶段的 BIM 技术应用包含进施工合同服务范围内。以市工务署为例，设计单位和施工单位是项目的参建单位，其 BIM 实施是从建设单位与参建单位自身的合同约定，从做好项目实施的角度开展 BIM 技术应用[2]。目前，我市部分区域基础设施和公共服务设施建设仍存在着诸多短板，远不能满足城镇人口增加的需求，所以公共建筑项目一般都带有一定的补短板的任务目标，因此，对项目工期有着严格的要求[3]。对某区建筑工务署 2021 年办理的施工许可情况统计发现，其全年共为 30 个房建类项目办理 34 次施工许可，其中，将一个项目按施工阶段分成多个专业工程办理施工许可、分几个阶段开工建设的项目达 67%。在这种"深圳速度"下，容易出现设计阶段 BIM 成果移交滞后的情况，BIM 的应用价值也大打折扣：

（1）跨阶段工作衔接不上。设计 BIM 团队的成果未到合同约定的移交节点，没能将完整施工图及设计 BIM 成果移交给施工 BIM 团队，而现场已经开始办理质安介入，故存在施工 BIM 团队无法按正常流程在施工前开展工作的情况。

（2）重复建模，资源浪费。设计 BIM 团队的建模成果移交给施工 BIM 团队，因建模标准和习惯的差

【作者简介】吕朔君（1995—），女，信息化管理工程师。主要研究方向为建筑信息化。E-mail：lyu. 00@qq. com

异，绝大部分的施工 BIM 团队选择重新建模。另一方面，设计 BIM 团队部分工作如碰撞检查、构件算量等，与施工 BIM 团队的工作重复，如果设计阶段已经完成碰撞检查并优化到位，施工阶段就不需要重复进行碰撞检查等工作。

（3）协同管理难度大。对于建设单位项目管理人员，需要同时管理设计 BIM 团队和施工 BIM 团队，沟通成本增加。在 BIM 协同应用上，若施工 BIM 团队检查出前期设计中的缺陷，需由项目管理人员传达给设计 BIM 团队，沟通效率较低。

3　BIM 应用的主要组织模式

通过对深圳市政府投资公共建筑工程的 9 个主要建设单位进行调研分析，本文总结出目前市、区建筑工务署的 BIM 应用组织模式，如表 1 所示，大致可归纳为 4 类：即参建方各方实施模式、业主委托 BIM 全过程应用模式、代建单位委托 BIM 全过程应用模式、EPC 单位牵头 BIM 全过程应用模式。

建设单位 BIM 应用组织模式对比　　　　　　　　　　　　　表 1

建设单位	BIM 应用组织模式	示例
深圳市建筑工务署	参建方各方实施	中国医学科学院阜外医院深圳医院二期项目
	EPC 单位牵头 BIM 全过程应用	香港大学深圳医院二期项目
福田区建筑工务署	参建方各方实施	科技中学改扩建工程
	EPC 单位牵头 BIM 全过程应用	福田保税区海关跨境电商查验中心项目
龙华区建筑工务署	参建方各方实施	区颐养院项目
	EPC 单位牵头 BIM 全过程应用	清湖文化产业园二期建设工程
	业主委托 BIM 全过程应用	光明区人民医院新院项目
光明区建筑工务署	EPC 单位牵头 BIM 全过程应用	光明高中园设计施工一体化
	参建方各方实施	光明高中园综合高中
前海管理局	参建方各方实施	前海 T102-0317 地块项目
	代建委托 BIM 全过程应用	新合路学校（二期）项目
坪山区建筑工务署	EPC 单位牵头 BIM 全过程应用	坪山高中园项目
	参建方各方实施	坑梓文化科技中心项目
龙岗区建筑工务署	代建委托 BIM 全过程应用	龙岗街道创星九年一贯制学校新建工程
	参建方各方实施	龙岗区第三人民医院医技内科楼项目
	代建委托 BIM 全过程应用	宝安纯中医治疗医院二期项目
宝安区建筑工务署	EPC 单位牵头 BIM 全过程应用	深圳市第二十四高级中学项目
	参建方各方实施	深圳市第二十八高级中学新建工程
罗湖区建筑工务署	参建方各方实施	莲南小学改扩建工程
	代建委托 BIM 全过程应用	松泉中学等 8 所学校改扩建工程

（注：调研数据来源于深圳公共资源交易中心官网）

（1）参建方各方实施模式

组织架构：在这种模式下，建设单位在与各参建方的合约中提出简要的 BIM 实施目标及要求，项目各参建方各自组建 BIM 实施团队或委托 BIM 建模分包单位完成实施工作。

合约关系：若参建方采用自行组建团队的方式，则建设单位与实施单位之间为直接合约关系，管控力度较强；若参建方采用分包的方式，则建设单位与实施单位之间不存在直接合约关系，管控力度较弱。

（2）业主委托 BIM 全过程应用模式

组织架构：在这种模式下，建设单位委托一家 BIM 建模单位完成 BIM 应用的策划与全过程的实施工作，并要求各相关方对 BIM 建模单位进行配合。

合约关系：建设单位与实施单位之间为直接合约关系，管控力度较强。

（3）代建单位委托 BIM 全过程应用模式

组织架构：在这种模式下，建设单位将所有工程建设事项统一委托给代建单位，代建单位再委托一家 BIM 建模单位完成 BIM 应用的策划与全过程的实施工作，各相关方对 BIM 建模单位进行配合。

合约关系：建设单位与实施单位之间无直接合约关系，代建单位与实施单位之间有直接合约关系，因代建这种方式的独特性，管控力度也较强。

（4）EPC 单位牵头 BIM 全过程应用模式

组织架构：在这种模式下，建设单位在与 EPC 单位的合约中提出简要的 BIM 全过程实施目标及要求，EPC 联合体单位可以自行约定由一家单位完成全过程 BIM 实施工作，也可以分设计阶段、施工阶段两方各自组建 BIM 实施团队，或委托 BIM 建模分包单位完成实施工作。

合约关系：一般 EPC 合同中未约定 BIM 全过程或单阶段工作应由联合体的哪个单位完成，这种模式可能存在多种合约关系。若 EPC 主体单位采用自行组建团队的方式，则建设单位与实施单位之间为直接合约关系，管控力度较强；若 EPC 主体单位采用分包的方式，则建设单位与实施单位之间不存在直接合约关系，管控力度较弱。

4　BIM 全过程应用组织模式的优势

对于工期较紧的政府投资公共建筑项目，采用全过程模式引入 BIM 技术应用实施单位，有利于适应"深圳速度"。

（1）提高效率。一个项目的 BIM 工作不需要区分设计阶段、施工阶段团队，都由同一个 BIM 团队来实施，可同时开展设计阶段 BIM 和施工阶段 BIM 工作。即使项目申报质安提前介入，也能在手续办完前先开展施工准备阶段的 BIM 工作。

（2）节约投资。参照广东省住房和城乡建设厅印发《广东省建筑信息模型（BIM）技术应用费用计价参考依据（2019 年修正版）》[4] 作为计费参考依据，房建类项目设计阶段应用单价 17.50 元，施工阶段应用单价 19.25 元，而设计与施工联合应用单价为 31.24 元，可节约 15% 的 BIM 技术应用费。

（3）有利于协同管理。对于建设单位项目管理人员，不需要区分某项工作属于设计 BIM 还是施工 BIM，只需要对接一个 BIM 实施团队。同时，不再存在设计阶段实施团队和施工阶段实施团队相互推诿的情况。

以深圳某公共服务大楼建设项目为例，该项目为政府投资公共建筑工程，建筑面积 5 万多平方米，设计、施工总建设周期不超过 3 年，采用 EPC 单位牵头 BIM 全过程应用模式。在实际过程中，EPC 联合体单位将全过程 BIM 技术应用交由一家单位实施，即 BIM 全过程应用组织模式，详见图 1。

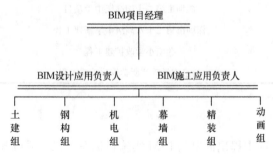

图 1　项目 BIM 实施团队组织架构图

在工作效率方面，BIM 实施团队在设计阶段的中后期，同时开展设计阶段 BIM 工作及施工准备阶段 BIM 工作，一边优化主体部分设计模型，一边开始场地临建布置、基坑模型等工作，在设计阶段 BIM 有效应用的同时，也保证施工阶段 BIM 的有效应用。

在节约投资方面，该项目按照广东省计价依据及项目应用难易程度不同上下浮率参考，单价采用设计与施工联合应用单价 31.24 元并下浮 20%，最终招标控制价按 25 元/平方米计取。若暂定建筑面积为 50000 平方米，该模式比设计阶段、施工阶段各自委托模式至少节约 220000 元 BIM 技术应用费。

在协同管理方面，建设单位项目管理人员只需对接一个 BIM 项目经理，减少沟通环节，若出现过失或缺漏，不需要区分是设计阶段实施团队还是施工阶段实施团队的问题，责任主体清晰，协同管理难度降低。

5 BIM 全过程应用组织模式下的挑战

采用业主委托 BIM 全过程应用组织模式，发挥出 BIM 在工程全生命周期价值的同时，也将对建设单位带来新的挑战，建设单位应把握和重视三个关键点：

（1）选择优秀的 BIM 实施单位

采用业主委托 BIM 全过程应用组织模式，整个项目的 BIM 实施工作由一家单位来完成，工作效率上会大幅提高，但同时，建设单位在一定程度上对该单位的执业水平较为依赖，尤其是当建设单位自身项目团队缺少 BIM 专业管理人员时。

因此，需要慎重选择，引入能力强的 BIM 实施单位，实施团队人员水平要有保证，人数要足够。合约中对 BIM 约定工作内容及提交成果要清晰明确，避免扯皮，避免因为 BIM 成果滞后而导致设计周期拖延的情况。因此现在很多项目在招标文件中，对 BIM 团队配置人数、人员专业、BIM 项目负责人的业绩，都有量化的要求。

（2）增强建设单位项目团队管控 BIM 能力

采用业主委托 BIM 全过程应用组织模式，建设单位与 BIM 实施团队有直接合约关系，建设单位应具备一定管控 BIM 能力。

管控 BIM 以包括设计 BIM 和施工 BIM 的全过程 BIM 应用为基础，在注重技术 BIM 应用的同时，强调对工程项目管理的价值[2]。建设单位项目团队应当能够识别判断 BIM 实施单位提供的方案、优化建议对项目管理业务是否有利，并督促设计单位、施工单位或其他参建单位进行优化达到提质增效的效果。因此，深府办函〔2021〕103 号中也提到要加强政府部门工作人员专业能力培训、将 BIM 技术等培训纳入完善政府部门年度培训计划。

（3）明确全过程协同管理

项目开展之初，各方应通过确定职责边界、协作规则与协同流程，提高模型及时性、正确性、易用性。

项目各参建单位间应设置有统一的 BIM 标准规范和信息管理平台，做好统筹管理工作，针对各个环节的工作流程进行明确[5]。一方面，要确保 BIM 模型及相应应用能在现场实际工作开展之前完成，能切实指导施工，而不是建好后再补模型。另一方面，模型要具备兼容性且轻量化展示出来，确保建设、监理、施工单位等各方都能够使用 BIM 模型并提出专业的意见和建议，利用 BIM 技术完成管理前置。

6 结语

本文对 9 个深圳市政府投资项目的主要建设单位进行调研，通过其近两年公开招标的 BIM 应用案例，归纳了 4 种 BIM 应用组织模式。为了契合政府投资公共建筑工程任务重、工期紧的特点，建议采用业主直接委托的 BIM 全过程应用组织模式以适应"深圳速度"，更好地保证 BIM 技术应用的实施效果，真正发挥 BIM 信息全过程集成的作用，切实提高工程建设行业的管理水平。

参 考 文 献

[1] 黄起，刘哲，武鹏飞，等. 政府公共工程管控的 BIM 探索与实践——深圳市建筑工务署的 BIM 应用[J]. 中国勘察设计，2022(S1)：18-21.

[2] 武鹏飞，谭毅，胡子航，等. 业主 BIM 实施的理论体系探索与实践[J]. 科技创新与应用，2018(33)：24-25，27.

[3] 高翔. 浅谈公共建筑工程的进度管理[J]. 四川建材，2018，44(2)：219-220.

[4] 广东省住房和城乡建设厅. 广东省建筑信息模型(BIM)技术应用费用计价参考依据(2019 年修正版)[EB/OL]. (2019-01-17)[2022-06-01]. http://zfcxjst.gd.gov.cn/xxgk/wjtz/content/post_2165776.html.

[5] 张弨，曲振. 全过程工程咨询模式下的 BIM 项目管理实践与探讨[J]. 工程建设与设计，2021(12)：198-200.

BIM 与质量规范知识的集成
——以公路工程为例

周静雯，陈嘉伟，徐　鑫*，何　鑫，王良朔

（河海大学，江苏 南京 210000）

【摘　要】BIM 技术作为当前工程建设领域的关键性技术，其应用有利于提升项目管理水平。然而，在利用 BIM 技术实施质量控制时，施工者常囿于传统的施工思想、不健全的建设标准，难以实现 BIM 技术与质量控制的有效对接。为此，本文试图通过将质量规范知识和 BIM 进行集成，以 Microsoft Power BI 平台为载体，实现施工全生命周期内质量检测的可视化指导，为施工者提供质量控制决策的依据，提高质量控制的水平和效率。

【关键词】质量规范；BIM 模型；公路工程；可视化；施工质量检测

1　引言

随着建筑应用软件的不断发展，BIM 技术被越来越多的工程项目所采用。如今 BIM 技术日趋成熟，无论是在设计还是施工上，该技术带来的良好效果都是显而易见的。在公路工程领域内，BIM 技术的应用和研究主要是针对工程规划设计阶段，可以起到提升项日管理水平、减少资源浪费等作用。其实，在整个公路项目的管理过程中，BIM 技术都可以发挥其积极作用[1]。现阶段公路工程的施工质量管理与控制工作较为复杂，需要管理部门使用大量的人力和时间，结合工程的实际情况，细化公路施工的全周期包括生产养护到施工竣工的一切质量控制点，进行质量控制。因此，将质量规范与工程实体相结合是一个值得研究的方向，不仅使得数据展现方式更加直观，还起到了大幅降低项目全生命周期成本以及有效提高公路工程质量等作用。

本文将以公路工程为例，通过搜集整理质量规范信息，建立质量规范知识组织结构，形成质量规范知识数据库，并在此基础之上将 BIM 模型与其相结合，运用 Microsoft Power BI 平台的可视化功能，实现公路工程全生命周期的质量管理与控制。

2　质量规范知识结构化组织

2.1　质量规范相关文本

随着科学技术的发展，利用信息技术来改造传统的公路工程施工行业已经是社会发展的必然要求[2]。质量规范相关文本是 BIM 信息模型与质量的规范知识集成的基础。现行关于公路工程质量的规范按内容可划分为施工规范、测量规范、安全及标准化规范、试验检测规范、招标预算规范等，其规范种类众多，各规范所涉及的广度、深度及其内容侧重有所差异，选取代表性的规范作为知识集成的基础更具可靠性、完备性；现行常用的公路工程信息模型应用标准有《公路工程施工信息模型应用标准》《公路工程设计信息模型应用标准》等。考虑到工程质量检测标准和 BIM 信息模型应用的先进性、适应性和可操作性，本文选取《公路工程质量检验评定标准　第一册　土建工程》《公路工程施工信息模型应用标准》作为 BIM 与质量规范知识集成的基础。

《公路工程质量检验评定标准　第一册　土建工程》编写的总体思路是：坚持目标导向和问题导向，

【作者简介】徐鑫（1990—），男，副研究员。主要研究方向为智能建造、工程大数据和人工智能。E-mail：xinxu@hhu.edu.cn

突出其强制性、限值要求和刚性要求，简化评定程序，合理确定检测评定标准，明确公路工程质量检测评定的定位和主要作用[3]。该规范根据工作内容可分为路基土石方工程、排水工程、防护支挡工程、路面工程、桥梁工程等 10 类工程。每项工程的质量评定准则可分为一般规定、基本要求、实测项目规定、外观质量规定 4 部分。一般规定和基本要求是对该工程质量要求的指导原则和总体把控；实测项目规定是具有强制性和限值要求的对工程各项检测指标的评定依据；外观质量规定是对工程的外表状况的评定，以避免外观缺陷。

《公路工程施工信息模型应用标准》JTG/T 2422—2021 是在充分总结国内外相关 BIM 技术标准和研究成果的基础上，结合近年来我国公路行业工程实践经验，通过调研和分析论证，提出符合公路工程施工阶段应用 BIM 技术要求所形成的信息模型应用标准[4]。该规范集成了信息模型所涉及的设计信息、资源配置信息、工程量信息、安全技术信息、质量管理信息、计量支付信息等应用要求。在施工质量管理上，质量控制工作可基于信息模型开展，通过质量计划、质量验收、质量问题与处理三个环节在时间维度、构件部位进行汇总和展示，为质量控制提供数据支持，实现质量控制闭环管理。

2.2 质量规范知识组织结构

首先阅读分析质量规范文件信息，规范基本按照公路工程 WBS 介绍，因此依据规范内容对工程项目进行分解，得到公路工程分部工程包括路基土石方工程、排水工程、防护支挡工程、路面工程等；以路基土石方工程为例，其分项工程为土方路基、填石路基、软土地基处置、土工合成材料处置层。接着整理出所有分项工程质量检验评定标准条目（如 4.2.2）的内容，根据条目类型将文本信息对应划分为一般规定、基本要求、实测项目规定、外观质量规定，即完成质量规范知识组织结构的梳理。

2.3 质量规范数据库

将规范中公路工程分部分项工程的各条目内容整理到 Excel 中后，即可得到完整的公路工程质量规范数据库。其中以路基土石方分部工程为例，其质量规范整理后的结果示意如表 1 所示。

质量规范数据库示意表   表 1

分部工程	分项工程	条目编码	条目内容	条目类型
路基土石方工程	土方路基	4.2.1	在路基用地和取土坑范围内，应清除地表植被、杂物、积水、淤泥和表土，处理坑塘，并按施工技术规范和设计要求对基底进行压实。表土应充分利用。	基本要求
路基土石方工程	土方路基	4.2.3	路基边线与边坡不应出现单向累计长度超过 50m 的弯折。	外观质量规定
路基土石方工程	填石路基	4.3.1	填石路基应分层填筑压实，每层表面平整，路拱合适，排水良好，上路床不得有碾压轮迹，不得亏坡。	基本要求
路基土石方工程	填石路基	4.3.3	路基边线与边坡不应出现单向累计长度超过 50m 的弯折。	外观质量规定
路基土石方工程	软土地基	4.4.1	砂垫层：应分层碾压施工；砂垫层宽度应宽出路基边脚 0.5～1.0m，两侧端以片石护砌；砂垫层厚度及其上铺设的反滤层应满足设计要求。	基本要求
路基土石方工程	土工合成材料层	4.5.1	土工合成材料应无老化，外观无破损、污染。	基本要求
路基土石方工程	土工合成材料层	4.5.1	土工合成材料应紧贴下承层，按设计和施工要求铺设、张拉、固定。	基本要求
路基土石方工程	土工合成材料层	4.5.1	土工合成材料的接缝搭接、粘结强度和长度应满足设计要求，上、下层土工合成材料搭接缝应交替错开。	基本要求
路基土石方工程	土工合成材料层	4.5.3	土工合成材料无重叠、皱折。	外观质量规定
路基土石方工程	土工合成材料层	4.5.3	土工合成材料固定处不应松动。	外观质量规定

3 质量规范知识与 BIM 的集成

3.1 BIM 数据描述

本文采用的示例公路模型通过 Autodesk Revit 软件进行构建，设计长度为 1km。为了实现与质量规范知识的集成，在构建示例公路 BIM 模型前需要按照质量规范相关文本进行建模的 WBS 分解。本示例公路 BIM 模型分解为路基部分，路面部分和沿线设施部分：路基部分包括路基，底基层和基层；路面部分由上面层，中面层和下面层组成；沿线设施包括人行道和路缘石。根据 WBS 划分，运用 Microsoft Project 软件编制施工进度计划：计划开工时间为 2022 年 5 月 1 日，计划完工时间为 2022 年 9 月 10 日，计划总工期 132d。在 Autodesk Navisworks 软件中导入示例公路 Revit 模型以及相应的进度计划 Project 文件，即可以完成 4D BIM 模型的构建，如图 1 所示。

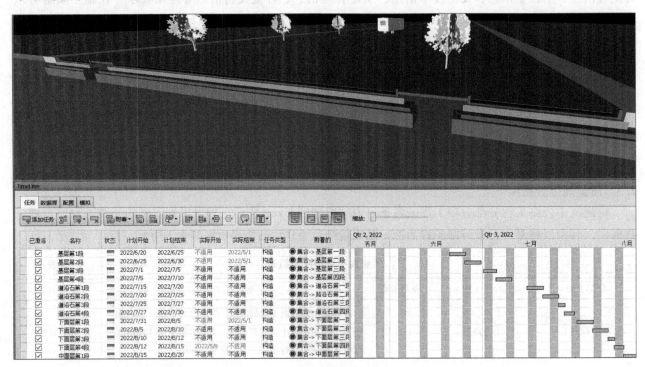

图 1 BIM 模型构建图

3.2 基于 Power BI 的 BIM 与质量规范知识的集成

本文借助 Power BI 平台实现 4D BIM（3D BIM 模型＋进度）与质量规范知识的集成。

首先使用 Revit 插件 3dbi 从示例公路 Revit 模型中提取数据，将模型信息数据和构件外观信息导出为 json 数据文件和 3dbi 文件；在 Power BI 中打开包含模型信息数据的 json 文件，选择所需要的数据，如构件 ID、构件名称、构件材料等数据进行提取；将提取的数据与构件外观数据在 Power BI 中进行结合，即可完成三维构件信息的置入，置入效果如图 2 所示。

接着实现 3D BIM 模型-施工进度-质量规范的信息集成。目前 4D BIM 模型无法直接置入 Power BI，本文借助 Navisworks 提取示例工程的施工进度信息，包括 WBS、模型构件、开始时间、结束时间以及关键阶段进度模拟截图等，形成施工进度 Excel 文件，再导入 Power BI 中实现 3D BIM 与进度信息的集成。本文在结构化组织质量规范知识的同时，也将质量规范各条目与相应的 BIM 模型构件建立了关联，最终的质量规范 Excel 文件也可以直接导入 Power BI 并借助关联的 BIM 模型构件信息与 3D BIM 模型和施工进度信息进行集成。

关键软件操作描述如下。利用 Power BI 获取质量规范数据及施工进度数据后，在数据面板中进行数据加工处理：将模型图片（进度模拟截图）通过编程解码为图像 URL 数据类别；借助 FILTERS 函数从 BIM 模型数据中提取构件名称信息，"构件名称 ＝FILTERS（'BIM 模型数据'［Parameter. 族］）"，从质

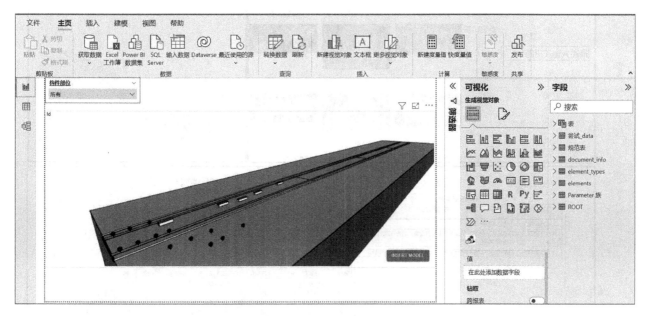

图 2　Revit 模型置入 Power Bi

量规范数据中提取条目类型信息，"条目类型 ＝ FILTERS（'规范表'［条目类型］）"。然后，在模型面板中对各数据建立关系：将施工进度与 BIM 模型通过构件部位字段相连，将质量规范信息与 BIM 模型通过分解工作字段相连。最后在报表面板中完成信息可视化工作：分别借助"表""矩阵""切片器"工具对应生成质量规范数据、模型信息、进度的视觉对象，将各数据中的相应字段拖入至视觉对象实现对数据的筛选及钻取。Power BI 中数据库间的关系建立如图 3 所示。以上工作完成后，已初步实现了借助 Power BI 平台构建数据集成模型，再通过界面优化得到最终的公路工程施工质量检测面板。

图 3　建立数据模型间关系

3.3　集成效果呈现

借助 Power BI 集成 BIM 和质量规范知识，最终得到的公路工程施工质量检测界面如图 4 所示。主要功能描述如下：在界面中输入施工日期，即可自动显示该时期正在进行的施工工作的质量规范要求及相应模型图片，还可进一步通过选择不同的构件部位或规范条目类型得到更为细致的质量规范信息清单。

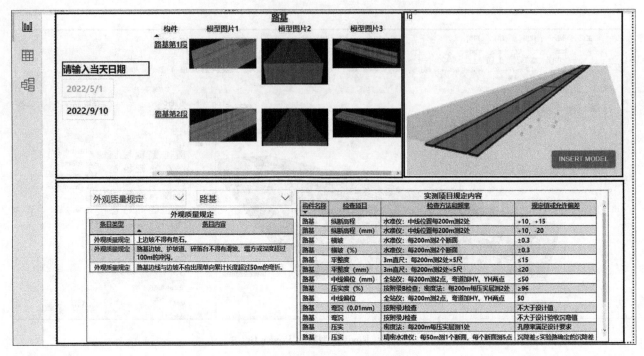

图 4　公路工程施工质量检测界面

4　结论

本文基于公路工程质量管理视角，按照所选取的公路工程质量规范，运用 WBS 分解法将公路工程项目进行分解，建立质量管理规范知识数据库并构建 BIM 模型，借助 Power BI 平台实现 4D BIM（3D BIM 模型＋进度）与质量规范知识的集成，得到公路工程施工质量检测平台，为施工者提供质量控制决策的依据，提高施工质量管理与控制的水平和效率[5]。公路设计、施工、质量管理等就好像一个个相互联系的应用点，BIM 相当于一个玻璃瓶[6]，相信在不久的将来，我们可以将多个联系的应用点整合到瓶子中，再借助其他技术工具将其可视化表达，更好地解决项目全生命周期管理中的问题。

参 考 文 献

[1] 刘建宏．基于 BIM 技术的高速公路工程项目管理研究[J]．中国建设信息化，2022(11)：78-80.

[2] 陈胜博．公路工程施工质量信息化控制技术研究[D]．西安：长安大学，2012.

[3] 交通运输部公路科学研究院．公路工程质量检验评定标准　第一册　土建工程：JTG F80/1—2017 [S]．北京：人民交通出版社，2018.

[4] 中华人民共和国交通运输部．公路工程施工信息模型应用标准：JTG/T 2422—2021 [S]．北京：人民交通出版社，2021.

[5] 曹璞．BIM 技术在建筑工程施工质量控制中的应用研究[J]．城市建筑，2020，17(11)：113-114.

[6] 毕铭月，黄剑钊，李轶楠．设计主导的全过程工程咨询 BIM 创新与实践——以某实验室集群项目为例[J]．建筑技艺，2022(S1)：42-46.

基于 BIM 参数化分析的长江水文模拟研究

郭亚鹏，方　园，谭江宇，杨长洪，张皓然，雷　垚

（同炎数智科技（重庆）有限公司，重庆 400000）

【摘　要】为评估广阳岛规划方案在不同水文情况下所受的影响，同时为广阳岛项目建设提供数字化基座，依据 BIM 参数化分析以及 IoT 技术，以重庆广阳岛为案例进行水文模拟研究。为水文变化对江水沿岸的建筑和设施的影响，提供直观可视化分析，从而优化设计，防控水文变化带来的风险。同时在水文模拟仿真研究上，将建设期 BIM 与智慧运营有效结合。

【关键词】水文模拟；BIM；参数化；BIM 可视化

1 引言

水文的急剧变化常常给沿岸区域带来重大灾害，最具代表性的水文急剧变化现象就是洪水。洪水是指暴雨、溃坝、融雪等引起的江河湖水量迅猛增加，水位急剧上涨的现象，它发生频率高、涉及范围广、持续时间长、来势凶猛、破坏力巨大，常造成近水区域的淹没灾害与人员伤亡。据 20 世纪百年数据统计调查显示，全球前 100 次最严重自然灾害的统计中，水引发的相关灾难是导致人类伤亡和流离失所比例最高的灾种[1]。尤其在我国气候环境和自然地理条件下，全国各地降水在不同季节和不同地区分布都极不均匀，尤其以我国两江沿岸地区，受洪涝灾害影响大。近年来，每年因水文变化引起的直接经济损失达数百亿元，尤其在 20 世纪 90 年代后，因气候剧烈变化，相关灾害引起的损失日趋严重[2]。

在长江流域沿岸，人类文明发展伴随长江水文变化历史悠久，人类与长江水文应该以协调共处为主，通过研究其产生、发展、消退的过程，掌握其运动规律与演变习性，从而设计建造防护工程保护自身活动安全，提供预警应急机制防止风险发生后带来的巨大损失。

水位作为长江水文变化最直接和最重要指标，在现代针对长江水文模拟研究中具有重大现实意义，工程建设中寻求有效的长江水位模拟方法已成为相关研究应用所面临的一个重要而又紧迫的任务[3]。重庆坐落在长江上游，长江水位变化对当地人们的生产生活、工程设计有直接影响。以 2020 年重庆寸滩水文站记录数据为例，枯水期最低水位为 161.12m（2020 年 5 月 12 日），涨水期最高水位为 191.55m（2020年 8 月 20 日），高差达 30m。常年平均水位在 172～185m 左右（吴淞高程）。

当前我国相关工程建设大部分仍以传统二维设计为主，同时建设期和运营期数据对接和迁移还存在大量问题。为克服传统二维的局限性，引进三维 BIM 技术是工程行业信息化的重要举措。同时基于 BIM进行三维的系统仿真技术是随着计算机科学与工程技术的发展而逐步形成的一种新技术，它已成为复杂工程实施过程中不可缺少的分析、研究、设计、评价、管理和决策的重要手段，为复杂的工程规划与管理提供了有效的分析方法[4]。

而简单的文字、图表或数学模型并不能准确直观地表达仿真的精细度和可信度。因此，寻求新技术使其与系统仿真技术相结合，从而实现仿真技术的可视化已成为必然[5]。在广阳岛项目这一研究案例中，采用了 BIM 技术手段结合参数化设置水文条件，通过仿真模拟进行直观展示分析，为广阳岛项目中消落带植被生态恢复、长江边建筑方案和沿江步道配套设施设计提供支持依据。

【基金项目】重庆市建设科技项目（城科字 2021 第 3-5 号）；住房和城乡建设部科学技术计划项目（2022-S-002）；住房和城乡建设部科学技术计划项目（2020-K-087）

【作者简介】郭亚鹏（1996—），男，BIM 工程师。主要研究方向为现代建筑设计。E-mail：guoyapeng@ity.com.cn

2 仿真模拟理论基础

在 20 世纪 60 年代，G. W. Morgenthler 便首次提出"仿真"概念并进行了准确的技术解释。"仿真"指在现实系统中不存在的情况下，通过系统原理对系统或活动本质所做的展现[6]。当前仿真模拟是通过对系统建模的实验来研究已存在或设计中的系统，通过计算来复现实际系统发生的本质。在当前科技突破，计算机发展的时代，仿真技术被应用在各个领域，带来巨大经济效益[5]，在广阳岛案例中，通过对长江水位的仿真模拟，来规避设计中的风险，同时提供预警和辅助决策等功能。

1986 年，美国国家科学基金会（NSF）召开的关于科学计算与图形学和图像处理的讨论会上提出将图形学与成像技术应用于科学计算，从而产生一个新的领域——仿真计算可视化[7]。在本研究中将通过 BIM 软件的交互与信息处理，来达到仿真计算结果的可视化。

在水文仿真模拟领域中，当前国内项目缺少使用可视化仿真模拟配合建设方案优化的技术路径。如何探索技术路径，将地理信息、建设过程 BIM 信息、实时水文监测信息、环境气象信息等多种信息结合，对于实现真实的仿真模拟结果至关重要。

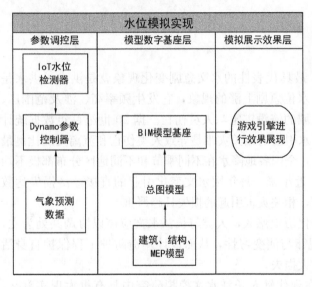

图 1　水位模拟实现架构图

BIM 软件提供了一种数据交互使用的方式，信息集成的技术支持，帮助实现仿真模型的搭建。在案例项目中采用了 Autodesk 公司开发的 Revit 软件，有效地将现有的广阳岛地形信息集成到三维模型中。同时可以通过 Dynamo 进行参数化设置，并且与市场上 BIM 实时可视化软件有较好的数据连通性[8]。

传统的数字化仿真技术已经无法满足建设过程中对于仿真模拟结果可视化展现的需求。在本项目研究中基于 BIM 技术对广阳岛所在的长江流域进行水位模拟，既可以满足用户多角度、多层次、多视点观测仿真进程的需求，还允许用户对仿真参数进行直观的修改，从而取得实时的可视化仿真结果。

通过不同数据层级的结合，如图 1 所示，在广阳岛项目中实现了长江水文仿真模拟。

3 仿真模拟评估方法

在广阳岛的案例研究中首先进行了整体模型的搭建，将各类信息通过 BIM 软件进行集成展现。图 2 展示了针对研究课题的仿真模拟方法的流程图。

3.1 地形场景构建

数字地面模型（DTM）的搭建，是将广阳岛的全岛高程信息导入 BIM 软件 Revit 内，采用地形创建功能，把高程信息中的点高程和高程线转换为三维地形模型[9]。

3.2 人工建筑三维模型构建

通过 BIM 软件对研究项目内的人工建筑，进行三维模型搭建，模型尺寸与实际尺寸一致。施工过程以三维模型为指导，进行精细建造，最终做到 BIM 模型与实际竣工建筑完全一致。

3.3 长江水位构建

将长江水位高程与江岸的空间关系进行可视化呈现，通过 Dynamo 的参数设置进行水位变化调整，模拟不同时期水位情况对江岸区域的影响。图 3 为手动调参的 Dynamo 节点包展示，后续在移交至运营阶段时，可采用 IoT 技术将实时水位数据进行挂接。

3.4 可视化展现

本研究案例采用了 Enscape 这一款基于游戏引擎的 BIM 可视化实时渲染软件。提前预设了周边环境，

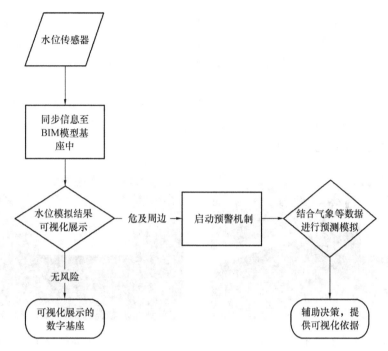

图 2　模拟方法流程图

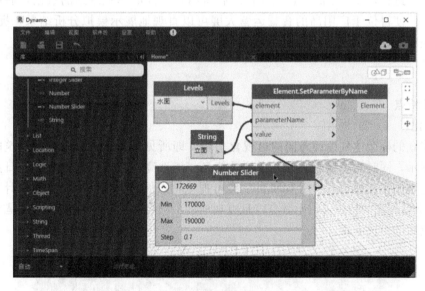

图 3　手动调参节点包

将无人机采集的场地实景在软件中进行呈现，同时将先前阶段搭建的模型进行实时数据关联，完美地展现了在实时参数数据下的可视化模拟展示。

4　模型的实现与验证

4.1　软硬件环境

为满足研究课题的模拟运行与展示，采用了以下的硬件设备：①处理器八核 Intel（R）Core（TM）i7-9700 CPU@3.00GHz；②显示适配器 NVIDIA GeForce RTX 2070 SUPER，显存 64G。软件环境：①Revit2018；②Dynamo；③Enscape3.3。以上配置环境可满足本项目中运行与模拟展示，其他项目的具体模拟实现需结合实际情况进行。

4.2　案例实现

研究项目位于重庆主城东部的广阳岛东北岛头。广阳岛是距离重庆主城区最近、面积最大的岛屿，亦是长江上游的第一大江心岛，位于长江的黄金分割点位置，既是沿江进入重庆的首要门户，也是沿江而下出重庆的水口要津之地，具有得天独厚的地理区位优势和重庆绝版的自然景观资源。本项目受长江水位变化影响较大，如何评估水位变化对广阳岛消落带区域的影响，对方案的决策、实施、优化显得尤为重要，这也是选择在本项目中进行此类技术尝试的根本动机之一。

在本研究案例中对广阳岛东岛头进行了不同水位的模拟演示，通过观测站获取的长江水文信息，在研究初期采用了人工来调整模型中的水文参数。图 4、图 5 分别展示了监测水位在吴淞高程 172m 常态状况和吴淞高程 185m 洪水状态下的仿真模拟结果。

图 4　吴淞高程 172m 常态状况水位模拟　　　　图 5　吴淞高程 185m 洪水状态水位模拟

随着研究的持续进行，在广阳岛项目建成投产后将结合长江沿岸观测站的数据，通过 IoT 技术做到水文数据参数挂接，使得位于广阳岛的智慧运营大屏可以直观地展示模拟分析结果，提供直观的模拟，辅助长江沿岸有关单位进行相关决策。

5　研究分析

5.1　建设期 BIM 特点

5.1.1　BIM 可视化

本研究中所建立的模型达到设计意向的可视化呈现，即所见即所得。不仅是对建筑的真实尺寸和构造进行了准确的展示，同时对场地周边的景观植被信息、场地高程坡度等地理信息、日照和水文等生态环境信息进行了直观的集成展示。利用 BIM 的三维可视化特点展现了传统二维建筑设计所不能解决的问题，利用 BIM 三维可视化的特点可以十分有效且直观地展示项目[10]。图 6 所展示的便是 BIM 模型三维效果和项目实际完成后的对比展现。

图 6　BIM 可视化与实际场景比对

5.1.2　BIM 模拟性

利用 BIM 技术中各类信息与实际信息一致的特点，不仅可以构建图纸中的现有建筑物，对规划或方案设计阶段的拟建项目进行三维呈现，还可以结合 BIM 技术模拟进行分析，从而从源头规避风险，进行优化。例如通过 BIM 软件可进行日照分析模拟，结合 BIM 中的地理位置信息、时间信息等，通过调节相应的时间参数进行模拟[11]。本研究中即利用了 BIM 模拟性，特点将 BIM 中的地理信息、水文信息、建筑信息、景观植被信息等进行了集成模拟，展现了长江水位变化对广阳岛项目中东岛头建筑和环境的影像（图7）。

图 7　洪灾水位模拟

5.1.3　BIM 信息关联性

在传统的规划和管理中，由于相关责任人往往是从单方面信息的单维度进行规划和管理，缺少集成全方位相关信息的技术，无法做到对智慧建造和智慧管理的结合。通过 BIM 的信息关联性特点可达到，工程项目全过程、全方位、多角度、实时性、预测性的信息关联。在本研究中，就采用了各方信息的全面关联和集成，针对广阳岛的项目需求和特点进行了针对化的信息关联和可视展示。研究将规划中的长江沿岸观测站数据结合，进行数据集成分析。

5.2　智慧运营功能

5.2.1　分析预警

通过 BIM 技术对各类数据汇总分析与模型模拟，实现对水生态安全、水环境安全、防洪安全、航运安全、城市水安全的近实时的预警，辅助事件的研判分析，为相关部门提供决策支持。在水生态安全，通过对通江湖泊生态水位满足程度、水生生物栖息地适宜性、河口压咸、库区生态等对水生态作出安全分析预警。在水环境安全，通过对地表水体水质年度达标情况，对长江流域水环境安全作出分析预警。在城市水安全，通过对污水处理率、污水处理达标率、供水安全指标、城市河湖健康状况对长江流域城市群作出分析预警。在防洪安全，通过对防洪水位对长江流域防洪安全作出分析预警。在航运安全，通过对航道水深满足程度对长江流域航运安全作出分析预警，辅助相关部门决策。

5.2.2　模拟预估

依据未来经济社会发展情景、未来气候变化情景，模拟预估不同情景下长江流域水文、水质、水生态的变化趋势，提出应对变化的总体策略及相应的调控措施，为国家决策和地方经济社会发展规划及应对措施制定服务未来气候变化情景，模拟预估不同情景下长江流域水文、水质、水生态的变化趋势，提出应对变化的总体策略及相应的调控措施，为国家决策和地方经济社会发展规划及应对措施制定服务。

5.2.3　调控决策

通过水质、水量的实时调控，实现水生态安全、水环境安全、防洪安全、航运安全、城市安全水平的提升。基于气候变化情景和社会经济发展情景，模拟预测流域绿色发展路径，提出应对决策。

5.2.4　评价分析

对长江流域进行水系统健康分析，模拟不同调控情景下的流域水环境水生态变化趋势，对不同区域绿色发展水平、生态健康进行评估评价，为流域协同治理、长江水生态环境保护提供科学决策支撑。

5.2.5 数据交互可视化系统

根据不同建设目的，面向不同用户需求，在多终端上以二三维的方式展示广阳岛智慧运营的模拟器功能。通过业务流程数据化，辅助多种工具形式，多维度对数据进行信息解读和传递，展示宏观态势格局，调控决策。

6 结论

本研究提出了一种将数据集成参数设置后直观展示的 BIM 模拟路径，同时为建设阶段和运营阶段的数据关联提供了一种参考。将数据信息打通，针对需求进行直观分析展示，探索了智慧建造到智慧管理的数据联通路径。在广阳岛这个案例的项目中，通过将建设阶段的 BIM 数据和其他多方信息进行了有效关联集成，在规划阶段中对设计方案进行了优化，结合对长江水文模拟结果，合理布置消落带的植被，打造广阳岛绿色生态，并且对建筑方案和步道等配套设施提供优化意见。

通过 BIM 技术集合各类信息为后期智慧管理提供了数字孪生基座，利用 BIM 技术将广阳岛项目中规划的长江模拟器与野外观测站信息结合，基于可视化、多维度展示自然资源（景观植被信息等）、生态环境（气象、水文、水环境等）、社会经济（建筑、空间信息等）等监测数据，从而为评价分析、模拟预估、分析预警等提供数据支撑。

通过对案例研究得出结论，BIM 技术可以有效地结合水文数据，将建设阶段信息和运营阶段信息整合，更好地进行水文参数模拟等相关应用。

本研究中的技术路径相比于传统水文分析，可以更加准确直观地进行评估，并且可以结合项目的实际情况进行特定分析，可视化表达评估的结果，更加直观与生动。在可预见的未来，通过 BIM 技术搭建数字基座再结合参数化进行智慧规划和管理的相关应用会逐步增加，为我国工程行业的信息化带来重大突破。

参 考 文 献

[1] Bruce J P. 减轻灾害与可持续发展[C]//联合国国际减轻自然灾害十年论文精选本论文集，2004.
[2] 张辉，许新宜，张磊，等. 2000~2010 年我国洪涝灾害损失综合评估及其成因分析[J]. 水利经济，2011，29(5)：5.
[3] 李云良，张奇，李森，等. 基于 BP 神经网络的鄱阳湖水位模拟[J]. 长江流域资源与环境，2015，24(2)：8.
[4] 钟登华，朱慧蓉，刘东海，等. GIS 在水利水电工程可视化仿真研究中的应用[J]. 水利水电科技进展，2003，023(003)：14-16.
[5] 苗倩. 基于 BIM 技术的水利水电工程施工可视化仿真研究[D]. 天津：天津大学，2011.
[6] 贺歆. 弹目遭遇动态可视化仿真研究[D]. 南京：南京理工大学，2004.
[7] 孙国勇，刘浙. 工程可视化仿真技术应用和发展[J]. 计算机仿真，2006，23(1)：4.
[8] 何关培. BIM 和 BIM 相关软件[J]. 土木建筑工程信息技术，2010(4)：8.
[9] Kodge B G, Hiremath P S. Computer Modelling of 3D Geological Surface[J]. arXiv preprint arXiv：1103.4720，2011.
[10] 张坤南. 基于 BIM 技术的施工可视化仿真应用研究[D]. 青岛：青岛理工大学，2015.
[11] 焦晴阳. 基于 GPU 的三维建筑模型日照阴影分析展示系统的设计与实现[D]. 广州：华南理工大学，2018.

BIM 技术在机电项目中的应用

王晨阳，白树冬

（陕西建工安装集团，陕西 西安 710000）

【摘 要】随着城市建设的发展，BIM 技术在当今建筑领域已占领一席之地，本文将以高新热力鱼化能源中心项目为背景，结合施工过程中遇到的重难点问题，通过应用 BIM 技术来展开说明。与传统施工相比，利用 BIM 技术使施工有了预见性，减少了返工工作，既降低了项目成本，又创造了经济效益，同时大大提高了工程质量。

【关键词】BIM 技术；机电安装；排管布线；材料提取；碰撞检查

1 引言

伴随城市化节奏的加快，在住房和城乡建设部的大力支持以及推动下，全国各省市都提出了推广 BIM 技术全面应用这一文件要求。BIM 技术在工程建设全过程的集成应用已成为建筑业发展的新风向。在科技进步日新月异的时代背景下，传统的建筑施工模式已不能满足绿色建筑发展的需求，传统建筑业唯有积极适应科技发展趋势，并不断地进行改革创新才能满足社会发展的不断需求[1]。

在机电安装项目中，由于大部分机电项目专业繁多，且施工空间有限，因此 BIM 技术的优点尤为突出[2]。利用 BIM 技术，在项目未开工前通过模型的创建便能发现很多施工中将会出现的问题，相当于一次不产生成本的虚拟施工。在项目准备阶段，可就模型创建中出现的问题编制风险分级管控等级，并对产生问题——进行解决。极大程度上降低了工程施工成本，并大大提高了项目管理效率。

现以陕西西安高新热力鱼化热源厂的鱼化能源中心项目为案例，详细说明 BIM 技术在机电安装过程中的应用。

2 工程概况

2.1 项目简介

陕西西安高新热力鱼化热源厂的鱼化能源中心项目，主要是对高新区第七污水厂处理过的污水，通过鱼化热源厂天然气锅炉尾气余热进行升温后，再通过污水源热泵压缩和系统提取污水低位热能，进而实现为周边用户供热，能源站建筑地坪标高－7900mm，项目完工后，对能源站地下室进行了屋顶绿化，该项目符合节能减排、环境保护、绿色低碳循环等相关政策，大力响应国家《绿色建筑创建行动方案》，是一项具有显著社会效益和环保效益的民生工程[3]。

2.2 工程介绍

鱼化能源中心项目由西安高新区热力有限公司投资兴建，坐落于西安市西三环丈八立交西北角，工程范围主要包括能源站、水泵房、污水稳流池的动力、工艺、取退水工艺、管道土建、高压供电、能源站水泵房低压动力电气及自动化控制系统专业工程。项目室外取水管道起点为西户路热源厂西北角取水井，经取水管道排入污水稳流池，经污水稳流池稳流后通过取水泵房加压送入能源站；其中取水泵房包含 6 台设备，4 台 355kW 变频泵和 2 台 45kW 变频泵；能源站主要为设备安装及管道安装，其中 DN1600 分水器 1 台、板式换热器 4 台、40MW 污水换热器 14 台、450kW 循环水泵 4 台、250kW 中介水泵 4 台，

【作者简介】王晨阳（1997—），女，工程师。从事机电安装以及 BIM 深化工作。E-mail：1120125231@qq.com

75kW 循环水泵 2 台、37kW 中介水泵 2 台、螺杆式热泵机组 2 台、离心式热泵机组 6 台、软化水装置 1 套、定压补水装置 1 套、不锈钢软化水箱 6000mm×5000mm×2500mm 1 台等设备安装及架空管道及支架的安装、标识、防腐保温等。

本项目存在的施工管理和施工技术重点难点：交叉作业管理难度较大，由于专业较多，且各工序之间存在立体交叉施工，涉及分包较多，地下室空间有限，因此施工协调管理难度大，成品保护较为困难。能源站模型如图 1 所示。

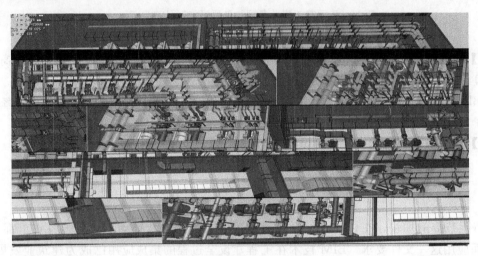

图 1 能源站机电模型图

3 BIM 技术在工程中的应用

建筑施工行业传统的设计是将各种专业绘制成二维图纸，所有施工图纸为一张张的平面图，但由于只是平面图纸，因此往往不能全面反映个体、各专业各系统之间的碰撞可能，有时候平面的局限性也使设计人员疏漏掉一些管线碰撞的问题。能源站机电泵房利用 BIM 技术可以在管线综合平衡设计时，利用其碰撞检测的功能，将碰撞点尽早反馈给项目部，然后项目部及时与业主、设计院进行协调沟通。这不仅能及时排除项目施工环节中可以遇到的碰撞冲突，显著减少由此产生的变更申请单，更大大提高了施工现场的生产效率，降低了由于施工协调造成的成本增长和工期延误[4]。施工采用三维可视化的 BIM 技术，在工程未开工前便可看到工程完工后的状貌，表达上直观清楚。能源站所有模型均按现实一比一还原建模，设备模型依据厂家图纸建模。设备进场后重新复检了设备尺寸，整个施工过程依据模型提供的数据进行施工，施工过程中未出现管道碰撞以及其他专业性问题。

能源站模型采用 Rebro 莱辅络创建而成，Rebro 是一款专门为建筑机电设备专业开发的设计软件及 BIM 软件，其适用于建筑结构、给水排水、暖通、电气设计。集机电建模、碰撞检查、工程量精确统计、深化施工图出图、预制加工、动画漫游、可视化交底等机电全过程落地功能。且与各种主流三维专业建模软件，通过 dwg、IFC 等格式数据传输，也可与 Revit 软件通过插件进行双向互转。

设备模型创建完毕后可加入自选构件中，并对其进行属性设置，部分设备模型如图 2、图 3 所示。

3.1 施工现场可视化

运用 BIM 技术，项目部在施工过程中可以更容易地解决问题。对于设计方，当图纸进行施工出现问题时，通过可视化展示，将各个专业的 BIM 模型进行合模，可以直观清晰地通过图纸与

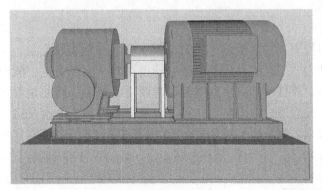

图 2 能源站水泵模型

设计方人员沟通交流，也可以通过 BIM 模型把出现的问题直观地展示给设计方，以便设计方做出图纸变更。

对于施工方，在施工过程中，负责对现场施工人员进行可视化的图纸输出。利用模型浏览器，将下一步将要进行施工的区域模型传输给各专业工长以及现场施工人员，来获得一些完工效果图以及一些复杂管道的细部做法。相对于传统平面图纸，在 BIM 模型中可以直观地看到管道的标高、管件的尺寸以及管道的走向，而传统平面图纸更依靠施工人员的经验，面对

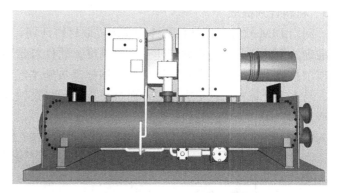

图 3　能源站螺杆式热泵机组模型图

复杂管道，往往要不停进行返工修改，既降低了施工效率，又增加了施工成本，亏名损实。

3.2　地下室管线综合设计

能源站吊顶内部分区域的各种风管、桥架、水管重重叠叠，密密麻麻，翻来翻去，根本无法满足管线敷设空间要求，不但施工安装和设备调试异常困难，且没有检修维修空间。为确保工程施工顺序和工期，避免专业设计不协调和变更产生的返工，以及在选用支吊架时因规格过大造成浪费，过小造成事故隐患等现象。通过对各类管线综合优化及深化设计布局，在施工前根据所要施工的部位进行图纸"预装配"，通过典型的截面图直观地把设计图纸上的问题全部暴露出来，尤其是在施工中各专业之间的位置冲突和标高"交叉占位"问题[5]。通过在图纸上提前解决管线占位，减少施工过程因变更和拆改带来的损失。通过核算各个管线支吊架受力强度保证质量安全。运用管线布置综合平衡技术进行二次深化设计能确保专业施工顺序及工序，确保各专业合理有序地进行。

施工现场空间有限，且存在部分专业交叉施工，环境复杂多变，不会像模型中展现那样一成不变。因此在应用 BIM 模型施工的同时，施工管理人员需要时刻关注现场施工遇到的实际问题，并及时将问题反馈给项目部。项目部各部门对出现的问题进行商榷处理后，对模型不断进行深化。依据模型施工前，应通过三维动画模式进行相应的 BIM 模型交底以及施工技术交底，确保施工的正常进行。减少施工现场管理的难度，降低现场因分包较多而管理混乱的问题[6]。

图 4 为能源站施工前根据支架平面图纸创建的支架模型，因为支架安装不合理而与管道发生碰撞，通过创建 BIM 模型而及时发现问题，后与设计院进行沟通后，经设计院修改部分区域图纸，避免造成时间成本浪费。

图 4　能源站支架与管道碰撞

3.3 材料计划提取

利用 BIM 软件自带材料统计功能来提取材料计划，可以减轻施工管理人员的工作量，并使计算量更为准确。但前提条件是模型创建一定要精准，软件自带系统会根据施工区域以及材料类别来分类统计各类模型数量，根据统计所得数据，再根据施工员施工经验加上施工损耗率，就是需要的所有施工材料数量。与人工计算相比较更为精准，而且可以便捷地解决很多繁琐的问题，减轻施工人员的工作量，降低生产成本。图 5 为软件材料提取的结果。

工艺模型 污水版换选定后调整进出口				
名 称	规 格	数 量	单 位	备 注
配管				
冷热水(送)				
焊接钢管(黑)	15A	1180	mm	
配管用碳素钢 对焊无缝管Ⅱ系列	15A	1981	mm	
	250A	14987	mm	
	400A	264	mm	
	500A	72	mm	
	600A	6935	mm	
	700A	9259	mm	
	800A	22632	mm	
凝结水(空调)				
镀锌钢管(白)	50A	1493	mm	

图 5　软件自带材料统计

3.4 沙盘模型展示

《辞海》中解释，模型就是根据实物、设计图纸、设想，按比例、生态或其他特征制成的同实物（或虚物）相似的物[7]。沙盘模型的制作就是以适当的比例按照设计图纸、设计构思制作成微观模型。沙盘图的结构制作需要制作展示台板、塑料板上色、雕刻楼房板块部件、布置景观、制作相应的配件、整体拼装等手续[8]。

对设计师、工程师、业主来说，个人的专业背景高低不同，平面图纸很难将工艺以及实际完工后的效果表达得非常清楚，但如果是一个 3D 实体建筑沙盘模型，则更具有感官性，能够非常直白地把复杂的平面图立体地展现出来，能让业主更清楚地了解到工程完工后的效果，是实现可视化与无障碍沟通的最好方式（图 6、图 7）。

图 6　鱼化能源站总体沙盘模型

图 7　鱼化热源厂锅炉沙盘模型

　　传统沙盘创建一般采用图纸、照片、无人机摄影等来获取建筑数据。利用 BIM 模型可以化繁为简，需用什么数据，直接在模型上便可以获取，能在非常短的工时内，呈现出更多的细节、降低更多的成本。与传统制作方法比有极大的优势，与 3D 打印技术相结合，可以更加省时高效地完成此项工作，但由于条件限制，本项目中并未使用 3D 打印技术，但 BIM 与 3D 打印技术配合使用，必定是将来建筑业发展的趋势。

4　结语

　　机电安装工程更能展现 BIM 技术的优势，通过虚拟施工、碰撞分析、管线排布、设备定位等功能，解决了施工中将会出现的绝大部分问题。避免了材料、人工等资源的浪费，节约了施工工期，符合"四节一环保"的绿色施工要求[9]。本项目通过使用 BIM 技术缩短工期 32d，降低项目材料成本约 23 万元。BIM 技术的发展将是未来建筑业发展的大势所趋。

参 考 文 献

[1]　王迪，陈刚，张金鸿. BIM 技术在建筑机电安装中的意义与应用[J]. 住宅与房地产，2018，510(25)：163.

[2]　徐权晴. BIM 技术在机电安装工程中的应用研究[J]. 水电水利，2019，3(11)：20-21.

[3]　罗毅. "双碳"目标下发展绿色建筑、建设低碳城市研究[J]. 江南论坛，2020(04).

[4]　李明，陈大森，曹阳阳. BIM 技术在机电安装工程中的应用分析[J]. 建筑与装饰，2021(5)：176.

[5]　徐兴. BIM 技术在机电安装中的应用[J]. 山西建筑，2022，48(01).

[6]　曹吉鸣. 工程施工组织与管理[M]. 北京：中国建筑工业出版社，2012.

[7]　周成玲. 沙盘模型在园林设计类课程中的应用探讨[J]. 现代农业科技，2019，13.

[8]　李清. 3D 打印在建筑业的应用研究[D]. 广东：华南理工大学，2018.

[9]　孙兵. BIM 技术在节能建筑结构设计中的应用[J]. 新型建筑材料，2020，47(9)：186.

基于 BIM 的乡建全过程工程咨询核心逻辑的构建

林建昌，何振晖，吴晓伟，林江富

（漳州科技职业学院，福建 漳州 363202）

【摘 要】以乡村振兴为背景，结合全过程工程咨询服务的特点和优势，利用 BIM 技术特点，探索具有乡建特色的乡村建设工程全过程工程咨询服务体系。解决传统乡村建设工程设计效率低下、建设信息化不足、建造资源浪费等问题，提出乡村建设工程全过程工程咨询理论框架、主要业务逻辑，为乡村建设工程全过程咨询服务和信息化建设提供参考，为后续研究提供理论依据。

【关键词】BIM 技术；全过程工程咨询；乡村建设；理论框架

2022 年中央一号文件指出，要扎实稳妥推进乡村建设，启动乡村建设实施方案，做好村庄规划。如何确实有效地推进新时代乡村建设工作，将村镇规划、基础设施建设、能源供水建设、数字乡村建设工程等融合建设发展，打造安全舒适的乡村人居环境，这对新时期乡村建设模式提出新的要求。全过程工程咨询于 2017 年在国内首次明确提出，同时在相关省市开启了为期两年的试点，到 2020 年全国所有省份均已开展全过程工程咨询服务项目，目前应用在大中型项目居多，应用模式多种多样，但对于乡村建设工程项目的应用较少，如何有效地将全过程工程咨询服务在乡村建设工程中应用，构建新型的乡村建设模式，也引起了诸多学者的关注。信息是全过程工程咨询的主要元素，BIM 是信息贯穿建筑全生命周期的重要载体，BIM 在全过程咨询服务中的应用，已有许多实践案例。通过提炼全过程工程咨询及 BIM 技术的应用优势和美丽乡村建设工程的特点，利用文献综述法查阅和总结，构建出基于 BIM 的乡村建设工程全过程工程咨询服务的理论框架和核心逻辑。

1 全过程工程咨询概念梳理

1.1 概念梳理及研究范围

通过文献综述研究，在中国知网对主题中含全过程工程咨询进行文献检索，并筛选出建筑科学与工程研究学科，根据检索结果数据统计可以看出，在建筑科学与工程领域，我国在 2002 年才有相关学者对全过程工程咨询进行研究，到 2017 年《国务院办公厅关于促进建筑业持续健康发展的意见》[1]的提出，对于全过程工程咨询的研究有了量的飞跃，达到 95 篇，从 2019 年开始每年已有近 200 篇的发文量，如图 1 所示，这也对应全过程工程咨询从两年的试点到全国推行的过程。同时把相应文献从 2017 年至 2021 年进行总结，梳理出不同时间

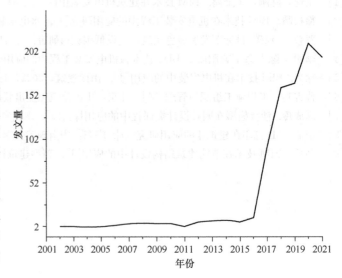

图 1 建筑科学与工程领域全过程工程咨询发文量分析

【基金项目】2021 年度福建省中青年教师教育科研项目（JAT210987）；2022 年漳州科技职业学院校级科研项目（ZK202207）
【作者简介】林建昌（1995—），男，教师/助理工程师。主要研究方向为 BIM 技术应用与教学。E-mail：1198969667@qq.com

学者对于全过程工程咨询的理解，如表 1 所示。

全过程工程咨询概念总结 表 1

作者	概念
冯辉[2]	全过程工程咨询定义是运用系统工程学和管理工程学原理，发挥整合管理的优势，为建筑业提供一体化咨询和一站式服务的现代管理咨询服务[2]
王章虎[3]	全过程工程咨询是指咨询人综合运用多学科知识、工程实践经验、现代科学技术和经济管理方法，为委托人在工程项目投资决策、工程建设乃至运营维护阶段持续提供局部或整体解决方案的智力型服务活动[3]
丁士昭[4]	全过程工程咨询是对工程建设项目前期研究和决策以及工程项目实施和运营的全生命周期提供包含规划和设计在内的涉及组织、管理、经济和技术等各有关方面的工程咨询服务[4]
皮德江[5]	全过程工程咨询服务，也可称为全过程一体化项目管理服务，即由具有较高建设工程勘察、设计、施工、咨询、管理和监理专业知识和实践经验的专业人员组成的工程项目管理公司（也可称为工程咨询公司），接受建设单位（业主）委托、组织和负责工程的全过程工程咨询[5]

1.2 概念及应用内容总结

通过全过程工程咨询文献的梳理，总结出全过程工程咨询的概念，全过程工程咨询服务是在建筑全生命周期中，由高素质工程全参与方集合体，提供全过程、全要素、全信息的工程咨询智力服务。分析今年国家发布的全过程工程咨询政策，总结出全过程工程咨询的应用内容，全过程工程咨询课归纳为决策、设计、交易、施工、运维阶段，决策阶段服务内容：项目策划、概念规划、项目建议书、专项评价、初步地质勘查、可行性研究、征地拆迁策划；设计阶段服务内容：设计管理咨询、规划设计、方案设计、地质勘查、初步设计、扩大初步设计、专项设计、施工图设计；交易阶段主要服务内容：征地拆迁、施工条件准备、施工手续准备、招标策划土方工程招标、施工施工总承包招标、专业工程分包招标、设备及材料采购招标、工程监理招标；施工阶段主要服务内容：组织管理、设计管理、工期管理、质量管理、造价管理、安全管理、信息管理；运维阶段主要服务内容：竣工验收、工程移交、维护保修、生产运营、项目后评价、可持续性改进。

2 基于 BIM 的乡建工程全过程工程咨询驱动要素

2.1 BIM 赋能全过程工程咨询

全过程工程咨询集成了全专业咨询服务，贯穿建筑全生命周期，各专业间的信息传递不再单一，需要各专业的集合、协同，实现信息共享。BIM 是建筑业数字化重要技术之一，不仅体现在各专业间的可视化表达，而且能够实现专业协同和信息共享，能够集成其他新一代信息技术。BIM 是建筑全生命周期的信息载体，同样也是全过程工程咨询中各个阶段、各个专业重要数据载体，通过 BIM 在各个阶段的流通，数据不断累加、更新、替换、反馈，将数据共享给各个参与方，促进全过程工程咨询各专业协同效率，提升整体规划水平，如图 2 所示。

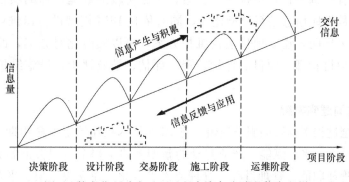

图 2 数字化驱动全过程工程咨询各个阶段信息积累

（图片来源：北京广汇科创研究中心主任吴佐民）

2.2 全过程工程咨询驱动乡建工程咨询转型

乡村振兴战略的实施，进一步推动了乡村建设。与城市不同，乡村建设有其内在的规律，应在全面审视乡村建设的客观现实和实际需求的基础上因时、因地制宜[6]。当前乡建工程更多集中于村镇改造，成片规划，其所涉及的内容繁杂，部分乡建工程缺乏前期规划咨询，理念和认识不足，导致建设结果不理想。

全过程工程咨询以整体委托模式，将繁杂的乡建工程完整地委托给专业全过程工程咨询企业，或者由多种高级专业性人才组建的技术咨询和管理服务，为乡村建设工程全生命周期提供完整的智力服务。主要体现出以下优势：将专业性工作整体委托，减轻乡镇政府行政部门工作负担，专注发挥政府部门处理村民矛盾的长处；立足乡建工程本质特点，制定合理有效的整体规划方案，提升乡建工程综合运用能力，保障了乡村建设工程的投资效率；项目规划紧密联系现场，提升设计、施工之间的沟通效率，提升企业对工程的管理能力；全过程工程咨询企业能够直接掌握整个项目的质量、进度、安全等，保障乡村建设工程的经济效益和社会效益。

2.3 BIM 与乡建工程的融合应用

BIM 技术在乡建工程的应用，延续 BIM 技术在建筑全生命周期中应用的特点，例如 BIM 技术辅助乡村规划设计、模拟施工方案、计算工程量等，但在传统乡建改造和保护中 BIM 的应用更具特色。在传统乡建改造和保护中，BIM 不仅存储建筑各个专业数据信息，更要存储建筑历史信息、文化信息、传统营造技艺信息等等。同时可以建立传统乡建建筑信息模型库、参数化构件库辅助传统乡建构件工厂化生产；BIM 与 GIS、倾斜摄影等相融合建立乡村数字建筑博物馆等。

3 基于 BIM 的乡建工程全过程工程咨询核心逻辑

3.1 项目决策阶段服务逻辑

业主单位与全过程工程咨询企业直接对接，针对项目的规划咨询、可研分析、风险评估、建设条件、BIM 实施规划及目标等，构建数字模型。业主单位、政府部分可依托轻量化数字模型，辅助项目的决策和立项审批、合同的签署等。

3.2 项目实施阶段服务逻辑

全过程工程咨询项目实施阶段涉及专业最为繁杂，依靠 BIM 全过程工程咨询平台，集成管理项目实施各个专业、各个参与方进行信息的传递与反馈，利用 BIM 辅助项目在设计、施工、造价等专业的管理应用，通过 BIM 数据共享，将数据传输到各个实施单位，完成项目实施与管理。同时建立传统建筑历史数据存储中心，包括传统建筑历史、文化信息、特殊参数化构件、传统营造技艺信息等，辅助项目历史信息的存储。

3.3 项目运维阶段服务逻辑

通过 BIM 全过程工程咨询平台，承接项目决策、实施阶段的数据，辅助项目进行竣工验收、工程移交等，可以依托系统数据库信息进行模型比对，同时依托 BIM 模型进行运维可视化管理。进行项目能力数据分析，以数据为导向，建立项目运营维护方案，可以实时比对方案，改进运营维护手段，对项目运营维护阶段提供项目管理、项目后评价、资产评估、绩效评价、设施维护咨询等一体化的服务活动[3]。

3.4 项目全过程工程咨询逻辑框架

通过构建乡建工程全过程工程咨询服务逻辑，将 BIM 技术在建筑全生命周期中的应用映射到全过程工程咨询中，建立数据共享、平台赋能、产业互动的新型乡建工程全过程咨询服务体系，充分应用数字化的知识管理手段，将管理职能、管理过程、管理要素平台化，建立决策层、平台层、实施层多方协同的全过程工程咨询逻辑框架，如图 3 所示。

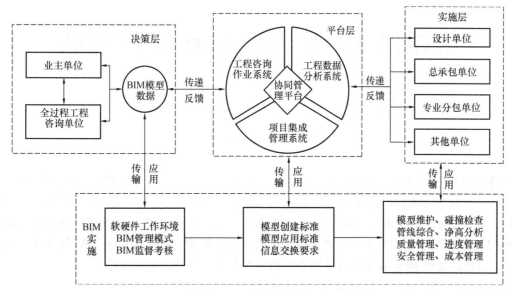

图 3 基于 BIM 的乡建工程全过程工程咨询逻辑框架

(图片来源：作者自绘)

4 结语

数字技术驱动乡村建造方式的变革，奠定乡村全过程工程咨询的基础。基于全过程咨询的理论内涵和应用特点，改变乡建咨询碎片化，各专业咨询企业难以有效联系的局面，提出乡建工程全过程的应用内容和优势。结合 BIM 技术在乡村建设工程中的应用以及 BIM 技术在全过程工程咨询中的应用，提出BIM 技术和全过程工程咨询在乡建工程领域的有效融合，构建基于 BIM 的乡建工程全过程工程咨询服务，并构建出项目决策阶段、项目实施阶段、项目运维阶段的服务逻辑，最终构建基于 BIM 的乡建工程全过程工程咨询逻辑框架，这对推动数字乡建发展，促进乡村振兴有重要意义，但对于 BIM 的乡建工程全过程工程咨询核心逻辑的构建还不是完善的，需要动态持续优化。要实现基于 BIM 的乡村建筑工程全过程咨询服务体系，还需要不断深入探索具有中国特色的全过程工程咨询服务体系，融合乡建特色和乡村文化，同时在数字化进程中，不断创新探索如何将新一代信息技术，有效融合到数字乡建进程中，推动完善的数字乡建体系的建设，服务乡村振兴，助力数字中国。

参 考 文 献

[1] 国务院办公厅关于促进建筑业持续健康发展的意见[EB/OL]. (2017-02-24)[2022-07-19]. http://www.gov.cn/zhengce/content/2017-02/24/content_5170625.htm.

[2] 冯辉，徐波. 全过程工程咨询顶层设计视野[J]. 工程造价管理，2020(01)：76-81.

[3] 王章虎. 全过程工程咨询相关概念、术语的表述[J]. 工程与建设，2022，36(01)：258-260.

[4] 丁士昭. 全过程工程咨询的概念和核心理念[J]. 中国勘察设计，2018(09)：31-33.

[5] 皮德江. 全过程工程咨询解读[J]. 中国工程咨询，2017(10)：17-19.

[6] 徐小东，吴奕帆，沈宇驰，等. 从传统建造到工业化制造——乡村振兴背景下的乡村建造工艺与技术路径[J]. 南方建筑，2019(02)：110-115.

新城区 BIM 顶层规划应用实践

谢　鹏，李鹏祖，李瑞雨，段启明

(深圳市前海数字城市科技有限公司，广东 深圳 518000)

【摘　要】随着国家政策对 BIM 技术应用要求的提高，大湾区某市印发的"十四五"规划中明确提出，推进基础设施数字化建设，全面推广应用建筑信息模型（BIM）技术，打造 BIM 全覆盖的城市信息模型（CIM）基础平台。由于省部级 BIM 应用规范无法完全满足该市新城区规划建设的实际需要，需建设新城区 BIM 顶层规划方案。本文以该市新城区规划建设为背景，研究城市级 BIM 技术应用顶层规划与实践方法，为后续城市级 BIM 技术在政策指导下的规范化应用与推广提供参考。

【关键词】BIM；顶层规划；BIM 标准；CIM 基础平台；BIM 交付指南

1 背景

BIM 技术是近年来在计算机辅助建筑设计领域出现的新技术，它是基于建筑工程项目的各项相关信息数据所建立的完整、高度集成的建筑信息化模型[1]。通过 BIM 技术在建筑全生命周期的应用，可以极大地提升工程决策、规划、设计、施工和运营的管理水平[2]。实现建筑业跨越式发展，推进建筑产业数字化转型。

为进一步落实国家"十四五"规划中关于加快推进建筑信息模型技术集成应用的要求，大湾区某市印发的"十四五"规划中明确指出，推进基础设施数字化建设，全面推广建筑信息模型（BIM）技术应用，打造 BIM 全覆盖的城市信息模型（CIM）基础平台。考虑到该市建设单位、设计单位、施工总承包等单位 BIM 应用层次不一，而省部级 BIM 应用规范无法完全满足该市新城区规划建设的实际需要，需建设新城区 BIM 顶层规划方案。本文通过对规划体系的编制思路和主要内容的分析总结，为后续国内其他地区的城市级 BIM 技术应用推广提供参考。

2 行业需求调研

2.1 新区 BIM 行业调研

为做好契合实际政策引导，稳步提升地区 BIM 技术水平的目的，提前开展对该市 BIM 技术现状调研。调研内容主要包含：BIM 技术在项目中的覆盖度，在设计、施工、运维中的各类应用点及程度，工作的组织方式、软件工具、投入与收益情况及目前主要参与的 BIM 单位推广 BIM 应用的过程中遇到的问题和不足；计划在哪些领域需要突破或者创新，BIM 技术的推广能在哪些方面带来技术改进或管理赋能；分析梳理当前区域的 BIM 技术应用总体情况及市场主体对 BIM 技术投入的重视程度等主要影响因素。

2.2 建设管理部门需求调研

通过对建设管理部门的需求调研来综合考虑相关 BIM 技术推广的政策和数字化方案整体推进的思路，主要包括以下内容：通过初步总规划设想和方向的交流，了解数字化现状及未来期望需求；以建设工作开展为主要线索梳理新城区建设的背景、现状及未来规划与建设时序；建设工作管理机构、管理制度以及技术水平现状，现有项目立项步骤、项目审批过程、竣工验收流程与要求；对照工程建设项目审批制度改革、未来智慧城市建设要求，目前建设项目管理方面的改进计划；"十四五"期间，立足新时期新阶

【作者简介】谢鹏（1988—），男，项目经理/注册建造师。主要研究方向为 BIM 技术在工程领域应用。E-mail：422598553@qq.com

段，上级建设管理部门相关要求与新目标规划等。

3 规划目标

本文所述顶层规划以构建城市大数据背景下的创新型智慧城市为目标，提出全区域、全过程、全行业实施 BIM 技术的要求，规划了新城区建设开发基于 BIM 的数字化治理的新模式，为该城区成为市级数字化建设的引领者和数字经济领跑者、探索实践智慧城市管理示范区奠定坚实的基础[3]。在此基础上进行年度目标的制定、三年行动计划制定以及本年度工作计划的制定。

本市新城开发区应充分发挥新区决策效率高、沟通成本低等体制机制优势，实现 BIM 技术在本市新城开发区全领域、全链条的深度集成应用，满足后期建设新型数字城市基础平台的需求，实现以下四个主要目标。

3.1 打造 BIM 技术全面应用推广的高地

综合新城建设开发区体制机制优势与管理需求，未来积极引入 BIM 可追溯可共享的创新成果，推动相关制度在新城区建设的落地；通过政策引领、资金扶持和人才培养，充分发挥大湾区合作的制度优势，推动新城建设开发区 BIM 标准、BIM 政策、BIM 应用、BIM 人才和 BIM 认证的高度统一和深度融合，推动 BIM 应用市场的发展，培养一批跨领域的专业 BIM 技术人才，助力地区 BIM 产业发展，将新城建设开发区打造为 BIM 技术全面应用推广的示范性先试先行区。

3.2 形成可复制推广的新城建设开发区 BIM 技术发展模式

依托该市新城建设开发区体制机制优势和区位优势，从政府的"规建管服"四个职能角度全面普及、完善、深化 BIM 技术应用，覆盖建设项目全领域和全流程，打造可面向粤港澳大湾区以及全国推广的该市新城建设开发区特色建设管控与城市治理新模式。

3.3 贯通数据信息与平台工具体系化

在数据规范方面，全面分析该市新城建设开发区建设项目数据条件与技术应用需求，总结该市新城建设开发区所在的国内标准环境，在上位标准框架下，建立该市新城建设开发区 BIM 标准体系。

在数据应用方面，汲取国内外经验教训，根据该市新城建设开发区建设管控与城市治理业务场景整合现有业务系统与办公平台，建立一套 BIM 技术应用平台工具，支撑该市新城建设开发区 BIM 技术应用和 CIM 基础平台建设。

3.4 引领 BIM 技术融合与创新

该市新城建设开发区应依托建设项目数据应用基础，从发展的角度，积极探索"BIM＋"技术融合与创新应用，结合 CIM、云计算/5G、点云、人工智能、VR/AR、区块链、数字水印等创新技术，探索 BIM 技术创新发展方向。

4 总体框架

基于前期调研情况，总体分析"十四五"期间对城市的新目标与新规划，形成新城功能区 BIM 应用规划方案。该方案包括标准体系建设、数字基底建设、平台开发建设、工程项目应用、创新发展和政策保障六个方面，主要内容可概括为"三技术"、"七创新"和"五政策"，具体如下：

"三技术"是新城建设开发区 BIM 技术应用核心，包括编制一套 BIM 标准，包含管理标准、数据标准、技术标准和应用标准；形成一套可信的数据底座，即包含基础数据、模型数据、业务数据、动态数据的数字档案馆以及包含版权证明、模型签章、一致性证明和智能合约确保数据可信性的新城建设开发区工程链；建成一套基于 BIM 技术的软件平台，即可视化决策会商平台、三维数字化审批平台与城市建设监管平台。

"七创新"是新城建设开发区以 BIM 为数据基础的创新技术融合方向，包括 BIM＋云计算/5G、BIM＋点云数据、BIM＋VR/AR、BIM＋人工智能、BIM＋区块链、BIM＋数字水印以及 CIM（BIM＋GIS/物联网）。

"五政策"是从组织领导、政策措施、人才建设、资金扶持、宣传推动等方面为新城区建设 BIM 技术应用保驾护航。总体框架如图 1 所示。

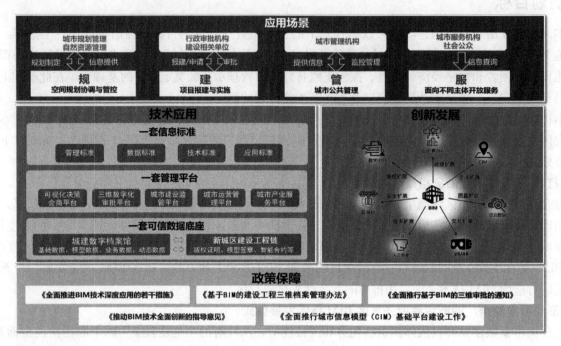

图 1　BIM 规划总体框架

5　新城区域建设 BIM 规划试点实践

5.1　新城开发区 BIM 总体规划方案

该城区 BIM 技术应用亟须解决的问题：一是该城区没有 BIM 地下道路及地下管线三维基础数据，该模型数据可以提高后期设计项目的预判及方案优选。二是招商引进产业集团关心地质数据，若有三维地质可以较好地解决设计前期的问题。三是利用 BIM 技术解决设计查错问题，减少工程管理中心的造价变更。四是为后续智慧城市的建设做好数字化的数据支撑。在总体规划框架下结合该新城区域建设目标需求，综合分析后确定如下整体方案任务。

5.1.1　BIM 标准体系建设

BIM 模型数据信息的标准化、完整性、准确性是顺利实现 BIM 数据协同以及模型数据信息的进一步利用的前提。此外，与模型相关的协同、显示、存储、审批等活动及载体文件、工具的标准化，也在很大程度上影响着数据质量与信息的完备性。建立科学、完备的 BIM 标准体系是 BIM 应用与发展的重要保障。

5.1.2　新城区域数字化基底建设

汇集新城区域的 BIM 模型信息，建设成为片区级的数字化展示平台，从而支持各类建设数据的存档和可信信息共享，同时新城区建设数字档案实现和该市级可视化 CIM 城市空间数字平台的对接。

5.1.3　工程项目应用推广

BIM 数据来源于工程建设的规划、设计、施工及运营等各个阶段，做好建设工程前期的模型尤为重要。在项目的各个参与方推广和应用好 BIM 技术，是成功应用 BIM 的基础。

5.1.4　BIM＋创新发展

以 BIM 技术为基础构建的 CIM 基础平台是城市大脑的核心和基础。结合本市城市信息模型（CIM）基础平台建设工作方案，抓好 CIM 基础平台建设在新城建设开发区落地见效，完成 CIM 基础平台建设，夯实基础数据库建设，形成城市三维空间数字底板，为智慧城市建设提供重要支撑。

5.2 年度行动计划

整体目标而言智慧城市的建设与管理需要以海量的 BIM 数据为基础，BIM 作为建筑全生命周期的信息载体，为智慧城市建设提供微观数据源，是小场景、微观概念下城市细胞的内涵[4]。结合总体规划方案和目标确立的分年度实施总计划如图 2 所示。

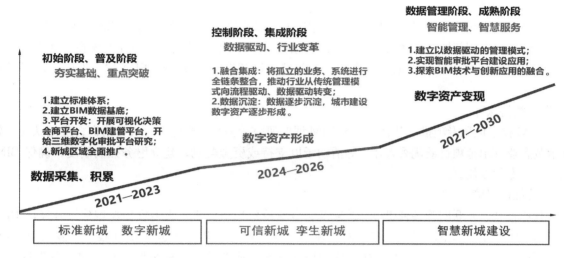

图 2　年度总计划目标

5.3 BIM 交付指南

5.3.1 制定一套数据交付标准

各家单位应用软件不同、操作方法各异，导致形成的 BIM 成果不统一，为规范统一工程各参建单位 BIM 模型的创建、应用、交付、审核等，应制定 BIM 技术标准[5]。从数据规范、生产规程到数据建库，为规划编制、工程设计方案编制作出统一的数据要求，对矢量数据的交付作出统一严格要求，为城市规建管提供数据支持。通过控制信息的交换来协调项目各参与方的利益；通过制定标准并且建立共识，从而解决行业现存或者潜在的问题[6]。数据交付标准明确电子成果入库文件的成果内容、成果文件要求和数据质量要求等内容，为实现成果数据统一管理奠定基础。数据标准制定的原则是保证专业数据内容应与交付标准对接，以满足业务需求，保障数据的准确性，保证交付的信息模型、电子文档和图纸的一致性。

5.3.2 标准体系时序安排

聚焦城市建设热点，解决亟须解决的建设问题。建设工程里面专业众多，应用充分考虑标准体系建设的时序安排。基于专业业务范畴做纵深思考，体现专业指标的深度；同时注重各专业之间的关联性，体现城市规划、建设、运维各环节的反馈和周期性迭代[7]。

本年度计划，开展 BIM 交付标准、招投标 BIM 条款编制，规范 BIM 模型的交付标准、出图规则、算量规则等基础标准和规则，形成统一规范的 BIM 模型。第二年计划，出台新城建设开发区 BIM 技术应用管理办法，全面推广 BIM 技术应用；开展 BIM 轻量化等标准编制，为 CIM 平台建立奠定数据标准。第三年计划，开展 BIM 标准体系修订完善工作，初步建成新城建设开发区 BIM 技术应用标准体系。

后续年度 BIM 体系建设应考虑实施过程遇到的反馈问题结合总体规划框架按年度进行反馈修正并逐年落实。

5.4 政策保障

5.4.1 组织领导保障

为了保障 BIM 应用的实施效果，应从组织上给予保障，建立专门的组织机构，在新城管委会党委的统一领导下，跨越部门之间的行政边界，形成合力，统筹推进和管理全区 BIM 技术应用推广工作。

5.4.2 政策措施保障

结合国家和地方标准，编制出台与新城建设开发区规划设计、建设与运维管理相适应的 BIM 技术应用的相关指引、管理制度、收费参考体系等[8]。

为确保政策的落实，原则上要求对于新城建设开发区内的已建及在建项目，从施工、运维等多个方面入手，提升 BIM 技术的应用比例；对于新城建设开发区的未建项目从规划设计阶段启动 BIM 应用工作。

5.4.3　人才建设保障

以数字城市建设为主题，助力 BIM 技术人才培养，以增进新城建设开发区 BIM 技术的发展为共识，建立起广泛的、具有创新性的人才培养模式。出台相关 BIM 人才引进政策，加强人才在生活和工作多方面的保障，汇聚国内外 BIM 行业的优秀人才，为新城建设开发区各项目的 BIM 技术推广应用提供技术支撑。

5.4.4　资金扶持保障

设立 BIM 技术应用专项推广基金，对于 BIM 课题研究、公共平台建设、人员培训、应用认证、软件研发和示范企业（示范项目或优秀人才）等活动予以支持或资金奖励。建立财务控制制度，确保 BIM 技术专项资金的专款专用。

5.4.5　宣传推广保障

充分利用报刊、互联网等各种媒体、政府及企事业单位来访契机，大力宣传新城建设开发区 BIM 应用政策经验，组织重点示范项目观摩和经验交流，分享新城建设开发区建设 BIM 技术研发与应用成果，不断提升新城建设开发区 BIM 工作的社会认知度，提升企业竞争力，逐步形成新城建设开发区在国内 BIM 应用的重要地位，使新城建设开发区成为国内 BIM 应用乃至数字城市建设标杆。

6　总结

本文以新城区城市管理者视角实践 BIM 规划，给出了区域城市尺度的 BIM 应用推广发展规划的范本。该规划以 BIM 技术促进新城建设区规划、建设、管理和服务的数字化转型为着力点，以实现"智慧新城"和建设"数字政府"为最终需求导向，构建了以应用场景为前提，以标准和平台为支撑，以价值为驱动，以政策为保障的全生命周期、全链条的集成化 BIM 应用体系，具有先进性、体系化、落地性和高度可复制性等特性。以构建城市大数据背景下的创新型智慧城市为目标的新城区 BIM 规划的制定，提出了全区域、全过程、全行业实施 BIM 技术的要求，规划了该新城区基于 BIM 的现代化行业治理的新模式，为该新区致力于成为粤港澳大湾区数字化建设的推动者和数字经济示范者，以及为"十四五"期间打造国内先进智慧城市管理示范区，奠定了坚实基础。

参 考 文 献

[1] 刘占省，赵明，徐瑞龙. BIM 技术在建筑设计、项目施工及管理中的应用[J]. 建筑技术开发，2013，40（03）：65-71.
[2] 许利峰. 政策引导推动我国 BIM 技术健康发展[J]. 建设科技，2019（16）.
[3] 安晖. 从"十四五"规划建议看新型智慧城市建设方向[J]. 信息通信技术，2021，15（01）：21-24，31.
[4] 谢晖晖，高歌，常海. 前海合作区 BIM 规划的编制和实践[J]. 中国勘察设计，2022（S1）：94-97.
[5] 张中安，宋天田，黄际政，等. 深圳地铁 BIM 应用总体规划研究和实践[J]. 现代城市轨道交通，2020（12）：124-131.
[6] 刘忠伟，汪优，周盛，等. 深圳市交通建设领域 BIM 标准体系框架研究[C]//第八届 BIM 技术国际交流会——工程项目全生命期协同应用创新发展论文集，2021：68-74.
[7] 鲍巧玲，杨滔，黄奇晴，等. 数字孪生城市导向下的智慧规建管规则体系构建——以雄安新区规划建设 BIM 管理平台为例[J]. 城市发展研究，2021，28（08）：50-55，106.
[8] 郑国威，陈明曼，王钦，等. BIM 技术在贵州省建筑行业的应用困境及对策研究[J]. 智能城市，2022，8（03）：39-41.

基于 BIM＋AIoT 的智慧公园运营管理平台
在前海桂湾公园的建设及应用

黄焕民，邓新星

(深圳市前海数字城市科技有限公司，广东 深圳 518000)

【摘　要】公园作为城市中重要的绿地，在满足人们基本物质需求的同时也要满足人们精神层面的需求，对于社会发展有着重要意义。现阶段公园建设及运营水平滞后于城市发展的需求。因此，建设更为智能化的公园显得十分必要，而智慧公园中的应用缺乏理论依据和实践经验。本文以前海桂湾公园为试点项目，探索融合建筑信息模型、物联网、人工智能等多种新兴技术为一体的智慧公园建设体系及框架。

【关键词】智慧公园；BIM；物联网

1 引言

习近平同志在十九大报告中指出，中国特色社会主义进入新时代，我国社会主要矛盾已经转化为人民日益增长的美好生活需要和不平衡不充分的发展之间的矛盾。建设前海桂湾公园，对满足前海乃至深圳居民对绿色环境的需要，提高居民生活幸福感、促进前海生态文明建设具有重要意义。深圳当前正在建设"新型智慧城市标杆市"，公园作为城市的有机组成部分，开展智慧化研究和建设是建设智慧城市的现实需求，并以智慧公园建设反馈推动和促进智慧城市的成长和发展。前海开发区作为深圳特区中的特区，其在规划和建设过程中坚持高起点、高标准，因此，作为配套建设项目的桂湾公园，遵循城市公园最新发展趋势也是必然要求。与此同时，大数据、物联网、人工智能、5G 等新技术的快速发展也为桂湾公园智慧化研究和建设提供了技术支撑[1]。

本项目依托前海桂湾公园开展研究和应用，桂湾公园智慧化与智慧前海衔接，立足本地、服务社区、辐射全市，对标国内领先、国际一流的新型智慧城市建设，解决公园运行的实际需求，在模式、技术和运用上进行创新，先进性、实用性、创新性与衔接性相结合。

2 BIM 模型处理及轻量化

前海桂湾公园基于 BIM＋GIS 融合应用，搭建室外各机电设施、主要管线管井、城市家具、构建筑物、园路、硬质、绿地等公园各要素，实现公园各类部件的数字化和可视化，为运营管理指挥舱和电子沙盘构建"数字底板"（图 1）。

"数字底板"关键在于 BIM 模型的处理和轻量化，将模型中的所有构件进行有序的整理、编码、信息提取、统一管理。实现模型在处理后，不仅停留在模型可视化本身，同时满足模型在不同应用场景下的快速调用，模型背后对应数据（静态数据、动态数据、业务数据）的关联、录入、调取、修改等。最终，BIM 模型在管理上做到构件级别的数据化、可视化的基础保障，在应用上做到灵活拓展、高效便捷、安全可靠的支撑。具体处理流程如图 2 所示。

【作者简介】黄焕民（1989—），男，产品经理/助理工程师。主要研究方向为智慧园区。E-mail：huanghm@qhfct.com

图 1 前海桂湾公园"数字底板"

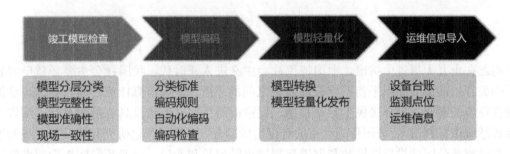

图 2 BIM 模型处理及轻量化

3 系统架构

从本项目的技术要求和总体目标以及兼顾满足后期系统应用的各类技术要求出发，定义本技术架构。本技术架构采用目前最新的信息化技术，并充分保证未来的技术发展和可持续演化，使得系统具备良好的实用性、先进性、扩展性、移植性及开放性。技术架构包括：基础支撑系统、专业系统、数据中台、运维中台和一体化服务平台、运维运营应用前台。系统基于微服务架构构筑，因此也包含服务于微服务架构的消息总线、RPC 框架、服务治理等基础中间件，同时具备完善的系统自动化运维管理服务（图 3）。

4 运营管理应用场景

4.1 运营管理一张图

以服务于公园运营指挥为目标，全过程、全方位接收公园日常运行管理中的客流、环境、设备、视频监控、天气、预警、应急等各种实时信息，加以提炼，最终以三维 GIS 地图、视频、图表等方式在"一张图"中集中且灵活展现，形成公园运营信息综合展示看板（全局总览），使管理者对整个公园的运营和服务情况一目了然，如图 4 所示。

4.2 应急指挥调度

将视频 AI 识别、物联预警、求助报警等所有应急预警事件汇集到统一大脑，实现远程监控、实时对讲、GPS 定位、应急广播的智慧联动，基于空间数字底板可视化展示事故信息、资源分布、事故态势，建立高效应急、协同救援、线上线下一体化的应急体系，助力政府、消防队、公众协同应急、科学救援，如图 5 所示。

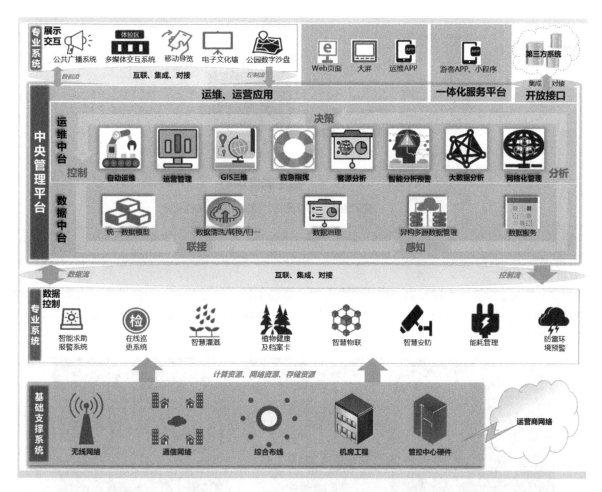

图 3　系统架构

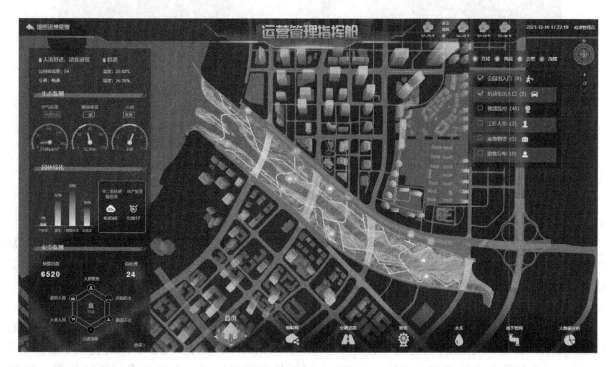

图 4　运营管理一张图

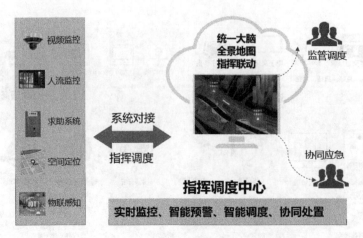

图 5　应急指挥调度

4.3　智能预警分析

通过 AI 视频分析算法实现车辆违停、犬类入园、道场不洁、场地积水、园区游商、人群聚集等场景的识别和预警；同时在三维 GIS 地图中定位预警事件，通过融合通信手段向用户发出预警提示，实现快速响应，如图 6 所示。

图 6　智能预警分析

4.4　智慧生态

基于 5G 技术构建全方位的智慧园林，构建管理、保护、观赏和服务体系[2]，构建六项生态指标感知（空气、土壤、噪声、水环境、虫情、植物健康），建立全方位的生态数字化监管系统，实现公园的生态重建，营造人、植物、动物和谐互动的生态公园。

4.5　一站式服务平台

确立为游客服务、为管理服务这两条主线，建设公共信息服务体系[3]，为游客提供公园基本信息及游玩攻略，如公园公告、人流量、剩余停车位、环境信息、景点活动、花季观赏等；同时提供了虚拟旅游、拍照识花、AR 导览等多项具有分享性、互动性、科普性的智慧应用，提升游客的游园乐趣，如图 7 所示。

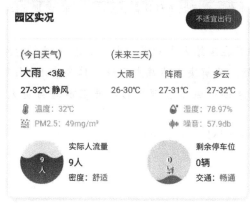

图 7　一站式服务平台

5　项目总结

现有的公园运营管理系统存在一些不足和缺陷，例如，各系统数据不通，设备故障无法实时告警，应急指挥调度能力不足等。本课题针对公园运营管理系统存在的上述缺点，以前海桂湾公园为试点开展研究，具体研究工作如下：

（1）通过 BIM 运维模型标准顶层规划，同时完成 BIM 运维模型搭建、检查、处理及轻量化，建立了一套完整的 BIM 运维模型处理及轻量化处理流程体系。

（2）融合时序物联网数据库、空间数据轻量化引擎、AI 算法等多种技术，搭建了基于 BIM＋AIoT 的智慧公园运营管理平台，实现前海桂湾公园数字化和精细化的动态管理。

参 考 文 献

[1] 张洋，夏舫，李长霖. 智慧公园建设框架构建研究——以北京海淀公园智慧化改造为例[J]. 风景园林，2020，27 (05)：78-87.

[2] 钟汝淇，廖婉柔，余悦，等. "5G＋智慧园林"发展路径探析[J]. 重庆建筑，2021，20(06)：9-11.

[3] 唐晨铭，李少游. 基于智慧旅游的智慧景区打造研究——以柳州白莲洞遗址公园为例[J]. 桂林师范高等专科学校学报，2014，28(02)：70-72.

基于 BIM＋AIoT 的智慧楼宇运维管理平台
在前海自贸大厦的建设及应用

张 伟，常 海

（深圳市前海数字城市科技有限公司，广东 深圳 518000）

【摘 要】现阶段建筑物运维存在运维方式粗放、智能化程度低、运维成本高、运维压力大、高度依赖运维人员经验及技术能力等问题。为解决上述痛点问题，作者采用 BIM＋AIoT 技术，依托微服务高可用软件架构及数据建模，构筑智慧楼宇运维管理平台，并在前海自贸大厦成功试点，取得良好的实践效果。

【关键词】建筑物；楼宇运维；BIM；IoT；AI

1 引言

建筑物作为城市的核心元素，对其治理的精细化、智能化程度，将直接影响城市的治理和管理水平。当前对于建筑物的运维普遍采用"发现问题、处理问题"为主的模式，导致故障恢复耗时长、经济损失大，运维成本高、运维压力大等问题[1]。

建筑物一般部署有安防、楼宇自控、供配电管理等多套运维管理系统。这些系统由多个厂家提供，各自独立运行、数据彼此隔离[2]，难以进行数据分析及挖掘、故障预测等能够有效降低运维难度，提升运维效率的工作。

建筑物的运维往往也需要建筑空间数据的支撑。比如，在故障定位时需要知道机电设备所在的位置，以及与其他相关机电设备的空间关系。当前建筑空间数据主要来源于 CAD 图纸，而 CAD 图纸缺失或错误现象极为普遍，造成了运维质量高度依赖运维人员对建筑物的熟悉程度、个人经验及个人能力[3]。

对上述问题的解决，直接且有效的思路是：

（1）构筑一个能够管理建筑物空间数据、各类 IoT 数据的数据湖。对于数据接入需要采用灵活适用的软件架构机制，以降低人力投入、提高接入效率。

（2）基于数据湖，对上述各类异构数据进行融合、统一建模，形成一个服务化的数据中台。

（3）基于数据中台，构筑一个覆盖诸如规则化驱动预警/告警定制等通用基础业务功能的业务中台。

（4）基于数据中台＋业务中台，构筑建筑物运维三维可视化基础功能，如：监控、告警、工单处理等。借助空间数据，这些基础功能能够以零件级三维可视化的展示形式，提供更为直观且高效的运维监控、故障定位能力。

（5）基于数据服务平台的模型化数据，应用 AI 算法，提供如故障预测预警、故障自动恢复、自动巡检、节能减排计划等增值功能，从而有效降低运维难度，提升运维效率。

在前海自贸大厦智慧楼宇运维运营管理平台项目中，对上述思路进行了具体实践。其中，AI 算法应用主要围绕节能减排计划进行探索。随着数据的积累，后续会持续迭代研发故障预测预警等功能。本文就该项目的实践予以总结。

【作者简介】张伟（1974—），男，研发总监/工程师。主要研究方向为软件架构、数据治理。E-mail：zhangw@qhfct.com

2 项目简介

前海自贸大厦总建筑面积为 74363.91m^2，建筑结构为框架-核心筒结构。机电系统及运维管理系统有：供配电系统、信息网络系统、无线对讲系统、智能卡应用系统、智能设备管理系统、智能照明系统、智能抄表及能源管理系统图、安全技术防范系统、供冷系统、空调系统、给排水系统、电梯监控系统、停车场管理系统等。

本项目的建设目标为：研发基于 BIM＋AIoT 的智慧楼宇运维运营管理平台。该平台需要对接所有的机电监控 IoT 系统及运维管理系统；对该建筑的 BIM 模型细化及完善至零件级；相关运维功能均需以三维可视化的方式展示及响应用户交互；对空间数据、各类 IoT 数据进行融合、模型化，以支撑后续的 AI 算法应用。

3 本项目 BIM＋AIoT 的关键技术应用点

3.1 整体架构

本项目基于我司建筑/园区/城市（CIM）多层次场景统一平台定制化开发。

该平台采用"数据湖、数据中台、业务中台"层次架构。其中数据湖完成 IoT、业务各类异构数据的接入、清洗、治理及存储；数据中台对各主题数据进行模型化、规范化、服务化；业务中台提供通用基础功能，并整合三维可视化渲染引擎、AI 服务引擎等，以服务的方式对上层应用提供支撑（图1）。

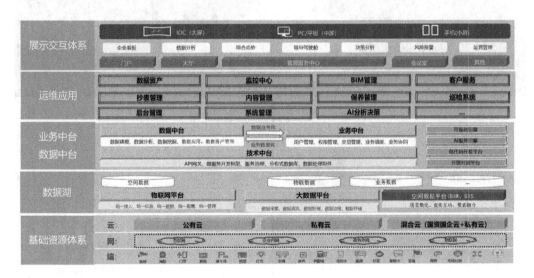

图 1　整体架构

提供 PC、手机、大屏三类展示终端，如图 2 所示。

3.2 物联网设备快速接入

建筑物内的机电设备以及运维系统类型众多、通信协议繁杂[4]。为应对这一问题，平台基于"高内聚、低耦合"的软件设计原则，采用"扩展对象"等设计模式[5]，将链路层、传输层协议处理与应用层协议处理解耦。其中，链路层、传输层协议处理由平台提供，且可按需扩展；应用层协议处理实现为独立的、可热拔插的适配器组件。因此当需要接入一种新的设备及运维系统时，只需实现并部署一个适配器组件即可。

这种架构模式同时提供了设备/子系统接入的开放能力，第三方只要遵循有限的接口定义，可自行完成适配器的开发并"组装"入平台内（图3）。

平台也面向物联网设备商/子系统厂商提供物联网接入 SDK，降低第三方物联网设备接入平台的难度，进一步提升设备/子系统接入的开放能力。

图 2　PC、手机、大屏展示终端

图 3　可热拔插的应用层协议处理适配器管理

3.3　BIM 数据治理

为了能够进行数据融合，首先需要进行 BIM 数据治理。数据治理分为线下、线上两个环节：

● 线下环节

（1）完成 BIM 数据的完整性、一致性修改（或完全翻模）。

（2）对空间构件、设备构件依据编码规范进行编码。本项目利用"基于知识图谱的自动化编码"[6]工具，能够对 BIM 模型中约 80％构件依据编码规则自动完成编码，剩余无法自动完成的部分提供交互性好的功能辅助人工高效完成。

● 线上环节

通过提供 BIM 模型上传、多 BIM 模型文件装配合成等功能，自动完成 BIM 模型空间数据的轻量化、属性数据的结构化处理，为后续的数据融合奠定基础。

同时，为了适应不同场景可视化效果、专业分类的不同要求，也提供了场景配置的能力。通过该功能族，能够完成场景的快速定制。

BIM 数据治理还包括数据质量检查、数据一致性检查、元数据生成、数据资源目录生成等，在平台中均有相应的功能（图4）。

图 4   BIM 数据治理

3.4   BIM 数据融合

BIM 数据融合是指基于良好设计的规范化数据模型，将空间或设备构件与物联网数据、业务数据进行关联融合。

在运维阶段，无论采用重新翻模还是基于竣工 BIM 模型进行修改完善的方式，均会引发 BIM 模型的反复修改。同时，某些运营性质的建筑物（如大型商超）也会存在常规的空间结构调整（如重新调整租赁空间等）。所以，BIM 数据融合在项目实施阶段以及系统投入生产后均需持续进行。

平台采用如下机制完成 BIM 数据融合，该机制具备自动化程度高的特点，能够：

（1）在 BIM 数据治理阶段，建立 BIM 设备构件、空间构件的关联关系。

（2）以"产品"作为设备对象的"模板"（面向对象语境中的"类"）。产品的类型等属性定义与 BIM 设备构件编码采用统一规则。

（3）首次配置时，以 BIM 设备构件索引对应的"产品"，从而生成对应的设备对象。设备对象中存储 BIM 设备构件的空间位置信息。

（4）当 BIM 模型发生修改重新上传后，以 BIM 设备构件的编码、设备对象的类型属性以及所存储的空间位置等，匹配出新增、修改或删除的 BIM 设备构件，并相应完成设备对象的增删改。匹配算法能够完成至少 80% 的自动化处理（图5），对于无法匹配或存疑的 BIM 设备构件，通过可视化交互的方式，由人工核对完成。

3.5   云/端自适应渲染

对于三维模型的可视化渲染，目前存在两大主流技术：

（1）浏览器前端渲染。即利用 WebGL 驱动本地计算机显卡进行渲染。这种方式充分利用本地计算机的资源，对服务器资源消耗低，能够很好地支持高并发。但是，会受到客户端浏览器计算资源的约束，在支持模型的规模方面表现不佳。

（2）服务器端实时渲染。服务端实时渲染是指渲染计算发生在服务器端，客户端只是一个可以交互

图 5   BIM 构件、设备对象自动匹配

的显示器,将渲染指令发送到服务器同时接收渲染结果。这种方式能够支持大规模的模型。但是服务器资源消耗大、能够支持的并发数极为有限。

对于建筑物运维,需要达到零件及构件的管理及可视化。类似自贸大厦这种体量,浏览器前端渲染效果已无法满足实际运维的需要。

综合考虑并发性、模型体量等要求,平台采用"端云渲染自由融合"模式,即:封装两种技术实现细节形成可视化开发用 SDK,相应接口被调用时通过模型体量、LOD 等的计算分析,自动选择前端渲染模式或服务端渲染模式。从而,同时兼顾并发性要求和模型体量要求,达到了预期的效果(图 6)。

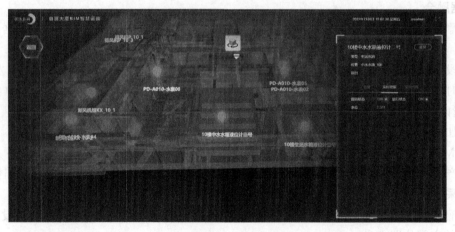

图 6   零件级可视化渲染

3.6   规则驱动预警/告警定制

预警/告警处理在很大程度上直接决定了运维质量的高低。传统做法是通过对单一指标(下文称之为测点)定义越限阈值,通过判断实时值是否越限来产生相应的预警或告警。这种方式存在条件单一适配性差的缺陷,无法满足实际运维的灵活性需要。为解决这一问题,本平台通过 5 种机制加以完善:

(1)将管理对象建模为由属性、事件、服务构成。其中属性对应设备测点,事件对应设备原生告警或传统越限告警,服务为设备所能接受的控制指令。

(2)建立复杂测点机制。复杂测点为以设备测点值、事件属性值为"操作数",通过算术、条件、逻辑运算混合运算出的结果。

(3)建立组合设备机制。组合设备对象由一个或多个物理设备构成(图 7)。

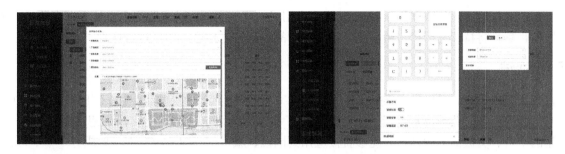

图 7 复杂测点、事件、联动规则配置

（4）建立复杂事件机制。复杂事件以测点值、复杂测点值、事件属性值为"操作数"，通过算术、条件、逻辑运算混合运算出的结果。

（5）事件、复杂事件按业务规则映射为告警或预警。进一步，可通过告警、预警定义联动规则，自动完成设备控制，提供自动化运维的手段。

通过上述机制的建立，能够提供极为灵活、覆盖各种业务场景的规则驱动预警/告警定制机制，满足实际运维工作的需要。

3.7 AI 算法应用

本项目对 AI 在建筑物节能减排中的应用进行了实践（图 8）。所采用的 AI 算法为谷歌 Alpha Go 团队数据中心能源优化方案[7]中所提出的算法，其特点为：5 层神经网络；每层 50 个节点；正则化参数为0.001，用于减少模型过拟合；19 个输入参数，1 个输出（PUE）；70%参数用于模型训练，30%用于交叉验证；黑箱模型。

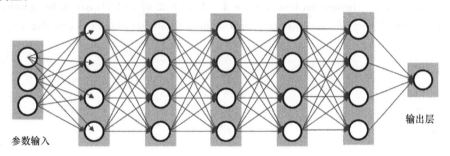

图 8 节能减排神经网络模型示意

功能实现的基本思路为：1）通过历史数据训练获得模型；2）将实时监测值输入模型，获得输出PUE；3）通过遍历调整操控类型参数，获得不同的 PUE 输出；4）根据最优 PUE，得到操控类型参数调整策略，从而形成节能减排的操作排期（图 9）。

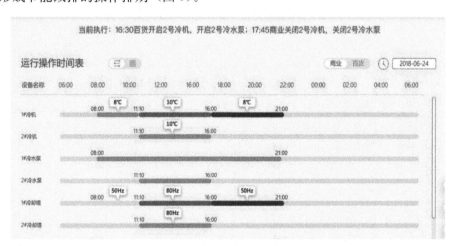

图 9 节能减排操作排期

由于系统运行时间短、数据积累少、AI 算法应用成熟度不高，这一实践更多是处于探索阶段。未来，随着数据的积累，将持续进行算法精度提升，并将对故障定位定界这一领域进行探索。

4 项目总结

在自贸大厦项目中，以提升运维效率、降低运维人力及技能要求为目标，对基于 BIM＋AIoT 的智慧楼宇运维的软件架构、关键技术进行了实践，取得了良好的效果，证明了引言所述思路的正确性。该项目所积累的平台、突破的关键技术，能够直接应用到园区、城市（CIM）场景中，形成"一个平台、多类应用"的完整体系。

对于 AI 算法应用，本项目仅处于探索阶段。后续的工作主要会集中在算法选型、数据积累、模型调优等环节，相信随着时间的推移会做出新的突破。

参 考 文 献

[1] 侯国强，等. 设备设施预防性维护保养攻略[M]. 2 版. 北京：中国市场出版社，2016：68-70.

[2] 李静原，姚维风，姜恩泽，等. BIM 技术在建筑运行维护阶段的持续集成应用案例[J]. 工施工技术，2018，47(S3)：15-18.

[3] 梁程光，戚振强，李玄正. 基于 BIM 的运维管理研究与应用综述[J]. 智能城市，2018，4(18)：128-129.

[4] 金维玮. 智能建筑中的通讯协议研究[J]. 电脑知识与技术，2010，6(17)：4762-4763.

[5] Mark Richards，Neal Ford. 软件架构：架构模式、特征及实践指南[M]. 北京：机械工业出版社，2021.

[6] 吴浪韬，肖亚奇，梁雄，等. 基于知识图谱的机电逻辑关系检索[C]//第五届全国 BIM 学术会议论文集. 北京：中国建筑工业出版社，2019：163-170.

[7] Joe Kava. Better data centers through machine learning[R/OL]. [2022-07-19]. https://www.google.com/about/data-centers/efficiency/internal/assets/machine-learning-applicationsfor-datacenter-optimization-finalv2.pdf.

基于 BIM 技术的电子招投标应用实践
——以前海乐居桂湾人才住房项目为例

张铭敏[1]，胡　月[1]，李甘毅[2]

(1. 深圳市前海数字城市科技有限公司，广东 深圳 518000；2. 深圳市前海人才乐居有限公司，广东 深圳 518000)

【摘　要】BIM 技术被广泛应用于建筑工程项目的设计和施工阶段，但是在招投标领域的应用尚处于探索阶段，本研究在论述了中国 BIM 技术与招投标管理的发展现状的基础上，分析了我国现有招投标管理存在的问题，并阐述了 BIM 技术应用于招投标阶段的优势。通过对全国首个设计 BIM 招标项目——前海乐居桂湾人才住房项目全过程设计国际招标项目的应用情况介绍，验证了 BIM 技术在招投标方面的应用价值，为 BIM 招标投标发展提供了可研究的案例。

【关键词】BIM；招投标；建筑科学与工程管理

1　绪论

近年来，中国公共资源交易管理电子化应用不断深入推进，其便捷、高效、透明的特点，弥补了传统的招投标一些管理上的不足，但在建筑工程领域，电子招投标和传统招投标在实际的评审技术中并没有本质的区别，只是从线下转变为线上审阅静态文字和二维 CAD 图纸。在新基建和新的数字化浪潮下，中国 BIM 技术得到了长足的发展，已在工程设计、建设领域有了成熟且广泛的应用，而在工程招投标领域尚处于试点和研究阶段。项目评标过程中通过 BIM 对项目方案进行三维可视化审核，在客观技术上已经具备较强的可行性。因此，以招投标为研究对象，通过项目的实际运行，总结 BIM 技术应用过程中的经验和教训，不仅可以验证 BIM 技术对于招投标的质量和效率的相关性，也能推动工程建设招投标向更高水平发展，助力中国公共资源交易管理的机制创新。

2　BIM

BIM (Building Information Modeling)，即建筑信息模型[1]，是一种工程设计、建造和管理的多维模型信息集成技术，通过整合建筑及基础设施物理特性和功能特性的数字化相关信息，实现建筑工程项目在项目策划、运行和维护的全生命周期过程中多参与方和多专业之间信息的传递和共享，为设计团队以及包括建筑运营单位在内的各方建设主体提供协同工作的基础，使工程技术人员对各种建筑信息作出正确理解和高效应对，在提高效率、提升质量、节约成本和缩短工期方面发挥重要作用。

3　招投标管理发展现状

3.1　招投标

招投标是招标和投标的缩写。招标是指投标人或者招标代理通过发出招标通知或者招标书，邀请具有相应法律条件和施工能力的投标人竞标。投标是一种以业绩为依据平等竞争的采购形式，招标方通过事先宣布其采购要求和条件，让各投标方在相同条件下公平竞争，以便根据业绩选择承包商。工程招投标制度是中国现今工程项目建设广泛使用的承发包形式，通常包括招标、投标、开标、评标和定标五个环节（图 1）。

【作者简介】张铭敏（1997—），女，项目管理工程师。主要研究方向为智慧城市项目管理。E-mail：ismmzhang@qq.com

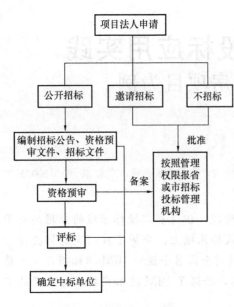

图 1 招投标流程图

3.2 电子招投标

传统的招投标主要通过线下面对面形式召开会议并人工记录过程，管理形式粗放，易出现围标、串标、明招暗定、恶性竞争等一系列问题[2]，影响建筑工程行业的公平健康发展。2015 年前后，中国政府提出要建立统一的公共资源交易平台，并随之出台电子招标、投标办法和技术标准规范[3]，随着各省份的积极引入，电子招投标系统在中国的应用逐步深入。电子招投标系统可对招标、投标、评标、合同等业务实现全流程的信息集成，通过自动检索比对，能迅速查找到与投标文件一致的信息，为围标、串标检测提供高效途径，强化了招标的规范化管理，提升招标的公开性和透明度，有助于解决我国经济市场招投标管理乱象。

3.3 BIM＋电子招投标

2016 年 6 月，中华人民共和国国家发展和改革委员会（下文简称"发改委"）印发了《关于深入开展 2016 年国家电子招标投标试点工作的通知》[4]，对深圳市明确提出了"深化 BIM 等技术应用，推进电子招标投标与相关技术融合创新发展"的 BIM 应用试点要求，在此背景下，深圳成为中国第一个电子招标试点城市。2017 年，深圳的 BIM 招投标系统试点工作先后通过了发改委、住房和城乡建设部的验收。2018 年 4 月，深圳市发文进一步推广基于 BIM 技术电子招投标系统的相关试点应用。同时，为适应深圳住房和建设工程招投标 BIM 技术应用需求，规范 BIM 电子招投标系统的建设，深圳市建设工程交易服务中心（深圳电子招投标试点城市实施单位）在深圳市住房和建设局的指导组织下制定了《深圳市房屋建筑工程招标投标建筑信息模型技术应用标准》，这是中国第一个 BIM 招标环节应用标准。

和一般性电子招投标不同的是，基于 BIM 的招投标系统则是在电子招投标系统的基础上加载 BIM 辅助评标系统，并将 BIM 的应用贯穿于整个招投标工作。在项目专业化、自动化和集成一体化的发展趋势下，BIM 技术的参与有助于招投标信息的高度共享，改善项目相关决策的效率，提高数据输入的准确性并减少数据重复输入，让招投标双方以更科学、合理的方式对投标结果作出正确决策。[5]

4 传统工程招投标管理关键问题分析

招投标管理制度在中国已经推行 30 余年，虽然在法律、规范、技术、标准等方面均不断完善，但依然存在一些现实操作的不足。主要体现在以下方面：

（1）工程量核算精细程度不足。传统的招标文件利用二维设计图纸核算工程量，直观性不强的平立剖面易使技术人员对空间信息产生差异性理解，不仅耗时费力，而且无法对工程量的精细程度做出准确估算[6]，导致投标方提供的工程量清单与实际工程量存在或多或少的偏差，影响整体报价。此外对于功能复杂的大型项目，这些偏差造成的造价差异，或许超出预期成本，影响后期的工程款支付与结算。

（2）评标方式没有本质变革。不论是传统的线下招投标还是电子招投标，对方案的评估仍基于传统的"文字＋图片"评估方法，虽然评估方法采取电子投标的形式，但与传统的纸质投标相比，没有本质的变化。评价工作劳动密集、效率低下，评价专家无法直观地看到方案的相关效果，评价工作需要依靠较强的个人专业经验。

（3）无法保证相关因素在评价过程中的相关性。在评价中，技术方案与相关措施的联动、场地布置的评价等解决办法需要得到综合重视和综合考虑，但传统手段很难在这些方面取得预期效果。

5 BIM 技术在工程招投标管理中的应用

基于 BIM 技术的电子招投标系统就是把 BIM 技术引入建设项目招投标的过程当中，在原有电子招投标系统基础之上，根据三维模型，综合考虑成本与进度等因素，从一个新的五维角度对工程项目招投标过程进行管理。以此为基础对施工时间及所需经费进行叠加展示。将 BIM 技术引入投标阶段，一方面能够实现参数化配置、可视化表达和数字化分析，从而进一步提升投标效率，强化投标效果；另一方面，能够在施工绩效环节有效传达投标信息，并对后续施工过程进行监督，使招标和施工过程有效衔接。

相对于传统电子招标而言 BIM 的招标应用场景主要在以下四个场景有工作量的变化：

（1）招标阶段，投标人在招标文件编制的评审阶段需进一步提高 BIM 招标编制要求及 BIM 招标评估标准。

（2）在投标阶段，投标人根据招标文件要求，以招标编制数据为标准，使用招标文件要求的工具编制满足要求的投标文件，其中 BIM 招标文件应在指定时间之前以指定方式递交。

（3）开标阶段，招标人或者招标代理人对投标人所递交的招标文件（含 BIM 文件）进行审查，核对招标文件（含 BIM 文件）是否合理，同时将符合条件的招标文件引入内部服务器。

（4）最后在评标与定标阶段，由评标专家对投标文件中各组成部分进行评价定标，评价并形成最终结果。

随着 BIM 技术的成熟，BIM 在招标领域的应用试点也在不断深化，我国很多地区已经整合了电子招标系统的建设和 BIM 技术的应用，构建了基于 BIM 技术的电子招标系统。

6 BIM＋招投标的实际应用案例

深圳基于 BIM 技术电子招投标系统，包括了设计 BIM 辅助评标系统，建设 BIM 辅助评标系统、施工 BIM 辅助评标系统（图 2）。2019 年 4 月 28 日，前海乐居桂湾人才住宅项目全流程设计国际招标项目在深圳市交易中心完成评标工作，这是深圳市 BIM 技术型电子招标平台首次正式完成全过程招标，也是中国首个设计 BIM 招标项目。

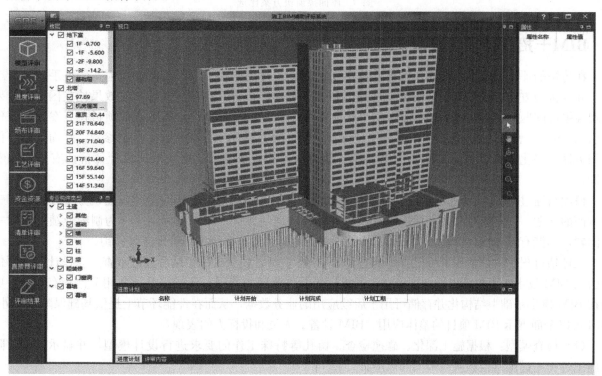

图 2　施工 BIM 辅助系统

前海乐居桂湾人才住宅项目全流程设计国际招标项目的招标会要求项目使用 BIM 模型进行投标评价，投标书中包含项目方案、演示动画或漫画，项目共有 7 家投标单位通过资格预审并入围，投标信息全部通过光盘导入系统，开标完成共用时 30 分钟。作为设计类 BIM 招标，该项目主要使用设计 BIM 辅助评标系统，其功能包括设计方案的模型展示、亮点展示、建筑周边环境展示、方案对比和历史工程查看。

BIM 在前海乐居桂湾人才住房项目方案设计评估中的具体应用场景包括：

（1）外观显示功能：将传统的二维纸质设计图转变为三维立体模型。

（2）程序比较功能：系统的模型切换功能可以快速呈现不同的方案设计。

（3）设计方案高亮显示功能：可以通过文本和视频对设计方案的特点进行突出展示。

（4）技术经济指标比较功能：可以横向比较多种招标方案的技术经济指标，方便评价专家作出决策。

在现场的开标评选中，各评标专家基于 BIM 辅助评标系统直接进行项目的设计比选，比选的内容包括外立面设计比选、幕墙方案比选、项目户型胶囊比选等。而在项目的屋面设计中，现场运用 BIM 展示技术对屋面的不同造型进行可视化评价，并结合屋面擦窗机确认最终屋面的设计效果（图 3）。

塔顶剖面关系分析图

图 3　屋面擦窗机方案比选

7　BIM＋招投标项目应用效果

在传统的评审过程中，投标人需要准备实物模型，这对投标人来说既费时又费力；传统手动统计工程量并计价的方法，评标专家只能对二维图纸和效果图进行评价，存在任意性高、效果比较困难、结果主观性强等问题。针对这些问题，前海乐居桂湾人才住宅项目全流程设计国际招标项目在方案设计评价中引入 BIM 技术，方便投标人呈现方案的亮点，比较方案的外观和方案的技术经济参数，从而增强评价的相关性，深化方案设计的深度和广度，提高最终投标的展示效果，增强整体设计评价的有效性和专业性。

该项目通过 BIM 技术进行招投标评选，从监管的角度有效地规避了当时行业内建筑方案设计评审三个方面的问题：一是商业和技术招投标难以实现客观合理的评价；二是投标结果作为制约业绩环节的一个因素，不能有效地向后传递；三是后续施工现场的数据无法与建筑市场管理有效挂钩。

在评估过程中，评估专家可以将传统的 PDF 招标与 BIM 模型文件相结合进行审查。在设计图纸评估中引入 BIM 技术，不仅可以增加围标，串通投标等操作难度与费用，还能提升评估相关性与有效性，更能在 BIM 模型基础上结构化并存储可用于后续应用的业务数据，从而在性能环节上提供基础保障。此外，BIM 可以全面展示 BIM 项目的整体应用、BIM 设备、人员和投标人的表现：

（1）检查模型：根据施工深化、碰撞检查、留孔等特殊工作的要求进行设计模型，并显示结果，降低施工过程中进度延误和质量降低的风险；

（2）模拟施工活动：结合传统施工组织设计，将传统施工组织设计中的进度计划和模型相结合，形成动态、立体的施工模拟显示，方便评价专家更有效地判断投标单位的施工组织水平；

（3）成本管理：将企业投标中的投标清单与模型部分相关联，并可以按建筑、专业、楼层、流动部分查看成本并进行比较，可以大大加深企业评估的力度；

（4）特殊方案展示：采用三维技术将是传统施工组织的关键专项方案，如：桩基、铝模或危险性关键监管方案如大体积混凝土、基坑工程、综合管线等进行动画模拟（图 4），从而增强评价方案的合理性。

图 4　标准层管综漫游

8　BIM＋招投标的应用价值

BIM 招投标在建筑工程领域中可以更加有利于简化招投标方式与流程，客观上提高了招投标的应用效能。具体来说，BIM 招投标的应用价值主要体现在以下四点：

第一，程序更直观，评估更有效。BIM 辅助评标系统可显示招标设计、设计亮点以及基于 BIM 的施工组织计划和商业报价，让评标专家从单体、专业构件等不同维度审查设计方案和项目建设内容，传统的文字阅读模式被评委评审时的动态三维模拟所取代，显著提高了投标的评估效率。

第二，技术和商务的一体化评审。采用三维模型作为载体，可以把工期计划、场地布局、资金资源计划、造价清单、成本构成分析与该模型关联起来，构成招标提案中各个组成部分的综合主体，强化了各个组成部分间的关联，改变了过去技术和商业投标相分离的状况，实现了对技术和商业投标一体化评价，使得评标的工作更深入、更全面、更科学，提高了评标专家评标的针对性和有效性，能够较好地处理总承包及其他工程中招投标操作问题。

第三，客观上增加了围标难度，便于市场监管。BIM 需要投标人对招标条件进行深入调研，并制定出针对性的详细建设方案。由于 BIM 统一的信息载体，需要投标文件中各要素之间具有高度相关性，以上特征在客观上使投标人不能以简单的复制、拼凑、修改等方式完成投标文件，因此 BIM 招标文件在客观上加大了投标人以投标为中心，以串标为目的的代价。

第四，有效兼顾方案与周边环境的融合度。BIM 辅助评标系统通过融合地理空间信息，将方案设计基于真实的空间环境中进行展示，并精准定位，有助于考察基于模型的设计方案与周边的匹配程度，提高城市规划的整体协调性。

BIM 技术保证了投标报价的科学性、合理性，提高招标管理工作的精细化水平，主张通过竞争来取得最佳的项目成本、质量与工期以及投资效率等，在有效地激发各个招标单位潜能的前提下，不断地改进工程技术，提升管理能力，建立良好信誉，强化竞争优势，从而实现招投标方之间的共赢。不断推进招投标流程的市场化和规范化。以 BIM 招标作为连接点，前期 BIM 技术应用成果将为后期招标文件提供基础，打通施工工程设计，施工，运维等环节信息传输共享壁垒，排除 BIM 各个环节孤立应用障碍，推动建设工程项目的全生命周期协同管理。

9 总结

总体而言，在方案设计评估阶段引入 BIM 辅助评标评估，意味着 BIM 模型信息在建设项目全生命周期源头即可通过公共服务平台的系统与中心节点进行数据交换，为后续环节的应用提供了良好的数字化条件。同时，在公共资源交易管理平台引入 BIM 模型，避免了投标人的简单复制或修改，有效规避了围标现象，为建设行政管理部门对项目管理全生命周期实施全过程监督创造了良好的条件，是 BIM 技术应用在科学管理的有益尝试。随着我国建筑市场的发展，建筑标准日益提高、建筑结构日益复杂、工程信息日益繁巨，融合 BIM 的工程项目电子招投标系统在建筑市场将有更进一步的发展空间。

参 考 文 献

[1] 何关培，王软群，应宇垦. BIM 总论[M]. 北京：中国建筑工业出版社，2011.

[2] 谢春艳，陈礼婧. "互联网＋"时代下 BIM 技术在工程招投标管理中的应用[J]. 江西建材，2019(08)：220-221，223.

[3] 金江军. 建设电子招投标系统 规范公共资源交易行为[J]. 中国招标，2015(01)：29-31.

[4] 本刊讯. 6 部委联合发文部署深入开展 2016 年国家电子招标投标试点工作[J]. 招标采购管理，2016(06)：6-7.

[5] NAPTN. Advancing the Competitiveness and Efficiency of the US Construction Industry[R]. National Academy of Sciences，Washington，DC，2009.

[6] 刘喆，马智亮，侯杰. 一般 BIM 模型中招投标成本预算所需判别信息的提取[C]//第二届全国 BIM 学术会议论文集. 北京：中国建筑工业出版社，2016：168-172.

[7] 郭文波，肖瀚，吴倩宇. BIM 数字化设计及实践——以前海珑湾国际人才公寓项目为例[J]. 当代建筑，2022(06)：45-48.

基于 BIM 的智慧建造数据集成化
管理研究与实践

谢　鹏，李鹏祖，胡　月，许　哲

(深圳市前海数字城市科技有限公司，广东 深圳 518000)

【摘　要】本文以前海交易广场为例，建设智慧建造信息管理平台，以标准化的 BIM 模型及模型应用为载体，一体化建造管理平台为手段，把项目各阶段的重要数据贯穿项目始终，重点研究施工建造过程中的进度、质量、安全、成本等多个维度数据集成管理与实践活动，体现出智慧建造的数据集成管理思想，为全面地实现智慧建造提供研究和分析样本。

【关键词】BIM 技术；智慧建造；BIM 管理平台；数据集成

1　背景

近年来随着我国建筑行业建设规模的高速发展，传统式的粗放型项目管理方式已无法满足日渐复杂且精细化要求高的项目管理需求。根据相关科研成果数据集成化管理已变成项目管理成功的关键，科学地利用数据价值和集成化信息管理在项目管理中具有重要意义[1]。本文研究 BIM 技术应用结合建设过程大数据集成管理的思路。充分利用 BIM 技术作为数据的载体创建建设信息管理服务平台，通过对设计阶段、施工应用、竣工交付和运营维护四个阶段的管理，实现了建设工程大数据的高效传递与协同，最终实现建设工程更便捷高效的全生命周期数据集成化管理。

2　基于 BIM 智慧建造的数据集成管理

2.1　智慧建造概念

目前在建筑行业内智慧建造日渐兴起，引起了广泛的讨论和研究。目前总体上聚焦在两方面的本质要求。一方面，智慧建造的建筑发展要满足低消耗、低污染和可持续发展观的要求。使建筑建设过程中合理地利用环境资源，完成低碳节能环保要求，最大限度地节约能源，保护生态环境，减少污染。另一方面，智慧建造要通过多种技术手段等方式完成建设过程决策的智慧性，相比传统的管理主要靠人的能力，智慧建造更加强调信息的协同性，与多方主体协作，合理共享信息数据资源。利用 BIM 技术将管理数据可视化，高效管控项目的质量、进度、成本等总体目标。实现项目各参与方主体的相互协作、互利共赢的局势。

2.2　基于 BIM 智慧建造下的全过程管理

本文研究的全过程建造数据集成化管理实践，主要是将 BIM 技术全过程应用于项目管理中，结合管理架构定制开发数据管理平台。各部门通过平台协同工作，从而实现全生命周期的生产管理及运维管理。以成本管理为核心技术、以进度计划为主线、以合同管理为载体，实现四控两管一协调，即成本控制、进度控制、质量控制、安全控制、合同管理、信息管理、沟通协调等工程管理关键指标的管控，从而实现工程建设过程全周期全方位的管理[2]。图 1 为基于 BIM 智慧建造的全过程管理应用流程。

2.3　基于 BIM 智慧建造全过程数据分析系统框架

本方案总体按照"一条路线、多项集成、N 种技术、一个目标"的总体思路。"一条路线"即坚持基

【作者简介】谢鹏（1988—），男，项目经理/注册建造师。主要研究方向为 BIM 技术在工程领域应用。E-mail：422598553@qq.com

规划	设计	施工	运营
BIM模型维护			
场地分析			
建筑策划			
	方案讨论		
	可视化设计		
	协同设计		
	性能化分析		
	工程量统计		
	大型机械分析		
	管线整合、深化设计		
		施工成本控制	
		施工进度控制	
		施工质量控制	
		施工安全控制	
		施工信息管理	
		竣工模型交付	
			维护计划
			资产管理
			空间管理
			建筑系统分析
			灾害应急模拟

图 1　前海交易广场全过程管理应用流程

于 BIM 的数字化集成实施路线；"多项集成"包括全生命周期、全要素、全时空的数据集成；"N 种技术"表示将结合 BIM 技术、数据引擎、物联网、人工智能等多种新兴技术，来实现智慧建造的目标。

依据该系统总体架构思路，结合以往工程实施经验，形成项目前期总体设计方案，在项目建造过程中逐步汇集和传递工程项目的数据信息。主要包括项目建设产品设计的信息集成、全过程建造信息集成和管理组织的信息集成[3]。不仅将相关参与方人员、原材料、机器设备、自然环境等信息进行记录，还通过平台数据分析提出了项目执行过程中的安全隐患或风险性预警，以及相应的解决和防范措施（图 2）。不仅能够帮助项目管理人员清晰、科学地梳理工程项目多职能管理的集成关系，还提供了良好的动态管理与关联控制机制，同时为企业管理提供了辅助决策的数据基础[4]，从而确保项目顺利开展。这进一步提高了工程项目信息的获取率和利用率，实现了建设项目全过程的目标控制、项目追踪和信息资源协调，

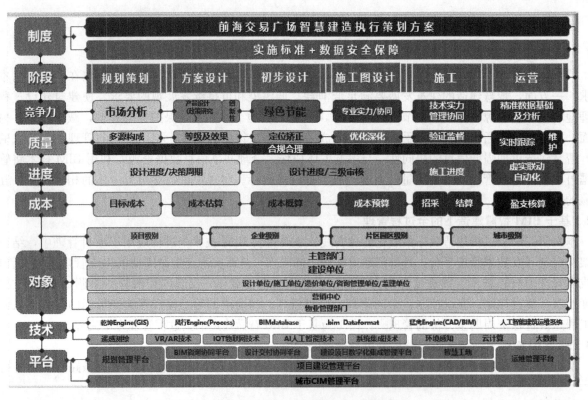

图 2　前海交易广场全过程管理应用数据框架

增强了项目监管能力，从而实现利用 BIM 技术优化建设工程大数据集成管理的目标。

3 基于 BIM 智慧建造的管理平台搭建

智慧建造信息管理平台集进度、计划、质量、安全等功能于一体，采用 BIM＋GIS 技术将模型与业务进行有效融合，支持"全项目决策分析＋项目群集成管控＋单项目执行管控"三级工程管理模式。此外，平台可提供网页、手机和大屏等跨终端服务。通过以 BIM 应用数据为载体，信息整合到平台为核心，对项目进行全面的把控。采用 BIM、互联网、物联网、大数据、云服务等技术手段实现施工现场智能化管理。从而达到施工全过程、项目各参与主体，实现人与人、部门与部门、单位与单位之间的顺畅沟通、高效协作，以信息化、数字化管理体系保障项目部精细、高效完成建造任务。

4 实施案例——前海交易广场项目

项目简介：前海交易广场位于广东省深圳市西部的前海湾畔，位于整个珠三角湾区的核心位置，均是填海造地而成的土地。项目用地面积 7.9 万平方米，总建筑面积约 63 万平方米，其中计容面积 42.5 万平方米，主要功能为办公、商业、公寓、酒店等；地下建筑面积约 20 万平方米，设置地下车库、商业、人防。预计总投资约 60 亿元。项目定位为一带一路金融窗口，大前海交易金谷。项目作为金融交易机构及高端人才汇聚的国际化平台，建成后是前海金融 CBD 的重要组成。

本项目实施的总体思路为：全面应用 BIM 技术优化建设过程的方案，通过数据集成平台对工程技术成果进行管理和协同，同时利用平台定制的管理模块进行组织、协调和控制，数据在各个部门之间实现信息资源共享。使所有项目部门之间能通过平台对项目的全方位信息进行掌控。在项目前期实施阶段依据总框架策划搭建本项目 BIM 管理平台，保证设计阶段的 BIM 数据通过平台向后续阶段传递，如图 3 所示。

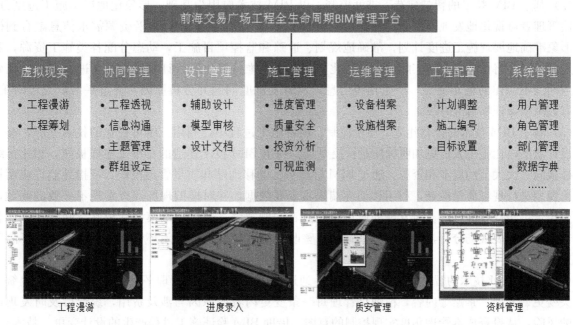

图 3　前海交易广场全生命周期 BIM 管理平台

4.1 规划及设计阶段 BIM 管理及应用

项目前期，结合本工程项目特点，制定《BIM 智慧建造全过程应用总体方案》。在确定的 BIM 智慧建造数据集成管理目标的基础上，将项目 BIM 应用需求细化分解，结合现有平台管理体系编制 BIM 实施导则。前期通过无人机获得项目周边地理信息，结合初步设计图纸建立规划模型，将二维的图纸三维形象化，形成工程漫游视频，进行相关的后续项目筹划。将前期甲方的功能需求，政府审查的规划需求以及设计院深化过程中问题通过平台进行工程信息沟通，三维场景管理协同。在提高效率的同时保证最重要的信息传达至每一位参与者。

设计实施过程中审查图纸设计中存在的问题和通过三维分析后续施工可能遇到的技术难点。通过机电 BIM 模型的审核，竖向净空优化与空间检查，大型设备运输路径规划及核查，地库优化，公区精装三维模型审核等提前发现问题，通过平台进行问题协调，避免了在施工过程临时发现错误，节约拆改成本的同时减少资源的浪费。

4.2 智慧建造下施工阶段管理及应用

施工阶段参与单位较多，引入数据集成化管理的概念，利用物联网技术，从终端直接获取建筑环境及监测设备运行数据，并将这些数据上传至云端，为数据分析模型提供源数据，通过平台的数据分析系统，为项目各参与方对项目的监管提供信息支持。为项目的多方决策提供科学有数据支撑的合理化建议，达到对进度、质量、安全、成本、环境资源等多个维度的全面管理，杜绝了信息不对称，顾此失彼的情况出现。

（1）施工阶段数据集成平台的配置及部署。根据项目需求，定制功能权限不同的项目级平台，在项目部中成立 BIM 管理工作中心，部署 LED 大屏幕数据集成中心，直观、便捷查看施工主体信息，快速准确地把控工程最重要的实时数据，让指挥中心完更好地对项目整体进行管控。平台支持工程投资、进度、质量、安全集成统一管理，可结合计划与实际施工进度进行 4D 可视化分析模拟，提供了现场施工人员动态监控以及移动端的工程质量信息采集与工程安全排查等功能，并兼顾项目多阶段多维度需求，为项目智慧工地等系统预留接口对接，实现系统的数据集中、管理集中、决策集中。以 BIM 技术作为平台的载体和手段，使项目实施过程中模型和工程信息得到有效共享和利用，实现参建各方协同管控，为招标人、总承包方、设计单位、施工单位、监理单位等提供一个高效便捷的协同工作环境，提高项目的整体工作效率、经济效益，实现工程项目高性能、高集成的信息化管理。

（2）基于 BIM 技术的智慧建造下进度控制。以 BIM 技术应用为基础，形象化地展示施工进度方案，进而使管理者可视化地发现施工全过程的遗漏或者不合理之处。将施工计划及资源需求信息融合到模型中，形象准确地展现施工进度计划，准确地规划、追踪和监控项目施工，动态分配各类施工资源，实时跟踪进展情况，将计划进度与实际进度进行比较，根据三维可视化监管计划进展。在进度提早或拖延的三维空间以不一样的色彩突显，产生预警信息，及时发进度问题并分析原因，通过平台研究应对策略，采取有效举措保证项目准时竣工。

（3）基于 BIM 技术的智慧建造下质量控制。项目施工过程中，利用三维可视化的技术交底，准确地表达设计意图，让施工人员更加明确质量管控要点。利用 BIM 技术建造的三维工序样板间，相比传统的实体样板间，大大节约成本和资源。通过 BIM 管理平台的移动端和质量管理模块，可指导监理应用批准的施工模型进行现场质量检查，利用移动终端采集现场数据，并对模型现场巡查发现不一致的问题，提交巡查报告，跟踪模型整改。对发现的质量隐患或者问题缺陷，通过三维模型标识其空间位置，让相关责任方，立即开展现场分析，明确纠正措施并将整改后的资料线上形成闭环管理，保证工程施工高质量与高效率。

（4）基于 BIM 技术的智慧建造下成本控制。通过本项目 BIM 协同管理平台的成本管理模块，统一管理相关变更、签证、索赔等内容，精细化管理每一条变更内容的原因与涉费用，统计后及时发现即将超支的风险，从投资成本管理角度实现控制的意图。借助 BIM 验证施工过程产生的设计变更、技术核定、重大施工方案、经济签证的变更方案的合理性，并审核建设项目的变更方案中与施工成本相关的经济性；再提取变更前后，或者不同变更方案带来的工程量调整等工作的差异对比，供相关实施单位参考。按照施工中确认的设计变更、签证、洽商等与 BIM 模型关联[5]。

（5）基于 BIM 技术的智慧建造下安全控制。传统的安全交底方式文字过于抽象，工人往往流于形式而不注重内容细节。通过建立安全体验馆，利用 BIM＋VR 技术，提前将施工可能遇到的危险源及事故情况进行模拟。在安全巡检中发现的问题，通过平台手机端拍照后立刻发起问题整改流程，相关责任人收到整改任务提醒后第一时间进行整改，完成后数据通过平台上传，待审核通过后完成安全的闭环管理。

（6）基于 BIM 技术的智慧建造下协调管理。平台数据的集成后适配多种终端设备的数据协同。现场人员可以通过手机拍摄安全防护、施工连接点、施工活动或者有疑惑的地方照片或视频，上传至数据集成平台，并精准定位 BIM 模式中的空间位置。而办公室管理员可以核查相关问题后，指定相关责任人进行整改，这样多种方式相结合的实时线上协同的方式大大提了沟通效率及有效性。

4.3 智慧建造下竣工验收与运维管理

竣工验收模型主要包含竣工模型制作与相关资料录入两方面。模型方面要保证与施工现场的已完工的实体工程保持一致性，然后将相关实体信息属性与过程资料通过平台与竣工模型关联，这样通过可视化的三维模型来管理数据集成资料库的目的，既方便线上协同与查找，也可以根据服务平台迅速导出项目进行工程验收需要的各类材料[6]，包括竣工验收报告、质量评估报告、合同书、技术文件、施工材料信息等多种规定格式的文件。

在运维管理阶段，完成 BIM 模型信息台账表（如设备材料的生产商、型号、尺寸、参数等），并根据施工现场数据信息、设备参数信息进行信息数据的添加。BIM 运维管理模型提供了各类信息的共享载体，不仅能让项目各参与方同时了解建筑项目内的各类信息，实现信息交换，避免信息流失，还能使建筑各项业务信息在信息传递过程中减少损耗，便于维护管理工作[7]。设备运营维护管理工作时，可由运维管理平台直接调取设施变更与维护相关文件及详细资料，利用三维系统快速查找并定位故障设备，迅速调取设备实时数据及设计厂家信息，大幅提高故障查验及维修施工的效率。

5 总结

本文通过基于 BIM 技术应用的智慧建造全过程数据集成管理的研究与实施，利用 BIM 数据平台集成化管理代替了传统式的分布式系统管理，用集成化项目管理替代了传统式的多种专业软件分离的管理，用全生命周期数据链集成管理核心理念替代了设计、施工、运维分离管控理念。以 BIM 模型及应用为载体，一体化协同平台为手段，把项目的设计施工信息贯穿始终，重点研究施工建造过程的进度、质量、安全、成本等多个维度数据管理与积累。体现出智慧建造的数据集成管理思想，为今后全方位地落实建筑智慧建造提供理论与实践参考意义，最终实现通过 BIM 智慧建造信息平台代替点对点的工程管理模式，实现具有大数据支撑的智慧建造，为建设工程数字化与智慧化转型打下坚实的基础。

参 考 文 献

[1] 吴飞，廉俊，屠剑飞. 基于 BIM 的集成理论在项目群建设中应用研究[J]. 建设科技，2017(04)：60-62.

[2] 沈玉霞，谢佳霓，黄玉贤. 智慧建造下的全生命周期数据集成化管理研究[J]. 低温建筑技术，2020，42(02)：118-121.

[3] 潘怡冰，陆鑫，黄晴. 基于 BIM 的大型项目群信息集成管理研究[J]. 建筑经济，2012(03)：41-43.

[4] 肖汉. 基于工程项目管理结构化数据体系及业务逻辑分析的项目多职能集成化管理[J]. 中国建设信息，2008(04)：61-63.

[5] 张正国，刘江. 基于 BIM 技术的 A 项目成本控制研究[J]. 中国招标，2022(02)：80-83.

[6] 周宏音，刘晓月，叶静，等. 基于 BIM 技术的建设项目过程信息集成管理模式构建研究[J]. 项目管理技术，2021，19(12)：81-86.

[7] 訾妍，谢强，钟炜. BIM 技术在建筑运维管理中的应用研究[J]. 智能建筑与智慧城市，2022(06)：12-14.

数字孪生技术赋能智慧园区运营服务的探索研究

赖　颖，胡　月，任邦晔，冯欣欣

(深圳市前海数字城市科技有限公司，广东 深圳 518000)

【摘　要】本文从智慧园区行业的现状问题出发，分析智慧园区行业发展趋势，结合数字孪生的技术优势与能力特点，阐述数字孪生技术与智慧园区的融合发展关系，围绕着数字孪生智慧园区的体系模型、能力特点与核心价值开展探索研究。数字孪生智慧园区体系以要素融合为基础，以数据驱动为核心，以能力连接与资源整合为保障，实现智慧园区全场景、全过程、全生态的数智化赋能，形成园区生态"业务循环、服务循环、流量循环"三大核心价值。

【关键词】智慧园区；数字孪生；城市信息模型（CIM）；数据驱动；规建管运服一体化

1　引言

数字化浪潮席卷全球，数字化思维冲击各行各业，数字经济已经成为重组全球要素资源、重塑全球经济结构、改变全球竞争格局的关键力量。智慧园区作为数字经济发展的重要载体，承载着产业数字化转型与城市产业升级的重大使命。传统智慧园区普遍存在"重建设，轻运营"、"重空间，轻产业"的现象，导致园区"规建管运服"各环节分离、经营管理模式同质化、产业服务能力薄弱、可持续发展动能不足等一系列问题。如何综合运用新一代数字化、智慧化技术赋能智慧园区运营服务，促进智慧园区模式创新与服务创新，推动城市产业升级与数字经济发展，是现阶段智慧园区行业亟须解决的问题。

数字孪生技术作为新型智慧城市建设的创新性、引领性技术，具备对物理空间、社会空间、产业空间、数字空间多维融合的能力，在实现园区数字化、可视化、智慧化赋能方面具备天然优势。本文基于智慧园区行业现状及问题，结合智慧园区行业的发展趋势及数字孪生技术的能力特点，初步探索如何运用数字孪生技术构建基于 CIM 数字底座的数字孪生智慧园区体系，以要素融合为基础，以数据驱动为核心，以能力连接与资源整合为保障，实现智慧园区全场景、全过程、全生态的数智化赋能，形成园区生态"业务循环、服务循环、流量循环"三大循环，重构"城市-产业-园区"协同发展的智慧园区新生态。

2　智慧园区发展趋势

新基建、"双碳"目标、数字化转型、工业互联网、全国统一大市场等国家战略的推进落实，加速智慧园区向着数字化、智慧化、生态化的方向发展。

数字化：数字经济时代，数据已成为重要的生产要素，"产业数字化"与"数字产业化"加速推进产业园区的数字化转型。数字化是产业园区向高阶智慧发展的基础，数字化能力将成为产业园区的核心竞争力，主要体现在两个方面。一是"融合"：通过对园区空间载体、资产资源、运营管理、产业服务等方面进行全要素数字化，促进园区物理空间、社会空间、产业空间的深度融合；二是"贯通"：以数字化为基础，以数据驱动为核心，消除信息孤岛，扩展数据边界，拉通业务全程，延伸服务能力。园区通过数字化能力建设，能够促进要素融合，加速数据流动，沉淀数据资源，确保数据一致性、真实性、实效性、共享性与可追溯性，夯实智慧园区数字新基建，推动园区数字化转型与产业数字化升级。

【作者简介】赖颖（1976—），男，解决方案经理。主要研究方向为智慧城市/智慧园区顶层规划。E-mail：laiy@qhfct.com

智慧化：从长远发展来看，企业资源、产业资源才是产业园区最核心的资产，园区的运营服务应回归到服务企业、聚集产业、促进创新的本质上来。未来智慧园区的智慧化能力建设，需要基于园区的数字化能力，重点打造运营管理与产业服务方面的智慧化能力。一方面，构建产业服务、园区管理、生活服务、能源管理、基础设施管理等方面的智慧化场景，打造全场景、全流程的智慧化应用服务，依靠专业化、精细化、智慧化的运营服务，塑造园区品牌，促进产业集聚，巩固竞争优势；另一方面，依托智慧园区运营服务过程中沉淀的数字资产，强化智慧化分析与智慧化决策能力，通过对园区运营大数据与产业大数据进行挖掘与分析，为园区产业精准招商、产业结构优化、商业智能分析、科学运营决策提供智慧化赋能。

生态化：数字化、智慧化打通智慧园区全要素、全场景、全流程数据链与业务链，带动园区资金流、人才流、物资流不断突破地域、组织、技术边界进行流动与优化，推动智慧园区运营价值重心从园区单点的"提质增效"向生态整体的"融合发展"转移。随着工业互联网的加速推进与发展，工业互联网与园区、产业将进一步融合，未来，智慧园区从点的维度推动科技创新与产业升级，工业互联网从面的维度建设全新的工业生态体系，"工业互联网＋智慧园区"点面结合，以为网络为载体，以数据为纽带，促进产业链各环节及不同产业链之间的跨界融合，重构"城市-产业-园区"协同发展的新生态，推动园区产业数字化变革，助力城市数字经济发展。

3　数字孪生与智慧园区的融合发展

数字孪生技术在空间分析计算、虚实空间交互、模拟仿真分析、异构数据融合、3D 可视化等方面具备天然优势，在智能制造、智慧社区、智能楼宇、智慧场馆等领域得到了广泛的应用。数字孪生技术与物联网、云计算、大数据、人工智能等技术相结合，在动态模拟、智能推演、机器学习、趋势预测等方面也具备巨大的潜力。因此，数字孪生技术是园区实现全要素数字化、全态势可视化、全场景智慧化的理想工具。

近几年来，"产城融合、以产促城、以城兴产"已经成为智慧园区建设的主导思想。新的建设理念强调城市、产业、园区是相互依存、相互促进的融合统一体。其中城市是产业发展的土壤，为产业发展提供良好的营商环境与产业配套资源；产业是城市经济发展的命脉，是园区可持续发展的核心资源；园区是城市发展数字经济的重要抓手，也是科技创新、产业集聚、产业发展的重要载体。随着产业数字化、数字产业化的发展，数据将成为驱动"城市-园区-产业"协同发展的核心要素，而数字孪生技术依托其数字化、可视化、智慧化等方面的优势，将以智慧园区为基点，以数据驱动为核心，重构"城市-产业-园区-数据"四位一体的智慧园区新格局（图 1）。

4　数字孪生智慧园区体系

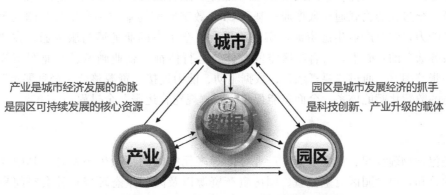

图 1　"城市-产业-园区-数据"四位一体关系

4.1 体系模型

园区业态种类多样，应用场景复杂，业务诉求不一，不同类型的园区，其数智化建设的目标愿景、重点任务、运营策略、服务对象不尽相同，其核心诉求也各不相同，具备千园千面的特点。为满足智慧园区复杂多样的运营服务需求，需要建设一套标准性、兼容性、开放性、演进性俱备的数字孪生智慧园区体系。标准性确保智慧园区技术体系、数据体系、运营体系等方面的一致性与规范性，是行业生态分工合作、协同共建智慧园区的前提；兼容性确保新旧系统融合，新体系能够复用园区已有的信息化、数字化能力，避免智慧园区前期投入浪费与后期重复建设，是智慧园区集约化建设的基础；开放性确保数字孪生智慧园区体系具备广泛汇聚外界数据、融合第三方服务与整合产业生态资源的能力，是打造智慧园区全过程、全场景、全生态赋能体系的关键；演进性确保数字孪生智慧园区体系具备按需扩展、迭代升级、长期演进的能力，是实现智慧园区可持续发展的保障。数字孪生智慧园区体系如图2所示。

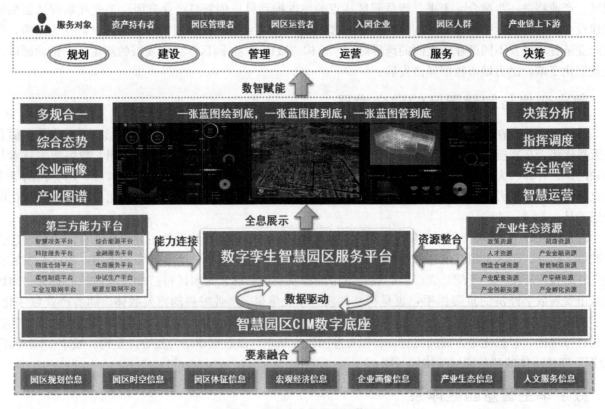

图 2　数字孪生智慧园区体系

数字孪生智慧园区体系依托智慧园区 CIM 数字底座，融合城市、园区、产业、生态等多维要素数据，实现园区全时域、全过程的物联通与数据通；基于 CIM 数字底座构建数字孪生智慧园区服务平台，广泛连接第三方服务能力，整合产业生态资源，实现跨平台、全生态的业务通与服务通；在"物联通、数据通、业务通、服务通"的基础上，融合园区空间载体、运行体征、企业画像、产业图谱等信息，打造园区全息全貌的一张蓝图[2]。通过"要素融合、数据驱动、能力连接、资源整合、全息展示"，形成全过程、全场景、全生态的数智化赋能体系，全面赋能智慧园区"规建管运服"全过程。

4.2 能力特点

4.2.1 要素融合

智慧园区是包含物理空间、社会空间、产业空间等多元空间的复杂生态系统。其中物理空间是园区各类物理实体的总和，包含园区时空位置、园区资产资源以及园区生态环境；社会空间是园区组织关系与经营活动的总和，包括个体与群体之间的关系、运营管理、产业服务以及业务逻辑等；产业空间是园区企业、产业、生态要素信息的总和，包括园区企业画像、产业图谱、生态视图等[2]。充分利用数字孪生技术在多源信息接入与异构数据融合方面的能力，依托数字孪生智慧园区 CIM 数字底座，加载园区物理时空、宏观经济、产业规划、企业画像、产业生态、人文服务、运营管理等多维信息，实现园区物理空间、社会空间、产业空间、数字空间的全要素融合。

4.2.2 数据驱动

数据驱动是数字孪生智慧园区的核心能力，包括两个方面：一是以数据驱动业务循环。通过智慧园区 CIM 数字底座建设，实现全要素数字化；通过标准规范与流程体系建设，实现全过程标准化。在数字化、标准化的建设上，激活数据要素，打破规划、建设、管理、运营、服务各个环节数字壁垒，实现"CIM ＋ 规建管运服"全过程数据贯通与业务循环[3]。二是以数据驱动运营创新。依托数字孪生技术建模、仿真、预测、学习、优化、推演等方面的能力，分析园区运行规律、洞察产业发展趋势、预测运营管理风险、优化业务流程、提升管理、运营与决策效率。同时，探索产业大数据运营，充分挖掘数字资产价值，让数据"活"起来，促进园区的模式创新与服务创新。

4.2.3 全息展示

传统智慧园区普遍存在建设规划、产业规划、信息化规划分离的现象，"时空一张图"与"产业一张图"割裂，无法形成园区全息全貌的"一张蓝图"。综合技术先进性、统筹兼容性以及行业壁垒等因素分析，数字孪生技术是现阶段实现智慧园区"一张蓝图"最理想的工具。首先，在规划阶段，利用数字孪生技术的后发优势，实现园区建设规划、产业规划、信息化规划的"多规合一"。其次，在建设、管理与运营阶段，利用数字孪生技术"数据熔炉"的特性，融合园区规划、建造、竣工、资产、招商、企业、产业、服务等各方面数据，打造"规建管运服"一体化的"一张蓝图"，实现"一张蓝图绘到底，一张蓝图建到底，一张蓝图管到底"。

4.2.4 能力连接

智慧园区行业已经进入到"运营为王、服务为核"的新发展时期，产业服务能力是智慧园区可持续发展的重要保障。因此，数字孪生智慧园区体系除了具备常规的园区运营管理能力外，还需要具备广泛的服务连接能力。结合智慧园区"数字化、智慧化、生态化"的发展趋势，采用云原生技术体系，集成微服务、容器化、DevOps 等技术与方法，构建统一、兼容、开放、可持续演进的数字孪生智慧园区服务平台。依托服务平台完成基础共性能力建设，并按需拓展定制化运营管理与产业服务能力。同时，向外对接智慧政务、智慧金融、智慧物流、智慧能源、柔性制造、中试生产、工业互联网、能源互联网等第三方服务平台。通过内部能力打造与外部能力连接，增强园区整体运营服务能力，扩展数智化赋能边界，实现对产业生态全链条、全场景赋能。

4.2.5 资源整合

资源整合是智慧园区提升服务品质、建设产业生态的有效途径。产业资源种类多，范围广，包括政策资源、招商资源、技术资源、人才资源、产业金融、产业孵化、产业配套资源、高校、科研机构等。数字孪生智慧园区体系基于全要素、全过程的数据资源沉淀，逐步形成包括园区产业规划、空间载体、产业配套、招商运营、企业画像、产业链图谱、产业生态地图等多维信息的运营大数据与产业大数据。通过大数据挖掘与分析，精准赋能园区的产业招商、供需对接、资源匹配、产融协同、产学研协同等。同时，通过园区"线上＋线下"一体化服务体系，多方式、多途径导入，积累产业生态资源，拓展互惠合作空间，提升生态圈层影响力，树立园区品牌形象。

4.3 核心价值

与传统智慧园区相比，数字孪生智慧园区强调"数据驱动业务闭环、数据驱动运营创新、数据驱动长效发展"的数字化思维。依托数字孪生智慧园区体系，以数据为纽带，通过"线上＋线下"一体化优质高效的运营服务，支撑"业务、服务、流量"三大循环，形成数字孪生智慧园区体系的三大核心价值，如图 3 所示。

4.3.1 业务循环

依托数字孪生智慧园区体系，打通规划、建设、管理、运营、服务各个环节壁垒，将园区全生命周

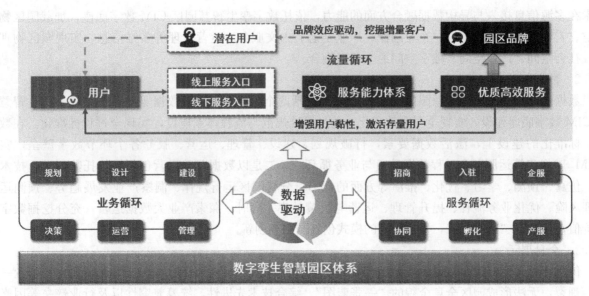

图 3　数字孪生智慧园区体系核心价值

期各个阶段从彼此割裂的状态，转变为相互感知、相互学习、相互印证的共智共享状态。首先，数字孪生智慧园区体系秉持"运营前置，以终为始"的思想，在规划阶段就聚焦于园区的运营管理与产业服务需求，为园区的顶层规划与建设提供指引和依据；其次，园区规划、建设过程中的数据资源，为精准招商、运营管理、产业服务提供科学决策支持；此外，对于分期开发的园区，其前期的规划建设与运营服务沉淀的数据资源，可以用于指导下一期智慧园区的建设规划与产业规划。各环节衔接贯通、相互协同、交叉赋能，从而实现智慧园区"规建管运服"全过程业务循环。

4.3.2　服务循环

通过"CIM 数字底座＋内功＋外力＋资源"的融合，形成数字孪生智慧园区综合服务能力体系，提供产业招商、企业入驻、政务政策、人才培训、知识产权、企业孵化、成果转化等运营服务，帮助入园企业解决从初创期、成长期、成熟期直至发展壮大各个阶段遇到的困难，助力园区及企业降本增效，实现园区企业服务小循环。此外，对接国家工业互联网，汇聚产业大数据，依托数字孪生技术的分析、模拟、推演、预测能力，分析园区运营风险，预测产业发展态势，为园区产业招商、强链补链、产业集聚、产业培育、产业促进、产业协同提供精准、专业的服务，实现产业生态服务大循环。

4.3.3　流量循环

传统智慧园区平台因缺乏全链条的数据驱动与良性的流量循环机制，大多数园区平台成为无源之水。数字孪生智慧园区体系从两个方面促进流量循环。一方面，构建"线上＋线下"一体化服务入口，通过专业化、精细化、数智化的企业服务与产业服务，提升服务体验，增强用户黏性，实现以服务树品牌，以品牌引流量，以流量促发展。另一方面，在万物互联时代，线上流量入口不再局限于园区门户、园区APP、公众号等方式，可以通过物联网手段扩展线上流量入口，利用海量的物联网数据，依托数字孪生技术完成用户行为刻画以及企业画像刻画，发掘潜在用户，实现精准营销，提供个性化服务。园区依托精专服务与流量运营，逐步形成"以智慧运营出效益，以优质服务树品牌，以品牌效应促发展"的健康发展模式。

5　结语

随着智慧园区运营管理与产业服务从粗放式逐步转向精细化与专业化，新一代智慧园区比拼的是园区规划、设计、建设、管理、招商、运营、服务、决策等各个环节的软实力。由于数字孪生技术赋能智慧城市\智慧园区是一个新命题，仍处于起步发展阶段，相关的技术标准、数据标准、运营管理规范等尚需完善[4]，行业生态百家争鸣，相关的产品与服务不断涌现，却鲜有体系完善、价值凸显、示范引领的标杆性案例。因此，建设具备实用、高效、可持续发展的数字孪生智慧园区体系，还有很长的路要走，需要行业生态加强协作，形成资源共享、能力互补、价值共创的生态合作圈，共同探索与实践智慧园区的数智化发展之道。

参 考 文 献

[1] 中国信息通信研究院，中国互联网协会和中国通信标准化协会. 2021 年数字孪生城市白皮书[R].

[2] 周川，吕涛，凌强，等. 深圳英飞拓科技股份有限公司，深圳湾科技发展有限公司. 智慧园区白皮书(2022)[R].

[3] 刘刚. 数字孪生城市——基于 CIM 的规建管一体化城市发展新范式[R/OL]. [2022-08-19]. http：//www. lcbim. com/cn/h-nd-2390. html.

[4] 张群，张红卫，陈亚军，等. 全国信标委智慧城市标准工作组. 城市数字孪生标准化白皮书(2022)[R].

[5] 郭凯歌，苗学思，赵昱，等. 阿里云智能，德勤中国. 数智园区白皮书(2020)[R].

基于知识图谱的水利工程 BIM 模型
自动化规范审查研究

郑慨睿[1]，温智鹏[1]，徐盛取[2]，吴国诚[3]，邱　锐[3]，花　培[3]，张　麒[3]

(1. 同炎数智科技（重庆）有限公司，重庆 400050；2. 深圳大学中澳 BIM 与智慧建造研究中心，广东 深圳 518060；
3. 深圳市水务工程建设管理中心，广东 深圳 518000)

【摘　要】水利工程是促进经济发展、平衡资源配置以及改善生态环境的重要工程，在建设过程中涉及大量工程数据，如何保证项目数据合规性，实现各阶段之间数字交付，是确保工程信息化、数字化、智能化管理的关键。本文针对承载大量水利工程数据的 BIM 模型，结合 BIM、NLP 和知识图谱技术，设计了面向水利工程的 BIM 模型自动化规范审查系统。首先利用自然语言处理技术（NLP）实现对审查规范的结构化处理，探索规范知识图谱的自动创建流程，并利用查询语言实现 BIM 模型不同数据源的审查，输出最终审查结果。通过案例，验证了该方法的可行性，为水利工程数字交付提供参考。

【关键词】水利工程；BIM；NLP；知识图谱；规范审查

1　引言

随着城市化建设的推进，我国水利工程高速发展，国内各地先后修建的不同类型的水利水电工程，对国家经济发展起到了至关重要的促进作用。"十四五"规划以来，我国加速推进建筑行业信息化建设，加强 BIM 等信息化技术在工程领域的应用。然而，水利工程建设管理信息化、智能化水平仍存在一些差距和不足，发展比较缓慢[1]。一方面是水利工程建设整体流程复杂，涉及多专业协同管理，现有 BIM 技术标准大多指向建筑行业，水利行业缺乏成熟的政策环境和标准普及[2]。另一方面是水利工程从规划、设计、施工到运维全过程积累大量数据，尤其前期的工程信息的准确性和规范性是确保后续施工和运维数字交付及信息化管理的关键。

传统工程信息审查大多采用人工对图纸、文档等资料按照规范要求进行审查的方式，存在过程繁琐、效率低下、容易出错的弊端，且依赖专家的经验和能力[3]。随着 BIM 技术在建筑行业的广泛应用，基于 BIM 模型的审查方式也得到了初步的试点应用，但水利工程方面较少涉及。以水利工程 BIM 模型为载体构建项目过程数据，有利于实现水利工程信息化管理。故本文提出针对水利 BIM 模型的自动化审查研究，探索 BIM 等信息化技术在 BIM 模型审查当中的应用。

2　BIM 模型自动化审查应用的研究现状

BIM 模型自动化审查指建筑行业根据已授权颁布的标准规范，利用审查工具进行自动化审查，得出是否满足规范的审查结果文件。国外在 BIM 模型自动化审查研究起步较早，有一定的进展，开发了 Solibri Model Checker[4]、CORENET e-PlanCheck[5] 等审查平台，并在实际项目中得到了应用。国内很多研究学者也在探索利用信息化技术进行研究，但还处于初步发展阶段。BIM 模型自动化审查一般可分为四个阶段：（1）规范处理；（2）模型数据提取；（3）执行审查；（4）审查结果报告[6]。其中规范处理和执行审查阶段是核心内容。在规范处理阶段，以计算机可理解或可执行的格式表示规范是一个重要挑战。现

【基金项目】重庆市建设科技项目（城科字 2021 第 3-5 号）；住房和城乡建设部科学技术计划项目（2022-S-002）；住房和城乡建设部科学技术计划项目（2020-K-087）

【作者简介】郑慨睿（1997—），男，项目经理。主要研究方向为土木水利专业。E-mail：zhengkairui@ity.com.cn

有研究通常需要专家的知识和干预,对规范条文进行拆分解读,并让计算机人员转化为可执行规则代码。因此,这是一个耗时且容易出错的过程。在执行审查阶段,该过程依赖基于规则的方式实现,审查效率不理想,同时不同的规则表示方法需要不同的实现工具或软件。例如,基于本体的方式采用 SWAL 规则语言进行推理来实现审查[7-8]。

为了解决规范处理和审查出现的依赖人工、效率不高、扩展性不强的问题,本文提出基于知识图谱的水利 BIM 模型自动化规范审查研究,利用 NLP 技术实现对规范的拆解并识别专业领域术语进行信息提取,进而自动构建规范知识图谱。接着通过 Revit 二次开发实现对模型几何和语义数据的提取,链接至规范知识图谱,完成知识图谱实例层的构建。采用高效查询的 Cyther 语言编译规范查询语句,审查模型数据的规范性,得出最终的审查结果。

3 基于知识图谱的 BIM 模型自动化审查技术路线

本文针对现有的研究的分析,梳理不同的规范条文,总结 BIM 模型审查的重难点,结合 BIM、NLP、知识图谱技术,提出本审查系统技术路线如图 1 所示,主要分为六个步骤,详细说明如下:

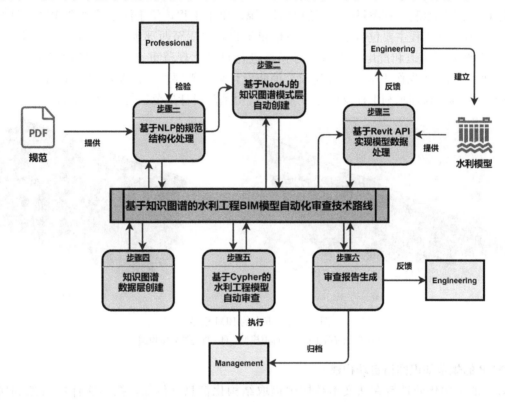

图 1　基于知识图谱的水利 BIM 模型自动化审查技术路线

（1）基于 NLP 的规范结构化处理:现有规范多以非结构化文本（PDF）存在,无法被计算机直接识别。NLP 是研究人类语言与计算机交互的一门技术,擅长对自然文本进行识别和处理,通过格式转化、分词、去停用词、词性标注、命名实体识别、信息提取等一系列操作转化为计算机可识别的结构化语言,并结合 IFC 标准将规范条文转译为 IFC 描述语言表达。

（2）基于 Neo4J 的知识图谱模式层自动创建:知识图谱可以将领域知识的概念、实体和属性进行可视化、结构化表达,分为模式层和数据层,多以三元组〈subject,predicate,object〉形式表达。Neo4J 可以将知识图谱以节点、边的图数据库的方式进行存储,具有良好的遍历效率,同时支持 Cypher 查询语言进行创建和查询[9]。通过前期 NLP 对规范进行实体、关系、属性的识别和分类,利用 Cypher 语言将分类结果链接至 Neo4J 当中生成相应的节点（实体、属性）、边（关系）,自动创建规范知识图谱,完成模式层创建。

（3）基于 Revit API 实现模型数据处理：Revit 具有参数化建模功能，提供丰富了 API 接口供开发人员使用。为了审查效率，水利 BIM 模型需要满足 LOD300（Levels of Detail）的模型精细度要求，使之具备审查所需的数据。对模型数据进行分类和提取，存储至 Excel 表格中，并转化为 CSV 格式，便于 Neo4J 的调用。

（4）知识图谱数据层创建：利用 Cypher 语言查找存储好的模型数据，动态创建知识图谱实例并添加关系继承至规范知识图谱的属性节点，完成数据层创建。

（5）基于 Cypher 的水利工程模型自动审查：针对不同类型的 BIM 构件信息与知识图谱中相应的检查规则进行自动匹配。Cypher 具有高效的自定义查询功能，编译查询语句，筛选不满足规范要求的构件信息，实现高效的自动化审查。

（6）审查报告生成：经过审查执行后，最终输出审查报告，显示所有构件审查详情，反馈给设计人员，并最终归档。

4 案例应用研究

本文案例选用实际水利工程项目——深汕西部水源及供水工程，位于深汕特别合作区，是 2022 年广东省重点建设工程。该工程主要包括水底山水库枢纽工程和水库至西部水厂输水工程。本文围绕水利工程的碾压混凝土重力坝廊道和配电装置室部分模型进行自动化规范审查，图 2 显示了本文需要审查的 BIM 模型。同时，水利工程作为基础设施建设，消防设计规范需要严格把关，但在水利工程设计规范要求还较不完善，故本文梳理水利工程设计防火规范，针对消防设计规范进行自动化审查。

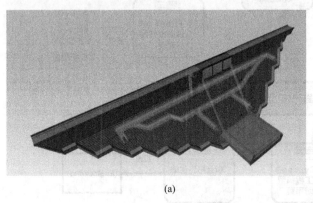
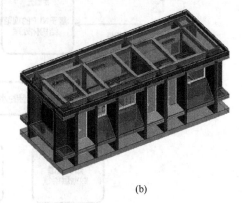

(a)   (b)

图 2 需要审查的 BIM 模型
(a) 碾压混凝土重力坝廊道模型；(b) 配电装置室模型

4.1 基于 NLP 的规范知识图谱自动构建

基于 NLP 的结构化处理旨在从文本结构中提取结构化信息（例如，描述实体的对象和属性）。而 NLP 实现的原理是基于机器学习，从训练文本数据中自动学习语法和语义模式，从而对规范文本进行结构化处理。首先对规范进行预处理，将规范进行格式转换为 .txt 格式，将转换好的格式文件进行句子拆分，将每个词语进行分词，分词后的结果往往存在一些无实际意义的词，我们需要对其进行去除，减少后续处理的数据冗余。

在经过预处理后，对规范条文进行词性标注方便后续命名实体识别，词性标签选用国家语委语料库的标注规范，主要有 N（名词）、A（形容词）、V（动词）、P（介词）、M（数词）等。命名实体识别是从规范条文中识别不同的实体信息，包括〈实体对象、实体约束、属性、程度词、运算符、属性值、单位〉，通过这些标签对具有特定意义的信息进行分类。至此，用一个例子展示处理后的结果，如图 3 所示。

接下来将命名实体识别的结果，结合知识图谱三元组的特点，提取知识图谱元素存储至 Excel 中，并转换为 CSV 格式文件。利用 Neo4J 支持导入 CSV 文件的特点，实现自动构建图谱的功能，提高效率。为了结合 IFC 数据交互标准对水利行业数字化移交的必要性，知识图谱的表达本文结合 IFC 标准进行描述和创建。图 4 显示了规范知识图谱的部分结果。

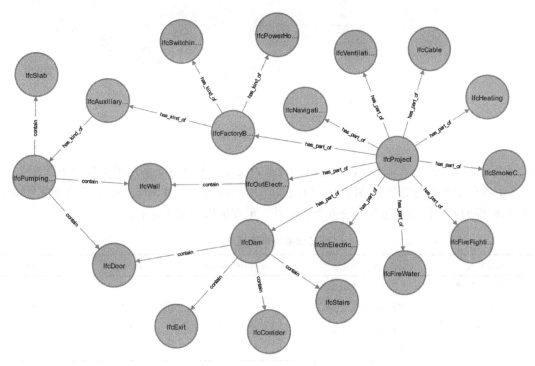

原始规范条文　配电房场所的防火墙采用耐火极限不低于3h。

步骤一：中文分词　配电房/场所/的/防火墙/采用/耐火极限/不低于/3/h/。

步骤二：去除停用词　配电房　防火墙　耐火极限　不低于　3　h

步骤三：词性标注　N　N　N　Vn　M　X

步骤四：命名实体识别　实体约束　实体对象　属性　运算符　属性值　单位

图 3　基于 NLP 的规范条文结构化处理示例

图 4　规范知识图谱部分结果

4.2　基于 Revit API 实现模型数据处理

从 BIM 模型中提取信息需要根据数据所属的 Revit API 方法进行调用提取。本文利用 C♯编程语言，设计算法提取模型数据。主要分为两步，一是通过 FilteredElementCollector()，OfCategory()，OfClass() 等方法过滤族类型、族实例构件，寻找待提取的构件清单。二是通过循环，LookupParameter () 等方法遍历构件所需要的属性参数。将提取好的模型数据对应到知识图谱的相关实例概念，连同实例关系分类存储至 Excel 表格中，同样转化为 CSV 格式。通过 Neo4J 读取模型数据文件，编译 Cypher 语言动态创建知识图谱实例并添加关系。图 5 显示完整的知识图谱可视化表达。

4.3　基于知识图谱的水利工程设计防火规范自动审查

本文提出基于知识图谱的水利工程 BIM 模型自动化审查的方法，利用 Neo4J 支持 Cypher 查询语言，先匹配构件类型，例如防火门、防火墙、安全通道，根据构件类型确定规范条文要点为筛选依据，规范条文分为强制性条文和非强制性条文，根据条文对应知识图谱的逻辑性查询不满足规则条文的构件属性信息，以可视化、直观化展示审查结果。因篇章有限，接下来举两个强制性条文审查例子，编译查询规则进行审查。

（1）"Match（m：PowerWall）Where m. FireEndurances ＜'3' and m. Gap＜'4' Return m. ID,

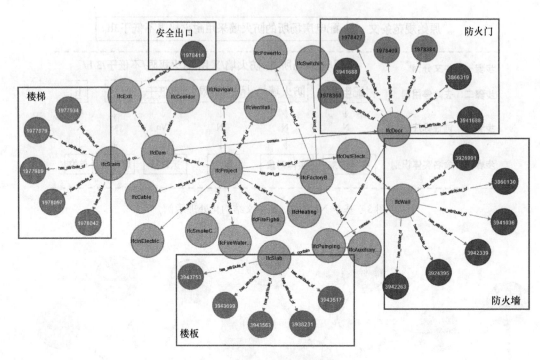

图5 知识图谱实例层信息

m. Name，m. FireEndurances，m. Code"。对应的规范条文是"配电室应采用耐火极限不低于 3.00h 的防火隔墙"。其中各命令表达的意思有 Match：目的是匹配构件节点，Where：对应规范条文的审查要点，Return：返回构件的属性信息和违反的规范条文编号。审查结果如表1所示。

防火隔墙审查结果　　　　　　　　　　　　　　　　　　　　　　　　　　　表 1

序号	m. ID	m. Name	m. FireEndurances	m. Gap	m. Code
1	"3924395"	"建筑，砌块墙 200"	"2"	"6"	"5.1.2"
2	"3926991"	"建筑，砌块墙 200"	"2"	"6"	"5.1.2"
3	"3942263"	"建筑，砌块墙 300"	"3"	"3"	"4.1.1"
4	"3942339"	"建筑，砌块墙 300"	"3"	"3"	"4.1.1"

（2）"Match（m：DamDoor）Where m. IfcFireResistanceClass ='丙级'and m.Width<'900' Return m. ID，m. Name，m. IfcFireResistanceClass，m. Width，m. High，m. Code"对应的规范条文是"大坝廊道安全疏散防火门应采用乙级防火门且净宽度不应小于 0.9m"。审查结果如表2所示。

安全疏散防火门审查结果　　　　　　　　　　　　　　　　　　　　　　　　表 2

序号	m. ID	m. Name	m. IfcFireResistanceClass	m. Width	m. Code
1	"1978384"	"FM 乙 0721"	"乙级"	"700"	"5.2.5"
2	"1978409"	"FM 乙 0721"	"乙级"	"700"	"5.2.5"
3	"1978427"	"FM 丙 2535"	"丙级"	"2500"	"6.2.1"
4	"1978360"	"FM 丙 0821"	"丙级"	"800"	"5.2.5"、"6.2.1"

5　结论展望

水利工程作为国家基础设施工程之一，基于 BIM 的信息化、数字化、智能化管理还处于初步发展阶段。本文以承载丰富水利工程信息的 BIM 模型为对象，提出面向水利工程的 BIM 模型自动化规范审查研究，探索了结合 BIM、NLP 和知识图谱技术实现高效，自动化审查应用。通过梳理水利工程设计消防规范，利用 NLP 对规范进行结构化处理，转化为计算机可执行的语言，并以 IFC 标准语言进行描述表达。借助 Neo4J 图数据库，自动创建规范知识图谱，并针对不同模型数据连接知识图谱，实现知识图谱的完整可视化表达。根据不同规范要求，编译 Cypher 查询语言进行审查，输出最终审查结果。通过深汕西部水源及供水工程项目为例，验证了该技术路线实现的可行性。

本文现阶段实现了规范条文的部分审查，相对了数量庞大的规范条文，还有所欠缺，接下来本文将探索针对规范条文审查要求自动创建审查规则实现审查范围更全面、审查精度更准确、审查过程更高效的智能化审查。

参 考 文 献

[1] 刘晶，张旭，金磊，等. 水利工程 BIM 模型构建标准及数字化移交 [J]. 人民黄河，2021，43(S2)：268-271.

[2] 龙潜，周宜红. 我国水利水电工程中 BIM 技术应用现状研究 [J]. 价值工程，2018，37(05)：191-192.

[3] 邢雪娇，钟波涛，骆汉宾，等. 基于 BIM 的建筑专业设计合规性自动审查系统及其关键技术 [J]. 土木工程与管理学报，2019，36(05)：129-136.

[4] Soliman-Junior J, Tzortzopoulos P, Baldauf J P, et al. Automated compliance checking in healthcare building design [J]. Automation in Construction，2021，129：103822.

[5] Goh B H. E-Government for construction：The case of Singapore's CORENET project. In Research and practical issues of enterprise information systems II. Springer，2007：327-336.

[6] Eastman C, Lee J M, Jeong Y S, et al. Automatic rule-based checking of building designs[J]. Automation in Construction，2009，18(8)：1011-1033.

[7] 胡培宁，张金月. 基于 BIM 和 Ontology 的建筑防火设计自动审查的方法研究 [J]. 工程管理学报，2017，31(02)：49-53.

[8] 郑哲，周育丞，林佳瑞，等. 基于知识图谱的性能化消防设计审查方法[C]//第七届全国 BIM 学术会议论文集. 北京：中国建筑工业出版社，2021：483-487.

[9] Ismail A, Nahar A, Scherer R. Application of graph databases and graph theory concepts for advanced analysing of BIM models based on IFC standard[C]//Paper presented at the 24th International Workshop on Intelligent Computing in Engineering (EG-ICE 2017).

BIM 技术在北坑水库走向"智水"历程中的应用研究

张煜堃[1]，邹德福[1]，王小鹏[1]，尹浩旭[1]，王星宸[1]，吴国诚[2]，张　麒[2]

(1. 同炎数智科技（重庆）有限公司，重庆 400050；2. 深圳市水务工程建设管理中心，广东 深圳 518000)

【摘　要】北坑水库及其配套输水工程为深圳市水务局全力推进三蓄水库之一的民生项目。采用数智化全过程工程咨询模式，以 BIM 标准为准绳，融合多项 BIM 技术实现虚拟和现实同时建设。通过全过程"智建、慧用、精管"打造出线上线下一个工程两个项目，最后一起交付使用。通过 BIM 技术全力推动北坑水库从"治水"走向"智水"，助力打造信息技术与水利业务的深度融合的水务精品工程。

【关键词】BIM 技术；智建；慧用；精管；智水

1　引言

从大禹治水至今，虽然我国的水利工程建设已经达到了全世界领先的水平，但是传统的水利工程中仍存在许多不可预见及错综复杂的隐患。就现阶段而言，光靠人力防微杜渐远不能消除这些隐患。随着2022 年碳中和碳达峰时代来临，传统的"治水"已经跟不上时代政策的脚步。而深圳作为全国智慧水务先行试点之一的城市，必然"深"先士卒全力将"治水"革新为"智水"。为了推进民生工程发展和响应国情需求，2021 年深圳将智慧水务列入工作要点。就拿北坑水库及其配套输水工程（以下简称"北坑水库"）来说，项目初期积极引入数智化＋全过程咨询服务来保驾护航，以 BIM（Building Information Modeling）作为智慧水务工程建设的基础来推动"智水"的发展。北坑水库利用 BIM 技术的可视化、协同性、模拟性、优化性、可出图性等特点进行正向协同设计。解决设计过程中的错、漏、碰、缺等问题，降低沟通成本，提高各专业间的协同效率。

2　工程概况

2.1　项目背景

深汕特别合作区地处珠三角经济圈，是粤港澳大湾区向粤东城镇群拓展辐射的重要战略节点，承担着"区域协调、合作示范、自主创新"的重要使命。随着城市规模的不断扩大，经济社会的快速发展，产业结构升级调整等，供需水矛盾日益突出，已成为制约当地经济社会可持续发展的瓶颈，迫切需要建设新的骨干水源工程作支撑。针对合作区缺水现状，深圳市水务局全力推进三蓄水库之一的北坑水库工程建设。工程建成后可解决合作区工程性缺水问题，缓解供需水矛盾，优化供水系统布局，促进当地经济社会可持续发展。

2.2　项目简介

为满足深汕特别合作区城市发展对水量的要求，根据《深汕（尾）特别合作区水利综合规划》《深汕特别合作区水资源综合规划》中的内容"北坑水库是以城镇供水为主的水利工程"，明确北坑水库建成后，主要为深汕特别合作区中心水厂供水。

【基金项目】重庆市建设科技项目（城科字 2021 第 3-5 号）；住房和城乡建设部科学技术计划项目（2022-S-002）；住房和城乡建设部科学技术计划项目（2020-K-087）

【作者简介】张煜堃（1996—），男，初级工程师，BIM 执行经理。主要研究方向为 BIM 技术在北坑水库走向"智水"历程中的应用研究。
　　E-mail：106947832@qq.com

本工程包括新建北坑水库枢纽工程及水库至中心水厂的输水工程。工程任务以城镇供水为主，兼顾灌溉。水库总库容 2294 万 m³，管线全长 9.59km，多年平均城镇供水量 3197 万 m³、灌溉水量 175 万 m³，灌面 3800 亩，设计输水流量 5.35m³/s。水库枢纽工程规模为中型，水库枢纽等别为 III 等，主要建筑物级别提高为 2 级，次要建筑物级别为 4 级，设计洪水标准 100 年一遇，校核洪水标准 2000 年一遇。如图 1 所示为北坑水库及其输水配套工程建设分布图。

图 1　北坑水库及其输水配套工程建设分布图

2.3　BIM 技术应用的背景及意义

BIM 技术是水利工程建设实现数字化转型的应用工具。运用 BIM 技术可以打造虚拟和现实一个工程两个项目，最后一起交付使用。对北坑水库项目而言，为了响应国家关于加强水利基础建设的需要；解决地区用水矛盾，保障饮用水安全的需要；促进深汕经济发展的需要以及保护周边生态环境，削弱下游洪峰等综合利用的需要。BIM 技术是推动本项目高质量发展、打造水务精品工程不可或缺的组成部分。对城市而言，是智慧水务、智慧城市建设的基础设施。放眼当下，BIM 技术是优化设计成果、融合管理行为的技术工具；着眼未来，BIM 技术是水利业运营管理所需的数据源头。推广 BIM 技术应用，是推进"智水"发展的一大步。

3　BIM 技术在项目中的数智化建设

3.1　建立 BIM 标准

BIM 标准进一步促进 BIM 的发展和广泛应用，提高了大家在工程建设上的管理与建设水平。为规范北坑水库 BIM 实施管理体制，实现管理科学化及标准化，在项目初期 BIM 咨询单位依据国标、广东省省标、深圳市市标以及水务行业标准编制了一系列的项目标准、规范。首先明确了 BIM 团队的组织架构；其次明确了 BIM 建模标准，在设计阶段搭建的 BIM 模型不仅几何表达精度要满足 G3（level 3 of geometric detail）标准，信息深度也需要满足 N3（level 3 of information detail）的标准；然后明确了在实施 BIM 工作过程中的软硬件要求以及 BIM 平台建立的要求；最后也明确了成果交付和模型编码需符合现行国家标准《建筑信息模型设计交付标准》GB/T 51301 和深圳市水务行业《深圳市水务工程信息模型交付标准》的有关规定。

3.2　搭建 BIM 模型

采用传统的设计出图将加大设计工作量并严重影响工程工期，所以本项目采用达索 3D Experience 平台开展 BIM 正向协同设计。其中涵盖地质、坝体、水工、机电、金结、取水塔和输水隧洞等模型，最后将这些建（构）筑物整合成一个整体，为项目打造了同一个模型环境；并严格按照要求对 BIM 模型进行编码，输出 IFC/FBX 格式上传至协同管理平台，为项目打造了同一个平台环境。所以 BIM 模型是北坑水库走向"智水"历程中必不可少的基础。如图 2 所示为北坑水库及其输水配套工程 BIM 整体轻量化模型。

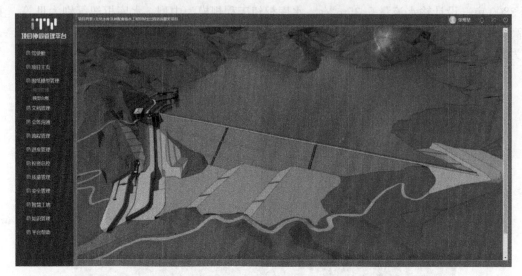

图 2　北坑水库及其输水配套工程 BIM 整体轻量化模型

3.3　建设项目协同管理平台

由于项目周期长，且 BIM 贯穿全生命周期，为了响应"智建、慧用、精管"三个需求。北坑水库项目在实施前，积极引入了 BIM 全过程咨询单位自主研发的产品（iTY 项目协同管理平台）进行全生命期的精细化管理，将传统的线下管理行为搬到线上，利用线上平台工作的高效性、即时性提高各参建单位合作的协同性，并满足各参建单位间的协同办公及累计各个阶段的数据资产。为了在项目后期阶段使项目管理平台成功接入深圳市的智慧水务平台，同炎数智研发团队积极采纳各参建单位间提出的功能需求和调整意见，迭代更新了北坑水库及其输水配套工程项目协同管理平台 2.0 版本。如图 3 所示为优化后的北坑水库及其输水配套工程项目协同管理平台。

图 3　优化后的北坑水库及其输水配套工程项目协同管理平台

4　BIM 技术在项目中的智慧化应用

4.1　BIM 技术辅助工程选址

本项目占地面积广，影响范围大。由于周边均有基本农田区域，导致北坑项目组前期最重要且最困难的就是工程选址。BIM 设计团队按照道路规划、土地规划、林地保护规划等用地范围来明确设计范围。基于模型有效地将各类规划边界条件集成统一，有利于高效地开展设计工作。运用 BIM＋GIS 模型清晰直观地分析了两个布置方案，通过投资金额、影响范围、征地范围、灌溉区域等进行对比，最终选择了对潮惠高速影响更小、投资更优的上坝线枢纽布置方案。如图 4 所示为北坑水库坝轴线方案布置图。

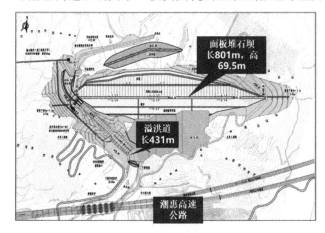
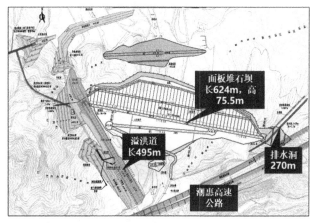

上坝线枢纽布置方案　　　　　　　　　下坝线枢纽布置方案

图 4　坝轴线方案布置图

4.2　BIM 技术辅助地质分析

本项目基于三维 BIM 技术，使用设计勘察的钻孔数据和地质分层信息精准生成三维地质模型，模型涵盖各地质层、风化带底面、断层等信息，均用不同颜色来填充区分，使地质模型呈现得更加真实，从而确保水工设计的准确性。BIM 设计团队通过软件实现地质模型快速剖切、剖面快速生成、特殊重点地层及区域直观展示交底，显著降低地质信息错误率。而精准的地质模型还能精准地服务于淹没仿真分析、土石方开挖以及服务后期输水隧洞盾构风险监测模拟等一系列省投资、降风险、保质量的重点应用。如图 5 所示为 BIM 地质分层模型。

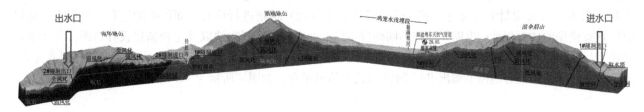

图 5　地质分层模型

4.3　BIM 技术进行仿真分析

为了更好地拓展 BIM 技术，以及保障未来水库结构使用的安全性。BIM 设计团队先建立水库模型，然后通过软件对水库 BIM 模型进行有限元地震仿真分析。拿取水塔为例，通过 ADINA 地震位移谱法分析取水塔在地震作用下的动力响应加速度、动位移和内力等参数。最终分析得出彩色分析云图，我们可以通过分析云图以及地震动位移数据来辅助论证抗震方案的准确性和合理性。通过应用 BIM 技术，大大地提高了设计成果的质量。如图 6 所示为取水塔 BIM 模型通过 ADINA 软件分析得出的地震动位移图。

5　BIM 技术在项目中的精细化管理

5.1　模型精细化管理

自从水务数字化转型以来，深圳市多次发布有关智慧城市的政府文件。其中发布的《深圳市数字政府和智慧城市"十四五"发展规划》，更加明确了管理模型不仅是为了满足 BIM 应用目标，更是为了后续对接深圳智慧水务平台储存数字资产。在建模的过程中就需要保证模型不仅要满足尺寸、构建定位、空

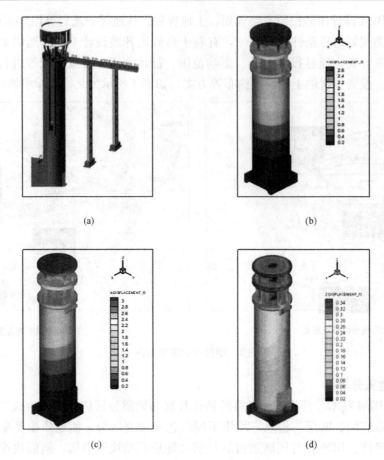

图 6　取水塔地震动位移图

(a) BIM 模型；(b) 横流向；(c) 顺流向；(d) 竖直向

间拓扑关系；还需要满足规格型号、材质、功能和性能参数等信息。所以 BIM 咨询单位建立了模型审核机制，根据项目初期制定的规范标准，严格对所有建（构）筑物进行检查。而检查的过程中不仅需要通过直接观察模型的仿真程度；更需要检查不同构件不同专业之间的错漏碰缺以及是否满足设计意图。每次审查完模型后对模型不合理的地方进行汇总，整理出问题报告。最后反馈给 BIM 设计团队对模型进行跟新完善。模型完善后再将编码好的模型输出 IFC/FBX 格式上传至平台。如图 7 所示为 BIM 模型审核报告。

问题编号	03	图号	462 (20-03) F65-XF-03		图纸日期	2021.05	重要程度	C
		图名	下坝址风化料心墙坝方案布置及结构图					
楼层标高	/	轴线定位	/	涉及专业	水工部分	是否涉及造价影响	否	
问题描述	马道、坝顶及上游围堰的标高模型与图纸不符，且模型缺少坝顶放浪墙							
图纸截图					模型截图			

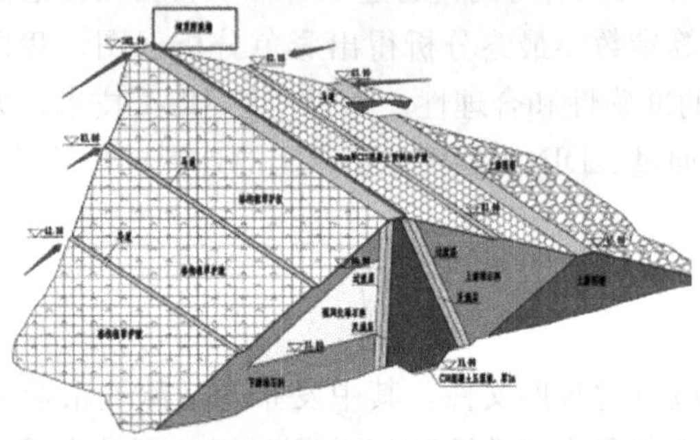

图 7　BIM 模型审核报告

5.2 平台精细化管理

基于 BIM 的项目协同管理平台让工程项目管理流程线上化，所有工作流程都公开透明、留有痕迹。助力工程项目的政府审计工作，做到有迹可循、有据可依、有法可依。通过梳理线下的管理流程，把流程的规则固化，并将流程中的数据结构化，便于平台对流程管理数据进行结构化分析。通过管理流程的数据结构化工作，在项目进行过程中，通过平台可以快速分析进度、质量、安全等影响因素，通过分析，提供趋势分析和优化后的改进建议方案。平台文档管理模块如图 8 所示。

图 8　项目协同管理平台文档管理模块

6　总结与展望

传统工程管理模式存在直观性差、效率低、信息沟通不畅、信息继承性差的问题。而 BIM 作为北坑水库走向"智水"必不可少的工具，成功地把工程建设的全过程从线下搬到计算机环境里全过程仿真一遍，提前解决问题，优化资源调度，实现整体管理的最优化。在工程的全过程中需要做好"智建、慧用、精管"。北坑水库在现阶段的应用点较少，但也起到了省投资、降风险、保质量等一系列重要作用。

水利工程作为利民生的支柱性产业，在信息化时代走的每一小步都将是水利建设迈出的一大步。北坑水库后期将基于 BIM＋GIS 技术打造北坑项目工程智慧管理平台建设，融合区块链技术，实现管理信息的可继承性目标，打破管理信息壁垒，高效、高质量推进工程进度，实现工程的智慧化建管与运维。打造深圳市智慧水务精品工程，同时为深圳市智慧水务的发展提供数字资产。

未来已来，信息化、数字化、智能化是水利水务行业革新的新契机，让治水不再用"蛮力"而是用"智力"。

参 考 文 献

[1] 陈令明，贾宁霄，冯敏，等．罗田水库-铁岗水库输水隧洞工程 BIM 正向设计及应用研究[C]//2021 第十届"龙图杯"全国 BIM 大赛获奖工程应用文集，2021：4-11.

[2] 李成，王奋，江涛．BIM 技术在大河水库工程施工阶段中的应用[J]．水电站机电技术，2021，44(03)：78-81.

[3] 马鸿龙．北坑水库坝址及坝型选择[J]．水利水电技术(中英文)，2022，53(S1)：229-232.

[4] 郭晓宁．BIM 技术在溽天河智慧水库建设中的应用及意义[J]．水电站机电技术，2020，43(10)：70-72.

[5] 许哲峰．BIM 技术在水利工程中的应用研究[J]．黑龙江水利科技，2021，49(09)：189-191.

异形建筑的 BIM 参数优化钢筋
应用案例研究

孙双全[1]，郭亚鹏[2]，张皓然[2]，张传志[2]，邓　鹏[3]，郎星星[1]，孙　浩[1]

(1. 北京壹筑建筑设计咨询有限公司，北京 102206；2. 同炎数智科技（重庆）有限公司，
重庆 400000；3. 广阳岛绿色发展有限公司，重庆 400000)

【摘　要】随着技术的进步，越来越多的异形建筑涌现在大众视野内。异形建筑的结构材料大多采用钢筋为其关键受力材料，钢筋的设计优化将对异形建筑的安全性起关键作用，运用 BIM 参数化技术大大提高了钢筋优化的效率和质量。本文以重庆广阳岛大河文明馆为案例，对如何通过 BIM 参数化进行钢筋优化进行深入研究分析和应用实践。

【关键词】BIM 参数化；异形建筑；钢筋优化

1　引言

随着建筑设计与施工技术的发展进步，异形建筑层出不穷。它们整体表面上呈不规则曲面，从而表现出一种特殊的空间效果，有很强的视觉冲击性[1]。异形建筑打破了内在功能与外在形式密不可分的规则。当建筑的形态越自由，它的功能性就越多变，建筑的空间被赋予更多的可能性和创造性。异形建筑的不确定是传统建筑的设计手法无法实现的。地板可以进行变形，墙体不再是笔直，而是拥有完美的弧度。正是这种自由多变，让异形建筑比规整的传统建筑能更加强烈地表达情感。

异形建筑的自由多变也给设计带来了挑战。支撑建筑达到上述效果的关键就是技术上的突破，传统 CAD 平面表达已无法实现，只有通过 BIM 技术进行参数化设计，将建筑的结构形体进行参数化表达，突破线性形体的单一样式，取而代之的是丰富变化的非线性样式[2]。本研究将针对异形建筑的钢筋结构进行 BIM 参数优化设计与实施进行详细研究，探索 BIM 参数化在异形建筑钢筋优化上的应用。

2　项目概况

大河文明馆项目总建筑面积约为 1.9 万 m²，建筑突出"形于山、嵌于地、隐于田、望于江"的设计意向，使建筑形态、建筑空间、建筑景观和建筑环境高度融合。主体部分嵌入地下一层，围绕场地中现存的土堆顺势形成连续的地下半室外展陈空间，还包含服务区、办公区、智慧运营中心等功能区间。整体结构采用双曲面异形设计，清水表面采用彩色木纹肌理，取形于自然景观，消隐建筑，形成人工与自然的完美融合。

本工程结构设计形式复杂，顶板、屋面、墙体均为异形多曲面清水混凝土构造。各墙柱楼板造型曲率各不相同，清水饰面墙体、结构肋板、无规则异形空腔、曲面天窗洞口、机电开洞、曲面门洞互相连接。整体设计、施工工序极其复杂，质量精度要求极高。

这种异形曲面结构建筑的绝大部分构件仅靠传统的 CAD 二维平面图无法精确表达，工程人员也难以通过 CAD 理解设计意图。因此，项目全生命周期选择采用 BIM 正向设计的方式，综合 Revit 和 Rhino 两个主流 BIM 软件搭建 BIM 模型，模型贯穿设计、施工、运营三大阶段，通过 Rhino＋Grasshopper 参数化设计，完成最困难的钢筋结构设计和分析，从而满足建筑的安全性和耐久性[3]（图 1）。

【基金项目】重庆市建设科技项目（城科字 2021 第 3-5 号）；住房和城乡建设部科学技术计划项目（2022-S-002）；住房和城乡建设部科学技术计划项目（2020-K-087）

【作者简介】孙双全（1990—），男，BIM 工程师。主要研究方向为 BIM 技术。E-mail：1090602296@qq.com

图 1　大河文明馆效果图

3　参数设计

3.1　项目钢筋优化难点

结构稳定性是一个古老而又困难的科学问题。随着现代建筑结构的高度和高宽比例的增加，以及建筑内部空间需求的扩大，其结构重量增加但刚度相对减弱，所以稳定性问题引起更多的重视。目前，在大型、复杂和异形结构设计中，通常需要对结构整体稳定性进行非线性数值分析，以补充和完善结构安全计算。本文将对以大河文明馆为代表的异形建筑内的框架结构进行 BIM 参数设计后进行整体稳定分析，确保建筑的安全性。

由于大河文明馆整体设计采用曲率变化的形体，作为受力结构的钢筋要满足相应复杂变化情况。图 2 展示了大河文明馆项目结构柱中钢筋进行参数化设计后的成果，满足相应的结构稳定需求。

3.2　参数设计方法

对于大河文明馆上述情况，针对曲面变化的结构，钢筋的排布可分为环向与径向。环向钢筋需要根据结构形体形成封闭的曲线，通过每一环钢筋的间距控制和封闭曲线距离外曲面偏移来满足项目的要求。但是径向钢筋由于曲率的变化，若以简单的平面投影等距布置，无法体现出伴随伞状放射的径向钢筋不同变化与形状。伞状上部间距随纵向高度提升和曲率变化而变大，需要对钢筋配筋进行 BIM 参数化布筋，通过先投影找出横向随结构整体形体的等分控制点，由此沿纵向伞状放射曲率变化生成满足结构

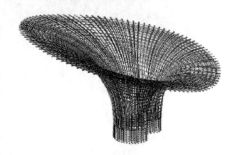

图 2　结构柱钢筋参数设计

整体稳定的径向钢筋，同时进行相关参数编号与三维可视化表达[4]。通过合理设置钢筋的直径与数量，随土建形体进行 BIM 参数设计，以达到项目总体结构稳定要求，节约钢筋用量，同时为数控机械加工提供依据。详细结构柱钢筋参数设计流程如图 3 所示。

根据项目需求特制的参数化编程流程图，结合 BIM 参数建模软件 Grasshopper 进行初步的钢筋参数设计并进行参数编号。图 4 展示了基于上述钢筋编程流程图所设计的参数编码程序。

通过项目特制编码程序，生成了满足伞状结构柱稳定性的钢筋样条线。通过编程生成的样条线可直接进行编码生成料单，现场实施通过数字机械进行料单加工，提高工作效率。

3.3　结构整体稳定性分析

在结合参数设计程序对大河文明馆进行整体结构设计，需对结构进行整体稳定性分析，以确定参数设计满足要求。在本案例项目中，通过将参数设计模型导入相关结构验算软件中进行结构整体稳定性验收分析。大河文明馆通过参数设计后的整体结构模型如图 5 所示，对整体结构进行分区方便进行区域分析优化。

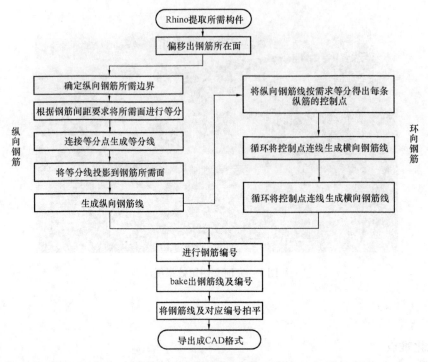

图3 钢筋参数设计流程图

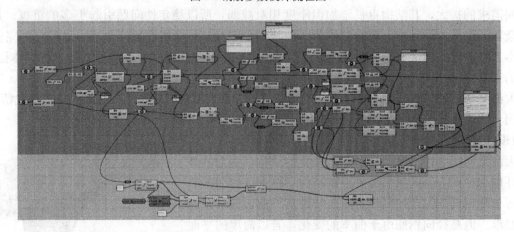

图4 Grasshopper 参数编码程序

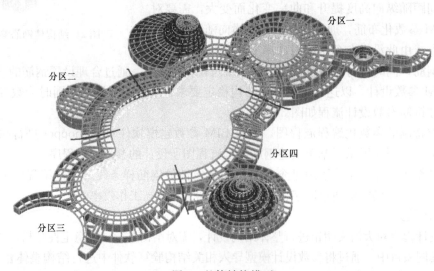

图5 整体结构模型

通过验算分析，大河文明馆整体结构稳定性满足要求，可以为异形建筑形体提供保障。同时分析结果也验证了参数设计结果的有效性，为类似异形建筑的结构 BIM 参数设计提供参考依据。

4 参数施工

4.1 参数化下料

在 BIM 参数设计后，需要在现场对钢筋设计进行现场实施。为提升加工效率，将所有钢筋编号优化，按照钢筋形体进行编排，利于钢筋加工人员的操作。现场配备标签打印机，自动打印出标签，标识在钢筋上。在运输之前，再按照编号区域进行重新分类，分别运输到各个施工区域用于施工。这样可有效减少钢筋堆放周期，减少腐蚀、生锈等堆放过长带来的问题和额外成本[5]。提高钢筋材料的加工质量，提升和钢筋的整体施工效率，是推动项目促进工程质量和进度的关键要点。

在大河文明馆项目中，结合 Rhino 导出 CAD 进行曲线拟合的参数程序优化，识别出曲线的弧长与半径作为钢筋下料依据。图 6 中展示了对钢筋曲线拟合的 CAD 图纸，并且进行编号和参数信息归档生成钢筋加工下料单（图 7），指导现场异形钢筋预制加工。

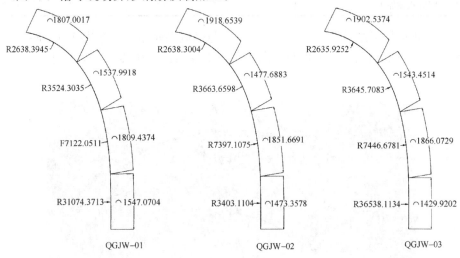

图 6 钢筋曲线拟合图

编号	型号	规格(mm)	钢筋形状(mm)	下料长度(mm)	第一段弧长/第一段深度(mm)	第二段弧长/第二段深度(mm)	第三段弧长/第三段深度(mm)	每件根数
1	⌀	25		5250	810/25	1093/17	1292/10	1
2	⌀	25		7100	1665/10	1738/11	1671/10	1
3	⌀	25		5200	1075/25	641/16	1507/10	1
4	⌀	25		7000	1764/10	1665/11	1621/10	1

图 7 钢筋下料单

4.2 数字化加工

在大河文明馆案例，钢筋加工需要满足异形建筑形体的特殊性要求，大量构件需要按照参数设计结果进行曲率的变化。通过工人手工加工弯弧的方式，既费时费力，而且由于钢筋弯曲不连续，在一些点位会出现弯曲力度过大导致的折点，就造成了钢筋强度的降低形成结构薄弱点位。针对钢筋加工进行了数字化加工技术的探索研究，将 BIM 参数信息导入数控机械中进行钢筋加工，比对手工与数字化加工两种钢筋加工方式。表 1 通过对钢筋单位长度先置设定，对比类似项目荣成少年宫与大河文明馆项目在不同加工方式下工作量、成本和误差。

钢筋加工对比表   表 1

项目	加工方式	钢筋下料单位量下所需工作量投入（min）	钢筋下料单位量下所需成本投入（元）	钢筋加工成品与设计模型误差
荣成少年宫	手动加工	40	120	3.4%
大河文明馆	手动加工	30	100	3.1%
大河文明馆	BIM 机械加工	10	30	0.2%

图 8 中通过对比钢筋加工结果发现，手动加工钢筋与机械钢筋加工的形状有所不同，手动钢筋的弯曲不够连续，部分地方有突出和凹陷且出现明显的折点，不仅对结构强度影响，对于后期施工的钢筋保护层厚度也有所影响。

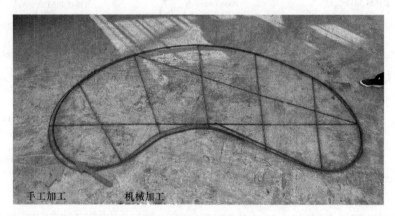

图 8   钢筋加工对比图

通过 BIM 参数化钢筋设计并进行数字化加工可以看到结构 BIM 参数化在异形建筑中至关重要的作用。将设计参数导入数控机具实现特殊的异形构造的加工，确保了异形建筑的施工质量[6]。

通过对几种钢筋加工工艺分析可得，数控机械加工操作方便，加工速度较快，准确度更高，对材料破坏小。总之，想要通过钢筋加工工艺来提升项目进度减少成本投入，增强市场竞争力，在加工方面只有朝数控化、自动化方向发展，特别是更应该朝 BIM 参数结合数控机床发展，只有如此钢筋加工技术才能在异形建筑市场中立于不败之地[7]。

5 结论

结构 BIM 参数化设计在异形建筑的方案设计、初步设计、施工图整个设计流程中配合建筑师完成项目设计，结构 BIM 参数化设计完成与建筑设计的配合和设计流程的优化，确保建筑设计的可实施性。配合完成结构快速建模计算、多方案结构性能和材料用量横向比选、结构主应力迹线可视化、结构找形、建筑形态推敲等工作。完成建筑形态控制参数敏感度分析、结构单参数优化、建筑逻辑与结构逻辑交互、建筑体型控制模块和结构计算模块嵌套、建筑自由曲面有理化、结构模型快速更新等工作[8]。在施工实施阶段结合数控机械进行钢筋下料加工，从而提高用料的准确度，确保项目实现质量控制。未来现场施工过程中将越来越多地引入数字化加工方式，为特殊的异形建筑实施打下基础。

参 考 文 献

［1］崔亚平，沙丽荣. 基于激光测量仪的异形建筑结构参数辨识方法研究［J］. 自动化与仪器仪表，2020（08）：138-141，145.

［2］刘倩昆，秦玉兰. 基于 BIM 正向设计的异形建筑参数构建方法研究——以吉安高铁新区会展中心为例［J］. 砖瓦，2022（02）：62-63，66.

［3］洪芸，代双明，柳俊俊，等. 异形建筑 BIM 应用探索——以兰州奥体中心项目为例［J］. 建筑技艺，2022（S1）：47-50.

［4］刘天居，龚景海. BIM 技术在混凝土球壳配筋中的应用［J］. 空间结构，2018，24（01）：62-67，86.

［5］姚殿卿. 土木工程中钢筋施工技术的应用及其优化［J］. 四川水泥，2022（06）：206-208.

［6］吴国栋. 房建工程中的钢筋工程施工质量控制研究［J］. 房地产世界，2022（04）：128-130.

［7］彭志强，林进华，蒋涛. 数控加工在钢筋锥螺纹连接套筒加工中的应用［J］. 建筑机械，2022（01）：89-92.

［8］李彦鹏，周健. 参数化技术在结构设计中的应用［J］. 建筑结构，2022，52（10）：142-147.

深圳市城市轨道交通工程建设 BIM 应用探索与实践

王文和[1]，张中安[2]，胡　睿[3]，桑书路[3]，张鸣弦[3]，梁林珍[3]

(1. 深圳地铁建设集团有限公司，广东 深圳 518026；2. 深圳市地铁集团有限公司，
广东 深圳 518026；3. 深圳市市政设计研究院有限公司，广东 深圳 518029)

【摘　要】在"新基建""新城建"的发展背景下，我国城市轨道交通工程迎来了快速发展的重要时期。但城市轨道交通的建设投资大、质量要求高、管理周期长，迫切需要针对轨道交通工程全生命周期的业务需求，提升数字化、精细化和智能化的管理和应用水平。BIM 技术作为建筑领域信息化发展的重要方向，已广泛应用于城市轨道交通工程各阶段。本文以深圳市城市轨道交通工程建设 BIM 应用为例，介绍其中的探索与实践情况，可为城市轨道交通工程 BIM 应用提供参考方案。

【关键词】城市轨道交通；BIM；应用；建设过程

1　背景

近年来，随着城市化进程的加快，交通需求与日俱增，城市轨道交通（简称"城轨"）系统作为服务城市公共交通的重要基础设施，迎来了快速发展的重要阶段。根据中国城市轨道交通协会发布的《城市轨道交通 2021 年度统计和分析报告》显示，截至 2021 年底，城轨交通线网建设规划在实施的城市共计 56 个，在实施的建设规划线路总长 6988.3 公里。城轨工程建设具有前期任务重、参建单位多、建设资源紧、安全风险高、涉及范围广、运营周期长、社会影响大等特征，而传统建筑业生产方式仍然比较粗放，对建设过程的安全、质量、进度、投资等方面管控力度有限，在一定程度上容易导致事故频发、工期紧张、工程质量难以保障等问题。

为保障城轨工程的高质量发展，助推城轨数字化转型升级，国家、各省市先后出台了多项政策文件，推进 BIM 技术在城轨工程的应用，例如《住房城乡建设部办公厅关于印发城市轨道交通工程 BIM 应用指南的通知》（建办质函〔2018〕274 号）、《交通运输部 科学技术部关于科技创新驱动加快建设交通强国的意见》（交科技发〔2021〕80 号）等。尤其在深圳市，发布了《深圳市人民政府办公厅关于印发加快推进建筑信息模型（BIM）技术应用的实施意见（试行）的通知》（深府办函〔2021〕103 号）等多项政策推动 BIM 技术的研究和应用。在政策支持的背景下，我国城轨工程 BIM 技术的研究和应用得到了快速发展。

深圳地铁从三期工程开始试点应用 BIM 技术，并于 2019 年启动城轨工程 BIM 总体管理项目，以全生命周期为理念，在四期和四期调整工程，以及同步实施枢纽、地下空间等工程深入推进 BIM 技术应用。本文主要介绍深圳市城轨项目在建设过程 BIM 技术的探索和实践应用，为国内其他城市的城轨工程 BIM 应用提供参考。

2　国内外轨道交通工程 BIM 应用现状调研

为建立满足城轨项目全生命周期的 BIM 应用模式，创新 BIM 技术应用，深圳地铁从 2016 年起组织全国各城市的考察调研，包括北京、上海、广州、天津、杭州等城市，并研究分析国外优秀 BIM 应用城

【基金项目】住房和城乡建设部 2020 年科学技术计划项目（2020-K-136）；2021 年深圳市工程建设领域科技计划项目（2021-32）

【作者简介】王文和（1973—），男，高级工程师。主要研究方向为铁道工程。E-mail：wangwenhe@shenzhenmc.com

轨项目，为深圳市城轨工程 BIM 技术的全面应用奠定基础。

在国外，欧美发达国家关于 BIM 技术的应用力度较大，在 3D 设计、施工管理、物资信息管理、模拟分析等各方面均有应用。BIM 技术正逐步成为城轨领域一项必备技术。例如，英国 Crossrail 项目包含 10 座车站 42 公里的地下隧道，是欧洲当时最大的在建单体工程，提出全生命周期全过程开展 BIM 应用的理念，从设计开始使用 3D 形式，采用 BIM 技术集成所有 2D/3D 模型[1]；德国铁路公司在 2015—2016 年期间，在 50000 多个项目中应用 iTWO 系统进行 BIM 数字化管理，开展 3D 模拟施工、3D 规划、质量检测等应用[2]。

国内 BIM 应用起步较国外晚，但近几年城轨行业 BIM 应用也非常迅速。香港地铁建设和管理较早应用 BIM 技术，从 2010 年开始，已经将 20 多座车站进行 BIM 建模，并基于 BIM 模型开展客流、耗能、碰撞检测等应用[3]。北京、上海、广州等城市也积极开展地铁智慧建设和管理。北京地铁 19 号线在建设过程中采用 BIM 总体管理模式，在建立 BIM 标准基础上，开展方案比选、三维管线综合、进度掌控、风险管控等，并研发 BIM 协同平台、数据集成与管理平台等提升各阶段 BIM 应用[4]；上海地铁 17 号线探索实践全生命期 BIM 应用，开展全专业竣工模型的数字化资产交付，并基于 BIM 开发车站智能运维管理平台[5]；广州地铁 18 号线在施工过程中开展场布组织、三维技术交底等 BIM 应用，并采用 BIM＋GIS 技术研发工程管理平台，将 BIM 应用落实到各施工人员[6]。

3 深圳市城轨工程建设 BIM 应用总体思路

为做好 BIM 技术应用的顶层设计与战略规划，深圳地铁于 2019 年制定《BIM 应用发展总体规划》[7]，以深圳地铁各业务板块为需求，以全生命周期为理念，以 BIM 技术与各业务应用场景深度融合为线索，加快建立全过程、全场景、全要素的数字孪生地铁，助推深圳地铁数智化转型。其中，深圳地铁提出并建立"1＋1＋N" BIM 技术应用综合体系[1]，第一个"1"是指深圳地铁工程数据中心，以工程数据中心为底座，集成多源异构数据，深度挖掘各场景数据价值；第二个"1"是指一套标准和管理体系，通过建立规范化的标准体系和管理体系，全方位指导和规范各参建方 BIM 应用；"N"是指根据深圳地铁 N 个业务板块开发的 BIM 平台，根据深圳地铁四期和四期调整工程进度，目前开发了 BIM 设计管理平台、BIM 建设管理平台等业务平台，同时，开发 BIM＋GIS 可视化数据平台、BIM 构件产品库、BIM 协同管理平台等基础平台，解决数据集成、轻量化、标准化资源、多方协同等问题，支撑城轨工程全生命周期 BIM 应用。

4 深圳市城轨工程建设 BIM 应用探索与实践

在《BIM 应用发展总体规划》的框架下，深圳地铁在四期和四期调整工程的建设过程全面推进 BIM 技术应用。按照城轨工程 BIM 标准体系要求，各参建方在规划、勘察设计、施工等阶段积极开展 BIM 应用实践，并积极开展 BIM＋GIS、物联网、AI 等集成应用的探索。由于篇幅原因，下文将重点介绍深圳市城轨工程在各阶段的典型 BIM 应用。

4.1 规划 BIM 应用实践

城轨工程规划阶段的主要任务是开展线路和站点的规划设计。在规划过程中，采用无人机倾斜摄影技术快速创建地铁沿线城市三维实景环境，建立了具有全要素并带有高精度地理信息的城市三维环境。同时，采用 BIM 软件创建城轨工程单体化模型，以 BIM＋GIS 为数据底座，为城轨线路的三维规划设计提供新的解决方案。图 1 是深圳地铁 7 号线东延工程规划设计示意图。在实景模型的基础上，创建了沿线的地下建构筑物 BIM 模型，并将各模型数据集成在统一的 BIM＋GIS 底座上，项目各参与方基于三维化的模型，有效分析了线路与周边环境和建构筑物的影响，为线站位规划决策提供技术支撑。进一步，采用 GIS 技术分析现场环境，统计了城轨工程沿线一定缓冲区范围的建筑数量和建筑面积，使城轨工程沿线与其所涉及的征地、拆迁与旧路改造等进行融合匹配，以此计算拆迁量与征拆成本，提高地铁线路规划过程中的征拆管理效率。

4.2 勘察设计 BIM 应用实践

城轨工程作为城市建设的重要基础设施，为保障城市地上地下空间的协调发展，越来越多城轨工程

图 1 深圳地铁 7 号线东延工程规划设计示意图

项目采用地下形式，要求科学合理地开展地质勘察工作。深圳地铁组织各勘察设计单位基于深圳市岩土数字化标准，研究并编制《深圳地铁地质勘察编号与命名及建模用色方案》，规定地层编号、命名、颜色等要求，统一城轨工程地质表达方法，解决前期由于地质模型标准不一致、地质模型无法集成管理等问题。现阶段，各勘察单位根据统一的标准创建了四期和四期调整工程各线路的地质模型数据，如图 2(a)所示。进一步，为保证勘察内外业的一体化管理，深圳地铁在 BIM 技术应用综合平台（简称"BIM 平台"）开发勘察管理模块，可实现勘察项目管理、地层库管理、统计分析等功能，各线路的地质模型可进行三维集成管理，更直观地表达城轨工程与地质之间的关系。相类似地，地下管网、既有建构筑物基础等模型数据创建后，亦可集成至 BIM 平台。

为推进 BIM 技术在城轨工程设计阶段的正向应用，深圳地铁选取四期工程四个站点（6 号线支线新明医院站、12 号线科技馆站、14 号线六约北站、16 号线回龙埔站）进行 BIM 正向设计试点，根据试点情况研究城轨工程 BIM 正向设计的问题与解决方案。从样板文件配置、协同模式、提资审核流程、出图规范等方面，总结形成《轨道交通工程正向设计指导手册》。进一步，针对目前仍以二维图纸作为交付物的现状，以及三维化表达尚未成熟等问题，深圳地铁研究城轨领域 BIM 模型三维表达方法，并形成三维图册实施指引。其目的是通过规范的 BIM 三维模型表达方式满足二维图纸所需表达的内容，使得设计、施工等参建方可基于三维图册进行沟通与项目实施。三维图册以城轨工程的建筑、主体结构、围护结构、通风空调、给排水、动力照明等专业为研究对象，从项目、空间、系统、构件等不同维度，规定了三维化表达方式，涉及标注、文字、颜色等方面。通过规范的三维化表达，解决了二维视图在空间表达、专业间关系等问题，可有效指导现场施工作业与管理。

城轨工程 BIM 正向设计和三维图册已在深圳地铁四期调整工程推广应用（图 2b）。进一步，基于

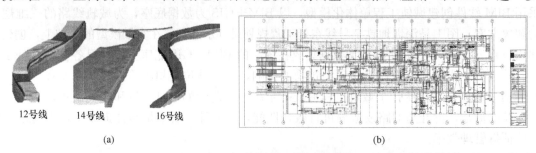

图 2 深圳市城轨工程勘察设计阶段 BIM 应用示例
(a) 地质模型；(b) 正向设计出图

BIM 设计模型，各参建方结合性能分析软件开展了通风、照明、客流模拟、人员疏散、净高优化等 BIM 应用，大大提升了设计方案的安全性、合理性和合规性。

4.3　施工 BIM 应用实践

城轨工程施工与周边环境、居民影响较大，尤其是在城市繁荣地区，具有环境复杂、协调管理界面多、安全风险多、不确定性因素多等特点。因此，需采用 BIM 等信息化技术，提升现场施工和管理的质量。深圳地铁积极引入 BIM、IoT、AR/VR、AI 等技术，在各线路工地推进智慧工地建设，将人、机、料、法、环等信息在 BIM 模型底座上集成，全方位、可视化、可追溯地管控施工现场，由"被动管控"逐渐向"主动管控"发展。

在进度和投资管控方面，积极推进基于 WBS 分解的 BIM 模型进度和投资管理。将设计阶段的 BIM 模型结合施工现场进行深化后，根据城轨工程施工计划、工艺工法等因素，按照 WBS 方法进行 BIM 施工模型分解，并与施工计划、投资等进行绑定，以实现施工现场动态管控。为统一 WBS 分解规则，深圳地铁组织研究并编制形成《深圳市城市轨道交通工程 WBS 分解指南》，指导施工各参建单位开展施工 BIM 模型的 WBS 分解。该指南规定了城轨项目结构分解、编码原则、划分类型等。目前已在四期和四期调整工程中推广应用（图 3a），施工人员定期在 BIM 平台更新现场实际施工进度和投资成本情况，与计划进行比对分析，便于现场及时纠偏。

在设备管理方面，探索基于二维码的设备全流程管理。城轨工程涉及大量的机电设备，且后期运营对机电设备的管理和维护需求较高。为建立城轨工程设备的全流程管理模式，深圳地铁探索研究采用 BIM 设备模型集成各类信息，采用二维码方式进行信息更新与维护，在积累设备三维数字资产的同时，也实现设备的动态管控。设备供应商按照深圳地铁《轨道交通工程 BIM 构件模型创建与入库标准》QB/SZMC-10105—2021 中关于设备模型深度以及运维需求创建 BIM 设备模型，并从深圳地铁 BIM 平台下载二维码后张贴至设备指定位置。设备二维码附带了设备的名称、规格型号、参数、唯一编码、资产清册等信息和资料。设备从出厂、到进场、安装、验收，乃至后期的运维管理，相关方可通过扫描二维码查看设备的三维模型，并更新设备管理状态和审核情况，并同步至整个项目进度中，促进机电设备安装工程全流程的数据流转和精细化管理。

除此之外，深圳地铁组织各施工单位深度应用 BIM 技术，开展了管线改迁与交通疏解模拟、场地布置分析、施工方案模拟、BIM＋VR 安全培训、风险可视化监控等应用，将 BIM 技术与现场施工、管理融合，全方位助力"四控两管一协调"。

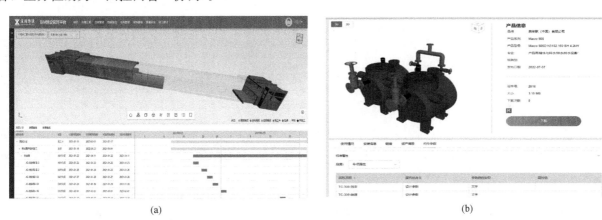

(a)　　　　　　　　　　　　　　　　　　(b)

图 3　深圳市城轨工程施工阶段 BIM 应用示例

（a）基于 BIM 和 WBS 的进度和投资管控平台界面；（b）基于 BIM 和二维码的设备管理平台界面

4.4　运维 BIM 应用探索

运维管理阶段是城轨项目时间周期最长的阶段，也是规划、勘察设计、施工等阶段 BIM 应用的最终体现阶段。建设过程中积累的 BIM 数字资产和应用成果可作为运维管理的数据基础。例如，在基于二维码的设备管理中，从建设阶段开始积累设备规格型号、技术参数等信息，运维管理人员在进行设备维保过程中，通过扫码可上传设备报修、故障等信息，可指派相应的专业班组进行维保。在三维的城轨工程 BIM 模型中可快速定位至目标设备，通过设备 BIM 模型及其承载信息，专业班组可查看设备运行状态、信息，以便解决故障问题，有助于提升设备运行质量。同时，深圳地铁也在积极开展智慧车站工作，探索运维 BIM 应用，积极挖掘 BIM 技术在运维阶段的应用价值。

当前，深圳地铁正积极探索建设阶段向运维阶段的 BIM 交付模式，结合深圳地铁四期和四期调整工程的进度，在建设过程积累了丰富的数字资产，包括：270 多个项目设计模型（车站、区间、场段等）、200 多平方公里实景模型、260 多公里地质模型，以及 1.8 万多个 BIM 构件模型等。

5 总结与展望

在"1+1+N"BIM 技术应用综合体系下，深圳地铁积极探索和实践城轨工程全生命周期 BIM 应用，将 BIM 技术与业务应用场景融合，赋能打造数字孪生地铁。结合深圳地铁四期和四期调整工程建设进度，在城轨工程建设过程探索并实践了 BIM 技术应用，提升了规划、勘察设计、施工等阶段的数字化、智能化水平。未来，深圳地铁将以 BIM 技术为依托，进一步探索实践 BIM+IoT、AI、5G 等新技术的集成应用，助力构建地铁 BIM 生态，推动城轨工程的智慧化升级。

参 考 文 献

[1] 深圳市地铁集团有限公司. 轨道交通工程建设 BIM 应用实践探索与研究[M]. 北京：中国铁道出版社，2021.
[2] 张峥，王荣，任霏霏. 德国 BIM 技术发展与实践应用概述[J]. 建设科技，2020(01)：66-72.
[3] 杨秀仁. 城市轨道交通工程 BIM 设计实施基础标准研究[M]. 北京：中国铁道出版社，2016.
[4] 罗平，王辉，高银鹰，等. 北京地铁 19 号线 BIM 总体管理体系研究及在典型工点的示范应用[J]. 土木建筑工程信息技术，2018，10(5)：38-45.
[5] 孟柯. 上海轨道交通 17 号线全生命期 BIM 技术应用研究[J]. 土木建筑工程信息技术，2020，12(03)：50-58.
[6] 兰峰涛，张安山，李翰卿，等. BIM 技术在广州地铁 18 号线施工中的应用[J]. 建筑技术，2021，52(06)：699-702.
[7] 张中安，宋天田，黄际政，等. 深圳地铁 BIM 应用总体规划研究和实践[J]. 现代城市轨道交通，2020(12)：124-131.

深圳市城市轨道交通工程 BIM 技术标准
体系研究与探索实践

周　琳¹，张中安²，赖华辉¹，李艳春³，刘思洋³，叶　斌³

(1. 深圳市市政设计研究院有限公司，广东 深圳 518029；2. 深圳市地铁集团有限公司，
广东 深圳 518026；3. 深圳地铁建设集团有限公司，广东 深圳 518026)

【摘　要】我国城市轨道交通正处于快速发展阶段，为推进城市轨道交通信息化转型，各城市积极开展 BIM 技术应用。然而，城市轨道交通工程参与方众多、管理界面复杂、数据类型多样，目前还缺乏统一的 BIM 标准。深圳地铁总结近几年的 BIM 应用实践，在遵循国家和行业标准的基础上，研究并提出了城市轨道交通工程 BIM 技术标准体系。该标准体系已广泛应用于深圳地铁四期和四期调整工程中，有效指导了各阶段 BIM 应用，为国内城市轨道交通 BIM 标准提供了有益的探索。

【关键词】城市轨道交通工程；BIM 标准；BIM 应用

1　前言

近年来，我国提出加快建设交通强国，完善综合交通枢纽，加快城市群和都市圈轨道交通网络化。城市轨道交通（简称"城轨"）作为城市建设和管理的重要基础设施，将得到更大规模、更快速的发展。当前，各城市已将 BIM 技术广泛应用在城轨工程各阶段，推动轨道交通信息化、智慧化发展。城轨作为大型复杂项目，参与方众多，专业各不相同，使用的软件差异较大，容易出现管理不清晰、流程不规范、成果不统一等问题。因此，为规范城轨工程各参与方的 BIM 应用与管理，应制定统一的标准规范。

除具有规模大、方案复杂、参与方多、专业多、周期长、投资大、城市影响大等一般特点外，深圳市城轨建设与管理具有轨道＋物业、地下空间综合利用等特点，并确立国铁、城际、地铁"三铁合一"的发展模式。按照规划，至 2035 年深圳将建设完成 33 条线路、总里程 1335 公里的地铁网络。在此背景下，深圳市城轨工程 BIM 标准的建立需充分考虑兼容性、全面性、可持续性等要求。

2　现状调研

我国从 2012 年开始启动 BIM 标准的研究和编制工作，目前已发布多项 BIM 领域的国家和行业标准，主要从模型交付、技术应用、数据结构等方面规范 BIM 应用。国家或行业 BIM 标准早期主要聚焦在建筑领域，随着 BIM 技术发展，开始向公路、水运、铁路等市政基础工程延伸，但目前针对城轨领域的 BIM 标准还相对缺乏。为推进城轨工程全生命周期 BIM 技术的规范化应用，在当前国家和行业标准的原则下，国内各城市研究了城轨领域的 BIM 标准规范，涉及分类编码[1]、建模[2]、交付[3]、运维[4]等。部分标准已发布为各省市的地方标准，表 1 整理了城轨领域部分的 BIM 地方标准。

各省市城轨 BIM 标准概况（部分）　　　　　　　　表1

发布时间	省市	标准名称
2016	上海	城市轨道交通信息模型技术标准 DG/TJ 08-2202—2016
		城市轨道交通信息模型交付标准 DG/TJ 08-2203—2016

【基金项目】住房和城乡建设部 2020 年科学技术计划项目（2020-K-136）；2021 年深圳市工程建设领域科技计划项目（2021-32）
【作者简介】周琳（1989—），女，BIM 所所长，工程师。主要研究方向为轨道交通工程 BIM 技术研究与应用。E-mail：zhoulynne@163.com

续表

发布时间	省市	标准名称
2016	广西	城市轨道交通建筑信息模型（BIM）建模与交付标准 DBJ/T 45-033—2016
2019	广东	城市轨道交通建筑信息模型（BIM）建模与交付标准 DBJ/T 15-160—2019
		城市轨道交通基于建筑信息模型（BIM）的设备设施管理编码规范 DBJ/T 15-161—2019
2019	天津	城市轨道交通管线综合 BIM 设计标准 DB/T 29—268—2019
2020	山西	城市轨道交通建筑信息模型全生命期应用标准 DBJ 04/T 403—2020
		城市轨道交通建筑信息模型建模标准 DBJ 04/T 412—2020
		城市轨道交通建筑信息模型数字化交付标准 DBJ 04/T 413—2020
2020	河南	城市轨道交通信息模型应用标准 DBJ 41/T 235—2020

3 城市轨道交通工程 BIM 技术标准体系研究

3.1 BIM 技术标准体系总体架构

在充分调研现有 BIM 标准和成果的基础上，参考美国国家 BIM 标准 NBIMS[5] 和中国 CBIMS 标准[6]，结合深圳城轨工程近几年的 BIM 实践经验[7]，深圳地铁提出城轨工程 BIM 技术标准体系，分为基础标准、工作指导、数据与平台三个层次共十项标准，覆盖城轨工程全生命周期各阶段，界定各方职责，形成规范模板，统一交付成果，如图 1 所示。

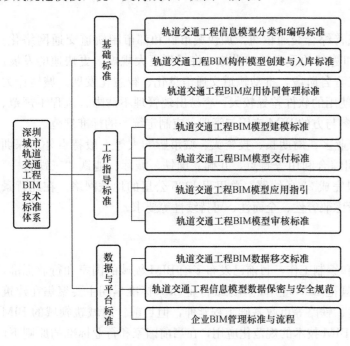

图 1 深圳市城轨工程 BIM 技术标准体系

• 基础标准主要规定 BIM 数据基本要求，包括分类编码、构件库资源、协同管理环境等。

• 针对城轨工程 BIM 应用需求，工作指导标准规定了模型创建、应用、交付等要求。其中，为保障 BIM 模型及相关成果的合规性，还提出审核标准。

• BIM 数据应用与软件平台息息相关，考虑到城轨工程数据安全性的特殊性，数据与平台标准从数据移交过程的数据结构、数据安全以及企业管理流程等方面制定相关要求。

3.2 BIM 标准研究

（1）《轨道交通工程信息模型分类和编码标准》（简称《分类编码标准》）

该标准主要规定深圳市城轨工程的位置管理编码和对象分类编码。位置管理编码包括车站、区间、车辆段、停车场、主变电所等，主要根据深圳地铁在建和运营的实际站点情况进行编制。对象分类编码遵循国标《建筑信息模型分类和编码标准》GB/T 51269 的分类编码原则，在该国标的基础上扩展城轨工程专有的对象信息。进一步，编码结构在国标的四级结构基础上扩展为六级，以满足工程项目的应用。通过位置管理编码和对象分类编码的组合使用，可唯一识别在项目中某一位置的具体工程对象。

（2）《轨道交通工程 BIM 构件模型创建与入库标准》（简称《构件库标准》）

该标准规定城轨工程各专业构件的类型、属性等要求，并规定构件模型创建方法，统一各专业构件的数字化表达。针对全生命周期应用的信息要求，提出通用属性和专项属性，属性的分类、分组和代号等依据《建筑信息模型设计交付标准》GB/T 51301 和《建筑工程设计信息模型制图标准》JGJ/T 448 等进行定义与扩展。目前规定了 300 多个属性模板。《构件库标准》的构件分类主要依据《分类编码标准》，以保证 BIM 标准体系之间的一致性。

（3）《轨道交通工程 BIM 应用协同管理标准》（简称《协同标准》）

该标准规定了城轨工程各参与方的协同管理形式。针对城轨工程 BIM 协同管理过程中所涉及的资源、行为、成果等内容，从文件目录划分、文件命名、文件管理、用户权限等方面进行规定，对各参与方开展协同作业提出权限设置、成果提交等基本要求，以建立统一、规范的协同管理环境。

（4）《轨道交通工程 BIM 模型建模标准》（简称《建模标准》）

该标准首先统一城轨工程 BIM 模型的建模环境，包括坐标定位、高程系统、单位度量等。结合各专业特点，制定各专业模型划分原则，规定各专业工程对象在不同阶段的建模深度要求，并规定 BIM 模型中各构件的命名规则。其中，BIM 模型可承载大量的信息，对于工程对象的属性信息要求，参照《构件库标准》的属性模板，而《建模标准》规定属性信息在不同阶段的填写要求，随着项目发展可逐渐积累 BIM 信息。同时，为保证 BIM 模型表达的统一性，在《建模标准》中规定各专业 BIM 模型的图层、颜色、材质等要求。

（5）《轨道交通工程 BIM 模型交付标准》（简称《交付标准》）

该标准主要规定城轨工程各阶段交付的 BIM 模型及相关 BIM 应用成果的要求，包括设计向施工、施工向运维的交付 BIM 模型要求，为各阶段之间的数据打通奠定基础。BIM 应用交付成果主要包括属性信息表、工程图纸、项目需求书、BIM 执行计划、模型工程量清单、交付说明书等。同时，也规定了各交付物的格式、命名、版本等基本要求。

（6）《轨道交通工程 BIM 模型应用指引》（简称《应用指引》）

《应用指引》规定了城轨工程全生命周期各阶段的 BIM 应用。参考 IDM（Information Delivery Manual，信息交付手册）标准，制定规范的 BIM 应用模式，该模式包括数据准备、软件功能要求、应用流程、成果要求等方面。图 2 以交通疏解和管线迁改为例，展示该标准的 BIM 应用流程。《应用指引》中规定了共 30 项设计、施工 BIM 应用，并对 5 项运维 BIM 应用提出了探索性的要求。同时，为保证 BIM 应用的有序实施，对 BIM 应用过程的组织管理、模型创建、应用规划等作出统一规定。

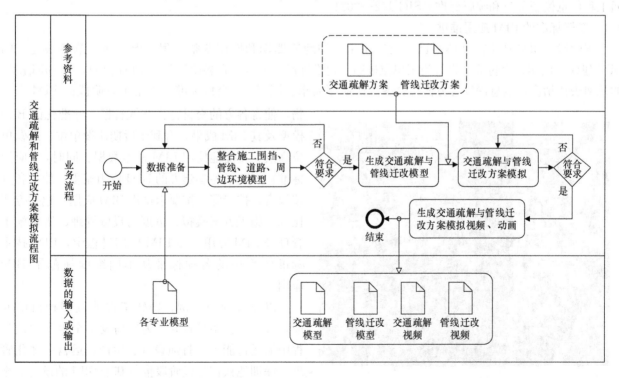

图 2　交通疏解和管线迁改方案模拟 BIM 应用流程

（7）《轨道交通工程 BIM 模型审核标准》（简称《审核标准》）

为保障 BIM 模型的质量，建立《审核标准》，规定城轨工程 BIM 模型审核流程各环节的基本要求，包括审核策划、审核流程、成果归档、版本固化等。该标准从专业技术、BIM 技术层面分别规定 BIM 模型审核内容，并明确考核评分的具体要求。其中，专业技术层面的审核内容主要包括工程项目的可实施性、规范符合性等方面，BIM 技术层面的审核内容主要以深圳地铁 BIM 技术系列标准为依据，以保障 BIM 模型数据的统一性、规范性。

（8）《轨道交通工程 BIM 数据移交标准》（简称《数据移交标准》）

为保证城轨工程 BIM 模型的有效移交，提出城轨工程信息模型数据移交方案，包括移交策略、移交需求、移交计划、移交实施方案等要求。其中，也规定城轨各专业构件 BIM 数据的结构化表达要求，如数据名称、数据类型、数据格式、值域、约束条件等，形成各类数据标准模板。

（9）《轨道交通工程信息模型数据保密与安全规范》（简称《数据安全规范》）

城轨工程包含大量的敏感数据，BIM 数据和相应 BIM 成果除应符合企业的数据安全要求，还应该根据 BIM 数据特点，建立数据安全制度。《数据安全规范》主要从基础设施环境、软硬件、模型数据等多个方面对城轨 BIM 数据保密与安全保护提出指导性意见，尤其统一规定了 BIM 模型数据的存储、交换、应用、交付等方面的安全性要求。

（10）《企业 BIM 管理标准与流程》（简称《企业管理标准》）

该标准以业务管理部门为角度，对 BIM 应用的管理目标、管理原则、组织架构提出相关要求。同时，针对各业务板块的应用需求，制定 BIM 实施管理办法和流程，明确了各业务的 BIM 管理目标、管理介入时间、数据准备内容、管理内容、成果审查要求以及最终形成的管理成果等，促进了 BIM 技术与业务的深度融合。

4 项目实践应用

上述相关标准已有 9 项发布成为深圳地铁的 BIM 企业标准。经实践应用和经验积累，有 2 项标准升级为深圳市地方标准，即《城市轨道交通工程信息模型表达及交付标准》SJG 101—2021 和《城市轨道交通工程信息模型分类和编码标准》SJG 102—2021。

4.1 基于标准的 BIM 应用推进

现阶段，BIM 技术标准体系已广泛应用于深圳地铁四期和四期调整工程，指导并规范各参建方的 BIM 建模、应用、交付等。设计施工单位按照《建模标准》要求，在各阶段创建 BIM 模型，且 BIM 模型的几何表达精度、信息深度等方面符合各阶段应用需求。同时，《交付标准》规定了各阶段的 BIM 交付物，使得各方的交付行为有依有据。标准化的 BIM 模型及其 BIM 成果，有利于后期建设单位、运营单位高效、便捷地使用 BIM 模型数据。同时，《应用标准》规范了各参建方的 BIM 应用流程，使得各方按权责、按步骤、按要求推进 BIM 应用，包括方案比选、施工方案模拟、进度与投资管理、盾构施工管理等 BIM 应用。在 BIM 应用过程中，BIM 技术标准体系中的各项标准从不同维度规范了 BIM 应用。

以设备管理为例。城轨工程涉及多种机电专业，设备规格型号各异。为提高设备全生命周期过程中的运行能力，打通设计、生产、运营一体化管理，深圳地铁在建设阶段推行基于 BIM 的设备二维码方案，如图 3 所示。首先由设备供应商按照《构

图 3 基于二维码的城轨工程设备管理

件库标准》创建设备 BIM 模型，并导入深圳地铁 BIM 构件产品库，系统可自动生成相应的设备二维码。在设备的运输、到场、安装，以及后期的运营过程中，采用二维码方式进行各业务的流转。通过手持的二维码扫描仪、智能手机等可直接读取二维码内附带的信息，有助于存储设备各类数据，提高设备数字化管理水平。二维码附带的信息包括设备名称、编码、型号、参数、设备唯一编码、资产清册和应用情况等。其中，设备的编码采用《分类编码标准》中的位置管理编码和对象分类编码组合，可唯一识别该设备。应说明的是，为保证数据安全性，入库后的设备模型将根据《数据安全规范》进行加密，从源头确保地铁数据安全。

4.2 基于标准的 BIM 模型审核

考虑各相关方创建 BIM 模型方法的不同，为保证 BIM 模型质量，符合 BIM 技术标准体系要求，深圳地铁组织研究开发基于标准的 BIM 模型审核工具，可依据 BIM 标准对各专业 BIM 模型信息的完整性、准确性，以及构件命名、颜色等内容进行自动检查，并形成审核报告。图 4 展示了 BIM 模型经审核后的结果报告。该审核工具是以集团 BIM 标准作为依据，可适配 BIM 标准的不同模板要求，具有较强的灵活性，有效保证了 BIM 模型数据的质量，促进了标准落地。

构件类别	族名称	类型名称	类型名称判断规范性	是否构件库构件	颜色	条目是否完整
结构框架	混凝土 - 矩形梁	JG-MZL1-1000x1000mm	类型名称规范	是		条目完整
结构框架	混凝土 - 矩形梁	JG-MZL1-1000x1000mm	类型名称规范	是		条目完整
结构框架	混凝土 - 矩形梁	JG-MZL1-1000x1000mm	类型名称规范	是		条目完整
结构柱	混凝土 - 矩形 - 柱	A口-JG-AZ2-1200x600mm	类型名称不规范，名称格式应该是"构件类别--"	是	192.192.192;	条目完整
结构柱	混凝土 - 矩形 - 柱	A口-JG-AZ1-600x1000mm	类型名称不规范，名称格式应该是"构件类别--"	是	192.192.192;	条目完整
结构柱	混凝土 - 矩形 - 柱	A口-JG-AZ1-600x1000mm	类型名称不规范，名称格式应该是"构件类别--"	是	192.192.192;	条目完整

图 4　城轨工程 BIM 模型自动审查结果报告

4.3 标准化的数字资产积累

深圳地铁从实施 BIM 应用至今，以 BIM 标准为准则，各参建方建立规范化 BIM 模型，产生 BIM 应用成果，积累了城轨工程全生命周期海量数据，形成标准化的数字资产，如图 5 所示，为深圳市的数字孪生地铁奠定了坚实基础。

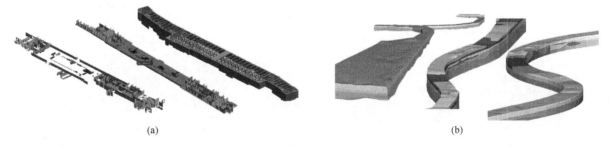

(a)   (b)

图 5　深圳地铁 BIM 数字资产概览
（a）车站模型；（b）地质模型

5　总结

深圳地铁结合城轨工程 BIM 应用的实践经验，在遵循国家标准和行业标准的基础上，建立 BIM 技术标准体系，覆盖全生命周期各阶段，包括分类编码、模型创建、应用实施、交付审核、信息安全等各方面，明晰各方界面，规范应用行为，形成管理流程，统一交付成果，全面支撑深圳地铁 BIM 应用，为城轨工程数字资产提供了基础规范。下一步，将根据业务应用需求进一步研究并编制其他 BIM 标准，健全完善城轨工程 BIM 技术标准体系。

参 考 文 献

[1] 饶洋，王君，曾雪松，等. 城市轨道交通 BIM 分类和编码标准及数字化应用研究[J]. 土木建筑工程信息技术，2022，03：57-61.

[2] 张中安. 基于建模标准的城市轨道交通工程 BIM 模型多阶段表达[J]. 现代城市轨道交通，2021(S1)：134-138.

[3] 杨明. 基于城市轨道交通工程的 BIM 交付标准研究[J]. 中国标准化，2018(16)：141-142.

[4] 赖华辉，邓雪原，陈鸿，等. 基于 BIM 的城市轨道交通运维模型交付标准[J]. 都市快轨交通，2015，28(03)：78-83.

[5] National Institute of Building Sciences (NIBS). National Building Information Modeling standard (Version 1)-Part 1：Overview, principles, and methodologies [S]. Washington, DC, United States, 2015.

[6] 清华大学软件学院 BIM 课题组. 中国建筑信息模型标准框架研究[J]. 土木建筑工程信息技术，2010，2(2)：1-5.

[7] 贾科. 深圳地铁建设工程信息化管理实践[J]. 现代城市轨道交通，2021(S1)：7-11，133.

BIM 技术在小梅沙片区城市更新单元中的应用探索

龚世浩¹，姚新军²，段少也²，陈　巍²，程　锦²

(1. 同炎数智科技（重庆）有限公司，重庆 400050；2. 深圳市特发小梅沙投资发展有限公司，广东 深圳 518000)

【摘　要】小梅沙片区城市更新单元项目是深圳市的首个旅游业态城市更新项目，发展定位为世界级都市型，独具海洋文化特色的滨海旅游度假区。根据目前国内 BIM 技术现状，兼顾未来 BIM 技术发展趋势，项目采用 BIM 全过程咨询的应用模式，以 BIM 数据为基础，充分发挥其在策划、设计、施工及运维四大阶段的可视化优势，通过高标准严要求的管理方式，打造出一个智慧型、数智化的未来城市。

【关键词】建筑；BIM；智慧城市；协同管理；数字化

1　绪论

早在 1975 年，美国 Carnegie Mellon University 的 Chuck Eastman 教授就提出了 BIM 的概念，其原型为 Building Description System。在 1980 年之后，美国改称该技术为 Building Product Model，而在欧洲它有另一个名字：Product Information Model。直到 2002 年，众所周知的欧特克公司（Autodesk）才正式提出"建筑信息模型"，即 Building Information Modeling（BIM）的概念，该理念一经提出立即受到业内人士的广泛认同，并沿用至今[1]。

智慧城市是通过分析数字通信对城市文化、生态和管理的影响而产生的一种新的社会模式。随着城市化的扩张，政府部门越来越重视智慧城市的发展，纷纷制定相关的政策以推动智慧城市的良性发展[2]。BIM 技术应用作为工程建设数智化转型的重要工具，为数字孪生、智慧城市做好了数字底座。本文结合小梅沙片区城市更新单元项目中的 BIM 技术应用经验，探讨 BIM 技术在多地块、城市级项目中的应用，为后期打造智慧小梅沙 CIM 运维平台打下坚实的数据基础。

2　工程概况

2.1　项目简介

小梅沙更新单元属于盐田区"商改商住"项目，位于盐田区梅沙街道小梅沙海滨旅游区，是深圳首个旅游业态城市更新项目。项目以"一个山海公园，四个活力片区"的空间结构引领小梅沙片区规划，将小梅沙建设成一个以"拥抱海洋、梅沙小镇"为主题，以海洋文化为核心，集旅、居、业为一体的未来城市。未来，整个片区将按照"海洋产业＋新科技＋新旅游＋新体育＋新媒体"为主导的产业发展思路，以可持续发展的理念为指导，实现城市绿色环保、安全健康地发展。

本项目更新单元新建地块主要分为一期和二期，计划一期完成 03-01-1、03-01-2 及 03-05 地块的建设、二期完成 02-09、02-10 及 03-02 地块的建设。其余 02-03、02-05、02-06、02-07、03-08 等地块属拆除范围。片区统筹规划面积 387 万平方米，总建筑面积约 57 万平方米，总投资约 150 亿元（图 1）。

【基金项目】重庆市建设科技项目（城科字 2021 第 3-5 号）；住房和城乡建设部科学技术计划项目（2022-S-002）；住房和城乡建设部科学技术计划项目（2020-K-087）

【作者简介】龚世浩（1996—），男，BIM 工程师。主要研究方向为 BIM 技术在建筑行业中的应用。E-mail：gongshihao@ity.com.cn

图 1 小梅沙项目概况平面图

2.2 社会背景

政策背景：BIM 技术的快速发展，使得 BIM 技术已经被越来越多的企业和个人接受和认可，连续几年我国住房和城乡建设部、工信部、发展改革委从智慧城市、建设模式角度出发制定了许多政策文件，推进智慧城市建设及全过程咨询。在住房和城乡建设部的大力推动下，全国各省市政策相继出台 BIM 推广应用文件，BIM 技术逐步向全国各城市推广开来，真正实现在全国范围内的普及应用。

技术背景：美国前副总统戈尔于 1998 年提出了"数字地球"这一概念，描述了一个覆盖全球的信息模型，它把全球海量信息数据和多维显示的地球虚拟系统进行有机结合，使城市管理者可以按照地理坐标对全球信息进行检索和利用[3]。如今 GIS、物联网、大数据、云计算、高清图形引擎等技术的快速发展已经给社会各行各业带来了翻天覆地的变革，更是让建筑行业走上了智慧建造之路[4]。BIM 与这些高新技术相融合，使得数据筛选更加高效，数字运维更加智能，信息化建设更加完善。

2.3 重点与难点

小梅沙片区城市更新单元项目重难点概括如下：

① 参建单位众多，管理协调难度大；

② 项目设计专业多，设计协同难度大；

③ 项目工期长，不确定因素多；

④ 项目周边自然环境和功能定位契合度要求高；

⑤ 施工过程对地下原有市政管网保护要求高；

⑥ 施工过程对市政道路和轨道交通影响大；

⑦ 施工过程变更管理难，BIM 技术落地实施难度大；

⑧ 城市级体量 BIM 模型统一管理，硬件性能要求高；

⑨ 建设单位管理组织制度及流程复杂，保障信息高效传递难度大。

3 智慧建造，标准先行

小梅沙城市更新单元项目用地面积 246417.6m²，项目体量大，周边环境复杂。项目前期通过无人机倾斜摄影技术采集地理信息，生成三维 GIS 模型[5]，并与 BIM 模型相结合，充分发挥数字化信息共享优势，将项目与周边的关系通过协同平台及时传达给各参建单位，引导各方快速参与到项目的建设中来（图 2）。

根据小梅沙项目整体规模，为规范 BIM 工作流程，落实 BIM 技术应用，拟定了 BIM 实施方案、BIM 实施标准、BIM 管理细则、BIM 管理流程、BIM 进度计划等。并通过协同管理平台，对项目周期内的产生的数据及协同工作进行统一管理。

由于项目体量大，需要事先通过 BIM 技术分析各种不利因素对生产建设产生的影响，如地理因素、天气因素、交通条件等。BIM 实施方案就 BIM 实施环境、重难点、实施目标、实施内容、交付标准、保

图 2　BIM+GIS 项目全景模型

障体系等一系列问题作出详细的阐释，为解决即将面临的困难做好准备工作。

　　《"十四五"住房和城乡建设科技发展规划》中指出："发展数字化、智能化技术是推动城市治理体系和治理能力现代化的重要支撑。"前提是要确定好工程项目数据资源标准体系。考虑到小梅沙片区城市更新单元项目地块众多，单位构成复杂，为了方便数据的统一管理，以及后期运维阶段 BIM 数据的整合应用，各个地块之间在遵循国家和地方基本的 BIM 标准前提下，必须按照片区制定的《BIM 实施标准》进行自我约束。

　　BIM 管理细则是在人员管理这一环节保障 BIM 技术落地的具体原则，关系到项目最大变量：人与人之间的沟通协调。小梅沙项目以 BIM 协同管理平台作为项目管理的核心，建立起数字化协调机制和管理机制，减小了人为出错的概率。架构完整且管理脉络畅通的 BIM 管理细则是保障 BIM 技术实施的引擎，配合协同管理平台，方能保障项目有条不紊地运行。

　　对于一些构成复杂、参建单位众多的项目，大量文字描述不能很好地展示管理逻辑，需要制定一份直观流程图，BIM 管理流程是对 BIM 管理细则的图形化阐释和说明。小梅沙项目在数字化协同过程中，采用 BIM 协同管理平台上的表单流程为主，以线下流程为辅的方式展开工作。流程完善、条理清晰、职责明确的 BIM 管理流程能够直观有效地指导现场各参建人员进行工作流转，大大提高协调效率。

　　BIM 进度计划是 BIM 实施的直接依据，对于过程中的重要节点有着直观的反映。节点明确、分配合理的 BIM 进度计划是 BIM 应用的生命线，对于项目进度把控，合理推进项目起着重要的作用。项目根据实际施工进度情况至少每三个月更新一次 BIM 工作进度计划，以保证该计划的时效性。

4　智慧建造，数据筑基

4.1　BIM 模型构建

　　小梅沙项目中 BIM 模型的主要数据来源于各地块的设计师。通过运用 BIM 技术，在设计阶段即可构建出高还原度的虚拟资产。利用 BIM 可视化的优点以及数字化信息传递的便利性，为多方沟通、共享、协作提供了有力的数据支撑。

4.2　BIM 模型校对

　　设计师通过轻量化软件如 Naviswork、Enscape、Fuzor 等，以真实视角实时浏览室内空间布局，结合建模过程中产生的图纸问题报告和碰撞检测报告，及时进行内部自审，排查问题，优化方案。

4.3　BIM 管综优化

　　管道综合是 BIM 技术应用的重点与难点。特别是 03-05 地块的酒店项目，曲形空间结构让管道排布难度系数直线上升。对此，设计师基于 BIM 模型详细优化了每根管道沿着弧形曲面的分段长度，指导施工单位严格按照 BIM 深化图纸施工，做到实际施工与 BIM 模型一一对应。

设计师在完成土建机电模型校对之后，方可进行管综优化工作。重点在于如何合理规划不同专业之间的管道路由及标高，来尽量提升净高空间，在保证满足基本净高要求的条件下最大限度保证美观。除了遵循基本的管综原则之外，还应综合考虑管道保温层、支吊架厚度，以及安装检修空间等现实因素。

4.4 BIM 模型出图

设计单位在机电管综优化完成后，及时出具净高分析图，并交由顾问单位审核。然后由顾问单位组织 BIM 模型联审会议对此阶段性 BIM 成果进行审核验收，建设单位通过实时漫游指出设计功能缺陷并提出优化建议，及时提醒设计单位进行优化调整，提高出图效率，减少反复变更。直至确认无误后，设计单位即可开始该阶段 BIM 成果的产出，如管综排布平面图、复杂节点剖面图、三维节点分析图、预埋套管及预留洞口图等，这些成果将作为指导施工单位进行现场施工及二次深化的有力依据。

4.5 BIM 成果交底

设计单位完成所有以上 BIM 工作内容且成果经顾问单位审核无误后，由顾问单位组织相关参建单位针对施工方进行设计 BIM 成果交底，解答施工单位对于图纸信息的疑惑与理解偏差，保障阶段性工程技术信息的完整传递。

5 智慧建造，成果落地

5.1 BIM 协同管理

BIM 技术作为信息化的关键性手段，其核心不应该仅是工程的应用点，而应是"信息 ＋ 管理"的模式，功能的体现即是集成平台[6]。

小梅沙片区工程建设管理依托于 iTY 项目协同管理平台（图 3），及时收集并更新项目信息，加强管理人员组织架构审查，定期进行现场巡检和考核，对于阶段性 BIM 成果，通过平台流程进行多方审核并归档。同时，项目三方月度巡检将平台应用及 BIM 成果应用纳入考核项，对各参建单位的评分结果通过平台公开发布，对于问题项要求限时整改，以推进项目信息化建设，加强 BIM 应用与生产的紧密结合。

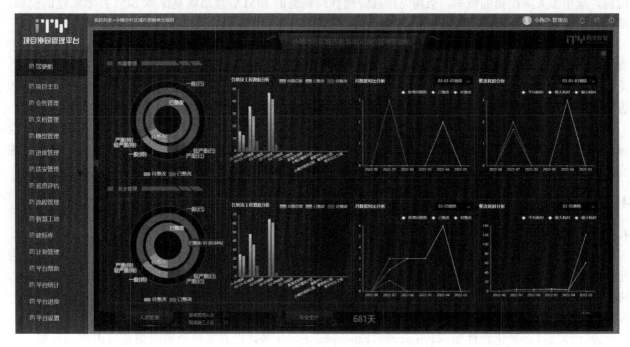

图 3　BIM 协同管理平台

5.2 BIM 深化应用

当前节点施工单位的主要工作是根据设计提供的 BIM 成果进行深化，包括场布模型及场布图制作、构件信息深化、模型精度深化、管综空间优化、支吊架安装深化，以及钢结构、幕墙、装配式、装饰装修、园林景观等专业的深化。

小梅沙片区城市更新单元同一期有多个地块共同施工，临建用地十分紧张，而且项目整体受市政道路，以及八号线地铁施工影响较大。运用 BIM 技术提前搭建好基坑、场布模型，合理划分各单位间的用地区域，方便了解场地布置的合理性与隐患，并及时做好纠正，更好地解决用地范围内的地下管线接驳问题。

在重难点部位施工之前，施工单位会提前做好施工模拟视频，局部安装 VR 全景、节点爆炸分析图等，配合开展专项施工方案论证，并结合二维码及云技术完成现场可视化交底工作。

5.3　BIM 保障措施

小梅沙项目结合现场管理制度及管理方式，制定了以 BIM 周例会为主体的会议保障制度。对于未完成的进度目标，由顾问单位通知与会监理进行跟踪。针对有争议的点，线下组织 BIM 专项评审会，会上通过可视化模型共享信息，及时解决存在的问题。

顾问单位会根据项目开展进度及现场条件及时进行 BIM 周巡检，巡检工作在对应部位施工前后分别开展一次。首次需在浇筑前核对现场预留套管和洞口是否与 BIM 深化图保持一致，等到拆模后再进行二次确认尺寸及定位，并形成巡检报告。未按 BIM 深化图进行施工的，例会上进行通报，要求及时整改，并在月度考核成绩中扣除相应分数。

5.4　BIM 竣工交付

竣工验收阶段，应保证 BIM 信息的规范性和完整性，数据格式应满足片区 BIM 实施标准。顾问或监理单位负责审核模型外部信息的录入情况，特别是主材、设备信息的录入。模型整合完毕后需及时校对地块交接部位，检查无误后方可由顾问单位组织进行竣工交付。

6　总结与展望

BIM 技术的出现，切实推动了建筑行业数字化产业升级，凸显出数字化的便捷性、共享性，从项目策划阶段起至运维阶段，BIM 技术应用留下了宝贵的数字资产。

在过去的一年时间里，小梅沙 BIM 协同管理平台注册人员突破 300 人，摄像头接入 32 个，进度模型更新 45 次，上传全景图 29 次，大事记更新 48 次，监理日常质量安全通知单分别发起 65 起和 95 起，平台会议平均每月发起 30 多次，发起流程 592 起，处理并归档流程 428 起，平台运用效果显著。截至目前，小梅沙片区城市更新单元项目完成了一期 03-01-1、03-01-2 和 03-05 三个地块施工模型，片区北侧市政道路设计模型，以及二期 02-09、02-10 两个地块设计模型，03-02 基坑设计模型的建立，共计出具了 96 份 BIM 审核报告，协助业主解决了 614 处问题。能够取得如此成绩，BIM 技术功不可没。

不过，相较于中小体量的项目，城市级项目中 BIM 技术在模型数据承载力，以及巨量模型信息整合等方面的应用，仍存在不小的挑战。期待 BIM 技术有朝一日能够突破硬件的限制，在 5G 网络及云端渲染技术的加持下，实现人与数据之间的流畅交互。

未来工程建设数字化转型过程中，对行业各专业信息化、数字化、智能化的高标准严要求，将促使 BIM 技术应用的价值持续放大。而随着各个项目实际开展中 BIM 技术深度及广度的逐渐拓展，BIM 技术应用体系也将愈发趋于成熟，在工程建设行业中发挥着不可或缺的作用。

参 考 文 献

[1]　杰里·莱瑟林，王新. BIM 的历史[J]. 建筑创作，2011(6)：146-150.

[2]　王磊，刘文文. 智慧城市建设对地区经济产值影响研究——以成都为例[J]. 可持续发展，2021，11(4)：467-474.

[3]　李德仁，龚健雅，邵振峰. 从数字地球到智慧地球[J]. 武汉大学学报(信息科学版)，2010(2)：127-132.

[4]　李正军. 新型智慧城市提升城市综合治理能力体系的研究与实践[J]. 软件工程与应用，2020，9(5)：397-402.

[5]　朱庆. 三维 GIS 及其在智慧城市中的应用[J]. 地球信息科学学报，2014，16(2)：151-157.

[6]　李晓波，谢立全，吴军伟. 基于协同管理平台的 BIM 技术应用研究[J]. 土木工程，2019，8(1)：43-54.

基于改进 k 邻域法的隧道裂缝智能定量提取

周　红，高滨玮，吴文瑾

（厦门大学建筑与土木工程学院，福建 厦门 361005）

【摘　要】隧道衬砌表观裂缝是隧道施工和运营养护定期检测的指标，目前严重依靠人工检查的方法效率低下，难以满足隧道运营智能化需求。本文针对裂缝指标属性因子，构建散乱点云在改进栅格法下的空间拓扑关系，通过柱面展开将三维点云投影至二维平面，对点云裂缝的轮廓特征点进行提取、排序和区分，定量提取裂缝的长度、最大宽度和分形维数。通过厦门地铁二号线隧道实例验证方法的可行性。对隧道衬砌表观健康度评价研究工作提供借鉴。

【关键词】点云数据；裂缝提取；k 邻域；质心分析

1　引言

为了改善城市交通状况，推动经济发展和提升社会生活水平，各国正在大力发展城市地铁轨道交通系统。截至 2021 年底，全世界 79 个国家共计 541 个城市开展城市地铁轨道交通系统运营，总里程数为 36854km[1]。隧道衬砌裂缝关系到隧道的健康状态，衬砌结构表面裂缝的快速提取对隧道工程的安全管养至关重要。现有施工和运营隧道衬砌的裂缝检测工作主要是依靠人工检查记录[2]，主观性强，急需探索一种无损智能化精细化的隧道表观病害检测方法来保证隧道常态化表观病害检测的准确性。

现有的无损检测主要为冲击回波法[3]、超声波法[4]、电磁法[5]和热成像[6]等，必须承认这些方法对隧道表观病害检测做出了有益的贡献，但是仍然存在着不足，难以适应隧道内的实际使用情况。受到设备本身体积影响，检测范围也较为局限。三维激光扫描技术可直接获取具有检测物体空间属性的三维点云，采集数据受环境影响小。近年来，三维激光扫描技术已应用于一些大型隧道工程的变形监测中，如挪威的 Sandvika 隧道监测和中国厦门地铁隧道，其在隧道表观病害检测中的引入能满足精细化和智能化的检测需求。然而，现有针对隧道工程的三维激光扫描技术研究大多是面向路面沥青裂缝检测[7]，其在隧道工程中的运用尚未成熟，仍需研究。

鉴于无损检测和三维激光扫描方法的优点和不足、现有隧道衬砌表观裂缝的智能化提取的需求，本文在三维扫描技术的基础上，提出了一种基于点云数据的隧道裂缝智能定量提取方法。本文针对裂缝指标属性因子，基于改进栅格法的 k 邻域算法，快速构建点云空间 k 邻域搜索，从而表征点云数据的空间关系和形状信息。通过柱面展开将三维点云投影至二维平面，对点云裂缝的轮廓特征点进行提取、排序和区分，定量提取裂缝的长度、最大宽度和分形维数。以厦门地铁二号线隧道实例验证了该方法的可行性，对隧道衬砌表观健康度评价研究工作提供借鉴。

2　研究方法

2.1　点云数据采集和预处理

本文利用徕卡 P40 三维激光扫描技术采集隧道点云数据。然而，三维激光扫描技术在隧道实际使用中，受入射角、正交扫描距离等因素影响，扫描获得的点云包含大量的无用数据和离群噪声。因此，对采集得到的点云数据进行预处理至关重要。对采集的隧道点云数据进行预处理主要包括点云拼接和去噪

【作者简介】周红（1973—），教授。主要研究方向为土木工程建造与管理。E-mail：mcwangzh@yahoo.com.cn

环节[8]。点云模型拼接的方法包括基于测量点的拼接、混合拼接和基于标靶的拼接，前二者需要布设大数量和密度的控制点，不适用于大型隧道工程，因此本文采用基于标靶的点云拼接方法进行点云拼接。根据半径滤波和统计滤波，基于扫描设备配备的点云数据预处理软件，较好地实现了对隧道点云数据中离散点的去噪和目标区域分割。从而解决隧道内部缺少明显特征点及光线条件较差对后续裂缝定量提取的影响。

2.2 点集处理

点云模型的轮廓提取是隧道工程表观裂缝检测的核心，基于散乱点云模型的边界提取方法无需进行网格化处理，轮廓提取的速度和精度较为高效。而该方法需先构建离散点间的空间拓扑关系，由于 k 邻域搜索方法具有可以快速获取并对特征信息进行判断且能具有一定的鲁棒性的特点，因此本文采用基于 k 邻域搜索的散乱点云模型边界提取方法。

2.2.1 点云数据邻域索引构建

现有 k 邻域搜索方法基于欧几里得距离递增顺序找到距离当前最近的 k 个点作为 k 邻域[9]，这种方法性能随点云模型内点数量的增大而降低，不适用于大量的点云数据。本文通过改进散乱点云 k 邻域搜索方法，完成目标点 k 邻域的搜索。

常用点集空间索引的构建方法主要包括八叉树法、kd-tree 法和栅格法。栅格法通过空间分块的方法实现 k 邻域点搜索，能较好地建立散乱点云的空间索引，其原理较为简单，复杂度和计算量极大程度受限于最小栅格的初始设置。本文针对栅格法进行改进，利用可变网格减少散乱点云邻域网格的构建时间，根据需要搜索邻近点的数量，设计确定可变空间大小，降低 k 邻域搜索过程的复杂性。

改进的算法主要是根据点集的密度，通过扩大或缩小网格，从而快速求得 k 邻域点。该算法先将点云模型的 x,y,z 方向坐标分别进行排序，在每一维坐标中构建正反两个序列的索引，以获取任意一点 P 的三维排序 (m,s,t) 坐标。假设空间内任意一点 P 的 x 方向排序坐标为 m，以 P 点为中心，沿相反方向依次搜索 P 点 x 坐标方向在 $[m+n, m-n]$ 邻域范围内的 $2n$ 个点，同理可得 y 方向与 z 方向上的 $2n$ 个点。再通过建立 x,y,z 方向索引点的交集，即可遍历该网络内的所有点，完成初始网络的 k 近邻索引构建。与原始的栅格法 k 邻域索引构建比较，有效提高了划分栅格内点云个数的可确定性，提升了 k 邻域的搜索效率。算法的主要流程如图 1 所示。

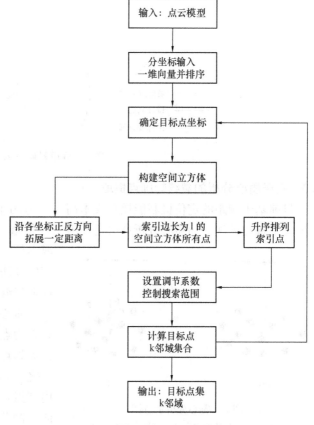

图 1 目标的 k 邻域构建流程

2.2.2 点集切平面投影

集的投影首先需要选取点集内任意一点，生成包括目标点以及其 k 邻域点的局部目标点集，用以建立微切平面。当散乱点云点集区域确定之后，将点集投影到微切平面上，然后实现轮廓提取[10]。考虑到隧道衬砌点云数据的柱状拟合曲面特性，需要通过柱面点云展开投影到假定二维平面，对数据进行降维参数化处理。为准确获取裂缝的定量信息，先将衬砌点云数据投影至设计断面，再将拟合曲面依次对隧道标准设计断面和顶部的二维平面进行展开，形成新的平面坐标系，将点云中的三维坐标系 (x,y,z) 转换至二维坐标系（x,y）。

如图 2 所示，设拟合曲面中心点 O 为（x_0, z_0），向量 $\overrightarrow{OA}=(1,0)$ 为 x 轴正单位向量，而 $\overrightarrow{OB}=(1,0)$ 为 z 轴正方向单位向量，点 P(x,z) 即为采集点云中的任意一点，向量 $\overrightarrow{OP}=(x-x_0, z-z_0)$，∠POA 以 X 轴逆时针旋转时为正[10]。先将点云投影至标准设计断面，如图黑实线所示，P′(x′,z′) 为 P 向设计断面投影后的点，∠P′OB 为 OP′ 和 OB 夹角，因此根据下式可获得投影后的 P′(x′,z′)；后将设计断面上的点向二维平面投影，P″(x″,z″) 为 P′ 向目标二维平面展开后的点，根据下列式子可得到展开后的 P″(x″,z″)。

$$\begin{cases} x''=\begin{cases} \alpha \cdot R, x'>x_0 \\ -\alpha \cdot R, x' \leqslant x_0 \end{cases} \\ z''=z_0+R \end{cases} \tag{1}$$

$$\alpha=\angle P'OB=\cos^{-1}\frac{\overrightarrow{OP'}\cdot\overrightarrow{OB}}{|\overrightarrow{OP'}|\cdot|\overrightarrow{OB}|} \tag{2}$$

式中：R 为隧道内半径，且 P 点变换前后的 y 坐标与隧道轴线一致，即 y=y′=y″。

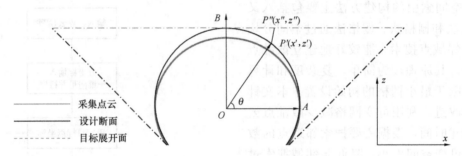

图 2 隧道衬砌点云二维展开示意图

2.3 基于质心分析的裂缝轮廓点提取

目前基于测距的定位机制能耗和成本高，不适用于隧道等室外大工程的裂缝定位。因此无需测距的定位方案备受关注。而质心分析算法是作为一种很重要的无需测距定位算法，其结构简单、易于操作且成本低，能够应用于室外定位中。因此，本文利用质心分析定位算法，基于质心到目标点方向上的邻域点分布均匀性来提取裂缝轮廓点。

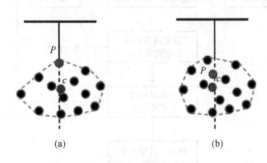

图 3 质心分析示意图
（a）目标点为轮廓点；（b）目标点为内部点

质心分析定位算法是指通过各点的分布位置判断目标点是否为点云模型的轮廓点。对于切平面上的点云数据，若目标近邻点的分布偏向一侧，则可将目标点视为边界特征点；反之，如果近邻点围绕目标点均匀分布，则将目标点视为是内部点，而裂缝轮廓点提取的目标即为计算各邻域范围内偏向一侧分布的点集（图 3）。

假定转换至二维平面后的裂缝点集中，目标点 P 与其 k 邻域点具有相似的平面属性，通过平面投影展开，此时，正交连接目标点 P 与投影面，正交线将通过目标点 P 和 k 近邻点集的质心点 c。若目标点 P 为点集轮廓特征点，则 P 点与整体质心 c 距离较远的同时 P 点与投影面间只存在少量点甚至不存在点；反之若目标点 P 为点集的内部点，目标点 P 与整体质心 c 距离较近，且点 P 与投影面间将存在一定数量的 k 邻域点集。基于目标点局部区域的 k 邻域点集数量，设计裂缝轮廓特征点的判别机制，如图 4 所示，为质心分析法的示意图。点 P 为目标点，点 c 为目标点 P 及点 P 的 k 邻域点的整体质心。

利用目标点 P 正交线与对应垂直线建立平面坐标系，并基于第一象限和第四象限的点集情况判别点

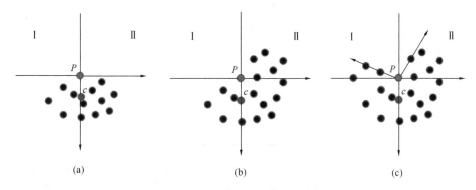

图 4　点集分布情况示例

(a) 目标点上方无点；(b) 目标点上一侧有点；(c) 目标点上两侧有点

P 是否为轮廓特征点，点集情况可分为以下三种：

(1) 如图 4(a) 所示，第一和第四象限内均无 k 邻域点，则目标点 P 为轮廓特征点；

(2) 如图 4(b) 所示，第一和第四象限内有一象限内存在 k 邻域点，同样目标点 P 为轮廓特征点；

(3) 如图 4(c) 所示，第一和第四象限内均存在 k 邻域点，则需要找出点集的最小夹角，若大于设计阈值，则目标点 P 为轮廓特征点。

2.4　轮廓特征点排序及识别

分治法的基本思想是将一个规模为 n 的问题分解为 k 个规模为 m 的相互独立且与原问题解法相同的子问题，然后将子问题的解合并得到原问题的解。单向生长算法能将有相似性质的像素点合并到一起。由于所要提取的隧道裂缝轮廓为闭环轮廓，轮廓点集元素特征相似，则可利用分治法思想，将轮廓边线微分为多段独立的直线，提取微分直线中的特征点，再利用单向生长算法进行特征点合并与连接，进而提取裂缝边界。

如图 5(a) 所示，首先选取任一点 P_1 作为起始点，对于 P_1 点，找到点集中距离最近的点 P_2，计算出 $|P_1P_3|$ 和 $|P_2P_3|$ 的长度 d_1、d_2，若满足 $d_1 \geqslant d_2$，那么将点 P_3 在点集序列中移动至 P_1 之前，并将点 P_3 视为新的点 P_1 进行判断；若 $d_1 < d_2$，将点 P_3 在点集序列中移动至 P_1 之后，同样对点 P_3 进行判断，直至判断完成所有边界点集，并通过计算多边线各段的长度得到一个长度序列 $M = (L_1, L_2, \cdots, L_n)$。实现边界点的单向生长算法排序后，如图 5(b) 所示，将这些特征点逐个用线性连接，计算每条直线的中点 m，检验距离 m 点

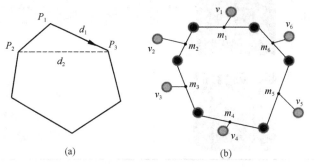

图 5　轮廓特征点排序和识别

(a) 轮廓特征点排序思路；(b) 分治法示意图

最近的点 v 是否在特征点集中，若不在点集中，则将这一点添加到特征点集序列内，并排序于两点之间，以确保所有的裂缝特征点被提取至轮廓点集中，此后提取的点集特征点连线即为识别的点云裂缝轮廓。

3　算法验证

为了验证改进方法的 k 邻域构建与搜索效率，本文以不同的散乱点集作为对象，选用改进栅格法、kd-tree 法以及 for 循环法进行比较，计算建立 k 邻域所需的时间。其中，for 循环法是通过计算目标点与点集内所有点的欧几里得距离，并搜索 k 个近邻点的原始方法。不同数量空间点集采用上述方法的目标点 k 邻域构建与搜索实验结果如表 1 所示，加号前为目标点构建时间，加号后为搜索时间。

k 邻域构建效率比较表　　　　　　　　　　　　　　　　　　　　表 1

k 值	目标点 k 邻域构建与搜索时间之和（ms）								
	模拟曲面点集（10000）			模拟曲面点集（30000）			模拟曲面点集（50000）		
	改进栅格法	kd-tree 法	for 循环法	改进栅格法	kd-tree 法	for 循环法	改进栅格法	kd-tree 法	for 循环法
10	76.8+0.6	93.7+0.8	35.1	267.3+0.5	332.6+0.6	57.1	353.5+0.4	432.8+0.4	74.0
15	76.8+1.3	93.7+1.7	35.7	267.3+1.0	332.6+1.2	57.6	353.5+0.9	432.8+1.0	74.0
20	76.8+3.1	93.7+3.9	35.9	267.3+2.8	332.6+3.3	57.9	353.5+1.7	432.8+1.9	74.1

如表 1 所示，上述三种算法都能够实现散乱点云数据目标点 k 邻域的搜索，而改进方法则能进一步构建点云模型拓扑关系，其 k 邻域搜索的索引效率高于 kd-tree 法与 for 循环法。改进栅格法通过在每个方向上搜索一维向量，将边界点与其他点按顺序建立索引，得到该搜索范围内的数据点，有效提升了 k 邻域的构建和搜索效率。

为提升裂缝轮廓特征点的提取精度和效率，对目标裂缝点云数据进行切平面投影。裂缝点云的原始空间图像和投影结果如表 2 所示，投影结果准确地展示了裂缝的轮廓特征。

裂缝切平面投影结果　　　　　　　　　　　　　　　　　　　　表 2

编号	裂缝点云区域	投影结果	排序连接

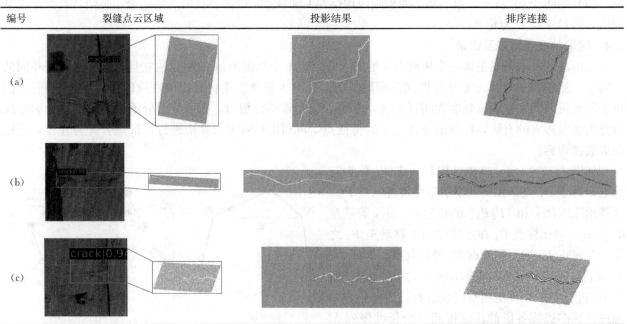

参考裂缝点云数据采集过程中最大测点间距参数和最佳扫描分辨率等点云数据设备采集参数选择，基于质心分析并结合单向生长算法和分治法思想，对目标裂缝点云数据进行轮廓特征点的识别排序和连接，并且区分点云曲面的外轮廓点，裂缝内轮廓特征点连接和提取结果如表 2 所示。由裂缝内轮廓特征点提取结果示意图可以看出，本文设置的邻域值 $k=50$ 和角度阈值 $\theta=90°$ 可以准确表征裂缝轮廓边界。

对定位检测到的隧道衬砌表观裂缝，使用钢卷尺、游标卡尺等人工检测仪器在现场近距离接触式测量，将测量结果与裂缝提取的几何信息进行对比分析，裂缝提取对比分析结果见表 3。

裂缝轮廓几何信息提取分析　　　　　　　　　　　　　　　　　　表 3

编号	(a)	(b)	(c)
长度（m）	0.1701	0.3889	0.2838
实测长度（m）	0.176	0.397	0.2912
相对误差	3.35%	2.04%	2.54%
最大宽度（mm）	0.62	1.75	1.89

编号	(a)	(b)	(c)
实测宽度（mm）	0.64	1.77	1.93
相对误差	3.13%	1.13%	2.07%
分形维数	1.8241	1.7675	1.7763

从表 3 裂缝提取对比结果分析可知，本方法对基于点云数据的裂缝几何信息提取的效果良好，有效实现裂缝长度、最大宽度和分形维数的计算。对比人工检测数据，裂缝的最大宽度和长度相对误差都在 5% 以内，最大宽度计算的绝对误差小于 0.4mm，小于三维激光扫描仪的最大测点间距 $\delta_{max}=0.55mm$，说明本方法满足采集精度下的隧道衬砌裂缝几何信息精准提取。长度和最大宽度的对比分析中相对误差较为接近。由于点云数据去噪过程中难以实现裂缝内部所有噪点的准确剔除，这也使得描述的裂缝轮廓与裂缝实际情况存在偏差，裂缝长度、最大宽度和面积的提取结果均略小于实测结果。

4 结论

针对隧道衬砌裂缝几何信息提取，本文结合分析散乱点云中裂缝轮廓特征点空间特性，通过改进栅格法的邻域算法构建衬砌曲面点云的 k 邻域索引，通过柱面展开的方法将三维点云投影至二维平面，基于质心分析、单向生长算法和分治法思想对点云裂缝的轮廓特征点进行提取、排序、区分和连接，实现衬砌曲面点云裂缝轮廓的准确表征，并完成了空间裂缝轮廓特征点的长度、最大宽度和分形维数的准确提取，通过 Matlab 仿真数据验证算法各阶段的模拟效果。以厦门地铁隧道二号线某站上行区间段为例，分析比较衬砌管片的裂缝提取实验与人工检测结果，该方法提取的裂缝长度和最大宽度相对误差在 5% 之内，最大宽度计算的绝对误差小于 0.4mm。本文提出的裂缝检测实现数据采集精度下的裂缝精准提取，提升病害检测效率和数字化程度，能够基本满足隧道衬砌裂缝定量提取检测的实际需要。

参 考 文 献

[1] 韩宝明，李亚为，鲁放，等. 2021 年师姐轨道交通运营统计与分析综述[J]. 都市快轨通，2022，35(01)：5-11.

[2] 杨俊，刘笑娣，刘新根，等. 公路隧道结构快速检测车综述[J]. 华东交通大学学报，2018，35(4)：30-38.

[3] 张敬彬. 冲击回波法在预应力混凝土结构无损检测中的应用研究[D]. 北京：北京交通大学，2017.

[4] 候跃敏，王彦伟. 超声平测法在混凝土裂缝检测中的应用研究[J]. 中国建筑金属结构，2020(09)：92-93.

[5] 张建清. 工程物探检测方法技术应用及展望[J]. 地球物理学进展，2016，31(04)：1867-1878.

[6] 刘一，刘欣，赵永强，等. 红外热成像在建筑物外墙裂缝检测上的应用研究[J]. 科技经济导刊，2016(02)：89-96.

[7] Cao X, Zhong L. Three-dimensional Visualization Monitoring for Tunnel Based on Three-dimensional Laser Scanning Technology[J]. Journal of Hubei University of Arts and Science, 2016, 37(08)：8-11.

[8] 李广云，李明磊，王力，等. 地面激光扫描点云数据预处理综述[J]. 测绘通报，2015，1(11)：1-3，31.

[9] 胡志胜. 三维激光扫描点云边界检测和孔洞修补技术研究[D]. 徐州：中国矿业大学，2016.

[10] 吴昌睿，黄宏伟. 地铁隧道渗漏水的激光扫描检测方法及应用[J]. 自然灾害学报，2018，27(4)：8.

施工总包 BIM 管理工作解析

崔喜莹[1,2]，江佳鑫[1]，罗烨钦[1]，邓逸川[2]，韦国豪[1]，晏维杰[1]，杨　澜[1]

(1. 中国建筑第八工程局有限公司，广东 广州 510663；2. 华南理工大学，广东 广州 510641)

【摘　要】基于行业重视 BIM 应用成果但忽视更为基础且重要的 BIM 技术管理与规划的现状，本文分析了缺少 BIM 管理而引起的种种常见问题，并通过文献阅读、行业交流等方式结合团队经验，从项目、企业两个层面给出了 BIM 应用管理方面的建议。

【关键词】BIM；应用；管理；规划；阻碍

1 引言

2021 年 12 月 28 日，中国图学学会副秘书长、中国建筑科学研究院有限公司王静研究员在全国 BIM 高峰论坛所作的报告指出，管理模式将会是 BIM 技术的应用方向的发展趋势之一。同一时间公布的一份调研报告中，"管理模式""无法持续盈利""缺少相关人才""缺乏相关标准"占据阻碍 BIM 发展主要因素的前四席[1]。

以"BIM"和"管理"作为共同关键词在知网进行主题搜索，可得近五年相关论文约 2.5 万篇。查看前 100 篇论文的题目，"BIM 技术在某某管理的应用""BIM 技术辅助某某管理"等应用介绍类文章以压倒性优势超过了"BIM 应用管理团队管理"或"BIM 团队管理"方面的文章。"相比于 BIM 从业人员的管理能力，业界更关注 BIM 技术的具体应用"这一结论[2]，在两年后仍然没有改变。

郑忆菁等人按照"技术类、管理类、规则类、经济类、环境类"5 个类别总结了 20 个 BIM 应用的阻碍因素[3]；本团队以"BIM"＋"阻碍"/"现状"等关键词进行检索，筛选出相关论文 43 篇，总结阻碍 BIM 发展的相关因素如表 1 所示。团队认为，通过科学管理 BIM 应用与团队，可以在一定程度上攻克 BIM 发展的阻碍因素。

在这样的背景下，本文尝试基于工作经验及行业交流，以施工总包团队视角，阐述项目 BIM 管理过程中存在的共性问题，并就管理工作的方向给出拙见。

影响 BIM 发展的各类因素分析　　　　　　　　　　　　　　　　　　　　　　　表 1

影响因素	技术原因	管理因素	标准法规因素	软件原因	政策支持力度	企业重视程度	成本利润因素
数量	25	21	17	12	11	8	7
比例	58.14%	48.84%	39.53%	27.91%	25.58%	18.60%	16.28%

2 项目 BIM 工作常见问题

2.1 专业模型缺失

总包项目涉及专业众多，在实践中往往会遇到如下情况导致的专业缺失：

【作者简介】崔喜莹（1992—），男，项目设计经理兼 BIM 负责人/工程师。主要研究方向为 BIM 应用管理，知识图谱、NLP 在建筑信息方面的应用。E-mail：121770517@qq.com

（1）格式不统一

通常情况下，五大常规专业、幕墙、钢结构等专业的 BIM 模型创建已相对较为成熟。但分别以 Rhino/Catia 和 Tekla 为主要建模工具的幕墙、钢结构专业，有较高的可能性因格式问题导致难以合模而造成专业模型缺失。IFC 格式固然具备一定的交互性，但也公认存在信息、构件丢失的情况[4]。基于我国现阶段工程行业人员计算机编程能力相对较弱的客观现状，IFC 格式并不能真正解决格式不统一带来的问题[5]。

（2）发展阶段限制

爬模、铝膜、塔式起重机、空调机组等设备材料厂商未能参与到 BIM 技术应用中也是全专业模型缺失的重要方面。由于这些模型的缺失，对施工阶段的场地布置、方案模拟、深化设计等 BIM 应用效果都产生了不利影响[6]。

现阶段软件难以满足精度要求、修改效率极低、构件库较少等因素制约 BIM 应用[7]的同时，硬件难以支撑过高精度的模型运转也都提高了精装修专业模型的缺失风险。

2.2 进度滞后于现场

BIM 技术在大型企业、大型项目中更加容易被采纳，应用效果也更佳[8-9]。但大型项目普遍也会面临"工期紧张""设计不稳定""管线复杂"等难点。与之伴生的则是 BIM 应用甚至是建模进度滞后于工程进度。如：①预留洞深化、多专业交圈、设备基础深化等 BIM 应用落后于主体施工；②砌体深化滞后于砌体施工；③机电深化进后于机电施工；④设计变更、图纸升版导致的模型、应用更新效率无法满足工程施工进度；⑤竣工后投入大量人力创建竣工模型——而竣工模型本应在工程建设过程中不断更新模型而来。

2.3 模型合模困难

在总包项目中，各个专业的模型一般由各单位分别创建，而专业多、单位多带来的习惯、标准不一（如坐标系、构件名、视图结构等）以及版次多、格式多带来的文件繁杂（如文件名、文件结构等）都会造成模型合模困难。

2.4 分包配合意愿低

幕墙、钢结构等专业单位有能力开展 BIM 应用的一个重要前提是，"BIM 模型"的创建已在工作流程中固化——该两个专业很早就开始使用 Rhino/Catia 或者 Tekla 软件开展三维数字化设计。

但是，当总包单位要更进一步开展 BIM 应用，如"方案模拟""场地布置""交圈深化""工程量统计"等基础应用或其他创新应用时，这些专业单位又会表现出一定的抗拒。因为该两个专业的"BIM 模型"大多由设计师甚至是加工厂完成创建，BIM 应用对于项目管理人员来讲是超出其能力或职责范围的工作。

2.5 包装大于实际

如图 1 所示，业界将"基于现有 BIM 技术的落地应用"视为建筑信息化/数字化最靠谱的发展方向[1]，也从侧面表明，"两层皮"现象一直是 BIM 行业"心照不宣"的现象。"PPT 式"BIM 应用或多或少，或轻或重地存在于各个项目中[10]。

2.6 领导层缺少对 BIM 的正确认知

影视剧《理想之城》中一夜完成建模、进度模拟等应用的剧情，正映射了大部分领导层对 BIM 的认知——忽视客观的工作量，但对应用效果抱有极高幻想。正是这种不切实际的期待，对 BIM 从业者造成了巨大的工作与心理压力[11]，进一步打击了 BIM 从业者的工作热情与职业信心。

面对前述问题，应通过熟悉 BIM 技术与工程管理的复合型人才对 BIM 工作进行统筹管理，对上对下、对内对外及时引导沟通。后文将从项目级、企业级两个层面，尝试对 BIM 管理工作给出一些基础建议[2,12-17]。

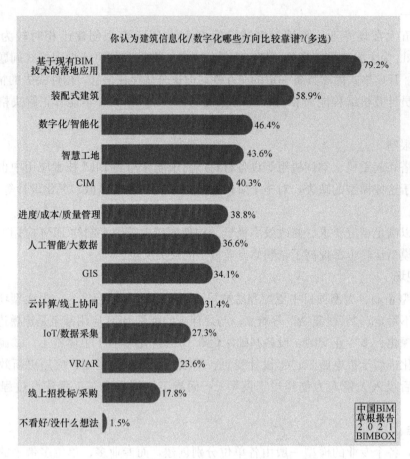

图 1 建筑信息化/数字化发展方向调研[1]

3 项目级总包 BIM 管理工作一般建议

3.1 基础工作

基础工作主要是指方案、标准、招标文件等顶层设计工作，是决定一个项目是否易于开展 BIM 工作、能否落地应用 BIM 技术的基础。

（1）方案编写

总包编写的总体实施方案决定 BIM 应用的总体方向，确保各团队方向一致。应针对项目实际情况、结合商务合同和当下技术发展趋势进行编制，内容包括但不限于：组织架构、团队及软硬件配置、工作流程（包含协作模式）、总计划、各专业应用清单（基础应用、探索性应用）、奖项成果目标（参与哪些奖项、产出多少论文或专利）等内容；做到任何一团队任一时段加入项目，都能通过方案明确整个项目的 BIM 目标以及借由何种方式达成目标。

在编写总体 BIM 实施方案时，总包团队应充分考虑项目情况，将工作界面尽量划分清楚。前期确实难以划分清楚的，可要求 BIM 应用范围与实体施工范围一致。

各专业单位还应结合专业实际情况，编写各单位 BIM 实施方案。采用信息化平台的项目，还应编写具体的信息化平台方案，对各单位提出应用要求。

（2）标准编写

技术标准应能促进各团队的工作方法趋于一致，避免因团队间习惯不同而造成协同困难、合模困难。应对如下内容提出要求，包括但不限于：坐标系（建议测量点同设计采用的真实地理坐标系原点，原点位于项目的几何中心，基点位于 A 轴、1 轴交点）、文件体系（文件树结构、模型拆分、文件命名、版次管理等）、建模标准（构件命名、建模方式、视图构成、颜色值等）、成果标准（模型、图纸、表单、应用、汇报材料等）。

（3）招标文件

指总包或总包管理范围内的专业/劳务/供应商单位的招标文件。总包 BIM 团队应尽可能参与所有招标、合同文件的编写，将对各单位的 BIM 应用需求列入其中。建议将 BIM 要求列入招标的专业包括但不限于：大机电、消防、钢结构、幕墙、精装修、金属屋面等专业工程。可以根据实际情况尝试将 BIM 要求列入招标的"专业"建议有：主体劳务以及机电设备、爬模爬架、铝膜、塔式起重机等。

在招标文件中，宜要求投标单位针对 BIM 要求，编写 BIM 专项方案作为技术标文件之一。

3.2　管理办法编写

对于在方案、标准、招标文件中由于条件不确定未能详尽叙述或因为工程发生动态变化需要调整的管理层面的内容，可以通过编写总包 BIM 管理办法进一步明确。基于"协调、服务"的原则，管理办法中可对如下事项进行约定：项目 BIM 管理的"固定动作"清单、例会种类及频次、计划管控方法、成果审核、文件移交、平台使用、奖惩制度、版权管理与保密协议等。

3.3　计划编写与管控

BIM 计划管控的难点在于：无法准确地衡量工效、不可预计事项较多、BIM 从业人员对计划重视程度不够等。

EPC 或分阶段出图、分阶段施工的项目则提出了更高的要求——紧前紧后的设计、施工任务中，往往没有给 BIM 深化或应用预留时间。相关人员应充分与设计经理或设计院沟通，尽可能前插到出图阶段开展配合工作——这也更能为提升设计质量、提升工程建造效率作出贡献。

施工总包的 BIM 计划编排，主要从施工计划中进行分解，并融入自身的相关计划。应秉持"严肃编制、动态调控"的原则，按照总、年、月、周四个维度进行编排。总包应编写、指派每个维度、每个周期内的重点工作，各 BIM 团队依照总包要求、自己单位的施工计划，完善自己的工作计划。总包 BIM 团队应承担起总包的管理义务，切忌成为"收集—汇总—分发"的"报表岗"。

3.4　BIM 负责人的日常工作

前述内容是在漫长的总包项目中开展 BIM 管理的基础，但并不能替代同样重要的日常管理。在日常工作中，BIM 负责人应能做到"深入现场，勤于沟通"：协调各 BIM 团队，解决其无法解决的技术、管理等问题；深入施工现场，了解现场实质性的难点，根据需求挖掘应用点；联动各部门，了解各部门工作中遇到的问题，尝试提出基于 BIM 的解决方案；积极与外界沟通交流，了解行业动态，争取社会资源；研究新技术，做好科研课题方向引导；及时从进度、方向两个层面开展 BIM 工作纠偏；做好策划调整、成果总结工作等。

另一方面，虽然要积极探索基于 BIM 的解决方案，但不能"为了 BIM 而 BIM"，当 BIM 方式效率、投入产出比低时，负责人应积极与各方沟通，讲明利害，果断转换思路；学会并引导领导层放弃某些无意义的 BIM 应用，避免团队长期无法获得成就感而人心涣散。

对于大型项目，BIM 负责人的主要精力一定是放在协调管理上而不是建模、调管综、做动画等技术应用上的，这一点务必要注意。

3.5　人才培养

区别于"Revit 建模培训"，施工总包应主要围绕工程量提取（分区分段）、视图控制（如条件过滤器及视图替换设置等）、信息化平台应用等内容开展应用培训，主要目的是引导其他体系人员参与到 BIM 应用中，提升其管理效率，总体减轻其工作量，但不过分添加其负担。

当下，总包 BIM 团队应做好服务工作，提供、维护项目构件库，其他体系人员应从会使用构件库入手。在中远期的未来，相信设备材料厂商已经具备了构件库的提供能力[6]。

3.6　成果总结

为了提升 BIM 应用能力，总包团队还应及时复盘，进行成果总结。包括但不限于各类应用的复盘（应用效果是否达到预期，方法是否有改进余地）、论文或专利等科技成果的撰写、各项赛事的参与等。

总包应作为对外交流的唯一出口，严格把控成果产出的质量，限制其他参建单位自行输出成果的行为。

4 企业级 BIM 管理工作一般建议

4.1 制定战略目标

企业 BIM 团队站位较高、资源较多、见识较广，应制定企业 BIM 发展的战略目标，配套编写实施路径。如编写企业 BIM 应用年度目标，3 年规划或 3 年方案等。以公司视角策划本年度哪些项目适配于申报哪些奖项，特点在哪里，如何补足弱点等。帮助项目 BIM 团队找到方向，摆脱"迷茫"。

4.2 软硬件管理

企业 BIM 团队应对公司内部的软硬件配置展开管理工作，如软件采购、升级、续费管理，硬件采购、调拨、维修、报废管理。企业应分析行业内软硬件市场的变化，根据企业战略发展目标、结合项目团队需求，综合考虑后布局软硬件的配置；对软硬件的使用、操作开展培训、过程答疑与策划帮扶工作。

4.3 岗位与人员管理

根据项目合同约定与项目特点，企业应统一调配 BIM 人员。对 BIM 岗位应具备的能力提出符合行业需求、企业发展的要求，约定日常的履职行为，指明岗位晋升所需具备的能力。充分与企划、人资沟通，打通 BIM 人员晋升渠道。

以科学的方式组织与当前行业发展相匹配的各类培训，提供从业人员学习平台。但应避免极短期的填鸭式教学——如为期 2 天、占用休息日的培训等。

4.4 技术管理

编制 BIM 实施方案、招投标文件、技术标准、管理办法的框架及主要条款，供项目参考使用，帮助项目人员更加全面、完善地开展 BIM 管理工作。

开展平台、插件研发或使用的技术支持工作，帮助项目提升平台、插件的易用性。

时刻关注行业、学术最新成果，开展技术研发工作。统一管理、开发公司构件库、方案模拟库，避免项目人员将精力过多地放到构件、视频制作上。

4.5 做好服务

做好服务的宗旨是"做友勿做官"，以充分的换位思考和项目团队站在一起。

应在项目开工前、建设过程中充分参与到项目团队的指导、管理中，切忌在结果产出阶段匆匆参与甚至在结果产出不足后仅做事后问责。企业团队应充分了解项目 BIM 应用背景、当前阶段的困难、下一阶段潜在的风险与重点等。

应善于与项目团队打配合，要主动做项目管理过程中的"坏人"：在涉及项目关键利益的事项上，企业团队应代替项目团队向专业单位或建设单位提出或拒绝有可能"影响日后工作开展"的各种要求。

4.6 交流管理

企业-企业的沟通会比项目-企业的沟通更能引起重视。企业 BIM 团队应积极与外界保持交流沟通，充当项目向外界展示自己、通过外界充实自己的媒介。如：邀请行业专家、软件研发单位、其他企业/项目 BIM 团队做主题交流等。

5 结语

BIM 技术作为建筑业迈向信息化的基础技术之一，其发展与成果日新月异。但行业对 BIM 技术的策划、管理缺少该有的重视。甚至在同一个企业内的各项目团队大多也都各自为政。这导致本该解决信息孤岛问题的 BIM 从业人员，本身就陷在了孤岛之中，很快便感到彷徨迷茫，更难以通过 BIM 工作获得成就感，使 BIM 领域人才大量流失。因此，加强对 BIM 技术的管理与引导是一个不可避免且迫在眉睫的行业任务。

这本应该是一个重大的行业课题，应基于严谨的定量分析、客观描述，但可查阅的公开、有效资料有限。本文主要基于对 BIM 技术发展限制因素的分析，结合团队对 BIM 管理的主观认知，从项目、企业两个层面分别给出了 6 个方面的建议。对本文较多使用定性词汇以及在普适性方面尚存的疑问表示歉意，期待能有更多的从业人员、行业专家重视对 BIM 技术的管理工作，进一步总结提升出更好的方式方法。

参 考 文 献

[1] BIMBOX. 中国 BIM 草根报告 2021[EB/OL]. (2021-12-31)[2022-06-22]. https：//mp. weixin. qq. com/s/Iymw-WUd24HjXajaParVLEg.

[2] 崔喜莹，杜佐龙，曹巍，等. 建筑业企业 BIM 应用现状分析与总承包单位团队发展模式概述[C]//第六届全国 BIM 学术会议论文集. 北京：中国建筑工业出版社，2020：166-170.

[3] 郑忆菁，马翔，苏宇州，等. 建筑施工企业 BIM 应用障碍因素研究——基于文献综述的方法[J]. 土木建筑工程信息技术，2019，11(05)：61-65.

[4] Gerbino S，Cieri L，Rainieri C，et al. On BIM Interoperability via the IFC Standard：An Assessment from the Structural Engineering and Design Viewpoint[J]. Applied Sciences，2021，11(23).

[5] 何关培，邱勇哲. BIM 技术发展与推广中的思考[J]. 广西城镇建设，2017(12)：40-48.

[6] 崔喜莹，杜佐龙，陈奕才，等. 设备材料厂商缺席 BIM 应用的现状、原因分析及改进建议[C]//第七届全国 BIM 学术会议论文集. 北京：中国建筑工业出版社，2021：156-159.

[7] 麻倬领. BIM 技术在装饰工程中的应用研究[D]. 郑州：河南工业大学，2018.

[8] 冯忠垒，彭迎，宫培松，等. 施工企业 BIM 采纳率研究——基于主体建模法[J]. 建筑经济，2020，41(04)：110-115.

[9] 王敏，孙成双. 中小建筑施工企业 BIM 应用战略研究[J]. 山西建筑，2020，46(22)：191-192.

[10] 徐为，马川，马凯，等. 浅谈华南理工大学广州国际校区二期(第一批次)项目 BIM 技术在项目实施过程中的应用[C]//中国土木工程学会 2021 年学术年会论文集. 长沙：中国建筑工业出版社，2021：609-617.

[11] Ziye C，Shengyue H. Research on the Motivation of Construction Enterprises Accepting BIM[J]. IOP Conference Series：Earth and Environmental Science，2021，791(1).

[12] 陈云浩，贺小军，殷杰，等. 中国尊大厦机电总承包 BIM 管理应用实践[J]. 安装，2018(02)：17-19.

[13] 张健，刘大伟. 海外世界杯体育场国际化 BIM 应用管理体系研究[C]//第六届全国 BIM 学术会议论文集. 北京：中国建筑工业出版社，2020：331-336.

[14] 段超龙，周晓帆，戴路. 总承包项目中 BIM 技术实施过程管理分析[J]. 施工技术(中英文)，2021，50(24)：128-131.

[15] 王荷菲. 基于九年一贯制学校项目的总包方的 BIM 技术工程管理研究[D]. 合肥：安徽建筑大学，2019.

[16] 罗兰，欧亚明，邱奎宁，等. 企业 BIM 示范工程管理实践[J]. 土木建筑工程信息技术，2019，11(03)：1-10.

[17] 蔡烨珊. 建筑企业 BIM 应用发展路径及实施策略[D]. 泉州：华侨大学，2018.

基于 BIM 的装配式混凝土结构施工质量
验收检查点生成方法

李月强，马智亮*

（清华大学土木工程系，北京 100084）

【摘　要】为解决装配式混凝土结构施工质量验收环节验收人员对验收知识掌握不熟练的问题，同时也为改善验收计划制定主要依靠人工完成的现状，本文首先梳理了装配式混凝土结构施工质量相关验收规范中不同检验批、验收项目和检查点的要求，然后建立了各验收项目中具体检查对象适用的基于建筑信息模型的检验批和检查点生成方法，接着建立了基于 BIM 的构件类和钢筋连接接头类检查对象检验批和检查点自动生成算法，并对算法进行了实现和案例验证，为装配式混凝土结构施工质量验收计划的自动生成打下基础。

【关键词】装配式混凝土结构；质量验收；建筑信息模型；IFC 标准

1　引言

为解决建筑工程现场施工中面临的劳动力日益短缺等问题，我国政府出台了一系列政策扶持推行建筑工业化[1]。装配式混凝土结构作为建筑工业化的重要构成部分，其质量问题是投资者和使用者关心的重要问题。然而，目前在装配式混凝土结构的现场施工中，存在多种施工质量问题，如坐浆-注浆不饱满等质量问题[2]。要避免这些质量问题的最终危害，就要做好质量验收工作。在装配式混凝土结构施工验收环节存在着验收人员对验收知识掌握不熟练的问题，验收计划的制定主要依靠人工完成，这些问题和现状严重影响了装配式混凝土结构施工质量验收的效果和效率。

近年来 BIM 的快速发展为解决上述问题提供了可能性。马智亮等以现浇混凝土结构工程项目为例，建立了基于 BIM 的施工质量检查点生成算法，设计和实现了施工质量监管系统原型，为提升建筑工程质量监管效率提供了解决方案[3]；汪再军等提出并设计了基于 BIM 的工程竣工数字化交付方案和系统，实现了工程建设过程中的竣工备案、城建档案等相关信息的数字化交付[4]；Nisha Puri 和 Yelda Turkan 将构件尺寸允许误差信息标记到 IFC 格式建筑信息模型元素中，利用其进行构件尺寸检查[5]；Min-Koo Kim 和 Qian Wang 等研究了利用地面激光扫描仪来重建混凝土预制构件几何尺寸再跟 BIM 模型中构件设计尺寸进行对比的自动质量评估技术[6]。总的来说，上述研究中基于 BIM 提出的算法或方案，具有一定的借鉴意义，但又不能完全适用于装配式混凝土结构的现场质量验收。因此，有必要研究基于 BIM 的装配式混凝土结构质量验收管理系统。在该系统中，基于 BIM 的装配式混凝土结构施工质量验收检查点生成方法对提高其验收计划制定的效率和质量具有重要作用。

本文在深入分析装配式混凝土结构施工质量验收规范和 IFC 标准的基础上，提出了基于 BIM 的装配式混凝土结构施工质量验收检验批和检查点生成方法，并建立了对应算法，最后给出了验证示例。

2　质量验收规范分析

2.1　质量验收对象

目前我国应用较多的装配式混凝土结构类型主要为装配整体式混凝土结构，装配整体式混凝土结构

【作者简介】马智亮（1963—），男，教授。主要研究方向为信息技术在土木工程领域的应用。E-mail：mazl@tsinghua.edu.cn

是指由预制混凝土构件通过可靠的方式进行连接并与现场后浇混凝土、水泥基灌浆料形成整体的装配式混凝土结构，其既含现浇构件又包含预制构件。根据《建筑工程施工质量验收统一标准》GB 50300 可将装配式混凝土结构主体结构分部工程分为模板、钢筋、混凝土、现浇结构和装配式结构 5 个分项工程，各分项工程又可按进场批次、工作班、楼层、结构缝或施工缝划分为若干检验批。检验批不同的验收项目需要进行抽样检验，抽样出的检验体是实际质量验收中具体的检查对象。

2.2 质量验收内容

在《混凝土结构工程施工质量验收规范》GB 50204 中，具体规定了不同分项工程检验批验收项目的验收内容。例如装配式结构安装与连接检验批的主控项目之一，钢筋采用套筒灌浆连接或浆锚搭接连接时灌浆的施工质量，要求灌浆应饱满、密实。在此验收项目中检查对象为灌浆料，检查内容为灌浆料的饱满度和密实性，检查数量为全数检查。又如装配式结构安装与连接检验批的一般项目之一，装配式结构施工后的预制构件位置和尺寸偏差，在规范中具体规定了不同项目不同构件的允许偏差。在此验收项目中检查对象为结构构件，检查内容为装配式结构构件位置和尺寸偏差，检查数量中要求对于梁柱应抽查同一检验批构件数量的 10% 且不小于 3 件，此为计数抽样。经过对规范中不同验收项目检查对象的分析，将检查对象归纳为钢筋原材料、加工件，混凝土原材料和混凝土拌和物，灌浆料，钢筋连接接头，模板及支架，现浇结构构件，预制结构构件 7 种类型。

3 质量验收检查点生成方法

3.1 BIM 模型分析

IFC 标准是国际协同工作联盟（IAI，International Alliance for Interoperability）为解决 BIM 数据交换和共享而最早提出的基于对象的信息交换格式，定义了建筑工程项目全生命周期各阶段数据的表达与存储，可以表达不同的对象实体和对象属性及其间关系[7]。目前该标准已被接受为国际标准化组织（ISO，International Standardization Organization）标准。

在基于 BIM 进行检验批划分时，不同验收项目需要检查对象不同的基础信息。在钢筋连接接头（焊接与机械连接）质量的相关验收项目中，检验批划分需要钢筋接头的信息包括了钢筋强度等级、直径、接头类型及个数等，其中钢筋接头个数为统计信息。而目前 IFC 标准中并没有钢筋连接接头相关信息的直接表达[8]。本研究在表示钢筋连接接头（焊接与机械连接）信息时，进行了简化处理，即利用 IFC 标准中自定义属性集直接在 ifcCloumn 等构件实体中附加钢筋接头信息。附加的自定义属性集见表 1。

附加钢筋连接接头自定义属性集中的属性定义　　　　　表 1

属性名称	属性类型	属性值类型	说明
钢筋强度等级	IfcPropertySingleValue	IfcPressureMeasure	无
钢筋直径	IfcPropertySingleValue	IfcPositiveLengthMeasure	无
钢筋连接接头个数	IfcPropertySingleValue	IfcNumericMeasure	无

3.2 验收计划模型与检查点生成方法

借鉴参考文献 [9] 中基于 BIM 的施工质量验收模型，需要建立 IFC 标准中对象元素与质量检查对象间的关联关系。通过对规范各验收项目中检验体生成方法的分析，本研究主要通过建立各检查对象与 BIM 模型中构件实体的关联方法来满足需要，并建立了基于 BIM 的装配式混凝土结构质量验收计划模型和基于 BIM 的装配式混凝土结构施工质量验收检验批和检查点生成方法，分别如图 1 和图 2 所示。

基于 BIM 的装配式混凝土结构质量验收计划模型主要是根据规范对分部工程、分项工程、检验批和钢筋接头子检验批进行划分和检验批抽样，将不同验收项目内检查对象与 BIM 模型内构件对象进行关联处理。在检验批划分和抽样及与 BIM 模型关联的过程中，涉及了图 2 中 5 种检查点生成方法。钢筋原材料、加工件，混凝土原材料和混凝土拌和物，灌浆料等为进场原材或现场加工或拌制类检查对象，其检验批的划分要考虑现场多变情况（比如混凝土拌合物的抽检要考虑拌制盘数、工作班和浇筑体积等因

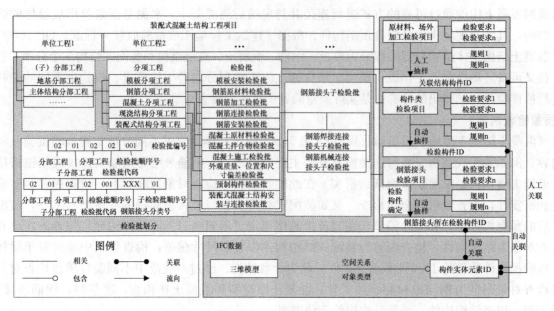

图 1　基于 BIM 的装配式混凝土结构质量验收计划模型

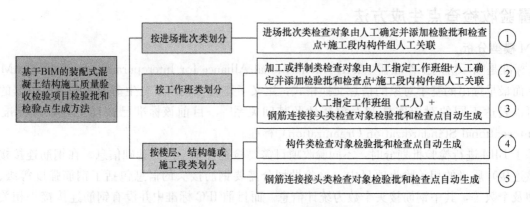

图 2　基于 BIM 装配式混凝土结构施工质量验收检验批和检查点生成方法

素），且其抽样方式与 BIM 模型中构件抽样建立直接对应关系较为困难，采用人工划分检验批并抽样，验收后将该批次材料或加工件应用的部位和 BIM 模型对应构件组进行人工关联，使用编号①和②检查点生成方法。钢筋连接接头检查对象，检验批划分和抽样时，可以统计 BIM 模型构件内钢筋接头数量，与构件实体建立联系，可采用基于 BIM 模型自动划分检验批和抽样的方法，使用编号③和⑤检查点生成方法。编号③和⑤检查点生成方法分别针对钢筋连接接头（焊接、机械连接）检验批划分与工作班相关和无关的检查对象。模板和构件等检查对象可以跟 BIM 模型的构件实体建立直接联系，采用自动划分检验批和抽样的方法，使用编号④检查点生成方法。

3.3　构件类和钢筋接头类检查对象检查点生成算法

本研究根据装配式混凝土结构自身特点和其质量验收规范，针对构件类、焊接和机械连接接头类检查对象，基于 BIM 分别建立了装配式混凝土结构构件类检查对象和钢筋连接接头类检查对象检验批和检查点自动生成算法。算法流程分别如图 3 和图 4 所示，其中构件类检查对象检验批和检查点自动生成算法参考了文献［9］中施工质量检查点生成算法。

构件类检查对象检验批和检查点自动生成算法流程为：首先遍历 BIM 模型中楼层、轴线等抽象类及其子类，检查能否获取相关空间信息；在获取楼层、构件等信息和划分施工段后，按施工段内构件是否是预制及具体构件类型划分构件实体集合；在此之后按规范中检验批划分规则分别对预制和现浇构件划分检验批并根据抽样规则进行检查点抽取；然后将检验批和检查点关联检验项目；最后返回检验批和检查点构件集合。

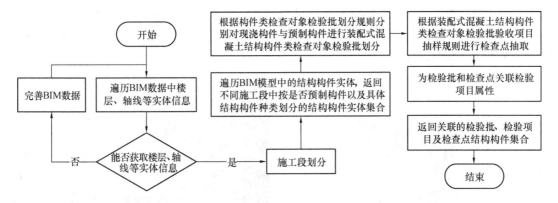

图 3　基于 BIM 的装配式混凝土结构构件类检查对象检验批和检查点自动生成算法流程

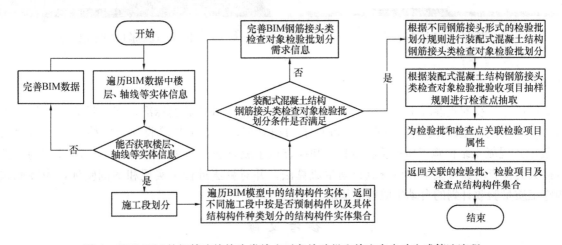

图 4　基于 BIM 的钢筋连接接头类检查对象检验批和检查点自动生成算法流程

钢筋连接接头类检查对象检验批和检查点自动生成算法流程为：首先遍历 BIM 数据中楼层、轴线等抽象类及其子类，检查能否获取相关空间信息；在划分施工段及按施工段内构件是否是预制及具体构件类型划分构件实体集合后，结合补充施工信息（例如在钢筋闪光对焊接头中检验批划分需要焊工、钢筋牌号、钢筋直径和接头数量等信息，其中指定焊工工人为补充施工信息），根据钢筋连接接头检验批划分规则，对前面施工段构件集合进一步划分子类检验批；然后抽检并关联检验项目；最后返回检验批和检查点构件集合。

4　方法验证

4.1　程序实现

为实现基于 BIM 的装配式混凝土结构施工质量验收检查点生成算法和验收过程的便捷交互操作，本研究采用 B/S 架构网络结构模式，以 BIMFACE[10] 作为 BIM 服务器平台对本研究算法功能进行了开发实现。BIMFACE 是广联达科技股份有限公司开发的一款轻量化 BIM 服务器平台，其提供的主要功能为：工程文件格式转换，模型轻量化显示，BIM 数据管理。本研究系统的后端利用 Spring MVC 和 ibatis 框架，使用 Java 语言进行开发；前端开发使用了 JavaScript、HTML 等语言和 JQuery、Vue 等开发工具。

4.2　案例应用

本研究选取了某装配式混凝土住宅楼的地上承重结构进行了算法功能测试。该住宅楼地上结构为装配整体式剪力墙结构，地上一共 10 层，建筑面积约为 4150 平方米。上传项目的 IFC 格式模型数据后，BIM 服务器平台对其进行数据解析和转换。在补充了现浇构件和预制构件钢筋接头形式和工作班组（人）信息后，点击生成检查点按钮，系统可在施工段（本研究按每层为一施工段进行了简化处理）和工作班组（人）划分检验批的基础上，对检验批内对象进行自动抽样，生成检查点。用户点击界面左侧树结构中检验批下验收项目，可在界面右侧模型中突出显示该验收项目的检验批构件和抽样的检查点构件（图中变色构件），如图 5 所示。点击单个检查点构件即可显示该检查点该验收项目的质量验收原始记录表，以供验收人员实现交互验收操作，如图 6 所示。

图 5　检查点显示

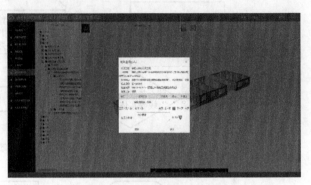

图 6　现场验收原始记录表

5　结语

本文通过分析装配式混凝土结构施工质量验收相关规范和 IFC 数据标准，将质量验收项目中的检查对象与 BIM 模型中对象的对应和关联方法进行了归纳整理，建立了各验收项目中检查对象适用的基于 BIM 的装配式混凝土结构施工质量验收检验批和检查点生成方法。本文还建立了基于 BIM 的构件类和钢筋连接接头类检查对象检验批和检查点自动生成算法，并对算法进行了实现和案例验证，为装配式混凝土结构施工质量验收计划的自动生成打下基础。

参 考 文 献

[1] 王俊，赵基达，胡宗羽. 我国建筑工业化发展现状与思考[J]. 土木工程报，2016，49(05)：1-8.

[2] 苏杨月，赵锦锴，徐友全，等. 装配式建筑生产施工质量问题与改进研究[J]. 建筑经济，2016，37(11)：43-48.

[3] 马智亮，蔡诗瑶，杨启亮，等. 基于 BIM 和移动定位的施工质量管理系统[J]. 土木建筑工程信息技术，2017，9(05)：29-33.

[4] 汪再军，周迎. 基于 BIM 的建设工程竣工数字化交付研究[J]. 土木建筑工程信息技术，2021，13(04)：13-22.

[5] Puri N, Turkan Y. Toward automated dimensional quality control of precast concrete elements using design BIM[J]. WIT Transactions on The Built Environment，2017，169：203-210.

[6] Kim M K, Wang Q, Park J W, et al. Automated dimensional quality assurance of full-scale precast concrete elements using laser scanning and BIM[J]. Automation in Construction，2015，72：102-114.

[7] 代一帆，董靓. 建筑数据表示和交换标准 IFC 综述[C]//中国建筑学会建筑物理分会. 建筑环境与建筑节能研究进展——2007 全国建筑环境与建筑节能学术会议论文集，2007：358-363.

[8] buildingSMART International Ltd. Model - Industry Foundation Classes (IFC)[EB/OL]. (2020-06-02)[2022-03-05]. https：//standards. buildingsmart. org/IFC/RELEASE/IFC4 _ 1/FINAL/HTML.

[9] 马智亮，毛娜. 基于建筑信息模型自动生成施工质量检查点的算法[J]. 同济大学学报(自然科学版)，2016，44(05)：725-729.

[10] 广联达科技股份有限公司. bimface.com[EB/OL]. (2022-03-16)[2022-03-25]. https：//bimface.com.

"BIM 工程数字化集成建设管理"在深圳市黄木岗综合交通枢纽工程中的应用

许　哲，李瑞雨，谢　鹏

（深圳市前海数字城市科技有限公司，广东 深圳 518000）

【摘　要】为应对轨道交通工程建设管理的挑战，以深圳市黄木岗综合交通枢纽工程为例基于综合集成管理理论和 BIM 工程数字化技术的结合，在本项目中创建了地质信息、地理信息基础模型，以及创建并整合了全域建筑结构、道路桥梁、综合管线、景观园林等 BIM 模型，并在建设过程中开展了基于 BIM 工程数字化技术的应用和建设管理平台的开发和应用，有效解决了本项目实施过程中面临的建设管理难题，建立了轨道交通工程组织集成、过程集成和信息集成的集成管理模式。

【关键词】轨道交通工程；BIM；建设管理

1　引言

随着城市人口的增多、机动化进程的加快，交通拥堵问题变得尤为严重。城市轨道交通成为缓解城市交通拥堵的有效措施[1]，其具有运载量大、节能环保、安全高效等特点，已成为居民不可或缺的出行方式。该类工程是一个复杂、庞大、多专业、多行业的全生命周期系统工程，传统工程在建设过程中的管理模式存在信息沟通方式落后、过程和组织管理割裂等问题，给建设管理带来了巨大挑战。有必要基于 BIM 工程数字化技术结合项目集成管理理论，探索轨道交通项目基于 BIM 工程数字化技术的管理模式，为轨道交通工程建设管理提供新的思路和手段。本文以在建的深圳市黄木岗综合交通枢纽工程为例，对 BIM 工程数字化集成建设管理的应用进行研究，结合该工程中的实际工程建设管理问题，分析 BIM 技术在轨道交通工程中的具体应用点及其效益，旨在帮助推进城市轨道交通建设行业的信息化发展。

2　项目背景及概况

2.1　项目简介

黄木岗综合交通枢纽位于笋岗西路、泥岗－华富路交汇点，为既有 7 号线、新建 14 号线以及规划 24 号线三线换乘枢纽。其中沿笋岗西路长 1.5km，泥岗-华富路长 1.1km，主体为地下三层、局部地下四层叠侧车站，枢纽总建筑面积约 24.42 万 m^2。枢纽包括三个部分：（1）轨道交通：为既有地铁 7 号线、在建 14 号线、规划 24 号线；（2）道路交通：为上跨桥梁、下穿隧道和地面慢行系统；（3）地下空间开发，建成后将实现三个部分的功能一体化。

2.2　工程特点及难点

黄木岗综合交通枢纽工程位于深圳福田区繁华商业区城市主干道下方，地下管线复杂，交通疏解困难，下穿既有建（构）筑物较多，地层复杂多变，风险点密集。工程主要特点及难点如下：

（1）前期立交桥拆除工程，需历时九天完成 1.5 万 m^3 混凝土拆除；

（2）深圳市枢纽工程最深基坑，基坑深 38.8m；

（3）为国内最大规模的既有线车站改造，需拆除结构混凝土 7500m^3；

（4）黄木岗枢纽项目范围内共有 25 组 50 根 V 形柱，柱倾斜角度不一，定位困难、施工难度大；

【作者简介】许哲（1987—），男，生产运营项目经理/工程师。主要研究方向为结构工程、BIM 技术咨询。E-mail：xuz@qhfct.com

（5）采用地下盖挖逆作法施工的大倾角 V 柱体系为国内首次应用，单柱采用 2000t 自动伺服进行受力体系转换。

枢纽分三个工区进行施工，由多家参建单位建设，建设面临工期紧、体量规模大、标准要求高、协调困难等问题。基于综合集成管理理论和 BIM 工程数字化技术的结合，提出基于 BIM 工程数字化技术的管理方法，总体统筹枢纽各工区项目的全面实施。

2.3 黄木岗综合交通枢纽工程面临的挑战

1990 年我国科学家钱学森提出综合集成管理的方法[2]，其本质是构建新的系统用于指导被管理的复杂系统工程。深圳市黄木岗综合交通枢纽工程的系统复杂，新系统的解决方法可以提供借鉴。通过建立"事理"系统用来管理，然后创建"人理"系统用来协调事理系统，从而有效地解决工程所面临的"物理"问题，最终形成"人理-物理-事理"的系统集成。①"人理"方面。工程建设的主体是人，建设过程中所涉及的实施主体众多，包括地铁集团和众多参建单位。②"物理"方面。本工程各工区之间、与周边地块既有建筑之间存在着大量的空间体系接口冲突和不协调情况。③"事理"方面。传统项目使用二维图纸沟通会造成各参建方之间信息的割裂，迫切需要采用统一的管控方式和信息集成方法。

2.4 黄木岗综合交通枢纽工程集成管理 BIM 技术应用模式

（1）基于 BIM 工程数字化技术的组织集成对应"人理"挑战。BIM 技术是采用参数化驱动、应用标准化关系型数据库来创建的信息模型，全专业工程信息模型将优化以往的组织模式，为项目管理过程中的高效沟通创造条件[3]。

（2）基于 BIM 工程数字化技术的过程集成对应"物理"挑战。同一套 BIM 模型应用于项目的全生命周期，各参建方在不同阶段的应用模型协同合作，可以有效避免全过程信息在不同的应用阶段出现断层。

（3）基于 BIM 工程数字化技术的信息集成对应"事理"挑战。BIM 模型在建设中可挂接不同项目、多参建方、不同阶段程的信息。通过搭建 BIM 建设管理平台可以集成各参建方对工程质量、安全和进度等要素的管控和调度。

综上所述，实现黄木岗综合交通枢纽工程集成管理的方式是基于 BIM 工程数字化技术重新建立组织集成、信息集成和过程集成，从而使轨道交通类项目的各项管控要素形成有机的整体。

3 黄木岗综合交通枢纽项目集成管理 BIM 技术应用

基于 BIM 工程数字化技术实现本项目的组织集成、过程集成和信息集成，分别通过模型创建整合、BIM 模型及其应用和搭建基于 BIM 的建设管理平台来实现。

3.1 基于 BIM 的组织集成

3.1.1 创建枢纽三维地质模型，精细呈现地质水文地貌

本工程不良地层主要为素填土层、粉质黏土层、粗砂层和全、强、中、微风化花岗岩层。复杂地质构造易造成局部基坑坍塌、坑底涌泥、围堰失稳等危害，对工程施工和工期影响大。本项目采用地质三维勘察设计系统 GeoStation 建立枢纽站地质数据库和三维地质模型（图 1），与工程 BIM 模型组装，从不同角度进行三维剖切，可实时查看周边工程地质情况。通过地质模型可以快速获得地层参数、地层分布等地质信息[4]。三维地质模型可为方案确定、施工挖土、运土决策提供依据，同时利用地质模型开展各项施工模拟，辅助方案落地。

3.1.2 创建枢纽地理信息模型，精准立体反映工程实况

通过无人机航拍采集黄木岗交通枢纽区域影像数据，通过三维实景建模软件 Bentley ContextCapture 与 MapStation 系统软件创建高精度、可量测、具有真实空间三维坐标信息的地理信息模型（图 2），整体精度可达到 3cm，帮助决策者了解和管理工程现状。基于地理测绘模型及工程 BIM 模型开展施工场地布置、开挖及土方调配模拟、接口协调、管线迁改模拟、道路交通导改等应用。

3.1.3 创建复杂环境下的枢纽 BIM 模型，构建黄木岗数字沙盘

通过设计单位提供的各专业图纸，利用 Autodesk Revit 软件创建土建及机电信息模型（图 3），通过

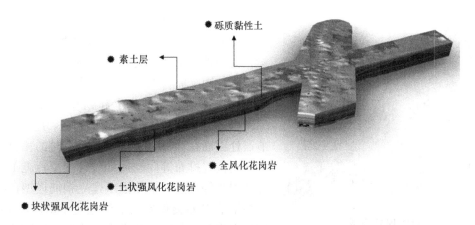

图 1　三维地质模型

图 2　倾斜摄影模型

基于 Revit 软件二次开发的算量软件对土建模型的柱、梁、板、墙进行实时扣减，保证土建模型与实际工程量的准确性。通过 Navisworks 等软件对主体结构进行碰撞检测并输出碰撞报告、提出优化方案。

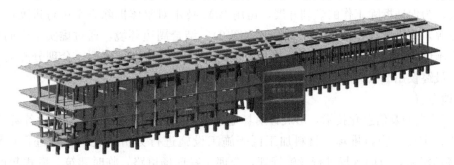

图 3　黄木岗枢纽 BIM 模型

3.2　基于 BIM 的过程集成

3.2.1　可视化交底

技术交底是工程技术档案资料中不可或缺的重要组成部分，本项目具有复杂的 V 形柱体系，项目范围内共有 25 组 50 根 V 形柱，柱倾斜角度不一，施工难度大。V 形柱施工工序工艺复杂，作为该项目重点的问题。通过搭建施工 BIM 模型（按照施工要求拆分构件），为施工过程中 V 形斜柱接头、模板、吊装定位，提供可视化沟通工具。通过建立 V 形柱 BIM 模型，表达钢柱及钢梁的空间位置关系，为施工过程中钢柱的定位提供依据（图 4）。

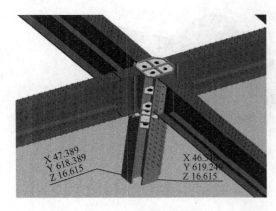

图 4　V 形柱 BIM 模型

3.2.2　钢筋深化设计

钢筋深化设计是结构设计和构件加工制作的联系桥梁，为构件加工和安装提供必要的依据。深化设计可以核校原设计图、完善图纸，使设计更加完善，对提高设计质量和施工速度、控制成本起到较大的作用。本项目基于 BIM 技术建立 V 形柱及型钢梁钢筋，应用可视化手段查看节点处钢筋在穿插、焊接型钢主体时的相对位置，及时发现空间位置排布等问题通知设计变更，施工时提前预判绑扎及焊接等难点。根据图纸建立钢筋模型，核查钢筋排布与型钢节点冲突位置，最终通过 Navisworks 软件生成碰撞检查报告，与施工技术人员沟通，反馈给设计及型钢加工方以解决碰撞冲突，避免在施工过程中因设计问题而出现的返工。

3.2.3　施工方案模拟

基于 BIM 技术进行施工方案模拟，可以有效解决施工工艺选择、各类构件空间位置关系等问题[5]。本项目由于 V 形柱倾斜角度不一，模板需特殊定制，节点钢筋密集、排布复杂。通过 BIM 技术模拟其钢筋绑扎、模板安装及混凝土浇筑过程，辅助现场施工，保证了施工质量和进度，避免不必要的返工，节约项目成本（图 5）。

图 5　V 形柱施工方案模拟

3.2.4　施工进度管理

基于 BIM 模型数据结合建筑施工流程、时间节点等信息进行 4D 施工进度计划模拟[6]。本项目在前期立交桥拆除阶段，为保证拆除工作的顺利开展，运用 BIM 技术对整体拆除方案进行进度模拟，合理调配人、材、机等资源，将进度计划细化至每日每时（图 6）。结合周边环境，通过虚实结合的技术手段，验证了方案的可实施性，确保了拆除过程安全可控；同时对行车路径进行模拟，合理分配运输线路，降低交通安全风险，最终仅用 9 天完成了累计长达 1.5km 的拆除任务。

3.2.5　施工场地布置

结合实景 BIM 模型及信息化技术，形成针对场地布置的标准化应用，对工程建设各阶段的场地地形、周边既有建筑物、道路、物料堆场、材料加工区等施工设施进行分析优化、合理进行规划布置。基于 BIM 技术进行场地漫游，协助现场进行设施管理，合理布置现场道路、临时建筑、塔式起重机等构件[7]，达到施工场地优化布置的目的。

3.2.6　道路交通模拟

通过 BIM 技术，对道路交通建设的设计方案进行全面的模拟，可以及时发现道路交通中的不足，并制定解决方案。因城市轨道交通工程常需对既有交通路面封锁进行建设，利用 BIM 技术的交通疏解方案的可行性分析以及疏解方案的道路流量模拟成为非常重要的应用点。

3.2.7　大型设备运输路径方案模拟

基于深化 BIM 模型，结合设计给出的运输路径图纸，在设备运输路径和关键位置动态模拟风机、机柜等大型设备的运输、安装和检修方案，模拟设备入场运输过程，优化运输路径与安装设计方案。大型

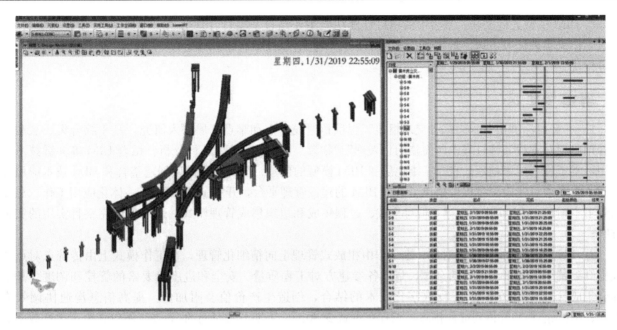

图 6 拆桥进度模拟

设备运输路径规划及核查应用，重点考虑 2 个关键参数，一个是设备外形尺寸，一个是设备理论重量。采用 BIM 技术模拟在设备落地瞬间，水平运输之前，设备落地方向的控制，要确保设备落地后水平运输时经过几次转弯到达设备就位点，设备朝向与设备就位安装方向一致。

3.2.8 三维坐标对比核较

利用倾斜摄影、三维激光扫描、点云等技术，可以实时获得施工现场既建项目真实准确的地理空间位置数据，通过对比项目的三维模型，可以得知施工现场的偏差是否在施工质量控制范围之内，监测控制施工质量。这在一些含异形结构的复杂工程中，具有比较明显的应用价值[8]。

3.3 基于 BIM 的信息集成

构建黄木岗交通枢纽建设管理平台是实现枢纽项目信息集成的主要体现。基于项目 BIM 模型载体集成各阶段信息，促进各参建方信息共享，强化各方沟通协调[9]。平台开发运用 BIM＋GIS 等关键信息技术，采用统一的 B/S 和 C/S 混合模式，利用 Restful 标准化接口来开展的微服务作为服务主线，建立系统总体架构[10]。将 BIM 模型轻量化发布至集成系统，无需安装 BIM 专业软件，在网页端登入即可查看项目模型。可对整装好的模型进行分层查看及量距、剖切、漫游等操作，支持手机、平板、电脑等多种移动设备，方便项目管理人员及施工技术人员实时查看使用（图 7）。实现"一物一码""一码一构件"，使物资

图 7 平台轻量化模型展示

实体与 BIM 模型无缝关联，平台中的项目管理功能主要结合了项目管理信息与项目 BIM 模型总装共享，通过工作流实现任务下达、进度监控和资源调度，包括总控平台、总体进度、质量、安全管理、综合展示等模块。

4　结论与建议

1）本文对深圳市黄木岗综合交通枢纽工程项目建设特点和难点开展深入研究，基于综合集成法和集成管理思想对工程实施过程中所面临的"人理""物理""事理"挑战进行分析。结合 BIM 等关键技术的应用，本工程开展了地理信息、三维地质和 BIM 模型的创建，同时开展模型创建整合和 BIM 技术应用等工作。在本项目建设全过程中搭建了基于 BIM 的建设管理平台，开展了基于 BIM 一体化应用工作。总体构建了本项目在 BIM 技术支撑下信息集成、过程集成和组织集成管理模式，最终形成完整且实用的实施方案。

2）通过与传统管理模式对比，本工程由粗放式管理走向精细化管理，在工作模式上由传统点对点方式提升到基于数字平台的协同合作，集成各参建方对工程质量、安全和进度等要素的管控和调度。基于综合集成管理理论和 BIM 工程数字化技术的结合，创造生产价值及附加值：提高信息沟通协调效率 70%、图纸错误 90% 得到提前排除、工程变更减少 80%、工期节省时间约 75 天，不仅带来了生产效率的提升，更多的是给企业带来了管理模式的改变，这种改变具有可推广性、可复制性，有力促进了轨道交通类工程建设过程中各项管控要素形成有机的整体。

参 考 文 献

[1]　王洋. 我国城市轨道交通发展规模影响因素的实证分析[D]. 北京：北京交通大学，2008.

[2]　钱学森，于景元，戴汝为. 一个科学新领域——开放的复杂巨系统及其方法论[J]. 自然杂志，1990(01)：3-10，64.

[3]　向卫国，常海，李瑞雨，等. 前海集群市政工程 BIM 技术全过程应用研究[J]. 土木建筑工程信息技术，2021，13(03)：44-50.

[4]　陈沉，王驰. 三维数字化技术在深圳前海自贸区建设中的应用[J]. 土木建筑工程信息技术，2019，11(05)：43-49.

[5]　孙婷. 基于 BIM 的建筑施工方案可视化模拟优化与实践[J]. 建筑施工，2017，39(05)：711-713.

[6]　兰洁，钟升明，杨星一. 基于 BIM 技术的城市轨道交通工程进度管理研究[J]. 建筑技术开发，2019，46(12)：91-93.

[7]　赵曼莉，高明. 基于 BIM 技术的建筑施工场地布置及优化分析[J]. 中国建设信息化，2020(19)：76-78.

[8]　徐丹洋. 基于 BIM 技术的信息化协同与管理[J]. 建筑技术开发，2020，47(04)：81-83.

[9]　张建平，梁雄，刘强，等. 基于 BIM 的工程项目管理系统及其应用[J]. 土木建筑工程信息技术，2012，4(04)：1-6.

[10]　赵杏英，陈沉，杨礼国. BIM 与 GIS 数据融合关键技术研究[J]. 大坝与安全，2019(02)：7-10.

BIM 技术在智慧社区管理中的应用探讨

曹 阳

（深圳市前海数字城市科技有限公司，广东 深圳 518000）

【摘 要】 作为智慧城市管理中的重要一环，在社区管理中应用BIM技术，可以提高基层服务管理的规范化和精细化水平，改善人民生活。智慧社区的管理依托BIM技术的全面感知汇集、智能融合管理和可持续拓展，再通过采集社区实体环境的各项实际数据，并导入虚拟空间模型中，实现对实体环境的实施监控、智能分析和科学预测，在社区居住人口管理、社区公共安全管理、社区市政管线管理、社区空间评估治理等方面具有重要的意义。

【关键词】 智慧城市管理；BIM技术；智慧社区

2008 年，IBM 公司创新性地提出"智慧地球"概念，而这一个全新的概念型战略得到了较多国家和地区的认可。截至目前，各国都在不断完善基础设施建设，不断加快智慧城市建设。而作为智慧城市建设中的重要一环，智慧社区由于其与居民生活、工作息息相关，其建设情况和管理运营情况越来越受到人们的关注。

社区是指在一定区域范围内聚集的社会共同体。一般在我国，国家以最基层的社区为单位来管理人民，而人民也通过社区来获取最基本的公共服务，社区可以看作是城市管理的最小单位。作为国家治理的基本单元和关键环节，社区是国家联系社会和公民的重要方面，社区治理的水平关系到我国城市发展的进程和人民的日常生活[1]。因此，在智慧城市建设大背景下，智慧社区管理作为市民生活和工作的基本单元，将会是智慧城市管理中的根基。

1 BIM 技术和智慧社区的概念

1.1 BIM 技术

BIM（Building Information Modeling）即"建筑信息模型"在建设工程行业日渐火爆，BIM 技术在大中型建设工程企业的项目中成为必不可少的技术支持。关于 BIM 定义，美国的国家 BIM 标准（NBIMS）给出了相对完整的概念："BIM 是设施物理和功能特性的数字表达；BIM 是一个共享的知识资源，是一个分享有关这个设施的信息，为该设施从概念到拆除的全寿命周期中的所有决策提供可靠依据的过程；在项目不同阶段，不同利益相关方通过在 BIM 中插入、提取、更新和修改信息，以支持和反映各自职责的协同工作"[2]。

从 BIM 技术的实际项目应用中发现，BIM 是一个建设信息数据的数字化集成平台，将二维平面的设计成果转化为用三维的空间模型来表达体现，将建筑建设全生命周期中各个建设阶段的数据信息资源关联到一起，解决了在建设工程竣工验收后二维设计成果便没有作用的常态化工程场景。BIM 技术在基础数据集成、数据运行、数据共享和数据应用等多个方面具有庞大的能力，将实体建筑数据反映到三维可视化的多维信息模型中，为后续建筑开发应用带来无限想象空间，实现可持续发展的城市建设全生命周期的数字化管理。

1.2 智慧社区

智慧社区概念起源于美国，是将社区信息化作为电子政务的一个重要组成部分，通过社区的信息化建设改善和提高城市管理水平[3]。智慧社区是一种新颖的社区建设构想，是社会不断创新发展下诞生的社

【作者简介】 曹阳（1992—），女，BIM 实施工程师/初级职称。主要研究方向为社区公共安全。E-mail：554724264@qq.com

区管理的新形式。

智慧社区主要是依托新一代的信息技术,通过汇合和整理建筑、家居、物业、能耗管理、安全管控等社区内诸多领域的信息,融合社区的人文、社会、生态、经济环境,对社区的运行、管理和规划进行智能化的监测和监督,为社区居民提供政务服务、商业服务、医疗养护、人文教育、生态环保等各类便捷的服务。此外,还通过可靠的大数据预测社区未来发展的趋势,发现社区中存在的问题。目前,主要是由街道居委会通过建立数字化平台,对各个部门、科室、社区的业务进行科学分类和梳理,不断创新服务管理模式,提高基层服务管理的规范化和精细化水平,改善人民生活。

2 传统社区管理

社区的职能包含了居民组织、城建卫生、低保残障保障、社区安全、计划生育、文化生活、医疗护理、养老服务等内容,社区的管理对象是一定范围内的社区居民及社区内的公共事物。作为基层组织,其承担的工作任务繁杂而琐碎,但是又具有维护基层稳定的重要职责。

传统社区管理主要是有两种:一是通过社区工作人员对社区地理空间的熟悉度来实现社区管理职能,全凭借社区工作人员对社区空间的个人认知,存在认知偏差、管理低效和一定的局限性,当社区规模不断扩大后,超出了社区工作人员对外界环境的最大负荷,社区工作人员对社区空间的不明确会难以满足日常管理活动的需要。二是随着信息化技术产业的发展,部分社区引入信息化管理技术,主要是以社区的服务为导向,以二维 GIS 底图为基础,详细地、虚拟地表示出社区空间信息,使得社区管理者对社区环境有更直观的认知。基于此底图,又汇集社区基本情况、社区文体信息、社区劳保信息、社区人口信息等社区管理的绝大部分信息后搭建的智能调度管理平台,实现社区空间的可视化,使得社区管理更加灵活便捷。

但随着不断加快的城市化发展进程,城市面临着越来越多的挑战和矛盾,如能源问题、交通拥堵、公共安全、环境污染、医疗卫生等矛盾日益明显,如何更加高效准确地找到问题并解决问题,促进城市有序、可持续的发展,这些对信息化的建设的要求越来越高。

3 BIM 技术在智慧社区管理中的应用

3.1 BIM 技术在智慧社区管理中的可行性

(1) 信息全面感知汇集

智慧社区的建设需要拥有强大的数据基础支撑,首先需要通过各类环境感知设备,智能地主动地去识别社区空间的静态环境、动态运转状态等,再汇集、处理和分析庞大的感知数据,并且能够与社区的管理业务系统集成,促进社区各业务流线和谐高效地运转。作为一个全面开放的可视化多维度的数据库,BIM 平台是一个可以全面承载各类应用的基础数据,可进行高效的协同合作的平台。

(2) 信息智能融合管理

由于社区信息的复杂性和需要全面承载各类应用数据,平台将面临海量数据的汇集、处理和分析,以便提出对社区管理最正确的决策支持。而 BIM 平台可以将海量的数据信息整合处理后再用三维可视化的方式进行呈现,且能够实现数据信息的开放共享。BIM 平台能够与云计算集成应用较好地融合,依托于云计算强大的计算能力,不仅可以将 BIM 应用中计算量繁琐且复杂的工作腾挪至云端,从而提升模型的计算效率,还可以基于云计算的大规模信息存储能力,将 BIM 应用转化为云服务,能够保证用户端和设计方随时、随地、随需地提取数据用于决策和应用。

(3) 系统应用的可持续拓展

智慧社区的建设应该从居民的整体需求出发,需要随着社会、经济和环境的不断更新迭代而持续成长。BIM 是一个可以不断在多维度数据空间进行拓展的信息搭载平台,可以供系统不断地拓展和成长,避免了后续系统由于在多维度应用衍生拓展后,需要进行重新构建的情况。

3.2 BIM 技术在智慧社区管理中的应用点

通过搭建社区 BIM 模型,同时在实体建筑、市政管线的内部和外部部署传感器、监控设备等智能采集设备，采集社区空间环境、管线运转情况、视频监控等实际数据，并导入虚拟空间模型中实现对实体环境的实施监控、智能分析和科学预测。

3.2.1　社区居住人口管理

在人口管理中，社区可以将社区所有居民的基本信息和专项信息挂接至 BIM 模型中，方便社区工作人员进行统计、查看和上报。社区人员可以随时统计所辖范围内的居住人口信息，可以在线查看社区的全貌，大至整个社区，小至户居空间，可以全方位地在线查看社区信息，了解居民的居住全貌，还可辅助进行信息的统计，如特殊人群（老年人口、残障人士）的空间分布格局、年龄结构分布、人才结构分布、人口密度分布、流动人口分布等，实现了在三维空间的人员的需求化管理。

3.2.2　社区公共安全管理

以 BIM 模型为核心，全面集成和融合多个和社区公共空间安全相关的子系统的数据（如社区的电子门禁、消防智能报警、电子设备安全监控、人流监控、紧急报警等），实现对社区公共空间的精准布控和防护，建设社区基于 BIM 可视化的综合安全管理系统，不仅提升社区的安全管理的效率和应急响应能力，而且不断提升社区的综合安全管理能力，为社区居民提供高质量的安保服务。

3.2.3　社区市政管线管理

社区的市政管线包含燃气、热力、供水、排水、电力、电信等地下管线，作为保障社区基本运行的重要基础设施，随着城市的不断发展，管线的建设也不断变得愈发复杂，其管理难度也不断增加。市政管线搭载传感器，将实时运行数据及时反应 BIM 模型，可提前预分析可能存在的问题以便及时排查，减少市政管线的故障次数。而一旦事故发生，管理人员可以通过 BIM 模型快速地获取管线事故的位置和预判事故的原因，方便管理人员对市政管线进行统一的应急部署安排，把事故减少，及时地恢复管道的正常运转，满足居民需求，实现高效服务和智能管理。

3.2.4　社区空间评估治理

关注社区的公共空间治理难题，通过将社区各要素导入 BIM 模型中，对社区的运行进行定期定性的体检评估，实现科学化的社区治理和提供精准的社区生活服务。通过整合社区的现有空间场地、人才资源、资金条件和功能需求，不断盘底、挖掘社区的现有资源，定制化地配置社区所需的各项智能基础设施，进一步优化社区居民安全、便利、舒适、愉悦的智慧化生活空间。

4　结语

总之，BIM 技术在智慧社区管理中的应用与实现可通过系统集成功能，强化各类社区管理信息的对接性，减少了以前信息的不关联互助和不共享互换，消除信息孤岛的现象，为之后的社区管理工作的开展提供强有力的数据支撑。未来在社区管理的信息化技术迭代更新过程中，BIM 技术有助于真正实现智慧社区的三维可视化，有利于提高智慧社区的精细化管理水平，为居民提供便捷、主动、精准的服务，提高居民的幸福指数，促进社会和谐发展，也会全面推动数字化城市、智慧化城市的转型与发展。

参　考　文　献

[1] 胡洁人. 各国社区治理经验谈[J]. 检察风云，2022(05)：19-21.

[2] 美国国家 BIM 标准第一版第一部分：National Institute of Building Sciences，United States National Building Informa-tionModeling Standard，version1-Part 1[R].

[3] 邢晓旭，张恒，贾莉，等. 智慧城市体系下的智慧社区建设模式思考与探讨[C]//创新技术·赋能规划·慧享未来——2021 年中国城市规划信息化年会论文集，2021：206-212.

Dynamo 在空间有限元分析中的应用

冯 斤，唐松强，吕 望

（中国电建集团华东勘测设计研究院有限公司，浙江 杭州 310000）

【摘 要】Dynamo 插件作为近些年来 BIM 软件的常用辅助插件被越来越多的设计师应用于异形构件的创建和布局，其同时也有对 BIM 模型内的构件进行整理并通过一系列规则进行分析的能力。本文通过模拟案例介绍了一种采用 Dynamo 插件基于有限元分析的空间分析方法。

【关键词】建筑信息模型（BIM）；Dynamo；有限元分析；空间分析

1 引言

近年来，建筑信息模型（Building Information Modeling，BIM）技术的应用在国内外的建设行业中已逐渐进入深水区，专业人士已不满足单纯地将二维图纸三维化的应用所带来的工程建造阶段的价值。因为在项目规划和初步设计阶段造成的失误在后期往往会造成更大的损失，所以越来越多的业界人士开始更加关注在工程规划设计阶段 BIM 技术所能提供的规划指导性的应用。

Autodesk Revit 是目前建设工程行业应用较为普遍的 BIM 建模软件，Revit 模型包含的参数信息较为完整，在深化设计和建造阶段有很大的优点，但是在规划设计和初步设计阶段过多的信息反而是项目分析的不利因素之一。同时 Revit 本身自带的分析功能较少，这也导致在常规工作流中规划分析阶段需要用到各种不同的软件，造成大量重复的工作量。而基于 Revit 软件的 Dynamo 插件在某种程度上弥补了这方面的不足。

有限元法（FEM，Finite Element Method）是一种高效而常用的计算方法，最初起源于土木工程和航空工程中的弹性和结构分析问题的研究。随着计算机技术的发展，分析速度和计算精度有了大量提升，使得有限元法可以应用于越来越多的领域和工作场景，来解决现实中遇到的实际问题。

本文以 Dynamo 与有限元分析的结合应用为切入点，以及 BIMBOX 中场地有限元分析内容的相关思路，阐述了一种可以在场地和建筑内部空间对一些特定问题进行定量分析的方法。

2 Dynamo 参数化设计与分析

2.1 Dynamo 特点

Dynamo 是基于 Autodesk Revit 软件的开源式设计辅助插件，它通过计算式设计方法和可视化编程语言，分析使用目标，在工作界面根据程序设计逻辑连接预定义功能的节点，设置一套循序渐进的程序流（算法），通过输入、处理和输出的基本逻辑解决问题[1]。其优势在于采用封装好的计算节点驱动模型进行计算，降低了使用者使用自定义算法调整和分析模型的门槛，并可以利用已有的 Revit 模型，从而提高了复杂计算的工作效率。

2.2 参数化设计与分析

参数化设计是指一种将全部设计要素作为某个函数的变量，通过设计函数或者算法将相关变量进行关联，通过输入参数便可自动生成模型的设计方法[1]。同理，参数化设计的思想也可以用于参数化分析中。首先将原先的 Revit 模型进行数据化处理，确定关键变量，其次设计解决问题的函数或算法，最后将变量通过算法生成可视化的结果，并根据结果或设计目标调校变量，得到最合理的设计结果。

【作者简介】冯斤（1991—），男，工程师。主要研究方向为工程数字化及 BIM 技术应用。E-mail：feng_j@hdec.com

3 有限元法与 Dynamo 的结合应用

3.1 有限元法

有限元法是一种为求解偏微分方程边值问题近似解的数值技术。求解时对整个问题区域进行分解，每个子区域都成为简单的部分，这种简单部分就称作有限元。

有限元法的基本思想是先将研究对象的连续求解区域离散为一组有限个且按一定规律相互联结在一起的单元组合体。由于单元能按不同的联结方式进行组合，且单元本身又可以有不同形状，因此可以模拟成不同形状的求解小区域，然后对单个单元进行分析求解，最后整体分析。这种化整为零，集零为整对连续求解域求解的方法就是有限元的基本思路[2]。

3.2 结合应用思路

结合 Dynamo 插件和已有的 Revit 模型，利用有限元法的求解思路，来对项目特定区域或空间进行分析，从而得出针对该区域或空间内一些特定问题的解，并输出为可视化成果，其基本应用步骤如下：

(1) 首先使用 Dynamo 将原有的 Revit 实体分析模型生成 Dynamo 可识读的文件，提取其多边形外形；

(2) 生成矩形边界框完全覆盖多边形；

(3) 根据矩形边界框端点建立分析边界，按照端点坐标值进行网格点划分；

(4) 筛选位于多边形内的网格点，将结果反馈在多边形内；

(5) 根据网格点生成单元格，每个单元格单独求解，进行特定问题求解分析。

4 应用实例

4.1 场地有限元分析

在以往的工程实践中，对于某地块使用价值的判断一个重要的依据是衡量其周边的各个配套或影响因素，例如学校、地铁、医院等配套设施距地块的相对距离。判断方法是用某一种因素与地块进行单纯的测距，判断结果为整个区域且较为粗糙，无法形成某一子区域定量或定性的分析结果，而且对于范围较大的地块参考价值不强。

将目标场地及周边影响因素在 Revit 软件建模后，利用 Dynamo 将目标场地及周边影响因素进行参数化处理，并按照设定的函数规则进行计算，将定量计算结果作为分析结果判断场地内每一子区域的价值，以上方法即为场地有限元分析。

现有一个模拟项目用地如图 1 所示，分析地块周边遍布医院、学校、地铁站、高架桥等正面和负面影响因素。

图 1　模拟分析用地区位

首先对目标分析地块及周边关键影响因素进行简要建模（图 2），表达周边影响因素的地块形状和分析地块在平面中的相互关系。

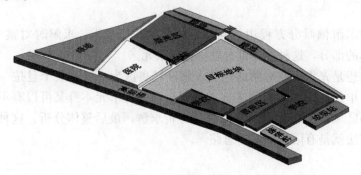

图 2　分析模型建模

将目标地块和周边影响因素使用 Dynamo 进行简化，通过筛选元素，转换成构件，最后转换成几何形状，获得闭合曲线和在 Dynamo 中可以识别的几何图形（图 3）。

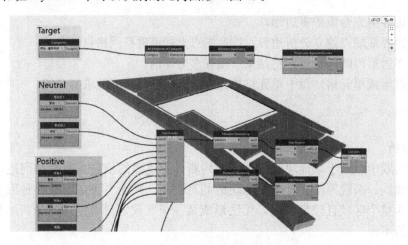

图 3　Dynamo 读取模型信息

对分析地块进行有限元网格划分，这里采用的是映射法，其基本原理是在简单区域内采用某种映射函数构造简单区域的边界点和内点，并按某种规则连接结点构成网格单元[3]。在 Dynamo 中生成 Bound-ingbox 矩形边界框将分析地块几何形体完全包裹，取其直角坐标上的 Max 和 Min 点，根据两个点的坐标并添加固定划分间隔进行分析区域的网格点划分（图 4）。

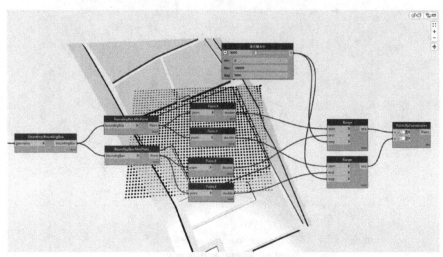

图 4　地块网格点划分

　　将生成的网格点在 Dynamo 中进行判断，筛选出落在目标区域的闭合曲线内的点作为划分网格的中心点。以中心点为形体的中心创建固定尺寸的 cuboid，在 Dynamo 中进行显示。至此目标地块网格划分完成（图 5）。

图 5　地块网格划分

　　所有影响因素对每个划分网格有正面或负面的影响，其影响的主要参数是单元格到每个影响因素的距离。不同的影响因素所占权重的绝对值和正负有所区别，将积极影响设为正值，负面影响为负值，考虑到影响的大小，设定不同影响因素权重系数如表 1 所示。

不同影响因素权重系数　　　　　　　　　　　　　　　　　　　　　　　　表 1

影响因素	权重系数	影响因素	权重系数
居民区	1.0	绿地	1.2
医院	1.3	河	−0.9
学校	1.5	垃圾站	−1.5
公交站	1.5	高架桥	−1.3
地铁站	1.5		

　　最后根据影响因素距离与权重系数进行乘积，得到每个网格的最终数值列表，将数值列表经过处理后按规律进行排序，并映射在预设颜色表中，得到最终的结果热力图（图 6），反映本地块中的子区域的价值排行分布情况。

图 6　分析结果热力图

此时的分析结果只能在 Dynamo 中看到，为了可以将分析结果输出到 Revit 模型空间间内，可以基于前面生成的在分析地块内的网格点，按照模型空间内已载入的结构柱族或其他矩形族进行生成，最终输出的结果是在 Revit 模型空间内染色的实体排列，更加直观和方便结果的输出（图 7）。

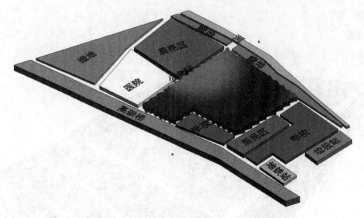

图 7　成果输出到模型空间

利用 Dynamo 进行的场地有限元分析，不仅更方便高效地利用了 Revit 模型，同时也对地块价值分析的方法和结果进行了优化。基于定量和定性的分析结果，可辅助建设方排布地块内的单体更加合理，并对地产项目相关营销策略带来更为积极的影响。

4.2　空间净高分析

空间净高分析的原理和场地分析的原理类似，首先确定分析面为某层建筑地面，其次按照一定的划分规则将分析面进行有限元拆分形成单元格，然后计算分析面上空的所有构件与分析面的距离，最后根据计算距离值返回结果并赋予颜色表，生成热力图体现在 Dynamo 界面中或模型空间内。这种方法与传统的净高分析相比，将分析对象从指定的空间构件变为指定的空间地面，并不通过判断构件本身的参数而是计算构件到分析面的相对距离来确定净高值，避免了因构件本身放置的参照面有误造成的分析误差，在分析地面有坡度的情况分析结果会更有指导意义，同时还可以展示空间内整体的净高走向与趋势。但本方法的缺点在于会使分析计算量会增大数倍，同时对网格尺度的划分也提出了较为严苛的要求，所以本方法暂时只建议在特定尺度空间下使用。

5　总结

本文探讨了一种基于 Dynamo 软件进行空间有限元分析的方法，此方法扩展了 Dynamo 在 BIM 模型中的非建模类的应用，具有一定的借鉴意义。研究过程中此技术路径仍有一定的局限性，例如判断网格点是否在分析面内的操作，在过于异形的分析面中会有不同程度的判断错误，分析点位于边界时的处理不够精确等等，希望通过后续进一步的研究对此方法进行优化，使之能应用于更多的问题场景中。

参 考 文 献

[1]　吴生海，刘陕南，刘永晓，等. 基于 Dynamo 可视化编程建模的 BIM 技术应用与分析[J]. 工业建筑，2018，48(02)：35-38.

[2]　陈锡栋，杨婕，赵晓栋，等. 有限元法的发展现状及应用[J]. 中国制造业信息化，2010，39(11)：6-8.

[3]　王明强，朱永梅，刘文欣. 有限元网格划分方法应用研究[J]. 机械设计与制造，2004(01)：22-24.

基于 BIM 的城市热环境对空间规划的影响研究
——以深圳市前海桂湾片区为例

黄小祝[1]，陈钰灵[2]，卓胜豪[1]

(1. 中国电建华东勘测设计研究院，浙江 杭州 310000；2. 深圳大学建筑设计研究院有限公司，广东 深圳 518000)

【摘　要】深圳由于经济发展迅速，常住人口呈指数增加，导致城市聚集效应明显，热岛效应突出，市民对热环境的满意度普遍偏低。《深圳市绿色住区规划设计导则》规定："住宅区规划应进行热环境设计，住区夏季热岛强度不宜大于 1.5℃"。本文基于现场调研、BIM 信息模型、Ecotect 等多元数据分析，采取数值模拟法开展深圳市桂湾片区的热环境评估分析，并给出空间优化建议，旨在为空间规划提供侧面的参考依据，助力城市的可持续健康发展。

【关键词】BIM 模型；热岛效应；空间规划；可持续发展

随着经济建设的逐渐发展，深圳作为经济特区，城市人口聚集尤为明显[1]。人类活动在排放大量二氧化碳的同时，征收改造大量森林、土地等自然环境以促进城市发展建设，导致城区和郊区地表温度差距明显，形成城市热岛效应[2]。

城市建设是发展国家文明，经济繁荣兴旺不可或缺的一步，但在城市快速发展的同时，自然环境的保护也尤为重要。随着国家双碳发展背景的提出，我们更应该注重城市发展和自然环境相结合，为城市可持续发展做贡献。

1　研究背景

1.1　研究现状及意义

世界范围内针对城市热环境开展相应的研究可以追溯到两百年前，中国 20 世纪 80 年代才系统性地展开相关研究[3-5]。国内的城市热环境研究虽然起步晚，但是研究的方式方法很好地借鉴了国外的经验，研究成果也越来越丰富和完善[6-8]。通常情况下城市热环境的影响因素包括城市化进程中的社会活动、气候环境条件和物质空间建设。在自上而下的规划设计和规划管理阶段，物质空间形态建设占主导，这也是影响城市热环境的重要因素[9-10]。

城乡规划和城市设计等手段是缓解和改善城市热环境的有效手段[11-12]。本研究旨在明确城市空间的热环境效应，通过规划设计和行政管控进一步提升城市热环境改善和优化的可操作性，为改善深圳市的城市热环境提供理论依据和决策支持，促进城市的宜居环境建设和可持续发展。

1.2　研究区域概况

研究区域位于广东省深圳市南山区前海桂湾片区，毗邻梦海大道西侧和滨海大道北侧。桂湾片区地上酒店及商业规模达到 339 万 m²，其中酒店规模 118 万 m²，商业规模 221 万 m²，包含零售、餐饮、休闲娱乐等；教育设施涵盖幼儿园至小学、初高中等学校共有 8 所，文体类设施共有 6 处，医疗设施 6 处，管理服务设施 5 处，区位环境优越。

研究区域范围包括 5 个项目共计 19 栋楼，分别是华润前海中心、卓越前海一号、冠泽公寓项目、弘毅项目以及前海控股大厦（图 1）。区域周边有两条地铁线路分别是 5 号线桂湾地铁站以及 1 号线鲤鱼门地铁站，周边步行半径 250m 配套设施完善，包含了文化设施、教育设施、医疗卫生设施、体育设施、社

【作者简介】黄小祝（1994—），女，建筑设计工程师。主要研究方向为智慧城市。E-mail：840963480@qq.com

会福利设施、管理服务设施、边防设施等。

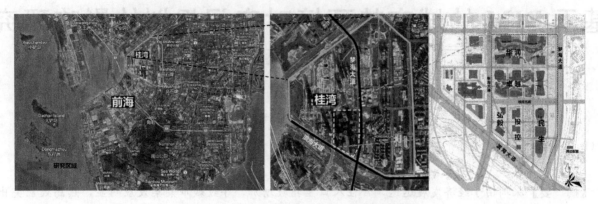

图 1　深圳市南山区前海桂湾片区研究范围

　　优越的地理位置和良好的气候条件为前海桂湾片区经济发展和社会建设提供了强有力的基础，在一定程度上也加大了片区周边的土地开垦，导致片区环境区域城市化，大量的人口聚集导致汽车尾气的排放随之增加，建筑的升起阻挡热量的散发，导致片区的地表温度上升，形成城市热岛。

2　研究数据和方法

2.1　BIM 三维建模

　　为进行前海桂湾片区城市热环境的分析与研究，需要建立研究区域的城市环境形态模型。本研究搜集政府公开的前海桂湾片区平面资料、各地块报批报建提交的 BIM 模型、桂湾片区城市设计、市政交通竣工 BIM 模型等资料，通过多源异构数据融合技术，构建片区级的 BIM 模型规划设计方案，描述研究片区建成环境城市空间形态。另外，通过进一步的现场调研细化整个片区的自然环境，丰富研究片区 BIM 模型的细节，最终导出生成研究片区城市环境形态模型（图 2）。

图 2　深圳市南山区桂湾片区研究范围模型图

2.2　Ecotect 软件分析

　　Ecotect 是一款功能相对全面的可持续设计及分析工具，可使用 BIM 建筑信息模型，通过仿真的形式对场地环境进行分析，发现现有建筑中存在的问题，从预判的角度提高新建建筑设计的性能。同时 Ecotect 分析软件的可视化程度高，通过 Ecotect 软分析能够更加直观地看到片区场地内的地热量分布情况以及热岛温度高点。最终将已定量的建成区域转换成数据表示，从客观的角度得到精准的结论。

3　结论与分析

3.1　片区空间分布形态

　　从搭建的区域模型（图 3）可以看出整个地块的布局规整呈井字型划分建筑群，建筑组团之间形成较大的通风廊道，有利于片区内的整体通风降温，缓解地表温度升高。由于片区内建筑外墙多为玻璃幕墙，导致太阳辐射热反射至地面，在一定程度上提升了场地内体感温度。

图 3　片区组团及廊道示意图

同时通过场地内的调研拍摄，可知场地内树木均为叶面积指数低的植被，场地内植被的维护不到位，树木的长势不佳，遮阴仅能靠建筑物阴影来进行遮蔽，客观上导致片区内地表温度的提升。场地内休憩区虽设置可供行人休息的位置，但由于材料选用问题，夏季并不适合休息，且休憩区域未设置遮蔽物，无法吸引行人前往。

可视绿化少，遮阴面积小，极大地降低了行人在片区内穿行的欲望，导致整个片区内失去活力，出现即使配套设施齐全在日间也无人问津的情况，极大地影响了片区内的经济效益。

3.2　热环境特征

基于片区规划的前提条件下，通过 Autodesk Ecotect Analysis 对场地模型以及场地条件进行分析，根据模拟得到桂湾片区的夏季总曝辐射值，无遮挡水平面辐射量为 515.75kWh/m²，规划区内水平面平均辐射量为 316.37kWh/m²。如图 4 所示，可以看出场地内建筑物多为高层或超高层建筑，建筑产生的阴影给场地内五分之二的环境起到了遮阴的作用，有效地减少了地表面对太阳辐射的吸收，同时也为降低场地热岛效应提供了有利的改善环境。

根据全年平均太阳辐射强度分布模拟可知，片区场地内建筑周边存在常年阴影温度较低，但由于场地的组团规划以及总体规划布局原因，人行及车行道缺少绿化及遮阴构件，整体温度偏高，如图 5 所示。且我们可以知道的是深圳处于亚热带且是季风气候区，由于原生的气候背景对城市热岛产生的影响，导致片区内乃至整个深圳市范围内的热岛强度均处于较高水平，建筑遮阴很难满足降低场地温度的效果，热岛强度模拟选用深圳市一年中温度最高的夏至日进行分析计算，得到场地内夏至日个小时地面温度模

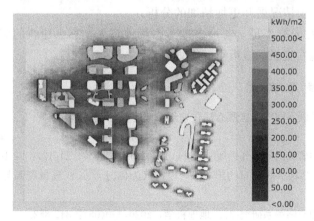

图 4　场地夏至日太阳辐射大范围图

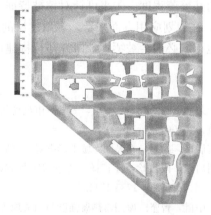

图 5　全年平均太阳辐射强度分布模拟

拟结果为 1.86℃。根据《深圳市绿色住区规划设计导则》、《深圳市绿色建筑设计导则》、《绿色建筑评价标准》GB/T 50378—2019 规定："场地内夏季热岛强度不宜大于 1.5℃"。故桂湾片区的夏季热岛强度超过标准要求限值，热岛效应较强。

4 建议与展望

4.1 空间优化建议

本研究选取城市密度较高、气候环境明显的典型国内人群密集城市甚至作为研究对象，以桂湾片区为研究范围，综合考虑城市规划发展的典型阶段和后期发展阶段，描述片区热环境特征，并通过计算机模型以及软件模拟探索出城市热环境空间规划策略，得出以下结论：

1. 研究范围已建成区域环境优化建议

（1）增加绿化面积以及遮阳构件，通过大面积屋顶花园的设置，不但能够改善环境的休憩氛围，更达到增加植物蒸腾散热的物理效果。

（2）同时，高层建筑有益于在周边形成永久遮阴区，通过架设遮阳构件的形式，让其他暴露在阴影外的区域也能够形成较好的遮阴条件，降低地表吸收的辐射量，增加人体舒适度。也能够通过这种方式激发场地活力，提升建筑底层商业、服务设施的使用率，带动片区内的经济发展。

2. 后期发展区域的空间规划设计建议

（1）待建区域在未进行规划设计前可对场地内的热岛强度进行前期预测，通过建立 BIM 信息模型，得到场地内热环境指标，便于之后进行总体规划和建筑方案设计时有针对性地设计；

（2）在建筑设计时，可以多利用建筑的形态，形成通风廊道，将自然风在场地内做引导，对场地地表起到降温作用，同时在设计时考虑适当增加架空层绿化、屋顶绿化等，从物理层面对场地内进行降温；

（3）在景观设计时，对场地内的植物进行筛选，适当增加叶片密集的球形树冠的植物种类，以提高遮阴效率。

4.2 展望

通过对片区的热环境分析，证明了空间规划格局与城市热环境之间存在着较强的联系，热环境的研究分析对城市的可持续性发展具有一定的指导意义和参考价值。当然，研究还存在一些不足之处，在未来的持续研究上可以展开更多方面的探索，如：

1. 受到设备仪器以及时间的限值，本研究仅通过单点的位置以及固定的时间段进行测量记录，无法体现场地内更多元化的变化分析，未来研究期望能够得到更准确的数据进一步地提高研究结果的可信度；

2. 受场地条件及软件限制，本研究的城市空间形态仅考虑了建设现状，而忽略了植被会因季节变化而影响其繁茂程度，未来可针对植被特征以及生长情况展开更加精细的分析；

3. 在规划应用方面来看，规划建议的落地性尚有不足，若过多地考虑场地宜人，那么建筑的姿态以及场地布局必然会被牺牲，研究还待构建可实施性更强的城市空间规划策略。

参 考 文 献

[1] 朱荣鑫，赵乃妮，王清勤，等. 城市热岛效应对我国不同气候区既有居住建筑采暖空调能耗的影响研究[J]. 南方建筑，2020(05)：16-20.

[2] 范晨璟，田莉，李经纬. 城市形态对空气质量影响研究的国内外进展[J]. 城市发展研究，2017，24(12)：92-100.

[3] 谢启姣，段吕晗，汪正祥. 夏季城市景观格局对热场空间分布的影响——以武汉为例[J]. 长江流域资源与环境，2018，27(08)：1735-1744.

[4] 沈中健，曾坚. 厦门市热岛强度与相关地表因素的空间关系研究[J]. 地理科学，2020，40(05)：842-852.

[5] 黄群芳. 城市空间形态对城市热岛效应的多尺度影响研究进展[J]. 地理科学，2021，41(10)：1832-1842.

[6] Stewart I D, Oke T R. Local climate zones for urban temperature studies[J]. Bulletin of the American Meteorological So-

ciety，2012，93(12)：1879-1900.

[7] 杜红玉. 特大型城市"蓝绿空间"冷岛效应及其影响因素研究[D]. 上海：华东师范大学，2018.

[8] Guo J，Han G，Xie Y，et al. Exploring the relationships between urban spatial form factors and land surface tempera-ture in mountainous area：a case study in Chongqing City，China ［J］. Sustainable cities and society，2020，61：102286.

[9] Bechtel B，Alexander P J，Beck C，et al. Generating WUDAPT Level 0 data-current status of production and evalua-tion. ［J］. Urban climate，2019，27：24-45.

[10] 聂敬娣，张俊华，黄波. 城市热岛效应对人体健康影响研究综述[J]. 生态科学，2021，40(01)：200-208.

[11] 杨峰，钱锋，刘少瑜. 高层居住区规划设计策略的室外热环境效应实测和数值模拟评估[J]. 建筑科学，2013，29(12)：28-34，92.

[12] 梁鑫斌. 基于空间规划的徐州市地表热环境研究[D]. 徐州：中国矿业大学，2021.

基于 BIM 的高层建筑群对再生风环境影响评估

黄小祝[1]，陈钰灵[2]，卓胜豪[1]

(1. 中国电建华东勘测设计研究院，浙江 杭州 310000；2. 深圳大学建筑设计研究院有限公司，广东 深圳 518000)

【摘　要】近年来，深圳在城市空间发展上进行了高强度的开发建设，高层建筑密集使得城市"再生风环境"变得复杂，对于市民的舒适乃至安全产生不利影响。本文基于深圳市滨海地区亚热带季风环境的背景，通过 BIM 模型创建融合技术以及 CFD 数值模拟，以深圳市前海桂湾建成片区作为研究对象，开展城市风环境影响评估分析，并给出相应的优化设计建议，为打造适应亚热带海滨自然条件特征的舒适型南方城市作出贡献。

【关键词】BIM 模型；自然通风；规划设计

1　引言

深圳作为我国现代化水平较高的城市之一，城市开发建设强度大，高层建筑密集，城市内部存在高强度的人为产热和污染物排放现象。密集的高层建筑使得城市冠层内局部出现转角或峡谷效应，形成复杂的再生风环境，引起风速变化，对自然通风的环境品质造成影响[1]。

深圳属于南亚热带海洋性季风气候区，通过自然通风等被动式手段能够有效排除城市空间的人为产热，降低城市片区热岛强度，提高城市空间舒适度，从城市整体上降低建筑运行能耗。且有研究显示在交通流量较高的拥挤地区，行人区域的风速达到 1m/s 已能驱散污染物[2]。因此，有必要研究通过规划管理手段优化城市形态，促进区域自然通风，有助于深圳高容积率下营造舒适、健康的街区环境。

2　案例分析

2.1　相关研究综述

国内对于城市风环境气候影响的研究始于 1980 年左右，当时针对不同的居住区、产业园区等进行了不同的风环境影响评估分析，主要的研究手段以实测为主[3]。但随着近年来计算机技术的普及，采用数值模拟手段来进行城市风环境研究的案例也越来越多[4]。

目前深圳对于城市气候的研究也主要集中在热环境和风环境两个方面，通过对深圳市气象局的气候数据进行统计分析，对城市中心区、高层住宅小区、多层住宅小区等比较其一定的背景温度和风速、风向下的城市空间形态特征的风环境情况以及对人体舒适度的影响。同时利用 USSM 模式来模拟建筑对近地层风场的影响，对建筑进行不同的排列组合，得到优化风环境的详细规划策略[5]。

通过对相关研究的分析可知，研究大多针对城市人口密集的居住区，还未对产业园区或者是高密度办公建筑群进行风环境分析，故本文针对高密度建筑群进行分析研究，希望能够通过研究填补规划尺度下风环境研究的空白。

2.2　研究方法

由于城市系统的复杂性和城市气候的多样性，本文的研究方法共有两种：

（1）基于 BIM 的建筑信息模型分析法

【作者简介】黄小祝（1994—），女，建筑设计工程师。主要研究方向为智慧城市。E-mail：840963480@qq.com

BIM 模型能够对城市空间建筑形态进行较为完整的还原和描述，通过该模型，城市空间规划形态能够更好地呈现，同时 BIM 模型能够便捷地处理和更新，有利于通过实地调研后对模型进行调整或者进行不同的修改来判断规划对城市空间风环境的影响。

（2）计算机软件模拟分析法

在宏观尺度的城市风环境研究中，计算机模拟技术具有较好的适应性，能够较好地模拟风环境流向以及动态过程，对规划尺度的设计提供适当精度的数据结果作为参考。本研究采用 Phoenics 作为风环境评估公工具，通过在软件内导入 BIM 信息模型简历研究区域进行模拟，可以得到场地内的风速、舒适度等指标分布情况，用于气候分析。

2.3 研究案例分析

2.3.1 区域概况

研究区域位于深圳市南山区前海桂湾片区，毗邻梦海大道西侧和滨海大道北侧，由 5 个项目 19 栋楼组成，分别是华润前海中心、卓越前海一号、冠泽公寓项目、弘毅项目以及前海控股大厦；项目以金融办公建筑为主，开发建设体现高密度、高容积率以及高层建筑密集等特点（图 1）。在气候条件上，研究区域在气候区划分中属于夏热冬暖地区，有着亚热带海洋性气候，海陆风的气象特点，其所处地理位置的特殊性为城市自然通风的利用提供了前提条件。

图 1　研究区域区位图

2.3.2 风环境评估指标

本项目研究的风环境评估指标参考《绿色建筑评价标准》GB/T 50378—2019 第 8.2.8 条，即建筑物周围人行区域距地面 1.5m 处风速小于 5m/s，户外休息区、儿童娱乐区风速小于 2m/s，且室外风速放大系数小于 2。其中，风速放大系数是建筑物周围离地面高 1.5m 处风速与开阔地面同高度风速之比。风速放大系数的数值能反应建成环境的通风情况，是衡量建设项目空间形态对通风舒适性影响的量化指标。

由于风速大小不同，人体对于其感受也大不相同。风速过小甚至出现静风状态时，会觉得空气有停滞感，长时间处于这种状态下会觉得不舒适。风速过大，且大到一定程度时，会影响到行人的安全，甚至是一种自然灾害现象的出现，如飓风和台风等。一般的风舒适度判别标准如表 1 所示。

风舒适度判别标准	表 1
分类	有效风速（m/s）
坐	0～2.5
站	0～3.9
行走	0～5.0
不舒服	＞5.0
危险	≥14.4

2.3.3 区位通风条件分析

根据深圳典型气象年风速分布情况，可将深圳城市风环境划分为四个等级区划（图 2）。其对应的

10m 高度年平均风速 v_{10} 为：零级区（资源区）$v_{10} > 3\text{m/s}$；一级区（优势区）$2.5\text{m/s} < v_{10} \leqslant 3\text{m/s}$；二级区（普通区）$2\text{m/s} < v_{10} \leqslant 2.5\text{m/s}$；三级区（敏感区）$v_{10} \leqslant 2\text{m/s}$。根据深圳城市风资源分布情况，研究区域 10m 高度平均风速为 $2.40 \sim 2.62\text{m/s}$，为一般水平，属于风资源二级区域，城市建设应注意不对风环境产生负面影响。

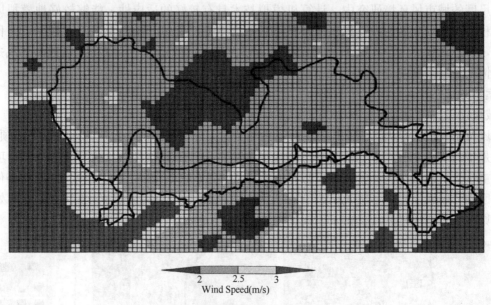

图 2　深圳城市风环境等级区划（示意）

3　模拟分析

为检验深圳市南山区前海桂湾片区项目促进自然通风的空间策略的有效性与合理性，本研究通过 BIM（Building Information Modeling）技术构建精确的三维风场模型，再通过采用 CFD（Computational Fluid Dynamics）数值模拟的方法，对研究片区的自然通风效果进行核验。

3.1　背景风场确定

深圳城市空间的特征（如地形、地貌、街道的走向、宽度、两侧建筑物的高度、形式和朝向等）使不同区域局地热环境和大气环流复杂，导致城市内部各区域背景风场的风向和风速具有显著差异。研究使用深圳国家气候观象台所提供的精度为 $1\text{km} \times 1\text{km}$ 分辨率近地背景风场图（图 3），根据项目区位选择准确的风速、风向及风频数据作为背景风场数据。

根据该片区的高精度 16 风向风频数据，较大风频出现在 N~E 以及 S~SW 两个风向区间内（图 4）。故分别以 NNE、NE 和 SSW 风向两个风频较大的风向作为典型风向代表进行模拟。其中，NE 风向模拟

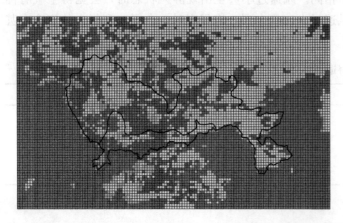

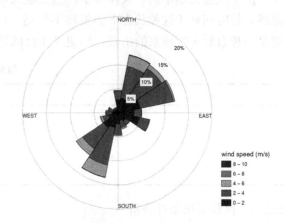

图 3　深圳 $1\text{km} \times 1\text{km}$ 分辨率近地背景风场图（示意）　　　　图 4　项目所在区位的背景风场特征图

的风频 15.78%，初始风速（v_{10}）为 2.40m/s；SSW 风向模拟的风频 11.63%，初始风速（v_{10}）为 2.62m/s（表 2）。

项目自然通风模拟初始风场条件数据表　　　　　　　　　　　　　　　　　　　表 2

Sum	0~1 (m/s)	1~2 (m/s)	2~3 (m/s)	3~4 (m/s)	4~5 (m/s)	5~6 (m/s)	6~7 (m/s)	7~8 (m/s)	8~9 (m/s)	9~10 (m/s)	>10 (m/s)
N	2.33	0.7	0.83	0.53	0.08	0.08	0.01	0.01	0.08	0.00	0.00
NNE	14.62	1.31	4.13	5.17	3.04	0.74	0.14	0.07	0.01	0.00	0.00
NE	15.78	1.14	3.91	6.55	3.73	0.44	0.00	0.00	0.00	0.00	0.00
ENE	6.23	1.51.	2.36	1.92	0.36	0.06	0.01	0.00	0.00	0.00	0.00
E	8.05	1.46	3.62	2.10	0.71	0.13	0.04	0.00	0.00	0.00	0.00
ESE	6.25	0.97	2.89	1.96	0.32	0.07	0.06	0.02	0.00	0.00	0.00
SE	2.84	0.74	1.22	0.59	0.16	0.08	0.02	0.04	0.00	0.00	0.00
SSE	4.10	0.84	1.66	0.94	0.36	0.22	0.04	0.02	0.01	0.00	0.00
S	5.90	1.01	1.86	1.74	0.96	0.26	0.06	0.00	0.00	0.00	0.00
SSW	11.63	0.89	2.15	4.68	2.56	1.12	0.13	0.01	0.00	0.00	0.00
SW	8.86	0.62	2.59	3.04	1.56	0.87	0.15	0.00	0.00	0.00	0.00
WSW	4.87	0.67	2.18	1.17	0.43	0.18	0.14	0.11	0.00	0.00	0.00
W	3.82	0.62	1.47	1.18	0.39	0.12	0.01	0.00	0.00	0.00	0.00
WNW	1.79	0.46	0.49	0.43	0.33	0.07	0.01	0.00	0.00	0.00	0.00
NW	1.32	0.50	0.42	0.18	0.19	0.04	0.00	0.00	0.00	0.00	0.00
NNW	1.62	0.40	0.81	0.33	0.08	0.00	0.00	0.00	0.00	0.00	0.00

3.2　模型建立与求解

本研究利用无人机倾斜摄影数据模拟研究片区的地形情况；再通过搜集、创建、整合研究片区各个单体项目的规划方案、设计方案等各个阶段的三维模型，构建研究片区整体的 BIM 模型，精确表现各个建筑的相对关系（如高差、连接等）、整体形态（如曲面、直线等）以及细部构造（如切角、凸起等）；最后将该 BIM 模型导入 CHAM 公司的数值模拟计算软件 Phoenics，采用 RNG k-ε 湍流模型算法进行求解（图 5）。

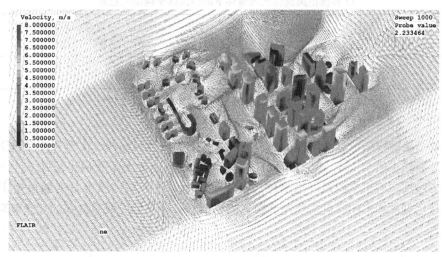

图 5　项目风环境模拟的空间模型

3.3　模拟结果及结论

根据《深圳城市自然通风评估方法研究》的"背景风场数据的获取与筛选"中确定的模拟初始风场条件，按照 NE 和 SSW 两个风向和风速条件进行模拟。对本项目进行风环境模拟评估范围包括项目规划区域和影响区域。模拟结果分析采取风速截面图（切片），提取 1.5m 人行标高的切片，反映项目内部及周边的人行高度风速，评估城市空间的风环境舒适度，各风向模拟的结果如下：

1. NE 风向

如图 6 所示,在 NE 风向下,项目规划范围在 1.5m 处的平均风速为 1.969m/s,建设前 1.5m 处的初始风速为 1.235m/s,风速放大系数为 1.59。与项目建成前相比,规划范围内的平均风速有加大提升,整体自然通风效果良好。桂湾五路东西向道路的最低风速约为 2.896m/s,沿南北向的听海大道等道路的平均风速约为 1.312m/s。整个规划用地范围通风最不利处为卓越项目区域的西侧,其平均风速均小于 0.4375m/s,风速较低,人行体验感较差,建议项目区域引导人流向风速较高区域活动及停留休憩。

2. SSW 风向

如图 7 所示,在 SSW 风向下,项目规划范围在 1.5m 处的平均风速为 1.790m/s,建设前 1.5m 处的初始风速为 1.349m/s,风速放大系数为 1.334。

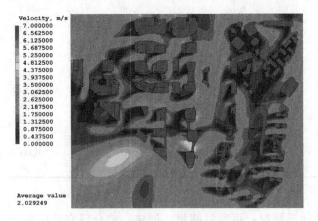

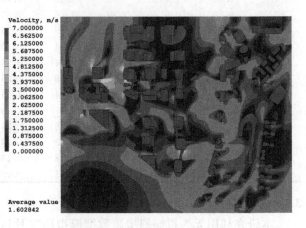

图 6 NE 风向下风速切片　　　　　　　　　　　　图 7 SSW 风向下风速切片

与项目建设前相比,影响范围内的风速提升明显,整体自然通风效果较好,但片区北侧存在大面积的无风区域,建议利用风速较好区域设立人行活动区域,行程微风走道,给行人营造良好的区域体验。

12 种典型风速和风向条件下的模拟数据结果汇总表　　　　　　　　　　　　表 3

初始风向条件	切片标高 (m)	项目区域平均风速 (m/s)	影响区域平均风速 (m/s)	初始风速 (m/s)*	项目区域风速放大系数**	影响区域风速放大系数**
NE	1.5	2.238	1.969	1.235	1.477	1.590
SSW	1.5	1.770	1.790	1.349	1.176	1.334

* 初始风速是根据距地 10m 高度处年均风速气象数据和地表粗糙度系数推算得到的该高度行人水平风速。

** 风速放大系数为模拟的建设条件下该高度的行人水平风速与初始风速的比值。

根据表 3 模拟结果的数据汇总,深圳市南山区前海桂湾片区项目在两个主要风向条件下模拟得到的项目区域风速放大系数最小值 1.176,最大值 1.477;影响区域风速放大系数最小值 1.334,最大值 1.590。说明本项目建设未对周边城市空间风环境整体产生不利影响,符合深圳城市自然通风要求,且项目红线范围内大部分区域达到深圳市的绿色建筑评价标识的要求,有助于形成舒适良好的片区风环境。

4 结语

4.1 规划设计建议

由于片区内多数项目已建成,不可对地块的建筑位置及建筑体量进行很大的调整,为了适应场地特性促进城市自然通风,可以利用场地内风条件较舒适安全的区域,设置商业活动场所及休憩区等,而对未来将要建设的建筑群,文章提出以下改善措施:

(1)降低建筑密度策略:如拓宽街道、建筑后移从而促进通风;

(2)降低场地容积率策略:限制进一步的开发建设,降低开发强度;

(3)增加绿化的策略:在无法控制城市再生风环境的情况下,增加绿化措施,形成绿化网格,形成风屏障，从内部细微地改善自然通风情况。

4.2 创新点

本研究基于深圳市湿热气候背景和高密度、高容积率的城市特点，进行规划尺度的城市风环境进行研究，完善了深圳市风环境气候评估从宏观到围观自上而下的过程，弥补气候分区规划在特殊地理区域和高密度产业针对性不足的缺点。同时研究能够为其他同类型区域或建筑群提供参考。

4.3 展望

在未来城市规划与设计的项目中，城市气候的研究和应用是越来越广泛的[6]，未来城市规划空间和城市气候通过模拟软件的精密配合，从设计初期对环境做出预判，并利用更加具体的其后数据，为设计师和居民提供更为有效的分析建议，解决不同尺度下的各类城市气候环境问题。

参 考 文 献

[1] 袁磊，张宇星，郭燕燕，等. 改善城市微气候的规划设计策略研究——以深圳自然通风评估为例[J]. 城市规划，2017，41(09)：87-91.
[2] 方宇婷. 城市气候评估在空间规划中的应用研究[D]. 深圳：深圳大学，2017.
[3] 史源，任超，吴恩融. 基于室外风环境与热舒适度的城市设计改进策略——以北京西单商业街为例[J]. 城市规划学刊，2012(05)：92-98.
[4] 李磊，吴迪，张立杰，等. 基于数值模拟的城市街区详细规划通风评估研究[J]. 环境科学学报，2012，32(04)：946-953.
[5] 谢振宇，杨讷. 改善室外风环境的高层建筑形态优化设计策略[J]. 建筑学报，2013(02)：76-81.
[6] 鲜鑫. 成都地区建筑规划设计因子对住区室外风环境的综合影响[D]. 成都：西华大学，2020.

基于 BIM 的工程数字化建管平台应用研究

肖本海[1]，卓胜豪[1]，彭剑华[2]

(1. 中国电建集团华东勘测设计研究院有限公司，浙江 杭州 311122；

2. 中电建华东勘测设计院（深圳）有限公司，广东 深圳 518100)

【摘　要】本文从传统的建管平台信息化现状介绍引申到数字化建管，分析从建管的 OA 办公模式到数字化移动办公模式的差异点，新模式通过 BIM 模型的深入使用来实现平台的信息化、可视化、集成化和移动化。数字化建管的核心是明确 BIM 模型在建设过程中的相关属性要求，如何应用 BIM 模型的来提高项目规、建、管能力从而提高项目效率、节约项目成本。

【关键词】数字化；BIM；建管平台

1　研究背景

信息化的不断发展，传统的建管平台当前更多地在承担 OA 办公自动化系统的应用功能，如何利用新技术、新模式推动工程建设数字化应用是一个迫切需解决的问题。在 2022 年初住房和城乡建设部发布的《"十四五"建筑业发展规划》中提出了加快推进建筑信息模型（BIM）技术在工程全生命命期的集成应用，健全数据交互和安全标准，强化设计、生产、施工各环节数字化协同，推动工程建设全过程数字化成果交付和应用。同年 5 月 12 日住房和城乡建设部再次发布《"十四五"工程勘察设计行业发展规划》提出推进 BIM 全过程应用，加快推进 BIM 正向协同设计，倡导多专业协同、全过程统筹集成设计，优化设计流程，提高设计效率。鼓励企业优化 BIM 设计组织方式，统一工作界面、模型细度和样板文件，不断丰富和完善 BIM 构件库资源，逐步推广基于 BIM 技术的工程项目数字化资产管理和智慧化运维服务。综上所述 BIM 技术应用在工程建设全过程管理中实现建管平台的全方位、全过程、全数据、全要素管理大提升将是一个良好的发展方向。

2　BIM 与建管平台

2.1　建管平台现状分析

随着工程信息化的发展，构建形成项目参与方有效沟通、信息共享、协同办公的项目管理模式，各大设计院、软件厂商等把目光集中在工程建设管理平台的研发上。纵观市面上的工程建设管理平台，我们会发现，这些平台大多存在功能不齐全，导致其中一个或多个参与方无法使用的问题或者使用过程中更多地关注于建设过程中的信息存储、流转的管理没有进行相应的数据处理和数据应用。分析各参与单位我们可以更好地了解当前项目的管理工作。

业主单位：作为项目的实际负责单位，其项目管理的目标包括项目的安全情况、投资目标、进度目标和质量目标、合同信息、招标内容即项目的全过程在主观上业主单位都将重点关注并参与。

设计单位：作为项目建设过程中最初的参与单位，其项目管理主要服务于项目的整体利益和设计方本身的利益。由于项目的投资目标能否得以实现与设计工作密切相关，因此，设计方项目管理的目标包括设计的成本目标、设计的进度目标和设计的质量目标，以及项目的投资目标。

监理单位：受业主单位的委托，代表业主单位对施工单位的工程建设实施监控。监理的目的是确保工程建设质量和安全，提高工程建设水平，充分发挥投资效益。

【作者简介】肖本海（1994—），男，智慧城市解决方案工程师。主要研究方向为工程数字化。E-mail：1125625874@qq.com

施工单位：作为项目的施工方根据既定的进度目标、质量目标完成项目的总体计划，当前采用智慧工地、建管平台在安全、进度、质量、人员等多方面地进行项目管理。

整合当前主流平台其主要功能点包含：综合展示、数字化移交、进度管理、质量管理、设计管理、安全管理和文档管理、投资管理等主要功能，整体框架如图 1 所示，可以发现一个新的问题，多数平台都有 BIM 模型管理的子模块，但是其功能仅仅是进行模型的存储和展示，存在基本的信息挂载但模型对于流程的运转没有进行关联是一个较为突出的现象。

图 1　建设管理平台系统框图

2.2　建管平台中的 BIM 模型

建筑信息模型 BIM（Building Information Modeling）是一个完备的信息模型，能够将工程项目在全寿命周期中各个不同阶段的工程信息、过程和资源集成在一个模型中，方便地被工程各参与方使用。建管平台配合 BIM 技术应用通过三维数字模拟建筑物所具有的真实信息，为工程设计和施工提供相互协调、内部一致的信息模型，使模型达到设计施工的一体化，各专业协同工作，从而降低了工程生产成本，保障工程按时按质完成。

通过 BIM 技术综合以上项目各参与方的项目管理任务，工程建设管理平台需要满足以下功能：

（1）项目各参与方基于同一套信息模型和一个信息化管理平台实现数据和信息的交流和共享；

（2）设计方负责项目设计信息模型及变更信息等基础数据的上传；

（3）施工单位和监理方负责对施工进度、质量、安全、计量等业务数据和资料的上报、检查和审核；

（4）业主基于管理平台进行数据查看、流程审批、决策等工作；

（5）业务流程信息流转过程关联模型应用，做到流程可视化。

如何做到对海量三维数据单体化、轻量化、建管过程数据与模型的关联关系，实现二三维数据一体化无缝融合、数模分离，是提高项目数字化建管、提高项目管理效率的主要方式。

3　数字化建管

实现建管平台数字化需要进行深度的 BIM 应用达到项目全方位、全过程、全数据、全要素管理。常规的建管平台偏重于 OA 功能在其上增加了 BIM 模型进行信息的流转、存储着重于信息化展现。随着 BIM 技术的日益成熟以及在建筑行业内的广泛应用，基于 BIM 的项目管理应用也逐渐趋于成熟。采用基于互联网＋BIM＋云技术的数字化建管平台，集数字化、信息化、可视化、集成化、智能化等众多优势于一体，将能够引领未来 BIM 的发展方向[2]。

在 BIM 促成整个建设行业二次革命的大背景下，充分利用 GIS＋BIM＋云计算等先进技术和传统的来项目管理经验，搭建工程项目设计、施工、运维全过程的建设管理平台，从进度、质量、安全、成本、文档五大方面进行辅助管控，实现各参建方的工作协同[3]。在五大基础功能上增加相关模型应用，定义各阶段模型要求，实现模型一体化应用。利用模型为各层面的管理者提供不同层面管理角度、关注细度的数据。包括公司层、项目层，均采用不同的展示形式，从各个维度展示项目的建设情况以及存在的问题。

在此状况下的主要功能模块将增加模型管理、数据驾驶舱、移动 APP、规划管理以及其他二级模块功能，如图 2 所示。数字化建管平台应基于"管理作业数据化、业务流程在线化、经营决策智能化"的数字化理念实现内外协同一体化、业务横向一体化、管理纵向一体化[4]。

内外协同一体化：打通参与各方的内外边界，设计咨询全程参与在线管理，内外互联，优化整体协同，实现 BIM 精细化管理落地。

业务横向一体化：打通设计、成本、工程等业务部门的横向边界，通过模型应用提升业务协作效率。

管理纵向一体化：打通模型可视化项目指挥部、参建单位、业主单位在管理维度的纵向边界。

图 2 数字化建管系统框图

3.1 模型管理

模型管理是贯穿项目全生命周期的工作，从项目策划阶段、勘察设计阶段、施工建设阶段、竣工验收阶段以及后续的运营维护阶段都需要深入地进行模型应用与管理。通过将构件编码作为模型构件信息之间的映射，由平台将相关信息写入并附着于 BIM 模型中，实现通过查看 BIM 模型源文件直接查询附着的相关信息，也可通过相关信息查询到对应的 BIM 模型源文件，实现所有数据信息快速查询、模糊搜索。在各阶段针对模型的精度要求和应用也存在明确的区分。

项目策划阶段：该阶段介入的单位并不多，主要有规划单位和设计单位，对项目进行可行性分析，此时模型可能只是一个粗浅的盒子模型，精度只有 LOD100 左右。该模型通过和周边建筑模型进行土地规划管理来确定建设项目的合理性与必要性。

勘察设计阶段：该阶段主要由勘察单位和设计单位参与较多的工作。设计阶段在初期通过勘察单位的勘察模型等数据输出项目总体方案与初步模型，该模型将繁琐的文字、图纸资料、将碎片化与抽象化的需求整合到 BIM 文件中，模型精度达到 LOD200 左右。此时 BIM 模型可辅助进行自动算量，配合设计概算的输出。此阶段的质量控制和进度计划也可通过 BIM 进行相关应用。

施工建设阶段：该阶段首先要完成施工图的设计，此时的模型需要达到 LOD300 以上的精度。在建设前完成方案比选、管线综合、建设生长模拟、关照分析、能耗分析等多场景性能分析。确保项目建设过程中尽可能多的问题提前发现与解决。在建设过程中不断对模型更新成本信息、进度信息等信息，确保项目不发生两张皮的信息，进度仿真、成本管理是此阶段建设过程中非常重要的一环。

竣工验收阶段：施工单位将竣工验收信息添加到施工过程模型，并根据项目实际情况进行修正，以保证模型与工程实体的一致性，进而形成竣工模型，达到 LOD400 以上的精度。监理单位验收过程借助 BIM 模型对现场实际施工情况进行校核。

运营维护阶段：此阶段基本代表项目的建设已基本完成，我们需要对模型进行更多的应用。当前部分建管平台在此阶段前基本已结束，项目无法对模型进行更深入的使用，把模型当作一个轻量化的展示工具作为宣传的噱头。此时模型可以进行空间规划、空间分配、人流管理、应急仿真等功能，也可以添加资产运维管理信息，实现性能分析评估，资产设施管理，优化建筑运行状态，满足运营管理生产需要。

以上所有阶段模型都以层层递进的形式进行，在同一个模型上进行数据更新迭代。并且所有性能分析功能也在平台上进行展示，不同业主单位拥有不同的权限来实现多层级精细管控。

3.2 数据驾驶舱

数据驾驶舱作为建设管理平台的总体监管界面以及对外展示界面，根据项目需求定制，满足 B1M 模型加载、物联网信息接入。通过科学的指标方式，整合内外部全业务数据，将数据信息可视化、直观化、具体化，并通过实时高效的数据计算与人机交互能力，帮助管理者、领导者掌握全局，提高决策的科学性和有效性。数据驾驶舱可以分为以下基础模块，根据实际项目进行调整：

首页：一图展示项目整体情况，展示项目信息概览介绍、模型展示、工程动态信息、进度信息汇总、工程质量汇总信息、现场作业汇总信息。

项目概览：进行项目信息介绍包含项目过程成果、项目背景介绍、项目工程动态介绍。

施工进度：通过 BIM 轻量化模型展示项目施工进度情况，使用相关进度曲线、甘特图等报表展示项目施工进度情况。

质量管理：通过 BIM 轻量化模型展示项目施工质量情况，采用划分树、统计报表展示项目施工质量情况。

安全管理：展示项目整体安全情况、隐患情况联动施工现场视频。

数据驾驶舱将大量数据报表中的数字信息，转化为简洁直观的"仪表盘"图形信息，通过模型直观展示项目工程进度、质量进度、项目概览等以全局为视野，简洁高效，能更好地发挥数据的智管理能作用。

3.3 移动 APP

移动办公已经成为一种常态化的办公模式，建管平台的移动化也必不可少。传统的移动办公更多的是使用笔记本电脑进行，当前随着技术的发展智能化手机、平板已经非常普及，成为出门必不可少的工具。为了更加方便现场管理，采有移动终端办公实现精细化建管，APP 里面的数据是和 PC 端打通的。通过手持终端设备手持式移动端 APP（包括手机和平板）实现现场巡检管理、现场质量管理、任务流程及消息管理类、人员手机定位与考勤、工程数字化图纸与文档查阅。将项目管理延伸至作业队和单元工程，用信息化手段支撑项目精益履约。

4 结束语

本文从当前的建管平台现状介绍引申到数字化建管，分析从建管的 OA 办公模式到数字化移动办公模式的差异点，新模式主要通过 BIM 模型的深入使用来实现平台的信息化、可视化、集成化、移动化。新技术的不断发展平台的不断升级，建管平台也可能成为 CIM 可视化平台的一部分，但不可否认在当前的大环境驱动下建管平台的规、建、管采用 BIM 模型进行全周期管理和项目过程规划可以有效地提高项目建设管理总体效率。认真贯彻项目建设全生命周期 BIM 模型的规范建设和合理应用，拒绝两张皮现象才能更好地实现建管平台的数字化。

参 考 文 献

[1] 戴路，隋伟旭，徐亚军. BIM 技术在施工项目管理中的应用探索[J]. 土木建筑工程信息技术，2021，13（06）：132-137.

[2] 鲍巧玲，杨滔，黄奇晴，等. 数字孪生城市导向下的智慧规建管规则体系构建——以雄安新区规划建设 BIM 管理平台为例[J]. 城市发展研究，2021，28（08）：50-55，106.

[3] 郑征凡，沈惠良，吕少蒙. 智慧化建管平台的架构研究[C]//抽水蓄能电站工程建设文集 2019：551-557.

[4] 杨俊宴，程洋，邵典. 从静态蓝图到动态智能规则：城市设计数字化管理平台理论初探[J]. 城市规划学刊，2018（02）：65-74.

基于 BIM 的智慧排水平台建设与应用

赵启涵[1,2]，刘庆伟[1,2]，徐　震[1]

(1. 中国电建集团华东勘测设计研究院有限公司，浙江 杭州 311122；

2. 中电建华东勘测设计院（深圳）有限公司，广东 深圳 518000)

【摘　要】针对当前排水管理数据资产底数不清、监管层级不够精细、决策水平有待提高等重难点问题，开展基于 BIM 的智慧排水平台研究。平台以 BIM 技术为抓手，以二三维一体化的管理体系为核心，以排水管理需求为指引，全面赋能排水设施管理、运维管理、防洪排涝等多业务领域，形成贯彻落实水务高质量发展的智慧化实践。

【关键词】BIM；技术耦合；智慧排水

1　智慧水务系统建设背景与意义

随着极端天气频发以及我国经济社会的高速发展，城市排水系统面临着地下空间不足、洪涝风险逐年增加等诸多困境。在此背景下，传统的排水管理模式已无法适应现代化需求，而"智慧水务"管理体系融合了物联网、云计算、人工智能、BIM 等新一代信息技术，实现了城市排水的数据精准化、业务系统化、管理协同化、决策智能化，为城市发展转型带来了新的机遇。

近年来，水务数字化建设被提升至前所未有的战略高度，党中央、水利部等已在多个政策文件中对智慧水务建设作出了明确部署。《中华人民共和国国民经济和社会发展第十四个五年规划和 2035 年远景目标纲要》《关于大力推进智慧水利建设的指导意见》《关于加强城市地下基础设施建设的指导意见》等文件均指出需推进市政公用设施等智能化改造，构建智慧水务体系，提高城市治理能力和现代化水平。

为响应政策要求、抢抓发展机遇、解决实际需求，各地正在集中力量开展智慧水务建设。智慧水务经历了"信息化""数字化"的发展阶段，当前正在全面向"智慧化"迈进。在当前阶段，智慧水务平台对数据资产、信息覆盖、决策水平有较高需求，仅采用二维平面管理模式无法适应当前要求。结合排水系统的复杂性特点，本文提出了基于 BIM 耦合技术的智慧排水平台建设，该平台依托 BIM、GIS、IoT 技术实现了排水设施数字资产的全面入库、多维数据的系统治理，并通过业务应用体系搭建实现了业务管理的全协同、分析决策的全支撑，平台已在广东省某区域投入使用，系统提升了排水管理效能。

2　关键技术

近年来，智慧排水作为智慧城市生态环境板块的重要组成部分，急需科学、有效的数字化技术提供基础支撑。因此有必要研究以 BIM 技术为基础耦合 GIS、IoT 等前沿数字化技术辅助排水系统的运行管控，辅助实现排水系统精细化、科学化、标准化的管理目标。

2.1　BIM 技术

建筑信息模型（Building Information Modeling，BIM）技术是一种在计算机辅助设计（CAD）等技术基础上发展起来的多维建筑模型信息集成管理技术。BIM 技术是一种数据化管理工具，可应用于工程设计、建造及管理，BIM 技术可对数据建设过程当中所产生的数据、信息、项目规划等进行共享和传递，使得参与工程建设的人员能够准确地了解建筑信息，并及时作出应对，最终起到数据共享和传递的作用。

【作者简介】赵启涵（1996—），女，解决方案工程师。主要研究方向为智慧水务工程。E-mail：zhao_qh2@hdec.com

2.2 BIM 耦合技术

BIM 耦合技术当前已迅速成为数字化管理的重要组成部分，被广泛应用到各行业中。该技术主要采用三维可视化 BIM 技术并与 GIS 技术、IoT 技术相结合来实现数据处理虚拟化，通过对物理实体进行全方位的监控，构建基于现实的 3D 虚拟现实效果，让数据展现更为直观和容易理解。

（1）BIM＋GIS 技术

BIM 与 GIS 应用领域极其广泛，包括城市和景观规划、城市交通分析、市政管网管理、既有建筑改造等诸多领域。BIM 与 GIS 的集成应用提供了二三维一体化能力，可实现通过二维地图查看要素、通过三维场景进行真实场景的展示、碰撞分析等，可有效提升成本控制、建模质量、碰撞分析等能力。

（2）BIM＋IoT 技术

BIM 与 IoT 技术的集成主要基于 BIM 技术的三维可视化，并保留与现实物理实体一致的属性信息，结合物联网技术可通过智能化的末端设备实现长距离的设备信息、空间信息的采集的特性，建立统一的数据体系。通过对两种技术的深度集成，可建立数字化运行模型，优化运行控制，实现对各个子系统的自动化、智能化、精确化控制，可将人、环、法、机、时与物协同，对获得的数据进行智能化分析，从而实现人、财、物的协同应用。

3　基于 BIM 的智慧排水应用

3.1　平台概述

既有智慧排水平台及项目实践多采用二维平面管理模式，普遍存在信息资产不全面、管理层级不精细、业务挖掘不深入、表达展示不直观等问题。

本平台以 BIM 技术为核心，以二三维 GIS 平台为底板，接入大量物联感知在线监测设备，以排水管理需求为导向，创建二三维一体化的城市排水系统管理体系。平台以二三维一体化为突出亮点，突破了二维管理模式的局限性。在数据资产方面，充分整合排水相关信息，通过三维模型构建以及管线碰撞检测等数据核验手段，形成了更准确、更全面的水务数据资产。在管理层级方面，深入排水业务的多层级、多用户，实现由粗放管理向精细化管控的转变。在业务挖掘方面，在 BIM 的基础上融合数值模拟、大数据分析等，深化数据要素驱动和信息技术赋能，充分挖掘数据价值，承载防洪排涝、运维管理等排水业务应用，实现排水管理由经验型判断向科学决策转变。在表达展示方面，运用三维代替二维，实现数据信息、管理流程的可视化，进而提升业务管理效率。

3.2　平台架构

平台主要包括数据层、支撑层、应用层和展示层，总体架构如图 1 所示。

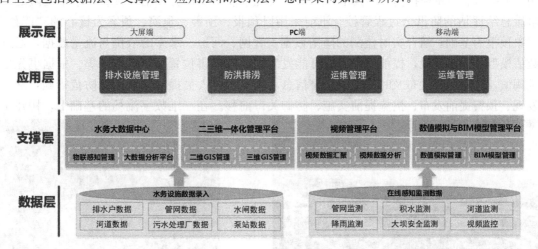

图 1　平台总体架构图

（1）数据层

数据层作为系统架构的最底层，为业务应用提供基础的数据支撑，数据采集的方式主要包括全要素排水设施数据录入、源—网—河（厂）全链路感知监测，形成排水数据资产，实现排水设施运行状态实时掌握，发现问题及时预警。

（2）支撑层

支撑层包括水务大数据中心、二三维一体化平台、视频管理平台、数值模拟管理平台和 BIM 模型管理平台，为业务应用提供数据分析、GIS、视频处理和模型计算等核心业务能力。大数据中心包含大数据平台、数据库、大数据服务、应用分析等内容，服务于数据存储、管理、使用和交换共享。二三维一体化平台基于 Web 框架搭建，提供二维数据处理与展示、三维模型加载、数据融合与二三维应用场景发布等功能，驱动排水管理可视化、精细化。视频管理平台实现视频综合管理、图像 AI 识别。数值模拟管理平台辅助模型协作运行，实现水务专业模型服务化。BIM 模型管理平台提供管网三维模型与 BIM 模型数据管理、模型数据轻量化处理、三维模型格式转化等功能。

（3）应用层

应用层包括排水综合管理、防洪排涝管理等多个业务应用子系统，覆盖排水业务管理的各个维度，实现设施可视化、监管精细化、决策智慧化、业务协同化。通过对业务流程进行数字化再造，推动解决排水管理的重点难点问题，形成上下联动、横向协同的水务管理现代化格局。

（4）展示层

以大屏端、PC 端、移动端三种形式实现业务管理和用户交互。

3.3 平台应用

基于 BIM 技术，平台在排水设施管理、防洪排涝、运维管理等方面均有创新应用。

（1）排水设施管理

城市排水设施包括地下管网、泵站、污水处理厂等。以地下管网为代表，城市地下管网具有规模大、范围广、种类繁多、空间分布复杂、变化大、增长速度快、形成时间长等特点，对其进行管理具有较大难度。采用二维管理方式时，由于人工测量或输入偏差，往往存在管道管径、流向、高程等信息不准确的问题，又缺少有效的核验手段。本平台以 BIM＋GIS 技术为依托，利用三维可视化和虚拟现实技术，开展地下管网三维模型重建，对其进行碰撞检测与管线标高检查，进而形成空间关系清晰、拓扑关系准确的水务资产数据，并直观再现地下管网间纵横交错、上下起伏的空间位置关系，为排水设施管理提供支撑。在三维模型的基础上集成物联感知监测数据等动态信息以及运维记录、管理属性等业务信息，构建贯穿全生命周期的设施资产管理体系，实现对资产设施的查询和维护，辅助管理人员全局掌握排水设施情况（图 2）。

（2）防洪排涝

利用数值模拟、三维模拟仿真等技术（图 3），实现事前防洪形势评估与预警，事中抢险处置与态势分析，事后总结评估的防汛全过程管控。汛前采用以预报、预警、预演、预案为核心的"四预"措施。平台以气象预报为基础，结合实时监测的降雨数据，管网、河道、水库的液位与流量数据，通过大数据分析与数值模型等分析手段，提前预报分析可能发生的洪涝灾害位置、影响范围等。根据事先划分的风险类别及阈值，分级分类发布及时精准的预警信息，提醒相关人员提前采取应急防范措施，从而实现风险提前发现、预警提前发布、措施提前实施、防御关口前移。在三维数字流场的基础上，构建全过程模

图 2　排水管网三维模型

图 3　洪水演进模拟效果

拟仿真的预演体系，直观预演风险形势与措施成效，与匹配的预案进行双向反演与优化。通过"四预"环环相扣、层层递进，增强洪涝灾害的防御能力。汛中可结合分析结果下达指挥调度指令，在线查看洪涝情况、排水设施运行状态等，动态跟踪应急抢险情况，实时跟踪退水过程，及时调整应急调度方案，提升响应效率，有效保障人民生命财产安全。汛后可快速生成单次防洪排涝事件的总结报告，积累相关数据，更新扩充防御预案库，实现调度抢险工作"有迹可循、有据可依"。

（3）运维管理

传统的排水设施运维信息主要来源于纸质的竣工资料，在设备属性查询、制定运维计划、确定维修方案、处理应急事件时，往往需要从大量的纸质图纸和文档中寻找所需的信息，这一过程费时费力。平台基于 BIM 等技术搭建三维可视化平台，直观形象地展示各个设备的空间布局和逻辑关系，集成显示泵站监控、闸阀监控、工程安全监测、水情测报、水质监测、视频监控等运维信息，为泵站、污水处理厂等排水设施的运维管理提供信息化手段，保障排水系统安全运行。运维管理人员可利用三维可视化平台实现目标设施快速定位、设施信息快速查看、周边设施快速掌握、故障问题快速诊断、突发事件快速响应、处置方案快速匹配、运维记录快速记录，塑造标准化、规范化的运维流程，提高运维管理水平。

（4）排水分析

基于空间关系清晰、拓扑关系严密、隐蔽数据可视的排水系统二三维模型，融合相关性分析、水文水动力模拟算法，开展管网碰撞检测、排水行为特征分析、排水系统负荷分析、排口污染溯源分析、排水能力负荷分析、入流入渗情况分析等多场景的排水分析应用，为水务管理人员研判设施安全风险、规划水务工程建设提供决策支持。

4 平台应用效果

本平台建设由基础底层数据的采集与治理开始，遵循统一框架、统一标准的原则，实现了包括小区、水务设施、地理信息在内的基础数据、在线监测数据等的从无到有，完成了市政数据、在线监测数据的由粗到精，打造了业务数据的全链路管理体系。平台以 BIM 耦合技术为核心，构建了 43 万个虚拟的水务设施和管理对象，囊括了水库、河道、排水管网、排水户、排水小区等各方面，实现了建设范围内水务基础设施全面清底，同时平台全面覆盖了 200＋项水务管理业务，集成数百套物联感知设备，建立了二三维协同联动的排水管理一张图，实现了水务管理各项业务数据的全过程采集和智慧化治理，为建设范围内排水管网的规划设计、运行管理、日常维护以及防洪排涝工作提供了有力支撑。

5 结论与展望

在水务行业高质量发展的愿景下，BIM 技术有助于充分盘活数据资产、全面赋能业务管理，是推动智慧排水建设的有力抓手与重要驱动。在水务行业，当前发展阶段已由单一技术的应用发展至多技术深度集成应用，"数字孪生"技术作为多种技术的深度集合体在智慧水务工程建设中逐渐占据主导地位，而受限于当前的技术发展水平以及工程实践经验的不足，数字孪生技术仍处于初期探索阶段，应用深度、广度均有提升空间，需进一步研究该类新兴信息技术与水务领域的融合，打破水务管理发展壁垒，推进城市治理体系和能力现代化。

参 考 文 献

[1] 段小妮. BIM＋GIS 集成技术在智慧水务中的应用研究[J]. 市政技术，2021，39(9)：209-211.

[2] 孟庆彬，蔡文俊，石磊，等. 物联网技术在智慧水务中的应用研究[J]. 电子世界，2020(17)：3049-3050.

[3] 蒋云钟，冶运涛，赵红莉，等. 智慧水利解析[J]. 水利学报，2021，52(11)：1355-1368.

[4] 向华，皇甫英杰，皇甫泽华，等. BIM 技术在水库工程全生命期的应用研究[J]. 水力发电学报，2019，38(07)：87-99.

[5] 陈国标. 基于数字孪生技术的九江城市智慧水务平台设计与实现[J]. 人民珠江，2022，43(06)：86-93.

基于 BIM 技术的大型公共文化建筑的
智慧建造应用研究
——以前海国深馆为例

李瑞雨，许　哲

（深圳市前海数字城市科技有限公司，广东 深圳 518000）

【摘　要】 国深馆项目作为 2021 年深圳市"新十大文化设施"，为打造国际化综合型智慧博物馆，展示中国特色社会主义先行示范区高端公共文化服务水准的窗口。本文介绍了国深博物馆建设过程中开展全生命周期 BIM 技术及智慧建造实施，解决建筑生命周期各阶段和各专业系统间的信息断层问题，为各参与方的沟通协调提供高效直观的平台，提高项目设计质量和施工效率，并最终实现设计施工运维一体化，全面提高项目在管理过程中的精细化、信息化水平。

【关键词】 智慧建造；全生命周期 BIM；钢结构装配式

1　项目介绍

1.1　项目概况

国深馆项目选址位于前海前湾片区八单元地块，用地面积约 3.24 万 m^2，总建筑面积（含地下室）为 12 万 m^2。本项目地上 6 层，地下 2 层，建筑最高点 65m，主要功能包括文物珍藏、展览展示、文物修复、教育传播、公共活动、文化客厅及配套辅助用房等，属于高层、特大型博物馆。国深馆项目作为前海重点项目，为打造国际化综合型智慧博物馆，展示中国特色社会主义先行示范区高端公共文化服务水准的窗口。

1.2　项目重难点

国深馆项目规模庞大，外立面和结构形式复杂，各参与方协调配合具有较大的难度。同时国深馆与周边地块形成的片区开发建设面临众多挑战，建筑、地下道路、地下空间结构交织、施工交叉。不稳定因素多：片区规划未完全稳定，各项目方案存在较大的不确定性。项目群统筹难度大、品质管控难度高、场地组织难度大。因此采用传统的管理模式和信息化手段，会面临设计变更、施工变更带来的投资风险、技术风险和管理风险。

因此，建立全生命周期的 BIM 技术应用体系，解决建筑生命周期各阶段和各专业系统间的信息断层问题，为各参与方的沟通协调提供高效直观的平台，提高项目设计质量和施工效率，并最终实现施工运维一体化，全面提高项目在管理过程中的精细化、信息化水平非常迫切。

2　全生命数字化组织与实施

2.1　体系建设

国深馆的开发建设既要总体统筹区域规划、项目设计和施工落地，还要总体统筹各项目间空间接口协调和建设时序，这就涉及将地理信息模型[1]、三维地质模型、规划信息模型以及项目设计阶段及施工阶段的 BIM 模型进行整合[2]。

【作者简介】 李瑞雨（1990—），男，深圳市前海数字城市科技有限公司工程数字化负责人。主要研究方向为工程数字化、管理科学与工程。
E-mail：Liry@qhfct.com

在项目的全生命周期 BIM 实施中，模型的有效传递是工作的主线，而所有参与方的 BIM 工作均依靠 BIM 实施导则及相关技术标准约束。在项目策划阶段完成项目的 BIM 的管理与技术策划，规定各参建方的 BIM 工作要求。设计阶段需要保证模型与图纸的一致性，经各参建方确认后作为现场施工的指导性文件之一。钢结构施工安装阶段，在现场安装之前完成设计阶段模型深化。施工现场应依照模型施工，依靠技术优先的原则，在整个施工安装过程中持续保证模型、图纸、现场三个维度的一致性，保证模型的逐步传递、更新、深化，以及数据的不断完善，实现项目全生命周期中 BIM 管理目标（图1）。

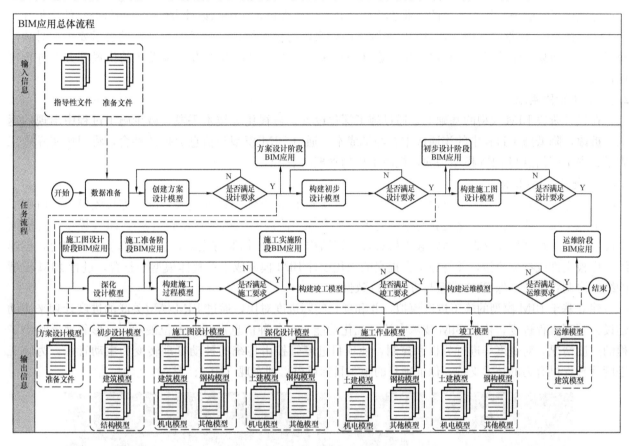

图1　国深馆 BIM 全生命周期体系

2.2　设计阶段实施

在设计阶段，创建各专业 BIM 模型（图2、图3），整合各专业 BIM 模型并检查各个专业之间碰撞、不合理、错误、达不到设计要求等问题，减少设计变更，提高设计质量。本项目存在主体与周边景观、地下道路、公园及公共空间，应将地块周边 BIM 模型，整合为完整的项目 BIM 模型。总图、周边道路 BIM 模型应能反映各部位、地铁设施之间的交通及其附属构筑物的衔接关系，如场地及道路标高、衔接节点、水平及竖向关系等。

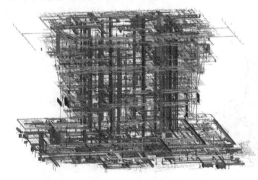

图2　机电系统

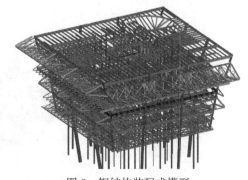

图3　钢结构装配式模型

在项目设计过程中，基于 BIM 模型，对图纸质量进行核查，发现图纸中存在的问题，记录并反馈给设计方，实现基于 BIM 的图纸质量优化。基于 BIM 模型进行内部多专业的设计协调。完善给排水、空调、电气等专业的 BIM 模型，根据 BIM 技术标准及规定，对竖向净空条件有限制的地方，通过多专业模型整合、协调设计单位调整管线排布、重设功能区等办法进行优化，提高空间利用率。对主要通道、楼梯部位、门窗洞口、主要结构构件等处进行空间检查、视线分析，以确保满足使用功能。

基于钢结构 BIM 模型，进行分析优化，对图模一致性、专业冲突进行核查，整合各方设计成果模型，对设计图纸进行验证，核查各方的专业协调性，并提供核查报告，跟踪设计方的设计图纸修正的完整性。

在装修 BIM 模型的基础上，对室内装饰物的效果进行仿真模拟，满足各个视角的展示要求，对装修面层、灯光效果、结构尺寸、材料材质、隐蔽空间中的管线铺设以及查看精装设备的位置等方面进行可视化展示。

2.3 施工阶段实施

在设计阶段 BIM 模型的基础上，通过施工深化设计、可视化等技术手段，减少施工过程中出现的返工、拆改，降低施工过程中的沟通成本、经济成本。通过 BIM 模型与信息数据的整合，将现场实际施工质量、安全等信息与 BIM 模型关联，提高工程的管理水平[3]。

2.3.1 施工 BIM 协同

施工方进场后，在对施工方设计交底的同时主持施工图 BIM 模型的交底，施工方接收模型。由施工方负责施工模型的维护、深化更新与模型管理。配合施工阶段的工程策划审查，基于 BIM 模型，开展大型设备运输路径规划及核查、塔式起重机布置、钢结构装配式[4]吊装方案等。进行设备安装模拟时，创建统一样板文件或参考模型，并将施工方提交的深化设计 BIM 模型成果在整体模型中整合，进行 BIM 模型的统一协调管理，确保 BIM 模型与方案的一致性。

建立基于 BIM 模型的施工进度模拟，并和项目实际进度对比，通过 BIM 模型关联的进度计划来协助建设方管理工程进度，依托 BIM 技术中的可视化功能，对各种信息进行全方位展示[5]，形象地反映出工程的进度情况，对进度等进行分析和控制，使项目进度管控由传统的被动管理转变为主动管理，为施工进度管理提供有力的技术支持，保证项目的施工目标可以得到实现（图4、图5）。

图 4　整体地块进度统筹

图 5　筒内劲性柱施工与钢筋混凝土施工交叉作业仿真

2.3.2 深化设计中的典型部位

在国深馆的核心筒结构中含有 8 个钢筋混凝土核心筒，含劲性钢骨。其主框架结构为 12 根落地斜柱＋2 个拱结构＋主次梁＋筒间钢梁。在如此复杂的结构深化需求中，利用 BIM＋仿真分析软件对整个深化及施工工艺的确定起到了关键作用，通过对项目结构模型的分析和拆解（图 6），分析重难点，通过对重点节点及环节的力学仿真模拟保证对项目的最优解决方案（图 7）。

图 6　钢结构结合核心筒模型拆解

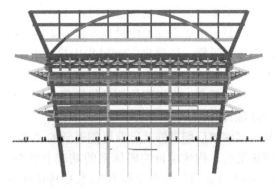

图 7　拱的分段深化模型及节点深化

（1）斜柱安装

通过 BIM 深化模型的角度计算，4 个角柱及东西侧中柱：底板～5 层楼面为 X、Y 向均向外倾斜 7.78°，5 层楼面以上保持在竖直平面内、X 向向外倾斜 23.07°；南北中柱，从底板延伸至 5 层楼面向外倾斜 7.78°。可以分析出斜柱安装过程中易侧向不稳定，发生安全事故。因此斜柱的安装方案是重点。对中柱、角柱安装实施进行 WBS 属性编码，按照编码进行构建分类及安装模拟，确定中柱安装过程中及时连接与核心筒连接的主梁及柱间主梁；角柱安装需在中柱与核心筒构成稳定体系后，角柱安装的同时，将角柱与中柱间的柱间主梁拉结，必要时在角柱与核心筒间加拉结措施，保证斜柱侧向稳定；卡码及时连结＋斜柱拉结措施，共同保证斜柱侧向稳定。施工过程利用模型出图精确定位斜柱位置，针对外框倾斜箱形钢柱，采用 12 组卡码板临时固定（图 8）。

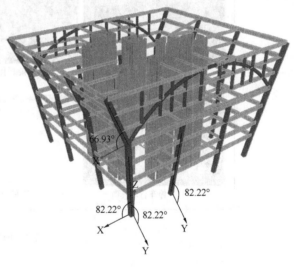

图 8　斜柱角度分析

（2）劲性结构及巨柱焊接施工的组织模拟

在本项目筒内劲性柱施工与钢筋混凝土施工交叉作业且存在 2000mm×2000mm×50mm×50mm 的巨柱施工焊接。其中巨柱、复杂节点内部含较多加劲板，需采用复杂构件、复杂节点的装配焊接工艺；利用 Civil 3D＋Navisworks＋CATIA＋Simufact Forming＋lumion 开展模拟仿真尤为重要。深化设计阶段，利用设计阶段钢结构模型配合土建做好深化设计，防止钢结构与土建安装碰撞，减少现场开孔数量；从整合的总体模型中抽取测量基准点与控制网等数据的施工延续，对控制网进行复测。正向导出图纸，控制埋件预埋精度与钢柱安装精度。首先通过 BIM 模型对巨柱、巨梁的大型运输设备入场进行路线优化和场地分析。选取最优运送位置及吊装位置。利用牛腿焊接时，设立专用支撑胎架，与 BIM 深化出图复核，准确定位。

在焊缝施工前对焊缝实施进行数字化仿真模拟，通过 CATIA 创建钢结构节点的精细化模型，结合 Simufact Forming 通过捕获影响过程的关键方面，可以进行准确的仿真，其中包括：机器的运动学，工件的非线性材料行为，包括可塑性、速率依赖性和温度影响。工具和成型零件之间的摩擦和接触。成型零件的自接触以预测折叠。通过 BIM 仿真技术形成三维可视化焊接交底。明确了巨型钢柱钢梁焊接：由内向外焊，间断对称焊，由约束端向自由端，避免焊接应力集中的核心要求。

2.4 基于 BIM 的全生命周期数字化平台

在国深馆 BIM 实施体系中搭建基于 BIM 的全生命周期数字化平台，给各参建方创造协同工作环境，创新实现了"线上＋线下"的项目协同管理模式是项目智慧建造的信息枢纽。实现工程投资、进度、质量、安全集成统一管理，可结合计划与实际施工进度进行 4D 可视化分析模拟，提供了现场施工人员动态监控以及移动端的工程质量信息采集与工程安全排查等功能，并兼顾项目多阶段多维度需求，为项目智慧工地、智慧运维等系统预留接口对接，实现系统的数据集中、管理集中、决策集中。以 BIM 技术作为平台的载体和手段，使项目实施过程中模型和工程信息得到有效共享和利用，实现参建各方协同管控，为业主、总承包方、设计单位、施工单位、监理单位等提供一个高效便捷的协同工作环境[6]，实现工程项目高性能、高整合、高智能的信息化管理。

2.5 运维阶段策划

基于国深馆后期展陈及运营可能遇到的"多重管理"、"国事功能"的运维需求，提前研究编制运维需求调研报告，构建项目编码体系的基础上更深入地完成对整个基于 BIM 楼宇智慧化运营策划，形成"设计＋施工＋运维"的全流程 BIM 数据传递体系。从规划管理、工程建设管理过渡到运营维护管理，基于时空标定和动态数据打造博物馆运维数据平台，以 BIM 模型为"数据基底"，结合 AIoT 技术，快速实现建筑空间、设备、环境、展陈及安防等 N 个系统的"数据融合"，通过数据分析和 AI 算法[7]形成的"数据智能"，为建筑运营管理者提供更为安全、高效、便捷的运营系统（图9）。

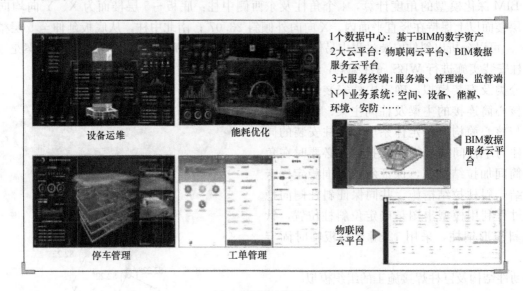

图 9　前海运维平台

3　结论

国深馆作为前海合作区重要公共建筑对深圳前海合作区的规划建设和群体性工程项目建设特点和难点开展深入研究，对工程实施过程中所面临的"专业协同"、"周边协同"、"管理协同"进行分析。为积极响应国家信息化战略，落实建设工程 BIM 应用要求，国深博物馆工程通过借助 BIM 手段实现项目管理的全要素精细化管控，以提高方案合理性、有效把控项目实施成本、进度、质量、安全为目标，通过完成虚拟资产数字化移交，为今后资产运维一体化管理奠定基础。

参 考 文 献

［1］张建平，张洋，张新. 基于 IFC 的 BIM 三维几何建模及模型转换[J]. 土木建筑工程信息技术，2009，1(01)：40-46.

［2］向卫国，常海，李瑞雨，等. 前海集群市政工程 BIM 技术全过程应用研究[J]. 土木建筑工程信息技术，2021，13(03)：44-50.

[3] 王赛男，刘东阳，段晓亚. 青岛东方影都万达茂 BIM 设计应用[J]. 土木建筑工程信息技术，2017，9(05)：41-44.

[4] 张恒飞. 基于 BIM 技术的装配式钢结构建筑全过程质量管理研究[D]. 郑州：中原工学院，2022.

[5] 徐国栋，吴世通. 基于 BIM 技术的 EPC 工程进度管理研究[J]. 吉林工程技术师范学院学报，2019，35(02)：88-91.

[6] 刘红生，葛军. 浅谈计算机信息技术在项目施工管理中的应用[J]. 赤峰学院学报(自然科学版)，2007(06)：126，128.

[7] 窦强，曾臻，林美顺，等. BIM 技术在大型办公建筑运维阶段的应用实例分析[J]. 建筑节能(中英文)，2022，50(06)：47-51.

基于 IFC 的 BIM 规划技术审查研发与实践

包嘉涛[1]，周　亮[2]

(1. 深圳市前海数字城市科技有限公司，广东 深圳 518054；2. 深圳市象无形信息科技有限公司，广东 深圳 518057)

【摘　要】"深圳 90"和"前海 80"审批改革是落实"互联网＋政务服务"改革，优化营商环境重要举措。深圳前海借助 BIM 技术，创新建设工程行政审批手段，助力审批工作提质增效。在此背景下，本文选取房建工程的工程规划许可技术审查环节为切入点，基于通用数据标准 IFC，提出通过结构化语义规则进行符合一致性校核的技术方案，并开发包含业务规则、算法引擎、功能软件等在内的成套 BIM 智能审查平台。

【关键词】行政审批；IFC；库审分离；图数据库；语义规则

1　引言

工程建设项目行政审批是指在工程建设项目实施的各个环节，工程参建各方，依据法律法规及部门规定的要求分别向对各个环节进行监管的相应部门申请行政事项的许可与批准，各职能部门根据相关依据，按照职能划分，分别对相应行政审批事项逐一审查、通过等一系列审批行为的总称[1]。深圳作为全国 16 个开展工程建设项目审批全过程和所有类型审批事项改革试点地区之一，结合自身实际提出了"深圳 90"的改革目标。前海合作区为进一步优化营商环境，在"深圳 90"的基础上，制定了"前海 80"审批改革方案，由平均 200 多个工作日压减至 80 个工作日。

前海作为"特区中的特区""尖兵中的尖兵"，根据相关条例规定，积极进行规划创新，具有"小街区、高密度、高强度"特点[2]，各项目之间功能复合、互联互通，标准要求高、技术难度大。因此，前海引入建筑行业及城市建设管理的现代科学技术，BIM 技术，以数字化促进审批制度改革，研究基于 BIM 模型的工程建设项目综合审批平台，实现审批业务的信息化、载体的三维化、内容的标准化、审查的自动化、系统的集成化的新模式，加快推进建设行政审批改革工作。

本文选取房建工程的工程规划许可技术审查环节为切入点，基于通用数据标准 IFC，提出通过结构化语义规则进行符合一致性校核的技术方案，根据审查规范梳理业务规则，基于 BIM 模型研发算法引擎，通过功能需求开发软件平台，形成系统性的 BIM 智能审查平台。

2　国内外调研

合规性自动审查又叫自动设计审查或自动规则检查（Automatic Rule Checking），国际上相关研究最早可追溯到 20 世纪 80 年代。以 2000 年为分界点，可大致分为 2 个阶段。2000 年以前，设计信息的表达以计算机辅助绘图（Computer Aided Drawing，CAD）为核心，而规范要求的表达则通过决策表、计算机代码等形式内嵌在专家系统中。有关学者探索了相应规则检查方法在节能、成本、日照、火灾等方面的应用。2000 年以后，随着建筑信息模型（Building Information Modeling，BIM）技术及相应数据标准——工业基础类（Industry Foundation Classes，IFC）的提出，可以利用 BIM 表达更加丰富的设计信息，基于 BIM 的自动设计审查技术和软件开始出现[3]。

【作者简介】包嘉涛（1992—），男，工程师。主要研究方向为 BIM、CIM、数字化审查。E-mail：baojt@qhfct.com

2.1 国内调研

国内随着新城建、新基建的建设，BIM 技术发展迅速，部分省市根据《住房城乡建设部关于开展运用 BIM 系统进行工程建设项目报建并与"多规合一"管理平台衔接试点工作的函》（建规函〔2018〕32号）等文件要求，尝试探索 BIM 技术在建设工程项目过程中的数字化图审，开发相应的 BIM 审批平台。国内各城市基于 BIM 技术的审查平台采用的数据格式均为自定义格式，提交 BIM 模型格式不统一，且自定义的数据格式容易受限，通用开放性较差，依赖平台开发厂商，报建和归档的模型格式不一致，数据流转不畅通，无法实现一模多用（表 1）。

国内 BIM 审批平台对比分析 表1

序号	地区	业务范围	应用情况	检查类型	成熟程度	数据格式	模型提交
1	湖南省	施工图审查	试用阶段	合规检查	高级应用	XDB	审查：xdb 格式 存档：IFC＋RVT
2	厦门市	规划审查	试用阶段	合标检查	简单实现	XIM	通用模型（IFC）和原格式模型
3	广州市	施工图审查	研究阶段	三维辅助	简单实现	GDB	—
4	南京市	规划审查	研究阶段	合标检查	简单实现	NJM	审查：njm 格式 存档：原生模型

数据来源：前海 BIM 技术应用推广发展规划。

2.2 国外调研

国外基于 BIM 技术的审查平台，逐步在探索从 BIM 模型中提取审查需要的信息，包括图纸、BIM 审查模型，小范围地在审查领域进行不同功能的探索尝试（表 2）。在统一数据标准方面，大部分平台采用了 IFC 格式作为唯一的数据承载来支撑 BIM 审查平台，IFC 数据格式作为 BIM 应用平台的数据交换和共享通用格式，具备通用性、开放性和可扩展性，基于已经实践的案例的成功经验，具有一定的借鉴意义。

国外 BIM 审批平台对比分析 表2

序号	国家	平台名称	服务用户	审查文件	BIM 审查类型	系统类型	统一数据标准	最新进展（截至 2021 年 5 月）
1	新加坡	CORENET 平台系统	政府部门	从 BIM 中提取的图纸、BIM 模型	建筑面积审查	网络平台	IFC	开展建筑面积自动审查
2	日本	E-submissionASP portal	设计单位、第三方审查机构	从 BIM 中提取的图纸	建筑规范审查	网络平台	IFC	—
3	马来西亚	NBeS	政府部门、个人	BIM 模型	基于建筑法规和 BIM 标准的审查	网络平台	IFC	政府部门开始使用该系统进行审批
4	韩国	SEUMTER	设计师、政府部门	BIM 模型	施工图审查	网络平台	IFC	研究移动端系统的开发和基于人工智能的审查功能
5	爱沙尼亚	E-construction 平台	政府部门	BIM 模型	建筑许可（Building Permit）审批和使用（Usage Permit）许可审批	网络平台	IFC	已正式投入使用并与国家数字孪生模型平台对接
6	德国	X-planung&x-bau	政府部门、个人	BIM 模型	设计方案审批、施工图审批	网络平台、模型检查软件	IFC	—
7	荷兰	GeoBIM 审批系统	政府部门	BIM 模型	建筑合规性审查、基于规划条件的设计审查	网络平台、模型检查软件	GeoBIM	在鹿特丹开展了对空间布局、防火要求、结构、结构要求等的审批

数据来源：同济大学王广斌教授《关于国内外基于 BIM 的建设项目审批比较借鉴研究》报告资料整理。

3 技术方案

根据国内外的智能审查实践经验，本文采用国际通用、开放可拓展的 IFC 数据标准作为 BIM 审查平台的数据格式，通过数据引擎实现对 BIM 模型数据自动提取，形成语义模型。对标准规范进行结构化拆解，形成面向标准规范的规则描述，通过规则引擎转化为语义规则，并汇总成为领域规则库。通过审查引擎建立语义模型和语义规则的数据映射关系，通过语义推理实现规则库的一致性完备性检查，最终形成检查结果。

3.1 库审分离

传统技术审查平台大多采用库审一体的技术架构，即规则库和模型审查算法集成在审查软件中，这种技术路线的优势在于开发周期短、效率高、准确度高，短期效果明显，缺点在于可拓展性差，后期维护更新工作量大。此方案无法适应现代标准修编和调整的更新速度，审查平台的规则更新需要借助专业技术人员，无法实现自定义规范更新操作。

本文采用库审分离的技术架构，即规则库、审查算法与软件平台分离，该技术架构优势具有低耦合、高灵活性，适配不同地区、领域、项目、标准的灵活切换和编辑规范标准，同一技术架构支持复用到不同专业和阶段的技术审查，支持自定义规范更新操作（图 1）。

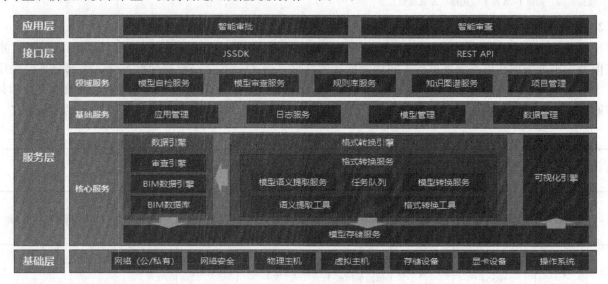

图 1 BIM 智能审查平台技术架构

3.2 语义计算

本文实现对 IFC 模式（Schema）、IFC 实例文件、领域语义的建模，并利用图数据库存储为知识库，审查引擎集成了 IFC 图数据和规则库，通过开发算法实现审查规则到图数据的查询，驱动智能化审查功能技术实现。通过规则库中规则条文支持实现对 IFC 模型中包含的信息的合规性检查，支持实现对规划审查相关的经济指标汇总计算。

审查引擎将语义模型和语义规则进行映射和关联，构建了一定的推理规则，在检查过程中，程序不断调用规则库中的规则数据与模型中的信息，通过属性值的检查来判断模型是否符合规范要求[4]。

3.3 图数据库

IFC 模型由实体构成的，实体中包含直接属性和引用属性，实体与实体之间存在相互引用的关系。本文引入有向图来表达 IFC 中实体和实体之间的关系，把 IFC 模型中的实体抽象成节点，实体之间的关系抽象成节点之间的边，一个 IFC 模型就可以被抽象成有向图（DAG）。IFC 模型就可以抽象成图数据结构存储在图数据库中，基于 IFC 模型数据的机器自动审查就可以抽象成在图数据库中的有向图上的搜索。

在实践过程中采用图数据库作为 IFC 数据存储数据库，GraphQL 数据库支持水平可扩展和分布式应用，带有图形后端。提供 ACID 事务、一致复制和可线性读取。从头开始构建，用于执行一组丰富的查询，提供基于 GraphQL 的查询语言，作为原生的图数据库。

4 语义模型

通过 BIM 模型直接属性为基础提取出所需属性值，并以相应属性集的形式存储于 IFC 文件，最后通过 MVD 技术抽取符合审查定义的子模型。MVD 是 IFC 的一个子集，IFC 的正确导出是设置 MVD 模型视图定义，以满足项目特定阶段、特定专业的交换信息要求。

数据引擎对 BIM 模型进行数据自动提取生成语义模型（图 2），语义模型包括：构件及其类型、构件的属性、构件之间的连接/相邻/从属等关系。以 BIM 内的直接属性为基础提取出所需属性值，并以相应属性集的形式存储于 IFC 文件[5]。该提取过程应依据属性分类标准进行分类提取，包括直接属性、间接属性、空间属性、模拟属性等。

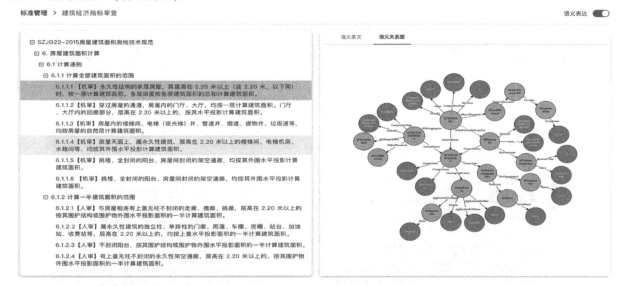

图 2   IFC 语义模型

IFC 数据天生与图数据结构契合，如果将 IFC 的构件抽象成图中节点，构件之间的关系抽象成图的边，那么就可以用有向图来表达 IFC 模型，IFC 模型也可以存储到图数据库中。图数据库底层最大限度地贴合图数据结构，图数据库的查询语言简单、高效，非常适合表达 IFC 模型中的复杂关系图谱。

5 语义规则

对房建类规划审查所涉及各项法律法规、标准规范、审查要点等知识进行文本解析、知识抽取，将抽象化的知识变成可复用、有价值的语义信息，最终形成计算机可理解的知识库。结构化语义规则具有中文支持、易读性、灵活性、可扩展性以及独立性等特点，有效解决建筑规范形式化规则描述问题[6]。

基于结构化语言，自然语言条文被结构化为一个简单句、复合句或者条件句，支持对象之间的二元关系、对象的数值关系的表达以及基于逻辑 and 和逻辑 or 的嵌套组合。规则引擎对适用的法规、条例、导则等，逐一梳理规划审查审批的核心要素和具体规则，进行结构化解析（图 3），形成审查规则库。

本文选定《深圳市建筑设计规则》和《深圳市城市规划标准与准则》两本规范标准作为规范条文使用依据，根据试点项目覆盖的规范条文进行框选筛选，按照《面向工程领域的共享信息模型 第 3 部分：测试方法》GB/T 36456.3—2018 进行语义规则人工转换，生成语义规则集（图 4）。

建筑规范条文经过规则化的转译之后变成了计算机可以理解和执行的规则条文，审查引擎解析和执行对应的规则，将规则的要求转换成查询语句发送给图数据库执行相关的数据查询，图数据库根据查询语句在图中进行搜索返回对应的数据，规则引擎综合图数据库的执行结果生成最后的审查规则的执行结果。

序号	分类	规范原文	规范原文										条文拆解		简单句拆分				
			审查方式	设计数据来源（目前）	规范来源（审查依据）	索引名（在审查依据中的位置）	阶段1方案设计核查	阶段2工规	规则说明/附件	备注	专业	序号	拆解条文	序号	简单句	备注	校审意见	如果/那么	应/宜/可
6.1.1.1		永久性结构的单层房屋，其层高在 2.20 米以上（含 2.20 米，以下同）时，按一层计算建筑面积。多层房屋按各层建筑面积的总和计算建筑面积。										1	永久性结构的单层房屋，其层高在 2.20 米以上（含 2.20 米，以下同）时，按一层计算建筑面积。						
														1	单层房屋是永久性结构			如果	
														2	单层房屋层高在 2.20 米以上（含 2.20 米，以下同）			且如果	
														3	单层房屋按一层计算建筑面积			那么	
												2	多层房屋按各层建筑面积的总和计算建筑面积。						
														1	多层房屋是永久性结构			如果	
														2	建筑面积按各层建筑面积的总和计算			那么	

图 3 结构化拆解条文

图 4 语义规范标准

6 智能审查平台

完成对模型和规则语义转化后，审查引擎通过对 IFC 模型中的数据进行识别和推理，实现相关技术参数的自动提取，并通过与结构化语义条文进行映射和对比，检查报建 BIM 模型中存在的不符合规划设计规范问题，实现从 BIM 规划设计到技术审查自动化。本文设计 3 种 BIM 审查模式，包括插件端自检自查、平台端合规性审查、平台端专业领域审查。

6.1 插件端自检自查

插件功能包括属性核查、空间规整、空间组合、构件规整、导出 IFC（图 5）。空间规整包含定位规整、楼层规整、平面规整。其中空间组合包含建筑空间、功能空间。

（1）属性核查，支持对 BIM 模型合规程度进行校验并对缺省值进行补充。

（2）空间规整，空间规整包含：定位规整、楼层规整、平面规整功能。

（a）定位规整，指定 BIM 模型进组装、场景集成定位点，并对该点水平方向的绝对坐标及楼层高度赋值。

（b）楼层规整，通过对既有标高赋予"楼层属性参数"使必要标高满足建模要求。

（c）平面规整，辅助用户生成报建必备的模型视图。

（3）空间组合，空间组合包含：功能空间、核定空间、分区组合三个功能。

（a）功能空间，支持对模型赋予对应的建筑功能。

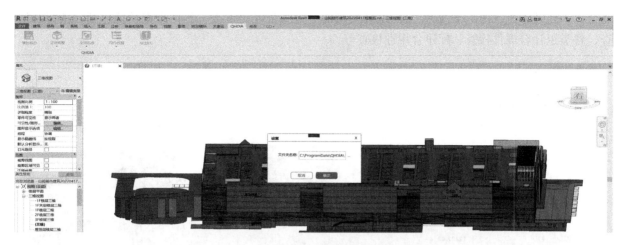

图 5　Revit 规整插件

（b）核定空间，支持对已有功能空间赋值，对功能空间赋予核增核减相应信息。

（4）构件规整，支持对构件赋值，支撑模型元素可以支撑审查要素。

（5）导出 IFC，在校验模型合规的基础上导出符合文件编制标准的 IFC 报建模型。

6.2　平台端合规性审查

本文不仅提供设计端插件进行设计模型规整和检查，而且支持在 Web 端提供基于 IFC 的平台侧模型规整和检查功能（图 6），主要优势包括：

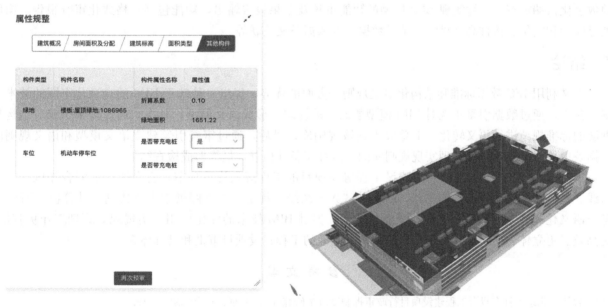

图 6　Web 端合规性技术审查

（1）摆脱设计软件进行属性规整，降低非设计用户规整模型的成本。

（2）平台端基于 IFC 的数据规整减少针对不同的设计软件、不同版本对应的插件开发，减少开发成本。

（3）平台端检查模型不符合审查平台对模型的审查要求时，对于一些与图形弱关联的属性，如"用地性质"等，直接在平台端进行规整调整，缩短流程和加快报建效率。

6.3　平台端专业领域审查

本功能是 BIM 智能审查平台的核心功能，通过建筑工程领域的房建类项目试点，针对 BIM 模型中的构件属性信息以及空间数据，严格贯彻规划条件和相关规划规范标准，辅助审查单位实现对模型成果的自动合标一致性审查（图7）。实现基于 BIM 模型的一键式智能化审查，具体审查功能包括：指标合规性审查、各类退让合规性检查、配建合规性检查等。

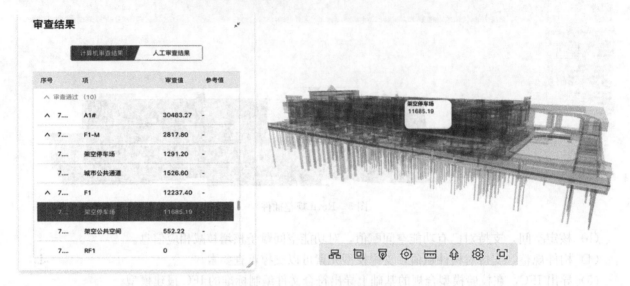

图 7　Web 端合标性技术审查

实现摆脱传统二维 CAD 图纸点、线、面的束缚，在 BIM 模型的立体视角下，实现立体化、可视化展示规划审查内容，清晰地展示审查的规则依据、审查结果和关联的构件信息，实现"数模规"三位一体的数字化云端审查，一键实现 BIM 模型的智能审核及结果报告输出，功能包括：格式化审查报告、构件视点联动和定位、构件高亮显示、结果数据以及依据条文关联等。

7　结论

本文利用 IFC 数据标准和结构化语义规则等方面的优势，提出一种基于 BIM 的自动化审图的技术方案。首先，通过数据引擎实现对 BIM 模型数据自动提取，形成语义模型；其次，通过规则引擎对结构化拆解的标准规范进行语义转化，汇总成为领域规则库；最后，通过审查引擎建立语义模型和语义规则的数据映射关系，通过语义推理实现规则库的一致性完备性检查，最终形成检查结果。

本文的技术方案目前主要针对建设工程房建项目的工程规划许可环节，旨在通过前海合作区的技术路线、软件功能的研究与验证工作，研究从"人＋图纸＋规范"二维图纸审查方式到"计算机＋BIM 模型＋语义化规则"三维模型校核的智能化转变，促进 BIM 技术的深化应用，实现规划管理工作更智能、更高效、更立体、更科学，构建科学、便捷、高效的工程建设项目审批和管理体系。

参 考 文 献

[1]　魏倩. 北京市社会投资工程建设项目行政审批制度改革研究[D]. 北京：外交学院，2019.
[2]　深圳经济特区前海深港现代服务业合作区条例[N]. 深圳特区报，2011-07-06(A09).
[3]　林佳瑞，郭建锋. 基于 BIM 的合规性自动审查[J]. 清华大学学报：自然科学版，2020，60(10)：7.
[4]　陈远，张雨，康虹. 基于知识管理的 BIM 模型建筑设计合规性自动检查系统研究[J]. 图学学报，2020，41(3)：10.
[5]　邢雪娇，钟波涛，骆汉宾，等. 基于 BIM 的建筑专业设计合规性自动审查系统及其关键技术[J]. 土木工程与管理学报，2019，36(5)：8.
[6]　张荷花，顾明. BIM 模型智能检查工具研究与应用[J]. 土木建筑工程信息技术，2018，10(2)：6.

基于服务的 BIM 模型在 UE4 中
快速动态加载初探

包嘉涛

（深圳市前海数字城市科技有限公司，广东 深圳 518000）

【摘 要】BIM 模型集项目建设流程和表达建筑物信息于一体，可以对建设工程项目进行全生命周期的管理和展示。但是由于承载了大量信息，数据量大，难以进行快速动态加载、调用。本文通过将 BIM 数据转化为服务，基于 UE4 技术，提出一套能够实现海量数据动态加载与高速渲染的解决方案，助力 BIM 数据汇聚为 CIM，真实还原城市发展现状与发展格局，赋能城市精细化管理。

【关键词】BIM；UE4；动态加载；高速渲染

1 引言

建筑信息模型（BIM，Building Information Modeling），是一种以计算机的方式模拟建筑信息的手段。其应用范围已经十分广泛，可以完整跟踪和记录工程建设项目全生命周期数据，包括建筑空间信息（如空间位置、构件尺寸等）以及非空间信息（如造价信息、管理信息、纹理信息等），又可以对工程能耗、工程环境等进行深入分析和预测[1]。然而，随着城市发展以及数字化城市管理需求的日益强烈，城市级别的 BIM 数据管理和可视化成为制约城市信息模型（CIM，City Information Modeling）的瓶颈。利用 Revit、Bently 等 BIM 建模软件，虽然可以完全满足建模需求，但在模型渲染效果方面还尚显不足。

将 BIM 与 UE4（Unreal Engine 4，虚幻引擎 4）相结合，可以解决 BIM 建模软件对模型渲染效果不足的问题，同时可以实现 BIM 模型的扩展应用。然而，由于 BIM 软件相对"较重"，建模成果往往也体量较大[2]，UE4 对小批量的 BIM 模型的承载能力能实现毫秒级数据动态加载和渲染。然而随着智慧城市的发展，在对模型精度提出更高的基础上，城市级别的模型渲染和加载效率问题已经越来越不能满足使用要求。本研究提供了一套基于 UE4 利用 BIM 数据服务发布，实现大批量数据动态加载和材质美化的技术方法。

2 原理与方法

2.1 模型编译

受限于硬件环境和网络环境，场景级 BIM 数据的动态加载和渲染，在一次性填入场景中时，其模型显示效率和显示效果都将受到严重影响，无法达到毫秒级响应需求。本研究通过对场景级 BIM 模型进行编译，实现了海量数据的动态加载和高保真材质渲染，具体流程如下：

本研究以房屋建设工程为测试，通过实体模型获取、BIM 模型编译入库、瓦片地图金字塔创建三个步骤，进行数据处理工作。实体模型获取对于需要装入场景级的 BIM 模型数据而言，准确获取到 BIM 模型已经对应模型的相关参数，对后期的渲染、显示以及交互应用都起到至关重要的作用。

1）单体模型入库

以往 BIM 模型文件的产生，都因其生产软件的不同而以不同的格式进行单文件存储，这样模型文件

【作者简介】包嘉涛（1992—），男，工程师。主要研究方向为 BIM、CIM。E-mail：baojt@qhfct.com

在共享以及实时渲染加载上都受到制约。本研究将 BIM 模型进行拆分，其中模型实体以 NoSQL 数据库的形式进行存储，加快存取速度，而属性实体则依旧采用传统的关系型数据库进行存储，方便属性结构化管理。

2）模型处理

对于存入 NoSQL 数据库中的 BIM 模型，首先需要将模型文件格式转换为 DDS5，该格式不仅可以用作模型的纹理贴图和法线贴图，同时可以根据纹理分辨率与对应模型三角网面积，在保证图像清晰度的情况下，压缩图像分辨率防止图像过大。此外，在这一过程中，模型也会被处理成不同的精细度 LOD（LOD 信息主要用于描述模型元素中包含了多少细节，整合了元素的几何图形和附加信息的程度[3-5]，LOD 等级一般分为：LOD100，LOD200，LOD300，LOD400，LOD500 五个等级）。

3）创建瓦片地图

根据网格尺寸以及当前网格范围内所对应的实体进行模型合并，即将单个模型实体合并成一个大建筑体，然后采用渲染到纹理技术（纹理拍照），对多个视角进行离线渲染，然后把多个视角离线渲染获取的纹理进行贴图融合，最后针对建筑体重新映射纹理，实现建筑体 UV 进行统一修改。当构成当前网格尺寸优化后的新模型后，以此方法类推产生每一层级金字塔结构，形成一颗优化后的调度树。

此外，良好的数据结构设计也将会大大提高数据的加载效率。由于三维空间的数据切割，遵循"总-分"的检索思路，那么类似于二叉树、四叉树、B-Tree 以及 B+Tree 等树结构都可以很好地解决该问题。同时，为了兼顾树状结构遍历的深度和广度问题，本研究采用八叉树作为三维图像金字塔的数据存储调度树，从根（起始空间）节点开始，调度树中每个节点（空间）都被递归划分为八个子节点（子空间），直到叶子节点（端空间）为止，每个节点都将存储间范围的几何信息（图 1），从顶层根节点到底层的叶子节点，模型的精细程度依次增加。

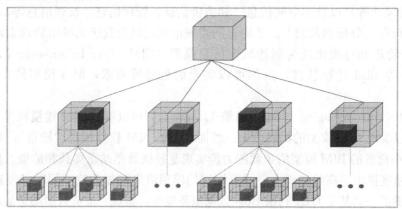

图 1　三维图像八叉树存储数据结构

2.2　数据动态加载和渲染

UE4（虚幻引擎）是一款有着强大开发功能和开源策划的游戏引擎，具有物理渲染技术、高级动态阴影选项、屏幕空间反射以及光照通道等多种强大功能，可以对模型实现实时渲染效果，甚至可以实现静帧效果。同时，虚幻引擎内置的 Niagara 和级联粒子视觉效果编辑器，可以利用粒子光照亮场景，并使用向量场构建复杂的粒子运动，模拟现实情境。正因为 UE4 所具备的多种优异性能，本研究使用该引擎作为 BIM 大场景渲染引擎。

目前，借助于 UE4 的渲染效果，利用 BIM 模型所特有的建筑属性信息，两者的结合已在工程建设应用领域，如水利水电、港口、桥梁等[6-9]。由于 UE4 的开发初衷是服务于游戏应用，UE4 可以轻松承载单个工程级别的 BIM 模型数据的渲染和交互。城市级别的 BIM 模型加载和显示对于绝大多数的软硬件来说都较为困难。

同时，实际使用场景也表明，如果将所有模型以及对应模型中的每个细节都逐一表现出来，不仅会造成软硬件资源的极大浪费，而且在不同的场景范围下，用户对模型的数量以及模型细节需求程度也不同，即场景范围越大，对模型细节的要求越低，模型数量要求越多。表现在数据层面上，就是在不同的范围场景下，UE4 需要对不同层级的三维图像瓦片数据进行调用和渲染（图 2）。

图 2　不同瓦片层级下场景对比

为了能够快速实现 BIM 模型数据在 UE4 中动态加载和渲染，如何快速地判断出哪些模型需要被加载并渲染就成了首先需要解决的问题。这里就引入视锥体的概念，视锥体表示看起来像顶部切割后平行于底部的金字塔的实体形状，这是透视摄像机可以看到和渲染的区域的形状（图 3），只有当 BIM 模型与视锥体相交的时候才需要被加载和显示。

然而，如果用于生产应用的 BIM 模型其级别为 LOD500 时，每个 BIM 模型所包含的面片可能就有数千之多，而对于城市级的 BIM 模型而言，面片数量则会呈指数级增长。在 UE4 对模型进行渲染时，如果对每个面片都进行计算，那么这对资源的消耗无疑是巨大的。为了加快计算速度，在创建三维图像金字塔瓦片的时候，就需要给每一个层级的瓦片都创建一个包围体（Bounding Volume），通常包围体由简单的几何体，如长方体、球体等组成（图 4）。根据上节所述，BIM 模型在进行编译阶段，就为其创建了可以实现快速检索的八叉树结构，因为每个节点都已经为其创建了包围体结构，

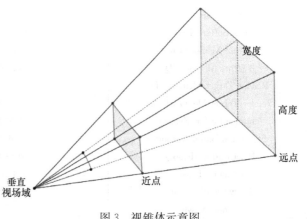

图 3　视锥体示意图

那么将视锥体和每个瓦片的包围体求交，如果视锥体和瓦片相交，再判断该瓦片的屏幕空间误差（Screen Space Error, i. e. SSE），如果当前瓦片的屏幕空间误差不满足要求，则递归判断其子瓦片，直到找到满足精度要求的瓦片为止。

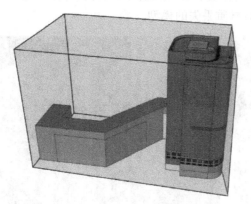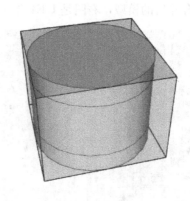

图 4　建筑包围体示意图

3 结果对比

本研究采用约 10GB 的 BIM 原生数据,以 UE4 作为渲染引擎。数据的渲染效率对比主要从内存占用情况、渲染耗时、渲染批次等角度进行对比,其中,内存占用情况主要从纹理、节点、分辨率、三角网绘制、线条绘制等方面进行。

从对比结果上可以看出,BIM 模型在经过编译处理后,其加载所消耗的内存占用情况要比在 UE4 中直接加载所消耗的资源多。出现这种情况的主要原因是在对 BIM 进行编译处理时(即生成对应的 3dtiles 数据),在保留模型精细程度的基础上,除去了模型中的冗余信息。同时,纹理的保留完整度情况也比直接在 UE4 加载还原度能够更加真实和完整。在渲染批次方面(Drawprimitive Calls),经过编译后处理的 BIM 在加载到 UE4 进行显示时,UE4 合并后的模型渲染批次比 3dtiles 合并后渲染批次多出一倍以上。最后在渲染速度方面,经过 3dtiles 合并的数据其渲染速度只需要 2.64ms,而经过 UE4 合并后的模型渲染需要 16.67ms,其渲染效率相差 6 倍。其他对比数据详见表 1。

BIM 数据加载对比 表 1

Memory Counter	3dtiles 合并后	UE4 合并后
Texture Memory 2D	797.95MB	685.47MB
Vertex Buffer Memory	754.06MB	451.21MB
Render Target Memory	555.28MB	312.55MB
Index Buffer Memory	133.23MB	130.93MB
Texture Memory Cube	32.06MB	32.06MB
Texture Memory 3D	16.42MB	16.42MB
Render Target Memory 3D	13.38MB	13.25MB
Render Target Memory Cube	3.00MB	1.50MB
Uniform Buffer Memory	1.22MB	0.52MB
Structured Buffer Memory	0.63MB	0.23MB
Pixel Buffer Memory	0.00MB	0.00MB
Triangles Drawn	367105150K	3169649600K
Drawprimitive Calls	255.50times	504.68times
Lines Drawn		3.00
Render Time	2.64ms	16.67ms

在纹理材质方面,3dtiles 合并后的 BIM 模型数据,极少会出现纹理材质丢失的情况,且能够较好地还原纹理材质的真实质感。然而,经过 UE4 合并后的 BIM 模型数据,因为没有对模型的纹理做进一步的优化处理,在对模型进行加载和渲染时,容易出现材质丢失的情况。纹理材质对比情况如图 5 所示,其中左图是 3dtiles 合并后的模型,右图是 UE4 合并后材质丢失的模型。

图 5 纹理材质对比图(左:3dtiles 合并后模型,右:UE4 合并后模型)

4 总结与结论

从本次的研究可以发现，对于同样的 BIM 模型，经过编译后不论是加载速度还是纹理材质完整性保持方面都明显优于未经处理的 BIM 模型，分析原因主要是以下几个方面：

1）在一个场景中，并不是所有的模型以及模型的所有细节（不论模型级别如何）都需要渲染表现出来，而是要根据场景的视锥范围以及远近程度进行加载和渲染。

2）数据的检索和加载，往往也是制约显示效率的一个方面。本研究中，对 BIM 模型进行编译后形成的三维瓦片使用八叉树结构进行存储，三维瓦片数据的检索速度也大大提高。

3）本研究中，对 BIM 模型进行编译的同时，对材质纹理也做了对应的跟踪和处理，为每个模型以及对应的纹理都生成了唯一的编码编号。这就使得在渲染过程中程序会根据编码编号判断材质是否丢失，极大地降低了材质的丢失情况。

参 考 文 献

[1] 孔玉琴，杨丽珍 . 基于 BIM 技术的《建筑构造与识图》课程改革研究[J/OL]. 中国建材科技：1-2[2022-05-19]. http：//kns. cnki. net/kcms/detail/11. 2931. TU. 20191019. 1620. 002. html.

[2] 杰德尔别克·马迪尼叶提，牛志伟，李培聪，等. 基于 BIM 技术与 B/S 架构的大坝安全可视化监测系统[J]. 排灌机械工程学报，2020，38(06)：583-588.

[3] 闫爽，郭兰博，王严，等. 基于 LOD 技术的虚拟场景建模方法的研究与应用[J]. 测绘与空间地理信息，2021，44(09)：145-147.

[4] 杜永良 . 排水管网多尺度几何语义建模及可视化研究[D]. 桂林：桂林理工大学，2021.

[5] 陈璐 . 基于层次细节模型 LOD 的虚拟现实设计[J]. 科学技术创新，2020，24：16-17.

[6] 曾庆达，胡亭，王煌，等. 基于 BIM 和 UE4 的调蓄池数字孪生 BIM 管理系统[J]. 人民珠江，2021，42(11)：24-28.

[7] 李兴田，牛志伟，郑人逢，等. 基于 BIM 技术及虚幻引擎的水下振动台关键技术交互可视化研究[J]. 实验技术与管理，2022，39(04)：97-103.

[8] 张礼祺 . 基于 BIM 技术在桥梁工程信息化建设中的应用[D]. 太原：太原理工大学，2021.

[9] 石磊，郑国强，沈旭，等. 基于城市信息模型的数字孪生港口平台规划设计[J]. 中国建设信息化，2022，05：68-71.

建设工程数字化竣工交付研究与案例分析

吕　望¹，杨　昊²，唐松强¹

(1. 中国电建集团华东勘测设计研究院有限公司，浙江　杭州 311122；

2. 中电建华东勘测设计院（深圳）有限公司，广东　深圳 518100)

【摘　要】 随着建筑信息模型（BIM）技术在建设工程行业应用的不断深入，其在建设末尾阶段的价值也在不断被挖掘。当前越来越多的工程项目业主和企业开始关注建筑竣工交付后的 BIM 应用价值。本文通过对现有市面常规 BIM 交付产品的对比研究，结合相关工程项目案例提出了一种低成本数字化竣工交付的方式。

【关键词】 建筑信息模型（BIM）；数字化；竣工交付

1　引言

随着以建筑信息模型（BIM）技术为代表的新一代数字建造技术的不断深入应用，建设工程行业的大多数从业者已深刻认识到数字化技术为行业带来的价值，并开始积极探索以建筑信息模型为载体，开展更丰富的生产、交流内容。为实现设计到运维全生命周期的数据信息共享和深度应用，并最终达到数据继承延伸、二次开发应用以及贴合业务运营场景应用的目的，数字化建筑交付成为项目数字建造技术闭环应用的最终也是最关键的一环。

建筑信息模型（BIM）是一种创建和集成新旧建筑设施全生命周期可应用格式的标准化机器可读信息模型，用以改进建筑设施的规划、设计、施工、运营和维护过程[1]。2015 年，在荷兰进行的一项调查表明，即使对于已经在设计和施工阶段实施 BIM 的公司，BIM 在建筑设施运营阶段的附加值也是微不足道的[2]。造成这种低价值的主要原因是"在 BIM 常规的应用中，人员、流程和系统之间缺乏统一性"[2]。同时市面上也缺乏相对成熟的产品支持数字化竣工交付的特殊需求，以上种种限制给工程竣工交付阶段的数字化落地带来了一定困难。本文以竣工交付阶段的建筑信息模型数据的整理和展示为切入点，结合某公共建筑在竣工阶段采用数字化技术进行辅助交付的案例，阐述了一种在现有条件下较低成本并可行的数字化竣工交付方式。

2　工程竣工交付策划

2.1　传统工程竣工交付

传统的竣工交付分为竣工实体验收与资料交付。竣工实体验收需要根据设计文件、施工合同和验收标准提前制定验收方案，由投资主管部门会同建设、设计、施工、设备供应单位及工程质量监督等部门对项目进行全面检验，取得合格资料和凭证。竣工资料在实体验收时同步整理相关文件，包括施工合同、开竣工报告、竣工验收通知、竣工图纸、工程质量保证书、设备采购单等资料，在建设工程竣工验收后，建设单位办理建设工程档案接收证明书，领取房屋建设工程竣工验收备案表。

目前我国在工程法律法规体系上对竣工交付阶段的工作内容和相关规范已有较为明确的规定。随着建设工程行业信息化的不断发展，传统的交付内容和形式往往不能满足如今的项目运营需要，主要问题体现在以下几点：

【作者简介】 吕望（1992—），男，助理工程师。主要研究方向为 BIM 技术应用、工程管理。E-mail：lv _ w1@ecidi.com

（1）工程数据量巨大，以实体存储占用空间的同时对详细程度和分类需求以及管理水平提出挑战。

（2）数据查阅易用性较差，现如今 PC 和移动终端发展日趋成熟的今天，很多竣工资料都只能现场调取，不利于数据的分享与查阅以及后续的利用。

（3）数据更新和流动性差，随着项目进行到运营阶段，可能需要很多空间调整和设备设施的维护维修，此时的数据更新无法在原有的数据库中体现，不利于运营工作的开展。

2.2 工程数字化竣工交付

工程数字化竣工交付是在传统工程竣工交付资料的基础上，利用数字化技术对交付过程及成果进行记录和存档，并搭建一套交互方便的信息处理平台的过程。解决工程数据交互困难，利用率低、易用性差的问题。积累数字资产备份，通过数字手段提高运营工作效率。需要满足以下几个关键要素：

1. 准确性

数字化竣工交付是常规竣工交付在手段上和信息丰富度上的补充，所以无论是交付流程还是信息的准确性必须满足现行的相关规定，必须与常规的交付资料的信息保持完全一致，关键信息内容具有唯一性，杜绝线上线下信息不一致的情况。

2. 便利性

之所以采用数字化竣工交付的方式是因为要借助便捷的信息技术快速方便地检索到需要的竣工资料，所以在交付方案设计中要充分考虑到成果系统的便利性，模拟多个典型的场景应用并评估完成目标所需要的操作步数，操作便利度及操作自由度，能够让系统在一线操作人员手中真正发挥生产力。

3. 完整性

数字化竣工交付中包含常规交付中不会涉及的一些信息，这部分信息往往在常规的建筑使用过程中容易被人忽略，但是同时又会对使用体验产生一定影响。在策划相关交付内容时需与建设、施工、设计单位充分沟通，确定需要添加的信息内容，保证成果内容完整。

3 工程数字化竣工交付实例

3.1 项目基础情况

本项目位于浙江省某地级市，建筑面积约为 11.31 万平方米，项目总投资约 8.1 亿元，建筑功能为办公建筑，建设模式为 EPC 模式。这种更为集中的建设模式也为后续数字化竣工交付应用奠定了良好的基础，节省了设计施工相互沟通的成本。

项目在建造阶段采用了某线上协同管理平台作为项目的 BIM 建设管理平台，在建造过程中平台作为 BIM 模型信息和施工管理信息的载体深度参与了项目的施工管理过程，保留了大量过程数据，所以在竣工交付阶段计划利用原有的 BIM 建设管理平台作为数字化竣工交付的平台载体，降低应用成本的同时提高数据的复用性。

3.2 数字化竣工交付流程

本项目在竣工交付相关工作准备阶段便开始了数字化竣工交付策划，建设方与总承包方进行了充分沟通，确定了数字化竣工交付流程以及交付成果，并与常规竣工交付流程同时开展，其工作流程如图 1 所示。

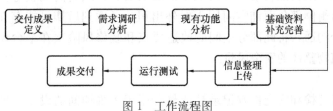

图 1　工作流程图

1. 交付成果定义

本项目的数字化交付成果是基于原 BIM 建设管理平台的线上竣工信息平台，信息和模型支持浏览器以及手机 APP 端的查阅，满足业主的基本使用要求。

2. 需求调研分析

与业主充分沟通，详细了解业主后续的使用需求，与管理流程相结合，描绘了数个经典应用场景，基本确定平台的使用流程，并根据需求确定平台模型中构件需要补充的信息参数，并在后续的资料补充阶段予以补充。

3. 现有功能分析

因为本次的交付主要成果基于原有的 BIM 建设管理平台，故需要对原有平台进行功能分析。将核心需求与现有功能进行对应，次要需求寻找现有功能进行代替，并将一些不需要的功能的权限进行关闭。

4. 基础资料补充完善

在建设过程中由于模型图纸和其他资料的变更导致模型和平台中保存的资料有较多版本，平台中只保存最终唯一版。同时在结合竣工图纸的基础上，平台建设人员前往工程现场对关键构件进行实测实量及资料收集，并反馈在平台模型中，保证平台中的模型与现场保持高度一致。

5. 信息整理上传

资料补充完成后，由平台建设人员将最新资料整理并上传，部分设备及构件的使用手册除了上传在对应的资料库中外，还要进行资料与模型内的构件挂接，使二者做到联动，方便业主管理人员进行应用。

6. 运行测试

在所有资料上传补充完成后进行平台的运行测试，第一阶段由平台建设人员根据既定的使用场景和工作流程进行功能测试，第二阶段由业主管理人员代表进行模拟日常使用测试，确保平台可以在后续实际的工作中运行正常。

7. 成果交付

所有成果通过测试后，完善相应角色权限设置，将成果交付给业主，并进行使用培训和说明书移交。

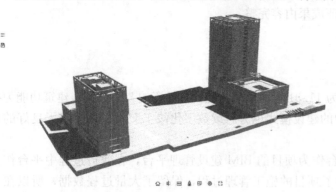

图 2　原建设管理平台

3.3　数字化竣工交付特色应用

本项目最终的竣工信息平台满足了将所有竣工信息集成在一个平台（图 2）的基本需求，支持 Web 端和移动 APP 端信息的查阅，并实现以下的特色功能应用：

1. 构件信息的查阅

在平台中可以在模型视图中进行点选构件，查看相应的构件信息（图 3），同时也可以在搜索栏中对需要检索的构件进行精确或模糊查询，并将查询结果快速定位到相应的空间位置。模型中的部分构件在信息整理阶段内置了相应的维保关键词，例如维护周期、维护人员、厂家信息等，更加方便了管理人员的应用操作。

2. 建筑空间信息记录

本项目地下室设有人防区，涉及建筑功能的平战转换。在平台中地下室模型有平时和战时两套模型，分别表现平战时期的建筑空间功能转换、设备设施拆卸安装、管线走向调整等信息，方便管理人员在战时及时调整改造。项目沿街侧部分商铺空间用于对外出租，考虑到后期可能存在的商铺空间改造，平台建设期间与设计人员充分沟通，将此部分空间的改造要点和装修风险项在平台模型中进行提示，防止后期商户野蛮改造造成建筑物整体的安全风险。

3. 定期巡检管理

将平台中原有的项目巡检和安全检查记录功能整合用于运维期间的设备定期巡检。需要定期巡检的构件在平台中生成二维码并打印粘贴在实物中，二维码与平台中的三维构件相关联，在设置好管理人员权限后，一线管理人员可使用手机扫描实物上的二维码更新巡检信息，后台可记录巡检人员、巡检时间、巡检记录等内容，将巡检工作进行线上管理。

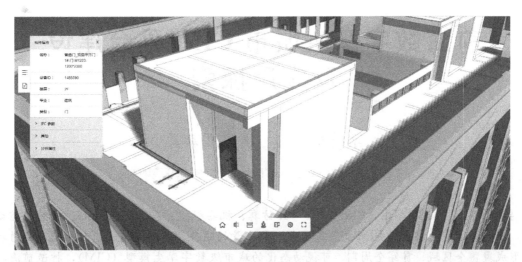

图3　构件信息查阅功能

3.4　数字化竣工交付总结

本项目的数字化竣工交付利用原先的 BIM 建设管理平台，使建造阶段的数据得到了充分的利用，节省了重新部署新平台的成本，也将 BIM 咨询的价值进行了进一步的延伸，提升了整体的 BIM 应用效果，受到业主的好评。不过受限于原先平台的功能也难免有一些遗憾之处，其一是同一建筑模型无法在不同功能状态间进行切换，这就导致同一建筑空间为了表示不同状态需要建立两个模型，且模型之间无法进行对比；其二是原先建设平台的功能在交互性上存在一定缺陷，有些需求由于功能所限无法实现。

4　结语

数字化竣工交付最早是在工业建筑领域开始应用，近些年随着 BIM 技术的快速发展受到民建领域越来越多的关注，部分厂商也开始在此领域投入更多的研究。数字化竣工交付的成果不应是高成本的运维平台和低功能的档案平台，而是满足存储功能的同时可以进行简单交互的低成本信息管理平台。

数字化竣工交付除了可以将 BIM 数据的价值延伸到竣工交付，同时也是一个将 BIM 服务转化为 BIM 产品的契机和尝试。以往的 BIM 咨询主要以专业服务作为价值点吸引客户，而数字化竣工交付的成果可以以产品的形式让客户感知到 BIM 技术的价值。

本项目的数字化竣工交付应用在某种程度上具有一定的指导意义，希望可以推进相关理论的研究和工具的研发。

参 考 文 献

[1]　汪在军，周迎. 基于 BIM 的建设工程竣工数字化交付研究[J]. 土木建筑工程信息技术，2021，13(4)：13-22.

[2]　Bosch A, Volker L, Koutamanis A. BIM in the operations stage：bottlenecks and implications for owners[J]. Built Environment Project and Asset Management，2015，5(3)：331-343.

前海数字孪生城市 CIM 平台建设及应用探索

李鹏祖，常 海，邓新星

（深圳市前海数字城市科技有限公司，广东 深圳 518066）

【摘　要】充分利用数字孪生、BIM/GIS、VR 仿真、机器视觉、人工智能、5G、实时云渲染等当前先进技术，在前海已有的城市级 BIM 成果基础上汇聚海量的政务、企业、经济、人口以及实时物联感知等数据，形成覆盖全区域、贯穿全周期、可视动态化的城市级数字孪生模型（CIM），打造前海数字孪生城市 CIM 平台，构建城市精细化治理体系、智能化决策体系和高效率公共服务体系，推动城市管理"从粗放向精细、从被动到主动、从治标向治本"的转变，全面提升城市智慧化管理水平。

【关键词】数字孪生；BIM；CIM；智慧化

1 引言

"孪生体/双胞胎（twins）"概念最早应用在制造领域，由美国国家航空航天局（National Aeronautics and Space Administration，NASA）在阿波罗项目中提出[1]。2003 年，数字孪生概念被正式提出，密歇根大学的 Michael Grieves 教授在产品全生命周期管理（Product Life cycle Management，PLM）课程中提出了"与物理产品等价的虚拟数字化表达"概念[2]。随着近些年国内城市化高速发展，我国住房和城乡建设部（以下简称"住建部"）在 2012 年就提出要开展智慧城市试点工作，旨在将数字孪生技术融入至城市规、建、管、服各领域，通过借助大数据、信息通信、物联网传感等技术手段对城市进行多维度、实时动态感知，打造物理城市的"数字孪生体"，最终满足城市整体认知、万物互联、智能协同、精细化管理的需求。

目前，业内普遍认为融合了 GIS 数据、BIM 数据、物联网（IoT）数据的城市信息模型（CIM）是数字孪生城市的基础核心，强调通过整合城市地上地下、室内室外、历史现状未来多维多尺度模型数据和城市感知数据[3]，实现对物理城市的数字化表达。吴志强院士认为技术上，CIM 不等于 BIM、GIS、IoT 技术的简单相加[4]。CIM 核心价值不是仅为还原真实城市，而是通过对数据的分析来跟踪识别城市动态变化，使城市规划与管理更加契合城市发展规律[5]。围绕着城市信息模型（CIM）打造的 CIM 平台也不是传统意义上的信息化系统，其核心价值体现在实现精准映射城市运行状态、挖掘洞悉城市运行规律、模拟仿真城市未来趋势[6-7]。

2 建设背景

前海作为粤港澳大湾区发展的核心引擎，2016 年以来，结合前海区域型大型复杂项目群建设的特点，构建了三大基础模型＋两个支撑平台＋两个层次应用的 3＋2＋2 的应用体系，即建立了覆盖 15 平方公里，涵盖规划、地质、地理（实景）三大基础信息模型（图 1）；融合全区域基础设施和公共建筑 BIM 模型的城市信息模型（图 2），依托 BIM 建设管理平台和数字城市空间平台，构建了前海城市物理空间的数字底座。

为全面提升前海城市智慧化管理水平，前海正依托现有城市级 BIM 数据成果基础上，汇聚海量的政

【作者简介】李鹏祖（1983—），男，副总经理/高级工程师。主要研究方向为 BIM、数字孪生城市等。E-mail：lipz@qhfct.com

务、企业、经济、人口以及实时物联感知等数据，形成覆盖全区域、贯穿全周期、可视动态化的城市级数字孪生模型（CIM），打造前海数字孪生城市 CIM 平台，推动城市管理"从粗放向精细、从被动到主动、从治标向治本"的转变，为城市可持续发展提供新动能。

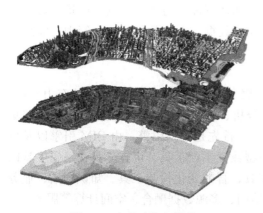

图 1 三大基础信息模型

图 2 城市信息模型

3 平台架构

前海数字孪生城市 CIM 平台的总体架构由四个结构层级构成，四个平台结构层级由下往上分别为基础设施层、数据层、平台支撑层以及应用层（图 3）。

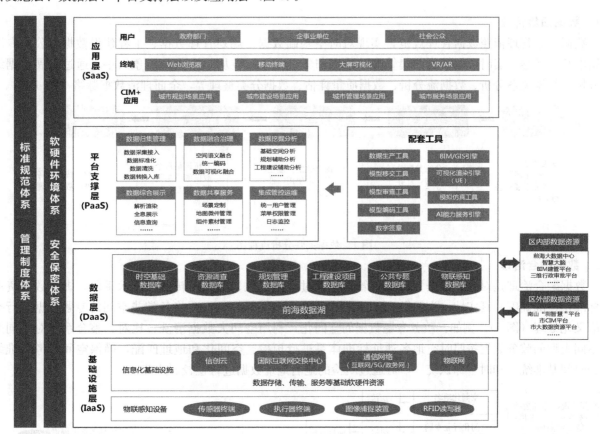

图 3 CIM 平台总体架构图

（1）基础设施层

基础设施层采用 IaaS 基础设施服务化形式，集结基础云服务设施、网络资源设施、安全设施以及物联网感知设备硬件设施。

（2）数据层

采用 DaaS 数据服务化形式，建立六大主题数据库，进一步丰富前海"数据湖"，以丰富的数据资源以满足 CIM 平台的信息资源需求。其中，六大主题数据库包含时空基础数据库、资源调查数据库、规划管理数据库、工程建设项目数据库、公共专题数据库以及物联感知数据库。另外，数据层还将通过数据接口统一接入第三方数据，例如：政务数据、社会数据、宏观经济数据、人口数据、城市管理、安防等物联感知数据。

（3）平台支撑层

采用 PaaS 平台服务化形式，具体是在基础平台上融合配套服务工具，形成 CIM＋应用的有力支撑。其中，基础平台具备数据归集管理、数据融合治理、数据挖掘分析、数据综合展示、数据共享服务与集成管控运维的功能。配套服务工具主要包含四大类能力服务工具，首先是模型引擎，由 BIM 引擎以及可视化渲染引擎（UE）组成；第二类是多源数据处理工具，由模型数据生产工具、审查工具、编码工具以及数字签章功能等组成；第三类为 AI 服务引擎，由机器学习工具、智能变化检测工具、知识图谱、业务行业算法组成；第四类为空间服务引擎（GIS），主要提供空间地图、多源数据融合、空间计算等服务。

（4）应用层

采用 SaaS 软件服务化形式，集结城市规划、建设、运营管理领域的 CIM＋应用，通过终端设备为用户提供服务，实现用户需求。具体应用内容包括：城市规划场景应用、城市建设场景应用、城市管理场景应用、城市服务场景应用。

4 基础功能

4.1 数据归集管理

数据归集管理依照数据管理规范，实现对时空基础数据、规划管理数据、工程建设数据、公共专题数据以及物联感知实时数据等的归集管理。数据归集过程中，应从关键数据对象入手，通过开展数据结构分析、数据关系分析、数据流分析、数据质量评估、数据分类整理等，全面理清数据脉络（图4）。

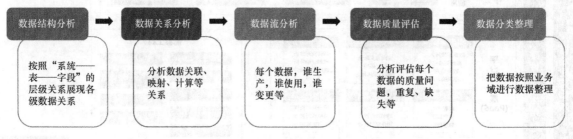

图 4 数据关联分析流程图

4.2 数据融合治理

数据融合治理是对入库数据资源进行管理，通过数据清洗、加工、转换等技术手段，提高数据资源的标准化、准确度和真实性。为确保 CIM 数据由于具有空间属性，需要将各类非空间的专题数据进行空间语义化处理（图5）。例如：政务专题数据的空间化，利用空间大数据清洗、比对、整合系统对不同来源不同类型的政务数据按照时空地名地址标准体系进行预检、空间化和地址匹配，确保空间参考基准统一、时间基准统一和时空标识统一，对通过质检的地名地址数据进行检校、入库。

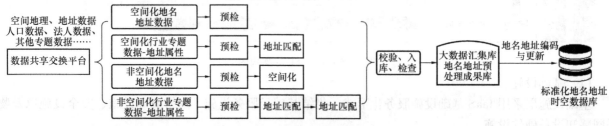

图 5 数据空间语义化处理流程图

4.3 数据挖掘分析

为从海量数据中找出潜在价值的信息，平台在数据挖掘分析层面提供基础空间分析、规划辅助分析（限高分析、容积率分析、建筑密度分析等）、城市景观风貌分析以及其他专题应用分析（人口分布与动态分析、公服配套分析、区域交通分析等）等功能。

4.4 数据综合展示

为实现数据实时图形可视化、场景化以及实时交互，将数字孪生底座数据建设成果进行可视化分析与展示，平台采用"多擎"融合手段，可在渲染时在 UE/WebGL 之间进行自由切换，既可以渲染宏大开阔的城市场景，又可以展示局部建筑细节特征，实现空间分析、大数据分析、仿真分析结果可视化，并支持桌面端、网页端、移动端等多终端展示。

4.5 数据共享服务

依托海量 CIM 数据，在保证数据准确性、有效性与安全性的前提下，以数据共享服务方式向第三方提供服务。数据服务内容主要包括三维场景地图调用、微组件定制、数据检索与共享、专题图等。为实现对服务的便捷管理，平台实现服务注册、数据目录、权限控制、接口管理等功能。

5 配套工具

5.1 BIM/GIS 引擎

实现了对 BIM 模型进行轻量化，方便不同的平台、不同的终端可使用 BIM 模型开展各类应用。引擎支持 BIM 模型数据的三维可视化与空间分析，支持宏观区域城市空间数据到微观建筑内部构件的无缝衔接、流畅展示和调度浏览、检索、选择及控制。引擎提供二三维一体化的 BIM 与 GIS 数据接入、数据管理和呈现能力，支持各类三维空间分析以及地图制作和管理。

5.2 可视化渲染引擎

提供 Web 端的城市空间数据可视化能力，采用可交互视频流的方式，以解决高渲染与 WEBGL 技术限制之间的矛盾。主要功能包括空间数据加载、场景浏览、室内外地上地下一体化浏览、POI 搜索定位、地质体模型剖切、建筑物分层分户展示及信息查询、特效场景可视化等。

5.3 物联数据集成工具

利用物联网技术、微服务、高可用集群、实时数据库等技术，打造而来的物联数据集成工具作为 CIM 平台建设必要组件，可满足空间数据和物联网数据有机融合、降低智慧化场景业务功能定制开发工作量等需求。物联数据集成工具包括物联网平台设备接入、设备管理、设备数据管理三大核心功能。

5.4 编码工具

建立一套空间定位、分割及编码体系，确保城市任何部件或事件都能在数字孪生世界的四维时空中得到一一映射。以空间为城市数据交换、共享和融合的基本 ID（身份信息），构建统一空间编码作为空间唯一身份证，以映射城市每一立方米数字空间和实体空间的对应关系，以"位置-单元-属性"将不同层次、不同维度、不同粒度的数据进行融合后协调处理，从时空维度对城市进行全方位、全生命周期的数字化描述。

5.5 AI 服务引擎

将 CIM 大数据资源与 AI 通用算法相结合，研发适合前海业务的算法，建立以数据应用为基础的 AI 服务引擎。目前，AI 服务引擎侧重于解决模型数据的创建与发布自动化相关问题，降低人工工作量。例如：借助深度学习神经网络在语义分割任务中所具有的优势，利用深度卷积神经网络对倾斜摄影测量点云进行建筑物语义分割。

6 CIM＋应用

基于数字孪生 CIM 平台，围绕前海城市规划、建设、管理与服务等领域，支持面向自然资源、政务服务、行业应用等多领域智慧应用的建设提供数据支撑和服务支撑，通过数字孪生 CIM 平台数据资源、分析服务、可视化应用的调用支撑，以及各类型专题数据、物联数据的接入，构建多场景 CIM＋应用。

6.1 固定资产投资调度

汇集各项目的固定资产投资计划和进度、现场建设进度和远程监控等数据，实现城市各片区-单元-项目的固定资产投资完成情况分析及展示，包括：项目数量、总投资、年度计划投资、月度完成情况、增长率、构成情况、投资结构、资金来源等，助力政府及建设单位对重大固定资产投资项目的实时监管及指挥调度。

6.2 数字建筑

汇集建筑物联网设备、入驻企业、建筑能耗和人流/车流等数据，实现城市各片区-单元-建筑的企业入驻及建筑治理情况分析及展示，包括建筑联网设备、入驻企业信息、设备预警、建筑能耗、实时人流/车流等，以数字化手段实现精细化管控的同时，提升服务品质（图6）。

图 6　CIM＋应用——数字建筑

6.3 产业地图

产业地图汇总城市产业要素存量及产业发展活力指标，包括新增企业、新增专利、新增投资动态、舆情动态等数据，一图看清企业分布及产业集群现状，了解产业动态，摸清全域产业发展实力，为产业精细化治理及引导产业健康合理发展提供数据支撑。

6.4 生态治理

通过汇集区域生态环境设备接入情况和监测指标等数据，实现水环境、空气质量、声环境、污染源、生态监测预警的情况分析和展示，包括水环境质量检测、空气质量监测、噪声监测、设备接入情况、监测预警分析、报警状况统计等，以数字化手段助力城市生态环境的实时监管及指挥调度（图7）。

图 7　CIM＋应用——生态治理

7 结语

前海 CIM 平台是现有城市级 BIM 成果向数字孪生城市应用的自然延伸。平台建设进一步夯实了前海城市数字基础底座,探索了现实世界与数字空间孪生共长的"数字孪生城市"的可行路径。前海 CIM 平台作为前海"智慧城市"建设的重要一环,通过数字赋能,打造城市精细化治理体系、智能化决策体系和高效率公共服务体系,树立数字和现实空间共生的新标杆,继续发挥前海的示范引领作用,为城市可持续发展提供新动能。

参 考 文 献

[1] Rosen R,Von Wichert T G,Lo G,et al. About the importance of autonomy and digital twins for the future of manufacturing[J]. IF AC-Papers On Line,2015,48(3):567-572.

[2] Grieves M. Digital twin:manufacturing excellence through virtual factory replication[EB/OL]. [2016-12-20]. http://www.apriso,com/library/Whitepaper_Dr_Grieves_DigitalTwin_ManufacturingExcellence.php. 2014.

[3] 耿丹,李丹彤. 智慧城市背景下城市信息模型相关技术发展综述[J]. 中国建设信息化,2017,(15):72-73.

[4] 吴志强,甘惟,臧伟,等. 城市智能模型(CIM)的概念及发展[J]. 城市规划,2021,45(4):106-113.

[5] 周瑜,刘春成. 雄安新区建设数字孪生城市的逻辑与创新[J]. 城市发展研究,2018,25(10):60-67.

[6] 高艳丽,陈才,张育雄,等. 数字孪生城市研究报告(2019 年)[R]. 中国信息通信研究院,2019.

[7] 陈才. 数字孪生城市的理念与特征[N]. 人民邮电,2017-12-15(06).

浅析 BIM 数据管理及数据资产交易机制

黄子晖

（深圳市前海数字城市科技有限公司，广东 深圳 518000）

【摘　要】近年来，我国各大城市 BIM 技术应用已经进入全面推广的关键时期，各地方政府、企业在 BIM 技术的政策引导、顶层设计、创新场景应用等方面已初见成效。BIM 技术不仅可以帮助建设者更精准、高效地完成建设工作，更能积累 BIM 数据资产，导入城市信息模型（CIM）平台，培育 BIM 数据要素市场，促进数字经济发展。因此 BIM 数据的储存、管理、交换、交易等已成为现阶段亟待解决的问题，本文将浅析 BIM 数据管理的政策引导、建设路径及 BIM 数据资产交易机制。

【关键词】BIM 技术；数据资产；数据管理；数据交易

1 我国 BIM 数据管理及数据交易的发展现状

1.1 我国 BIM 数据管理及数据交易的发展背景

在新的经济发展模式下，我国经济正处于从快速发展到中高速发展的转型过程中，由"以规模为速度"为主的"粗放"转变为以"质量效益"为核心的"精细化发展"。利用数据引导、实现资源的快速优化配置与再生、实现经济高质量发展的数字经济将是当下驱动中国经济实现又好又快增长的新引擎。

在人工智能、5G、物联网、区块链等前沿科学技术的快速发展下，我国以制造业为代表的核心产业得到了高速发展，但是在包含城市规划、工程建设、房地产等领域的建筑业则依旧相对粗放、传统，BIM 技术在建筑业中的实际推广仍然有限，仅在一些重大项目或示范项目中得到应用[1]。"十四五"期间，我国建筑业将全面迎来新的数字化时代，充分融入国家数字经济的发展大局中。《"十四五"数字经济发展规划》中明确提出要充分发挥数据要素作用，通过城市大脑、城市信息模型将城市数据进行融合，培育 CIM、BIM 产业生态，加快推进新型智慧城市建设，将城市数据最大化最高效地进行利用和开发。大力推进产业数字化转型，促进数字技术在全过程工程咨询领域的深度应用，引领咨询服务和工程建设模式转型升级。健全完善数字经济治理体系，建立完善基于大数据、人工智能等新技术的统计监测和决策分析体系，增强政府数字化治理能力。

未来几年，在国家政策的引领下，我国将依托 BIM 技术在建设工程的规划、设计、施工以及运营维护全生命周期过程中的深度集成应用，通过构建三维、实时、动态的模型去涵盖几何信息、空间信息、地理信息、各种建筑组件的性质信息及工料信息，并将这些信息数据、模型累积完成数据资产，利用大数据中心、数据交易平台等帮助整个行业实现数字化转型。

1.2 我国 BIM 数据管理及数据交易的发展现状

当前全国各地陆续出台的各类 BIM 发展规划及计划中，大都明确强调了要积极挖掘 BIM 数据价值，规范数据标准，强化数据质量，保障数据安全。充分发挥工程建设行业海量数据、应用场景全面的优势，加强数据资产积累，不断优化数字经济发展环境，加快数字技术和实体经济融合发展，建立健康有序的数字经济新模式。各地市政府均已开展关于包含 BIM 数据在内的公共数据管理、交易等事项的前期研究工作[2]。

【作者简介】黄子晖（1992—），男，城市规划师。主要研究方向为城市规划、城市设计、BIM 数据管理。E-mail：huangzh@qhfct.com

同时，为了规范数据处理活动，保护自然人、法人和非法人组织的合法权益，根据有关法律、行政法规的基本原则，《上海市数据条例》《深圳经济特区数据条例》等具有法律效力的条文法规也陆续出台，据统计，目前上海、深圳、广东等共 12 个省市已经正式颁布相关数据条例。各地也纷纷构建大数据中心，对具有价值的 BIM 数据资产进行整合、集中、规范。随着 2015 年 4 月 15 日，全国第一家数据公开交易所——贵阳大数据交易所正式运营，2021 年 9 月 30 日，北京国际大数据交易所数据交易平台 IDeX 系统上线，目前全国各地设立的大数据交易平台已经超过 20 家。上海市政府数据服务网、上海市政府数据服务网、中关村数海大数据交易平台等也开始探索 BIM 数据的数据交易。

当前 BIM 数据管理机制及 BIM 数据交易等均已作为 BIM 技术发展推广的重大课题和方向开展了包括政策层面、法规层面、技术层面的探索和研究工作。BIM 模型及数据未来必将作为重要的数据资产，促进数字经济的大力发展。但当前由于 BIM 数据的合法性、唯一性、数据交易平台、数据交易机制、BIM 数据确权等一系列核心问题尚未得到解决，我国目前尚未形成成熟、稳定的规则和平台。

2 BIM 数据规范管理

2.1 BIM 数据规范管理的重难点

当前我国的 BIM 技术应用已过前期概念普及的阶段，BIM 技术的项目级、片区级、城市级应用、BIM 标准、BIM 应用推广发展在我国深圳、雄安、广州、上海等重点发展地区已经初见成效，并同时累积了大量的 BIM 数据。在 BIM 技术的快速推广发展下，仍存在很多问题，海量 BIM 数据的管理、交换、交易就是其中很重要的一项，当前在 BIM 数据的管理方面主要存在着以下四方面问题：

BIM 模型法定化的问题。我国现行法律体系中，BIM 模型尚无法定地位，在行政审批、建设管理、数据安全、数据交易等方面缺乏基本的管理依据。这一瓶颈，长期制约着 BIM 技术的发展，使得 BIM 模型只能作为二维图纸的辅助工具存在，长期处于二维、三维并行状态，由此衍生出"图模一致""数模一致""同步协调"等难题，增加了参建各方的工作量和费用，使得 BIM 的应用价值难以发挥，无法形成社会广泛参与的良好局面。

数据标准不统一。BIM 数据维度复杂，在数据层面、技术层面、应用层面都需要标准进行统一，如 BIM 数据储存标准约束模型格式，BIM 数据交付标准约束模型交付内容，数据字典统一模型术语规范，BIM 轻量化标准促进模型高效显示，BIM 审批标准将审批规范解析为计算机可读规则，BIM 协同标准约束各参与方对审批结果、意见问题规范化表达等。以深圳市为例，目前虽然已出台 13 部 BIM 领域地方标准，但专业分布不均衡，仅有 1 项房建类标准，其余均为市政类及轨道交通类标准；标准不成体系，60％以上集中于交付方面；大多数标准无法实现人机交互转换，不可自动检查验证；CIM 地方标准方面仍为空白。标准的缺失，导致收集到的 BIM 模型格式不统一，不能有效支撑后期集成应用。

数据质量参差不齐。现阶段，各大试点城市均尝试要求开展正向设计并提交 BIM 模型进行报批报建，但由于没有成熟的标准和应用体系以及报建平台，各企业的技术水平也差距较大，导致交付的模型质量水平参差不齐，模型格式多种多样。工程建设中设计、施工、运维等各个阶段对数据的要求不同，数据的传导也缺乏稳定、成熟的标准，相应平台配套和支撑有所缺失，甚至提交的大量垃圾数据更是对数据治理和数据管理造成大量二次建模的工作量，失去了 BIM 技术降本增效的作用[3]。

协同平台应用不普及。目前，BIM 技术在单个项目中的应用居多，通常是为了解决工程项目在设计及施工中的技术问题，以设计院和施工企业为主要应用方。而政府或大型城市开发运营管理者则很少通过 BIM 技术统筹协同城市片区开发中多参建方、多专业、多团队存在的信息孤岛、协调难度大、管理难度大等问题。BIM 协同平台应用不普及，导致 BIM 数据通常是一次性使用而并没有形成数据资产有效地传导至城市模型信息平台等，BIM 数据没有一个很好的承载空间。

2.2 BIM 数据规范管理的建设框架

随着 BIM 技术发展的愈发成熟，对 BIM 技术的要求也越来越高。规范 BIM 数据管理，促进 BIM 数据资产的有效利用，需要构建一个相对完善、可行的建设理论框架，框架的核心部分包括数据存储、数据规范管理、数据质量管理、数据交易机制等，并在框架的基础上结合本地的情况，通过试点片区试点平台等方式逐步探索 BIM 数据管理和交易的发展[4]。

BIM 数据储存方面。由于 BIM 数据由不同的人员、软件、插件生产而来，保证海量的数据之间做到格式统一或是保留完整性的格式转换是 BIM 数据存储的核心关键，也是数据有效流通、交易的必要前提。为满足多专业、多用户在信息交流时的统一和有序，信息存储必须采用通用的规范。国际上通行的 IFC（Industry Foundation Classes）是 BIM 中较为成熟的一种数据标准。IFC 具有四项优势，一是基于国际开放标准，得到国内外绝大多数 BIM 软件的直接支持；二是"矢量化"几何表达，几何定义精确；三是语义信息直接记录在模型中，一体化存储；四是模型保留原生几何与复杂语义信息，保留一定的可编辑性。当前，深圳市住建局编制的《前海 BIM 标准体系》是全国首套基于 IFC 国际开放格式的标准体系，可实现人机交互和自动化验证，支持更多场景智能应用。

BIM 数据规范管理方面。通过探索区块链、电子签章等技术的融合应用，保障 BIM 数据具有唯一标识性、可追溯性、促进数据的有效可信，解决由于重复建设导致的数据多来源、数据资产权益不明确等问题。同时数据中可能含有个人数据、国家机密数据，因此需要对 BIM 数据安全保障机制进行研究，加强各层级数据接口的安全管理，形成 BIM 数据涉密清单，保障数据全生命周期安全[5]。为了引导社会机构参与非涉密 BIM 数据的采集、运营和应用，政府及企业应充分深度挖掘 BIM 数据在城市建设各阶段、各专业的应用场景中的价值，形成数据的价值链，通过市场化的方式最终促成数据交易。

BIM 数据质量管理方面。政府应研究建立 BIM 数据治理的组织架构、管理制度和自我评估机制，对 BIM 数据实施分类分级保护和管理，加强 BIM 数据质量管理，确保 BIM 数据的真实性、准确性、完整性、时效性。建立和完善 BIM 分类、目录管理体系，制定 BIM 数据资源目录编制规范，组织行业协会及企业按照 BIM 数据资源目录编制规范要求编制目录、处理各类 BIM 数据，明确 BIM 数据来源和管理职责。建立和完善 BIM 数据共享开放管理体系，研究全市 BIM 数据库建设方案，依托城市大数据中心汇聚 BIM 数据，实现全市 BIM 数据资源统一、集约、安全、高效管理，创新政府决策、监管及服务模式，通过主动、精准、整体式、智能化的公共管理和服务，推动 BIM 数据共享、开放和利用。

BIM 数据交易方面。为更好地培育 BIM 数据要素市场，政府应当发挥带头作用构建 BIM 收集、加工、共享、开放、交易、应用等数据要素市场体系，建立安全、可信、可控、可追溯的 BIM 数据交易环境。从政策层面，制定出台保护个人数据、商业秘密和国家机密数据的有效措施。在 BIM 数据交易、信息披露、自律监管、数据资产定价指标体系等规则方面研究制定出切实可行的规则办法。引导和督促市场主体合法处理、交易数据形成的数据产品和服务，加强 BIM 数据资源有序、高效流动与利用，保障 BIM 行业健康发展，促进数字经济。

3 BIM 数据资产交易机制

3.1 BIM 数据交易的条件

数据定义是数据可以交易的前提，目前各地数据交易所交易的标的不是底层和原始数据，而是通过清洗、分析、建模、可视化等方式对底层和原始数据进行加工形成的劳动成果，BIM 数据是在原始数据基础上，经过深度分析处理、建模、整合、加工而形成的数据产品和服务，也就是衍生数据。比如上海数据交易所就明确规定，交易对象为通过实质性加工和创新性劳动所形成的数据产品和服务。在此前提下，目前在一些金融领域利用隐私计算和区块链等技术的结合，可以实现整个数据流转链条的可信存证，形成可被量化、记录、认证、认定的数据使用过程，进而保证了数据的唯一性和可交易性。

数据权属也是 BIM 数据交易的前置条件。在今年刚刚发布的《深圳经济特区数据条例》中就明确了自然人、法人和非法人组织对其合法处理数据形成的数据产品和服务享有法律、行政法规及条例规定的财产权益，可以依法自主使用，取得收益，进行处分[6]。《上海市数据管理条例》则将法律保护范围扩大到"使用、加工等数据处理活动中形成的法定或者约定的财产权益，以及在数字经济发展中有关数据创新活动取得的合法财产权益"。当前，在互联网、金融等领域已经形成比较成熟的数据交易体制和企业主导型的数据交易场所，这些领域绝大部分偏向于收集和交易消费者个人数据，多面向个体交易者。而所侧重于制定各行各业相对广泛的数据交易规则的政府主导型数据交易场则目前尚未有较为成熟的发展和环境，BIM 数据多面向企业和机构交易者，还尚处在探索和研究的阶段。

数据分类也是构建数据交易系统的重要一环。例如上海交易所按照合作公司对数据品种进行划分，将数据产品分为面向普通用户提供查询服务的用户数据产品、面向商家或实体提供数据服务的商用数据产品、面向企业自身的企业数据产品和其他提供用户体验和提高商业效率的泛化数据产品等。而北京国际大数据交易所和贵阳大数据交易所则通过数据类别如政府大数据、医疗大数据、金融大数据、企业大数据等来划分数据品种。

同时为保证数据交易的合法性和安全性，各地通常也会设立数据交易的负面清单。如危害国家安全、公共利益、侵害个人隐私的数据，未经合法权利人授权同意的数据，法律、法规规定禁止交易的数据等，都纳入数据交易的负面清单中[7]。

3.2 BIM 数据交易的定价

当前 BIM 数据尚不存在统一稳定的定价规范和方式，地方要求亦有所不同。各地政府正积极探索，通过试点片区尝试不同方式的 BIM 定价标准。总体来说，上海市、贵阳市对定价要求相对具体，其他地区较为宽松和模糊。根据《上海市数据条例》第五十七条规定，从事数据交易活动的市场主体可以依法自主定价，市相关主管部门应当组织相关行业协会等制订数据交易价格评估导则，构建交易价格评估指标[8]。上海数据交易所多遵循成本、收益、市场三法则的定价方式。贵阳大数据交易所作为全国第一家数据公开交易场所，其数据交易定价方式为要素机制，即依据数据品种、时间跨度、数据深度、数据完整性、数据样本覆盖、数据实时性等数据要素来确定数据价格。目前，在一些发展较为前沿的数据交易所预研项目中，相关研发机构做出了包括数据贡献度、数据质量、样本数据等多个维度的指标体系。这些指标在 BIM 领域可以从数据成本、数据在模型中的贡献度、数据对业务的贡献度、基于隐私计算的历史成交均价等方面，形成一个数据产品全生命周期的投入产出衡量框架。

3.3 BIM 数据交易的平台

由于各地对于数据交易的管理方式有所不同，故不同地域的数据交易应遵守当地的数据交易规则。在此前提下，数据交易既可以在当地数据交易所进行，也可由双方自行交易，但应当按照所在地对数据交易尤其是公共数据交易的具体规则和要求执行。若拟在数据交易所挂牌数据产品，则需要经过质量评估、资产评估、合规审查、材料提交、数据产品挂牌、交易文件达成、产品交付等一系列过程。北京国际大数据交易所使用新型数据交易系统 IDeX，首创了基于区块链的"数字交易合约"新模式，该合约内容涵盖了交易主体、服务报价、交割方式、存证码、数据、算法和算力等信息。上海数据交易所的交易方式为系统运行的数商体系，包含数据交易主体、数据合规咨询、质量评估、资产评估和交付等领域，交易各方需签订标准化合约。贵阳大数据交易所完全采用电子交易模式，以撮合交易的方式，签订数据招投标合约。从美国的数据市场发展经验看，现已出现如位置数据、经济金融数据、工业数据、个人数据等多个领域的细分数据交易平台，因此需要围绕不同行业，尤其是行业需求产生的数据交易市场，未来很有可能是按照行业分区、分层，从而诞生数量不多的在某一领域、某一细分行业形成鲜明特长的数据交易平台。

数据交易的场所，目前也并未严格要求所有的数据交易都要在特定地点进行，交易双方可以在数据交易所交易，也可以在数据交易所之外的任何场合自行交易。但数据交易后的交付环节需要根据数据的安全等级采取有针对性的渠道。另外，针对公共数据的交易，建议依托公共数据运营平台进行交易撮合、合同签订、业务结算等环节。如果通过其他途径签订合同的，还需要在公共数据运营平台进行备案，以加强对公共数据产品的系统性管理。

4 结束语

BIM 技术作为建筑行业数字化转型的关键技术，其应用将会产生海量的 BIM 数据资产，这些数据资产的规范管理是促进 BIM 数据资产交易的基石和前提。随着各地 BIM 技术推广应用的大力推进，关于 BIM 数据资产交易机制、交易平台、定价方式、数据安全、确权方式等内容的逐渐完善成熟，整个 BIM 行业将会逐渐脱离政府单向的鼓励引导，形成较为完善成熟的市场化商业闭环，BIM 技术及产业将会推动我国整个建筑业真正实现产业数字化、数字产业化，大力推进数字经济发展。

参 考 文 献

[1] 郭魁. 基于"BIM＋"大数据的工程造价管理研究及应用[J]. 居舍，2022(11)：129-131.

[2] 刘佳华. 大数据和 BIM 的工程造价管理探究[J]. 财富时代，2021(12)：54-55.

[3] 孙园园. 基于大数据和 BIM 技术的工程造价管理研究[J]. 散装水泥，2021(06)：46-48.

[4] 顾丹鹏，张业星，唐松强，等. 基于云原生技术的工程数据管理平台研究[J]. 计算机时代，2021(10)：49-53，57.

[5] 刘兴昊，张建平. BIM 数据管理框架体系分析[J]. 中国市场，2015(27)：50-51，53.

[6] 李井竹，王仲英. 基于大数据的 BIM 技术应用与发展策略研究[J]. 消费电子，2020(27).

[7] 童楠楠，窦悦，刘钊因. 中国特色数据要素产权制度体系构建研究[J]. 电子政务，2022(02)：12-20.

[8] 张莉，卞靖. 数字经济背景下的数据治理策略探析[J]. 宏观经济管理，2022(02)：35-41.

基于 IFC 标准的 BIM 模型构件几何精度
合规性检查方法

朱洪钢¹，向星磊¹，马智亮¹·*，常　海²，邓新星²

(1. 清华大学土木工程系，北京 100084；2. 前海数字城市科技有限公司，广东 深圳 518000)

【摘　要】高质量的 BIM 模型是 BIM 技术应用的基础，所以有必要对 BIM 模型的质量进行检查，对 BIM 模型构件几何精度的检查是 BIM 模型质量检查中的重要内容之一。本研究旨在建立基于 IFC 标准的 BIM 模型构件几何精度的自动检查方法。首先，构建 BIM 模型质量检查的本体模型并以此为基础将规范条文转化为规则；其次确立基于 IFC 标准提取构件几何信息的方法；最后利用推理机执行自动推理得到检查结果。本研究应用该方法实现了 11 类构件几何精度的自动检查，实现了在减少时间和人力成本的同时提高检查准确率的目标。

【关键词】IFC 标准；几何精度检查；本体模型；推理机

1　引言

为规范设计 BIM 模型在建模和交付环节的数据质量，我国有关部门分别制定了《建筑工程设计信息模型制图标准》JGJ/T 448—2018[1]（以下简称《制图标准》）和《建筑信息模型设计交付标准》GB/T 51301—2018[2]（以下简称《交付标准》），对 BIM 模型的数据质量做出了明确规定。其中对 BIM 模型构件几何精度方面的规定是上述 BIM 模型数据质量标准的重要内容。《交付标准》将 BIM 模型构件的几何精度等级分为 G1、G2、G3、G4，同时规定了 BIM 模型构件在项目全生命周期不同阶段的几何精度等级，例如竣工阶段的 BIM 模型建筑外墙构件应当达到 G3。《制图标准》给出了不同几何精度等级下 BIM 模型构件几何信息应当满足的具体要求，例如 G3 等级的建筑外墙应表示各构造层的材质。

虽然当前《制图标准》和《交付标准》中对 BIM 模型构件的几何精度等级已有明确规定，但在实际工程中由于 BIM 模型中构件数目和种类繁多，人工判定构件的几何精度等级是否合规十分困难。这一问题导致了在 BIM 模型的建模和交付过程中，BIM 模型的几何精度等级难以得到保证，进而严重制约了 BIM 技术在各项任务中的深化应用。所以开展 BIM 模型构件几何精度的合规性检查的工作十分必要且有意义。

另一方面，基于开放性的统一数据标准也是 BIM 模型应当具备的基本特征。作为 BIM 数据模型标准，IFC 标准经过了几十年的发展和完善已成为 ISO 国际标准，我国也已等效采用[3]。当前建筑领域的建模软件如 Revit 等都支持将 BIM 模型导出为 IFC 格式。

已有研究基于 IFC 标准对 BIM 模型构件信息进行管理和分析。邱奎宁[4]等采用实例分析方法，介绍了基于 IFC 标准的信息表达方法和数据交换方法；施平望等[5]采用实例介绍方式，阐述了基于 IFC 标准建筑构件的表达方式；陈远等[6]解析基于 IFC 标准的 BIM 模型并生成相对应的实体类；陈远等[7]使用编程语言来读取 IFC 数据的空间结构信息和与其连接的建筑构件信息；高歌等[8]提出一种基于知识库的 IFC 数据的检查方法；王兴盛[9]提出了基于 IFC 标准建筑净高规范自动化检查的一种方法。具体到合规性检查，早在 20 世纪 80 年代，基于规则推理的相关研究就已经兴起。到了 90 年代，IFC 标准的开发促进了使用代码化的规则进行建筑设计规范合规性的自动化检查。直至今日，已有多款软件被开发出来，可以

【作者简介】马智亮（1963—），男，教授。主要研究方向为信息技术在土木工程领域的应用。E-mail：mazl@tsinghua.edu.cn

根据国外建筑规范进行设计方案的自动化检查，例如 IFC server、IfcDoc 和 Solibri Model Checker。但是上述软件一方面不能支持我国的规范和标准，难以适应我国的工程实践；另一方面也未实现 BIM 模型构件几何精度的自动检查。

为此，本研究旨在建立基于 IFC 标准 BIM 模型构件几何精度的合规性自动检查方法。该方法面向我国制定的《交付标准》和《制图标准》，可以实现在减少时间和人力成本的同时提高检查准确率的目标。

2 BIM 模型构件几何精度检查原理及流程

本研究旨在依据《交付标准》和《制图标准》对 BIM 模型几何精度进行检查。为实现上述目标，首先将标准中自然语言表示的条文转化为计算机可读的形式，即本体模型及本体语言表示的推理规则。本体模型中规定了 BIM 模型构件几何精度合规性检查涉及的几何信息。其次，依据本体模型，通过解析 IFC 文件提取几何信息并转化为本体格式。最后将提取到的几何信息和本体语言表示的推理规则导入推理机中，推理结果即为 BIM 模型构件的几何精度，并将其与标准规定进行比对得到 BIM 模型构件几何精度合规性检查的结果。

基于以上分析，对于给定 IFC 格式的 BIM 模型，对其中的构件进行几何精度合规性自动检查的流程如图 1 所示。首先，从 IFC 格式的 BIM 模型进行构件提取构件几何信息。其次，将提取到的 BIM 模型构件几何信息转换为本体格式。最后将储存 BIM 模型构件几何信息的本体模型和用本体语言表示的推理规则一同导入判断 BIM 模型构件几何精度模块，得到 BIM 模型构件几何精度合规性检查结果。需要指出的是，在上述流程中，BIM 模型的本体模型是提取和转换 BIM 模型构件几何信息的依据，用本体语言表示的推理规则是判断 BIM 模型构件几何精度的推理依据，所以构建本体模型和推理规则是进行 BIM 模型构件几何精度合规性检查的基础。

根据上述原理和流程，本研究以构建本体模型和推理规则为基础，建立了 BIM 模型构件几何精度检查方法，具体包括：提取并转换 BIM 模型构件几何信息、判断 BIM 模型构件几何精度三个步骤，如图 1 所示。

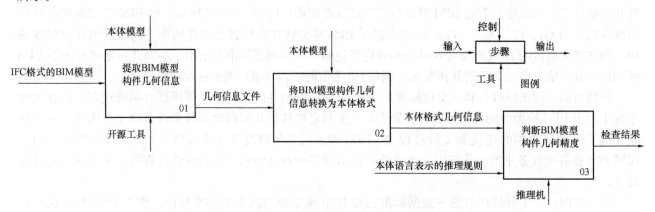

图 1　BIM 模型构件几何精度检查流程图

3 BIM 模型构件几何精度检查方法

3.1 构建本体模型和推理规则

标准中的规范条文并不能直接被计算机所理解、编译，需要进行知识的结构化处理。一方面通过抽取规范条文中一些关键的、通用的词汇搭建知识框架，也就是建立 BIM 模型的本体模型，另一方面利用本体模型将规范条文转化为计算机能够识别的规则语言。

本体用来对某个领域或某个资源进行准确的描述。一个本体模型至少要包括类、对象属性、数据属性和实例。本体的建立方法为通过抽取该领域或该资源中的关键概念形成类，梳理不同概念之间的关系形成属性，进而形成结构化的知识框架。

在本研究中，设计本体模型的目标是对《制图标准》中的条文知识进行详细的描述和形式化的表达。本体模型中的类和属性均为从《制图标准》条文文本中抽取得到。具体而言，针对《制图标准》中 11 种构件（外墙、内墙、建筑柱、楼梯、栏杆、门窗、家具、装饰设备、梁、板、配筋）几何精度表达要求的规范条文，设计了 BIM 模型几何精度检查的本体模型，如图 2 所示。该方法同样适用于其他各类构件。本研究在建立 BIM 模型本体时使用斯坦福大学基于 Java 语言开发的本体建模软件 Protégé 作为工具。

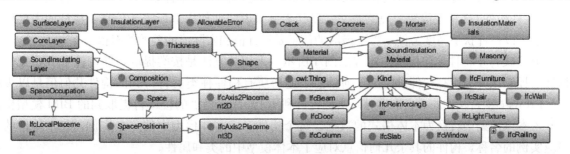

图 2　BIM 模型的本体模型

完成本体模型的建立后，针对《制图标准》中对于各类 BIM 模型构件几何精度的具体要求，使用结构化的本体规则语言对其进行表示。本研究使用本体规则语言 Rules 将规范条文转化为结构化的规则。每一条规则由主体（body）和头（head）组成，主体是推理的条件，头是推理的结果。规则的条件和结果部分是通过本体模型中的类和属性完成表达的。本研究针对《制图标准》中 11 种构件的 65 条规范条文编写了 80 条规则来为最终的几何精度等级判定服务。下面举例介绍如何编写本体推理规则。用自然语言描述一条规则：如果一个栏杆的主要构配件的建模误差不超过 50mm，那么这个栏杆的几何精度为 G3。把这个描述转化为规则语言如图 3 所示。

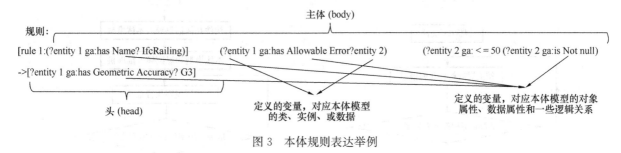

图 3　本体规则表达举例

表 1 以栏杆为例，介绍了构件的几何精度等级表达要求和对应的本体推理规则。

创建栏杆几何精度检查的本体推理规则　　　　　　　　　　　　　　　　　表 1

几何精度等级	规范条文内容	对应的本体推理规则
G1	以二维图形表达	[rule1：(? entity1 ga：hasName ? IfcRailing)(? entity1 ga：isLocatedIn ? entity2)(? entity2 ga：is ? IfcAxis2Placement2D) ->(? entity1 ga：hasGeometricAccuracy ? G1)]
G2	体量化建模表示空间占位	[rule2：(? entity1 ga：hasName ? IfcRailing)(? entity1 ga：isLocatedAt ? entity2)(? entity2 ga：is ? IfcLocalPlacement) -> (? entity1 ga：hasGeometricAccuracy ? G2)]
G3	主要构配件模型容差为 50mm	[rule3：(? entity1 ga：hasName ? IfcRailing)(? entity1 ga：hasAllowableError ? entity2)(? entity2 ga：<=20)(? entity2 ga：isNot null) -> (? entity1 ga：hasGeometricAccuracy? G3)]
G4	按照实际尺寸建模	[rule4：(? entity1 ga：hasName ? IfcRailing)(? entity1 ga：hasAllowableError ? entity2)(? entity2 ga：is 0)(? entity2 ga：isNot null) -> (? entity1 ga：hasGeometricAccuracy ? G4)]

3.2　提取并转换 BIM 模型构件几何信息

在本研究中检查的对象是基于 IFC 标准的 BIM 模型。IFC 标准是一个开放的、标准化的通用数据模型标准。建立 BIM 模型后将其转化为 IFC 文件格式并从中提取执行检查所需的构件几何信息。首先对生成的 IFC 文件进行解析，本研究选择利用 Python 语言调用 IfcOpenShell 外部包的方法。其中 IfcOpen-Shell 是用于解析 IFC 文件的关键外部包，是一个开源的软件库，能够帮助开发人员更好地使用 IFC 文件格式。

在 IFC 文件中每个构件的所有信息都是通过实体进行表达的，只需根据《制图标准》中对不同构件几何精度等级表达要求的规范条文来决定提取哪些必要的信息。图 3 中本体规则语言对应的自然语言为《制图标准》中栏杆构件 G3 精度等级的规范条文，以其为例来说明如何提取所需的信息。栏杆的主要构配件为栏杆扶手，以栏杆扶手高度为例，需要提取的信息是设计值和实际值的差的绝对值。

提取 IFC 文件中构件几何信息的流程如图 4 所示。采用的方法是按类提取，即，针对 IFC 文件中每一类构件，提取该种类所有构件对应的几何信息，遍历所有构件种类后将得到的构件几何信息以表格形式输出。Protégé 支持从 Excel 表格中导入实例，可利用 Protégé 提供的接口将提取到的 BIM 模型构件几何信息导入本体模型中转换为本体格式的数据。每个构件对应本体模型中的一个实例，每个构件的唯一编号对应实例的名称，构件的其余几何信息对应了本体模型中的类和属性。

3.3 判断 BIM 模型构件几何精度

推理是依据给定的规则由已知条件推出结论的过程。本研究采用 Jena 中所包含的推理机 Fuseki 进行推理[10]，该推理机功能是连接规范条文中的规则和数据模型中隐含的事实。Jena 是面向语义 Web 的应用开发包，用来支持语义网的有关应用，推理机为其中一部分。

设计的推理流程如图 5 所示。将提取到的构件几何信息导入本体模型，然后将本体模型和推理规则一并导入推理机，对本体模型所有实例进行遍历规则的检查，即可推理出每个实例的几何精度等级，并和标准进行对比得到 BIM 模型构件几何精度合规性检查结果。

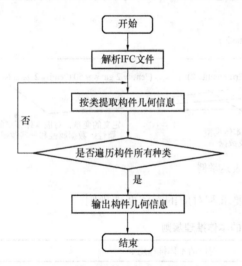

图 4　BIM 模型构件几何信息提取流程图

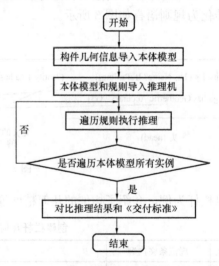

图 5　BIM 模型构件几何精度推理流程图

4　案例分析与验证

本研究以一个住宅建筑的 BIM 模型构件几何精度检查为例，验证该方法的有效性，如图 6 所示。将 BIM 模型保存为 IFC 文件，利用提取 BIM 模型构件几何信息模块得到构件几何信息如图 7 所示（以栏杆为例），将提取到的信息转换为本体格式，并利用判断 BIM 模型构件几何精度模块得到 BIM 模型构件几何精度合规性检查的结果，如图 8 所示。对于几何精度不合规的构件，可以通过构件编号在 Revit 中利用查找功能确定该构件所处位置并进行修改，如图 9 所示。对应于图 1 中的各步骤，本研究分别开发了模块，应用这些模块按照所述流程，已经在一定程度上可以进行合规性自动检查工作。今后有必要集成这些模块，形成一个有机系统，进一步提高合规性的自动程度。

kind	label	location	object placement	error
IfcRailing	4666919	IfcAxis2Placement3D	IfcLocalPlacement	119.2
IfcRailing	4223964	IfcAxis2Placement3D	IfcLocalPlacement	319.2
IfcRailing	3969547	IfcAxis2Placement3D	IfcLocalPlacement	119.2
IfcRailing	2701014	IfcAxis2Placement3D	IfcLocalPlacement	119.2
IfcRailing	2258078	IfcAxis2Placement3D	IfcLocalPlacement	119.2
IfcRailing	1372206	IfcAxis2Placement3D	IfcLocalPlacement	119.2
IfcRailing	4222186	IfcAxis2Placement3D	IfcLocalPlacement	119.2
IfcRailing	486343	IfcAxis2Placement3D	IfcLocalPlacement	0
IfcRailing	1815142	IfcAxis2Placement3D	IfcLocalPlacement	119.2
IfcRailing	4223975	IfcAxis2Placement3D	IfcLocalPlacement	319.2
IfcRailing	3254627	IfcAxis2Placement3D	IfcLocalPlacement	119.2
IfcRailing	929275	IfcAxis2Placement3D	IfcLocalPlacement	119.2

图 6　BIM 模型实例　　　　　　　　　　图 7　提取的构件几何信息(栏杆部分)

kind	number	accuracy		kind	number	accuracy	request	result
IfcRailing	4666919	G2		IfcRailing	4666919	G2	G4	不合格
IfcRailing	4223964	G2		IfcRailing	4223964	G2	G4	不合格
IfcRailing	3969547	G2		IfcRailing	3969547	G2	G4	不合格
IfcRailing	2701014	G2		IfcRailing	2701014	G2	G4	不合格
IfcRailing	2258078	G2		IfcRailing	2258078	G2	G4	不合格
IfcRailing	1372206	G2		IfcRailing	1372206	G2	G4	不合格
IfcRailing	4222186	G2		IfcRailing	4222186	G2	G4	不合格
IfcRailing	486343	G4		IfcRailing	486343	G4	G4	合格
IfcRailing	1815142	G2		IfcRailing	1815142	G2	G4	不合格
IfcRailing	4223975	G2		IfcRailing	4223975	G2	G4	不合格
IfcRailing	3254627	G2		IfcRailing	3254627	G2	G4	不合格
IfcRailing	929275	G2		IfcRailing	929275	G2	G4	不合格

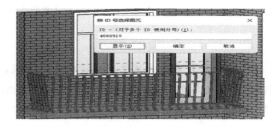

图 8　推理(左)和检查(右)结果　　　　　　　图 9　查找几何精度不合规构件

5 结论

本研究通过规范条文结构化处理的准备工作、提取 BIM 模型构件的几何信息，利用推理机实现了 BIM 模型构件几何精度的自动检查，并通过实例验证了该方法的有效性。这一方法的实现可以大大提高 BIM 模型几何精度检查的效率，降低了时间和人力成本，提高了检查的准确度，并且此方法能够辅助相关人员有效地开展数据质量管控工作。

参 考 文 献

[1] 中华人民共和国住房和城乡建设部. 建筑工程设计信息模型制图标准：JGJ/T 448—2018[S]. 北京：中国建筑工业出版社，2019.

[2] 中华人民共和国住房和城乡建设部. 建筑信息模型设计交付标准：GB/T 51301—2018[S]. 北京：中国建筑工业出版社，2019.

[3] 中华人民共和国住房和城乡建设部. 建筑信息模型存储标准：GB/T 51447—2021 [S]. 北京：中国建筑工业出版社，2021.

[4] 邱奎宁，张汉义，王静，等. IFC 标准及实例介绍[J]. 土木建筑工程信息技术，2010，2(01)：68-72.

[5] 施平望，林良帆，邓雪原. 基于 IFC 标准的建筑构件表达与管理方法研究[J]. 图学学报，2016，37(02)：249-256.

[6] 陈远，康虹，张静雅. 基于 IFC 标准的 BIM 模型编程语言解析方法研究[J]. 土木建筑工程信息技术，2017，9(03)：85-89.

[7] 陈远，逯瑶. 基于 IFC 标准的 BIM 模型空间结构组成与程序解析[J]. 计算机应用与软件，2018，35(04)：162-167，194.

[8] 高歌，张越美，刘寒，等. 基于知识库的 IFC 模型检查方法研究[J]. 图学学报，2019，40(06)：1099-1108.

[9] 王昌盛. 基于 IFC 标准的 BIM 数据规范检查方法研究[D]. 上海：上海交通大学，2020.

[10] 马苗苗，陈春辉. 基于 Jena 开发包的交通本体推理机制研究[J]. 河南科技，2020(13)：102-104.

突破当前 BIM 应用瓶颈的体系化方法
——ISO 19650 标准简介与分析

张远航，马智亮*

（清华大学土木工程系，北京 100084）

【摘　要】基于我国工程建设的广泛需求，建筑信息模型（BIM）技术在近年来取得快速发展。然而，BIM 技术从局部应用向整体应用的发展仍显不足，急需一套体系化方法指导实践。目前国内可供参考的、基于 BIM 的管理方法较为缺乏，相关应用逐渐进入瓶颈期。ISO 19650 系列标准从资产全生命周期管理的角度出发，为工程各参与方提供了一套系统高效的管理框架。本文基于 ISO 19650 系列标准，对突破当前 BIM 应用瓶颈的体系化方法进行研究，为后续相关方法的制定提供参考。

【关键词】建筑信息模型（BIM）；信息管理方法；BIM 应用瓶颈；ISO 19650

1　引言

建筑信息模型技术（Building Information Modeling，以下简称 BIM 技术）于 2004 年引入我国，随着我国大规模工程建设，近 20 年来，它已在我国大量工程项目中得到广泛应用，并取得了显著的成效。但是，当前的 BIM 应用可以说是进入了瓶颈期，具体表现在 BIM 应用基本上还处于各阶段分别应用的状态，难以进一步发展，基于 BIM 实现建筑设施全生命期各阶段信息共享的初衷还尚未充分实现，BIM 技术尚未得到充分利用。究其原因，最为关键的因素在于，与 BIM 应用相关的建筑设施全生命期多参与方协同的信息管理的体系及方法尚未确立。因为 BIM 技术的核心是 BIM 模型，而 BIM 模型与传统的建筑设施信息具有完全不同的特点，迄今虽然已经形成了一些 BIM 应用的技术标准，但基于 BIM 实现建筑设施全生命期各阶段信息共享的问题看来需要通过技术和管理两方面共同来解决，也就是说，同样需要有关管理标准，特别是多参与方协同管理的标准。

ISO 19650 系列标准是最近几年国际上逐步形成的、基于 BIM 的建筑设施信息管理的国际标准。它从业主在建筑设施全生命周期内进行信息管理的角度出发，为建筑设施各参与方提供了一套系统且高效的基于 BIM 的信息管理框架，不仅可促进项目各方的协同合作，还极大地支持业主执行信息管理和决策。然而，目前我国尚未针对 ISO 19650 系列标准进行国家标准的转化，国内对基于 BIM 的信息管理方法的研究尚处于起步阶段，BIM 技术从局部应用向整体应用转化的体系化方法尚待研究。

本文基于对 ISO 19650 系列标准的把握，首先分别扼要简介 ISO 19650 系列标准以及包含的体系化方法，然后分析其在解决当前的基于 BIM 实现建筑设施全生命期各阶段信息共享问题的作用以及我国加以借鉴的必要性，以利突破当前我国 BIM 应用的瓶颈。

2　ISO 19650 标准系列主要内容介绍

ISO 19650 基于英国 BSI 制定的 PAS 1192 系列标准编制，后由 ISO/TC 59/SC 13 技术委员会担任发布和维护。ISO 标准在 PAS 标准的术语上进行更新，并基于全球普遍情况，提出了基于 BIM 的信息管理的方法和原则。其内容继承了 ISO 9000 系列（质量管理体系）、ISO 9001（企业/组织管理）、ISO 55000

【作者简介】马智亮（1963—），男，教授。主要研究方向为信息技术在土木工程领域的应用。E-mail：mazl@tsinghua.edu.cn

（资产管理）和 ISO 21500（项目管理）的主要内容，从而健全了从组织到资产/项目再到信息的信息管理框架，各标准的组织架构如图 1 所示。

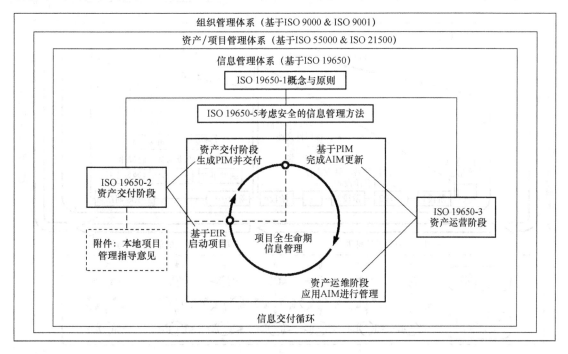

图 1　ISO 19650 标准系列及其相关标准的组织结构

国际标准 ISO 19650 系列主要分为以下内容：

（1）ISO 19650-1：概念与原则（Concepts and principles）

（2）ISO 19650-2：资产交付阶段（Delivery phase of assets）

（3）ISO 19650-3：资产运营阶段（Operational phase of the assets）

（4）ISO/FDIS 19650-4：信息交换（Information exchange）

（5）ISO 19650-5：考虑安全的信息管理方法（Security-minded approach to information management）

（6）ISO/AWI 19650-6：健康与安全（Health and Safety）

其中，ISO 19650-1 概念和原则及 ISO 19650-2 资产交付阶段两部标准于 2018 年年底发布，ISO 19650-3、ISO 19650-5 考虑安全的信息管理方法两部标准于 2020 年 7 月发布，ISO 19650-4 信息交换、ISO 19650-6 健康与安全两部标准尚未发布。以下只针对 ISO 19650 系列标准已发布的 4 本标准内容进行简要介绍。

2.1　ISO 19650-1：概念与原则[1]

ISO 19650-1 是 ISO 19650 系列标准的核心，提供了一套完整的应用 BIM 技术进行建筑资产全生命周期的信息管理框架，具体描述了整个建筑设施建设各参与方的目标定位和工作职责，定义了信息需求、信息模型、信息交付周期、信息管理职能、信息交付规划、信息协同生产管理及公共数据环境等重要概念，从而形成一套完整的工程建设项目业务流程管理体系。标准从业主进行建筑资产管理的视角出发，结合建筑资产的生命周期规定了信息生产及交付的流程。在信息的生产和存储方面，标准将 BIM 作为信息生产表达和更新的重要信息介质，基于信息容器、信息需求等概念，定义对应的信息交付模型。同时，标准根据信息管理的特点，将资产全生命周期管理分解为项目交付和资产运营两个部分，并将两个部分中项目交付的每个阶段视为一次信息交付周期。信息周期性交付可促成项目信息的不断完善，形成信息交付周期管理体系。基于 BIM 的信息交付流程如图 2 所示。该框架形成了一套良好的基于 BIM 的项目协同工作机制，并为实现基于 BIM 的信息管理方法提供了有效的参考。

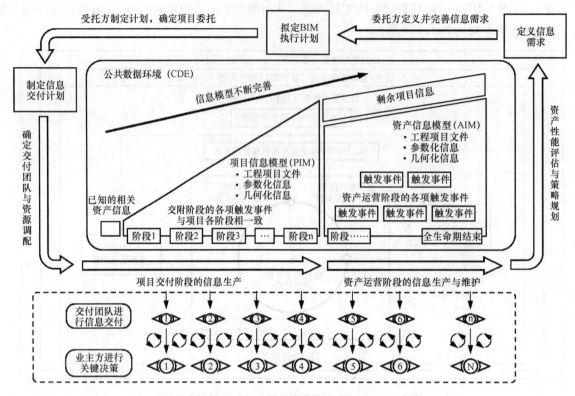

图 2　基于 BIM 的信息交付流程图

2.2　ISO 19650-2：资产交付阶段[2]

ISO 19650-2 标准在 ISO 19650-1 中定义的信息交付周期的基础上出发，主要聚焦于资产交付阶段，内容涵盖项目交付完成之前的所有资产建设期，该标准以 BIM 模型作为信息交付基础，基于资产交付相关流程中进行信息交付的背景，规定了有关信息管理的具体要求，其内容较为详细地规定了项目各参与方完成信息交换流程所应采取的各项行动，为执行资产交付阶段的各项工作流程提供了规范性的指导方案，交付团队可以通过这些方案协作生成信息并最大限度地减少资源的浪费。

2.3　ISO 19650-3：资产运营阶段[3]

ISO 19650-3 标准同样基于 ISO 19650-1 中定义的信息交付周期的概念，完善了资产运营阶段的相关工作流程规范，其主要用途是让项目委托方（即甲方，例如资产所有者、资产运营者或资产管理方）合理建立其在资产的运营阶段的信息需求。此外，该标准也适用于指导创建合理的协同工作环境以满足所交付资产的商业化需求，在这种管理模式下，多个工程参与方能够高效地进行信息协同生产，且能够保证信息交付结果能有效地满足资产管理的需要。

2.4　ISO 19650-5：考虑安全的信息管理方法[4]

ISO 19650-5 则重点关注到在 BIM 的使用过程中可能会触及一些敏感信息访问等问题，包括商业秘密、个人信息等。基于信息安全管理的角度出发，标准系统性地制定了一套使多协同参与方进行敏感信息管理的解决方案，并形成一系列安全防范意识及其相关工作规则，用于对关键信息以及敏感信息进行安全防范管理。该标准全面覆盖建筑全生命周期的建设过程，适用于任何涉及信息生产和管理的参与组织，该标准也可供希望保护商业信息、个人信息和知识产权的组织所参考。

3　基于 BIM 实现建筑资产全生命期信息管理

建筑资产全生命期信息管理方法体现为，企业在项目管理领域中进行工程信息的收集、传递、存储、加工、维护和应用的集成化信息管理。其基本思路是，以项目管理为核心目标，满足工程建设项目规划、设计、施工、运营、维护、翻新、维修及回收利用等全生命周期各阶段的业务需求。目前，国内传统的工程项目建设管理一般基于纸介质材料，如工程图纸、项目分工表、工作报表及报告等，纸质材料具有生产成本高、审批流程长、信息传递效率低、可复用性低、存储困难等缺点；随着现代信息化管理工具的不断成熟，信息交流的需求快速增长，工程建设项目也趋于大型化、复杂化、国际化，BIM 技术的引入有效地解决了信息收集、生产、存储、传递及阶段性应用等困难，但仍易发生 BIM 定位不够清晰、目标不明确、信息不一致、格式不规范、版本更新困难、信息冗余等诸多问题，导致 BIM 仅仅能够从某些技术上为项目服务，但无法解决系统性的管理问题[5]。基于 BIM 的体系化管理和应用方法有助于解决这些问题。

根据 ISO 19650 标准，以实现建筑设施全生命期各阶段信息共享为目标，基于 BIM 实现信息管理体系，各参与方均应重点关注以下要点：

（1）确立统一的信息管理流程和解决方案，明确项目分工，形成完整的生产体系。

（2）明确信息交付的目标与需求，制定针对性强、适用性高的信息交付需求。

（3）统一信息交付的具体内容，保证满足必要的需求，且不造成的信息冗余。

（4）设计完整的信息交付计划，明确信息需求的格式、内容及时间节点。

（5）提升信息交付的高效性和可复用性，实现信息效益的最大化。

（6）确定信息的编码体系和管理方法，统一信息存储和处理的工作平台。

（7）确定工程信息管理相关制度，基于信息安全分配管理权限及责任范围。

基于 ISO 19650 标准，结合项目信息管理的特点，可以将工程项目全生命周期信息的生产和应用过程分解为多个信息交付周期循环迭代的过程，其中信息交付周期的主要内容是，以 BIM 为基础，各参与方均通过定义信息需求、拟定 BIM 执行计划、制定信息交付计划、交付任务划分、协同生产信息模型并最终完成项目信息模型交付，以下则重点针对各项关键步骤的内容和作用进行分析。

3.1 定义信息需求

对于业主来说，在项目开始前制定资产信息需求，通过 BIM 技术将模型及相关信息数据进行资源重组，是基于 BIM 产出信息成果的重要依据。这也是后续项目执行计划启动及能否有效完成项目信息交付任务的重要部分，与业主明确定义各种信息需求，通过制定针对性强、适用性高的信息交付需求，能够保证确保项目信息质量，且能够有效降低信息的生产成本，避免造成信息浪费。

3.2 拟定 BIM 执行计划

拟定 BIM 执行计划（BIM Execution Plan，以下简称 BEP），其响应了项目信息需求在建筑全生命周期产出并交付有质量的建筑项目信息（结构化与非结构化信息）。BEP 不仅定义了在全生命周期内的 BIM 应用策略，而且详细描述了项目团队如何在项目中采用 BIM 的具体实施细节（包括具体目标、各方责任和实施流程）。BEP 是项目各方应用 BIM 进行有效信息传递和协作的重要依据，并且保证了信息交付的时效性。

3.3 制定信息交付计划

在项目开始与执行期间，除了明确定义信息需求之外，还需依据 BEP 对传统项目交付的工作流程进行信息生产任务划分，并制定信息交付计划。信息交付计划的内容可以详细至图形信息（规划设计图、施工图等）及非图形信息（各式材料设备列表、规格书、数量报表、健康安全风险信息等）等内容的规定与项目团队中各专业角色的任务分工，据此可以拟定出责任矩阵及分工依据，确保了信息生产与交付的高效性。

3.4 交付项目信息模型

项目交付团队可以依据各项信息交付计划可以详细定义出 BIM 在项目各阶段的信息内容、程序、方法及信息模型精细度，并依此验证交付模型的内容及质量。信息需求在整个工程生命周期中定义了有关设计、施工、运维资产的元数据，记录资产相关数据和信息内容，从而可以更好地进行数字化项目管理，最终呈现的可交付成果是信息模型，项目顺利交付的标志是信息模型通过审查，并顺利完成工程结案，所生成的项目信息模型于存档完成后可供各方进一步参考与使用，从而实现信息效益的最大化。

3.5 建立并应用共享数据环境

在工程项目全生命周期内，公共数据环境（Common Data Environment，以下简称 CDE）主要用于收集、管理和共享整个项目团队的文件、图形模型和非图形数据（即在 BIM 环境中创建的或者以传统数据格式创建的所有项目信息）的唯一信息来源，CDE 是实现 BIM 落地必不可少的环境条件之一[6]。通过基于面向对象及信息容器的特性，通过进行数据交互平台设计，可以支持建筑项目全生命周期项目信息交付及管理，并确保信息的唯一性与正确性。

总体而言，业主方进行工程项目的决策需要生成相应的信息需求，各参与方根据信息需求进行 BIM 执行和交付计划的制定，并通过信息协同工作整合生成信息模型，从而实现信息的周期性更新与迭代，同时建立统一的数据环境以保证信息版本和内容的统一。可以见得，基于 BIM 的信息管理的过程是信息不断丰富与优化的过程，在项目周期性生成、规划及交付的过程中，各项信息模型不断完成迭代更新，并最终在统一的数据平台上进行信息的加工和使用，从而实现了基于 BIM 的体系化管理及应用。

4 结论与展望

我国 BIM 应用正面向从各阶段局部应用向全生命期应用转型的关键时期，基于 BIM 进行信息管理，建立建筑设施全生命期多参与方协同的信息管理的体系是突破 BIM 应用发展瓶颈的关键所在。依据 ISO 19650 系列标准关键内容进行参考，建立 BIM 应用相关的完整标准体系和政策规范，可以充分挖掘 BIM 技术带来的整体应用价值，对于开拓我国 BIM 应用领域，不断推进建筑业高质量可持续发展起到重要的推动作用。

参 考 文 献

[1] ISO 19650-1：2018. Organization and Digitization of Information about Buildings and Civil Engineering Works，Including Building Information Modelling (BIM)-Information Management Using Building Information Modelling. Part 1：Concepts and Principles.

[2] ISO 19650-2：2018. Organization and Digitization of Information about Buildings and Civil Engineering Works，Including Building Information Modelling (BIM)-Information Management Using Building Information Modelling. Part 2：Delivery Phase of Assets.

[3] ISO 19650-3：2020. Organization and Digitization of Information about Buildings and Civil Engineering Works，Including Building Information Modelling (BIM)-Information Management Using Building Information Modelling. Part 3：Operational Phase of the Assets.

[4] ISO 19650 5：2020. Organization and Digitization of Information about Buildings and Civil Engineering Works，Including Building Information Modelling (BIM)-Information Management Using Building Information Modelling. Part 5：Security-Minded Approach to Information Management.

[5] 马智亮. 追根溯源看 BIM 技术的应用价值和发展趋势[J]. 施工技术，2015，44(6)：1-3.

[6] 张吉松，吕锦牧，任国乾，等. 英国 BIM 公共数据环境(CDE)研究[C]//第六届全国 BIM 学术会议论文集. 北京：中国建筑工业出版社，2020：278-282.

建筑与市政公用设施智慧运维综述

周俊羽，马智亮*

（清华大学土木工程系，北京 100084）

【摘　要】近年来，在建筑与市政公用设施这个主要运维场景下，引入建筑信息模型（BIM）、物联网、智能传感器、云计算、人工智能等信息化技术的智慧运维相关研究持续增加。但国内外对智慧运维未有整体文献综述，本文在广泛文献调研的基础上，从建筑与市政公用设施的日常监管、成本及故障分析预测、评估及决策分析三方面综述，最后讨论了领域现存挑战，并展望了发展方向。

【关键词】智慧运维；建筑设施；市政公用设施

1 引言

1.1 背景

近年来，建筑业内运营维护相关研究数量持续增长，在中国知网检索"建筑运维"结果由 2015—2017 年均不足 150 条倍增到 2019—2021 年均超 300 条。美国国家建筑科学研究所在《整体建筑设计指南》对建筑运维定义为：确保建筑或设施能够履行设计建造时所预期功能而进行的一系列管理过程，管理对象包括建筑或设施本身、内部系统和设备，以及维持预期功能必需的日常活动（如清洁、维修等）。可见建筑运维阶段时间长，管理内容多，涉及人员复杂，现有建筑运维方式如人工运维需人力完成所有任务，成本高效率低；自动化运维通过计算机维护管理系统（CMMS）、计算机设备管理系统（CAFM）、楼宇自动化系统（BAS）、数据采集与监视控制系统（SCADA）等自动化系统实现数据采集管理，并通过脚本执行重复、简单的任务，但状况评估、异常检测、人员调度等复杂任务仍需有经验的运维人员。对此，智慧运维成为新的解决方案。智慧运维是指在运维阶段综合利用建筑信息模型（BIM）、物联网（IoT）、智能传感器、云计算、人工智能（AI）等信息化和智能化技术，以提高运维管理效率，优化建筑环境，提高建筑性能和改善使用者体验。

目前，国内外已有一定数量的智慧运维研究，但还没有整体的文献综述。胡振中等[1]综述了 BIM 和数据挖掘技术在运维阶段的应用。Parn 等[2]针对 BIM 技术与设施管理系统集成的研究从行业标准、数据集成与互用、BIM 带来的优势三方面进行总结和展望。Gao Xinghua 等[3]综述了 BIM 技术在运维阶段的应用。Gunay 等[4]综述了数据挖掘技术在能耗分析和舒适管理的应用。Marocco 等[5]分析了建筑信息管理、维修管理、能源管理和应急管理的发展现状和趋势。Coupry 等[6]总结了在运维中使用 BIM 和扩展现实技术（XR）实现数字孪生（Digital Twin，DT）的方法。Deng Min 等[7]对数字孪生在建筑全生命期的应用进行了综述。Ranyal Eshta 等[8]总结了道路运维监测的数据采集与分析方法。Casini Marco 等[9]关注XR 在建筑运维的应用。以上综述或只关注部分技术或只关注建筑的运维，因此有必要撰写本文对建筑与市政公用设施智慧运维进行整体总结，填补智慧运维综述文献的空白。

1.2 文献检索和数据分析

本文检索截至 2022 年 6 月在中国知网和 Web of Science 数据库（WoS）收录的文献。首先在中国知网使用关键词"智慧运维"检索并限定"建筑科学与工程"得到 196 条结果，阅读并筛去电力设施运维、工业设备运维、结构健康监测等相关性较低文献，及 2021 年前发表的零被引文献，筛选出 15 篇针对建筑

【作者简介】马智亮（1963—），男，教授。主要研究方向为信息技术在土木工程的应用。E-mail：mazl@tsinghua.edu.cn

及其设备系统或城市给排水、道路、桥梁、隧道等市政公用设施,利用新一代信息化技术进行运维的文献。其次,在 WoS 使用关键词"O&M 和 building 和 smart"检索,得到 116 条结果,同样筛选得到 10 篇文献。同时,针对智慧运维所涉及技术,检索"O&M 和(edge computing 或 multi source 或 IoT)""O&M 和(deep learning 或 data driven)""O&M 和 decision 和 intelligent"分别得到 482、373、121 条结果,又筛选得到 29 篇文献。对 WoS 的 39 篇,中国知网 15 篇文献,将其标题和摘要转为英语,使用文献计量软件 VOSviewer 进行关键词共现网络分析,结果如图 1 所示。

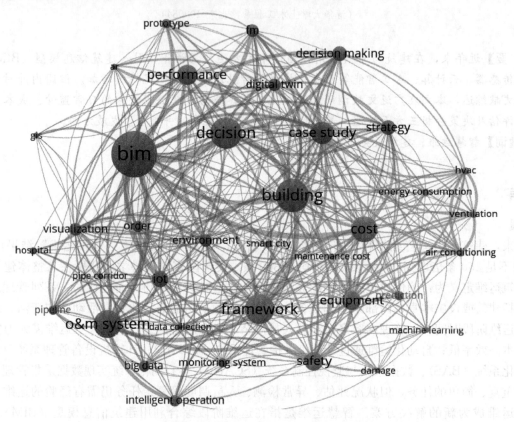

图 1 关键词共现网络(VOSviewer 自动词语聚类)

根据聚类结果,可把文献归于三类主题:(1)建筑与市政公用设施日常监管,关键词有运维管理系统(o&m system)、可视化(visualization)、数据采集(data collection)、监测系统(monitoring system)等,对应 21 篇文献;(2)建筑与市政公用设施成本及故障分析预测,关键词有损伤(damage)、安全性(safety)、预测(prediction)、成本(cost)、能耗(energy consumption)等,对应 18 篇文献;(3)建筑与市政公用设施评估及分析决策,关键词有决策(decision making)、策略(strategy)、性能(performance)等,对应 15 篇文献。

2 建筑与市政公用设施日常监管

建筑与市政公用设施日常监管指对建筑与市政公用设施及内部设备系统进行实时监测和管理,保障其正常运行。监测包括数据采集、数据融合、数据集成等,旨在令管理者把握建筑设施情况,管理包括异常检测、可视化等,旨在提示管理者及时作出响应。

监测方面,Kang Tae Wook 等[10]提出基于 BIM 和 GIS 的抽取—转换—加载(ETL)方法,通过 LOD 提取算法集成 BIM 和 GIS 数据。Muhammad Arslan[11]等的基于 Hadoop 架构的建筑运维数据集成管理方法可将 BIM 和传感器数据转为 HDFS 存储,支持查询统计。Kang Kai 等[12]提出一种使用云数据库采集无线传感器网络的建筑监测数据并关联到 BIM 模型的方法,测试了 MongoDB、Cassandra 和 FluxDB 等数据库的表现,兼有灵活拓展和高速写入特性的 MongoDB 表现最佳。Moretti Nicola 等[13]提出的基于 IFC 标准的数据集成方法使用全局唯一标识符（GUID）将 BIM 对象与传感器数据关联，并用 BIM-server 支持对实时数据统计和查询。Wu Sihan 等[14]为优化火车站的物联网数据采集系统，运用卷积神经网络（CNN）优化网络边缘计算资源分配。Yu Gang 等[15]基于由 COBie 标准扩展得到的数据模型提出一种 BIM 数据、物联网数据和道路维护数据的数据融合方法，在此基础开发了道路智慧运维系统 RIOMS，可供运维经理查看监测数据和统计报表，供维修员上传维修记录。

管理方面，Paulo Carreira[16]等提出的基于 VR 的运维数据可视化方法将来自 CAFM 和 CMMS 的数据集成到三维模型中，可在 VR 环境交互。Yu Lei[17]等开发的建筑设备异常检测系统可基于 IoT 和自定义规则对电力、火警、门禁系统中设备电流电压发出异常警报。Xie Xiang 等[18]基于数字孪生的建筑设备运维系统使用移动平均法、累积和法和基于二值分割的变点检测法对数据异常点进行检测，并在 BIM 中突出显示。万灵等[19]和蒋雪雁[20]等在商场应用基于 BIM＋IoT 开发的智慧运维平台，通过 BIM 集成物业、消防等信息，根据自定义规则检测设备异常并发出警告。张玉彬等[21]、李莹莹等[22]、Song Ying等[23]和张敬等[24]都在医院中应用了基于 BIM 和 IoT 的运维管理系统，可整合医疗设备数据、空气质量等信息，供医护人员查看并对患者的异常数据进行警报。Artan Deniz 等[25]的办公楼用户反馈（POE）可视化系统能基于 IFC 标准将问题位置、描述、时间、处理结果等用户反馈信息关联到 BIM 模型中进行可视化。毛旭阳[26]基于 BIM 和 IoT 实现的供水管网智慧运维系统在 BIM 中实时显示监测数据和管段内力、不利点等信息。台启民等[27]和刘诺晨[28]的综合管廊运维系统基于 BIM 实现监测数据可视化，还能辅助巡检导航。蒋艳灵等[29]开发的智慧海绵系统可以监测城市排水管网、土壤环境和水环境监测站运行数据，实现对监测站的数据校准和运行异常报警。Amir Shekargoftar 等[30]开发的基于 BIM、GIS 和 AR 的燃气管道运维管理系统，允许用户在 BIM 环境、2D GIS 环境和 VR 环境共享、查看、维护管道信息。

综上，智慧运维日常监管数据集成程度高，需结合业务对多源复杂数据进行分解、重构和建模以辅助管理，并已在医院、商场等公用建筑和城市管网、综合管廊等设施中应用。

3 建筑与市政公用设施成本及故障分析预测

建筑与市政公用设施成本及故障分析预测指在日常监管基础上，运用算法或模型等，对能耗、维保费等成本，或因灾害、误操作导致的故障进行分析或预测，以辅助管理决策。

成本分析预测方面，Mantha B. R. K. 等[31]对建筑能耗分析所需的数据类型进行归纳分类，并总结了现有数据采集方法的利弊。Yoon Jong Han 等[32]提出的运维数据时空分析方法将运维记录与 BIM 模型中的空间（如走廊）关联起来，能对例如"所选空间运维总成本、故障频率"等统计信息进行可视化。Wen Zhongjun 等[33]提出的综合管廊数据集成方法基于一个反映 BIM 构件、灾害风险与运维成本关系的数据模型集成监控、维护、灾害和成本数据，可用于成本或灾害损失分析。陈烨[34]等提出一种绿色建筑运营成本测算模型，根据 BIM 设计数据、运维平台动态数据、同类建筑历史数据、人员工资等预测绿色建筑运维成本。Kim Ji－Myong 等[35]提出的建筑受灾后维修费用预测方法使用深度神经网络（DNN）模型和多回归分析（MRA）深度学习模型进行预测。Liang Zheming 等[36]提出的基于强化学习和舒适度的商业建筑运维成本管理方法围绕舒适度和运维成本的优化函数建立优化模型，以设备系统控制策略为优化目标，用无监督强化学习方法优化该系统从而优化运维成本。

故障分析预测方面，Golabchi A. 等[37]提出的中央空调系统故障设备定位方法将空调系统简化为网络模型，根据室内外温度和报修位置，基于最小消息长度原理和 Floc 算法，计算最可能的故障点。Beatriz Campos Fialho 等[38]的校园智能照明运维系统在 BIM 模型集成灯具电流信息，能判断故障并对运维班组自动发出通知。杜明芳等[39]基于 BIM＋Multi－Agent 开发的商场智慧运维系统在 BIM 中可视化设备和能耗信息并对能源使用异常进行警告。Li Han 等[40]提出一种 BAS 系统报警处理方法，将警报类型、时间、描述等属性作为特征，通过决策树将警报按紧急程度分类，并根据 BAS 数据评估故障影响大小，对警报按优先度排序。邹荣伟等[41]提出一种基于 BIM 和 IoT 的消防误报警判断方法，根据实时气体浓度、温度等数据和 BIM 中的设计数据，通过模糊贝叶斯网络和 GA-BP 神经网络评估火灾概率以判断是否误报警。

Yassine Bouabdallaoui 等[42]提出的基于机器学习的暖通空调系统故障预测方法通过设备温度、能耗、流量等数据训练自编码机模型，能成功预测 50％的故障。纪蓉等[43]和包胜等[44]的综合管廊运维系统都能根据温湿度、气体浓度等数据，判断水管爆管等易发事故并报警。Conejos Fuertes P. 等[45]的基于 DT 的供水管网运维管理系统，集成了 GIS、AMR、CMMS 和 SCADA 系统数据，能对管压、水量等数据可视化，支持管道爆裂等故障模拟和一天内状态预测。陈彬[46]等基于 IoT 的供水管网运维系统，对实时数据用以周围实例为参考的噪声平滑法降噪，并通过孤立森林检测算法分析异常点，检测管网漏损。Zhang Shu-wei 等[47]提出一种基于深度学习的供水网渗漏预测方法，根据供水网络结构、流量、节点压力、化学浓度等信息，用 BP 神经网络的集成分类器预测渗漏节点。Wang Mingzhu 等[48]提出的基于计算机视觉的污水管缺陷检测方法先通过边缘监测、MSER 区域特征提取算法处理管道内部的监控图像，再使用 R-CNN、SSD、YOLOv3 等深度学习模型检测缺陷。

综上，智慧运维成本及故障分析预测能够辅助管理者及时优化运维模式或提前决策，但大部分研究停留在使用数据集完成算法或模型的验证，只有少部分得到工程应用。

4 建筑与市政公用设施评估及分析决策

建筑与市政公用设施评估及分析决策指在日常监管基础上，运用算法或模型等，对运维性态进行评估或对运维模式、运维经验规律进行分析用以自动管控或辅助管理决策。本章将分析 15 篇文献，分评估和分析决策两部分介绍。

评估方面，Sun Yufeng 等[49]提出的隧道运维评估框架使用 BIM 数据和动态监测数据（沉降、湿度、交通量、维护史等），根据指数风险优先级数（ERPN）评估隧道运维状况。Wang Ting Kwei 等[50]提出一个基于 BIM 和 VR 的运维风险评估方法，可根据设备信息和运维记录，基于模糊多准则决策法（MC-DM）进行设备风险评估，并用层次分析法判断是否需要维修。Marmo Rossella 等[51]的医院智慧运维系统通过 KPI 和层次分析法，使用气体浓度、微生物浓度、温湿度等数据评估手术室设备和卫生状况。张贵忠[52]等在某大跨大桥项目应用的智慧运维系统，集成了结构监测、交通监测、电子化巡检等系统的数据，能对桥梁状态判断和分级报警。Assaad Rayan 等[53]提出的基于深度学习的桥梁老化程度评估方法，基于人工神经网络和 KNN 算法，根据设计值、交通量、桥面状况等将桥梁按老化程度和是否需要维护分为 8 类。Yang Paohua 等[54]基于专家调研提出一个建筑运维安全评估模型，可根据 BAS 监控数据量化运维安全等级。Yang Yang 等[55]提出一个基于机器学习的城市燃气管网运维风险评估方法，对管道运维记录、设计指标、附近建筑分布等数据使用层次分析法、图形卷积神经网络（GCN）进行特征工程，通过 k-means 方法划分管道的风险等级。

分析决策方面，Yu Gang 等[56]针对基础设施时序数据融合问题，提出一种基于多任务的 ETL 方法，可更快速地建立数据仓库用于数据挖掘。Wen Qiao 等[57]针对大型公共建筑运维大数据，提出一种树状层次结构用于集成结构化信息（设施名称等）、非结构化信息（监控视频等）和半结构化信息（运维记录文件等），并用于数据挖掘。余芳强等[58]的医院智慧运维系统可根据设备运行情况、报修信息制定设备预防性维护计划，如提取与故障设备同期的同类设备进行预防性巡检。Lin Min 等[59]提出一种数据驱动的建筑运维能耗影响因素分析方法，使用建筑设计参数、设备能耗、保养频率等运维数据，基于决策树和多线性回归分析发现设备清洁频率和设备维修频率是关键因素。Yang Chunsheng 等[60]提出的基于机器学习的供暖设备故障分析方法，使用一段时间的运行和维护记录，基于回归树模型生成故障出现的规律，可减少操作员错误操作。Li Jiulin 等[61]在污水处理厂应用了一个基于 BIM 和 IoT 的运维管理系统，可根据气体污染、水质监控等信息通过 BP 神经网络动态控制水处理设备的输入流量。Liu Zhansheng 等[62]提出一种基于全球导航卫星系统（GNSS）和 DT 的建筑智能运维方法，根据 GNSS、RFID 和 IoT 采集的人员时空信息、设备运行信息和环境信息，基于知识库和空间算法库判断是否需要维护。Hu Zhenzhong 等[63]在某机场应用基于 BIM 和数据驱动的运维系统，通过频繁模式挖掘、基于神经网络的异常检测等方法总结运维规律性知识以提供决策依据，如频繁模式挖掘可发现故障高峰期规律。

综上，现有研究通过数据挖掘、机器学习等技术能完成或辅助完成风险评估、维护计划制定、知识总结等复杂任务，但还未对实用价值深入研究，只在少部分工程中实际应用。

5 讨论、展望及总结

现有智慧运维研究为解决实时数据监测及可视化，异常检测及报警，BIM、GIS、IoT 等多源数据融合，故障预测，警报优先度排序，运维安全评估，运维规律性知识总结等复杂运维任务提供了新技术路径。数据监测和异常检测能支持对故障快速响应，数据融合能缓解运维阶段数据爆炸问题，对数据的可视化、对故障的预测、对运维知识的挖掘等能提升运维效率，还能缓解专业人员缺乏问题。但国内外科研院校相关研究大多停留在方法和原型系统验证阶段，缺乏成规模应用。智慧运维在日常监管方面已有一定工程应用，但成本及故障分析预测和评估及分析决策应用还不成熟，总体处于初级阶段。总结原因如下：

（1）数据源复杂，可用性低。智慧运维研究中数据主要来自传感器网络以及各种自动化系统。结构化信息（如传感器数据）和非结构化信息（如运维文档）混杂，数据源分散在设施管理、安全管理、人力管理等不同部门内，很难对这些庞大的数据分析处理。且数据噪声、数据缺失情况普遍，难以得到可用性高的数据集，进而影响到分析模型的部署。

（2）缺乏统一运维平台及相应标准不够完善。建筑运维设备、安全、能源等多领域管理需要多个运维系统，因为缺乏成熟的运维阶段信息标准，不同系统缺乏兼容性，实际项目建立的集成运维平台缺乏泛用性，难以推广。同时，运维评估方面也缺乏相关标准，研究经常需要利用 IFC 等全生命期标准再构建模型或评价体系才能支持深度分析，这些模型和各异评估方法形成的模糊评价体系常因为缺乏权威检验难以在实际工程中应用。

（3）数据分析结论难以用于直接决策，智慧运维价值未凸显。大部分研究只能"辅助"决策，未体现智慧运维的直接价值。同时辅助决策的研究也缺乏实际应用的验证，因为数据挖掘、机器学习、深度学习等方法的结果缺乏可解释性，难以证明"预测性维修"、"故障预测"等方法对实际项目的间接价值，这又导致模型难以落地部署，形成恶性循环。

针对上述问题，展望智慧运维发展：

（1）在智能化前沿工业领域借鉴经验，结合多端采集、边缘计算和动态调度等高效数据采集、融合技术，形成可靠、可用、迅速可达的智能运维数据基础。

（2）推进建筑与市政公用设施智慧运维基本理论、性态指标体系与共性技术标准的相关研究，形成兼容性强、实用性广的相关数据标准和智慧运维应用框架体系。

（3）由"人决策"向"计算机决策，人把关"迈步。整合大数据、人工智能等技术，通过研究智能运维决策理论与智能管控技术，形成覆盖"感知—识别—决策—管控"运维过程的运维智能体，发挥智慧运维真正价值。

本文考察了 54 篇国内外智慧运维研究文献，从建筑与市政公用设施日常监管、成本及故障分析预测、评估及分析决策三方面总结，讨论了领域现存问题并展望发展。总之，可以认为智慧运维总体处于初级阶段，还面临诸多研究困难和瓶颈，但其在快速发展，价值潜力巨大，是建筑全生命周期智能化管理最大的一块拼图。

参 考 文 献

[1] 胡振中，彭阳，田佩龙. 基于 BIM 的运维管理研究与应用综述[J]. 图学学报，2015，36(05)：802-810.

[2] Parn E A，Edwards D J. The building information modelling trajectory in facilities management：a review[J]. Automation in Construction，2017，75：45-55.

[3] Gao X H, Pishdad-Bozorgi P. BIM-enabled facilities operation and maintenance: a review[J]. Advanced Engineering Informatics，2019，39：227-247.

[4] Gunay H B，Shen W，Newsham G. Data analytics to improve building performance: a critical review[J]. Automation in

Construction，2019，97：96-109.

[5] Marocco M，Garofolo I. Integrating disruptive technologies with facilities management：a literature review and future research directions[J]. Automation in Construction，2021，131.

[6] Coupry C. BIM-based digital twin and XR devices to improve maintenance procedures in smart buildings：a literature review[J]. Applied Sciences-Basel，2021，11(15).

[7] Deng M，Menassa C C，Kamat V R. FromBIMto digital twins：a systematic review of the evolution of intelligent building representations in the AEC-FM industry[J]. Journal of Information Technology in Construction，2021，26：58-93.

[8] Ranyal E，Sadhu A. Road condition monitoring using smart sensing and artificial intelligence：a review[J]. Sensors，2022，22(8).

[9] Casini M. Extended reality for smart building operation and maintenance：a review[J]. Energies，2022，10(15).

[10] Kang T W，Hong C H. A study on software architecture for effective BIM/GIS-based facility management data integration[J]. Automation in Construction，2015，54：25-38.

[11] Arslan M，Riaz Z，Munawar S. Building Information Modeling (BIM) enabled facilities management using hadoop architecture[C]// Proceedings of the Portland International Conference on Management of Engineering and Technology (PICMET). Portland，OR：IEEE，2017.

[12] Kang K，Lin J R，Zhang J P. BIM- and IoT-based monitoring framework for building performance management [J]. Journal of Structural Integrity and Maintenance，2018，3(4)：254-61.

[13] Moretti N，Xie X，Merino J，et al. An openBIM approach to IoT integration with incomplete as-built data[J]. Applied Sciences-Basel，2020，10(22).

[14] Wu S H，Zhang X. Visualization of railway transportation engineering management usingBIMtechnology under the application of internet of things edge computing[J]. Wireless Communications & Mobile Computing，2022.

[15] Yu G，Wang Y，Hu M，et al. RIOMS：an intelligent system for operation and maintenance of urban roads using spatiotemporal data in smart cities[J]. Future Generation Computer Systems-the International Journal of Escience，2021，115：583-609.

[16] Carreira P，Castelo T，Gomes C C，et al. Virtual reality as integration environments for facilities management application and users perception[J]. Engineering Construction and Architectural Management，2018，25(1)：90-112.

[17] Yu L，Nazir B，Wang Y L. Intelligent power monitoring of building equipment based on internet of things technology [J]. Computer Communications，2020，157：76-84.

[18] Xie X，Lu Q C，Rodenas-Herraiz D，et al. Visualised inspection system for monitoring environmental anomalies during daily operation and maintenance [J]. Engineering Construction and Architectural Management，2020，27 (8)：1835-1852.

[19] 万灵，陶波，李佩佩，等. 基于 BIM 的智慧楼宇运维平台并发研究[J]. 施工技术，2019，48(S1)：292-295.

[20] 蒋雪雁. 智慧建筑运维管理平台的应用研究——以某大型商业综合体项目为例[J]. 建筑经济，2021，42(09)：78-82.

[21] 张玉彬，赵奕华，李迁，等. 基于 BIM 竣工模型的医院智慧运维系统集成研究[J]. 工程管理学报，2019，33(02)：141-146.

[22] 李莹莹，魏洪林，李宁，等. BIM 和 IoT 技术在医院智慧运维中的应用分析[J]. 智能建筑电气技术，2021，15(02)：47-50.

[23] Song Y，Li Y K. Digital twin aided healthcare facility management：a case study of Shanghai Tongji hospital[C]// Proceedings of the Construction Research Congress (CRC) on Project Management and Delivery, Contracts, and Design and Materials. Arlington，VA：Departmant of Civil & Environmental Engineering，Vecellio Construction Engineering & Management Progress，2022：1145-1155.

[24] 张敬，杨华荣，张浩，等. 智慧医院可视化运维管理平台建设探讨[J]. 智能建筑电气技术，2022，16(01)：55-58.

[25] Artan D，Ergen E，Kula B，et al. Rateworkspace：BIMintegrated post-occupancy evaluation system for office buildings [J]. Journal of Information Technology in Construction，2022，27.

[26] 毛旭阳. 基于 BIM 和物联网技术的供水管网智慧运维研究[D]. 张家口：河北建筑工程学院，2019.

[27] 台启民，史金栋，曹蕊，等. 综合管廊智慧运维管理系统的研究及应用[J]. 工程建设标准化，2018(05)：14-20.

[28] 刘诺晨. 基于 BIM＋GIS 智慧管廊运维管理平台研究[D]. 张家口：河北建筑工程学院，2020.

［29］ 蒋艳灵，魏艳，石炼，等. 智慧海绵监测数据有效性识别与运维管理研究［J］. 给水排水，2020，56(09)：127-132.

［30］ Shekargoftar A，Taghaddos H，Azodi A，et al. An integrated framework for operation and maintenance of gas utility pipeline using BIM，GIS and AR［J］. Journal of Performance of Constructed Facilities，2022，36(3).

［31］ Mantha B R K，Menassa C C，Kamat V R. A taxonomy of data types and data collection methods for building energy monitoring and performance simulation［J］. Advances in Building Energy Research，2016，10(2)：263-93.

［32］ Yoon J H，Cha H S，Kim J. Three-dimensional location-based O&M data management system for large commercial office buildings［J］. Journal of Performance of Constructed Facilities，2019，33(2).

［33］ Wen Z J，Zhou W Y，Zhao Y J，et al. An intelligent algorithm of operation and maintenance cost based onBIMof the utility tunnel［J］. IOP Conference Series：Earth and Environmental Science，2021，719.

［34］ 陈烨. 基于 BIM 技术的绿色建筑运营成本测算与应用研究［J］. 建筑经济，2021，42(06)：53-56.

［35］ Kim J M，Yum S G，Park H，et al. A deep learning algorithm-driven approach to predicting repair costs associated with natural disaster indicators：the case of accommodation facilities［J］. Journal of Building Engineering，2021，42.

［36］ Liang Z M，Bian D S，Xu C L，et al. Deep reinforcement learning based energy management strategy for commercial buildings considering comprehensive comfort levels［C］// 2020 52nd North American Power Symposium (NAPS). Tempe，AZ：IEEE，2021：1-6.

［37］ Golabchi A，Akula M，Kamat V. Automated building information modeling for fault detection and diagnostics in commercial HVAC systems［J］. Facilities，2016，34(3-4)：233-46.

［38］ Fialho B C，Codinhoto R，Fabricio M M，et al. Development of aBIMand IoT-based smart lighting maintenance system prototype for universities' FM sector［J］. Buildings，2022，12(2).

［39］ 杜明芳. 基于 BIM＋Multi-Agent 增强学习的智慧建筑及城市运维软件设计［J］. 土木建筑工程信息技术，2018，10(06)：1-9.

［40］ Li H，Aziz A，Cochran E. Building automation system alarm management for operation and maintenance decision making［C］// Proceedings of the ASHRAE Winter Conference. Atlanta，GA：ASHRAE，2018.

［41］ Zou R W，Yang Q L，Xing J C，et al. False alarm judgment method based on dynamic and static mixed data analysis：for buildingBIMoperation and maintenance platforms［J］. China Safety Science Journal(CSSJ)，2021，31(11)：163-70.

［42］ Bouabdallaoui Y，Lafhaj Z，Yim P，et al. Predictive maintenance in building facilities：a machine learning-based approach［J］. Sensors，2021，21(4).

［43］ 纪蓉，苏嫣钰，俞苗，等. 基于 BIM＋GIS 的智慧管廊监测管控运维一体化平台建设［J］. 江苏建筑，2018(02)：103-106.

［44］ 包胜，姚时辉，杨渠钦，等. 基于 BIM 的智慧管廊运维平台研究——以杭州市某管廊项目为例［J］. 建筑经济，2020，41(06)：69-73.

［45］ Conejos F P，Martinez A F，Hervas C M，et al. Building and exploiting a digital twin for the management of drinking water distribution networks［J］. Urban Water Journal，2020，17(8)：704-13.

［46］ 陈彬，朱臻涛，张翔. 基于物联网的供水管网智慧运维系统设计［J］. 现代信息科技，2020，4(10)：171-175.

［47］ Zhang S W，Bai M S，Wang J C，et al. An improved ensemble deep learning model for water leakage detection［C］// 2021 40th Chinese Control Conference (CCC). Shanghai，China：IEEE，2021：1762-1767.

［48］ Wang M Z，Luo H，Cheng J C P. Towards an automated condition assessment framework of underground sewer pipes based on Closed-Circuit Television (CCTV) images ［J］. Tunnelling and Underground Space Technology，2021，110.

［49］ Sun Y F，Hu M，Zhou W B，et al. A data-driven framework for tunnel infrastructure maintenance［C］//International Conference on Applications and Techniques in Cyber Security and Intelligence ATCI 2018. Shanghai，China：Springer，Cham，2018：495-504.

［50］ Wang T K，Piao Y M. Development of BIM-AR-based facility risk assessment and maintenance system［J］. Journal of Performance of Constructed Facilities，2019，33(6).

［51］ Marmo R，Nicolella M，Polverino F，et al. A methodology for a performance information model to support facility management［J］. Sustainability，2019，11(24).

［52］ Zhang G Z，Zhao W G，Zhang H. Design and development of digital operation and maintenance system for Hutong Yangtze River Bridge［J］. Journal of the China Railway Society，2019，41(5)：16-26.

［53］ Assaad R，El-Adaway I H. Bridge infrastructure asset management system：comparative computational machine learning approach for evaluating and predicting deck deterioration conditions[J]. Journal of Infrastructure Systems, 2020, 26 (3).

[54] Yang P H. Evaluation of building safety environment operation and maintenance management based on the AIoT system [C]// IEEE 3rd Eurasia Conference on IOT, Communication and Engineering (ECICE). Yunlin, Taiwan: IEEE, 2021: 57-60.

[55] Yang Y, Li S Z, Zhang P C. Data-driven accident consequence assessment on urban gas pipeline network based on machine learning[J]. Reliability Engineering & System Safety, 2022, 219.

[56] Yu G, Liu J J, Du J, et al. An integrated approach for massive sequential data processing in civil infrastructure operation and maintenance[J]. IEEE Access, 2018, 6: 19739-19751.

[57] Wen Q, Zhang J P, Hu Z Z, et al. A data-driven approach to improve the operation and maintenance management of large public buildings[J]. IEEE Access, 2019, 7: 176127-176140.

[58] 余芳强, 曹强, 许璟琳. 基于 BIM 的医疗建筑智慧建设运维管理系统研究[J]. 上海建设科技, 2018(01): 30-34.

[59] Lin M, Afshari A, Azar E. A data-driven analysis of building energy use with emphasis on operation and maintenance: a case study from the UAE[J]. Journal of Cleaner Production, 2018, 192: 169-178.

[60] Yang C S, Gunay B, Shi Z X, et al. Machine learning-based prognostics for central heating and cooling plant equipment health monitoring[J]. IEEE Transactions on Automation Science and Engineering, 2021, 18(1): 346-55.

[61] Li J L, Chen L M, Xu H. Intelligent construction, operation, and maintenance of a large wastewater-treatment plant based onBIM[J]. Advances in Civil Engineering, 2021, 2021.

[62] Liu Z S, Shi G L, Meng X L. Intelligent control of building operation and maintenance processes based on global navigation satellite system and digital twins[J]. Remote Sensing, 2022, 14(6).

[63] Hu Z Z, Leng S, Yuan S. BIM based, data driven method for intelligent operation and maintenance[J]. Journal of Tsinghua University Science and Technology, 2022, 62(2): 199-207.

实体表面模型动态剖切及剖面封闭
显示方法的研究与实现

杜广林^{1,2}，王国光^{1,2,3}，魏志云^{1,2}，吕佳楠^{4}，徐　炀^{1,2}

(1. 中国电建集团华东勘测设计研究院有限公司，浙江 杭州 311122；2. 浙江华东工程数字技术有限公司，
浙江 杭州 311122；3. 浙江省工程数字化技术研究中心，浙江 杭州 311122；
4. 河海大学计算机与信息学院，江苏 南京 211100)

【摘　要】针对实体表面模型剖切操作存在的性能低下、剖切断面不封闭等问题，本文提出了使用能够标识实体表面模型唯一性的整数值标记模型在剖切断面处的像素，并在渲染模型时填充剖切断面处像素的方法。该方法通过构建剖切三维场景结构、确定剖切位置和法向、在视口中标记实体表面模型剖面处的像素、填充实体表面模型剖面处的像素，实现剖切断面封闭显示。实践表明：运用该方法可同时对多个实体表面模型进行高效动态剖切，并且能够保证各模型在剖面处的正确表达。

【关键词】实体表面模型；动态剖切；标记像素；封闭显示

1 引言

实体表面模型是由封闭的三角面片（mesh）构成，主要具有高精度表达的特点，多用于三维地形实体、地质实体、异形结构实体等。随着三维 GIS、BIM 等技术的应用，业内通过手动建模或者自动化建模等技术已经积累了海量的实体表面模型，包括地质信息模型（GIM）、建筑信息模型（BIM）、城市信息模型（CIM）[1]。

在对岩土地层、建筑结构、城市空间进行分析时，对其实体表面模型进行动态剖切是最为常见的操作[2]。王成龙等[3]提出了一种分割算法，采用三角形网格和剖切面相交的方法重构网格模型，当三角形面片数量庞大时性能严重不足。李楠等[4]采用碰撞检测的方法减少了求交计算次数，避免了部分求交运算，但在碰撞检测时，如果绝大多数的剖切面与三角形都发生了碰撞，则可能出现效率降低的情况。代欣位等[5]通过引入动态四叉树索引，大幅提高了剖切影响域三角面片的命中效率，同样依赖于剖切面与三角面片的几何求交运算，存在浮点误差，且多次剖切易造成误差的传播、累积，影响剖切精度。

此外，还存在模型剖切断面处正确表达的问题。这类问题主要表现在两个方面：剖切断面的封闭显示问题和剖切断面外观特征的正确表达问题。

针对当前剖切操作存在的上述问题，本文提出一种实体表面模型动态剖切及剖面封闭显示的方法。该方法充分利用了显卡算力优势，基本满足用户对动态剖切操作的性能要求。可同时对多个实体表面模型进行动态剖切，并且能够保证各模型剖切断面处正确表达。

2 算法原理

基于图形学原理，在片元着色器中判断并舍弃与剖切面法线同侧的像素，达到剖切模型的目的；通过使用能够标识实体表面模型唯一性的整数值标记模型在剖切断面处对应模板缓存区内的值，并在后续渲染时只填充标记的像素，以达到剖切断面封闭显示的目的。

【基金项目】中国电建集团华东勘测设计研究院有限公司科技专项（KY2020-XX-12）

【作者简介】杜广林（1988—），男，研发经理/工程师。主要研究方向为 GIS＋BIM 研发与应用。E-mail：du _ gl@hdec.com

本文以准备模型、构建剖切场景组织结构、确定剖切位置和法线、标记模型剖切断面处像素、填充模型剖切断面处像素为步骤，展开说明算法的原理及实现方法。

2.1 准备模型

实体表面模型是一种泛称，在不同领域有不同的名称。例如：在 GIS 领域有人工模型、倾斜摄影模型；在建筑设计领域有 BIM 模型；在 CAE 领域有仿真模型；在岩土地质领域有地层模型等。为了便于说明，本文使用岩土地质领域的地层模型为例叙述。

地层单元是地质人员根据实际建模区域内钻孔所揭露的地层按照地层新老顺序进行综合排序的结果，地层模型通常是一层地层单元或由多层不同性质的地层单元叠加而成。地层模型可以通过专业建模软件生成，准备好的地层模型如图 1 所示。

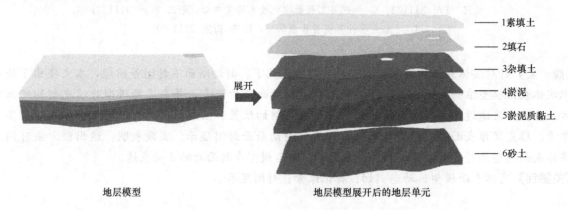

地层模型　　　　　　　　　　　地层模型展开后的地层单元

图 1　地层模型示意图

2.2 构建剖切场景组织结构

构建剖切场景组织结构是为下文提到的渲染状态属性的设置、模型的渲染提供一个基本操作场景。

首先说明在图形学中模型的正面与背面的概念。如图 2 所示，假设一个地层模型是规则的长方体，它由六个面组成。在图中给出的视角下渲染这个模型，相机能够直接看到的三个面是地层模型的正面，而看不到或者说被遮挡的三个面是地层模型的背面。

□ 地层模型
■ 地层模型正面
■ 地层模型背面

图 2　地层模型正背面示意图

将 2.1 节准备的地层模型记为 DCModel，它由多个地层单元叠加而成，地层单元记为 $DC_i, i \in [1, n]$。本文构建的剖切场景组织结构是由地层模型、正面地层模型、背面地层模型、地层包围模型组成的树形结构。正面地层模型和背面地层模型是基于地层模型复制得到的，目的是实现地层模型的多次渲染。正面地层模型与背面地层模型的区别在于：在渲染时，正面地层模型只绘制模型的正面而不绘制模型的背面，背面地层模型只绘制模型的背面而不绘制模型的正面。以地层模型中心点为圆心，地层模型外接球的半径为参数，构造出地层模型的包围模型。地层包围模型可以为球体、盒体、椎体等形状的包围模型，本文中均以地层包围球模型为例。

图 3 给出了一个剖切场景组织结构示意图，树形结构的深度为 3，包括根节点、组节点和叶节点。根节点和组节点都不存储模型数据，只具备场景组织的作用；叶节点存储模型数据，且以组为单位进行管理。

在剖切场景组织结构中，为每个模型引入一个次序值，记为 order。order 是模型添加到场景结构的次序，并作为模型唯一标识值。在本文中，次序值概念非常重要，其意义主要表现以下三个方面：

1) 控制模型的绘制顺序，次序值越小的模型越先被绘制；

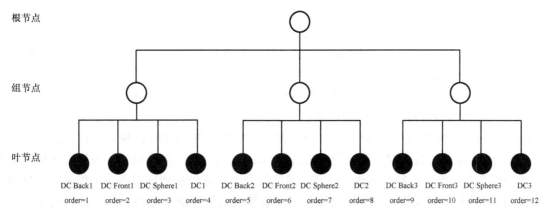

图 3　剖切场景组织结构示意图

2）控制剖切断面处像素的标记值，地层单元（DC）的次序值会写入到地层单元断面对应的模板缓存区内；

3）控制剖切断面效果的正确表达，在填充断面区域像素时，会依据次序值找到对应地层单元，然后使用地层单元的外观属性填充断面区域像素。

2.3　确定剖切位置和法线

为了达到地层模型剖切效果，在三维场景组织结构构建好后，需要确定地层模型的剖切位置和法线。

可取地层模型表面任意位置作为剖切的起始位置，剖切面法向朝向三维场景中的相机。在三维场景中拖拽剖切面时，剖切位置和法线会实时调整，从而达到动态剖切的目的。

确定剖切位置后，取地层模型任一点与剖切面位置组成向量，当此向量和剖切面法线夹角为锐角时，则该点舍弃，即隐去剖切法向同侧的地层模型所占像素。

如图 4 所示，剖切面位置为点 O，点 A 为地层模型上的一个点，点 O 与点 A 组成向量 $\overrightarrow{OA}$，向量 $\overrightarrow{OA}$ 与剖切面法线 $\vec{n}$ 之间的夹角为锐角时，A 点被舍弃。将地层模型上所有与点 O 所组成向量和剖切面法线夹角为锐角的点均舍弃，就构成了图中虚线围成的区域。

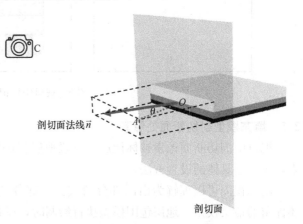

图 4　模型剖切原理示意图

2.4　标记模型剖切断面处像素

通过设置正面地层模型和背面地层模型的渲染状态属性，将地层模型剖切断面区域在 GPU 的模板缓存区中标记出来。模板缓存区与视口的像素存在一一对应关系，即标记了模型剖切断面在视口中的像素。

表 1 是正面地层模型和背面地层模型的渲染状态属性具体的设置方法。

正/背地层模型渲染属性设置表　　　　　　　　　　　　　　　　　　　　　　　　表 1

渲染属性	正面地层模型	背面地层模型
剔除面	剔除背面	剔除正面
深度写	关闭	关闭
深度测试	开启	开启
深度测试函数	GL _ LESS	GL _ LESS
模板测试	开启	开启
模板测试操作函数参数	GL _ ALWAYS, 0, 0xFF	GL _ ALWAYS, order, 0xFF
模板测试行为函数参数	GL _ KEEP, GL _ KEEP, GL _ REPLACE	GL _ KEEP, GL _ KEEP, GL _ REPLACE
颜色写	关闭	关闭

模板测试操作函数决定了在什么条件下模板测试能够通过，此处设置为 GL_ALWAYS，即模板测试在任何条件下均能通过。

模板测试行为函数决定了在什么条件下缓存区内的值会改变以及如何改变，三个参数分别设置为 GL_KEEP，GL_KEEP，GL_REPLACE。第一个参数表示模板测试失败时模板缓存区内值不变；第二个参数表示模板测试通过，但深度测试失败时时模板缓存区内值不变；第三个参数表示模板测试和深度测试都通过时，采用设定值替换模板缓存区中的值。

在绘制背面地层模型时，满足深度测试和模板测试都通过的模板缓存区域，模板测试行为函数执行替换操作。背面地层模型设置的模板测试的引用值为 order，执行替换操作时将模板缓存区中的值替换为 order，即地层模型次序值。绘制正面地层模型，满足深度测试和模板测试都通过的模板缓存区域，模板测试行为函数同样执行替换操作，即将模板缓存区内值替换为设置的引用值。正面地层模型设置的模板测试引用值为 0，此时执行替换操作会将模板缓存区不为 0 的区域替换为 0，而在断面区域由于不满足替换操作条件，故对应模板缓存区中的值依然为 order，其他区域的值都为 0。

如图 5 所示，是在未绘制地层模型时视口中对应的模板缓存区，初始值都为 0；t2 是在绘制背面地层模型后，视口中对应的模板缓存区，根据绘制的地层模型划分为四个区域，其标记值分别为 0、1、2、3，此时，除在断面区域标记为非 0 值，侧面和顶面也有非 0 区域；t3 是在绘制正面地层模型后，视口中对应的模板缓存区，根据绘制的地层模型划分为四个区域，其标记值分别为 0、1、2、3，与 t2 不同的是，此时仅在断面区域标记为非 0 值。

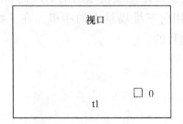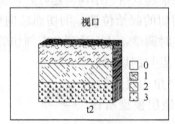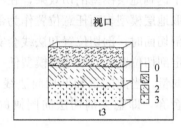

图 5 视口中标记剖切断面像素示意图

2.5 填充模型剖切断面处像素

视口中剖切断面像素被标记后，设置地层包围模型和地层模型的渲染状态属性，填充剖切断面的像素，表 2 是具体的设置方法。

剖切视图可以理解为由两部分组成：一部分是剖切断面的填充效果；另一部分是执行剖切操作后，还保留的地层模型。地层包围模型执行绘制时，设置的模板测试函数决定了模板缓存区内值等于 order 的区域通过模板测试，所以绘制后只有剖切断面区域的像素被填充。地层模型执行绘制时，模型上与剖切面法向同侧的点被舍弃，保留的地层模型部分和填充后的剖切断面共同组成剖切视图封闭显示效果。

通过编辑器拖拽剖切面，实时获取拖拽后剖切面的位置和法线，并将更新后的剖切面位置和法线传递到上述模型片元着色器中，实现动态剖切及剖切断面封闭显示效果。

地层包围模型/地层模型渲染属性设置表　　表 2

渲染属性	地层包围模型	地层模型
剔除面	剔除背面	剔除正面
深度写	关闭	开启
深度测试	开启	开启
深度测试函数	GL_LESS	GL_LEQUAL
模板测试	开启	不开启
模板测试操作函数参数	GL_EQUAL, order, 0xFF	—
模板测试行为函数参数	GL_KEEP, GL_KEEP, GL_KEEP	—
颜色写	开启	开启

3 算法实现与应用

本文使用 WebGL2.0 作为开发环境实现了上述算法。本节给出模型渲染属性的设置、顶点着色器、片元着色器的实现逻辑,并使用前海市政项目的地层模型为例,验证本算法的动态剖切性能和剖切断面封闭显示的效果。

3.1 算法实现

背面地层模型、正面地层模型、地层包围模型的渲染状态属性设可参照表 1 和表 2 设置,设置后即可实现剖切断面的填充效果,此处不再赘述。

背面地层模型、正面地层模型、地层模型是在其顶点着色器和片元着色器内部实现了模型的剖切算法。顶点着色器的主要目的是将世界坐标系下的模型顶点坐标转换到视坐标系下,并将转换后的顶点坐标传递到片元着色器中。片元着色器中可以获取到应用程序传入的在视坐标系下的剖切面位置坐标和剖切面法线向量,并根据 2.3 节所述的剖切算法做具体的剖切逻辑判断。整个剖切算法在顶点着色器和片元着色器中实现的流程如图 6 所示。

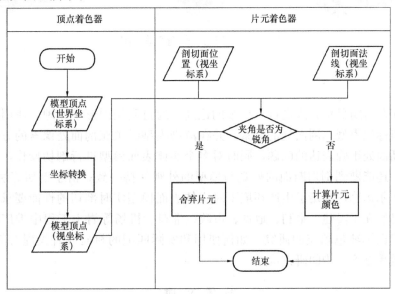

图 6 剖切算法实现流程图

3.2 工程应用

前海首次提出城市信息模型(CIM)建设目标,建立地质、地理、城市规划三大基础模型,形成"多规合一"、"多源合一"的全信息数字城市基底平台。前海区域占地面积 14.92 平方公里,目前已利用 5540 个转孔数据,建立了 42 个分区块的地层模型(图 7)。

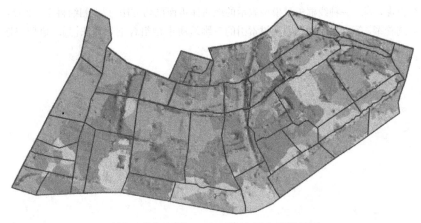

图 7 前海区域 42 个区块地层建模效果图

选取前海 42 个区块中的一块地层模型进行动态剖切操作，动态剖切效果如图 8 所示。包围在地层模型外部的是一个剖切盒，拖动剖切盒 6 个面中任意一个面均可对地层模型进行剖切操作。经实例验证，对该地层模型的 16 个地层单元同时剖切操作，均可达到剖切断面封闭显示的效果；由于充分利用了 GPU 并行计算的特性，拖动剖切面时，无卡顿滞后现象，完全满足实际项目对动态剖切性能的要求。

通过对地层模型进行动态剖切分析，使工程人员能够直观、快捷地查看地层剖面，对于了解不同地层的发育情况、分析地质作用过程、完成地质构造的研究等方面都具有十分重要的意义。

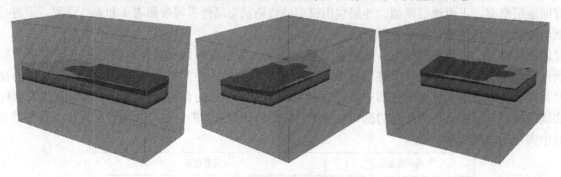

图 8　不同视角下的剖切效果图

4　结语

本文对动态剖切及封闭显示算法进行了详细的论述，通过利用图形学原理，使用能够标识实体表面模型唯一性的整数值标记模型在剖面处的像素，并在渲染模型时填充剖面处像素的方法。该方法较好地解决了在模型剖切断面处正确表达的问题，同时对多个实体表面模型进行剖切操作，不仅能够保证各剖切断面的封闭显示，还能做到剖切断面的外观与模型的外观保持一致；由于剖切算法是在 GPU 中实现的，且避免了大量布尔运算，满足了生产环境下对实体表面模型实时剖切的性能要求。本文提出的算法具有普遍适用性，已经在工民建、水利、地铁、市政、港口、机场等岩土工程中推广应用。需要特别指出，当前剖切断面只做了纯色填充的研究，如何使用和实际匹配的材质或者纹理对剖切断面进行填充，达到高仿真的填充效果是下一步的研究重点。

参 考 文 献

[1]　王国光，魏志云，卓胜豪，等. 一种基于钻孔数据的地层模型自动建模方法[P]. 浙江省：CN106558100B，2019-08-30.

[2]　王国光，魏志云，杜广林，等. 一种实体表面模型动态剖切视图封闭显示的方法[P]. 浙江省：CN114596411A，2022-06-07.

[3]　王成龙，周东明，崔维久. BIM 云平台中三维模型的任意剖切[J]. 科学技术与工程，2019，19(30)：274-280.

[4]　李楠，曾俊钢，肖克炎，等. 一种线框矢量模型表示的地质体折面剖切方法[J]. 测绘科学，2011，36(6)：28-31.

[5]　代欣位，郭甲腾，刘善军，等. 基于动态四叉树索引的三维地质模型组合剖切算法[J]. 地理与地理信息科学，2020，36(04)：8-13.

BIM 与 GIS 融合背景下坐标转换流程探讨

杜广林[1,2]，徐　震[1,2,3]，魏志云[1,2]，徐　炀[1,2]

(1. 中国电建集团华东勘测设计研究院有限公司，浙江　杭州　311122；2. 浙江华东工程数字技术有限公司，
浙江　杭州　311122；3. 浙江省工程数字化技术研究中心，浙江　杭州　311122)

【摘　要】在 BIM 与 GIS 融合发展已成为业内一种趋势，针对当前 BIM 模型与 GIS 平台融合过程中坐标转换流程混乱的问题，本文梳理了在生产环境下 BIM 模型的现状和特点，并对 BIM 模型作为一种数据源加载到 GIS 平台正确位置过程中涉及的坐标转换问题进行探讨，厘清了 BIM 模型精确上图的坐标转换流程。通过这套流程，可使 BIM 模型无缝融合到 GIS 场景中，这对于充分挖掘 BIM 和 GIS 的各自优势，促进相关行业的数字化建设具有重要意义。

【关键词】BIM；GIS；坐标转换；标准流程

1　引言

近年来，BIM 技术与 GIS 技术融合发展成为学术界和产业界的研究热点，并在智慧城市、园区管理、智慧水务、未来社区等数字化领域得到应用。

随着 BIM+GIS 融合应用的不断推进，越来越多的项目涉及测绘地理信息领域的坐标转换问题。这类问题的现象是：在 BIM 模型作为一种数据源加载到 GIS 平台后，BIM 模型无法与地图上正确位置匹配。为了解决这个问题，有的项目甚至需要大量人员在 GIS 平台中手动调整 BIM 模型的位置和姿态，大大增加了项目成本和人员的劳动强度。

在 GIS 领域，坐标转换的理论和实践应用都已比较成熟。总体来说：不同坐标系之间进行坐标转换时，按照是否有精度损失分为两类。一类是坐标变换，这类转换后的坐标值理论上没有精度损失，常见的有高斯投影变换、不同投影带之间的变换等；另一类就是常提的坐标转换，这类转换后的坐标值的精度是有损失的，常见的情况有工程坐标与投影坐标之间的转换、BIM 模型建模时的坐标与施工坐标之间的转换等。对于有精度损失的坐标转换问题，GIS 领域一般采用平差理论求解两套坐标系之间的转换参数。其中转换参数根据坐标系的维度又分为三参数法、四参数法、七参数法。

本文的目的在于根据 BIM 模型的特点，结合 GIS 成熟的坐标转换理论，总结出一种适用 BIM 模型坐标转换的标准化流程，使得 BIM 模型能够便捷高效地转换到 GIS 场景中正确位置。

2　坐标转换流程

2.1　标准坐标系下坐标转换流程

在测绘地理信息领域，坐标系的种类繁多，可按照维度、用途、表现形式、建立方法等诸多方式进行分类。这些理论知识已经有大量文献和书籍可以参考，这里不再赘述。本节所述标准坐标系，是指具备 EPSG 代号的坐标系统，可能其他资料并不是如此称谓。EPSG 英文全称是 European Petroleum Survey Group，中文名称为欧洲石油调查组织。该组织负责维护并发布各类坐标系参数以及坐标转换的描述，并为每一种坐标系赋予唯一编号，即 EPSG 代号。

【基金项目】中国电建集团华东勘测设计研究院有限公司科技专项（KY2020-XX-12）

【作者简介】杜广林（1988—），男，研发经理/工程师。主要研究方向为 GIS+BIM 研发与应用。E-mail：du_gl@hdec.com

在工程上，最常见的坐标转换形式就是投影坐标系（x，y）与地理坐标系（经度，纬度）之间的转换。这里以北京 54 投影坐标系下的工程坐标值转换到 CGCS2000 大地坐标系下的标准流程为例说明，其他标准坐标系之间的坐标转换都可参考此流程。

如图 1 所示，整个坐标转换流程涉及三次坐标变换和一次坐标转换，具体如下：

坐标变换 S1：北京 54 投影坐标系下工程坐标转换北京 54 大地坐标系下。北京 54 投影坐标系和北京 54 大地坐标系是在同一个椭球基准上建立的两种不同类型的坐标系。北京 54 投影坐标系是一种具备横轴等角切圆柱的投影，在我国是使用高斯－克吕格投影方式实现的。这两种坐标系之间的转换是一种投影变换，涉及投影的正算和反算，这里的转换不会引起精度上的丢失。

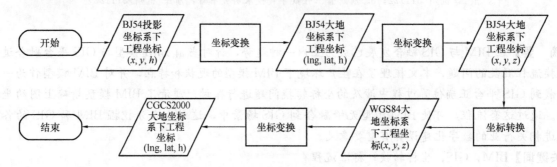

图 1 标准坐标系下坐标转换流程

坐标变换 S2：北京 54 大地坐标系下的经纬度坐标（经度，纬度，大地高）转换为北京 54 大地坐标系下空间直角坐标（x，y，z）。这里是坐标表现形式上的变换，北京 54 大地坐标系的坐标值可以表达成经度、维度和大地高的形式，也可以通过空间直角坐标形式表达，即常见的 X、Y、Z 形式。这里的转换不会引起坐标精度的丢失。

坐标转换 S3：北京 54 大地坐标系下的空间直角坐标转换为 CGCS2000 大地坐标系下的空间直角坐标。这里涉及不同坐标系下的基准变换。北京 54 大地坐标系和 CGCS2000 坐标系依据的椭球基准不同，一般会使用布尔沙七参数模型进行坐标转换，此处转换会引起坐标精度上的损失。

坐标变换 S4：WGS 大地坐标系下空间直角坐标转换为 CGCS2000 大地坐标系下经纬度坐标。这步是坐标变换 S2 的一个逆过程，最终得到 CGCS2000 下的经纬度坐标，这类坐标值在大多数 GIS 平台都支持。

以上就是标准坐标系下坐标转换的流程。在实际工程应用中，已有众多开源库实现该流程，应用最为广泛的是 proj4 库。

2.2 BIM 模型坐标转换流程

笔者在工作中对 BIM 模型进行坐标转换时，遇到的问题归纳有以下三类：

（1）BIM 模型有完整的坐标系信息

在 BIM 模型所属工程项目的文档或其他相关资料中，能够找到明确完整的坐标系描述信息。

（2）BIM 模型有不完整的坐标系信息

在 BIM 模型所属工程项目的文档或其他相关资料中，能够只有坐标系只言片语的描述信息，无法准确判断所属坐标系。

（3）BIM 模型没有任何坐标系信息

在 BIM 模型所属工程项目的文档或其他相关资料中，没有坐标系相关表述。

这三类问题中，往往第三类问题最为常见。针对以上问题，本节梳理出 BIM 模型坐标转换标准流程，工程人员可以以此流程为抓手，完成 BIM 模型坐标转换工作。

如图 2 所示，流程从开始到结束有三个分支，输入的工程坐标是 BIM 模型中的坐标值。从左到右依次标记为分支 1、分支 2、分支 3。

分支 1 流程：开始-工程坐标-坐标系信息-标准坐标系-标准坐标转换-结束

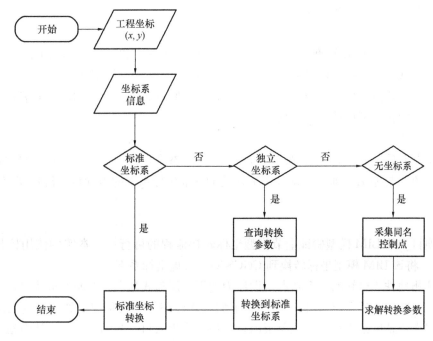

图 2　BIM 模型坐标转换流程

该分支是根据坐标系信息明确 BIM 模型所在的标准坐标系，然后依据 2.1 节描述的标准坐标系下的坐标转换流程进行转换。

分支 2 流程：开始-工程坐标-坐标系信息-独立坐标系-查询转换参数-转换到标准坐标系-标准坐标转换-结束

该分支是根据坐标系信息明确 BIM 模型使用的坐标系为独立坐标系。独立坐标系一般是各城市或地方为保密工作需要而建立的一种服务其行政区域经济建设的一种坐标系。城市独立坐标系一般是在标准投影坐标系的基础上，经过平移、旋转、缩放等操作建立起来的。以杭州城市独立坐标系建立过程为例：在北京 54 投影坐标系的基础上保持中央子午线及投影平面与 3°带高斯投影一致，将其坐标系原点平移至"紫微园"，为了保密的需要将其坐标轴旋转角度。同时为了防止坐标出现负值，原点坐标向西、向南平移 80km。

独立坐标系下的 BIM 模型坐标转换比分支 1 多了一步仿射变换过程，即把独立坐标系下的坐标值转换到标准坐标系下。这个转换要先建立转换模型，一般以四参数模型最为常见，转换参数可以求助当地测绘主管部门。

分支 3 流程：开始-工程坐标-坐标系信息-无坐标系-采集同名控制点-求解转换参数-转换到标准坐标系-标准坐标转换-结束

该分支是 BIM 模型只有坐标值信息，无法确定模型所在的坐标系。这种情况最为常见，也最为棘手。处理方式如下：

（1）确定模型所在标准坐标系

采用 BIM 模型已知信息合理推测模型所在标准坐标系。有价值的信息包括 BIM 模型建模时间、BIM 模型坐标值范围、BIM 模型所在的地理位置。

新中国成立以来，工程上普遍使用北京 54 投影坐标系、西安 80 投影坐标系。近年来随着 CGCS2000 坐标系建立并投入使用，北京 54 投影坐标系和西安 80 投影坐标系已不再使用。根据 BIM 模型的建模时间，结合北京 54 投影坐标系、西安 80 投影坐标系、CGCS2000 坐标系的各自推广时间，确定 BIM 模型所在的坐标系类型。例如：2018 年 7 月 1 日起全面使用 CGCS2000，如果 BIM 模型的建模时间在此时间之后，则可认为模型所在的坐标系类型为 CGCS2000 基准下的坐标系。

根据 BIM 模型所属地市经纬度值，计算出 3°带或 6°带投影的中央子午线经度。根据中央子午线经度值确定 CGCS2000 基准下的投影坐标系。

（2）采集同名控制点

采集同名控制点是采集 BIM 模型的特征点分别在建模坐标系下和标准坐标系下的坐标值。采集同名控制点可通过在专业软件或系统中比对拾取 BIM 模型特征点的坐标。使用四参数模型进行转换时，需要至少 2 对同名控制点。转换的精度受同名控制点的数量和空间分布的影响。理论上同名控制点的数量多且空间分布均匀，建立的转换模型精度就越高。

（3）求解转换参数

得到同名控制点对后，通过最小二乘平差理论计算四参数，建立转换模型。使用此转换模型，将 BIM 模型转换到标准坐标系后，即可依据 2.1 节描述的标准坐标系下的坐标转换流程完成坐标转换工作。

3 应用实例

本文以生产项目中的 BIM 模型验证上节模型坐标转换流程的可行性。本实例使用杭州地铁 4 号线复兴路站 BIM 模型，将该 BIM 模型坐标转换到 CGCS2000 大地坐标系下。

复兴路站为杭州地铁 4 号线的一个站点，设计为地下二层岛式站台，车站共分为站厅、站台两层（其中 B1 层为站厅层、B2 层为站台层），位于杭州市上城区洋泮路与复兴路交汇处，沿复兴路地下方呈东西向下方布置。复兴街道辖区范围板块区域象限内，共设 2 个出入口（为 B、C 口，其中站厅至地面垂梯位于 B 口），有效长 120m，站台宽约 15m，于 2015 年 5 月开建，2018 年 1 月开通启用。

复兴路站 BIM 模型格式为 dgn，且经过资料收集查验无坐标系信息。通过上述公开信息可确定复兴路站 BIM 模型的坐标系描述信息为：CGCS2000 基准下的投影坐标系，是以中央经线为 120°的 3°带投影坐标系，其 EPSG 代号为 4549。

利用上节介绍的方法，获取 2 对同名控制点，其坐标如表 1 所示。根据这 2 对同名控制点即可建立四参数模型。

	同名控制点表（单位：m）			表 1
	无坐标系		EPSG：4549	
点号	X	Y	X	Y
1	79559.2	76070.12	514923.181	3343496.677
2	81578.762	77432.235	516940.9251	3344861.484

为了验证 BIM 模型坐标转换流程的可行性。现提取复兴站模型上 3 个特征点，并获取其坐标值分别为：特征点 1（80468.275，76662.983）、特征点 2（80472.069，76665.239）、特征点 3（80439.244，76726.483）。按照 BIM 模型坐标转换流程中分支 3 流程，首先转换到 EPSG：4549 坐标系下；再由 EPSG：4549 坐标系下的坐标值转换到 CGCS2000 大地坐标系下。转换结果如表 2 所示。在表 2 中，将这三个特征点转换后的坐标值与真实坐标值求差。由结果可知，偏差最大的为 3 号特征点，经度偏差为 0.000214°，纬度偏差为 0.000078°。这个转换精度对于 BIM 模型与 GIS 场景进行融合是可以接受的。

	特征点坐标转换精度表（单位：°）					表 2
	CGCS2000（转换后）		CGCS2000（真实）		差值	
特征点	经度	纬度	经度	纬度	经度	纬度
1	120.165103	30.215672	120.165237	30.215737	0.000134	0.0005
2	120.165139	30.215694	120.165295	30.215768	0.000156	0.000074
3	120.164790	30.216268	120.165004	30.216346	0.000214	0.000078

坐标转换后的复兴站 BIM 模型与 GIS 场景融合效果如图 3 所示。在三维 GIS 场景中，复兴站 BIM 模

型与影像数据叠加展示，仔细比对道路交叉口、房屋、桥梁等特征地物，可以发现复兴站 BIM 模型与影像数据匹配度较好。这也验证了本文梳理的 BIM 模型转换流程是可行的。

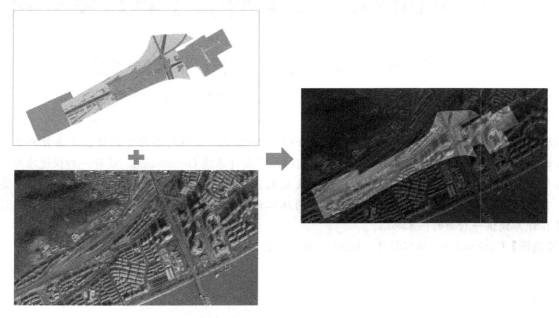

图 3　坐标转换后的复兴站 BIM 模型与 GIS 场景融合效果图

4　结语

本文针对当前 BIM 模型工作中遇到的坐标转换问题进行梳理，总结出一套切实可行的 BIM 模型坐标转换流程。该流程贴合 BIM 模型实际情况，具备实操性，对具备相似背景的其他坐标转换问题也具有参考性。该流程可以降低从事相关行业数字化工作的技术人员的工作量，对于提高项目生产效率有一定助益。需要特别指出，BIM 模型坐标转换流程分支 3 流程中采集同名控制点的工作，还需要较多人工干预。如何降低这一过程的人工干预工作量，实现整个流程自动化转换是下一步研究的重点。

参 考 文 献

[1]　谢晓宁. 坐标转换模型解算方法的改进研究[D]. 南昌：东华理工大学，2018.
[2]　周腾飞. 三维坐标转换的相关问题研究与软件实现[D]. 淮南：安徽理工大学，2017.
[3]　程晓晖. 广州坐标系与 CGCS200 坐标系转换关系的研究[J]. 城市勘测，2016，49(6)：100-102.
[4]　张之晔. 三维地质模型与 BIM 模型融合应用优化研究[J]. 市政技术，2022，40(4)：232-236.
[5]　刘春阳. 三维坐标转换的 Gauss-Helmert 模型及其抗差解法[D]. 淮南：安徽理工大学，2016.

基于 GeoStation 的库容计算工具研发应用

张家尹[1,2]，曾俊强[2]，李成翔[1,2]，李小州[1,2]，彭媛媛[1,2]

(1. 浙江华东工程数字技术有限公司，浙江 杭州 311122；2. 中国电建集团华东勘测设计研究院有限公司，浙江 杭州 311122)

【摘　要】库容计算是抽水蓄能电站规划设计的核心步骤之一。针对当前库容计算方法效率低和准确性不高的问题，本文基于华东院自主研发的地质三维勘察设计系统 GeoStation，设计一种快速准确地计算不同高程对应库容的方法。实际应用表明，该方法能充分利用地形精度实现不同高程的水库库容高精度计算，自动绘制高质量的库容曲线，相比于传统的库容计算方法优势明显，为抽水蓄能电站规划设计过程中库容计算提供一种新的技术思路。

【关键词】GeoStation；库容计算；Mesh；抽水蓄能

1 引言

中国能源转型进入新的发展阶段，以风光为代表的新能源驶入发展的快车道，抽水蓄能作为支持新能源高比例快速发展和构建以新能源为主体的新型电力系统的重要保障，迎来快速发展的大好局面。库容计算作为抽水蓄能电站规划设计中核心步骤之一，其效率和准确度对于评估装机容量、确定合理的水能参数、实现水利工程设施的优化调度有着重要的影响[1]。传统的库容计算方法[2-9]诸如断面法、等体积法等相对繁琐，曲面计算效率低，重复工作量较大[10]。随着 BIM 技术的不断推广，许多学者和工程人员采用基于 BIM 的技术手段研究库容计算方法，马超[11-12]等基于 Civil 3D 软件中体积曲面计算库容，刘小武[13]、高亚楠[14]等基于三维设计平台 MicroStation 探索了基于三维设计手段的库容计算方法，其结果均显示基于 BIM 的技术手段相比于传统方法有一定优势，能够提高工作效率和工作质量，但是其库容计算过程仍然要手动处理一些数据。本文基于华东院自主研发的地质三维勘察设计系统 GeoStation，设计一种快速准确的库容自动计算方法。首先根据测绘地形等高线原始数据创建地形 Mesh 面，然后使用最高水位面与地形 Mesh 面围合成库容 Mesh 体，其次使用 GeoStation 自主封装的 Mesh 剪切算法计算目标高程的水位信息，最后结合 ZedGraph 开源控件技术实现水位库容曲线的绘制。

2 技术手段

华东院自主研发的地质三维勘察设计系统 GeoStation 是华东院整体工程数字化解决方案的重要组成部分。它是一款包括地质数据管理、三维建模、二三维出图等功能的地质勘察专业正向 BIM 设计软件，系统成功应用于水利水电、交通市政、新能源等行业的大中型工程项目，极大地提高了工程地质勘察成果的质量和资料整理期间的生产效率，并为实际工程地质问题专题研究提供了丰富的分析资料。基于 GeoStation 构建的地形面、地层、构造面等地质模型均采用 Mesh 表示其几何形状，采用 Mesh 的方式可表征大范围的地形、地层、库容体等，具有非常好的可视化效果和表征物体形态的能力。基于 GeoStation 丰富的 Mesh 核心算法功能，可以将其应用在库容计算中，使用自主研发的 Mesh 剪切算法对原始库容体每一个待计算的高程进行剪切计算，高程面以下的 Mesh 体体积即为该高程的库容体积，顶视图下该 Mesh 体表面积即为该高程的库容水位面积。该方法思路简洁明了且易理解，具体流程为：首先根据测绘

【基金项目】中国电建集团华东勘测设计研究院有限公司科技专项（KY2020-XX-12）资助

【作者简介】张家尹（1990—），男，土木工程专业，工程师。主要研究方向为工程数字化、地质三维建模、BIM 技术。E-mail：zhang_jy6@hdec.com

地形等高线创建地形 Mesh 面，然后使用最高水位面与地形 Mesh 面围合成初始库容 Mesh 体，其次使用 GeoStation 自主封装的 Mesh 剪切算法得到目标高程的水位信息，最后结合 ZedGraph 开源控件技术实现水位库容曲线的自动绘制，流程如图 1 所示。

图 1　库容计算流程图

2.1　地形面创建

地形面建模使用测绘专业提供的测绘数据，包括但是不限于地形图、点云、测绘点、观测数据等数据。将这些原始的高精度数据整理成 GeoStation 中创建地形面模型的数据，作为创建 DTM 地形面模型的数据源。使用 GeoStation 的"从元素创建 DTM"工具快速创建 DTM 格式的地形模型，然后使用"DTM 转 Mesh"工具生成地形面 Mesh，并赋地形属性。其中创建的 DTM 地形面模型将基于测绘提供的多源原始数据，创建的地形 Mesh 面有着极高的精确度，即确保精度的同时能较好地实现 Mesh 网格数据的最优化渲染显示并用于后续计算。

2.2　初始库容体生成

本文使用 Mesh 体来表征库容体。Mesh 体是 GeoStation 中网格面片包络成的一个有体积的几何体。Mesh 体表征大范围的地质对象或者物理对象相比于实体有着较大的优势，能够以极小的数据量表征物体几何形态，同时可十分方便地获取诸如体积、面积等属性信息。初始库容体的生成使用 GeoStation 的围合成体工具。首先根据设计信息，创建指定水面高程的水位 Mesh 面，该水位 Mesh 面一般指水库蓄水的最高水位面。然后将水位 Mesh 面作为上表面，上一步创建的地形 Mesh 作为下表面，使用 GeoStation 的围合成体工具计算得到上表面以下、下表面以上的 Mesh 体作为初始库容体。围合成初始库容体的基本逻辑与 GeoStation 中地层模型的创建类似，其中地形面对应的库容的水位面，地层界面对应库容计算中的地形面，地层实体对应水库中的水体，建模范围对应坝轴线边界，如图 2 所示。

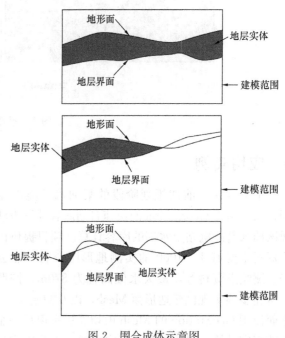

图 2　围合成体示意图

2.3　不同高程库容计算

得到初始库容体后，需对不同高程的初始库容体进行 Mesh 剪切操作，以期得到不同高程的库容体数据。本文使用华东院自主研发的 Mesh 剪切算法对初始库容体每一个待计算的高程进行剪切计算，该剪切法是库容计算能否顺利进行的关键因素。剪切计算成功后，高程面以下的 Mesh 体体积即为该高程的库容体积，顶视图下该 Mesh 体表面积即为该高程的库容水位面积。即我们可以自定义最高水位高程、最低水位高程以及计算精度，来实现任意高程段的高效率自动库容计算。因我们是基于原始真实数据创建的三维模型数据，所以在准确性上比传统二维方法有着一定的优势，三维计算出来的库容的准确性比传统断面法等方法计算得到的结果要高，这也是 BIM 技术的一个重要优势。基于 GeoStation 开发的库容计算工具的参数设定界面如图 3 所示。

2.4　成果输出

通过上一步可以计算得到不同高程的库容信息，包括指定高程的水位面积、体积信息。基于计算得到的水位高程、面积、体积信息如何自动生成库容曲线图是提升库容计算工作效率的关键步骤。采用 Excel 绘制库容曲线是一个好的选择，但是整个过程比较繁琐。本文利用开源控件 ZedGraph 实现水库库容

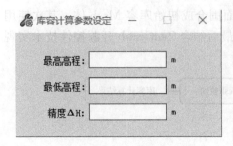

图 3　库容计算参数设定

出为 Excel 表格供使用，如图 4 所示。

曲线的全自动化出图。ZedGraph 是用 C♯语言写的一个类库[15]，用于创建任意数据的二维线型、棒型、饼型图表的一个类库，也可以作为 Windows 窗体用户控件和 ASP 网页访问控件。这个类库具有高度的灵活性，几乎所有式样的图表都能够被创建。基于 ZedGraph 绘制的库容曲线图可以高效地实现图形缩放、移动（包含十万点的曲线图缩放仍然流畅）、鼠标悬停显示，同时拥有丰富自定义属性供开发者使用，成图质量较高，可以满足抽水蓄能规划设计的需求。同时，本文研发的工具亦可将计算得到的数据导

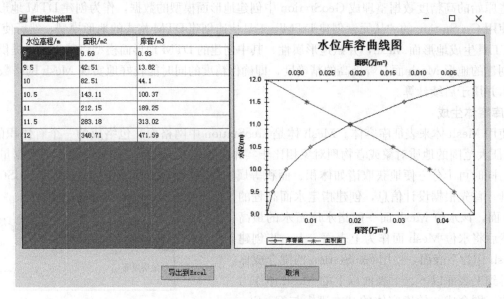

图 4　库容输出结果示意图

3　应用实例

本文以处于前期规划阶段的某抽水蓄能电站为例，采用基于 GeoStation 的快速自动库容计算方法实现该抽水蓄能电站上水库的库容计算。项目提供的测绘资料主要有 1∶1000 的实测地形图资料、点云数据、测绘点资料等，最大水位高程为 870m。按照上文所述步骤实现创建地形面 Mesh，以及初始库容体，进而使用 GeoStation 的 Mesh 剪切算法实现每一个高程的库容计算，最终绘制出库容曲线，得到库容计算结果（图 5～图 7）。

图 5　地形面 Mesh

图 6　初始库容体

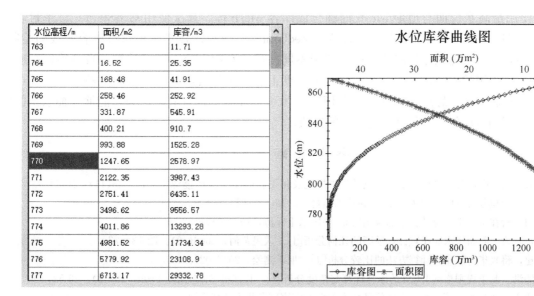

图 7　库容计算结果

两种方法库容计算结果对比 表 1

水位高程（m）	基于 GeoStation 的库容计算方法		传统断面法	
	面积（m²）	体积（万 m³）	面积（m²）	体积（万 m³）
774	4011.86	1.329328	4005	1.36
775	4981.52	1.773434	4983	1.81
776	5779.92	2.31089	5781	2.35
777	6713.17	2.933278	6711	2.97
778	7697.98	3.64378	7695	3.69
779	9511.24	4.502058	9510	4.55
780	10865.93	5.516375	10867	5.57
781	12058.81	6.662186	12060	6.71
782	13140.23	7.916632	13138	7.97
783	14306.04	9.285866	14353	9.35
784	15579.08	10.78001	15630	10.85
785	16490.66	12.38309	16460	12.45
786	17963.3	14.10201	17918	14.17
787	20657.93	16.02737	20647	16.10
788	22421.67	18.18058	22402	18.25
……	……	……	……	……

　　通过跟传统方法对比分析（表 1），本文中方法在全三维的情况下得到的库容计算结果与传统方法相差不大，但是计算效率得到显著提升，传统方法库容计算耗时 1～2d 时间，本方法实际计算时间在 1h 以内。相比于传统方式，基于 GeoStation 的库容计算方法有一定优势，充分说明 BIM 技术可以作为一个重要工具提供给工程人员使用，用于提高生产效率和成果质量。

4　结论

　　针对传统库容计算方法效率低和准确性不高的问题，本文基于华东院自主研发的地质三维勘察设计系统 GeoStation，设计一种快速准确的库容自动计算方法。首先根据测绘地形等高线原始数据创建地形

Mesh 面，然后使用最高水位面与地形 Mesh 面围合成库容 Mesh 体，其次使用 GeoStation 自主封装的 Mesh 剪切算法得到目标高程的水位信息，最后结合 ZedGraph 开源控件技术实现水位库容曲线的绘制。实际应用案例表明，该方法能充分利用地形精度实现不同高程的水库库容高精度计算，自动绘制高质量的库容曲线，相比于传统的库容计算方法在效率和准确度上有一定优势，为抽水蓄能电站规划设计过程中库容计算提供一种新的技术思路。也充分说明 BIM 技术可以提高工程行业生产力，能够在抽水蓄能电站的建设中取得较好的应用效果，具有广泛推广的价值。

参 考 文 献

[1] 罗莎莎，刘云，刘国中，等. 国外抽水蓄能电站发展概况及相关启示[J]. 中外能源，2013，18(11)：26-29.

[2] 吕敏. 水库泥沙淤积分析及库容测量[J]. 水利技术监督，2016，24(01)：84-86.

[3] 范瑞瑜. 回归分析在淤地坝库容计算中的应用[J]. 中国水土保持，1983(01)：32-35.

[4] 刘炜，牛占，陈涛. 断面法水库库容计算模型的几何分析[J]. 人民黄河，2006(10)：72-73，77.

[5] 米鸿燕，宰建，蒋兴华. 静库容计算方法的比较分析[J]. 地矿测绘，2007(02)：1-4，11.

[6] 谭德宝，申邵洪. 基于规则格网 DEM 的库容计算与精度分析[J]. 长江科学院院报，2009，26(03)：49-52，56.

[7] 陈晓玲，陆建忠，蔡晓斌，等. 基于空间信息技术的堰塞湖库容分析方法研究[J]. 遥感学报，2008(06)：885-892.

[8] 杜玉柱. 地形法计算库容的公式分析[J]. 水文，2008(04)：54-56.

[9] 陈亮，史长莹，杨浩. 基于 SQL、VB、AutoCAD VBA 的水库库容计算[J]. 海河水利，2007(04)：49-52.

[10] 郎理民，林云发，杨波，等. Geohydrology 系统在鸭河口库容计算中的应用[J]. 长江工程职业技术学院学报，2009，26(03)：41-43.

[11] 马超，顾嵋杰，王波雷，等. 基于 Civil 3D 数据库容曲线的程序开发及应用[J]. 西北水电，2021(02)：115-118.

[12] 马俊，吕录娜，孟明. Civil 3D 曲面分析工具在水库库容计算中的应用[J]. 水利建设与管理，2020，40(03)：25-28，24.

[13] 刘小武，赵杏英，张娜. Microstation 平台在水下地形测量数据处理中的应用[J]. 大坝与安全，2013(06)：27-29.

[14] 高亚楠，依俊楠，陈沉，等. 三维设计平台在水库库容量求方法中的应用[J]. 水电能源科学，2018，36(08)：30-32.

[15] 朱亦钢. 应用 Zedgraph 高效开发数据图表[J]. 电脑编程技巧与维护，2009(12)：59-61，124.